Lucene 实战

（第2版）

Lucene
IN ACTION
SECOND EDITION

〔美〕Michael McCandless
〔美〕Erik Hatcher 著
〔美〕Otis Gospodnetic

牛长流 肖宇 译

人民邮电出版社
北京

图书在版编目（CIP）数据

Lucene实战 / （美）哈彻（Hatcher,E.），（美）高斯波纳提克（Gospodnetic,O.），（美）麦肯德利斯（McCandless,M,）著；牛长流，肖宇译. -- 2版. -- 北京：人民邮电出版社，2011.4（2022.1重印）
ISBN 978-7-115-25177-0

Ⅰ. ①L… Ⅱ. ①哈… ②高… ③麦… ④牛… ⑤肖… Ⅲ. ①互联网络—程序设计 Ⅳ. ①TP393.4

中国版本图书馆CIP数据核字(2011)第053293号

Lucene 实战（第 2 版）

♦ 著　[美] Michael McCandless　Erik Hatcher
　　　Otis Gospodnetic
　译　牛长流　肖　宇
　责任编辑　杜　洁
♦ 人民邮电出版社出版发行　北京市丰台区成寿寺路 11 号
　邮编　100164　电子邮件　315@ptpress.com.cn
　网址　http://www.ptpress.com.cn
　北京天宇星印刷厂印刷
♦ 开本：800×1000　1/16
　印张：30.5　2011 年 6 月第 1 版
　字数：669 千字　2022 年 1 月北京第 18 次印刷

著作权合同登记号　图字：01-2009-3793 号

ISBN 978-7-115-25177-0

定价：69.00 元

读者服务热线：(010) 81055410　印装质量热线：(010) 81055316
反盗版热线：(010) 81055315

内容提要

本书基于 Apache 的 Lucene 3.0，从 Lucene 核心、Lucene 应用、案例分析 3 个方面详细系统地介绍了 Lucene，包括认识 Lucene、建立索引、为应用程序添加搜索功能、高级搜索技术、扩展搜索、使用 Tika 提取文本、Lucene 的高级扩展、使用其他编程语言访问 Lucene、Lucene 管理和性能调优等内容，最后还提供了三大经典成功案例，为读者展示了一个奇妙的搜索世界。

本书适合于已具有一定 Java 编程基本的读者，以及希望能够把强大的搜索功能添加到自己的应用程序中的开发人员。本书对于从事搜索引擎工作的工程技术人员，以及在 Java 平台上进行各类软件开发的人员和编程爱好者，也具有很好的学习参考价值。

对本书第一版的赞誉

如果你正准备在自己的应用程序中使用 Lucene，或者是对 Lucene 的功能感兴趣的话，本书无疑是最好的选择。

——JavaLobby

搜索功能是对信息时代的增强。而本书正是将我们引向这个宝藏的入口。它通过大量的代码示例和令人信服的解释，巧妙地阐明了应用程序编程接口（API），为这个优秀工具打开了方便之门。

——Computing Reviews

对于任何想要学习 Lucene 或者甚至是准备在自己的应用程序中嵌入搜索功能，或者想要总体了解信息检索功能的人来说，本书是必读的。强烈推荐本书！

——TheServerSide.com

本书内容的组织是经过深思熟虑的，编排也很合理，明显优于其他同类书籍。我很喜欢阅读本书。如果你有任何的文本搜索方面的需求，本书将能指导你成功达到这个目标。甚至，如果你正在寻找和下载一个预先写好的搜索引擎，那么本书将能为你提供一个有关信息检索、文本索引和搜索的背景知识。

——Slashdot.org

本书并不只是纸上的墨水印，而更像一个水晶球——我在阅读过程中找到了对于一些紧迫问题的解决方法。

——Arman Anwar，Arman@Web

本书为使用和定制 Lucene 提供了详细的规划图。它详细介绍了这款最为流行的开源搜索引擎的内部工作机制。它加入了代码示例，并强调了动手的学习方式。

——SearchEngineWatch.com

Harcher 和 Gospodnetic 作为 Lucene 的两个核心提交人员，将自己的经验完美地写入本书。本书能帮助任何对 Lucene 不够熟悉或者对开发搜索引擎不太熟悉的开发人员快速进入该领域。我向那些 Lucene 初学者、需要在自己应用程序中添加强大的索引和搜索功能的人，或者需要大量 Lucene 参考资料的人强烈推荐本书。

——Fort Worth Java Users Group

更多对本书第一版的赞誉

本书是最杰出、最全面和最新的。建议拿起这本书来了解如何释放 Lucene 的潜力。

——来自于 Val 的博客

代码示例非常有用，并且可以重用。

——Scott Ganyo，Lucene Java 提交人员

本书充满示例和有关如何有效使用这个令人难以执行的强大工具的建议。

——Brian Goetz，Quiotix 公司

本书让我激发出了有关 Lucene 的神奇力量。

——Reece Wilton，迪士尼互联网集团

以 JUnit 测试用例形式出现的代码示例能带给你大量帮助。

——Norman Richards，《*XDoclet in Action*》合著者

一个快速而简单地使 Lucene 工作的手册。

——Books-On-Line

这是一本综合指南。本书的作者是该领域的专家。他们将 Lucene 的力量释放了出来。本书是目前有关 Lucene 最好的参考手册。

——JavaReference.com

序

Lucene 刚开始是一个私有项目。在 1997 年年末，因为工作不稳定，我便产生了把自己的一些软件商业化的想法。当时，Java 已经是一种热门的编程语言了，而我也正需要一个学习它的理由。鉴于我有编写搜索软件的经验，因此我想可以使用 Java 写一个搜索软件以维持生计。基于以上原因，我写了 Lucene。

到了 2000 年，我开始意识到自己并不适合商业运作工作。我对许可证和合同谈判丝毫没有兴趣，而且也不想成立自己的公司招聘员工。我真正的兴趣在于编写软件，而不是出售它。所以后来我把 Lucene 放到了 SourceForge 上，看看用开源的方式会不会让我一直保持程序创作激情。

Lucene 在 SourceForge 上公开后，马上就有一些人开始试用。到了一年后的 2001 年，Apache 表示希望接收 Lucene 项目。从那时起，Lucene 的邮件列表上的消息数目与日俱增；同时开始涌现出一批志愿者加入到 Lucene 项目中。大部分的参与者都只是对 Lucene 进行一些外围开发，而我仍然是唯一的核心开发者。尽管如此，Lucene 已逐渐成为一个真正的合作项目。

到了 2010 年，由于已经有很多对 Lucene 核心有着深入了解的开发者参与了项目，我基本上已经不再参与 Lucene 的日常开发和维护了，而 Lucene 程序实质性的增加和改进通常都是由这个强大的开发团队完成的。

通过近几年的发展，Lucene 已经有了如 C++、C#、Perl 和 Python 等其他程序语言的版本。不管是最初的 Java 版本还是其他版本，Lucene 广泛的应用范围已经远远超出了我的预期。它在多种不同的应用场景中提供了强大的搜索功能，例如财富百强企业的讨论组、商业性程序缺陷跟踪、微软提供的邮件搜索，以及覆盖面达到 10 亿网页数量的搜索引擎等。在业内，我被人作为“Lucene guy”到处介绍，而我多半也会听说有人在某个项目中使用了 Lucene。但仍然要指出的是，我所了解的还只是所有 Lucene 应用中很小的一部分。

如果当初我把 Lucene 商业化了，它绝不会得到像现在这样广泛的应用。应用程序开发者可能更喜欢使用那些开源软件，因为这样一来，当他们遇到问题时，只需要自己分析源代码就可以找到错误原因，从而不必联系商业软件技术支持来分析了（随后还需要等待分析结果，并期望分析人员已经准确理解了该问题）。如果开发者自己分析源代码仍然不能解决问题，还可以求助于邮件列表中的同行以获取帮助，这通常比商业软件的技术支持要方便快捷很多。像 Lucene 这样开源形式能够使开发者的工作效率提高很多。

通过开放源代码，Lucene 取得的巨大成功简直让人难以想象。虽然当初创立 Lucene 项目的人是我，但现在 Lucene 的蓬勃发展却是开发团队共同努力的结果。

那么 Lucene 的未来会怎样呢？这个我没法预测。根据我所了解到的情况，Lucene 在经过 10 年的发展后，目前仍然势头强劲，并且它的用户群体和开发社区也比以前更大、更忙了。这部分归功于本书第 1 版的出版，它使得更多人能更容易上手 Lucene。随着各个版本的不断发布，Lucene 目前已经变得更好、更成熟、功能更多，其运行也更快了。

从 2004 年本书第 1 版出版到目前为止，Lucene 内核和 API 已经经历了很大变化，从而需要对该书内容进行较大更新。在本书的第 2 版中，作者将为你介绍 Lucene 最近的发展以及最新的 API。

从拥有《Lucene 实战》第 2 版开始，你已经成为 Lucene 团队的一员了，Lucene 的未来就属于你了，祝一路顺风!

Doug Cutting

Lucene、Nutch 以及 Hadoop 的创始人

前言

当我首次接触 Lucene 时，已经是《Lucene 实战》第 1 版出版一年后了，当时我已有一些搭建搜索引擎方面的经验，但并不知道 Lucene 的细节信息。因此，我找到一本由 Erik 和 Otis 撰写的《Lucene 实战》，开始从头到尾进行阅读，最后我简直被它吸引住了！

当使用 Lucene 后，我发现它在很多地方都有改进，因此我开始贡献一些小的补丁、更新 Java 文档，在 Lucene 邮件列表中讨论一些相关话题，等等。最后我终于成为一名活跃的 Lucene 核心提交人员和 PMC 成员，这些年已提交了许多修改。

现在距离《Lucene 实战》第 1 版的出版已经 5 年半了，这对于开源世界来说已经是太长的时间了。Lucene 在此间已发布过两个主版本，目前它已具有各种新功能，如数值域、可重用分析 API、有效载荷、近实时搜索、用于索引和搜索的互通 API 等。

当 Manning 首次找到我时，很明显该书第 2 版已到了急需出版的时候了。此外，我作为 Lucene 开源社区的核心提交人员之一，主要负责提交这些变更内容，我有义务为本书第 2 版的撰写出力。所以我答应了 Manning，并疯狂地投入《Lucene 实战》第 2 版的撰写工作中，我对最后的结果也是非常满意的。我希望《Lucene 实战》第 2 版能满足读者的需要，有助于大家建立自己的搜索程序，并且我期待着能在用户和开发人员列表中看到你们，以及你们提出的富有价值的问题，并继续推动 Lucene 的快速成长！

Michael McCandless

第1版前言

来自作者 Erik Hatcher 的话

在 Internet 刚刚兴起的时候，我就对搜索和索引方面的技术产生了兴趣。还记得大约在 1991 年，一个邮件列表管理的项目给我留下了一段美好的回忆。当时我使用了 majordomo 和 MUSH（Mail User's Shell），还利用到一些 Perl、awk 及 shell 脚本语言来进行项目开发。那时我实现了一个公共网关接口（CGI），还允许用户利用 grep 对列表文件和其他用户文件进行搜索。后来就出现了 Yahoo!、AltaVista 和 Excite 等提供搜索功能的网站，而这些都是我经常访问的网站。

自从我的第一个孩子 Jakob 出生后，我的数码照片就突然变得多了起来。因此我打算开发一个能够管理这些照片的系统，利用它应该可以很方便地为每张照片添加一些元数据并进行说明，比如照片的关键字和拍摄日期；当然应该也可以根据任一方面的信息来查找图片。在 20 世纪 90 年代末，我利用微软公司的一些技术建立了一个基于文件系统访问（filesystem-based approach）原型，这些技术包括了 Microsoft Index Server、Active Server Pages 和一个用于图像处理的第三方 COM 组件。我的时间都浪费在反复使用这些技术上，那时我抽出几天空闲时间就能用这些东西拼凑出一个应用程序。

此后我的职业生涯开始转向 Java 技术，而在我的计算机生活中微软 Windows 操作系统技术所占的分量就越来越少了。在试图使用可以跨平台的 Java 技术重新实现个人照片库和搜索引擎的过程中，我偶然发现了 Lucene。Lucene 的简单易用完全超出了我的预料，因为我曾经使用过其他很多开源的软件库和工具，它们在概念上比 Lucene 简单很多，但使用起来却很复杂。

在 2001 年，我和 Steve Loughran 开始撰写《使用 Ant 进行 Java 开发》（Java Development with Ant）（由 Manning 出版社出版）一书。我们决定写一款图像搜索软件，并且把它扩展成一个文档搜索引擎。这个程序在关于 Ant 的书中贯穿始终，并且它也可以通过简单的配置和定义之后，作为图像搜索引擎来使用。它和 Ant 的联系不仅来源于简单“编译打包”的编译过程，而且还来源于一个自定义的 Ant 任务<index>，我们在编译过程中使用了 Lucene 来创建这些索引文件。这个 Ant 任务被放进了 Lucene 的 Sandbox 工具包，具体内容将在 8.4 小节中阐述。

该 Ant 任务还已经被应用于我建立的博客（Blog）系统中，我把这个博客系统称为 BlogScene（http://www.blogscene.org/erik）。在创建了一个新的博客记录之后，系统会运行一个 Ant 编译连接进程，它索引了新加入的记录并将该记录上传到我的服务器上。我的 Blog 服务器由一个 Servlet、一些 Velocity 模板和一个 Lucene 索引构成。在这个 Blog 中，你可以进行各种查询，甚至是复合查询。和其他的 Blog 系统相比，BlogScene 在功能设计技巧上可能显得有点逊色，但其强大的全文搜索能力是一大亮点。

目前我正效力于弗吉尼亚大学的 Patacriticism 应用研究小组（http://www.patacriticism.org）。在那里我提出了我自己的文本分析、检索和研究各种针对测试的专家意见，并且通过讨论量子物理学和文学的相关性来拓展我的思路。因为我相信“诗人是世界上没有得到承认的工程师”。

来自作者 Otis Gospodnetic 的话

我对信息检索和处理方面的兴趣和热情始于在 Middlebury 大学的学生时代。正是那时，我认识了这个包含着浩如烟海的被称为 Web 的事物。虽然那时 Web 才刚刚起步，不过人们对信息收集、分析、索引和搜索的长期需求已经初现端倪了。我开始沉迷于把从网络中抓取的信息建立成信息库，并开始编写网络爬虫程序，同时也开始考虑如何对收集到的数据进行搜索。我将搜索看成一个未知领域的杀手应用。有了这种想法作为支撑，我开始着手创建第一个自己的项目：收集和搜索信息，它也是一系列后续项目的共同基础。

1995 年，我和同学 Marshall Levin 共同创建了 WebPh，这是一个用来收集和检索个人联系信息的开源项目。从本质上说，它是一个带有公共网关接口（CGI）的简单的数字电话簿，这是当时同类型产品中最先出现的产品之一（事实上，在 20 世纪 90 年代末它还作为先进技术的例子被一个法庭案例所引用）。世界各地的大学和政府部门成为它的主要使用者，直到现在还有很多学校和部门仍然在使用它。在 1997 年，由于有了开发 WebPh 的经验，我开始着手开发 Populus。那时 Populus 是一个很流行的、用于保护用户信息的数据库。虽然在技术方面（类似于 WebPh）并未取得实质性突破，但 Populus 仍然对该领域产生了重要影响，它还被广泛应用于诸如 WhoWhere、Bigfoot 和 Infospace 等大型网站中。

在开发了两个用于处理个人联系方式信息的软件后，我想转到新的领域继续开发。于是我开始了新的尝试——Infojump，这是一个能够从在线新闻、报纸、期刊杂志中挖掘出高质量信息的软件。它除了包含我自己的软件（由大量的 Perl 模块和脚本程序组成）外，还利用了一个叫 Webinator 的网络爬虫软件和一个叫 Texis 的全文检索软件。Infojump 在 1998 年提供的服务和现在的 FindArticles.com 有异曲同工之处。

虽然 WebPh、Populus 和 Infojump 基本上符合各自的设计初衷，而且也实现了全部的设计功能，不过它们仍然存在一些技术上的局限。它们所缺少的是一个高性能的信息检索库，这个信息检索库要能提供在倒排索引的支持下进行全文检索的功能。为了解决这个问题，我开始寻找一种新的解决方法而并不是重复原来那些毫无意义的工作。2000 年年初，我终于认识到 Lucene 正是我所寻找的可以弥补这些缺陷的软件，于是很快便对它产生了浓厚的兴趣。

当 Lucene 还是 SourceForge 上的一个开源项目时，我就已经加入了该项目组。后来在 2002 年，Lucene 转移到了 Apache 软件基金组织中。我之所以这么热爱 Lucene 项目，是因为它正是我近几年脑海中始终萦绕的核心想法。这些想法之一就是 Simpy，它是我新近开发的一个宠物项目（Pet Project），是一个颇具特色的个人网络服务，用户可以用它标记、索引、搜索和共享从网络中搜到的信息。在构建这个系统时，我大量使用了 Lucene 的索引功能，而且还使用了 Doug Cutting 的另一个软件——Nutch（详见第 1 版的第 10 章）。我对 Lucene 项目的积极参与给我带来了一个意外的惊喜，那就是和 Erik Hatcher 合著了《Lucene 实战》（第 1 版）一书。

《Lucene 实战》对 Lucene 进行了最细致入微的描述。书中涵盖了有关创建基于 Lucene 的复杂应用程序的所有信息。如同 Lucene 社区的工作一样，这本书是几位作者通力合作的结晶。当人们拥有共同的兴趣、灵活的意愿以及对人类知识做出贡献的理想时，即使他们面对很多的困难和阻碍也可以取得巨大的成功，Lucene 和《Lucene 实战》就是一个很好的例证。

致谢

首先我们要真诚感谢 Doug Cutting。如果没有他的无私付出，这本书就不可能出版。如果没有那些关心 Lucene 项目的参与者支持，Lucene 也不会有如此丰富的功能，可能还会有更多的缺陷，更不会在这么短的时间内发展得如此迅猛。感谢长期以来对该项目给予支持的所有人员。另外，我们还要感谢那些为本书第 12、13、14 章提供研究案例的贡献者，他们是：Michele Catasta、Renaud Delbru、Mikkel Kamstrup Erlandsen、Toke Eskildsen、Robert Fuller、Grant Glouser、Ken Krugler、Jake Mannix、Nickolai Toupikov、Giovanni Tummarello、Mads Villadsen 和 John Wang。我们还要感谢 Doug Cutting 为本书的第 2 版撰写前言。

感谢 Manning 出版社员工对本书所做的贡献，他们是：Marjan Bace、Jeff Bleiel、Sebstian Stirling、Karen Tegtmeyer、Liz Welch、Elizabeth Martin、Dottie Marsico、Mary Piergies 和 Marija Tudor。感谢 Manning 出版社的多位专家对本书提出的很多改进意见，由此你才能读到这样一本优秀的著作，他们是 Chad Davis、Dave Pawson、Rob Allen、Rick Wagner、Michele Galli、Robi Sen、Stuart Caborn、Jeremy Flowers、Robert Hanson、Rodney Woodruff、Anton Mazkovoi、Ramarao Kanneganti、Matt Payne、Curtis Miller、Nathan Levesque、Cos DiFazio 和 Andy Dingley。另外，还要特别感谢 Shai Erera 为本书所做的技术编辑工作。同时感谢在 Manning 论坛 MEAP 上发布反馈的读者。

来自 Michael McCandless 的感谢

写一本书是不容易的，尤其是要写一本像 Lucene 这样带有大量技术内容的书籍更是极具挑战性。要写一本有关一个成功、活跃、快速发展的开源项目的书几乎是不可能的！要启动和完成本书的撰写，必须要有一定的条件才行。

如果没有 Doug 的早期开拓、技术实力以及将自己的想法慷慨进行开源，如果没有开源社区坚定地推进 Lucene 项目，如果没有 IBM 前期对我加入 Lucene 项目和本书的支持，如果没有 Erik 和 Otis 撰写本书的第 1 版，那么我将无法成为本书的组成部分。

我的 4 个小孩——Mia、Kyra、Joel、Kyle——他们在这个过程中想尽一切办法来鼓励我。他们无限的精力、自由的思考、提出一系列有见地的问题、令人惊异的幸福感、永不满足的好奇心、温顺的坚持、幽默感、激情、发脾气以及敏锐的头脑，使得我能够保持年轻心态并激励着我完成诸如撰写本书等任务。我应当一直保持孩子般的奋斗激情。

感谢我的妻子 Jane，当 Manning 出版社为本书的事找到我时，她说服我接受这个任务，同时她在有效运营我们这个繁忙的家庭时还展示出了无与伦比的技巧。值得一提的是，她为我的工作、撰写付出了大量时间，并能分享我的疯狂爱好。可以看出，这种能力是非常少见的。

我的父母以及岳父岳母为我增添了解决问题的勇气，同时还让我坚持完成了本书的撰写。他们教会了我正直：如果你承诺做某件事情，那么就一定要做好它。我们一定要信守承诺并努力完成它。他们还以身作则，通过努力工作告诉我，一个人是可以做大事情的。更重要的是，他们教导我在一生中做自己热爱的事情，生命是如此短暂，已没时间做其他自己不喜欢的事情了。

来自 Erik Hatcher 的感谢

首先向 Mike McCandless 表示衷心的感谢。他几乎独立完成了对本书从 1.0 版本到当前更为出色的 3.0 版本的校对工作。Mike 以极大的热情参与到本书撰写过程中，并急切地处理手头上的各个任务。本书第 1 版的致谢同样适用于这里，因为它对本书的影响是永恒的。

我要以个人名义感谢 Otis 对本书所做的努力。虽然我们尚未谋面，Otis 仍然是我非常乐于合作的伙伴。我们自始至终对本书的结构和内容的意见都保持着高度统一。感谢弗吉尼亚（Virginia）州夏洛茨维尔（Charlottervillc）镇的 Java Java 咖啡店，它为我提供了有线和无线网络帮助；还要感谢 Greenberry 咖啡店为我们提供帮助，为了我们，他们要比 Java Java 咖啡店更晚关门，让我们免遭无法访问网络的困扰（补充一下：他们现在已经使用 Wi-Fi 无线网络了，情况比我们那时要好的多）。我周围的家人和朋友让我的生活极大丰富起来。David Smith 是我一生的良师益友，他的才智给了我很多启发，他为我提出了很多关于 Lucene 的思考（其中很多内容直到现在我都没有完全领会，很抱歉没有把这些内容加入到本书的手稿中）。Jay Zimmerman 和“No Fluff，Just Stuff”研讨会对我产生了深远的影响。NFJS 的常务发言人——Dave Thomas、Stuart Halloway、James Duncan Davidson、Jason Hunter、Ted Neward、Ben Galbraith、Glenn Vanderburg、Venkat Subramaniam、Craig Walls 和 Bruce Tate，他们都非常友善且乐于助人。特别要提到的是 Rick Hightower 和 Nick Lesiecki，他们在技术和交流方面为我提供了有力的支持。

Mike Clark 在我编写《Lucene 实战》的过程中给予了我非常热情的鼓励，这让我无以言谢。在技术方面，Mike 为我提供了 JUnitPerf 性能测试案例，但是最令我感动的却是他所表现出来的活力、雄心和友善。另外，还要特别感谢 Darden Solutions 公司，他们在我枯燥的编辑过程和旅程安排上始终尽可能配合我，从而使我能够轻松地投入工作。Darden 的一位协作者——Dave Engler 为我们提供了 CellPhone Skeleton Swing 应用程序，我已经在 NFJS 回忆和 JavaOne 上演示过这个程序，十分感谢 Dave！Darden 的另外两位协作者——Andrew Shannon 和 Nick Skriloff 使我们对 Verity 项目有了深入了解，作为搜索解决方案，Verity 是 Lucene 的一个有力竞争对手。感谢 Amy Moore 为本书提供了插图。我的好朋友 Davie Murray 针对他所创作的插图耐心接受了我们提出的修改意见。Daniel Steinberg 是我个人的良师益友，他让我把有关 Lucene 的想法放到他的网站 Java.net 上进行宣传。我的另一位好友 Simon Galbraith 现在已经是搜索引擎方面的大师级人物了，我经常通过 E-mail 和他讨论一些搜索引擎方面的想法。

来自 Otis Gospodnetic 的感谢

我不喜欢那些无聊的致谢，但是我对 Margaret 所给予我的支持和耐心却无言以表，我对她的亏欠实在是太多了。我的父母 Sanja 和 Vito 是我最初的启蒙老师，他们给了我一个不同却精彩的世界；是他们鼓励我完成了自己的第一本书，从而消除了我早先对于写书的恐惧感。当然，我得感谢 Doug Cutting，他的有关将 Lucene 进行开源的决定对我的人生产生了重要影响，我还要感谢 Michael McCandless，他对《Lucene 实战》第 2 版和 Lucene 本身的开发都付出了惊人的努力。我想 Mike 甚至有些时候在他的地下室进行 7 天 24 小时的工作。难怪到现在我还没见着他！

关于本书

《Lucene 实战》（第 2 版）将为读者提供关于最优秀的开源搜索引擎——Lucene 的具体使用细节、使用体验、应用范围以及使用技巧。

本书假定读者已经具备了基本的 Java 编程技能。Lucene 本身仅仅是一个 JAR 文件包，文件尺寸小于 1MB，它不需要其他依赖包并能集成到最简单的 Java 控制台程序中，也可以在最复杂的企业级应用中对它进行集成。

内容指引

本书第 1 部分内容涵盖了 Lucene 核心应用程序接口（API），我们将按照将 Lucene 集成到应用程序的顺序来组织这部分内容。

- 第 1 章的目的是让读者对 Lucene 有一个初步认识。我们在本章介绍了一些基本的信息检索术语，还重点阐述了 Lucene 的一些最具竞争力的性能。接着我们立即使用 Lucene 构建了一个简单的索引和搜索程序，读者可以直接使用这个程序或者通过简单修改它的方式来实现自己的需求。这个示例程序为读者探索 Lucene 的其他功能打开了方便之门。
- 第 2 章的目的是使读者熟悉 Lucene 的基本索引操作。本章描述了各种域类型以及用于对数字和日期进行索引的技术。本章涵盖了索引处理过程调整、索引优化、使用近实时搜索以及线程安全等内容。
- 第 3 章将带领读者体验基本的搜索功能，包括 Lucene 如何根据查询条件对搜索结果进行排序。本章讨论了基本的查询类型，以及如何把用户输入的查询表达式转换为 Lucene 可以识别的查询类型。
- 第 4 章深入研究了 Lucene 索引过程的核心内容，也就是分析过程。分析器的构建模块包括语汇单元（token）、语汇单元流（token stream）和语汇单元过滤器

(token filter)。本章对所有的内置分析器都进行了详细的说明。我们还搭建了一些自定义的分析器来展示同义词注入(synonym injection)和近音词(metaphone)(例如使用探测法)的替换等技术。此外，我们还关注对非英语语言的处理，并给出了一个中文文本分析案例。

- 第5章将对前面章节中为涉及的搜索相关内容进行补充。本章将重点介绍几种高级搜索功能，它们包括排序(sorting)、过滤(filtering)和项向量(term vector)等内容。随着深入进行高级查询类型，我们对成员众多的SpanQuery家族也进行了介绍。在本章最后，我们讨论了Lucene中内置的对多索引文件查询的支持，包括并行查询。
- 第6章将在第5章“高级搜索”的基础上，向读者展示如何扩展Lucene的搜索能力。读者将学会如何将搜索结果进行自定义排序，如何对查询表达式进行解析，如何实现对命中结果的搜集，以及如何调整查询性能等。

第2部分不再介绍Lucene的内置功能，而是介绍了如何使用Lucene来构造具体的应用。

- 在第7章中，我们展示了如何使用Tika，Tika是Apache Lucene体系下的另一个开源项目，用来解析多种格式的文档，以获取它们的文本和元数据。
- 第8章介绍了与Lucene有关的一些重要且流行的扩展集和工具集。它们大多都为“外围贡献模块(contrib modules)”，并且在保存于Lucene源代码控制系统的contrib子目录下。我们从Luke开始介绍，它是一款极为实用并能独立运行的工具，主要用于与Lucene索引进行交互；然后我们会介绍能够对搜索结果进行高亮显示，以及能完成拼写修正功能的contrib模块；最后介绍其他比较好用的工具，如非英文分析器，以及几种新的查询类型等。
- 第9章涵盖了由Lucene contrib模块提供的一些附加功能，它们包括：将多个过滤器进行链接、用Berkeley数据库存储索引以及调整WordNet中的同义词等。我们还将展示两个用于对整个RAM中索引进行快速存储的选项，然后会介绍XML查询解析器，它能使程序从XML文档中创建查询语句。我们还将介绍如何使用Lucene进行空间搜索，并由此接触到一个新的模块化QueryParser类，以及一些闲散内容。
- 第10章介绍了利用其他编程语言实现的Lucene版本，比如C++、C#、Python、Perl和Ruby等。
- 第11章涵盖了Lucene有关管理方面的内容，包括如何理解磁盘、内存和文件描述符的使用。我们将介绍如何针对诸如索引吞吐量和索引时延等参数进行Lucene性能调整，并介绍如何在不用暂停索引操作的情况下对索引进行备份，以及如何简单地使用多线程进行索引和搜索。

第3部分(第12、13、14章)通过贡献者提供的案例学习来回顾Lucene各个技术细节，这些贡献者以Lucene为核心构建了很多有价值、快速和宽泛的搜索应用程序。

第 2 版的新增内容

自从本书的第 1 版出版 5 年以来，Lucene 已经发生了较大的变化。这是因为对于一个成功的并具有强大技术架构的开源项目来说，社区内的使用者和开发者已随时间的推移逐步成长起来，由此为我们带来了大量的令人惊异的改进。下面是这些改进的样例：

- 使用近实时搜索技术；
- 使用 Tika 从文档中抽取文本；
- 使用 `NumerField` 类进行索引，以及使用 `NumericRangeQuery` 类实现快速数值范围查询；
- 使用 `IndexWriter` 类更新和删除文档；
- 使用 `IndexWriter` 类的事务语义（提交、回滚等）；
- 使用只读的 `IndexReader` 类和 `NIOFSDirectory` 类提高并行搜索能力；
- 实现纯布尔查询；
- 向索引中加入有效载荷，并用 `BoostingTermQuery` 使用它们；
- 使用 `IndexReader.reopen` 方法从一个现存 reader 中有效打开一个新的 reader;
- 理解资源使用情况，如内存、磁盘和文件描述符等；
- 使用 Function 查询；
- 诸如索引和搜索吞入量等性能调整参数；
- 在不用暂停索引操作的情况下对索引进行热备份；
- 使用针对其他编程语言实现的 Lucene 移植版本；
- 使用 “benchmark” 贡献包进行性能测量；
- 理解新的可重用 `TokenStream` API;
- 在索引和搜索期间使用多线程实现并行处理；
- 使用 `FieldSelector` 提高对存储类型域的加载速度；
- 使用 `TermVectorMapper` 自定义项向量的加载方式；
- 理解简单的 Lucene 锁机制；
- 使用自定义的 `LockFactory`、`DeletionPolicy`、`IndexDeletionPolicy`、`MergePolicy` 和 `MergeScheduler` 子类；
- 使用新的 contrib 模块，如 `XMLQueryParser` 和 Local Lucene search 等；
- 对常见问题的排查。

我们在第 12、13、14 章中加入了几乎全新的案例学习内容。另外加入了一个新的章节（第 11 章）用来介绍 Lucene 的管理特性。第 7 章内容在本书的第 1 版中主要介绍了用于解析各种不同文档类型的自定义框架，本书的第 2 版则基于 Tika 对该内容进行了全部重写。另外，所有代码示例都已更新至 Lucene 3.0.1 版本的 API 中。当然，我们还收录了大量读者反馈信息。

本书面向的读者

那些希望能够把强大的搜索功能加入到自己应用程序中的开发者应该阅读本书。《Lucene 实战》第 2 版还适合那些对 Lucene 或索引和搜索技术感兴趣、但暂时还不需要使用 Lucene 的开发者。将 Lucene 的专有技术加入到你的知识库中，会使你在以后进行的项目开发中获益匪浅——因为搜索将会是今后一个非常热门的话题。

本书主要按照 Java 实现的 Lucene 版本进行介绍，并且大部分的示例代码都是用 Java 语言编写的。熟悉 Java 的读者很快就可以轻松进行了，具备 Java 方面的专业知识无疑对阅读本书有较大帮助；不过现在已经出现了 C++、C#、Python 和 Perl 版本的 Lucene。Java 版的 Lucene 和其他语言版本的 Lucene 之间在基本概念、技术甚至自身的 API 之间都是相通的。

代码示例

读者可以从 Manning 出版社的主页 http://www.manning.com/LuceneinActionSecondEdition 或 http://www.manning.com/hatcher3 上下载本书源代码。这些代码的使用说明可以从源代码包中的 README 文件中找到。

本书的大部分代码都是由我们编写的，读者可以在源代码包中找到这些代码，它们是由 Apache Software Licence（http://www.apache.org/licenses/License-2.0）颁发许可的。而其中一些代码（特别是案例分析中的代码，以及其他程序移植的 Lucene 代码）并不由我们的源代码包提供；本书展示的代码片段是由 Lucene 社区捐赠者贡献的。在几个案例中使用到的部分代码片段是从 Lucene 代码库中获取的，并都得到了 Apache Software License 2.0 的许可。

代码示例并不包括导入的代码包及对应的导入声明，这主要是为了节省篇幅；读者如果需要了解这部分细节，可以去研究对应的实战代码。同样是为了节省篇幅的缘故，代码片段的很多地方省略了 `throws Exception` 声明，而读者在编写代码时需要声明和获取特定的异常，如果程序在运行期间抛出这个异常则需要进行处理。在一些代码示例中有的代码片段附带了文本内容，而这些示例是不能直接使用的；这些示例代码包含在名为 Fragments.java 源文件中，每个子目录下面都有这样一个文件。

为什么要用 JUnit

我们相信本书中的代码示例应该有一流的质量和很强的可用性。而在计算机书籍中常用的“hello world”程序则经常会侮辱我们的智商，而且这对于读者了解如何进入实际的应用几乎毫无帮助。

在《Lucene 实战》第 2 版中我们通过独特的方法列举了一些源代码例子。这些例子中很多都是实际的 JUnit 测试用例（http://www.junit.org），对应的版本号位 4.1。JUnit 实际上是 Java 单元测试框架，它为我们提供了一种可重复运行的方式来判断指定的代码是否在按照预期运行。它能将被测代码进行明确的隔离，方法是在这段代码前面加入这个测试用例，并通过将被测代码放置在测试用例所调用的 API 后面，来指示 JUnit 如何完成这项测试。使用 IDE 或者 Ant 的自动化 JUnit 测试用例时，可以只通过一步操作（或者通过持续集成方式）就能够建立测试。我们之所以在本书中使用 JUnit，是因为在日常的项目中我们一直都在使用它。因此也想让读者了解我们在现实当中是如何调试代码的。测试驱动开发（TDD，Test Driven Development）是我们极力推崇的一种程序开发方式。

如果读者对 JUnit 还不熟悉，那么我们推荐几本关于 JUnit 的入门书籍：《Pragmatic Unit Testing in Java with JUnit》，作者为 Dave Thomas 和 Andy Hunt；另外一本是由 Manning 出版社出版的《JUnit in Action》，作者为 Vincent Massol 和 Ted Husted，该书第 2 版的作者为 Petar Tahchiev、Felipe Leme、Vincent Massol 和 Gary Gregory。

代码约定和代码下载

出现在清单或文本文件中的源代码，以固定宽度的字体表示，以便从普通文本中将这些源代码分离出来。文本中的 Java 方法名称一般不包括完整的方法声明。

为了调整可用的页面空白，代码都按照限定的宽度进行排版，并在合适的地方加入续行符。

我们没有讨论引入语法，也很少涉及类名全称——因为这样做会占据书中有价值的篇幅。详情请参考 Lucene 的 Javadocs。所有优秀的 IDE 都对自动添加引入语法有很好的支持。虽然不知道类名全称，Erik 仍然利用 IDEA IntelliJ 兴奋地编写出代码；Otis 用 Xemacs 做了相同的工作。只需要把 Lucene JAR 的路径加入到自己项目的 classpath 里就可以完成所有的设置。关于 classpath（这是一件很烦杂的工作），我们假定 Lucene JAR 和其他必要的 JAR 都是可用的，不再显式表示。Lib 目录包含源代码及其用到的 JAR 包。当读者运行 ant 目标命令时，这些 JAR 包会被放置在 classpath 目录下。

我们为本书创建了很多示例，这些示例都可以免费获取。读者可以从 Manning 出版社网站的 Lucene 实战页面 http://www.manning.com/LuceneinActionSecondEdition 页面下载该 ZIP 包，它包含了本书中提到的所有示例代码（http://www.manning.com/hatcher3）。有关运行这些示例代码的详细说明，可以从扩展文档的主目录里查到，对应的文件名为 README。

我们的测试数据

本书的大部分内容都围绕着一套通用的示例数据来保持一致性，以避免在每节中都使用一组全新的数据。下表中的示例数据都由相关书籍的详细信息组成。表 1 提供了贯穿全书的数据供读者参考，并有助于读者理解我们的示例。

这些数据除了表中所展示的域以外，还包括 ISBN、URL 和出版月份等几个域。当读者从 www.manning.com/hatcher3 中下载并解压源代码后，本书中用到的源代码即以*.properties 文件格式保存在 `data` 子目录中，而 `src/lia/common/CreateTestIndex.java` 中的命令行工具则用于创建本书所用到的测试索引。类别域和主题域是根据我们的主观判断并根据它们所属的范围给出的，而其他的信息则是关于这些书的客观内容。

表 1 全书用到的示例数据

标题/作者	类　别	主　题
A Modern Art of Education Rudolf Steiner	/教育/教学	education philosophy psychology practice Waldorf
Lipitor, Thief of Memory Duane Graveline, Kilmer S. McCully, Jay S. Cohen	/健康	cholesterol,statin,lipitor
Nudge: Improving Decisions About Health, Wealth, and Happiness Richard H. Thaler, Cass R. Sunstein	/健康	information architecture,decisions, choices
Imperial Secrets of Health and Longevity Bob Flaws	/健康/可选/中文	diet chinese medicine qi gong health herbs
Tao Te Ching 道德经 Stephen Mitchell	/哲学/东方	taoism
Gödel, Escher, Bach: an Eternal Golden Braid Douglas Hofstadter	/科技/计算机/人工智能	artificial intelligence number theory mathematics music
Mindstorms: Children, Computers, And Powerful Ideas Seymour Papert	/科技/计算机/编程/教育	children computers powerful ideas LOGO education
Ant in Action Steve Loughran, Erik Hatcher	/科技/计算机/编程	apache ant build tool junit java development
JUnit in Action, Second Edition Petar Tahchiev, Felipe Leme, Vincent Massol, Gary Gregory	/科技/计算机/编程	junit unit testing mock objects
Lucene in Action, Second Edition Michael McCandless, Erik Hatcher, Otis Gospodnetić	/科技/计算机/编程	lucene search java

续表

标题/作者	类　别	主　题
Extreme Programming Explained Kent Beck	/科技/计算机/编程/方法论	extreme programming agile test driven development methodology
Tapestry in Action Howard Lewis-Ship	/科技/计算机/编程	tapestry web user interface components
The Pragmatic Programmer Dave Thomas, Andy Hunt	/科技/计算机/编程	pragmatic agile methodology developer tools

网络联系作者的方式

如果你购买了《Lucene 实战》第 2 版，你就可以免费访问由 Manning 出版社管理的一个私人网络论坛，在那里你可以和作者以及其他读者就这本书的内容进行讨论。要访问并订阅该论坛的内容，请在浏览器地址栏中输入网址：http://www.manning.com/LuceneinActionSecondEdition。这个页面提供了有关注册后如何登录，在网站上能获取哪些帮助以及论坛的管理规则等信息。

关于原书名（*Lucene In Action*）

通过将介绍、概括与示例引导融合在一起，In Action 系列图书被尽力设计得有助于学习和记忆。根据对认知科学的研究，人们最容易记忆的事情就是那些他们通过自主探索所发现的内容。

虽然 Manning 出版社没有认知科学家，但我们仍然相信为了巩固所学到的知识，必须经过一系列探索、实践，并复述学习内容的阶段。只有在积极地对它们进行探索之后，人们才能理解并铭记新的事物，从另一角度来说就是掌握它们。人们通过实际操作学习新知识。In Action 系列图书的最核心部分就是通过实例驱动。它鼓励读者通过实践、运用有创新意识的代码并探索新的想法。

本书适用这个标题还有另一个很直接的原因：我们的读者都很忙。他们使用一本书可能只是为了工作甚至是为了解决一个棘手的问题。读者需要的是一本可以方便查阅的书，并且他们只需掌握自己想要的内容。他们需要的是一本能够有助于实践的书。而这个系列的书就是为了满足这类读者而设计的。

关于封面插图

《Lucene 实战》第 2 版的封面插图是“一个叙利亚海岸居民”。这幅图取自于描绘奥斯曼帝国（Ottoman Empire）时期服饰的一本画册，这本画册是由位于伦敦 Old Bond 街的 William Miller 出版社于 1802 年 1 月 1 日出版的。该画册的扉页已经丢失了，到目前为止我们还没有找到。在该画册的目录中，作者用英语和法语对这些图进行了标注。每幅插图都带有两位绘制者的名字，毫无疑问，如果他们知道自己的作品出现在 200 年后的计算机编程书籍的封面上，他们一定会惊喜万分。

Manning 出版社的一个编辑在西曼哈顿大街 26 号的 Garage 古玩市场买到了这本画册。出售这本画册的人是一个住在土耳其首都安卡拉的美国人，他在动身去安卡拉的当天卖掉了这本画册。由于这位编辑身上所带的现金不够支付这本画册，他希望能用信用卡和支票代替，不过被婉言谢绝了。

在当天晚上那个卖画人就飞回了安卡拉，买画的事情似乎也毫无希望了。那么你会问，我们是怎样买到画的呢？其实他们只是使用了一种古老的口头协议——握手。卖画人非常爽快地提议：把自己的银行账号留给编辑，让编辑先把画册拿回去，然后再将买画的钱电汇给它。不必说，我们在第二天就把钱转到了他的账上，这件事给我们留下了美好的回忆，我们非常感激这位素昧平生的朋友对我们的信任。这使我想起了很早之前发生的一些事情。

这些来自土耳其民族的收藏画和 Manning 出版社其他书籍的封面插图一样，使我们清晰地看到了两个世纪以前土耳其人民丰富多样的民族服装。它们唤醒了我们与那个时代的孤立感和距离感：除了我们这个精神高度紧张的时代以外的每一个其他历史时期的孤立感和距离感。

从那时起着装方式已经发生了很大的改变，当时不同的地区有着不同的着装方式，因此当时服装样式也异常丰富，但这种多样性已随着时间的推移而逐渐消失了。现在已经很难再从服装上区别不同地区的人了。或许我们可以用一种很乐观的态度去看待它：我们是将文化、视觉的多样性和更为丰富多彩的私人生活进行了交换，或者是和更多样化且更有意义的理性和专业生活进行了交换。作为 Manning 出版社的成员，我们对这个出版社所拥有的独创性、主动性，当然还包括本书基于 200 年前多样性的区域生活的封面，以及从这幅藏品里挖掘出来的画中所体现的生活，感到十分庆幸。

JUnit入门

本节内容将对 JUnit 进行简要的介绍，但要知道我们的介绍还很不完整。我们将提供理解代码示例所需的最基本的 JUnit 内容。首先，我们的 JUnit 测试用例继承自 junit.framework.TestCase 基类。而具体的测试类遵循一个命名规范：为类名加上后缀 Test。比如我们的 QueryParser 测试类就会被取名为 QueryParserTest.java。

JUnit 自动执行所有声明为 public void testXXX() 形式的方法，其中 XXX 是一个比较随意但有意义的名字。JUnit 测试方法应当简洁明了，一定要养成良好的软件设计习惯（比如不要总是重复工作，而要提高方法的可用性等）。

断言

JUnit是围绕着一系列 assert 声明进行构建的，这就可以让你专注于编写测试程序，而让 JUnit 框架负责处理测试失败情况并报告错误细节。其中最常用的 assert 方法声明是 assertEquals 方法；该方法声明中有很多可重载参数，而且这些参数的类型多种多样。一个简单的示例测试方法如下：

```
public void testExample() {
 SomeObject obj = new SomeObject();
 assertEquals(10, obj.someMethod());
}
```

如果预期值（在这个例子中预期值为 10）不等于实际值（在这个例子中实际值为调用 obj.someMethod() 返回的结果），assert 方法就会抛出一个运行异常。除了 assertEquals 方法之外，还有其他几个可用的 assert 方法。我们还可以使用 assertTrue(expression)、assertFalse(expression) 和 assertNull (expression) 声明。它们分别用于测试表达式是否为真、是否为假或者是否为空。

Assert 具有一些可重载方法，这些方法声明把 String 变量作为第一个参数。该 String 参数完全是为了反馈一些测试信息而设置的，当一个测试返回失败时，这个参数可以为测试人员提供更多信息。所以我们在使用这个 String 参数时会让它更具有描述性（有时会让它读起来更有趣）。

通过使用上述方式，在 JUnit 测试用例中对我们的假设和期望进行编码，可以让我们从构建大而复杂的系统中剥离出来，从而把精力集中到比较小的细节中去。我们会在何时的位置编写大量的测试用例，并且可以根据这些用例进行快速开发。我们可以完全没有后顾之忧地修改系统中某一部分代码，比如说可以对算法进行优化，这份信息来自于我们知道即使代码有所改变也不会破坏系统的其他部分，如果这样做确实影响到系统的某一部分，自动测试套件会在进入最终产品之前提示错误。这种敏捷性源自于通过重构来保证代码库的清洁。重构是一门改变代码内部结构的艺术（或者说是一门科学），是在不影响系统外部接口的前提下修改程序（或代码）的内部结构，以满足不断演进的需求。

JUnit 在本书中的应用

让我们把本书中所提到的有关 JUnit 内容加入到代码环境中。其中一个测试用例（来自于第 3 章）展示如下：

```
public class BasicSearchingTest extends TestCase {
  public void testTerm() throws Exception {
    IndexSearcher searcher;
    Directory dir = TestUtil.getBookIndexDirectory();    // TestUtil 提供目录
    searcher = new IndexSearcher(dir,                     // 创建 IndexSearcher
                                 true);

    Term t = new Term("subject", "ant");
    Query query = new TermQuery(t);
    TopDocs docs = searcher.search(query, 10);
    assertEquals("Ant in Action", 1, docs.totalHits);     // 搜索“ant”所期望得到的一个搜索命中结果
    t = new Term("subject", "junit");
    docs = searcher.search(new TermQuery(t), 10);
    assertEquals(2, docs.totalHits);                      // 搜索“junit”所期望得到的两个命中结果

    searcher.close();
  }
}
```

当然了，稍后我们将向读者解释这个测试用例中所使用的 Lucene API。TestUtil 类来自于 lia/common/TestUtil.java，它包括几个在本书中多次用到的方法。每次我们使用该方法时都会展示它的源代码。下面是 getBookIndexDirectory 方法的源代码：

```
public static String getBookIndexDirectory() {
  // The build.xml ant script sets this property for us:
  return System.getProperty("index.dir");
}
```

该方法会返回一个路径信息，我们的示例数据索引就保存在文件系统该路径下。当

我们在该测试中不使用该方法时，JUnit 还提供了一个初始化方法，该方法会在调用所有测试方法之前被调用，方法名称为 public void setup()。

如果对 assert in testTerm 的测试失败，那么我们可以看到类似如下的异常信息：

```
junit.framework.AssertionFailedError:
  Ant in Action expected:<1> but was:<0>
   at lia.searching.BasicSearchingTest.testTerm(BasicSearchingTest.java:20)
```

该信息表示我们的测试数据与预期的不同。

对 Lucene 进行测试

本书中大部分测试用例都对 Lucene 本身进行了测试。而事实上这可行吗？难道不是应该设计测试用例来测试自己编写的代码，而不是测试程序库吗？针对用来学习 API 的测试驱动开发有一个很有意思的方法：测试驱动学习（Test Driven Learning）。这对于设计一个用于直接测试新 API 的测试程序来说至关重要，而设计这个测试程序可以在很大程度上帮助读者理解新的 API 是如何运行的，以及它有什么功能。这也正是我们在大部分代码示例中所做的最有意义的事情，所以本书的测试用例都是针对 Lucene 自身的。因此不要把这些学习性质的测试束之高阁，一定要随时使用这些测试方法，以保证在 API 升级时这些测试仍然能适用于新版本的 API，并且能够在 API 不可避免地发生改变时重构这些测试方法。

Mock Objects

出于测试目的，我们为几个测试用例用到了 Mock Objects。为了确定业务逻辑是否正常运行，Mock Objects 被用作实际业务逻辑的探针（Probe）。比如在第 4 章中有一个 SynonymEngine 接口（详见 4.6 小节）。这个接口的实际业务逻辑是作为一个分析器使用的。当我们想测试一个分析器本身时，SynonymEngine 被用作何种类型并不重要，不过我们希望使用一个定义良好且行为可预见的类型。我们创建了一个 MockSynonymEngine 对象，可以利用它对分析器进行可靠且可预期的测试。Mock Objects 有助于简化测试用例，利用它们，我们可以每次只对系统的一部分进行测试，而不至于纠结于系统各个部分之间的依赖关系。这种做法可以保证在出现一个测试失败时不影响其他部分。当我们进行设计变更时，Mock Objects 所带来的优势就可以体现出来了，比如，我们可以通过使用接口而非直接具体的实现来区分关注点和设计。

关于作者

Michael McCandless 已从事了 10 年以上搭建搜索引擎相关工作。在 1999 年，他和其他三人创立了 iPhrase Technologies 公司，开始推出基于用户为中心的商业搜索软件，该软件是用 Python 和 C++编写的。在 2005 年 IBM 公司接收 iPhrase 项目后，Michael 便投入了 Lucene 项目并开始贡献相应补丁，2006 年他成为该项目的提交者之一并在 2008 年成为 PMC 成员。Michael 曾在 MIT 获得过本科、硕士和博士学位，现在与妻子 Jane 和 4 个可爱的孩子 Mia、Kyra、Joel 和 Kyle 居住在马萨诸塞州的 Lexington。Michael 的博客地址为 http://chbits.blogspot.com。

Erik Hatcher 在自己感兴趣且颇具挑战性的技术领域进行了大量编码、写作和演讲。他曾经使用不同的技术和计算机语言编写过多种不同行业的软件。Erik 和 Steve Loughran 曾合著了《使用 Ant 进行 Java 开发》(Java Development with Ant，Manning 出版社 2002 年出版)，该书曾得到业内人士的广泛赞誉。从 Erik 的第一本书出版以来，他已经在大量的行业会议上发表了演讲，这些会议包括：No Fluff、Just Stuff 巡回研讨会、JavaOne、O'Reilly's Open Source Convention、JavaZone、devoxx、用户组以及有时还有网上研讨会。作为 Apache 软件基金(Apache Software Foundation）成员之一，他在包括 Lucene 和 Solr 等项目中是一个活跃的贡献者和提交者。Erik 热情地呈现了自己喜爱的技术，最近值得一提的是 Solr、Solritas、Flare、Blacklight 和 solr-ruby——他喜欢研究用户体验和 Solr 之间的交集。Erik 还加入了 Lucid Imagination，在那里努力地投入开源搜索产品的开发中。Erik 已逐步适应了弗吉尼亚州中部的宁静生活。

Otis Gospodnetic 在 Lucene 成为 Apache Lucene 项目前就已经是 Lucene 开发人员了。他是 Sematext 公司的共同创始人，该公司专注于有关搜索（侧重于 Lucene、Solr 和 Nutch）和分析（请参考 BigData、Hadoop 等）方面的个人服务及产品。Otis 已从事 Lucne 和 Solr 项目多年，一些他以前的包括 Lucene 等技术著作已由 O'Reilly Network 和 IBM developerWorks 发表。多年前，Otis 还撰写了《To Choose and Be Chosen: Pursuing Education in America》一书，该书为想在美国念书的外国人提供了参考手册；其内容是基于作者自己的经历而撰写的。Otis 目前居住于纽约，负责 NY Search & Discovery Meetup。

目录

第1部分 Lucene核心

第 2 部分 Lucene 应用

第 3 部分 案例分析

第 1 部分

Lucene 核心

本书前半部分涵盖了 Lucene 的 Java 程序包相关内容。第 1 章“初识 Lucene”是对 Lucene 的总体概述，你可据此开发一个完整的索引和搜索程序。每个后续章节都深入阐述了一个具体部分。第 2 章“构建索引”和第 3 章“为应用程序添加搜索功能”均为使用 Lucene 的第一步。第 4 章“Lucene 的分析过程”将深入到索引过程，帮助我们理解 Lucene 是如何对文本进行索引的。

通过对前 4 章的学习，你会较好地理解 Lucene 的一些基本功能。但 Lucene 真正的亮点在于搜索，所以我们将在本书前半部分结束前用两章的篇幅来介绍它，分别是：第 5 章“高级搜索技术”，这些高级搜索技术都基于 Lucene 的内置特性；第 6 章“扩展搜索”，展示了 Lucene 针对定制目的而提供的可扩展性。

第 1 章　初识 Lucene

本章要点

- 了解 Lucene
- 理解典型的搜索程序结构
- 使用基本的索引 API
- 使用搜索 API

Lucene 其实是一类强大的 Java 搜索库，它能让你很轻易地将搜索功能加入到任何程序中。近年来 Lucene 变得非常流行，同时它也是使用最为广泛的信息搜索库：它能够增强很多 Web 站点和桌面应用程序的搜索能力。尽管当初它是用 Java 编写的，由于使用太广泛，以及热心开发人员的努力，目前你已经可以自由获取大量的针对其他编程语言的 Lucene 移植版本（其中包含 C/C++、C#、Ruby、Perl、Python 以及 PHP 版本）。

简单易用是 Lucene 广受欢迎的关键因素之一，但是不要被这点所迷惑：后台复杂、设计先进的信息检索技术其实一直在不为人知地运行着。Lucene 是一款设计非常优秀的软件，它向用户提供了简单易用的索引和搜索 API，并屏蔽了复杂的内部实现过程。当开始使用 Lucene 时，你不必深入了解它的信息索引及检索的工作原理。同时由于 Lucene API 简单直接，你只需要学会如何使用它提供的类就可以了。再者，对于早已厌倦了臃肿软件的你而言，会惊奇地发现 Lucene 的核心 JAR 包是如此短小精悍——仅有 1MB 大小——并且不需要其他任何依赖的 JAR 包！

在本章中，我们将分析一款典型搜索程序的总体架构，以及 Lucene 在其中的使用场合。

需要指出的是，Lucene 仅仅是一个提供搜索功能的类库，所以你还需要根据实际情况自行完成搜索程序的其他模块（例如网页抓取、文档处理、服务器运行、用户界面和管理等）。在具体分析过程中，我们将首先通过一些现成的代码示例，为你展示如何使用 Lucene 进行基本的索引和搜索实现，然后简要地介绍在索引和搜索过程中需要了解的全部核心知识点。我们处在一个信息爆炸的时代，需要解决的首要问题就是具备强大的搜索能力。

NOTE Lucene 是一个快速发展的开源项目。当你读到此处时，很可能 Lucene 的很多 API 和特性都已经发生改变。本书内容基于该项目的 3.0.1 版本，由于 Lucene 版本是向后兼容的，本书所有代码示例都可以在后续 3.x 版本中编译和运行。如果在这过程中你遇到任何问题，请发送邮件至 java-user@lucene.apache.org。Lucene 社区规模巨大，他们热情并且反馈迅速，一定能够为你提供帮助。

1.1 应对信息爆炸

为了认识我们这个复杂的世界，人们发明了各种各样的方案来对信息进行分类和组织。在图书馆使用的杜威十进制分类法（Dewey Decimal System）就是层次分类方法的一个经典案例。

随着互联网的普及以及数字信息的爆炸式增长，人们已经可以足不出户地接触到海量信息。随着数据量的日益剧增，我们迫切需要采用全新的、更为动态化的方法来查找所需要的信息（如图 1.1 所示）。尽管我们可以对数据进行分门别类，但从成千上万的类别或者子类别中查找信息已经不再是一种行之有效的方法了。

如今人们需要在浩如烟海的数据中快速查找所需信息，这不仅仅体现在互联网领域中——因为台式计算机的数据存储量也随着硬盘存储能力的提高而激增。通过改变目录，展开或收起文件夹层次结构，已经不再是一种访问存储文档的有效方法。此外，人们不仅要使用计算机的原始计算功能，而且要用它进行通信交流、多媒体播放和存储等。这类应用需要计算机能够快速查找某个特定的数据片段；同时，我们还需要能够方便地查到诸如图片、视频和音频文件等各式各样的多媒体文件（Rich Media）。

我们一边要面对如此大量的数据信息，一边又在吝惜自己宝贵的时间资源，为了解决这个矛盾，我们必须找到一种灵活、自由和及时的数据查询方法，以便能够在花费最小精力代价的情况下，用这种方法快速穿越各种严格的分类界限，准确找到我们需要的信息。

为了说明在互联网和台式计算机中使用广泛的搜索应用，如图 1.1 所示是在 Google 中搜索 Lucene 的情形。图 1.2 展示了 Apple Mac OS X Finder（类似于 Microsoft Windows 资源管理器）以及它右上方显示的内嵌搜索功能。Mac OS X 音乐播放器 iTunes，同样具有内嵌搜索功能，如图 1.3 所示。

因此，搜索功能可以说是无处不在！所有主流操作系统都内嵌了搜索功能。对于

Mac OS X 系统来说，它的突出特性在于，它集成的索引和搜索功能涵盖了所有文件类型，包括具有大量元数据的文件类型，比如电子邮件、通讯录等[1]。

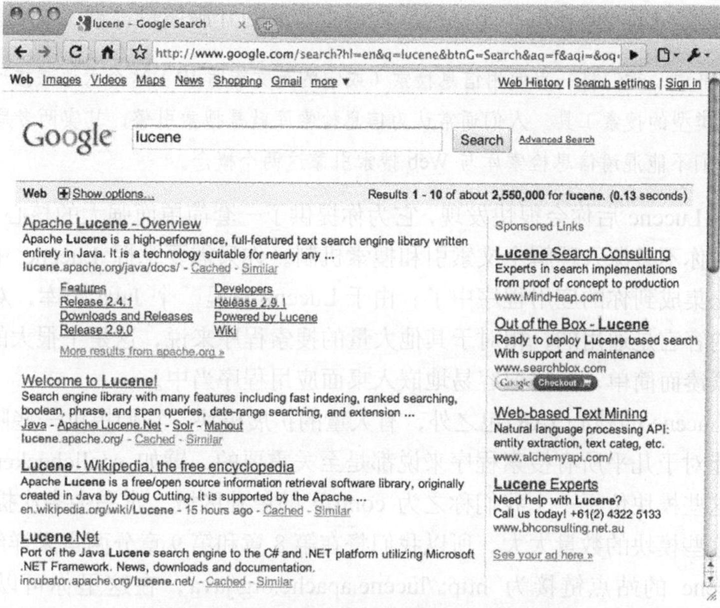

图 1.1 在互联网上利用 Google 进行搜索

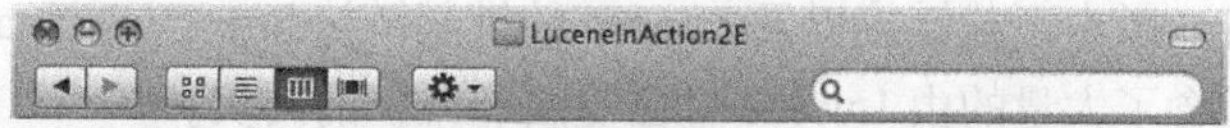

图 1.2 Mac OS X Finder 及其内嵌的搜索器

图 1.3 Apple's iTunes 嵌入直观的搜索功能

不同的人都在为解决同一个问题而奋斗着——信息量太过庞大——从而采取不同的方法来处理它。一些人致力于不断推出新的用户界面，一些人则是推出智能助理，还有一些人致力于开发复杂的搜索工具或者类似于 Lucene 的搜索库来解决这个问题。在进入示例代码之前，我们先从总体上介绍一下 Lucene 是什么，Lucene 能够做什么，以及它的发展历程。

1.2 Lucene 是什么

Lucene 是一款高性能的、可扩展的信息检索（IR）工具库。信息检索是指文档搜索、文档内信息搜索或者文档相关的元数据搜索等操作。Lucene 能够融入到你的应用程序

[1] 本书作者 Erik 和 Mike 对 Apple 相关的技术都颇感兴趣。

中，以增加搜索功能。它是一款以 JAVA 实现的成熟、自由、开源的软件项目，也是 Apache 软件基金（Apache Software Foundation）中的一个项目，并且基于 Apache 软件许可协议授权。因此，Lucene 在近年来已经成为最受欢迎的开源信息检索工具库。

NOTE 本书中，我们将一直使用信息检索（或它的英文缩写 IR）这个术语来描述 Lucene 这一类型的搜索工具。人们通常认为信息检索库就是搜索引擎，其实两者是有区别的，我们不能混淆信息检索库与 Web 搜索引擎这两个概念。

使用 Lucene 后你会很快发现，它为你提供了一套简单而强大的核心 API，并且在使用它们时你不必深入理解全文索引和搜索机制。你只需要掌握 Lucene 中少数几个类就可以将它集成到你的应用程序中了。由于 Lucene 只是一个 Java 类库，对于不同的索引和搜索内容它是通用的，相对于其他大量的搜索程序来说，这是个很大的优势。Lucene 的设计紧凑而简单，能够很容易地嵌入桌面应用程序当中。

在 Lucene 的核心 JAR 包之外，有大量的扩展模块，它们提供一些附加功能。其中一些功能对于几乎所有搜索程序来说都是至关重要的，譬如 spellchecker 和 highlighter 模块。这些模块位于一个我们称之为 contrib 的单独区域，本书会多次提及这类 contrib 模块。这些模块的数量太大，所以我们将在第 8 章和第 9 章分两章来详细讲解它们！

Lucene 的站点链接为 http://lucene.apache.org/java，在这里你可以更详细地了解 Lucene 的最新状况。主要有：新手教程、Lucene 最近所有版本 API 的 Java 帮助文档、问题跟踪系统、版本下载链接以及 Lucene 的维基链接 http://wiki.apache.org/lucene-java，该维基链接包含了大量的由 Lucene 社区更新和维护的网页。

很可能你在使用 Lucene 的时候自己却并不知道！因为 Lucene 所提供的搜索功能目前正以令人难以置信的速度大量应用于各种场合：网飞公司（NetFlix）、掘客（Digg）、MySpace 社交网站、LinkedIn 专业网络社区、联邦快递（Fedex）、苹果公司（Apple）、特码捷票务公司（Ticketmaster）、SalesForce.com 网站、大不列颠百科全书光盘、日蚀集成开发环境（Eclipse IDE）、梅奥医学中心（the Mayo Clinic）、New Scientist 杂志社、Atlassian 软件公司（JIRA）、Epiphany 浏览器、麻省理工学院在线课件（OpenCourseWare）和数字空间系统（DSpace）、Hathi Trust 数字图书馆、Akamai 公司的前端运算（Edge Computing）平台等。或许你的名字也即将出现在这个列表中！Lucene 维基页面的技术支持分页有更多的用户列表。

1.2.1 Lucene 能做些什么

人们初次接触到 Lucene 时，很容易将它和一些即用型程序搞混淆，比如文件搜索程序、网页搜索器以及网站搜索引擎等。其实这并不是 Lucene 的真面目：Lucene 只是一个软件类库，或者一个工具箱，而并不是一个完整的搜索程序。Lucene 专注于文本索引和搜索功能，并且运行效果非常不错。Lucene 能够让你的应用程序在不用了解复杂的索引和搜索实现的情况下，通过调用它的一个简单易用的 API，就能够按照固定规则来进行事务处理。这时你的整个程序将围绕 Lucene 这个核心来运行。

很多完整的搜索程序其实都是建立在 Lucene 核心之上的。如果你正在寻找一些成型的网页搜索程序、文档处理程序以及搜索引擎，可以选择 Lucene 维基页面在其技术支持分页所列出的一些现成的应用程序。

Lucene 允许你向自己的应用程序中添加搜索功能。Lucene 能够把你从文本中解析出来的数据进行索引和搜索。Lucene 并不关心数据来源、格式，甚至不关心数据的语种，只要能把它转换为文本格式即可。也就是说你可以索引和搜索存储在文件中的如下数据：远程 Web 服务器上的网页、本地文件系统中的文档、简单的文本文件、Word 文档、XML 文档、HTML 文档或者 PDF 文档，或者其他能够从中提取文本信息的数据格式。

同样，你也可以利用 Lucene 来索引存储在数据库中的数据，以给你的用户提供一些其他数据库所不具备的诸如全文搜索等功能。一旦你的应用程序集成了 Lucene，用户就可以进行诸如 `+George +Rice -eat-pudding`、`Apple-pie+Tiger`、`animal:monkey AND food:banana` 等有着复杂查询条件的搜索。有了 Lucene，你可以为电子邮件信息、归档邮件列表、即时聊天信息以及维基（Wiki）页面等信息进行索引和搜索。下面让我们来回顾一下 Lucene 的历史。

1.2.2 Lucene 的历史

Lucene 最初是由 Doug Cutting 编写的[1]。当时其工具包可以从 SourceForge 的 Lucene 主页下载。在 2001 年 9 月，Lucene 加入 Apache 软件基金会的 Jakarta 家族并开始提供高质量 Java 开源软件产品；2005 年该项目一跃成为顶级的 Apache 项目。目前，Lucene 包含大量的子项目，具体可以通过 http://lucene.apache.org 了解。本书主要包含 Lucene 项目的 Java 子项目，详见 http://lucene.apache.org/java，但大多数人一般将这个 Java 子项目称为 Lucene 项目。

自那以后，每个 Lucene 版本的发布都使得这个项目备受关注，吸引着更多的用户和开发人员的眼球。截止 2010 年，最新的 Lucene 版本号是 3.0.1。表 1.1 列出了 Lucene 的版本发布历史。

表 1.1 Lucene 的版本发布历史

版　本	发布日期	里程碑
0.01	2000 年 3 月	在 SourceForge 网站第一次发布开源版本
1.0	2000 年 10 月	
1.01b	2001 年 7 月	在 SourceForge 网站最后一次发布
1.2	2002 年 6 月	在 Apache Jakarta 第一次发布
1.3	2003 年 12 月	加入复合索引文件格式，增强了 `QueryParser`、远程搜索、Token 定位、扩展站的评分 API 等

[1] Lucene 是 Doug 妻子的中名，同时这也是她外祖母的姓。

续表

版 本	发布日期	里 程 碑
1.4	2004 年 7 月	增加排序、跨度查询、项向量等功能
1.4.1	2004 年 8 月	排序性能缺陷的修正
1.4.2	2004 年 10 月	优化了 IndexSearcher 并修正一些程序缺陷
1.4.3	2004 年 11 月	修正各种程序缺陷
1.9.0	2006 年 2 月	增加二进制存储域、DateTools、NumberTools、RangeFilter、RegexQuery 等；要求 Java1.4 版本
1.9.1	2006 年 3 月	BufferedIndexOutput 缺陷修正
2.0	2006 年 5 月	删除过时的方法
2.1	2007 年 2 月	新增在 IndexWriter 中删除/更新文档、简化锁机制、优化 QueryParser、benchmark contrib 模块
2.2	2007 年 6 月	性能改进、程序查询、有效载荷、预分析域、自定义删除策略
2.3.0	2008 年 1 月	性能改进、自定义段合并策略和段合并计划任务、默认后台进行段合并、索引损坏检测工具、新增 IndexReader.reopen 方法
2.3.1	2008 年 2 月	修正 2.3.0 中的程序缺陷
2.3.2	2008 年 5 月	修正 2.3.0 中的程序缺陷
2.4.0	2008 年 10 月	性能提升、事务语义（回滚、提交）、新增 expungeDeletes 方法、在 IndexWriter 中根据查询删除
2.4.1	2009 年 3 月	修正 2.4.0 中的程序缺陷
2.9	2009 年 9 月	新增段 Collector API、提升搜索性能、近实时搜索、基于属性的分析
2.9.1	2009 年 11 月	修正 2.9 中的程序缺陷
2.9.2	2010 年 2 月	修正 2.9.1 中的程序缺陷
3.0.0	2009 年 11 月	删除过时方法，修正部分程序缺陷
3.0.1	2010 年 2 月	修正 3.0.0 中的程序缺陷

NOTE Lucene 的创始人 Doug Cutting 在信息检索（IR）领域有着极其丰富的理论和实践经验。他曾经发表过大量的信息检索方向的主题论文，也曾经任职于 Excite、Apple、Grand Central 以及 Yahoo！ 等多家公司。在 2004 年，由于担心日益减少的网络搜索引擎可能对该行业带来新的商业垄断，他又创建了 Nutch，即第一个开源的 Web 搜索引擎（http://lucene.apache.org/nutch）；这个引擎主要被设计用来进行抓取、索引和搜索数十亿计的频繁更新的 Web 页面。毋庸置疑，Lucene 是 Nutch 的核心。Doug 同时致力于 Hadoop 项目（http://hadoop.apache.org），该项目作为 Nutch 项目的拓展内容，通过映射/化简（map/reduce）架构向用户提供分布式存储和计算工具。

Doug Cutting 依然是 Lucene 背后的中流砥柱，同时又有更多的开发者不断加入到这个项目中。截止本书出稿之时，Lucene 的核心团队已经拥有了大概 6 位主要开发人员，其中 3 位同时也是本书作者。除了这些项目开发者之外，Lucene 用户技术社区还活跃着大量人员，他们一直在为 Lucene 提供补丁、Bug 修正以及新特性。

一种衡量开源软件是否成功的方法就是看它被移植到其他编程语言的种类数。如果采用这个衡量标准，Lucene 无疑是成功的！尽管 Lucene 是用纯 Java 编写的，但是在其他很多编程环境中也有它的移植版本，包括 Perl、Python、Ruby、C/C++、PHP 和 C#(.NET)。这对于那些需要用不同编程语言来操作 Lucene 索引的开发者来说确实是一个好消息。移植相关内容我们将在第 10 章中详细介绍。

为了更好地理解 Lucene 是如何内嵌至搜索程序中的，以及 Lucene 能够做些什么，我们将在下一节以较大篇幅对当下“典型”的搜索程序架构进行回顾。

1.3 Lucene 和搜索程序组件

对于搜索程序来说，重要的是理解它的总体架构，这样就能清晰地理解程序中由 Lucene 完成的内容，以及其他需要你自行完成的内容。人们通常将 Lucene 误解为一个完整的搜索程序，而实际上它只是搜索程序的核心索引和搜索模块而已。

稍后我们将看到，搜索程序首先需要实现的功能是索引链，这需要按照几个独立的步骤依次来完成：检索原始内容；根据原始内容来创建对应的文档，比如从二进制文件中提取文本信息；对创建的文档进行索引。一旦建立起索引，用于搜索的组件也就出来了，这些搜索组件包括：用户接口、构建可编程查询语句的方法、执行查询语句（或者检索匹配文档）、展现查询结果等。

当前流行的搜索程序一般都具有一些不错的功能。有些搜索程序是在后台运行，就像一个小组件嵌入现有软件中，并搜索一些特定的内容集（如本机文件、邮件信息、日历条目等）。有些搜索程序运行在远程 Web 站点的专用服务器上，支持多个用户通过浏览器或移动设备与之交互，并且能够搜索诸如产品列表、已知的和确定范围的文档集等内容。另外，还有些搜索程序能够对大部分互联网内容进行索引，并且能够以令人难以想象的能力处理搜索内容和响应并发搜索请求。尽管种类繁多，这些搜索程序的搜索引擎通常都具有同样的总体架构，如图 1.4 所示。

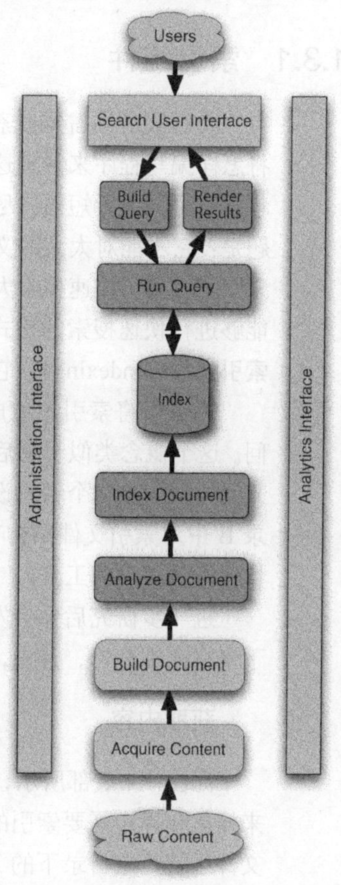

图 1.4　搜索程序的典型组件，其中阴影部分可由 Lucene 完成

当你在设计自己的搜索程序时，需要明确界定哪些功能是必须的，以及它们应该如何运行。事先提示一下：当前流行的 Web 搜索引擎（比如 Google 搜索引擎）所设定的基线要求（Baseline Requirements）几乎就是所有用户在跟它交互的第一时间内想要获取的。如果你的搜索引擎不能满足这个基线要求，那么你的用户会在一开始就对它失去信心。Google 搜索引擎的语法纠正能

力好得令人吃惊，它在每条搜索结果上以高亮形式动态标注的摘要也非常准确，另外它的响应时间也远小于一秒钟。如果你对以上内容存有疑问，可以亲自用用 Google，从中获取一些灵感，以便能够在设计自己的搜索程序时，对于一些必须实现的基本功能提供指引。模仿是最真诚的赞美！

下面让我们来逐一分析搜索程序的各个组件。你可以在阅读的同时，思考一下图中哪些组件对于你自己的搜索程序来说是必须的，这样便于你理解如何在自己的搜索程序中使用 Lucene 并完成预定的搜索功能。同时，我们将会明确指出哪些组件是 Lucene 可以实现的（如图 1.4 所示的阴影部分），以及哪些模块是必须由你自己的搜索程序或其他开源软件实现的。然后，我们将针对 Lucene 在你的搜索程序中所扮演的角色进行小结。

从图 1.4 底部开始，展现了所有搜索引擎的首要部分，叫做**索引操作**（indexing）。这部分负责将原始数据引入可被高效查找的对照表中，以便能够对这些内容进行快速搜索。

1.3.1 索引组件

我们假定你需要搜索大量的文件，然后找出其中包含某个词或短语的文件，那么你将怎样编写程序来做到这点呢？一个初级的方法就是顺序扫描每个文件，查找其中是否包含这个词或者短语。尽管这个办法能够达到目的，它也会带来大量问题，最明显的问题是：它不能对太大的文件集或者太大的文件进行处理。对于这样的问题，就需要引入索引了：为了快速搜索大量的文本，你必须首先建立针对文本索引，将文本内容转换成能够进行快速搜索的格式，从而消除慢速顺序扫描处理所带来的影响。这个过程就叫做**索引操作**（indexing），它的输出就叫做索引（index）。

你可以将索引想象成一种数据结构，它允许对存储在其中的单词进行快速随机访问。这个概念类似于书后的索引，后者能让你快速定位书中某个主题的页码。就 Lucene 来说，索引是一个精心设计的数据结构，通常作为一组索引文件存储在文件系统中。附录 B 中对索引文件结构有详细介绍，在此我们只需将 Lucene 索引简单理解为一种用来快速查找单词的工具。

进一步研究后你会发现，整个索引过程包含了一组逻辑上互不关联的步骤，我们接下来将详细分析。首先，你需要获取搜索的内容。

获取内容

如图 1.4 底部所示，第一步就是获取内容。这步操作包括使用网络爬虫或蜘蛛程序来搜集和界定需要索引的内容。这一步操作有时候并不重要，比如你在索引一组存在于文件系统特定目录下的 XML 文档时，又比如所有需要获取的内容都存在一个组织有序的数据库中时，这些内容是很容易获取的。但其他情况下，这步操作却可能变得异常复杂和繁琐，如果这些内容分散在各种地方的话（如文件系统、内容管理系统、Microsoft

Exchange 系统、Lotus Domino 系统、各种 Web 站点、数据库、本地 XML 文档集合、运行在局域网服务器中的 CGI 脚本，等等）。

对于使用权限管理的系统来说（权限管理是指系统只允许用户访问其对应权限的文档），获取内容这一步将变得更复杂，因为这时需要用“超级用户”权限来获取内容。此外，在获取文档内容的时候必须同时获取访问权限或者访问控制列表（ACLs），并且后者必须以新增域的形式加入这些文档中，以便在搜索文档的过程中遵从该权限控制要求。我们将在 5.6.7 小节中介绍有关搜索过程中使用的安全措施。

内容获取模块在访问规模较大的内容集时，重要的是能够以增量方式运行，这样每次运行时就可以只访问针对上次运行后内容有改变的文档。或者说，内容获取模块还须是“活动的”，意思是说它是持续运行的后台服务，能实时获取新文档信息或者内容改变文档的信息，并在能够访问时获取这些文档的内容。

Lucene 作为一款核心搜索库，并不提供任何功能来实现内容获取。内容获取的实现完全依赖于你自己的应用程序或者某一款其他软件。目前有大量的开源爬虫软件可以实现这个功能，下面列出其中一部分：

- Solr（http://lucene.apache.org/solr），Apache Lucene 项目的子项目，支持从关系数据库和 XML 文档中提取原始数据，以及能够通过集成 Tika 来处理复杂文档（我们将在第 7 章介绍 Tika）；
- Nutch (http://lucene.apache.org/nutch)，另外一个 Apache Lucene 子项目，它包含大规模的爬虫工具，能够抓取和分辨 Web 站点数据；
- Grub（http://www.grub.org），比较流行的开源 Web 爬虫工具；
- Heritrix 是一款开源的 Internet 文档搜索程序（http://crawler.archive.org）；
- Drods，是另一个 Apache Lucene 子项目，目前正处于筹备状态，请参考 http://incubator.apache.org/droids;
- Aperture（http://aperture.sourceforge.net），它支持从 Web 站点、文件系统和邮箱中抓取，并解析和索引其中的文本数据；
- 谷歌企业连接管理工程（http://code.google.com/p/google-enterprise-connector-manager）提供大量针对非 Web 形式的内容连接方案。

如果你的应用程序结构比较松散的话，那最好是使用已有的爬虫工具。这类工具采用专门设计，能够轻松获取存储在各种系统中的目标内容，有时这些工具还能提供一些针对诸如 Web 站点、数据库、通用内容管理系统以及文件系统等内容存储系统的预连接。如果你的应用程序没有为自己的爬虫工具提供这些已有的连接，那么也不困难，自己建立一下即可。

下一步将介绍如何根据获取的内容来建立小数据块，也称为文档（documents）。

建立文档

获取原始内容后，就需要对这些内容进行索引，你必须首先将这些内容转换成部件（通常称之为**文档**），以供搜索引擎使用。文档主要包括几个带值的域，比如标题（title）、正文（body）、摘要（abstract）、作者（author）和链接（url）。你还必须仔细设计好如何将原始内容分割成合适的文档和域，以及如何计算其中每个域的值。通常的做法是这样的：一个电子邮件信息作为一个文档，一个 PDF 文档或一个网页作为一个文档。但是这个做法有时候也存在问题：该如何处理电子邮件的附件？是将附件中提取的所有文本合并后统一写入某个文档，还是为各个附件分别创建文档并以某种方式将这些文档和附件关联起来？

设计完方案后，你就需要将原始内容中的文本提取出来写入各个文档了。如果原始内容本来就是文本格式的，并且是使用现成的文本编码格式的话，做法就简单了。但目前的文件格式大多是二进制格式的（PDF 文件、Microsoft Office 文件、Open Office 文件、Adobe Flash 文件、视频流和音频多媒体文件）或者包含一些在索引操作前必须去除的固定标记（RDF、XML、HTML）。这样，你需要使用文档过滤器从这些原始内容中提取文本格式信息，便于后期建立搜索引擎文档（document）。

在该步骤中，由于复杂的商业逻辑，我们可能需要创建额外的域。例如，如果你碰到的“正文文本”域比较大，你可以运行语义分析器从中提取出诸如名称、地点、日期、时间、位置等信息，再将它们分别作为单独的域写入文档。或者你也可以连接某个分离的数据存储区域（例如数据库）原始内容，并将这些内容合并成一个单独的文档提供给搜索引擎。

对于建立文档的操作来说，还有一部分常见的内容就是向单个的文档和域中插入加权值，如果这些文档和域比较重要的话。也许你希望释放因全面查阅所有文档而带来的压力，因为并不是所有文档都是同等重要的；也许新近修改过的文档会比此前的文档更为重要。加权操作可能在进行索引操作前就静态（针对每一文档或域）完成了，我们将在 2.5 小节进行详细讲解；也有可能要在搜索期间才动态完成，我们将在 5.7 小节中讲解。包括 Lucene 在内的几乎所有的搜索引擎都会自动地静态地对内容较短的域进行加权。这在直觉上是能说通的：如果要在一个很长的文档中匹配一两个单词，那么匹配结果一定不如在三四个单词长的文档中匹配同样的单词切题。

Lucene 提供了一个 API 来建立域和文档，但不提供任何建立它们的程序逻辑，因这些逻辑完全由调用 API 的应用程序根据具体情况完成。Lucene 也不提供任何文档过滤器，但它在 Apache 还有一个姊妹项目叫做 Tika，后者能很好的实现文档过滤（见第 7 章）。如果你要获取的原始内容存储于数据库中，也有一些项目，通过无缝连接内容获取步骤和文档建立步骤就能轻易地对数据表进行索引操作和搜索操作，这些项目有：DBSight、Hibernate Search、LuSQL、Compass 和 Oracle/Lucene 集成项目。

至此，文档中文本格式的域还不能用于搜索引擎的索引操作。为了进行索引操作，首先需要对文本进行分析。

文档分析

搜索引擎不能直接对文本进行索引：确切地说，我们必须将文本分割成一系列被称之为语汇单元的独立的原子元素。这就是在文档分析这一步要做的工作。每一个语汇单元能大致与语言中的“单词”对应起来，而这个步骤即决定文档中的文本域如何分割成语汇单元系列。所有有趣的问题都集中于此：如何处理连接一体的各个单词呢？是否需要进行语法修正呢（如果原始内容本身存在错别字）？是否需要向原始语汇单元中插入同义词，以至搜索“laptop”的时候能够返回“notebook”相关主题？是否需要将单数和复数格式的单词合并成同一个语汇单元？这块比较常用的是词干提取器，如 Martin Porter 博士的 Snowball 词干提取器（参见 8.2.1 小节）被用来从单词中提取词根（例如，runs、running 和 run 都映射到基本词形 ***run***）。这样的话，我们是保留这类差别还是忽略它呢？对于非拉丁语言来说，我们甚至都不能界定“单词”是什么？文档分析组件是如此重要，我们将在第 4 章用一整章的内容来讲解。

Lucene 提供了大量内嵌的分析器能让你轻松控制这步操作。你也很容易搭建自己的分析器，或者联合 Lucene 的语汇单元化工具和语汇单元过滤器来创建自定义的分析链，来定制语汇单元的创建方式。下面，最后一步是对文档进行索引。

文档索引

在索引步骤中，文档将被加入到索引列表。Lucene 为本步骤提供了所有必要的支持，并且通过一个异常简单的 API 就魔术似的完成了索引操作。第 2 章将详细讲解索引操作的各个基本步骤。

上文回顾了搜索程序要完成的几个典型的索引步骤。重要的是记住，为了提供好的搜索体验，索引是必须要处理好的一环：你在设计和定制索引程序时必须围绕如何提高用户的搜索体验来进行。下节我们将介绍搜索过程中各个步骤。

1.3.2 搜索组件

搜索处理过程就是从索引中查找单词，从而找到包含该单词的文档。搜索质量主要由查准率（Precision）和查全率（Recall）来衡量。查全率用来衡量搜索系统查找相关文档的能力；而查准率用来衡量搜索系统过滤非相关文档的能力。附录 C 显示了如何用 Lucene 的 benchmark /contrib 模块来衡量你的搜索程序的查准率和查全率。

你在处理搜索过程时还必须考虑到其他很多问题。我们已经提到过搜索速度和快速搜索大容量文本的能力。对于单项查询、多项查询、短语查询、通配符查询、结果 ranking 和排序的支持也是重要的，以及友好查询输入法。Lucene 提供了大量搜索功能，以及炫目的附属功能，由于数量众多，我们将用 3 章的篇幅来详细讲解（第 3、5 和 6 章）。

下面我们介绍搜索引擎的典型组件，这次从图 1.4 的顶部往下讲解，首先讲解用户搜索界面。

用户搜索界面

用户搜索界面是用户在与搜索程序交互时，在浏览器、桌面程序或移动设备中的可视界面。UI（User Interface，用户界面）其实是搜索程序中最重要的部分！因为，你可以开发世上最好的搜索引擎后台，并拥有极其先进的功能，但是一个低级 UI 设计错误就能抵消掉这些优势，从而导致挑剔多变的用户逐渐转向你的竞争对手一方。

搜索界面得保持简洁：不要在首页呈现大量的高级选项。搜索框需要放置在界面上显著位置，并且要随处可见（用户可以随时向搜索框输入文本进行搜索），而不要通过先点击搜索链接然后显示搜索框让用户输入文本这两步来完成（这是常见的错误）。

不要低估搜索结果展现的重要性。举几个简单例子，如未能在标题或摘要中高亮显示匹配内容，或字体显示太小以及在搜索结果中加入过多文本，这些都能很快毁掉用户的搜索体验效果。我们要确认程序会对搜索结果进行明确的排序，并且在显示搜索结果时默认的起点是符合用户要求的（通常按照相关性进行排序）。要充分明确：如果你的搜索程序正在完成一些“引人入胜的”功能时，比如将搜索扩展到同义词范畴、使用加权帮助排序或者自动修正语法错误时，要在搜索结果顶部对此进行说明，并使用户能够很轻易地关闭这些功能。

NOTE 最糟糕的事情莫过于毁掉用户对搜索结果的信心，这事很容易发生。一旦发生这种情况，用户可能放弃使用你的搜索引擎，而你可能再也没机会挽回用户对它的信心了。

最重要的是，要对自己开发的搜索程序进行广泛的试用。要体验它好的特性，但更要好好修正它的问题。几乎可以肯定地说，你的搜索界面会出现一些语法错误，对于这个问题你可以使用 Lucene 的 contrib 模块，即语法检查器，具体见 8.5 小节。同样地，在每一条搜索结果下面高亮显示动态摘录（有时叫做概要）也很重要，Lucene 的 contrib 目录提供了两个模块完成该功能：高亮模块和高速向量高亮模块，使用方法见 8.3 小节和 8.4 小节。

Lucene 不提供默认的用户搜索界面；该界面完全由你的程序构建。当用户用你的搜索界面进行搜索交互时，他们会提交一个搜索请求，该请求需首先转换成合适的**查询**（*query*）对象格式，以便搜索引擎使用。

建立查询（BUILD QUERY）

当你试图吸引用户使用你的搜索程序时，他们会提交一个搜索请求，通常以 HTML 表单或者 Ajax 请求的形式由浏览器提交到你的搜索引擎服务器。然后须将这个请求转换成搜索引擎使用的**查询**（`Query`）对象格式，这称为建立查询步骤。

查询对象可能很简单，也可能很复杂。Lucene 提供了一个称之为**查询解析器**（`QueryParser`）的强大开发包，用它可以根据通用查询语法将用户输入的文本处理成查询对象。查询对象及其语法将在第 3 章详述，完整的手册请参考 http://lucene.apache.org/

java/3_0_0/queryparsersyntax.html。查询语句可以包含布尔运算、短语查询（包含两个引用）或通配符查询。如果你的应用程序对用户搜索界面有更好的控制，或者其他有趣的限制，那你必须实现一定的逻辑将它转换成对应的查询语句。例如，如果需要限制用户对文档集的搜索范围，那么你需要在查询语句中创建过滤器，该部分内容详见5.6 小节。

如果在索引操作期间没能进行加权操作，很多程序都会修改查询语句，以便对重要信息进行加权或过滤。通常，一个电子商务网站会对利润更高的产品分类进行加权，或者滤出当前脱销的产品（这样顾客就不知道该产品已经脱销，从而不会到别处去购买它）。但一定要避免过多的加权和滤除搜索结果：因为用户会了解到这一切并失去对你的信任。

对于搜索程序来说，Lucene 默认的**查询解析器**一般是够用的。有时你会想用**查询解析器**的输出结果，但后来又会加入自己的处理逻辑来提炼搜索对象。其他时候还想定制查询解析器的语法，或定制查询解析器创建的查询实例，由于 Lucene 的开源特性，这一切都很容易做到。我们将在 6.3 小节讨论定制查询解析器。现在，我们准备好执行搜索请求，并返回结果。

搜索查询（SEARCH QUERY）

搜索查询是这样一个过程：查询检索索引并返回与查询语句匹配的文档，结果返回时按照查询请求来排序。搜索查询组件涵盖了搜索引擎内部复杂的工作机制，Lucene 正是如此，它为你完成这一切。并且，Lucene 在该点有非常好的扩展机制，所以如果你想定制搜索结果的搜集、过滤、排序等功能，这些都很容易实现。详细内容请参考第 6 章。

常见的搜索理论模型有如下 3 种。

- **纯布尔模型**（Pure Boolean model）——文档不管是否匹配查询请求，都不会被评分。在该模型下，匹配文档与评分不相关，也是无序的；一条查询仅获取所有匹配文档集合的一个子集。
- **向量空间模型**（Vector space model）——查询语句和文档都是高维空间的向量模型，这里每一个独立的项都是一个维度。查询语句和文档之间的相关性或相似性由各自向量之间的距离计算得到。
- **概率模型**（Probabilistic model）——在该模型中，采用全概率方法来计算文档和查询语句的匹配概率。

Lucene 在实现上采用向量空间模型和纯布尔模型，并能针对具体搜索让你决定采用哪种模型。最后，Lucene 返回的文档结果必须用比较经济的方式展现给用户。

展现结果

一旦获得匹配查询语句并排好序的文档结果集，接下来你就得用直观的、经济的方式为用户展现结果。UI 也需要为后续的搜索或操作提供清晰的向导，如点击进入下一页面、完善搜索结果，或者寻找与匹配结果相似的文档，这样用户才不至于在使用中进入死胡同。

我们已经介绍完搜索程序中的索引和搜索组件，但搜索程序的内容不止于此，它还有其他模块。

1.3.3 搜索程序的其他模块

对于典型的搜索引擎，特别是对于一个运行于 Web 站点的搜索引擎而言，还有很多模块未曾提到。搜索程序必须包括管理模块，这样才能跟踪程序的运行状况、配置程序的各种组件、以及启动和停止搜索服务。程序还必须包括分析模块，以便采取不同的视角观察用户是如何进行搜索的，从而对搜索程序各模块的运行给予必要的指示。最后，对于大的搜索程序来说，搜索范围（scaling）是一项非常重要的指标，唯有这样才能使搜索程序能够处理越来越大的搜索内容和更多的并发搜索请求。图 1.4 左侧展开后即管理界面。

管理界面（ADMINISTRATION INTERFACE）

当代搜索引擎是一种复杂的软件，并具有大量需要配置的控制功能。如果你使用爬虫软件来找寻搜索内容，那么就需要在管理界面上设置初始 URL，以及创建规则来界定爬虫软件需要访问的站点或者搜索引擎需要加载的文档类型，还有设置搜索引擎读取文档的速度等。启动和停止搜索服务、控制备份（如果搜索范围较大或者需要高可用性故障恢复）、选择搜索日志、检查系统总体运行健康状况、从备份中建立和恢复系统等都属于管理界面的功能范畴。

Lucene 管理界面向开发人员提供了大量配置选项。在进行索引操作时，你可能需要调节内存缓冲区的使用量、一次性合并的段数量、提交更改的频率，以及优化和清除某索引的时间点。我们将在第 2 章详细讲述该部分内容。在搜索过程中同样重要的管理选项，比如重新打开 reader 的频率。也许你还想公开一些有关索引的基础摘要信息，比如段信息和已挂起的删除操作数量。如果一些文档未能被正确索引，或者在搜索过程中一些查询请求出现异常，那么管理模块的 API 可以提供相关细节信息。

很多搜索程序，如桌面搜索，是不需要管理模块的，但一个完整的商业搜索程序都会包含一个复杂的管理界面。这个界面通常是基于 Web 页面的，但它可能同时包含一些附加的命令行工具。下面介绍搜索程序的分析界面，如图 1.4 右侧所示。

分析界面（ANALYTICS INTERFACE）

图 1.4 右侧展开即为分析界面，它通常是基于 Web 页面的 UI，可以运行在独立的服务器上，并主管报表引擎。分析功能是重要的：通过查询搜索日志中的图表，你可以获取大量的用户相关信息，并能知晓用户为什么通过/不通过你的 Web 站点购买你的商

品。一些人甚至认为这是部署高端搜索引擎的最重要的理由！如果你经营着一个电子商务 Web 站点，这些极其强大的工具能加强用户的购物体验，因为它们可以让你了解到用户如何使用搜索功能、哪些搜索未能获得令用户满意的结果、哪些搜索结果被用户点击过，以及最终交易依赖/不依赖搜索的频率。

基于 Lucene 的一些性能指标能够为分析接口提供参数，这些指标包含如下内容：

- 各类查询请求（单字查询、短语查询、二进制查询等）的运行频率；
- 哪些查询关联程度较低；
- 哪些查询结果未被用户点击（如果你的程序能记录点击过程的话）；
- 用户通过指定具体域而不是通过关联查询来对查询结果进行排序的频率；
- 搜索期间发生的故障。

另外，你可能还想了解有关索引的性能指标，比如平均每秒被索引的文档数量或者文档字节大小。

Lucene 由于仅仅是一个搜索程序类库，它不提供任何分析工具。如果你的搜索程序是基于 Web 的，可以使用 Google 分析接口来快速创建分析界面。如果这不能满足你的需求，你还可以基于 Google 的可视化 API 来创建自定义的分析图表。下面我们讨论最后一项内容：搜索范围。

搜索范围（SCALING）

搜索程序较为棘手一部分就是它的搜索范围。绝大多数搜索程序都不能在单台计算机上完成足够数量的数据搜索或并发搜索。Lucene 的索引和搜索吞吐量使得我们可以在一台当代计算机上进行相当大数量的数据处理。另外，这些程序可能需要运行在两台计算机上，以避免由于硬件问题而出现单点故障（即无停工期）。这种解决方案还使你能够在不影响当前搜索程序运行的情况下临时推出一台计算机来进行维护和升级。

搜索范围有两种界定方式：净处理内容和净查询吞吐量。如果要处理的数据量较大，你必须将这些数据分割成各个小部分，以便让多台分离的计算机分别搜索对应部分。前端服务器会将新来的查询请求发送至所有部分，然后将各部分搜索结果合并成总的搜索结果集。如果你想在程序使用的高峰期获得较高的搜索吞吐量，那么你必须将同一索引复制到前述多个计算机上。前端加载平衡器会将新来的查询请求发送给加载最少的后台计算机中。如果你需要同时使用以上两种界定方式，正如 Web 搜索引擎所做的那样，那么可以将以上实践合并起来。

要建立这样一个搜索架构，需要对它加入大量的复杂算法。你将需要一个稳妥的方式来复制各个计算机中的索引。如果某台计算机宕机，不管该事件是否在计划内，你都需要让它能够继续工作。如果需要处理事务性请求，所有的 Searcher 都必须能够同时“启用”针对新索引的提交功能，这会增加程序的复杂度。对于分布式搜索系统的错误恢复也是复杂的。最后，诸如语法修正、高亮显示甚至是如何计算搜索项的评分等重要功能也会在分布式架构中受到影响。

Lucene 并没有提供有关搜索范围的处理模块。但 Apache Lucene 项目下的 Solr 和 Nutch 项目都提供了对索引拆分和复制的支持。Katta 开源项目（http://katta.sourceforge.net）是基于 Lucene 的，它也能提供这个功能。Elastic search（http://www.elasticsearch.com）提供了另一个选择，它也是基于 Lucene 的开源项目。在搭建自己的搜索程序之前，建议你最好仔细研究一下这些已有的解决方案。

我们已回顾了当代搜索应用程序的各个组件。下面我们将介绍 Lucene 是如何与应用程序进行整合的。

1.3.4 Lucene 与应用程序的整合点

正如前述，当代搜索引擎需要很多组件来实现。但是，对于特定的搜索程序来说，它对以上组件的需求跟其他搜索程序有很大差别。Lucene 很好地实现了大部分上述组件（如图 1.4 所示的灰色阴影部分），但其他未能实现的组件最好是由其他开源软件来补充，或者自己来定制开发这些程序逻辑。可能你的搜索程序功能比较专一，而并不需要其中某些组件，这时你得好好感受一下当初我们提到 Lucene 是一个搜索程序类库而不是完整的程序的意思。

如果 Lucene 不能直接整合到你的搜索程序中，有可能一些基于 Lucene 的开源项目能够满足你的要求。例如，Solr 作为服务器程序运行并提供一个管理界面（包含两种搜索范围），提供索引数据库内容的能力，提供类似于分组导航的终端功能，这些功能都是基于 Lucene 构建的。Lucene 是搜索类库而 Solr 提供了完整搜索程序的大部分组件。

另外，一些 Web 程序框架也提供了基于 Lucene 的搜索插件。例如，有一个适用于 Grails（http://www.grails.org/Searchable+Plugin）开源项目的搜索插件，该插件基于 Compass 搜索引擎框架，而后者是采用 Lucene 作为后台的。

现在，我们来看看一个具体的搜索程序是如何用 Lucene 来进行索引和搜索的。

1.4 Lucene 实战：程序示例

我们来看看 Lucene 的实际应用。为了说明这个问题，我们需要首先回顾一下 1.3 节提到的有关索引和搜索文件的内容。为了展现 Lucene 的索引和搜索能力，我们将采用一对基于命令行启动的程序：Indexer 和 Searcher。首先我们将某个目录中的文件进行索引，然后搜索这个索引。

这些示例程序将使你对 Lucene 的 API、它的易用性和强大功能有更深入的了解。示例代码都是完整的、可直接运行的命令行程序。如果你需要解决文件索引和搜索的问题，可以复制这些代码并加以修改以满足自己的需要。下一章我们将对 Lucene 使用过程的方方面面进行更详细的讲解。

在使用 Lucene 进行搜索之前，我们需要创建索引文件，所以我们从 Indexer 程序开始介绍。

1.4.1 建立索引

本节你会看到一个名为 Indexer 的简单类，它可以对某个目录下所有的以.txt 扩展名结尾的文件进行索引。当 Indexer 运行结束时，会返回一个索引文件，供它的姊妹程序 Searcher（详见 1.4.2 小节）使用。

你不需要很熟悉示例中用到的这几个 Lucene 相关类和方法，稍后我们将对此进行进一步解释。在看过这些带注释的代码后，我们将向你展示如何使用 Indexer 程序；如果该内容能助你在编写代码之前更好地理解 Indexer 的用法，可以直接研读代码后面的使用方法。

使用 Indexer 索引文本文件

程序 1.1 展示了 Indexer 命令行程序，这最早出现在 Erik 在 java.net 给出的有关 Lucene 的介绍性文章中。它带有两个参数：

- *存放 Lucene 索引的路径；*
- *被索引文件的存放路径。*

程序 1.1　Indexer：索引.txt 文件

```
public class Indexer {

  public static void main(String[] args) throws Exception {
    if (args.length != 2) {
      throw new IllegalArgumentException("Usage: java " +
➥Indexer.class.getName()
        + " <index dir> <data dir>");
    }
    String indexDir = args[0];                    ❶ 在指定目录创建索引
    String dataDir = args[1];

    long start = System.currentTimeMillis();      ❷ 对指定目录中的*.txt 文件进行索引
    Indexer indexer = new Indexer(indexDir);
    int numIndexed;
    try {
      numIndexed = indexer.index(dataDir, new TextFilesFilter());
    } finally {
      indexer.close();
    }
    long end = System.currentTimeMillis();

    System.out.println("Indexing " + numIndexed + " files took "
      + (end - start) + " milliseconds");
  }
```

```
private IndexWriter writer;

public Indexer(String indexDir) throws IOException {
  Directory dir = FSDirectory.open(new File(indexDir));
  writer = new IndexWriter(dir,                          ❸ 创建 Lucene Index Writer
               new StandardAnalyzer(
                   Version.LUCENE_30),
               true,
               IndexWriter.MaxFieldLength.UNLIMITED);
}

public void close() throws IOException {
  writer.close();                                        ❹ 关闭 Index Writer
}

public int index(String dataDir, FileFilter filter)
  throws Exception {

  File[] files = new File(dataDir).listFiles();

  for (File f: files) {
    if (!f.isDirectory() &&
        !f.isHidden() &&
        f.exists() &&
        f.canRead() &&
        (filter == null || filter.accept(f))) {
      indexFile(f);
    }
  }

  return writer.numDocs();                               ❺ 返回被索引文档数
}

private static class TextFilesFilter implements FileFilter {
  public boolean accept(File path) {
    return path.getName().toLowerCase()                  ❻ 只索引.txt 文件，
           .endsWith(".txt");                               采用 FileFilter
  }
}

protected Document getDocument(File f) throws Exception {
  Document doc = new Document();
  doc.add(new Field("contents", new FileReader(f)));    ❼ 索引文件内容
  doc.add(new Field("filename", f.getName(),            ❽ 索引文件名
              Field.Store.YES, Field.Index.NOT_ANALYZED));
  doc.add(new Field("fullpath", f.getCanonicalPath(),
              Field.Store.YES, Field.Index.NOT_ANALYZED)); ❾ 索引文件完整路径

  return doc;
}

private void indexFile(File f) throws Exception {
  System.out.println("Indexing " + f.getCanonicalPath());
  Document doc = getDocument(f);
  writer.addDocument(doc);                               ❿ 向 Lucene 索引中添加文档
}
}
```

Indexer 程序较为简单。程序入口的静态方法解析❶、❷两个输入参数，创建 Indexer 实例，在预设目录中定位❻*.txt 文件并且输出被索引文档数和处理时间。包含 Lucene API 的代码同时也包括创建❸和关闭❹IndexWriter、创建❼❽❾文档对象、将❿文档对象加入索引，以及返回被索引的文档数量❺。

为了描述得更简洁，并展示 Lucene 的用法及其能力，示例代码仅仅专注于处理.txt

扩展名结尾的纯文本文件。在第 7 章我们会介绍如何采用 Tika 框架对其他类型的普通文件进行索引，如 Microsoft Word 文件或 Adobe PDF 文件。在使用 Indexer 之前，我们先谈谈 `StandardAnalyzer` 的第一个参数：版本号参数。

版本号参数

从版本 2.9 起，大量的类在初始化时都接受 `Version` 类型参数（出自于 `org.apache.lucene.util` 包）。该类定义了枚举常量，如 `LUCENE_24` 和 `LUCENE_29`，它们用来标识 Lucene 的小版本。当输入其中一个版本值时，它会指示 Lucene 针对该值对应的版本进行环境和行为匹配。Lucene 也会模拟该版本当前存在并在后续版本中修改过的 bug，如果 Lucene 开发者认为修正 bug 会影响向后兼容现存索引的话。对于接受版本号参数的每个类来说，你必须查阅 Javadoc 手册来获知哪些设置或 bug 在版本之间变更了。本书所有示例程序都使用 `LUCENE_30` 版本。

尽管一些人认为版本号参数搞乱了 Lucene 的 API，事实上它证实了两点：Lucene 的成熟度和 Lucene 开发人员如何严肃地对待向后兼容。版本号参数使得 Lucene 有一定的自由来修改 bug 以及为新用户改善初始设置，久而久之，这已经变成实现向后兼容这一项重要内容了。该参数还让你面对向后兼容问题时能自行选择使用最新版本还是最兼容版本。

下面我们使用 Indexer 来构建第一个 Lucene 搜索索引！

运行 Indexer

运行 Indexer 最简单的方法就是通过 Apache Ant 进行。首先你需要解压包含本书源代码的 ZIP 包，该包可以从 http://www.manning.com/hatcher3 站点下载，然后转到目录 lia2e。如果在工作目录没有找到 build.xml 文件，说明目录没有设置正确。如果你是首次运行的话，Ant 可以编译所有示例代码、构建测试索引、最后运行 Indexer，首次运行 Indexer 时会提示你确定索引文件和被索引文档的目录，当然也可以使用默认目录。另外，还可以从命令行使用 Java 运行 Indexer，只要确认调用 Java 的脚本包含对应 JAR 包的子目录以及 build/classes 目录即可。

在默认情况下，索引文件会被放置在目录 indexes/MeetLucene 下，放置在目录 src/lia/meetlucene/data 的示例文档才会被索引。该目录包含一个当代开源代码许可证样本。

下面我们继续。输入 ant Indexer 后，你会看到如下输出：

```
% ant Indexer

    Index *.txt files in a directory into a Lucene index.
    Use the Searcher target to search this index.

    Indexer is covered in the "Meet Lucene" chapter.

    Press return to continue...

    Directory for new Lucene index: [indexes/MeetLucene]

    Directory with .txt files to index: [src/lia/meetlucene/data]
```

```
Overwrite indexes/MeetLucene? (y, n) y
Running lia.meetlucene.Indexer...
Indexing /Users/mike/lia2e/src/lia/meetlucene/data/apache1.0.txt
Indexing /Users/mike/lia2e/src/lia/meetlucene/data/apache1.1.txt
Indexing /Users/mike/lia2e/src/lia/meetlucene/data/apache2.0.txt
Indexing /Users/mike/lia2e/src/lia/meetlucene/data/cpl1.0.txt
Indexing /Users/mike/lia2e/src/lia/meetlucene/data/epl1.0.txt
Indexing /Users/mike/lia2e/src/lia/meetlucene/data/freebsd.txt
Indexing /Users/mike/lia2e/src/lia/meetlucene/data/gpl1.0.txt
Indexing /Users/mike/lia2e/src/lia/meetlucene/data/gpl2.0.txt
Indexing /Users/mike/lia2e/src/lia/meetlucene/data/gpl3.0.txt
Indexing /Users/mike/lia2e/src/lia/meetlucene/data/lgpl2.1.txt
Indexing /Users/mike/lia2e/src/lia/meetlucene/data/lgpl3.txt
Indexing /Users/mike/lia2e/src/lia/meetlucene/data/lpgl2.0.txt
Indexing /Users/mike/lia2e/src/lia/meetlucene/data/mit.txt
Indexing /Users/mike/lia2e/src/lia/meetlucene/data/mozilla1.1.txt
Indexing /Users/mike/lia2e/src/lia/meetlucene/data/
➥ mozilla_eula_firefox3.txt
Indexing /Users/mike/lia2e/src/lia/meetlucene/data/
➥ mozilla_eula_thunderbird2.txt
Indexing 16 files took 757 milliseconds
BUILD SUCCESSFUL
```

Indexer 会打印出索引的文件名，这样就能看出它只对.txt 格式的文件进行索引操作。当结束索引操作后，Indexer 会打印被索引文件数和索引操作所耗时长。由于报告的时长包括文件路径列表和索引操作两部分，我们不能将此作为 Indexer 的官方性能指标。在本例中，每个被索引的文件都很小，但要花约 0.8 秒的时间来索引一组文本文件这个事实还是会令你印象深刻的。很明显，索引吞吐量很重要，我们将在第 11 章中详细讲述这块内容。总的来说，搜索操作要比索引操作重要得多，因为索引文件只被创建一次，却要被搜索多次。

1.4.2 搜索索引

在 Lucene 中进行搜索和索引一样快速简单。在第 3、5、6 章你会看到 Lucene 在搜索方面强大、令人惊叹的功能。现在，我们看看 Searcher 这个命令行程序，我们用它来搜索经由 Indexer 创建的索引。需要注意的是，这里用 Searcher 是为了展示 Lucene 的搜索 API 的用法。你的搜索程序也可以采用 Web 或桌面 GUI 程序的形式，或者 Web 应用程序的形式等。

在上一节中，我们索引了一个包含文本文件的目录。在本例中，索引文件跟 Indexer 存放在同一目录。我们在 indexes/MeetLucene 目录下用 Indexer 创建了一个 Lucene 索引。正如程序 1.1 中所示，该索引包含每个被索引文件及其绝对路径信息。现在，我们需要用 Lucene 来搜索那个索引，并找出包含指定文本片段的文件。比如，我们可能想查找所有包含 patent 或 redistribute 关键字的文件，或者希望找出包含短语 modified version 的文件。现在我们来试试搜索效果。

用 Searcher 来实现搜索

Searcher 程序最早出现在 Erik 在 java.net 给出的有关 Lucene 的介绍性文章中，它提供命令行运行方式的搜索功能，与 Indexer 相辅相成。程序 1.2 给出了 Searcher 全貌。它包含两个命令行参数：

- 由 Indexer 创建的索引文件路径；
- 用于搜索索引的查询。

程序 1.2 Searcher 搜索 Lucene 索引

```
public class Searcher {

  public static void main(String[] args) throws IllegalArgumentException,
        IOException, ParseException {
    if (args.length != 2) {
      throw new IllegalArgumentException("Usage: java " +
     Searcher.class.getName()
        + " <index dir> <query>");
    }

    String indexDir = args[0];          ❶ 解析输入的索引路径
    String q = args[1];                 ❷ 解析输入的查询字符串

    search(indexDir, q);
  }

  public static void search(String indexDir, String q)
    throws IOException, ParseException {

    Directory dir = FSDirectory.open(new File(indexDir));      ❸ 打开索引文件
    IndexSearcher is = new IndexSearcher(dir);

    QueryParser parser = new QueryParser(Version.LUCENE_30,    ❹ 解析查询字符串
                         "contents",
                         new StandardAnalyzer(
                           Version.LUCENE_30));
    Query query = parser.parse(q);
    long start = System.currentTimeMillis();                   ❺ 搜索索引
    TopDocs hits = is.search(query, 10);
    long end = System.currentTimeMillis();
    System.err.println("Found " + hits.totalHits +             ❻ 记录搜索状态
     " document(s) (in " + (end - start) +
     " milliseconds) that matched query '" +
     q + "':");
    for(ScoreDoc scoreDoc : hits.scoreDocs) {                  ❼ 返回匹配文本
      Document doc = is.doc(scoreDoc.doc);
      System.out.println(doc.get("fullpath"));                 ❽ 显示匹配文件名
    }

    is.close();                         ❾ 关闭 IndexSearcher
  }
}
```

Searcher 和它的姊妹 Indexer 一样简单并且仅有几行代码涉及 Lucene：

❶ ❷ 解析命令行参数（索引路径、查询字符串）。

❸ 使用 Lucene 的 Directory 和 IndexSearcher 类打开索引文件用于搜索。

❹ 使用 QueryParser 将人可读的查询解析为 Lucene 的 Query 类。

❺ 以 TopDoc 对象的形式返回搜索结果集。

❻ 打印搜索细节（搜索结果集数量和搜索时间）。

❼ ❽ 注意 TopDocs 对象只包括对应文档的引用。换句话说，匹配文档不是在搜索过程中立即被加载的，而是从索引中慢速加载的——即只有被 IndexSearcher.doc(int)方法调用后才被加载。该调用返回一个 Document 对象，随即我们可以从中获取单个域值。

❾ 完成搜索后需要关闭 IndexSearcher。

运行 Searcher

我们运行一下 Searcher，用"patent"作为查询条件来搜索文档：

```
% ant Searcher

Search an index built using Indexer.

Searcher is described in the "Meet Lucene" chapter.

Press return to continue...

Directory of existing Lucene index built by
➥ Indexer:  [indexes/MeetLucene]

Query:  [patent]

Running lia.meetlucene.Searcher...
Found 8 document(s) (in 11 milliseconds) that
➥ matched query 'patent':
/Users/mike/lia2e/src/lia/meetlucene/data/cpl1.0.txt
/Users/mike/lia2e/src/lia/meetlucene/data/mozilla1.1.txt
/Users/mike/lia2e/src/lia/meetlucene/data/epl1.0.txt
/Users/mike/lia2e/src/lia/meetlucene/data/gpl3.0.txt
/Users/mike/lia2e/src/lia/meetlucene/data/apache2.0.txt
/Users/mike/lia2e/src/lia/meetlucene/data/lpgl2.0.txt
/Users/mike/lia2e/src/lia/meetlucene/data/gpl2.0.txt
/Users/mike/lia2e/src/lia/meetlucene/data/lgpl2.1.txt

BUILD SUCCESSFUL
Total time: 4 seconds
```

这个输出表明：在被索引的 16 个文件中，有 8 个文件包含单词"patent"，此外搜索过程花了不到 11 毫秒时间。由于 Indexer 存储了文件的绝对路径，使得 Searcher 能够将它们打印出来。值得注意的是，该例中我们把文件路径作为一个域存储在索引里，并认为这是合适的，但从 Lucene 的观点来看，它只是包含在索引文档中的任意元数据而已。

你也可以使用更为复杂的查询，如"patent AND freedom"或者"patent AND NOT apache"或者"+copyright +developers"等。第 3、5、6 章将谈到搜索的各个不同方面，包括 Lucene 的查询语法。

我们在索引和搜索程序示例中让你初步了解一下 Lucene 的功能。Lucene 的 API 使用起来简单而普通。其主体代码（适用于所有与 Lucene 交互的程序）与实际业务并无直接关系——Indexer 解析命令行参数、文件索引路径参数，以及 Searcher 将符合查询条件的文件名打印到标准输出设备上。但不要因为这个例子简单就感到满足：Lucene 包含的内容还很多。

为了有效使用 Lucene，你需要深入理解它是如何工作的，以及如何在需要的时候扩展它。本书后面的章节将专门为你讲述这些内容。

下面，我们将深入介绍 Lucene 为索引和搜索所公开的核心类。

1.5　理解索引过程的核心类

正如你在 Indexer 类中所看到的，执行简单的索引过程需要用到以下几个类：

- `IndexWriter`
- `Directory`
- `Analyzer`
- `Document`
- `Field`

图 1.5 显示了这些类分别参与到索引过程中。接下来是每个类的简要概述，这能让你对这些类在 Lucene 中所扮演的角色有一个大体印象。我们将会在本书中使用这些类。

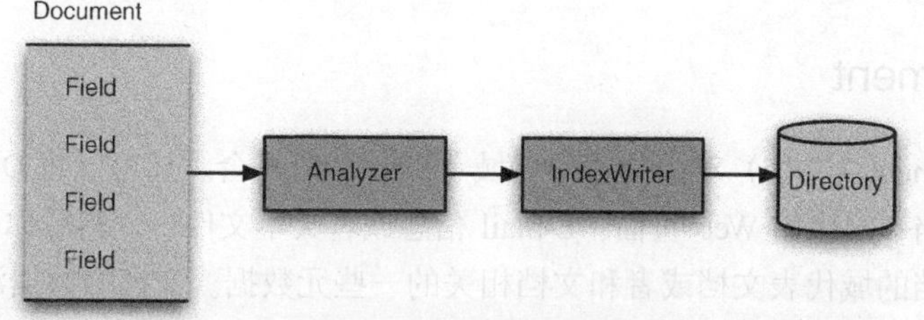

图 1.5　使用 Lucene 索引文档时用到的类

1.5.1　IndexWriter

`IndexWriter`（写索引）是索引过程的核心组件。这个类负责创建新索引或者打开已有索引，以及向索引中添加、删除或更新被索引文档的信息。可以把 `IndexWriter` 看做这样一个对象：它为你提供针对索引文件的写入操作，但不能用于读取或搜索索引。`IndexWriter` 需要开辟一定空间来存储索引，该功能可以由 `Directory` 完成。

1.5.2　Directory

`Directory` 类描述了 Lucene 索引的存放位置。它是一个抽象类，它的子类负责具体指定索引的存储路径。在前面的 Indexer 例子中，我们用 `FSDirectory.open` 方法来获取真实文件在文件系统的存储路径，然后将它们依次传递给 `IndexWriter` 类构造方法。

Lucene 包含大量有趣的 `Directory` 实现，具体请参考 2.10 小节。`IndexWriter` 不

能直接索引文本，这需要先由 Analyzer 将文本分割成独立的单词才行。

1.5.3 Analyzer

文本文件在被索引之前，需要经过 Analyzer（分析器）处理。Analyzer 是由 IndexWriter 的构造方法来指定的，它负责从被索引文本文件中提取语汇单元，并剔除剩下的无用信息。如果被索引内容不是纯文本文件，那就需要先将其转换为文本文档。第 7 章会介绍如何使用 Tika 从常用的多媒体格式文件中提取文本内容。Analyzer 是一个抽象类，而 Lucene 提供了几个类实现它。这些类有的用于跳过**停用词**（stop words）（指一些常用的且不能帮助区分文档的词，如 a、an、the、in 和 on 等）；有的用于把语汇单元转换成小写形式，以使搜索过程能忽略大小写差别；除此之外，还有一些其他类。Analyzer 是 Lucene 很重要的一部分，它的用途远远不止过滤输入这一项。对于要将 Lucene 集成到应用程序的开发人员来说，选择什么样 Analyzer 的是程序设计中非常关键的一步。该部分内容将在第 4 章详细介绍。

分析器的分析对象为文档，该文档包含一些分离的能被索引的域。

1.5.4 Document

Document（文档）对象代表一些域（Field）的集合。你可以将 Document 对象理解为虚拟文档——比如 Web 页面、E-mail 信息或者文本文件——然后你可以从中取回大量数据。文档的域代表文档或者和文档相关的一些元数据。文档的数据源（比如数据库记录、Word 文档、书中的某章节等）对于 Lucene 来说是无关紧要的。Lucene 只处理从二进制文档中提取的以 `Field` 实例形式出现的文本。上述元数据（如作者、标题、主题和修改日期等）都作为文档的不同域单独存储并被索引。

NOTE 本书所涉及的 Document（文档）概念是指某个文档格式，如 Word、RTF、PDF 或其他格式；这并不是指 Lucene 的 `Document` 类。注意两个单词在大小写和字体上的区别。

Lucene 只处理文本和数字。Lucene 的内核本身只处理 `java.lang.String`、`java.io.Reader` 对象和本地数字类型（如 int 和 float 类型）。虽然各种类型的文档都能被索引和搜索，但处理非文本和非数字类型的文档过程并没有处理后两类文档简单直接。读者可以从第 7 章中了解更多处理非文本文档的内容。

在 Indexer 中，我们专注于针对文本文件的索引操作。因此，我们为每一个检索到的文件创建一个 `Document` 实例，并向实例中添加各个域（该部分内容将在后面详述），然后将 Document 对象添加到索引中，这样就完成了文档的索引操作。类似地，在你自己的搜索程序中，你得仔细设计如何构建 Lucene 文档和域，使之能满足数据源处理要求和程序设计要求。

Document 对象的结构比较简单，为一个包含多个 Field 对象的容器；Field 是指包含能被索引的文本内容的类。

1.5.5 Field

索引中的每个文档都包含一个或多个不同命名的域，这些域包含在 Field 类中。每个域都有一个域名和对应的域值，以及一组选项（详见 2.4 小节）来精确控制 Lucene 索引操作各个域值。文档可能拥有不止一个同名的域。在这种情况下，域的值就按照索引操作顺序添加进去。在搜索时，所有域的文本就好像连接在一起，作为一个文本域来处理。

在使用 Lucene 进行索引操作时，上述几个类是最常用的。为了实现最基本的搜索功能，你需要熟悉一系列同样小且简单的 Lucene 搜索类。

1.6 理解搜索过程的核心类

Lucene 提供的搜索接口跟索引接口一样简单易懂。仅需要少数一些类来执行基本的搜索操作：

- IndexSearcher
- Term
- Query
- TermQuery
- TopDocs

下面几节提供了这些类的简要介绍。在进入更高级主题之前，我们将在余下几章进行详述。

1.6.1 IndexSearcher

IndexSearcher 类用于搜索由 IndexWriter 类创建的索引：这个类公开了几个搜索方法，它是连接索引的中心环节。可以将 IndexSearcher 类看做一个以只读方式打开索引的类。它需要利用 Directory 实例来掌控前期创建的索引，然后才能提供大量的搜索方法，其中一些方法在它的抽象父类 Searcher 中实现；最简单的搜索方法是将单个 Query 对象和 int topN 计数作为该方法的参数，并返回一个 TopDocs 对象。该方法的一个典型应用如下所示：

```
Directory dir = FSDirectory.open(new File("/tmp/index"));
IndexSearcher searcher = new IndexSearcher(dir);
Query q = new TermQuery(new Term("contents", "lucene"));
TopDocs hits = searcher.search(q, 10);
searcher.close();
```

有关 IndexSearcher 类的细节将在第 3 章介绍，并在第 5、6 章中给出更深层的内容。下面开始介绍搜索的基本单元：Term 类。

1.6.2 Term

Term 对象是搜索功能的基本单元。与 Field 对象类似，Term 对象包含一对字符串元素：域名和单词（或域文本值）。注意 Term 对象还与索引操作有关。然而，由于 Term 对象是由 Lucene 内部创建的，我们并不需要在索引阶段详细了解它们。在搜索过程中可以创建 Term 对象，并和 TermQuery 对象一起使用：

```
Query q = new TermQuery(new Term("contents", "lucene"));
TopDocs hits = searcher.search(q, 10);
```

以上代码命令 Lucene 寻找 contents 域中包含单词 *lucene* 的前 10 个文档，并按照降序排列这 10 个文档。由于 TermQuery 对象是从抽象父类 Query 派生而来，你可以在声明左侧使用 Query 类型。

1.6.3 Query

Lucene 含有许多具体的 Query（查询）子类。到目前为止，我们谈到的只是 Lucene 基本的 Query 子类：TermQuery 类。其他的 Query 子类有：BooleanQuery、PhraseQuery、PrefixQuery、PhrasePrefixQuery、TermRangeQuery、NumericRangeQuery、FilteredQuery 和 SpanQuery。所有这些查询类内容都包含在第 3 章和第 5 章。Query 是它们共同的抽象父类。它包含了一些非常实用的方法，其中最有趣的当属 setBoost(float)方法，该方法使你能告知 Lucene 某个子查询相对其他子查询来说必须对最后的评分有更强贡献。setBoost 方法将在 3.5.12 小节详述。下面我们介绍 TermQuery 类，它在 Lucene 中是大多数复杂查询的基础。

1.6.4 TermQuery

TermQuery 是 Lucene 提供的最基本的查询类型，也是简单查询类型之一。它用来匹配指定域中包含特定值的文档，正如你在上面几段中看到的一样。我们最后以 TopDocs 类来结束搜索核心类简介，该类负责展示搜索结果。

1.6.5　TopDocs

`TopDocs` 类是一个简单的指针容器，指针一般指向前 N 个排名的搜索结果，搜索结果即匹配查询条件的文档。`TopDocs` 会记录前 N 个结果中每个结果的 `int docID`（可以用它来恢复文档）和浮点型分数。第 3 章将给出 `TopDocs` 更多细节。

1.7　小结

通过本章内容，你已获得一些有关搜索程序架构的背景知识，以及一些有关 Lucene 的基础知识。现在你已经知道 Lucene 是一个信息检索工具库，而不是一个软件成品，并且更应该清楚它并不是像刚接触 Lucene 的人想象的那些网络爬虫、文档过滤器及用户搜索界面等。然而，为了 Lucene 的普及，有众多的项目是与 Lucene 集成或是基于 Lucene 的，这些项目或许能够会成为构建自己搜索程序的有益帮助。另外，你可以通过众多的 Java 以外的编程环境来实现 Lucene 对应功能。同时，你应已经了解到一些关于 Lucene 是如何产生及其背后关键人物和组织的情况。

秉承 Manning 出版社的 in Action 系列书籍的一贯风格，我们迅速切入重点，向读者展示了两个独立的应用程序：Indexer 和 Searcher，它们可以用来索引和搜索存储在文件系统的文本文件。然后，我们简短描述了在这两个应用程序中 Lucene 所使用的类。

搜索无处不在，如果你碰巧正在读这本书，同时又对程序集成搜索功能感兴趣的话，那么本书对你是很有帮助的。根据你的需求，集成 Lucene 也许意义不大，或者需要再考虑软件架构等因素。

我们已经像本章一样组织好了下面的两章内容。首先我们要做的是索引文档；本书将在第 2 章中对此进行详细讨论。

第 2 章 构建索引

本章要点

- 执行基本索引操作
- 在索引过程中对文档和域进行加权操作
- 对日期、数字和可排序域进行索引
- 高级索引技术

如果想要搜索存储在硬盘上的文件、电子邮件、网页或是数据库中的数据，Lucene 都可帮你完成。但在进行搜索前，你必须对被搜索内容进行索引，Lucene 同样能帮你完成，这就是本章要讨论的内容。

在第 1 章我们演示了一个索引示例。本章将更深入讲解索引更新操作，如何通过参数来调整索引过程，以及更高级的索引技巧，从而帮助你更好理解 Lucene。本章还将涉及 Lucene 索引的结构，使用多线程和多进程访问 Lucene 索引时要关注的重点内容，Lucene 索引 API 的事务语义，通过远程文件系统共享索引，以及防止并发修改索引的锁机制等内容。

在进入大量细节内容之前，别忘了概况：索引操作仅仅是整个搜索程序的一个简单步骤而已。重要的是搜索程序带给用户的搜索体验；索引操作“只不过”是为了增强用户搜索体验而需要跨越的一道障碍而已。因此，尽管本章有很多有趣的索引操作细节，你最好还是将主要精力花在如何提升用户搜索体验上。对于几乎所有搜索程序来说，搜索功能都比索引操作细节重要得多。话虽这么说，在实现搜索功能时还是要依赖于索引操作期间的相关重要步骤的，正如本章所述。

注意：本章内容非常长。这个长度是必要的，因为 Lucene 公开了大量索引操作细节。好消息是大多数搜索程序都不必采用 Lucene 的高级索引选项。事实上，2.1 小节、2.2 小节和 2.3 小节所介绍的内容才是这些搜索程序所需要的。如果你对索引比较感兴趣，同时又不想丢掉其中任何一部分内容，或者你的搜索程序需要使用所有的其他功能，那么可以研读本章余下内容。

下面我们从 Lucene 有关搜索内容的概念模型开始介绍。

2.1 Lucene 如何对搜索内容进行建模

我们首先阐述有关内容建模的方法概念。我们从 Lucene 有关索引和搜索、文档和域的基本单元开始，然后将重点转移到 Lucene 与当代数据库更为结构化的数据模型之间的区别。

2.1.1 文档和域

文档是 Lucene 索引和搜索的原子单位。文档为包含一个或多个域的容器，而域则依次包含“真正的”被搜索内容。每个域都有一个标识名称，该名称为一个文本值或二进制值。当你将文档加入到索引中时，可以通过一系列选项来控制 Lucene 的行为。在对原始数据进行索引操作时，你得首先将数据转换成 Lucene 所能识别的文档和域。在随后的搜索过程中，被搜索对象则为域值；例如，用户在输入搜索内容“title:lucene”时，搜索结果则为标题域值包含单词“lucene”的所有文档。

进一步地，Lucene 可以针对域进行 3 种操作。

- 域值可以被索引（或者不被索引）。如果需要搜索一个域，则必须首先对它进行索引。被索引的域值必须是文本格式的（二进制格式的域值只能被存储而不能被索引）。在索引一个域时，需要首先使用分析过程将域值转换成语汇单元，然后将语汇单元加入到索引中。有关索引域值的具体操作选项可以参考 2.4.1 小节。
- 域被索引后，还可以选择性地存储项向量，后者可以看做该域的一个小型反向索引集合，通过该向量能够检索该域的所有语汇单元。这个机制有助于实现一些高级功能，比如搜索与当前文档相似的文档（更多的高级功能详见 5.7 小节）。有关控制索引项向量的具体选项请参考 2.4.3 小节。
- 域值可以被单独存储，即是说被分析前的域值备份也可以写进索引中，以便后续的检索。这个机制可以使你将原始域值展现给用户，比如文档的标题或摘要。域值的存储选项请参考 2.4.2 小节。

如何将包含各类信息的原始数据转换成 Lucene 文档和域呢？这一般需要将搜索程序设计成递归处理方式来完成。Lucene 并不知道搜索程序使用哪些域，以及对应的域名称等。文档一般包含多个域，比如标题、作者、日期、摘要、正文、URL 和关键词等。有时还需要使用杂项域，即包含所有文本的一个独立域以供搜索。一旦建立好文档，并将它加入到索引后，就可以在随后的搜索过程中检索那些匹配查询条件的文档，并将读取到的文档对应域值作为搜索结果展现给用户。

人们通常将 Lucene 与数据库进行比较，因为二者都会存储数据内容并提供内容检索功能。但两者之间有着重大差别，首先是灵活架构的差别。

NOTE 当搜索程序从通过索引检索文档时，只有被存储的域才会被作为搜索结果展现。例如，被索引但未被存储于文档的域是不会被作为搜索结果展现的。这种机制通常会使得搜索结果具有不确定性。

2.1.2 灵活的架构

与数据库不同的是，Lucene 没有一个确定的全局模式。也就是说，加入索引的每个文档都是独立的，它与此前加入的文档完全没有关系：它可以包含任意的域，以及任意的索引、存储和项向量操作选项。它也不必包含与其他文档相同的域。它甚至可以做到与其他文档内容相同，仅是相关操作选项有所区别。

Lucene 的这种特性非常实用：这使你能够递归访问文档并建立对应的索引。你可以随时对文档进行索引，而不必提前设计文档的数据结构表。如果随后你想向文档中添加域，那么可以完成添加后重新索引该文档或重建索引即可。

Lucene 的灵活架构还意味着单一的索引可以包含表示不同实体的多个文档。例如，用一个文档的诸如名称和价格等域来表示零售产品，而用另一个文档的诸如姓名、年龄和性别等域来表示人，另外还可以使用一个不可达的“中间态”文档，该文档只包含有关索引或搜索程序的一些中间数据（比如最近一次更新索引的时间，或者被索引的产品目录），同时该“中间态”文档内容不在搜索结果中出现。

Lucene 和数据库之间第二个主要的区别是，Lucene 要求你在进行索引操作时简单化或反向规格化原始数据。

2.1.3 反向规格化（Denormalization）

我们面临的一个挑战是解决有关文档真实结构和 Lucene 表示能力之间的“不匹配”问题。举例来说，XML 文档通过嵌套标记来表示一个递归的文档结构，数据库可能有任意数量的连接点，表之间可以通过主键和次键相互关联起来。微软的 Object Linking & Embedding（OLE）文档可以指向其他嵌入类文档。然而 Lucene 的文档却都是单一文档，因此在创建对应的 Lucene 文档前，必须对上述递归文档结构和连接点进行反向规格化操作。建立在 Lucene 基础之上的开源项目，如 Hibernate Search、Compass、LuSQL、DBSight、Browse Engine 和 Oracle/Lucene intergration 等，都有各自不同而有趣的方法来解决反向规格化问题。

至此你已在概念层面上了解了 Lucene 的文档模型，下面我们将深入阐述 Lucene 索引步骤。

2.2 理解索引过程

正如第 1 章所述，索引一个文件只需要调用 Lucene 公用 API 的几个方法即可完成。结果是，从表面上看来，用 Lucene 进行索引操作是一个简单而独立的操作。其实隐藏在这些简单 API 背后的却是一套巧妙而相对复杂的操作。这些操作从功能上主要分为 3 个部分，如图 2.1 所示，下面几节我们将对此进行详述。

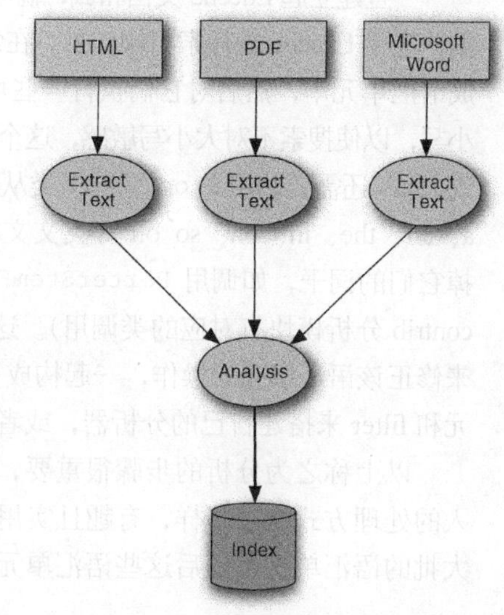

图 2.1　Lucene 索引过程分为 3 个主要操作步骤：将原始文档转换成文本、分析文本、将分析好的文本保存至索引中

在索引操作期间，文本首先从原始数据中提取出来，并用于创建对应的 `Document` 实例，该实例包含多个 `Field` 实例，它们都用来保存原始数据信息。随后的分析过程将域文本处理成大量语汇单元。最后将语汇单元加入到段结构中。下面我们从文本提取开始阐述。

2.2.1 提取文本和创建文档

使用 Lucene 索引数据时，必须先从数据中提取纯文本格式信息，以便 Lucene 识别该文本并建立对应的 Lucene 文档。在第 1 章我们将搜索和索引的示例文本限制为.txt 格式文本，这使得我们能轻易地分拆这些文本内容，并用之建立起 `Field` 实例。但事实上文本格式并不都这么简单，图 1.4 中有关"建立文档"步骤其实包含了很多隐藏内容。

假若你需要对一堆 PDF 格式的手册进行索引，你必须首先想法从这些 PDF 文件中提取文本格式信息，并用这些文本信息来创建 Lucene 文档和域。而 Java 中并没有对应的方法来处理 PDF 格式文件，该问题同样存在于 Microsoft Word 文件或其他非纯文本格式文件中。即使在处理 XML 或 HTML 等纯文本格式文件时，也需要灵活考虑到底索引哪些内容，你得索引它们所表达的真正文本内容，而不是 XML 元素或 HTML 标签等无意义的文本。

有关提取文本信息的细节将在第 7 章结合 Tika 框架详述，使用该框架能使你很轻易地从各种格式的文件中提取文本信息。一旦提取出预想的文本信息并建立起对应的、包含各个域的文档后，下一步就是对这些文本信息进行分析了。

2.2.2 分析文档

一旦建立起 Lucene 文档和域，就可以调用 IndexWriter 对象的 addDocument 方法将数据传递给 Lucene 进行索引操作了。在索引操作时，Lucene 首先分析文本，将文本数据分割成语汇单元串，然后对它们执行一些可选操作。例如，语汇单元在索引前需要统一转换为小写，以使搜索不对大小写敏感，这个操作可以通过调用 Lucene 的 LowerCaseFilter 类实现。通常还需要调用 StopFilter 类从输入中去掉一些使用很频繁却没有实际意义的词（如 a、an、the、in、on、so on 等英文文本）。同样地，我们也需要分析输入的语汇单元，去掉它们的词干，如调用 PorterStemFilter 类处理英文文本（对于其他语种，Lucene 的 contrib 分析模块有对应的类调用）。这些将原始数据转换为语汇单元，随后用一系列 filter 来修正该语汇单元的操作，一起构成了分析器。另外你还可以通过链接 Lucene 的语汇单元和 filter 来搭建自己的分析器，或者通过其他自定义方式来搭建分析器。

以上称之为分析的步骤很重要，它涵盖了图 1.4 中“文档分析”步骤。Lucene 对输入的处理方式多种多样，有趣且实用，我们将在第 4 章对此详细讲解。分析过程会产生大批的语汇单元，随后这些语汇单元将被写入索引文件中。

2.2.3 向索引添加文档

对输入数据分析完毕后，就可以将分析结果写入索引文件中。Lucene 将输入数据以一种倒排索引（inverted index）的数据结构进行存储。在进行关键字快速查找时，这种数据结构能够有效利用磁盘空间。Lucene 使用倒排数据结构的原因是：把文档中提取出的语汇单元作为查询关键字，而不是将文档作为中心实体，这种思想很像本书索引与页码的对应关系。换句话说，倒排索引并不是回答“这个文档中包含哪些单词？”这个问题，而是经过优化后用来快速回答“哪些文档包含单词 X？”这个问题。

仔细回想一下自己最喜欢的 Web 搜索引擎和最常用的查询方式，你会发现上述查询方式正是你想要的最快的查询方式。现在所有的 Web 搜索引擎核心都是采用的倒排索引技术。

Lucene 的索引文件目录有唯一一个段结构，接下来我们将讨论这个问题。

索引段

Lucene 的索引文件格式丰富而详细，而且它随着时间的推移已被很好地优化过。尽管你在使用 Lucene 之前并不需要知道该格式细节，但还是建议你在较高层次上对它有一些基本理解。如果你确实对格式细节很感兴趣，可以参考附录 B。

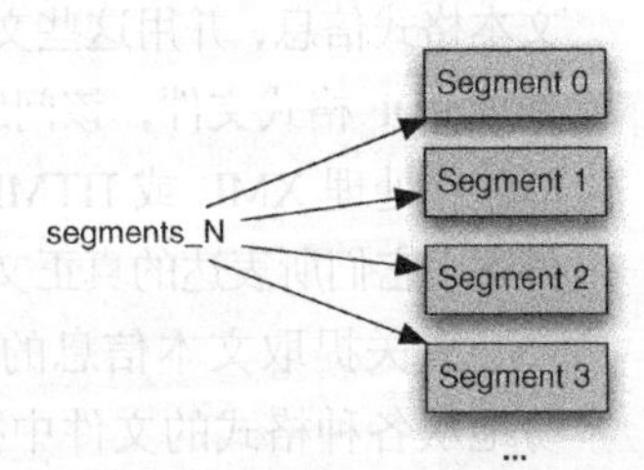

图 2.2 Lucene 倒排索引的段结构

Lucene 索引都包含一个或多个段，如图 2.2 所示。每个段都是一个独立的索引，它包含整个文档索引的一个子集。每当 writer 刷新缓冲区增加的文档，以及挂起目录删除操作时，索引文件都会建立一个新段。在搜索索引时，每个段都是单独访问的，但搜索结果是合并后返回的。

每个段都包含多个文件，文件格式为 `X.<ext>`，这里 X 代表段名称，`<ext>`为扩展名，用来标识该文件对应索引的某个部分。各个独立的文件共同组成了索引的不同部分（项向量、存储的域、倒排索引，等等）。如果你使用混合文件格式（这是 Lucene 默认处理方式，但可以通过 `IndexWriter.setUseCompoundFile` 方法进行修改），那么上述索引文件都会被压缩成一个单一的文件：_X.cfs。这种方式能在搜索期间减少打开的文件数量。第 11 章对该权衡方案有详细介绍。

还有一个特殊文件，名叫段文件，用段_<N>标识，该文件指向所有激活的段。段文件非常重要！Lucene 会首先打开该文件，然后打开它所指向的其他文件。值<N>被称为“the generation”，它是一个整数，Lucene 每次向索引提交更改时都会将这个数加 1。

久而久之，索引会积聚很多段，特别是当程序打开和关闭 writer 较为频繁时。这种情况是没问题的。`IndexWriter` 类会周期性地选择一些段，然后将它们合并到一个新段中，然后删除老的段。被合并段的选取策略由一个独立的 `MergePolicy` 类主导。一旦选取好这些段，具体合并操作由 `MergeScheduler` 类实现。这些类属于进阶主题范畴，详见 2.13.6 小节。

下面我们介绍索引时需要进行的基本操作（添加、更新、删除）。

2.3 基本索引操作

前面我们讲到 Lucene 有关文档建模的相关概念，并随后给出了索引过程的逻辑步骤。现在我们开始通过研究相关代码，了解 Lucene 有关添加、删除和更新文档的 API。我们的研究从添加索引开始，因为这是使用最为频繁的操作。

2.3.1 向索引添加文档

我们先看看如何创建新的索引并向其添加文档。添加文档的方法有两个：

- `addDocument(Document)`——使用默认分析器添加文档，该分析器在创建 `IndexWriter` 对象时指定，用于语汇单元化操作。
- `addDocument(Document, Analyzer)`——使用指定的分析器添加文档和语汇单元化操作。但是要小心！为了让搜索模块正确工作，需要分析器在搜索时能够“匹配”它在索引时生成的语汇单元。具体请参考 4.1.2 小节。

程序 2.1 显示了创建新索引和添加两个小文档的必要步骤。在本例中，文本内容是包含在源代码中的 `String` 对象中的，但在真实的工作场景中，文档内容很有可能来自外部。本例中 `setUp()` 方法是在每次单元测试前由 JUnit 框架调用的。

程序 2.1 向索引添加文档

```
public class IndexingTest extends TestCase {
  protected String[] ids = {"1", "2"};
  protected String[] unindexed = {"Netherlands", "Italy"};
  protected String[] unstored = {"Amsterdam has lots of bridges",
                                 "Venice has lots of canals"};
  protected String[] text = {"Amsterdam", "Venice"};

  private Directory directory;

  protected void setUp() throws Exception {          ❶ 每次测试前运行
    directory = new RAMDirectory();
                                                     ❷ 创建 IndexWriter 对象
    IndexWriter writer = getWriter();

    for (int i = 0; i < ids.length; i++)
     {                                               ❸ 添加文档
      Document doc = new Document();
      doc.add(new Field("id", ids[i],
                        Field.Store.YES,
                        Field.Index.NOT_ANALYZED));
      doc.add(new Field("country", unindexed[i],
                        Field.Store.YES,
                        Field.Index.NO));
      doc.add(new Field("contents", unstored[i],
                        Field.Store.NO,
                        Field.Index.ANALYZED));
      doc.add(new Field("city", text[i],
                        Field.Store.YES,
                        Field.Index.ANALYZED));

      writer.addDocument(doc);
    }
    writer.close();
  }
                                                     创建 IndexWriter 对象 ❷
  private IndexWriter getWriter() throws IOException {
    return new IndexWriter(directory, new WhitespaceAnalyzer(),
                           IndexWriter.MaxFieldLength.UNLIMITED);
  }                                                  创建新的 IndexSearcher 对象 ❹

  protected int getHitCount(String fieldName, String searchString)
    throws IOException {
    IndexSearcher searcher = new IndexSearcher(directory);
    Term t = new Term(fieldName, searchString);
    Query query = new TermQuery(t);
    int hitCount = TestUtil.hitCount(searcher, query);
    searcher.close();                                ❺ 建立简单的单 term 查询
    return hitCount;
  }                                                  获取命中数 ❻

  public void testIndexWriter() throws IOException {
    IndexWriter writer = getWriter();
    assertEquals(ids.length, writer.numDocs());
    writer.close();                                  ❼ 核对写入的文档数
  }

  public void testIndexReader() throws IOException {
    IndexReader reader = IndexReader.open(directory);
    assertEquals(ids.length, reader.maxDoc());       ❽ 核对读入的文档数
    assertEquals(ids.length, reader.numDocs());
    reader.close();
  }
}
```

❶ setup()方法首先建立新的 RAMDirectory 对象用来存放索引。

❷ 接下来在 Directory 对象上创建 IndexWriter 对象。这里创建了 getWriter 方法，因为程序中很多地方都会使用这个方法获取 IndexWriter 对象。

❸ 最后，setUp()方法迭代处理原始内容，并创建 Document 对象和 Fields 对象，然后将 Document 对象加入索引。

❹ ❺ ❻ 我们创建 `IndexSearcher` 对象，并通过指定字符串来执行基本的单项查询，最后返回与查询内容匹配的文档数。

❼ ❽ 我们通过 `IndexReader` 对象和 `IndexWriter` 对象来确认与查询条件匹配的新增文档数量。

索引包含两个文档，分别表示国家及其城市，对应的文本是用 `WhitespaceAnalyzer` 类分析的。由于在每项测试之前都要调用 `setUp()` 方法，因而每项测试都是针对新创建的索引进行的。

调用 `getWriter` 方法时，我们传入 3 个变量来创建 IndexWriter 类。

- `Directory` 类，索引对象存储于该类。
- 分析器，被用来索引语汇单元化的域（分析器详见第 4 章）。
- `MaxFieldLength.UNLIMITED`，该变量是必要的，它指示 `IndexWriter` 索引文档中所有的语汇单元（具体设置内容详见 2.7 小节）。

`IndexWriter` 类若侦测到 `Directory` 类还没有索引的话，会自动创建一个新索引。如果后者已经包含一个索引，前者则只向该索引添加内容。

NOTE `IndexWriter` 类初始化方法并不显式包含索引是否已创建的布尔值，它在初始化时会首先检查传入的 `Directory` 类是否已包含索引。如果索引存在，`IndexWriter` 类则在该索引上追加内容，否则后者将向 `Directory` 类写入新创建的索引。

`IndexWriter` 类有多个初始化方法。其中一些方法会显式包含创建索引的参数，这允许你强制建立新的索引并覆盖原来的索引。更高级的初始化方法允许你指定自己专用的 `IndexDeletionPolicy` 类或 `IndexCommit` 类，详见 2.13 小节。

一旦建立起索引，就可以使用 `for` 循环来初始化文档对象了。过程很简单：首先创建一个新的 `Document` 空对象，然后根据你的需要向这个 Document 对象中逐个添加 `Field` 对象。每个文档都有 4 个域，每个域都有各自不同的选项（有关 `Field` 选项详见 2.4 小节）。最后可以调用 `writer.addDocument` 方法来索引文档。for 循环结束后，程序将关闭 writer，后者会向 Directory 对象提交所有变化。其实也可以调用 `commit()` 方法，这样就能在不关闭 writer 的情况下提交更改，从而保留 writer 至下一次提交时刻。

在使用静态方法 `TestUtil.getHitCount` 获取查询 hits 时需要注意：`TestUtil` 是一个工具类，由本书源码附带的一个类，本书源码包含了少量在本书中反复使用的方法。这些方法是不需要加以说明的，因为我们碰到这类方法时都会给出源码。例如，下面是只有一行代码的 hitCount 方法：

```
public static int hitCount(IndexSearcher searcher, Query query)
➥ throws IOException {
  return searcher.search(query, 1).totalHits;
}
```

该方法调用搜索模块，并返回匹配查询条件的结果总数。下面我们看看新增文档的相反操作：删除文档。

2.3.2 删除索引中的文档

虽然大多数应用程序更加关注如何将文档加入 Lucene 索引中，但也有一部分应用程序需要关注如何从索引中删除文档。例如，某家报社想要在索引中只保留上周的有用的新闻，在此之前的新闻全部删除。还有一些程序可能需要删除包含某一项的所有文档，或者在文档内容有所变化时用新版文档来覆盖旧文档。IndexWriter 类提供了各种方法来从索引中删除文档。

- deleteDocuments (Term) 负责删除包含项的所有文档。
- deleteDocuments(Term[ ])负责删除包含项数组任一元素的所有文档。
- deleteDocuments(Qurey)负责删除匹配查询语句的所有文档。
- deleteDocuments(Query[ ])负责删除匹配查询语句数组任一元素的所有文档。
- deleteAll()负责删除索引中所有文档。该功能与关闭 writer 再用参数 create=true 重新打开 writer 等效，但前者不用关闭 writer。

如果需要通过 Term 类删除单个文档，需要确认在每个文档中都已索引过对应的 Field 类，还需要确认所有域值都是唯一的，这样才能将这个文档单独找出来删除。这个概念跟数据库中主键（Primary Key）的概念类似，但 Lucene 并不一定要这样执行。你可以对这个域进行任意命名（通常用 ID 命名），该域需要被索引成未被分析的域（参见 2.4.1 小节）以保证分析器不会将它分解成语汇单元。然后利用该域来删除对应文档，操作如下：

```
writer.deleteDocuments(new Term("ID", documentID));
```

调用该方法时一定要小心！如果碰巧指定了一个错误的 Term 对象（例如，由一个普通的被索引的域文本值创建的 Term 对象，而不是由唯一 ID 值创建的域），那么 Lucene 将很容易地快速删除索引中的大量文档。在所有情况下，删除操作不会马上执行，而是放入内存缓冲区，与加入文档的操作类似，最后 Lucene 会通过周期性刷新文档目录来执行该操作。与加入文档一样，你必须调用 writer 的 commit()或 close()方法向索引提交更改。不过即使删除操作已完成，存储该文档的磁盘空间也不会马上释放，Lucene 只是将该文档标记为“删除”。更多的处理细节可以参考 2.13.2 小节。

我们看看程序 2.2 中的 deleteDocuments 方法是如何运行的。这里建立了两个测试用例，分别用来说明 deleteDocuments 方法的调用以及删除文档后的优化效果。

程序 2.2 从索引中删除文档

```
public void testDeleteBeforeOptimize() throws IOException {
  IndexWriter writer = getWriter();
  assertEquals(2, writer.numDocs());              // 确认索引中的两个文档
  writer.deleteDocuments(new Term("id", "1"));    // 删除第一个文档
  writer.commit();
  assertTrue(writer.hasDeletions());              // ❶ 确认被标记为删除的文档
  assertEquals(2, writer.maxDoc());
  assertEquals(1, writer.numDocs());              // ❷ 确认删除一个文档并剩余一个文档
  writer.close();
}

public void testDeleteAfterOptimize() throws IOException {
  IndexWriter writer = getWriter();
  assertEquals(2, writer.numDocs());
  writer.deleteDocuments(new Term("id", "1"));
  writer.optimize();                              // ❸ 优化操作使删除生效
  writer.commit();
  assertFalse(writer.hasDeletions());
  assertEquals(1, writer.maxDoc());               // 确认没有删除文档并剩余一个文档
  assertEquals(1, writer.numDocs());
  writer.close();
}
```

❶ 测试用例显示 hasDeletions()方法用于检查索引中是否包含被标记为已删除的文档。

❷ 代码显示了两个通常容易混淆的方法：maxDoc()方法和 numDocs()方法。前者返回索引中被删除和未被删除的文档总数，而后者只返回索引中未被删除的文档总数。本例中由于索引包含两个文档且其中一个已被删除，所以 numDocs()方法返回 1 而 maxDoc()方法返回 2。

❸ 在方法 testDeleteAfterOptimize()中，我们通过调用索引优化来强制 Lucene 在删除一个文档后合并索引段。所以随后 maxDoc()方法返回 1 而不是 2，因为在删除和优化操作完成后，Lucene 实际上已经将该文档删除，最后索引中只包含最后一个文档。

NOTE 程序员通常会将 IndexWriter 类和 IndexReader 类中的 maxDoc()方法和 numDocs()方法搞混淆。第一个方法 maxDoc()返回索引中包括被删除和未被删除的文档总数，而 numDocs()方法只返回索引中未被删除的文档数。

讲完添加和删除文档后，下面我们看看更新文档。

2.3.3 更新索引中的文档

很多搜索程序在首次索引完文档后，由于该文档可能被后续更改，而需要对它进行再次索引。例如，如果你的文档是从 Web 服务器中抓取的，一个检测文档内容是否改变的方法是找到改变后的 ETag HTTP 文件头。如果该头与你上次索引文档的对应头不一致，则说明文档内容已发生变化，并且你需要在索引中更新该文档。

在某些情况下，你可能只想更新文档中的部分域，如标题发生改变而正文未变的情

况下。遗憾的是，尽管这个需求很普遍，Lucene 还是不能做到：Lucene 只能删除整个旧文档，然后向索引中添加新文档。这要求新文档必须包含旧文档中所有域，包括内容未发生改变的域。IndexWriter 提供了两个简便的方法来更新索引中的文档。

- updateDocument(Term,Document)首先删除包含 Term 变量的所有文档，然后使用 writer 的默认分析器添加新文档。
- updateDocument(Term,Document,Analyzer)功能与上述一致，区别在于它可以指定分析器添加文档。

updateDocument 方法可能是最常用的删除文档的方法了，因为更新文档也包含删除操作。注意这两个方法是通过调用 deleteDocuments(Term)和 addDocument 两个方法合并实现的。updateDocument 方法就像如下使用：

```
writer.updateDocument(new Term("ID", documenteId), newDocument);
```

由于 updateDocument 方法要在后台调用 deleteDocuments 方法，我们给出同样的警告：要确认被更新文档的 Term 标识的唯一性。程序 2.3 为更新文档示例。

程序 2.3 更新索引中的文档

```
public void testUpdate() throws IOException {
  assertEquals(1, getHitCount("city", "Amsterdam"));
  IndexWriter writer = getWriter();
  Document doc = new Document();                          <-┐
  doc.add(new Field("id", "1",                              │
                    Field.Store.YES,                        │
                    Field.Index.NOT_ANALYZED));           <-┤
  doc.add(new Field("country", "Netherlands",               │
                    Field.Store.YES,                        │
                    Field.Index.NO));                     <-┤ 为“Haag”建立新文档
  doc.add(new Field("contents",                             │
                    "Den Haag has a lot of museums",        │
                    Field.Store.NO,                         │
                    Field.Index.ANALYZED));               <-┤
  doc.add(new Field("city", "Den Haag",                     │
                    Field.Store.YES,                        │
                    Field.Index.ANALYZED));               <-┘

  writer.updateDocument(new Term("id", "1"),
                        doc);                    │ 更新文档版本
  writer.close();
                                                          │ 确认旧文档已删除
  assertEquals(0, getHitCount("city", "Amsterdam"));
  assertEquals(1, getHitCount("city", "Den Haag"));   <-┐
}                                                       │ 确认新文档已被索引
```

在本例中，我们用新文档来替换 id 为 1 的旧文档。随后调用 updateDocument 方法更新文档。这样，我们完成了索引中的文档更新操作。

我们已经讲了添加、删除和更新文档的基本操作。现在，我们将深入研究创建文档时需要指定的域选项。

2.4 域选项

Field 类也许是在文档索引期间最重要的类了：该类在事实上控制着被索引的域值。当创建好一个域时，你可以指定多个域选项来控制 Lucene 在将文档添加进索引后针对该域的行为。本章开头我们曾较为深入地谈到这些选项，现在我们将对此作个回顾，然后列举出有关它们的更多细节。

域选项分为几个独立的类别，我们在接下来的几个小节分别讲解这几类选项：索引选项、存储选项和项向量使用选项。讲完这几个选项，我们还将讲到域的值（包括 String 值）。最后我们会提到域选项的常见组合方式。

下面我们从如何控制将域值加入倒排索引开始介绍。

2.4.1 域索引选项

域索引选项（Field.Index.*）通过倒排索引来控制域文本可用何种方式搜索。具体选项如下：

- Index.ANALYZED——使用分析器将域值分解成独立的语汇单元流，并使每个语汇单元能被搜索。该选项适用于普通文本域（如正文、标题、摘要等）。
- Index.NOT_ANALYZED——对域进行索引，但不对 String 值进行分析。该操作实际上将域值作为单一语汇单元并使之能被搜索。该选项适用于索引那些不能被分解的域值，如 URL、文件路径、日期、人名、社保号码和电话号码等。该选项尤其适用于“精确匹配”搜索。在程序 2.1 和程序 2.3 中我们曾使用这个选项索引 ID 域。
- Index.ANALYZED_NO_NORMS——这是 Index.ANALYZED 选项的一个变体，它不会在索引中存储 norms 信息。norms 记录了索引中的 index-time boost 信息，但是当你进行搜索时可能会比较耗费内存。有关 norms 的详细内容详见 2.5.3 小节。
- Index.NOT_ANALYZED_NO_NORMS——与 Index.NOT_ANALYZED 选项类似，但也是不存储 norms。该选项常用于在搜索期间节省索引空间和减少内存耗费，因为 single-token 域并不需要 norms 信息，除非它们已被进行加权操作。
- Index.NO——使对应的域值不被搜索。

当 Lucene 建立起倒排索引时，默认情况下它会保存所有必要信息以实施 Vector Space Model。该 Model 需要计算文档中出现的 term 数，以及它们出现的位置（这是必要的，比如通过词组搜索时用到）。但有时候这些域只是在布尔搜索时用到，它们并不为相关评分做贡献，一个常见的例子是，域只是被用作过滤，如权限过滤和日期过滤。在这种情况下，可以通过调用 Field.setOmitTermFreqAndPositions(true) 方法让 Lucene 跳过对该项的出现频率和出现位置的索引。该方法可以节省一些索引在磁盘上的存储空间，还可以加速搜索和过滤过程，但会悄悄地阻止需要位置信息的搜索，如阻止 PhraseQuery 和 SpanQuery 类的运行。下面我们转而讨论如何控制 Lucene 通过域选项来存储域。

2.4.2 域存储选项

域存储选项（Field.Store.*）用来确定是否需要存储域的真实值，以便后续搜索时能恢复这个值。

- Store.YES——指定存储域值。该情况下，原始的字符串值全部被保存在索引中，并可以由 IndexReader 类恢复。该选项对于需要展示搜索结果的一些域很有用（如 URL、标题或数据库主键）。如果索引的大小在搜索程序考虑之列的话，不要存储太大的域值，因为存储这些域值会消耗掉索引的存储空间。
- Store.NO——指定不存储域值。该选项通常跟 Index.ANALYZED 选项共同用来索引大的文本域值，通常这些域值不用恢复为初始格式，如 Web 页面的正文，或其他类型的文本文档。

Lucene 包含一个很实用的工具类，CompressionTools，该类提供静态方法压缩和解压字节数组。该类运行时会在后台调用 Java 内置的 java.util.Zip 类。你可以使用 CompressionTools 在存储域值之前对它进行压缩。注意，尽管该方法可以为索引节省一些空间，但节省的幅度跟域值的可被压缩程度有关，而且该方法会降低索引和搜索速度。这样其实就是通过消耗更多 CPU 计算能力来换取更多的磁盘空间，对于很多程序来说，需要仔细权衡一下。如果域值所占空间很小，建议少使用压缩。

下面介绍有关索引项向量的选项。

2.4.3 域的项向量选项

有时索引完文档，你希望在搜索期间该文档所有的唯一项都能完全从文档域中检索。一个常用的用法是在存储的域中加快高亮显示匹配的语汇单元（高亮显示部分详见 8.3 和 8.4 小节）。还有一个用法是使用链接“找到类似的文档”，当运行一个新的点击搜索时，使用原始文档中突出的项。其他解决方法是对文档进行自动分类。5.9 小节将展示一个有关使用索引中项向量的具体示例。

但项向量到底是什么呢？它是介于索引域和存储域的一个中间结构。

2.4.4 Reader、TokenStream 和 byte[ ]域值

Field 对象还有其他几个初始化方法，允许传入除 String 以外的其他参数。

- Field(String name,Reader value,TermVector termVector) 方法使用 Reader 而不是 String 对象来表示域值。在这种情况下，域值是不能被存储的

（域存储选项被硬编码成 Store.NO），并且该域会一直用于分析和索引（Index.ANALYZED）。如果在内存中保存 String 代价较高或者不太方便时，如存储的域值较大时，使用这个初始化方法则比较有效。

- Field(String name,Reader value)，与前述方法类似，使用 Reader 而不是 String 对象来表示域值，但使用该方法时，默认的 termVector 为 TermVector.NO。
- Field(String name,TokenStream tokenStream,TermVector term Vector) 允许程序对域值进行预分析并生成 TokenStream 对象。此外，这个域不会被存储并将一直用于分析和索引。
- Field(String name,TokenStream tokenStream)，与前一个方法类似，允许程序对域值进行预分析并生成 TokenStream 对象，但使用该方法时默认的 termVector 为 TermVector.NO。
- Field(String name,byte[] value,Store store)方法可以用来存储二进制域，这种域不会被索引（Index.NO），也没有项向量（TermVector. NO）。其中 store 参数必须设置为 Store.YES。
- Field(String name,byre[] value,int offset,int length,Store store) 与前一个方法类似，能够对二进制域进行索引，区别在于该方法允许你对这个二进制的部分片段进行引用，该片段的起始位置可以用 offset 参数表示，处理长度可以用参数 length 对应的字节数来表示。

现在我们应当清楚，Field 类是一个非常复杂的类，它提供了大量的初始化选项，以向 Lucene 传达精确的域值处理指令。下面我们看看几个有关如何联合使用这些选项的示例。

2.4.5 域选项组合

现在你已了解所有的 3 类域选项（索引、排序和项向量）。这些选项可以单独设置，但设置完会形成若干可能的组合。表 2.1 列出了经常使用的域选项组合以及它们的使用范例，但要注意，这些域选项是可以任意设置的。

表 2.1 域特征汇总，用示例表示域的创建方式

索引选项	存储选项	项 向 量	使 用 范 例
NOT_ANALYZED_NO_NORMS	YES	NO	标识符（文件名、主键），电话号码和社会安全号码、URL、姓名、日期、用于排序的文本域
ANALYZED	YES	WITH_POSITIONS_OFFSETS	文档标题、摘要
ANALYZED	NO	WITH_POSITIONS_OFFSETS	文档正文
NO	YES	NO	文档类型、数据库主键（如果没有用于搜索）
NOT_ANALYZED	NO	NO	隐藏的关键词

下面我们来看一看有关域排序的选项。

2.4.6 域排序选项

当 Lucene 返回匹配搜索条件的文档时，一般是按照默认评分对文档进行排序的。有时你可能需要依照其他标准对结果进行排序，比如在搜索 E-mail 信息时，你可能会根据发送或接收日期排序，或者根据信息大小或寄件人排序。5.2 小节描述了一些排序细节，但为了实现域排序功能，你必须首先正确地完成对域的索引。

如果域是数值类型的，在将它加入文档和进行排序时，要用 NumericField 类来表示，具体见 2.6.1 小节。如果域是文本类型的，如邮件发送者姓名，你得用 Field 类来表示它和索引它，并且要用 Field.Index.NOT_ANALYZED 选项避免对它进行分析。如果你的域未进行加权操作，那么在对其索引时就不能带有 norm 选项，使用 Field.Index.NOT_ANALYZED_NO_NORMS，这可以节省磁盘空间和内存空间：

```
new Field("author", "Arthur C. Clark", Field.Store.YES,
          Field.Index.NOT_ANALYZED_NO_NORMS);
```

NOTE 用于排序的域是必须进行索引的，在每个 document 中，这些 field 每一个必须只含有一个 token。通常这意味着使用 Field.Index.NOT_ANALYZED 或 Field.Index.NOT_ANALYZED_NO_NORMS（如果你没对文档或域进行加权的话）选项，但若你的分析器只生成一个语汇单元，比如 KeywordAnalyzer（详见 4.7.3 小节）、Field.Index.ANALYZED 或者 Field.Index.ANALYZED_NO_NORMS 选项也可以使用。

这样，我们已经比较详细地介绍了各个域选项，下面还有最后一个有关域的话题，即多值域。

2.4.7 多值域

设想一下你的文档有一个域表示作者名字，但有时该文档的作者数不止一个。一个解决方案可能是依次处理每个作者名字，将它们加入单个 String，然后用后者建立对应的 Lucene 域。还有一个方法也许更简洁，那就是向这个域中写入几个不同的值，像这样：

```
Document doc = new Document();
for (String author : authors) {
  doc.add(new Field("author", author,
                    Field.Store.YES,
                    Field.Index.ANALYZED));
}
```

这种处理方式是完全可以接受并鼓励使用的，因为这是逻辑上具有多个域值的域的自然的表示方式。在程序内部，只要文档中出现同名的多值域，倒排索引和项向量都会在逻辑上将这些域的语汇单元附加进去，具体顺序由添加该域的顺序决定。你可以在分析期间使用高级选项来控制有关附加顺序的重要细节，特别是如何防止针对两个不同域值的匹配搜索，具体请参考 4.7.1 小节。然而与索引操作不同的是，当存储这些域时，它们在文档中的存储顺序是分离的，因此当你在搜索期间对文档进行检索时，你会发现多个 `Field` 实例。

我们已介绍完 Lucene 的各个域选项。这些种类繁多的选项会随着时间推移而改进，以支持针对 Lucene 的多种应用。我们已向你介绍了大量用于控制域索引的具体选项，它们包括是否对域进行存储、是否对项向量进行计算和存储。除 `String` 之外，域值还可以以二进制格式进行存储、`TokenStream` 值（用于对域的预分析）或者 `Reader`（如果在内存中对整个域值进行保存会导致较大开销或者不方便保存时可使用该选项）。用于排序的域（具体请参考 5.2 小节）必须以恰当的方式进行索引。最后，我们在本节还看到 Lucene 能够很好地处理带有多个值的域。

下面我们将介绍 Lucene 另外一个域处理操作：加权，该功能用于在 Lucene 对域进行评分期间控制域和文档的重要程度。

2.5　对文档和域进行加权操作

文档和域并不是被同等创建的——或者至少你得了解加权的用法。加权操作可以在索引期间完成，这会在本节讲述；另外加权操作还可以在搜索期间完成，该部分内容将在 5.7 小节讲述。搜索期间的加权操作会更加动态化，因为每次搜索操作都可以根据不同的加权因子独立选择加权或者不加权，但这个策略也可能稍微多消耗一点 CPU 效率。由于搜索期间的加权操作太动态化，该策略还可以将加权选项提供给用户控制，如用选择框询问用户“是否对最近修改过的文档进行加权”。

无论是在索引期间还是搜索期间进行加权操作，你都得小心：过多的加权操作，特别是在用户界面没有提示相应文档已被加权操作的情况下，这可能会很快侵蚀掉用户对搜索的信任度。你的搜索程序得反复仔细地选择恰当的权值，以确认文档不会被过于加权以至于用户最后被迫浏览不相关的搜索结果。本节我们将展示在索引期间如何有选择性地对文档或域进行加权，然后讲解加权信息时如何通过 norms 记录到索引中的。

2.5.1　文档加权操作

设想一下你为公司设计搜索程序来索引和搜索公司 E-mail 的情况。该程序可能要求在进行搜索结果排序时，使得公司员工的 E-mail 能排在比其他 E-mail 更重要的位置。那么你会如何实现这个功能呢?

文档加权操作能很容易实现该功能。默认情况下，所有文档都没有加权值——或者说它们都具有同样的加权因子 1.0。通过改变文档的加权因子，你就能指示 Lucene 在计算相关性时或多或少地考虑到该文档针对索引中其他文档的重要程度。调用加权操作的 API 只包含一个方法：`setBoost(float)`，该方法的使用方式如程序 2.4 所示（注意本程序片段中某些方法如 getSenderEmail 和 isImportant 等并未预先定义，它们是在本书源码的完整版本中定义的)。

程序 2.4 对文档和域进行选择性加权操作

```
Document doc = new Document();
String senderEmail = getSenderEmail();
String senderName = getSenderName();
String subject = getSubject();
String body = getBody();
doc.add(new Field("senderEmail", senderEmail,
                  Field.Store.YES,
                  Field.Index.NOT_ANALYZED));
doc.add(new Field("senderName", senderName,
                  Field.Store.YES,
                  Field.Index.ANALYZED));
doc.add(new Field("subject", subject,
                  Field.Store.YES,
                  Field.Index.ANALYZED));
doc.add(new Field("body", body,
                  Field.Store.NO,
                  Field.Index.ANALYZED));
String lowerDomain = getSenderDomain().toLowerCase();
if (isImportant(lowerDomain)) {
  doc.setBoost(1.5F);                          ❶ 员工域加权因子：1.5
} else if (isUnimportant(lowerDomain)) {
  doc.setBoost(0.1F);                          ❷ 非员工域加权因子：0.1
}
writer.addDocument(doc);
```

在本例中，我们通过核对 E-mail 发送者的域名来确定发送者是否是本公司员工。❶ 当我们对公司员工发送的邮件消息进行索引时，将它们的加权因子设为 1.5，大于默认的加权因子 1.0。❷ 当我们遇到一个由其他域名发送的邮件消息时（由 isUmportant 方法负责核查)，将它们的加权因子设为 0.1，从而将它们标识为可以忽略不计的信息。

在搜索期间，Lucene 将自动根据加权情况来加大或减小文档的评分。有时我们还需要更精细的适合域粒度的加权操作，这也可以通过 Lucene 实现。

2.5.2 域加权操作

正如对文档进行加权操作一样，你还可以对文档中的域进行加权操作。当加权一个文档时，Lucene 在内部采用同一个加权因子来对该文档中的域进行加权。我们考虑另一个有关索引 E-mail 信息的情况，即怎样才能使邮件的主题变得比邮件的作者更重要呢？换句话说，在上例的匹配搜索时，如何才能让主题域变得比 senderName 域更重要呢？为了达到这个目的，我们可以使用 Field 类的 setBoost(float) 方法：

```
Field subjectField = new Field("subject", subject,
                               Field.Store.YES,
                               Field.Index.ANALYZED);
subjectField.setBoost(1.2F);
```

在本例中，正如之前选取文档对象的加权因子 1.5 和 1.0 一样，我们任意选取一个加权因子 1.2。加权因子的设定值取决于你的预期目标；这里你可能需要做一些试验，并不断调整这个加权因子以达到想要的效果。但要记住，当你改变一个域或者一个文档的加权因子时，必须完全删除并创建对应的文档，或者使用 updateDocument 方法达到同样的效果。

值得注意的是，较短的域有一个隐含的加权，这取决于 Lucene 的评分算法具体实现。当进行索引操作时，IndexWriter 对象会调用 Similarity.lengthNorm 方法来实现该算法。你也可以用自己实现的逻辑来覆盖它，具体可以实现自己的 Similarity 类并且告诉 IndexWriter 类通过调用自己的 setSimilarity 类来覆盖。总的来说，加权操作是一项高级操作，很多搜索程序没有它也能正常运行，所以使用加权的时候需要小心！

有关搜索时对文档和域进行加权操作的内容请参考 3.3.1 小节。Lucene 依据文档对查询语句的匹配程度来对搜索结果排名，每个匹配的文档都被赋予一个评分。Lucene 的评分机制包含大量的因子，其中就有加权因子。

Lucene 如何将加权因子写入索引呢？这就是属于 norms 的范畴了。

2.5.3 加权基准（Norms）

在索引期间，文档中域的所有加权都被合并成一个单一的浮点数。除了域，文档也有自己的加权值，Lucene 会基于域的语汇单元数量自动计算出这些加权值（更短的域具有更高的加权）。这些加权被合并到一处，并被编码（量化）成一个单一的字节值，作为域或文档信息的一部分存储起来。在搜索期间，被搜索域的 norms 都被加载到内存，并被解码还原为浮点数，然后用于计算相关性评分（relevance score）。

虽然 norms 是在索引期间首次进行计算的，后续还是可以使用 IndexReader 的 setNorm 方法对它进行修改的。setNorm 方法是一个高级方法，它要求程序验算自身的 norms 因子，但这是一个潜在的用于动态计算加权因子的强大方法，如文档更新或者用点击表示的受欢迎程度等。

norms 经常面临的问题之一就是它在搜索期间的高内存用量。这是因为 norms 的全部数组需要在加载至 RAM 时，需要对被搜索文档的每个域都分配一个字节空间。对于文档中包含多个域的较大索引来说，这个加载操作会很快占用大量 RAM 空间。所幸的是，你可以很容易关掉 norms 相关操作，方法是使用 Field.Index 中的 NO_NORMS 索引选项，或者在对包含该域的文档进行索引前调用 Field.setOmitNorms(true) 方法。这个操作会潜在影响评分效果，因为这样一来，搜索期间程序就不会处理索引时刻的加权信息了，但这种影响有可能是轻微的，特别是当这些域的长度基本相同并且我们并未对它们进行任何加权处理时。

值得注意的是，如果在索引进行一半时关闭 norms 选项，那么你必须对整个索引进行重建，因为即使只有一个文档域在索引时包含了 norms 选项，那么在随后的段合并操作中，这个情况会“扩散”，从而使得所有文档都会占用一个字节的 norms 空间，即使它们在此前的索引操作中关闭了 norms 选项也是如此。发生这种情况主要是因为 Lucene 并不针对 norms 进行松散存储。

下面我们将探索如何对数字、日期和时间进行索引。

2.6 索引数字、日期和时间

尽管大多被搜索内容实际上都是文本格式的，很多情况下仍然必须处理数字或日期/时间值。在商业环境中，产品的价格（可能还有其他诸如重量、高度等数值类属性）是它重要的属性。一个视频搜索引擎可能需要对每个视频的播放时长进行索引。新闻稿和文章需要有出版时间标记。以上只是反映当代搜索引擎处理数字属性的几个示例而已。

本节将展示如何用 Lucene 处理这些数字。程序在处理数字的时候会面临两个截然不同的场景，本节将展示 Lucene 如何做到两者都支持的。当 Lucene 索引数字时，它会在索引中建立一个复杂数据结构（Rich Data Structure），这会在后面讲到。最后我们将探讨一些处理日期和时间的方法。

2.6.1 索引数字

索引数字时，有两个场景很重要。其中一个场景是，数字内嵌在将要索引的文本中，而想保留这些数字，并将它们作为单独的语汇单元处理，这样就可以在随后的搜索过程中用到它们。例如，你的文档中可能包含类似这样的句子"Be sure to include Form 1099 in your tax return"：你希望能搜索到数字 1099，就像能搜索到短语"tax return"一样，并且同样能检索到包含这个句子的文档。

要实现这样的数字索引，其实只要选择一个不丢弃数字的分析器即可。正如我们将在 4.2.3 小节提到的，`WhitespaceAnalyzer` 和 `StandardAnalyzer` 两个类可以作为候选。如果将句子"Be sure to include Form 1099 in your tax return"输入，它们会将 1099 作为语汇单元提取出来并写入索引，从而可以在后续直接输入 1099 搜索该句子。另外两个类的功能却相反，`SimpleAnalyzer` 和 `StopAnalyzer` 两个类会将语汇单元流中的数字剔除，这样的话再输入 1099 搜索就不会找到任何匹配文档了。如果对此有疑问，请使用 Luke 来核实数字是否由分析器保留下来并写入索引，Luke 是一款用于检查 Lucene 索引细节的优秀工具，具体用法请见 8.1 小节。

另外一个场景是，一些域只包含数字，而你希望能将它们作为数字域值来索引，并能在搜索和排序中对它们进行精确（相等）匹配。例如，若你正在索引零售目录中的产品，而每款产品都有数字形式的价格，这样你必须使得用户能够通过输入某个价格范围来搜索这些产品。

Lucene 的上个版本只能处理文本格式的项。这样的话就需要小心处理数字，如采用

0 填充（zero-padding）手段或高级数字-文本编码手段将数字转换成字符串，以便能够通过文本格式的项进行排序和范围搜索。所幸的是，自 2.9 版本开始，Lucene 就加入了对数字域的支持，这就是全新的 NumericField 类。你只需要创建一个 NumericField 对象，使用其中一个 set<Type>Value 方法（该方法支持的数字类型有 int、long、float 和 double，然后返回自身）记录数值，然后将 NumericField 类加入到文档，就像添加其他 Field 类一样。示例如下：

```
doc.add(new NumericField("price").setDoubleValue(19.99));
```

Lucene 会在后台用一些奇特的算法来确认数值是否被成功索引，以便后续能胜任范围搜索和数字排序。每个数值都用特里结构（trie structure）进行索引，它在逻辑上为越来越大的预定义括号数分配了一个单一的数值。针对每个括号都在索引中分配了一个唯一的项，因此我们能够很快地在所有文档中检索这个单一的括号。在搜索期间，搜索请求的范围被转换成等效的括号并集，这样就能实现高效的范围搜索或过滤功能。

尽管每个 NumericField 实例都只接受单一的数值，但我们还是可以向文档中添加多个带有相同域名的实例。最后生成的 NumericRangeQuery 和 NumericRangeFilter 实例会将所有值用逻辑"or"连接起来。但这种操作对排序的影响却是不确定的。如果你需要针对一个域进行排序，那么你必须对只出现一次该域的各个 NumericField 进行索引。

还有一个高级参数 precisionStep 允许你对连续出现的括号之间的空隙（以 bit 形式表示）进行控制。默认的空隙为 4bit。更小的空隙值会导致更多的特里括号，这样就会增大索引尺寸（一般增加不太多），但这也能带来更快的范围搜索效果。对应的 Java 文档提供了有关这类权衡的详细信息，但一般来说默认值已能适用于大多数应用程序场合了。3.5.4 小节将介绍如何对数值域进行搜索。

NumericField 类还能处理日期和时间，方法是将它们转换成等效的 int 型或 long 型整数。

2.6.2 索引日期和时间

E-mail 消息包括发送和接收日期，文件有与之相关的多个时间戳，而 HTTP 响应有一个最后修改的报头，它包括请求页面的最后修改日期。你可能跟很多其他 Lucene 用户一样需要对日期和时间戳进行索引。这些值很容易处理，首先将它们转换成相等的 int 或 long 型值，然后将这些值作为数字进行索引。具体可以使用 Date.getTime 获取精确到毫秒的数字值：

```
doc.add(new NumericField("timestamp")
➥ .setLongValue(new Date().getTime()));
```

另外，如果你并不需要精确到毫秒的日期，可以将它简单地量化一下。如果向下量化到秒、分、小时或天的话，可以直接用除法：

```
doc.add(new NumericField("day")
➥ .setIntValue((int) (new Date().getTime()/24/3600)));
```

如果需要进一步量化到月或年，或需要索引一天中的小时或一周中的日期，可以创建一个 Calendar 实例，并从中获取相关值：

```
Calendar cal = Calendar.getInstance();
cal.setTime(date);
doc.add(new NumericField("dayOfMonth")
➥ .setIntValue(cal.get(Calendar.DAY_OF_MONTH)));
```

正如上文所述，Lucene 使得数字域的索引变得简单起来。刚才已介绍了几个有关将日期和时间转化为数值并进行索引的方法。下面我们开始介绍有关域的最后一个概念：截取（truncation）。

2.7 域截取（Field truncation）

一些应用程序需要对尺寸未知的文档进行索引。作为一个控制 RAM 和硬盘空间使用量的安全机制，你可能需要在为每个域进行索引时对输入的文档尺寸进行限制。很有可能一个大的二进制文档被意外地错误分类为文本文档，或者该文档包含了大量内置的二进制数据，这样会导致对该文档的过滤失败，从而会很快导致程序向索引中添加大量无用的二进制项，这个结果是令人恐惧的。其他应用程序则只处理具有已知尺寸的文档，但此时你可能只想要对文档的部分内容进行索引。举例来说，你可能只想对每个文档的前面 200 个单词进行索引。

为了支持这些不同的索引需求，IndexWriter 允许你对域进行截取后再索引它们，这样一来，被分析的域就只有前面 N 个项会被编入索引。当实例化 IndexWriter 后，你必须向其传入 MaxFieldLength 实例从而向程序传递具体的截取数量。MaxFieldLength 类提供了两个易用的默认实例：MaxFieldLength.UNLIMITED 和 MaxFieldLength. LIMITED，前者表示不采取截取策略，后者表示只截取域中前 1000 个项。在实例化 MaxFieldLength 时还可以设置自己所需要的截取数。

在建立 IndexWriter 后，你可以在任意时刻调整截取限制，方法是调用 setMaxFieldLength 方法；或者你也可以通过调用 getMaxFieldLength 方法来检索当前的的截取限制。但是，对于任何已经被编入索引的文档来说，被截取的项数量是通过前一次设置的值来确定的，因为对 maxFieldLength 的修改不具有追溯效果。如果文档中包含具有相同域名的多个域实例，那么截取操作会在这些域中全部生效，这意味着所有这些域都只有前 N 个项会编入索引。如果你想知道截取操作的具体实施情况，那么可以调用 IndexWriter.setInfoStream(System.out) 方法并搜索包含“maxFieldLength reached for field X, ignoring following tokens”的任何行来达到目的（需要注意的是，infoStream 还可以接收其他很多诊断信息，这些信息有它们自己的用法）。

建议读者在使用域截取功能之前一定要考虑清楚。因为这意味着只有域中前 N 个项才能被搜索到，而其后的文本则会全部被程序忽略。如果只有这些被忽略的项才能与搜索文档相匹配的话，这样就会导致搜索失败。最后，当用户发现该搜索引擎并不能在特定环境下找到特定文档时，他们会认为这是程序缺陷。有人曾在 Lucene 用户列表中多次询问："为什么这个搜索条件找不到这个文档？"时，我们的回答只能是："你必须增加 maxFieldLength 值"。

NOTE 使用 maxFieldLength 时一定要谨慎！因为域截取意味着程序会完全忽略一部分文档文本，使得这些文本无法被搜索到，从而会让你的用户最后发现：这个搜索引擎连某某文档都找不到。这个结果会很快毁掉用户对该搜索程序的信任度（"它到底还能搜索到哪些东西？"），而这会为你的用户群带来灾难性的影响，如果搜索功能是你的核心业务的话，这或许还会毁掉你的事业。用户信任度是保护业务的最重要的条件。

至此，我们已讲完有关域的所有有用特性。正如上文所述，Lucene 的 Field 类包含大量域选项以支持针对域值的各种处理方式。下面，我们将探讨如何减小在添加文档和搜索文档之间的转换时间。

2.8 近实时搜索（Near-real-time search）

Lucene 从 2.9 版本开始新增了一项被称为实时搜索的重要功能，该功能解决了一个长期困扰搜索引擎的问题：文档的即时索引和即时搜索问题。很多搜索程序都有这个需求，但实现难度比较大。所幸的是，Lucene 已经能通过调用 IndexWriter 中的对应方法轻松实现它了：

```
IndexReader getReader()
```

该方法能实时刷新缓冲区中新增或删除的文档，然后创建新的包含这些文档的只读型 IndexReader 实例。下一章我们会讲解如何使用 IndexReader 类，但现在，相信我们！在程序后台会使用有效的手段新打开一个 reader，以使前后两个 reader 能共享旧的段。这样，如果只有少量文档加入，转换时间就会很短。注意调用 getReader 方法会降低索引效率，因为这会使得 IndexWriter 马上刷新段内容，而不是等到内存缓冲填满再刷新。3.2.5 小节展示了使用实时 reader 进行搜索的示例。

下面我们讲讲索引优化操作。

2.9 优化索引

当你索引文档时，特别是索引多个文档或者在使用 IndexWriter 类的多个 session 索引文档时，你总会建立一个包含多个独立段的索引。当你搜索索引时，Lucene 必须分别搜索每个段，然后合并各段的搜索结果。这种工作方式尽管没有问题，但对于处理大容量索引的程序来说，最好是能够优化一下索引以提高搜索效率，优化索引就是将索引的多个段合并成一个或者少量段。同时优化后的索引还可以在搜索期间少使用一些文件描述符。讲完优化过程和优化方法后，我们将谈到优化过程的磁盘空间消耗情况。

NOTE　优化索引只能提高搜索速度，而不是索引速度。

在不进行索引优化的情况下，要想获得很高的搜索效率也是完全可能的，所以你得事先确认是否需要进行索引优化。IndexWriter 提供了 4 个优化方法。

- optimize() 将索引压缩至一个段，操作完成再返回。
- optimize(int maxNumSegments) 也称作**部分优化**（Partial Optimize），将索引压缩为最多 maxNumSegment 个段。由于将多个段合并到一个段的开销最大，建议优化至 5 个段，它能比优化至一个段更快完成，allowing you to trade less optimization time for slower search speed。
- optimize(boolean doWait) 跟 optimize() 类似，若 doWait 参数传入 false 值，这样的话调用会立即执行，但合并工作是在后台运行的。注意 doWait=false 选项只适用于后台线程调用合并程序，如默认的 ConcurrentMergeScheduler。2.13.6 小节给出了调度合并程序的使用细节。
- optimize(int maxNumSegments,boolean doWait) 也是部分优化方法，如果 doWait 参数传入 false 的话也在后台运行。

请记住，索引优化会消耗大量的 CPU 和 I/O 资源，因此在使用时一定要明确这点。它是在以一次性大量系统开销来换取更快的搜索速度。如果索引更新的次数并不频繁，并且在索引更新期间会处理大量的搜索请求的话，以上权衡是可以考虑的。如果搜索程序在单台计算机上同时完成索引和搜索功能，那么可以考虑将优化操作预设在多个小时以后或者每周执行一次，这样就不会对正在进行的搜索功能造成太大影响。

搜索期间还需要注意的一项重要开销就是磁盘临时使用空间。由于 Lucene 必须将多个段进行合并，而在合并操作期间，磁盘临时空间会被用于保存新段对应的文件。但在合并完成并通过调用 IndexWriter.commit 或关闭 IndexWriter 进行提交之前，旧段并不能被删除。这意味着你必须为程序预留大约 3 倍于优化用量的临时磁盘空间。一旦完成优化操作并调用 commit() 方法后，磁盘用量会降低到较低水平。另外，索引中任何打开的 reader 都会潜在影响磁盘空间。11.3.1 小节给出了 Lucene 对于磁盘空间总用量的相关细节信息。

NOTE　在优化期间，索引会占用较大的磁盘空间，大约为优化初期的 3 倍。当结束后话操作后，索引所占用的磁盘空间会比启动优化时少。.

下面我们来看看一些不同于 FSDirectory 类的 Directory 实现。

2.10　其他 Directory 子类

我们回想一下第 1 章的相关内容，Lucene 的抽象类 Directory 主要是为我们提供一个简单的文件类存储 API，它隐藏了实现存储的细节信息。当 Lucene 需要对索引中的文件进行读写操作时，它会调用 Directory 子类的对应方法来进行。表 2.2 列出了 Lucene 3.0 所支持的 5 个核心 Directory 实现。

表 2.2 Lucene 的几个核心 Directory 子类

Directory 子类	描　述
SimpleFSDirectory	最简单的 Directory 子类，使用 java.io.* API 将文件存入文件系统。不能很好支持多线程操作
NIOFSDirectory	使用 java.nio.* API 将文件保存至文件系统。能很好支持除 Microsoft Windows 之外的多线程操作，原因是 Sun 的 JRE 在 Windows 平台上长期存在问题
MMapDirectory	使用内存映射 I/O 进行文件访问。对于 64 位 JRE 来说是一个很好选择，对于 32 位 JRE 并且索引尺寸相对较小时也可以使用该类
RAMDirectory	将所有文件都存入 RAM
FileSwitchDirectory	使用两个文件目录，根据文件扩展名在两个目录之间切换使用

这些 Directory 子类负责从文件系统中读写文件。它们都是继承于抽象基类 FSDirectory。遗憾的是，我们无法提供一个最好的 FSDirectory 子类。这几个子类都会在一些情况下面临很大的局限：

- SimpleFSDirectory 使用 java.io.* API 访问文件。遗憾的是，该类并不支持多线程情况下的读操作，因为要做到这点就必须在内部加入锁，而 java.io.* 并不支持按位置读取。
- NIOFSDirectory 使用 java.nio.* API 所提供的位置读取接口，这样就能在没有内部锁的情况下支持多线程读取操作。遗憾的是，由于长期以来 Sun 的 JRE 运行于 Windows 系统时都有一定问题，NIOFSDirectory 在 Windows 操作系统中的性能是比较差的，甚至可能比 SimpleFSDirectory 的性能还差。
- MMapDirectory 使用内存映射的 I/O 接口进行读操作，这样就不需采用锁机制，并能很好地支持多线程读操作。但由于内存映射的 I/O 所消耗的地址空间是与索引尺寸相等的，所以建议最好只是用 64 位 JRE，如果你能保证使得索引尺寸相对于 32 位地址空间所能提供给程序的操作空间（通常为 2～3GB，这取决于具体的操作系统）来说很小，那么也可以使用 32 位的 JRE。Java 并没提供方法来“取消”文件在内存中的映射关系，这意味着只有在 JVM 进行垃圾回收时才会关闭文件和释放内存空间，这样会使得索引文件占用大量地址空间，同时这些文件处于打开状态所持续的时间会远远超过你的预期。并且，对于 32 位的 JRE 来说，程序可能由于内存碎片问题而遇到 OutOfMemoryError 异常。MMapDirectory 提供了 setMaxChunkSize 方法来处理该问题。

所有的 Directory 子类在进行写操作时都共享相同的代码（代码来自于 SimpleFSDirectory，使用 java.io.*）。

那么你应该采用哪个 Directory 子类呢？一个很好的方法就是使用静态的 FSDirectory.open 方法。该方法会根据当前的操作系统和平台来尝试选择最合适的默认 FSDirectory 子类，具体选择算法会随着 Lucene 版本的更新而改进（但还是要注意，对于 Lucene 3.0 版本来说，它不会选择 MMapDirectory）。或者，你也可以直接初始化自己想要的 Directory 子类，但这需要提前了解前面所介绍的相关内容（若要了解最新的细节，请一定要阅读对应的 Java 文档）。

Lucene 还提供了 RAMDirectory 类，该 Directory 子类将所有“文件”都存入内存而不是磁盘中。这使得文件的读写操作非常迅速，对于索引尺寸相对于内存来说较小，或者能够很快捷地从文档源中建立索引的情况下，该类是很好的选择。但如果计算机拥有足够的 RAM，大多数操作系统都会使用多余的 RAM 作为 I/O 缓存，这意味着 FSDirectory 在初始化以后的搜索速度能够达到与 RAMDirectory 一样快。Lucene 的单元测试中广泛使用了 RAMDirectory 来创建短期索引以用于测试。若要在 RAMDirectory 中建立一个新的索引，需要按照如下方式实例化 writer：

```
Directory ramDir = new RAMDirectory();
IndexWriter writer = new IndexWriter(ramDir, analyzer,
                        IndexWriter.MaxFieldLength.UNLIMITED);
```

然后就可以用通常的方式使用 writer 进行文档的添加、删除和更新操作了。只需要记住一点：只要有 JVM，那么索引就搞定了。

或者，你可以按照类似如下的方式将另一个 Directory 中的内容拷贝到 RAMDirectory 中：

```
Directory ramDir = new RAMDirectory(otherDir);
```

该方法通常用于针对现有的存在于磁盘上的索引进行搜索提速，它要求索引尺寸足够小。但当代操作系统能对当前使用的数据保存在 I/O 缓存，所以该方法可能不会对产生太大的性能提升。使用更多的 API 就是下面这个用于在两个 Directory 之间进行所有文件拷贝的静态方法：

```
Directory.copy(Directory sourceDir,
               Directory destDir,
               boolean closeDirSrc);
```

但需要注意，该操作会对 destDir 中已有的文件进行盲目覆盖，你必须确定源目录中并未打开 IndexWriter，因为拷贝操作是没有锁机制的。如果 destDir 中已有索引，并且你需要向其中加入 srcDir 中的所有文档时，可以将 destDir 中的索引保存至 otherDir，然后使用方法 IndexWriter.addIndexesNoOptimize：

```
IndexWriter writer = new IndexWriter(otherDir, analyzer,
                                IndexWriter.MaxFieldLength.UNLIMITED);
writer.addIndexesNoOptimize(new Directory[] {ramDir});
```

IndexWriter 还包括其他几个 addIndexes 方法，但每个方法都会自行完成 optimize 操作，这点你是无须了解的。

对于 Lucene 的早期版本来说，它们有利于控制内存缓冲，方法是首先将索引批量写入 RAMDirectory，然后将这个索引周期性写入磁盘。但对于 Lucene 2.3 以后的版本来说，IndexWriter 会有效地使用内存缓存保存索引变化，因此以上策略就不再是最好的了。对于其他几种提升索引吞吐量的方法可以参考 11.1.4 小节。

最后一个 FileSwitchDirectory 负责在给定的两个 Directory 之间进行文件操作，操作方式基于文件扩展名。举例来说，该类可以用于处理分别存储于 RAMDirectory 和 MMapDirectory 中的索引文件。但我们必须意识到该方案是一种高级用法，使用时必须依赖于当前的 Lucene 索引文件格式，而在 Lucene 的不同版本中，文件格式是经常改变的。

下面我们将介绍有关并发操作等复杂内容。

2.11 并发、线程安全及锁机制

本节内容包含 3 个紧密联系的主题：索引文件的并发访问、IndexReader 和 IndexWriter 的线程安全性以及 Lucene 用于实现前两项内容的锁机制。准确理解这些内容是重要的，因为当索引程序同时服务于各类用户时，或者当它并行处理一些操作时，这些内容会帮助你消除一些程序设计方面的疑问。

2.11.1 线程安全和多虚拟机安全

Lucene 的并发处理规则非常简单。

- 任意数量的只读属性的 IndexReader 类都可以同时打开一个索引。无论这些 Reader 是否属于同一个 JVM，以及是否属于同一台计算机都无关紧要。但需要记住：在单个 JVM 内，利用资源和发挥效率的最好办法是用多线程共享单个的 IndexReader 实例。例如，多个线程或进程并行搜索同一个索引。
- 对于一个索引来说，一次只能打开一个 Writer。Lucene 采用文件锁来提供保障（详见 2.11.3 小节）。一旦建立起 IndexWriter 对象，系统即会分配一个锁给它。该锁只有当 IndexWriter 对象被关闭时才会释放。注意如果你使用 IndexReader 对象来改变索引的话——比如修改 norms（参见 2.5.3 小节）或者删除文档（参见 2.13.1 小节）—这时 IndexReader 对象会作为 Writer 使用：它必须在修改上述内容之前成功地获取 Write 锁，并在被关闭时释放该锁。
- IndexReader 对象甚至可以在 IndexWriter 对象正在修改索引时打开。每个 IndexReader 对象将向索引展示自己被打开的时间点。该对象只有在 IndexWriter 对象提交修改或自己被重新打开后才能获知索引的修改情况。所以一个更好的选择是，在已经有 IndexReader 对象被打开的情况下，打开新 IndexReader 时采用参数 create=true：这样，新的 IndexReader 会持续检查索引的情况。

- 任意多个线程都可以共享同一个 IndexReader 类或 IndexWriter 类。这些类不仅是线程安全的，而且是线程友好的，即是说它们能够很好地扩展到新增线程（假定你的硬件支持并发访问，因为这些类中标识为同步（synchronized）的代码数并不多，仅为最小值）。图 2.3 描述了这样一个场景。11.2.1 和 11.2.2 小节将详细讨论有关多线程进行索引和搜索的问题。

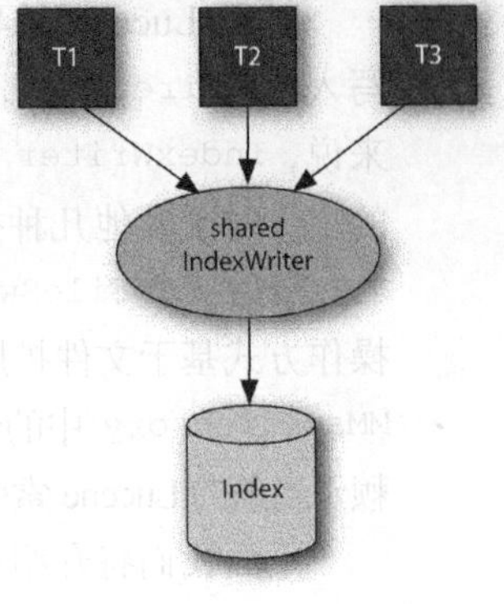

图 2.3　单个 IndexWriter 类可被多个线程共享

正如所述，Lucene 能很好地支持多线程或多虚拟机访问。但若通过远程文件系统来共享索引的话，我们还面临着一个有趣的挑战。

2.11.2　通过远程文件系统访问索引

如果准备使用不同计算机上的多个虚拟机来访问同一个索引的话，你得提供该索引的远程访问方式。一个通用的配置方案是用一台专用计算机保存和修改本地索引，然后用其他计算机通过远程文件访问来搜索该索引。该方案虽能用，但执行效果通常比搜索本机索引要差得多（见表 2.3）。通过将远程文件系统挂载至各计算机可能会提高一点执行效果，但为了达到最好效果，最好是将索引复制到各台计算机自己的文件系统，然后再进行搜索。Solr 是一款商业化搜索服务器，它建立在 Lucene 基础之上，能够很好地支持这种复制策略。

如果你还是想通过远程文件系统访问索引，关键是要对可能的局限有所了解。遗憾的是，一些常用的远程文件系统都存在一些问题，如表 2.3 所示。

表 2.3　　通过远程文件系统访问 Lucene 索引的相关问题

远程文件系统	注　释
Samba/CIFS 1.0	Windows 标准远程文件系统。能够很好地共享 Lucene 索引
Samba/CIFS 2.0	新版本的 Samba/CIFS，为 Windows Server 2007 和 Windows Vista 默认设置。由于不连贯的客户端缓存，Lucene 不能很好地运行
Networked File System(NFS)	针对大多数 UNIX 操作系统的标准远程文件系统。由于不连贯的客户端缓存，以及 NFS 对被其他计算机打开的文件的删除方式，Lucene 不能很好地运行
Apple File Protocol(AFP)	Apple 的标准远程文件协议。由于不连续的客户端缓存，Lucene 不能很好地运行

众所皆知，NFS、AFP 和 Samba/CIFS2.0 都会在打开或重新打开索引时，由于不连贯的客户端缓存（incoherent client-side caching）而出现间断性问题。问题仅在 writer 刚向索引提交完修改，随之另一计算机的 reader 或另一 writer 被（重新）打开时才发生。这样的话，如果你经常重新打开 reader 和 writer 并且经常向索引提交修改的话，就容易遇到这个

问题。当该问题出现时，程序将在 open 或 reopen 方法中抛出 FileNotFoundException 异常。不过所幸的是，该问题的解决方法很简单：只要稍后重新操作即可，因为客户端缓存会在出现问题一段时间后自动修复。

NFS 方案尤其会面临一个更大的问题，即如何删除一个被其他计算机打开着的文件。大多文件系统都会阻止删除被打开的文件。例如，Windows 系统只是不允许删除打开状态的文件，而大多 UNIX 本地文件系统却允许删除操作，但系统会保留该文件的磁盘分配空间，直到所有打开文件的句柄都被关闭为止（该策略被称为“最后关闭删除（delete on last close)”语义)。在以上两种情况下，被打开的文件句柄仍能用于读取整个文件，直到文件被删除为止。而 NFS 却不是这样，它只是简单地删除文件，以至于拥有该文件句柄的计算机在进行后续 I/O 操作时会面临极为可怕的“过时的 NFS 文件句柄” IOException 异常。

为了在搜索时避免这类差错，你得创建自己的 IndexDeletionPolicy 类，在先前更改的提交点控制删除操作，直到所有针对该索引的搜索都结束为止。例如，一个常用的方法是仅在 4 小时后删除索引，只要你能确定每个正在读取索引的 IndexReader 类能在上次提交更改后的 4 小时内被重新打开即可。还有一种选择，就是当搜索期间出现“过时的 NFS 文件句柄”异常时，你可以重新打开 searcher 并重新做一次搜索。这个方法只有在重启 searcher 不用花太多时间时才是可行的，否则这条出现错误的不幸搜索将耗费太多时间来重新获取搜索结果。

正如前述，Lucene 高度支持索引的并发访问。多个 reader 可以共享同一索引，多个线程可以共享同一 IndexWriter 或 IndexReader 类等。针对并发访问唯一的限制是不能同时打开多于一个 writer。接下来我们会讲到 Lucene 如何实现这点，以及如何使用 Lucene 的锁机制进行控制。总的来说，锁是个复杂的话题，甚至 Lucene 公开的简单的锁选项也是如此。因此我们将花更多时间来列举这些选项，这些内容要比前面讲解的 Lucene 并发机制丰富得多！

2.11.3 索引锁机制

为了实现单一的 writer，即一个用于删除或修改 norms 的 IndexWriter 类或 IndexReader 类，Lucene 采用了基于文件的锁：如果锁文件（默认为 write.lock）存在于你的索引所在目录内，说明此时正有一个 writer 打开该索引。此时若企图针对同一索引创建其他 writer 的话，将产生一个 LockObtainFailedException 异常。这是个很重要的保护机制，因为若针对同一索引打开两个 writer 的话，会导致索引损坏。

Lucene 允许你修改锁实现方法：可以通过调用 Directory.setLockFactory 将任何 LockFactory 的子类设置为你自己的锁实现。注意在完成该操作后才能在 Directory 实例中打开 IndexWriter 类。正常情况下你不用担心程序正在使用哪个锁实现，通常只有那些采用多台电脑或者多虚拟机的搜索程序才可能需要自定义锁实现，以便能轮流进行索引操作。表 2.4 列出了 Lucene 提供的锁核心实现。

表 2.4　　Lucene 提供的锁实现

锁类名	描述
NativeFSLockFactory	FSDirectory 的默认锁，使用 java.nio 本地操作系统锁，在 JVM 还存在的情况下不会释放剩余的被锁文件。但该锁可能无法与一些共享文件系统很好地协同，特别是 NFS 文件系统
SimpleFSLockFactory	使用 Java 的 File.createNewFile API，它比 NativeFSLockFactory 更易于在不同文件系统间移植。要知道，如果 JVM 崩溃或者 IndexWriter 对象并未在 JVM 退出之前被关闭，那么这会导致遗留一个 write.lock 文件，这必须手动进行删除
SingleInstanceLockFactory	在内存中创建一个完全的锁。该类是 RAMDirectory 默认的锁实现子类。在程序知道所有 IndexWriter 将在同一个 JVM 实例化时使用该类
NoLockFactory	完全关闭锁机制。使用时要小心！只有在程序确认不需要使用 Lucene 通常的锁保护机制时才能使用它——例如，使用带有单个 IndexWriter 实例的私有 RAMDirectory

需要注意的是，这些锁在实现上都是不“公平”的。举例来说，如果某锁已经被某个 writer 持有，那么后续的 writer 只是简单地重复申请获取该锁，默认情况是申请两次。而当该锁被最初持有者释放时，系统并没提供队列机制让后续 writer 持有该锁。如果你的搜索程序需要采用队列机制的话，最好是自己实现它。

若你选择自行实现锁机制的话，要确认该机制能够正确运行。这里介绍一个简单易用的调试工具，LockStressTest 类，该类可以与 LockVerifyServer 类和 VerifyingLockFactory 类联合使用，以确认你自己实现的锁机制能正常运行。这几个类属于 org.apache.lucene.store 包，具体使用方式可以参考对应的 Java 帮助文档。在你并不确定新的锁机制是否正常运行时，可以使用 LockStressTest 类来找出可能存在的程序错误。

还有，你需要了解有关锁机制的另外两个方法。

- IndexWriter 类的 isLocked(Dirtctory) 方法——该方法会返回参数目录所指定的索引是否已被锁住。在程序试图创建一个新的 IndexWriter 对象前可以通过该方法检查索引是否已被锁住。
- IndexWriter 类的 unlock(Directory) 方法——该方法的功能与代码描述完全一致。由于该方法使你能够在任意时刻对任意的 Lucene 索引进行解锁，贸然使用它是很危险的。Lucene 针对索引创建锁是符合实际情况的，但在索引正被修改期间对它进行解锁的话，会立即导致该索引被毁坏并变得不可使用。

现在你已知道一些有关 Lucene 针对写入索引的锁机制，但最好不要直接操作锁文件，而应该通过 Lucene 提供的 API 来进行操作。如果不这样做的话，当以后新的 Lucene 版本对锁机制进行修改的话，或者就算 Lucene 只是改变一下锁文件的存储路径的话，你的程序就会出问题。

为了演示锁机制，程序 2.5 显示了该机制是如何阻止多个 writer 并发访问索引的。在 testWriteLock()方法中，Lucene 阻止了第二个 IndexWriter 对象打开索引，该索引此时已被第一个 IndexWriter 对象占有。这也是一个有关 write.lock 的实战示例。

程序 2.5 使用基于文件的锁保证只有一个 writer 访问索引

```
public class LockTest extends TestCase {
  private Directory dir;

  protected void setUp() throws IOException {
    String indexDir =
      System.getProperty("java.io.tmpdir", "tmp") +
      System.getProperty("file.separator") + "index";
    dir = FSDirectory.open(new File(indexDir));
  }

  public void testWriteLock() throws IOException {

    IndexWriter writer1 = new IndexWriter(dir, new SimpleAnalyzer(),
                            IndexWriter.MaxFieldLength.UNLIMITED);
    IndexWriter writer2 = null;
    try {
      writer2 = new IndexWriter(dir, new SimpleAnalyzer(),
                            IndexWriter.MaxFieldLength.UNLIMITED);
      fail("We should never reach this point");
    }
    catch (LockObtainFailedException e) {
      e.printStackTrace();                    // 处理预定义异常
    }
    finally {
      writer1.close();
      assertNull(writer2);
    }
  }
}
```

当运行程序 2.5 时，我们可以看到索引引起的异常堆栈日志，类似如下：

```
org.apache.lucene.store.LockObtainFailedException: Lock obtain timed out:
➥ NativeFSLock@/var/tmp/index/write.lock
    at org.apache.lucene.store.Lock.obtain(Lock.java:84)
    at org.apache.lucene.index.IndexWriter.init(IndexWriter.java:1041)
```

正如我们先前所述，Lucene 的初学者并不会很好地理解本节所提到的并发问题以及锁问题，正如前面堆栈日志中的异常所示。如果你在程序中发现类似异常，请不要忽略它们，如果你确实重视索引文件的一致性（consistency）的话。锁相关的异常通常意味着对 Lucene API 的一些误用；如果你的程序出现这些异常的话，一定要仔细检查你的代码并即时修改这类错误。

下节我们将教你如何查看 IndexWriter 类的内部行为。

2.12 调试索引

如果你需要对 Lucene 的写索引操作进行调试的话，记住可以通过调用 IndexWriter

类的 setInfoStream 方法，通过打印诸如 System.out 等输出流（PrintStream）的方式获取 Lucene 操作索引的相关输出信息：

```
IndexWriter writer = new IndexWriter(dir, analyzer,
                                     IndexWriter.MaxFieldLength.UNLIMITED);
writer.setInfoStream(System.out);
```

该代码能够揭示有关段刷新和段合并的诊断信息，它可以帮助你调整在前面章节中所描述的索引参数。如果你在索引操作期间遇到问题，并且你认为是 Lucene 的 bug 导致的话，可以将该问题写入 Apache 的 Lucene 用户清单中，接下来会有人让你通过设置 infoStream 贴出相关系统信息。该信息看起来如下：

```
flush postings as segment _9 numDocs=1095
  oldRAMSize=16842752 newFlushedSize=5319835 docs/MB=215.832 new/old=31.585%
IFD [main]: now checkpoint "segments_1" [10 segments ; isCommit = false]
IW 0 [main]: LMP: findMerges: 10 segments
IW 0 [main]: LMP:   level 6.2247195 to 6.745619: 10 segments
IW 0 [main]: LMP:     0 to 10: add this merge
IW 0 [main]: add merge to pendingMerges: _0:C1010->_0 _1:C1118->_0
➥ _2:C968->_0 _3:C1201->_0 _4:C947->_0 _5:C1084->_0 _6:C1028->_0
➥ _7:C954->_0 _8:C990->_0 _9:C1095->_0 [total 1 pending]
IW 0 [main]: CMS: now merge
IW 0 [main]: CMS:   index: _0:C1010->_0 _1:C1118->_0 _2:C968->_0
➥ _3:C1201->_0 _4:C947->_0 _5:C1084->_0 _6:C1028->_0 _7:C954->_0
➥ _8:C990->_0 _9:C1095->_0 IW 0 [main]: CMS:   consider merge
➥ _0:C1010->_0 _1:C1118->_0 _2:C968->_0 _3:C1201->_0 _4:C947->_0
➥ _5:C1084->_0 _6:C1028->_0 _7:C954->_0 _8:C990->_0 _9:C1095->_0 into _a
IW 0 [main]: CMS:     launch new thread [Lucene Merge Thread #0]
IW 0 [main]: CMS:   no more merges pending; now return
IW 0 [Lucene Merge Thread #0]: CMS:   merge thread: start
IW 0 [Lucene Merge Thread #0]: now merge
  merge=_0:C1010->_0 _1:C1118->_0 _2:C968->_0 _3:C1201->_0 _4:C947->_0
➥ _5:C1084->_0 _6:C1028->_0 _7:C954->_0 _8:C990->_0 _9:C1095->_0 into _a
  index=_0:C1010->_0 _1:C1118->_0 _2:C968->_0 _3:C1201->_0 _4:C947->_0
➥ _5:C1084->_0 _6:C1028->_0 _7:C954->_0 _8:C990->_0 _9:C1095->_0
IW 0 [Lucene Merge Thread #0]: merging _0:C1010->_0 _1:C1118->_0
➥ _2:C968->_0 _3:C1201->_0 _4:C947->_0 _5:C1084->_0 _6:C1028->_0
➥ _7:C954->_0 _8:C990->_0 _9:C1095->_0 into _a
IW 0 [Lucene Merge Thread #0]: merge: total 10395 docs
```

此外，如果你想窥探自己建立的索引内幕，可以使用 Luke 这个简便易用的第三方工具，该工具我们将在 8.1 小节中介绍。而在最后一节中我们将会介绍一些高级的索引操作内容。

2.13 高级索引概念

本章我们已介绍了大量引人入胜的话题——我们应当为能够进行如此深入的研究而感到骄傲。我们已介绍了 Lucene 如何对内容进行建模、高水平的索引步骤以及对索引中的文档进行新增、删除和更新等基础知识。你已了解到哪些用于告诉 Lucene 如何针对各个域值进行精确操作的域选项，你也学会了如何处理诸如多值域、域截取、文档/域加权以及数字和日期/时间域值等情况。我们还介绍了为什么要对索引进行优化以及如何进行优化，线程安全以及 Lucene 所支持的自定义锁。大概你已经想要在此停止并跳到下一章内容，但如果你仍然想了解本章相关内容，那么请往下阅读。

下面我们将深入 Lucene 索引的高级话题，它们包含使用 IndexReader 进行文档删除等令人惊讶的功能、Lucene 如何决定何时创建新段以及 Lucene 的事务性语义。我们将介绍如何去除被删除文档所占用的磁盘空间。尽管这些内容无疑都是高级内容，但你可以在并不了解这些概念的情况下轻松完成索引操作，可能你在某天会发现自己非常想精确了解 IndexWriter 何时以及如何完成这些变化，以及这些变化是如何被索引中新的 Reader 获知的。下面我们将从使用 IndexReader 完成删除操作开始介绍。

2.13.1 用 IndexReader 删除文档

IndexReader 还提供了一些用于删除文档的方法。为什么同样的删除操作需要用 IndexReader 和 IndexWriter 两种方式来进行呢？下面列出了这两种方式之间的一些显著区别。

- IndexReader 能够根据文档号删除文档。这意味着你可以通过搜索操作逐步跟踪文档号，可能需要执行一些程序逻辑，然后选出将被删除的文档号。对于 IndexWriter 来说尽管已被要求多次，但还是不能提供这样一个方法，因为文档号可能因为段合并操作（参考 2.13.6 小节）而立即发生改变。
- IndexReader 可以通过 Term 对象删除文档，这与 IndexWriter 类似。但 IndexReader 会返回被删除的文档数，而 IndexWriter 则不能。这是因为两者的实现存在差异：IndexReader 可以立即决定删除哪个文档，因此就能够对这些文档数量进行计算；而 IndexWriter 仅仅是将被删除的 Term 进行缓存，后续再进行实际的删除操作。
- 如果程序使用相同的 reader 进行搜索的话，IndexReader 的删除操作会即时生效。这意味着你可以在删除操作后马上进行搜索操作，并会发现被删除文档已经不会出现在搜索结果中了。如果使用 IndexWriter，这种删除操作必须等到程序打开一个新 Reader 时才能被感知。
- IndexWriter 可以通过 Query 对象执行删除操作，但 IndexReader 则不行（尽管运行自己的 Query 并简单删除由 Query 返回的文档号并不困难）。
- IndexReader 提供了一个有时非常有用的方法 undeleteAll，该方法能反向操作索引中所有被挂起的删除。需要注意的是，该方法只能对还未进行段合并的文档进行反删除操作。该方法之所以能实现反删除操作，是因为 IndexWriter 只是将被删除文档标记为删除状态，但事实上并未真正移除这些文档，最终的删除操作是在该文档所对应的段进行合并时才执行的，具体将在下节介绍。

如果你试图通过 IndexReader 删除文档，需要记住：Lucene 只允许一个“writer”打开一次。令人困惑的是，实施删除操作的 IndexReader 此时只能算作一个“writer”。

这意味着在使用 IndexReader 进行删除操作之前必须关闭已打开的任何 IndexWriter，反之亦然。如果你发现程序正在交叉进行文档的添加和删除操作，那么这会极大地降低索引吞吐量。更好的办法是将添加操作和删除操作以批量的形式让 IndexWriter 完成，这样可以获得更好的性能。

一般而言，最好是只用 IndexWriter 完成所有删除操作，除非以上列出的某个区别对于你的应用程序来说太过突出。下面我们看看被删除文档所占用的磁盘空间。

2.13.2 回收被删除文档所使用过的磁盘空间

Lucene 使用一个简单办法来记录索引中被删除的文档：用 bit 数组的形式来标识它们，该操作速度很快，但对应的文档数据仍然会占用磁盘空间。该技术是必要的，因为对于一个倒排索引来说，给定的文档项是分散在各处的，因此要在删除文档时试图回收它们占用的磁盘空间是不切实际的。只有在发生段合并操作时（既可以通过正常的合并操作也可以通过显式调用 optimize 方法进行）这些磁盘空间才能被回收。2.13.6 小节详细介绍了段合并操作发生的时间及方式。

你还可以通过显式调用 expungeDeletes 方法来回收被删除文档所占用的磁盘空间。该调用会对被挂起的删除操作相关的所有段进行合并。尽管这个操作的开销比优化操作小，它仍然会导致较大开销，很可能只有当完成删除操作较长一段时间之后才值得这样做。在最坏的情况下，如果如果删除操作分散在所有段中，那么 expungeDeletes 所做的工作就与 optimize 方法一致了：它会将所有段进行合并。下面我们来看一看 IndexWriter 是如何选择创建新段的。

2.13.3 缓冲和刷新

如图 2.4 所示，当一个新的文档被添加至 Lucene 索引时，或者当挂起一个删除操作时，这些操作首先被缓存至内存，而不是立即在磁盘中进行。这种缓冲技术主要是出于降低磁盘 I/O 操作等性能原因而使用的。这些操作会以新段的形式周期性写入索引的 Directory 目录。

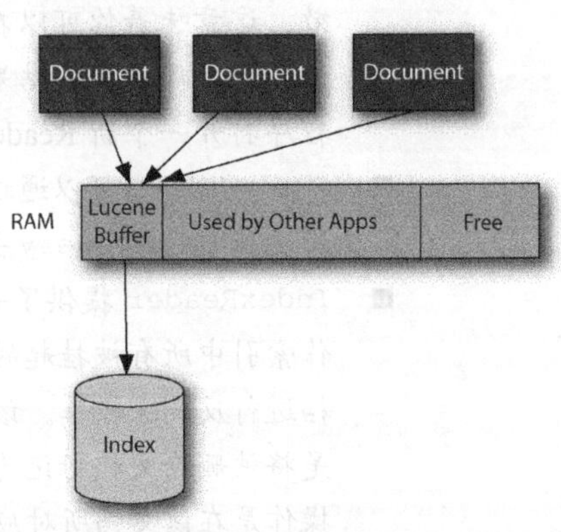

图 2.4 内存中的文档缓存有助于提升 Lucene 的索引性能

IndexWriter 根据 3 个可能的标准来触发实际上的刷新操作，这 3 个标准是由程序控制的：

- 当缓存所占用的空间超过预设的 RAM 比例时进行实施刷新，预设方法为 setRAMBufferSizeMB。RAM 缓存的尺寸不能被视为最大内存用量，因为我们必须考虑到影响测量 JVM 内容用量的其他因素。此外，IndexWriter 并不占用所有的 RAM 使用空间，如段合并操作所占用的内存空间。11.3.3 小节介绍了一些用于减少 JVM 内存使用总量的方案。

- 还可以在指定文档号所对应的文档被添加进索引之后通过调用 setMaxBufferedDocs 来完成刷新操作。
- 在删除项和查询语句等操作所占用的缓存总量超过预设值时可以通过调用 setMaxBufferedDeleteTerm 方法来触发刷新操作。

这几个触发器只要其中之一被触发都会启动刷新操作，与触发事件的顺序没有关系。常量 IndexWriter.DISABLE_AUTO_FLUSH 可以传递给以上任一方法，用以阻止发生刷新操作。在默认情况下，IndexWriter 只在 RAM 用量为 16MB 时启动刷新操作。

当发生刷新操作时，Writer 会在 Directory 目录创建新的段和被删除文件。但是，这些文件对于新打开的 IndexReader 来说既不可视也不可用，这种状况会一直持续到 Writer 向索引提交更改以及重新打开 reader 之后。重要的是理解这种差异：刷新操作是用来释放被缓存的更改的。而提交操作是用来让所有的更改（被缓存的更改或者已经刷新的更改）在索引中保持可视。这意味着 IndexReader 所看到的一直是索引的起始状态（当 IndexWriter 被打开时的索引状态），直到 Writer 提交更改为止。

NOTE 当 IndexWriter 向索引提交更改时，一个刚打开的 IndexReader 不会看见其中的任何更改的，直到程序调用 commit()或 close()方法并且重新打开 Reader 为止。这个机制甚至适用于参数 create=true 来打开新的 IndexWriter。但新打开的近实时 Reader（详见 2.8 小节）却能在不调用 commit()或 close()方法的情况下看到这些更改。

下面我们将引导你深入了解更多有关索引提交的内容。

2.13.4 索引提交

程序每次调用 IndexWriter 的 commit 方法之一时都会创建一个新的索引提交。commit 方法有两个：commit()创建一个新的索引提交，而 commit(Map<String, String> commitUserData)则将提供的 String 映射图以不透明元数据的形式记录至提交，以用于随后的检索。关闭 Writer 时也会调用 commit()方法。需要注意的是，新打开或重启的 IndexReader 或 IndexSearcher 只能看到上次提交后的索引状态，而 IndexWriter 在两次提交之间所完成的所有更改对于 Reader 来说都是不可见的。唯一的例外是近实时搜索功能（详见 2.8 小节），它能够在不用首次向磁盘提交更改的情况下对 IndexWriter 所作的更改进行搜索。

需要注意的是，提交操作的开销较大，如果频繁进行该操作会降低索引吞吐量。如果由于某些原因使你需要取消所有的更改，那么可以在上一次项索引提交更改后调用

rollback()方法来删除当前 IndexWriter 上下文中包含的所有更改操作。下面就是 IndexWriter 的提交步骤：

1. 刷新所有缓存的文档和文档删除操作。
2. 对所有新创建的文件进行同步，这包括新刷新的文件，还包括上一次调用 commit()方法或者从打开 IndexWriter 后已完成的段合并操作所生成的所有文件。IndexWriter 调用 Directory.sync 方法来实现这一目标，该方法会在所有挂起的写操作都通过 I/O 系统写入稳定存储器之后才返回结果。通常该操作代价较高，因为它会强制操作系统刷新所有挂起的写操作。对于不同的文件系统来说，该操作的开销差别较大。
3. 写入和同步下一个 segments_N 文件。一旦完成操作，IndexReader 会立即看到上一次提交后的所有变化。
4. 通过调用 IndexDeletionPolicy 删除旧的提交。你可以继承该类并创建自己的相应类来自定义提交的内容和时间。

由于上一次提交中包含的旧索引文件引用只有在新的提交完成后才会被删除，如果在两次提交之间的持续时间太长，这会比频繁进行提交操作占用更多的磁盘空间。如果你的 Lucene 索引正在与外部事务资源（如数据库）进行交互，那么你可能会对 Lucene 提供的高级 API 感兴趣，这些 API 能完成两阶段提交。

两阶段提交（TWO-PHRASE COMMIT）

对于需要提交包括 Lucene 索引和其他外部资源（如数据库）等事务的应用程序来说，Lucene 提供了 prepareCommit()方法和 prepareCommit(Map<String, String> commitUserData)方法。每个方法都会完成上面列表中的步骤 1 和步骤 2，大多数还会完成步骤 3，但它不能使新的 segments_N 文件对 Reader 可视。在调用 prepareCommit()方法之后，你必须要么调用 rollback()方法终止提交，要么调用 commit()方法来完成提交。如果已经调用了 prepareCommit()方法，调用 commit()方法是很快的。如果在该过程中碰到程序错误，如“disk full”等，那么该错误很可能是由 prepareCommit()方法导致的，而不是 commit()。这两个分离的提交操作允许你建立一个包含 Lucene 的分散的两阶段提交策略。

在默认情况下，在建立新的提交后，IndexWriter 会删除所有先前的提交。但你也可以通过创建自定义 IndexDeletionPolicy 类的方式修改这个行为。

索引删除策略

IndexDeletionPolicy 类负责通知 IndexWriter 何时能够安全删除旧的提交。默认的策略是 KeepOnlyLastCommitDeletionPolicy，该策略会在每次创建完新的提交后删除先前的提交。大多数时候你得使用这个默认策略。但对于一些高级程序来说，即使新的更改已经提交至索引，你可能还想要保留旧的提交快照，这时可以使用自定义的策略。

举例来说，当你通过 NFS 共享索引时，有必要使用自定义的删除策略，这样一来只有当所有使用索引的 reader 都切换到最近的提交时才会删除此前的删除，这是基于具体程序的处理逻辑（详细内容请参考 2.11.2 小节）。另一个例子就是，零售型公司可能想要保留能用于搜索的商品目录的最近 N 个版本。需要注意的是，无论选择什么时候选择保留提交，它都会不可避免地占用索引中额外的磁盘空间。

如果要在索引中保留多个提交，我们有几个适用的 API 来协助完成这点。

管理多个索引提交

通常情况下，Lucene 索引只有一个当前提交，它是最近的提交。但若能实现自定义的提交策略，你就可以很容易地在索引中聚集多个提交。你可以使用静态的 `IndexReader.listCommits()` 方法来检索索引中当前所有的提交。然后，你可以逐步跟踪每个提交并能获取自己需要的相关细节。举例来说，如果程序此前调用了 `IndexWriter.commit(Map<String, String> commitUserData)` 方法，那么通过调用每个提交的 `getUserData()` 方法，则该 String 映射对于所有提交都是可用的。该 String 映射可以保存一些有意义的信息，使得程序可以根据需要选择某个特定的提交。

一旦发现提交，程序就可以打开其上的 `IndexReader`：几个静态的开启方法接受 `IndexCommit` 参数。你必须显式调用该方法以搜索此前的索引版本。

如果使用同样的逻辑，你还可以打开针对先前提交的 `IndexWriter`，但使用情况是不同的：它允许你回滚到先前的提交并从该点进行新文档的索引，这样可以有效地复原该提交后所有针对索引的改变。这和 `IndexWriter` 的回滚方法类似，区别在于后者只对当前 `IndexWriter` 所完成的改变进行回滚，而前者则允许对已经提交至索引的更改进行回滚，这个更改可能是很久以前提交的。

下面我们将介绍 Lucene 所支持的一个简化的 ACID 事务模型。

2.13.5 ACID 事务和索引连续性

Lucene 实现了 ACID 事务模型，其限制是一次只能打开一个事务（writer）。下面就是 ACID 所代表的含义，以及 Lucene 实现 ACID 的细节。

- Atomic（原子性）——所有针对 writer 的变更要么全部提交至索引，要么全不提交；没有中间状态。
- Consistency（一致性）——索引必须是连续的；举例来说，你看到的删除会保持与来自于 `updataDocument` 的 `addDocument` 方法对应；你也将一直看到索引将全部或全不由 `addIndexes` 调用来添加。
- Isolation（隔离性）——当使用 `IndexWriter` 进行索引变更时，只有进行后续提交时，新打开的 IndexReader 才能看到上一次提交的索引变化。甚至是在新打开 IndexWriter 时传入参数 create=true 也是如此。IndexReader 只能看到上一次成功提交所带来的索引变化。

- Durability（持久性）——如果你的应用程序遇到无法处理的异常，如 JVM 崩溃、操作系统崩溃或者计算机突然掉电，那么索引会保持连续性，并会保留上次成功提交的所有变更内容。此后的变更内容将会丢失。需要注意的是，如果硬盘出现错误，或者 RAM 或 CPU 出现错误，那么这会轻易地毁坏索引。

NOTE 如果应用程序、JVM、操作系统或计算机硬件发生崩溃，那么索引不会毁坏，并能自动回滚到上次成功提交时的状态。但 Lucene 需要依赖具体的操作系统和 I/O 系统来完成这点，因为操作系统或 I/O 系统在将缓存内容写入底层稳定存储模块时需要执行 fsync 系统调用。在一些情况下，有必要禁止针对底层 I/O 设备的写缓冲。

下面我们将介绍 Lucene 是如何进行段合并的，以及我们如何对这个过程进行控制。

2.13.6 合并段

如果索引包含太多的段，IndexWriter 会选择其中一些段并将它们合并成一个单一的、更大的段。合并操作会带来两个重要的好处。

- 该操作会减少索引中的段数量，因为一旦完成合并操作，所有的旧段都会被删除，而替代它们的则是新的单一的大段。这能加快搜索速度，因为被搜索的段数量变小了；这还能使搜索程序避免达到由操作系统限制的文件描述符使用上限。
- 该操作会减小索引尺寸。举例来说，如果被合并的段中包含挂起的删除操作，那么合并过程会释放文档删除标识所占用的数据位。即使没有挂起的删除操作，单一的合并段通常都会占用更小的存储空间，而两者所表示的都是同一索引文档集。

那么什么时候才有必要进行合并操作呢？“too many segments”的具体含义是什么呢？这些是由 MergePolicy 决定的。但 MergePolicy 只决定合并哪些段；真正的合并操作是由 MergeScheduler 完成的。下面我们首先看看 MergePolicy。

段合并策略

IndexWriter 依赖于抽象基类 MergePolicy 的子类来决定何时进行段合并。当程序对变更操作进行刷新时，或者上一个段合并操作已经完成时，程序将询问 MergePolicy 以确定当前是否需要进行新的合并操作，如果是，MergePolicy 会精确提供将被合并的段。除了选择“一般的”合并段，MergePolicy 还会选择索引中需要进行优化的段，然后会运行 expungeDelete 方法。

Lucene 提供了两个核心的合并策略，它们都是 LogMergePolicy 的子类。第一个子类叫 LogByteSizeMergePolicy，默认情况下由 IndexWriter 使用。该策略会测量段尺寸，具体为该段所包含的所有文件总字节数。第二个子类叫 LogDocMergePolicy，它完成与第一个子类相同的段合并策略，区别在于它对段尺寸的测量是用段中文档数量来表示的。需要注意的是，这两个策略都不会执行真正的删除操作。如果段中文档大小差别较大，最好是使用 LogByteSizeMergePolicy 子类，这样能获得更为精确的段尺寸数量。

如果这两个核心策略不能满足你的需要，你可以继承 MergePolicy 实现自己的策略。举例来说，你可以实现一个基于时间的合并策略，该策略会将合并操作推迟到程序运行的非高峰时刻进行，这样就能确保段合并操作不与正在进行的搜索操作相冲突。或者你可能要求合并策略能够尽量找到带有很多删除挂起操作的段，这样就能更快地从索引中收回对应的磁盘空间。

表 2.5 展示的参数用于控制 LogByteSizeMergePolicy 的合并策略。其中一些参数还可以从 IndexWriter 的相关方法获取。

表 2.5 使用默认 MergePolicy 的子类 LogByteSizeMergePolicy 策略的参数

IndexWriter 方法	LogByteSizeMergePolicy 方法	默 认 值	描 述
setMergeFactor	setMergeFactor	1.0	控制段合并频率和尺寸
	setMinMergeMB	1.6MB	设置最小段合并级别
	setMaxMergeMB	Long.MAX_VALUE	以字节形式限制段合并尺寸
setMaxMergeDocs	setMaxMergeDocs	Integer.MAX_VALUE	以文档数量形式限制段合并尺寸

为了理解这些参数，我们首先必须理解这两个子类的具体合并策略。对于每个段来说，是否进行合并取决于如下公式的计算：

(int)log(max(minMergeMB,size))/log(mergeFactor)

这能按照大体相当的尺寸将段按照同一级别进行分组。尺寸小于 minMergeMB 的小段通常会被强制转换成更低级别的段，以避免索引中出现太多小段。每个级别所包含的段尺寸都为前一个级别段的 mergeFactor 倍。举例来说，当使用 LogByteSizeMergePolicy 时，级别 0 的段大小为 mergeFactor；级别 1 的段大小为 mergeFactor 的平方，级别 2 的段大小为 mergeFactor 的三次方，依次类推。当使用 LogDocMergePolicy 策略时，处理方式类似，但段尺寸的测量是通过该段所包含的文档数来决定的，而不是字节数。

一旦索引的级别数达到或超过 mergeFactor 所设定的段尺寸，这些段将被合并。如此，mergeFactor 不但要控制如何将段按照尺寸分配给各个级别以用于触发合并操作，还要控制一次性合并的段数量。对于索引中指定数量的文档来说，该值设置的越大，索引中就会存在更多的段，合并频率也就越低。该值设置得越大，通常就会获得更高的索引吞吐量，但同时也可能会导致太多打开的文件描述符（有关如何控制文件描述符使用量的相关内容请参考 11.3.2 节)。可能最好的办法是使用默认的值 10，除非是在测试不同值所带来的性能效益情况下。当合并完成时，处于更高级别的新段将代替被合并的旧段。若要避免大段的合并，可以通过 maxMergeMB 或 maxMergeDocs 进行设置。如果某个段的字节尺寸超过了 maxMergeMB，或者段内文档数超过了 maxMergeDocs，该段将永不被合并。你还可以通过设置 maxMergeDocs 来强制索引中这个大段永远保持分离状态。

除了选择合并策略以维持索引正常运行状态以外，MergePolicy 还负责在程序调用 optimize 或 expungeDeletes 时对将被合并的段进行选择。事实上，这类方法所定义的合并策略是取决于 MergePolicy 的。举例来说，可能在优化期间你想要跳过对超过某个尺寸的大段的合并。或者也许对于 expungeDeletes 来说你只是想对包含 10%被删除文档的段进行合并。这些示例可以通过继承 LogByteSizeMergePolicy 建立自定义的 MergePolicy 轻易实现。

随着时间推移，LogByteSizeMergePolicy 产生的索引将呈现对数梯级结构：索引中会有少量很大的段，少量比 mergeFactor 更小的段，等等。索引中段的数量是与段尺寸的对数成正比的，段尺寸可以为字节数形式或者文档数形式。这通常有利于将段数量维持在较低值并减少段合并开销。但其中一些设置可以通过调整以提高索引吞吐量，这将在 11.1.4 小节中介绍。

MergeScheduler

选取将被合并段只是第一步。下一步就是实施实际上的合并了。IndexWriter 需要通过一个 MergeScheduler 子类来完成这个工作。默认情况下，IndexWriter 使用 ConcurrentMergeScheduler 进行，该类利用后台线程完成段的合并。另外，还有一个 SerialMergeScheduler 可以由调用它的线程来完成段合并，这意味着你可以长时间看到诸如 addDocument 和 deleteDocuments 等方法所正在进行的段合并操作。另外，你还可以实现自己的 MergeScheduler 来完成段合并。

通常，自定义 MergePolicy 设置或者实现自己的 MergePolicy 或 MergeScheduler 是一项非常高级的用法。对于大多数应用程序来说，Lucene 的默认设置就已经能很好完成任务了。如果你确实想知道 IndexWriter 在何时进行刷新和合并，那么你可以调用它的 setInfoStream 方法来获取相关信息，具体可以参考 2.12 小节。最后，如果出于某些原因，你需要等待所有的段合并操作完成再进行下一步操作，那么可以调用 IndexWriter 的 waitForMerges 方法。

2.14 小结

本章我们介绍了大量基础内容，但无须害怕：在认真学习了 Lucene 有关索引操作的丰富内容后，一旦编写出基于索引的搜索程序，你的努力付出将会很快得到回报。现在你对修改 Lucene 的相关内容已经有了扎实的理解，你已发现 Lucene 有关文档和域的概念模型是灵活而简单的（与数据库比较起来）。我们看到，索引过程包括搜集内容、提取文本、创建文档和域、分析文档将之转化为语汇单元流，以及将语汇单元流传递给 IndexWriter 对象以写入索引文件等几个步骤。在本章中我们还简单讨论了索引中有趣的段结构。

你已了解到如何增加、删除和更新文档。我们研究了大量有关控制域索引的有趣选项，包括将域值加入到倒排索引、域存储、项向量以及如何处理非字符串形式的域值。我们还讲到多值域、域和文档加权以及域值截取等衍生内容。现在，你已学会如何像索引域一样对日期、时间和数字进行索引，并将它们用于索引排序。

我们还讨论了段级别的索引修改，如索引优化，以及使用 expungeDeletes 类来回收由被删除索引占用的磁盘空间。现在你已知道了所有用于存储索引的 Directory 类实现，如 RAMDirectory 类和 NIOFSDirectory 类。另外，我们还讲到 Lucene 的并发访问规则，以及用于保护索引只被一个 Writer 操作的锁机制。

最后我们讲到大量的高级主题：如何以及为什么要用 IndexReader 类而不是 IndexWriter 类来删除文档；缓冲、刷新和提交操作；IndexWriter 类对于事务处理的支持；段合并操作以及实现该操作的相关类；使用远程文件系统的索引；以及打开 IndexWriter 的 infoStream 类来获取索引步骤的内部操作细节。

本章所讲的高级功能有大部分内容都不会被绝大多数搜索程序用到；实际上，几个 IndexWriter 的 API 就足以用来搭建一个实际的搜索程序了。到目前为止，你应当对如何使用 Lucene 进行搜索迫不及待了，这正是下一章的内容。

第 3 章　为应用程序添加搜索功能

本章要点

- 查询 Lucene 索引
- 使用 Lucene 的多种内置查询
- 处理搜索结果
- 理解 Lucene 评分方式
- 解析用户输入的查询表达式

上一章详细展示了如何为搜索建立索引。索引操作很有趣，它是我们实现最终目标的手段，是必需的内容，它的价值只有当你在其基础上实现搜索功能时才会浮出水面。本章我们将展示如何利用索引成果。作为示例，请先思考如下场景：

假设我们需要一个最近 12 个月出版的有关“Java”并且内容包含“open source”或“Jakarta”的所有书籍列表，此外还要求它们是特价书籍。哦，这还要求涉及“Apache”的书也在范围内，因为当提到“Jakarta”时已经明确提到了包含它的“Apache”。并且要保证选取速度，要在毫秒量级内完成。

该场景用 Lucene 能够很容易应付，即使待选书籍有几百万之多也行，但若要完全完成这个目标的话，我们需要学习 3 个有关搜索的章节来了解 Lucene 相关功能。本章内容我们以常用的搜索 API 开始。实际上，使用 Lucene 的大多数程序都能通过本章内容实现优异的搜索功能。一般的搜索引擎只是在搜索能力上有所表现，而这正是 Lucene 的绚丽之处。在讲完第 4 章分析后——该章很重要，因为在索引和搜索过程中都要用到它——我们将回到第 5 章继续搜索，研究 Lucene 更多高级搜索功能，以及第 6 章如何为制定更大、更定制化的搜索能力而扩展 Lucene 类。

本章我们将从一个简单的例子开始，以此说明大概几行代码就能实现搜索功能。接下来我们将深入研究 Lucene 最为独特的特性之一——评分规则。通过示例，以及通过对 Lucene 针对搜索结果的排名原理进行深入了解的基础上，我们将用本章大部分的篇幅来研究 Lucene 内置搜索查询的多样性，包括通过特殊项、通过搜索范围（数字或文本范围）、通过前缀或通配符、通过短语，或者通过模糊匹配查询。我们将介绍 Lucene 强大的 BooleanQuery 如何将任意数量的查询子句进行联合，而这些子句是可以进行任意嵌套的。最后我们将介绍一项简单内容：通过 Lucene 的内置查询解析器（QueryParser）针对终端用户输入的文本搜索表达式来创建复杂的搜索查询语句。

由于本章是 Lucene 搜索 API 三章内容的开篇，我们将讨论限制在搜索集成所需要的几个有代表性的主要类上，如表 3.1 所示。

表 3.1 Lucene 主要的搜索 API

类	目 的
IndexSearcher	搜索索引的门户。所有搜索都通过 IndexSearcher 进行，它们会调用该类中重载的 search 方法
Query（及其子类）	封装某种查询类型的具体子类。Query 实例将被传递给 IndexSearcher 的 search 方法
QueryParser	将用户输入的（可读的）查询表达式处理成具体的 Query 对象
TopDocs	保持由 IndexSearcher.search() 方法返回的具有较高评分的顶部文档
ScoreDoc	提供对 TopDocs 中每条搜索结果的访问接口

当你查询 Lucene 索引时，它将返回一个包含有序的 ScoreDoc 对象数组的 TopDocs 对象。在输入查询后，Lucene 会为每个文档计算评分（用以表示相关性的数值）。ScoreDoc 对象自身并不会进行实际的文档匹配操作，而是由程序通过整型文档 ID 来进行匹配的。在大多数展现搜索结果的应用程序中，用户只会访问最靠前的几个文档，因此我们没有必要提供对所有搜索结果文档的检索，而只需要对当前页面中需要呈现给用户的搜索结果文档进行展现即可。事实上，对于超大的索引来说，将匹配文档收集到计算机内存中，完全展现结果文档，或是不太可能的，或者会消耗很长时间。

下面我们看看使用 Lucene 进行搜索是多么容易。

3.1 实现简单的搜索功能

假定你要向一个应用程序中添加搜索功能，并且已经通过使用本书第 2 章中所介绍的 API，实现了对数据的索引，所以现在是时候将完整的文本搜索功能提供给用户了。很难想象还有哪种方法能比使用 Lucene 更容易实现搜索功能：只需要几行代码就能获取搜索结果。Lucene 还提供了简单而高效的方法来处理这些搜索结果，从而将你从围绕搜索结果的程序逻辑和 UI 设计中解放出来。

当你使用 Lucene 进行搜索时，你可以选择编程来构建查询语句，也可以选择使用 Lucene 的 QueryParser 类将用户输入的文本转换成 Query 对象。对于前一种方法，你拥有最终解释权，因为这样你的应用程序就能提供任意的 UI，以及将该 UI 获取信息转换为 Query 对象的程序逻辑。但第二种方法更易于使用，并且它提供了所有用户都熟悉的标准搜索语法。本节我们将展示如何构建这个最简单的查询程序，以及如何搜索单个项，然后我们看看如何使用 QueryParser 类来接收文本查询。下一节我们将通过深入 Lucene 内置的所有查询类型（query types）来扩展该程序。现在我们从最简单的搜索程序开始讲解：搜索包含单个项的所有文档。

3.1.1 对特定项的搜索

IndexSearcher 类是用于对索引中文档进行搜索的核心类。它有几个重载的搜索方法。可以使用最常用的搜索方法对特定的项进行搜索。一个项由一个字符串类型的域值和对应的域名构成——在下面的例子里，域名为 subject。

NOTE 原始文本可能已经被分析器划分为若干个项，分析器可能会剔除一些项（比如停用词）、或把各个项转换成小写形式、或将项转换成其基本形式（词干）、或插入一些附加项（即同义词处理）。重要的是，传递给 IndexSearcher 类的项应该与索引操作期间由分析器处理原始文档得到的项一致。第 4 章将详细讨论该分析过程。

使用范例中的书籍数据索引（该索引跟本书源代码存储于 build/index 子目录）来查询单词 ant 和 junit，而这两个单词是已经被索引过的。程序 3.1 会建立 term 查询、实施对应搜索、并通过 assert 语句在输出结果中声明已经找到了需要的文档。Lucene 提供了几个内置的 Query 类类型（参见 3.4 小节），而 TermQuery 类是其中最基础的一个。

程序 3.1 使用 TermQuery 类进行简单查询

```
public class BasicSearchingTest extends TestCase {
  public void testTerm() throws Exception {
    Directory dir = TestUtil.getBookIndexDirectory();    // 从 TestUtil 类获取路径信息
    IndexSearcher searcher = new IndexSearcher(dir);     // 创建 IndexSearcher 类

    Term t = new Term("subject", "ant");
    Query query = new TermQuery(t);
    TopDocs docs = searcher.search(query, 10);
    assertEquals("Ant in Action",
                 1, docs.totalHits);                     // 确认查到一个“ant”结果
    t = new Term("subject", "junit");
    docs = searcher.search(new TermQuery(t), 10);
    assertEquals("Ant in Action, " +
                 "JUnit in Action, Second Edition",
                 2, docs.totalHits);                     // 确认查到两个“junit”结果
    searcher.close();
    dir.close();
  }
}
```

这是我们第一次接触 TestUtil.getBookIndexDirectory 方法；该方法很简单：

```
public static Directory getBookIndexDirectory() throws IOException {
  return FSDirectory.open(new File(System.getProperty("index.dir")));
}
```

Index.dir 值在 build.xml ant 脚本中默认值为“build/index”，所以当你用命令行模式使用 Ant 运行测试时，索引所在目录会被正确设置。该索引是通过 CreateTestIndex 工具（在 src/lia/common 子目录中）根据数据目录中的书籍信息创建的。在很多测试中我们都使用该方法来检索包含索引的目录所在，其中索引是通过书籍相关测试数据创建的。

搜索过程会返回一个 TopDocs 对象。在实际程序中，我们最好逐步跟踪用于显示命中结果的 ScoreDocs 对象，但在该测试案例中我们只需要注意检查被找到的文档数目。

注意搜索结束后，我们是先关闭的 searcher，然后才关闭目录对象。总的来说，最好是将它们都保持为打开状态，并且只用单一的 searcher 来完成所有查询。此时若打开一个新的 searcher，该操作花费的代价会很高，因为这需要加载和构建索引的内部数据结构。

该示例创建了一个简单的查询（只有一个项）。下面我们讨论如何将用户输入的查询表达式转换成 Query 对象。

3.1.2 解析用户输入的查询表达式：QueryParser

Lucene 的搜索方法需要一个 Query 对象作为参数。对查询表达式的解析实际上是将用户输入的诸如“mock OR junit”的查询表达式转换成对应的 Query 实例的过程；在下面的例子中，我们可以将 Query 对象看做带有两个可选查询子句的 BooleanQuery 实例，每个实例对应一个项。该处理流程如图 3.1 所示。而程序 3.2 中的代码会解析这两个表达式，并通过 assert 声明确认程序会按照预期运行。当程序返回搜索命中结果时，我们将对找到的第一个文档进行标题检索。

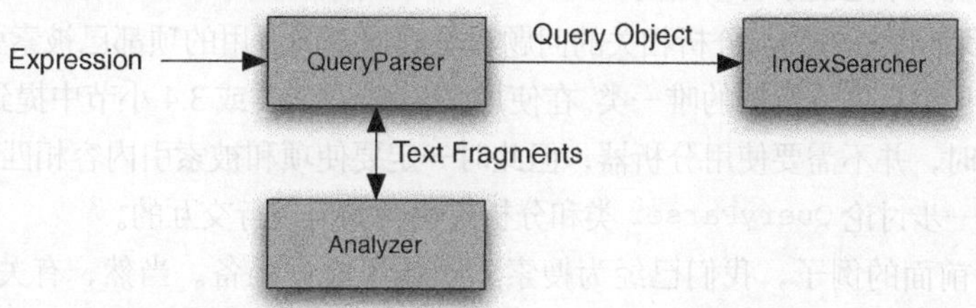

图 3.1 QueryParser 对象将用户输入的文本表达式转换成复杂的查询，以提供给搜索模块

NOTE 查询表达式与数据库中使用的 SQL 表达式类似，因为后者必须被解析成数据库服务器能马上理解的更低级别的元素。

程序 3.2 QueryParser 对象使得搜索文本更容易转换成 Query 对象

```
public void testQueryParser() throws Exception {
  Directory dir = TestUtil.getBookIndexDirectory();
  IndexSearcher searcher = new IndexSearcher(dir);

  QueryParser parser = new QueryParser(Version.LUCENE_30,      // 建立 QueryParser 对象
                                       "contents",
                                       new SimpleAnalyzer());

  Query query = parser.parse("+JUNIT +ANT -MOCK");             // 解析用户文本
  TopDocs docs = searcher.search(query, 10);
  assertEquals(1, docs.totalHits);
  Document d = searcher.doc(docs.scoreDocs[0].doc);
  assertEquals("Ant in Action", d.get("title"));

  query = parser.parse("mock OR junit");                       // 解析用户文本
  docs = searcher.search(query, 10);
  assertEquals("Ant in Action, " +
       "JUnit in Action, Second Edition",
       2, docs.totalHits);

  searcher.close();
  dir.close();
}
```

Lucene 有一个引人注目的内置特性，那就是我们可以通过 QueryParser 类对查询表达式进行解析。它把诸如“+JUNIT +ANT -MOCK”和“mock OR junit”这样的两个查询条件解析成一个 Query 类。最后生成的 Query 实例可能会非常庞大而复杂！QueryParser 类最主要的目标就是处理人们输入的查询表达式。一旦获取到 QueryParser 类返回的 Query 对象，剩下的任务就等同于你会如何编程进行查询了。

如图 3.1 所示，QueryParser 类需要使用一个分析器把查询语句分割成多个项。在第一个查询表达式中，字母都是大写形式的。然而，contents 域中的项在索引时却已被转换成小写形式。在本例中，QueryParser 使用的分析器为 SimpleAnalyzer，该分析器在构造 Query 对象之前就把各个项转换成小写了（在下一章中，我们将对分析器的处理过程进行详细的讲解，不过搜索时采用的 QueryParser 对象和文本索引操作是密切相关的）。而在本章中，我们要考虑的与分析相关的问题就是确保查询所用的项都已被索引。QueryParser 是搜索过程中用到分析器的唯一类。在使用 TermQuery 类或 3.4 小节中提到的其他类的 API 进行查询时，并不需要使用分析器，但此时一定要使项和被索引内容相匹配。在 4.1.2 小节我们将进一步讨论 QueryParser 类和分析过程时如何进行交互的。

结合前面的例子，我们已经为搜索索引作了充分准备。当然，有关搜索的细节我们还有很多未尽之处。特别是对于 QueryParser，我们还需要进一步阐述。下面我们将对如何使用 QueryParser 进行简要介绍，稍后我们还会在本章对此进行更深入讨论。

QueryParser 类的使用

在深入研究 QueryParser（参见 3.5 小节）之前，我们首先看看该类一般是如何使

用的。示例中，QueryParser 类与 matchVersion（Version 类）、一个域名（String 类）和一个分析器一起用于将输入的文本查询语句分割成 Terms 对象：

```
QueryParser parser = new QueryParser(Version matchVersion,
                                     String field,
                                     Analyzer analyzer)
```

matchVersion 参数指示 Lucene 用它进行默认版本匹配操作，这样做是为了向后版本兼容。注意在一些情况下，Lucene 会列出老版本的程序缺陷。版本相关内容详见 1.4.1 小节。

域名参数是指所有被搜索项所对应的默认域，除了以下情况：搜索文本明确要求与之匹配的域名必须用“field:text”的语法形式（详见 3.5.11 小节）。然后，QueryParser 实例就会为下面的简单使用而提供 parse() 方法：

```
public Query parse(String query) throws ParseException
```

名为 query 的 String 对象就是要被解析的表达式，如“+cat +dog”。

如果表达式解析不成功，Lucene 会抛出一个 ParseException 异常，程序是能够正常处理该异常的。ParseException 消息会给出解析失败的合理提示，但该提示对于普通用户来说可能显得太过专业了。

Parse() 方法使用起来很方便快捷，但它可能不太够用。Lucene 有很多用于控制 QueryParser 实例的设置，比如当使用多个项时的默认操作方式（一般默认为 OR）。这些设置还包括本地化（用于日期解析）、默认短语 slop（详见 3.4.6 小节）、模糊查询的最小相似程度和前缀长度、日期、是否将通配符查询转换为小写，以及其他各种高级设置等。

用 QueryParser 处理基本查询表达式

QueryParser 类将查询表达式转换为 Lucene 内置的查询类型。我们将在 3.4 小节看到 Lucene 的各种查询类型；不过现在我们要先看一下表 3.2，它向我们展示了一些查询表达式例子以及它们转换后的形式。

表 3.2　　QueryParse 处理的表达式范例

查询表达式	匹 配 文 档
java	默认域包含 *java* 项的文档
java junit java OR junit	默认域包含 *java* 和 *junit* 中一个或两个的文档 [a]
+java +junit java AND junit	默认域中同时包含 *java* 和 *junit* 文档
title:ant	title 域中包含 *ant* 项的文档
title:extreme -subject:sports tielt:extreme AND NOT subject:sports	title 域中包含 *extreme* 且 subject 域中不包含 *sports* 的文档
(agile OR extreme) AND methodogy	默认域中包含 *methodology* 且包含 *agile* 和 *extreme* 中的一个或两个的文档

续表

查询表达式	匹 配 文 档
title:"junit in action"	title 域为 *junit* in *action* 的文档
title:"junit action" ~5	title 域中 *junit* 和 *action* 之间距离小于 5 的文档
java*	包含由 *java* 开头的项的文档，例如 *javaspaces*，*javaserver*，*java.net* 和 *java* 本身
java~	包含与单词 *java* 相近的项的文档，如 *lava*
lastmodified: [1/1/09 TO 12/31/09]	lastmodified 域值在 2009 年 1 月 1 号和 2009 年 12 月 31 号之间的文档

a．默认操作是 OR，还可以改设为 AND（参见 3.5.6 小节）。

在对 Lucene 搜索功能有了一个总体认识后，我们将深入搜索细节。在介绍完基础内容后，我们将在 3.5 小节中重温 QueryParser 类。下面我们开始讲 Lucene 的 IndexSearcher 类。

3.2 使用 IndexSearcher 类

用 Lucene 进行搜索操作异常简单。首先建立一个 IndexSearcher 实例，它负责打开索引，然后使用该实例的 search 方法即可进行搜索操作。程序返回的 TopDocs 对象表示顶部搜索结果，用以呈现给用户。下面我们开始讨论如何进行换页，最后我们会介绍如何使用 Lucene 最新（版本号 2.9）的近实时查询功能快速跟上最新索引的文档。我们从创建 IndexSearcher 开始介绍。

3.2.1 创建 IndexSearcher 类

与 Lucene 的其他基本 API 类似，IndexSearcher 使用起来非常简单。相关的类如图 3.2 所示。首先，我们需要一个用于索引的目录。大多数情况下我们搜索的索引都是存在于文件系统的：

```
Directory dir = FSDirectory.open(new File("/path/to/index"));
```

在 2.10 小节中介绍了其他的 Directory 实现。下面我们将建立一个 IndexReader：

```
IndexReader reader = IndexReader.open(dir);
```

最后，我们创建 IndexSearcher：

```
IndexSearcher searcher = new IndexSearcher(reader);
```

我们已在索引上下文中看到过 Directory 类，它负责提供文件属性的抽象 API。IndexReader 使用该 API 与存储于索引中的索引文件进行交互，并提供了底层 API 以供 IndexSearcher 用于搜索。IndexSearcher 的 API 接受 Query 对象以用于搜索，并返回 TopDocs 对象以展现搜索结果，具体我们将在 3.2.3 小节介绍。

需要注意的是，是 IndexReader 完成了诸如打开所有索引文件和提供底层 reader API 等繁重的工作，而 IndexSearcher 则要简单得多。由于打开一个 IndexReader 需要较大的系统开销，因此最好是在所有搜索期间都重复使用同一个 IndexReader 实例，只有在必要的时候才建议打开新的 IndexReader。

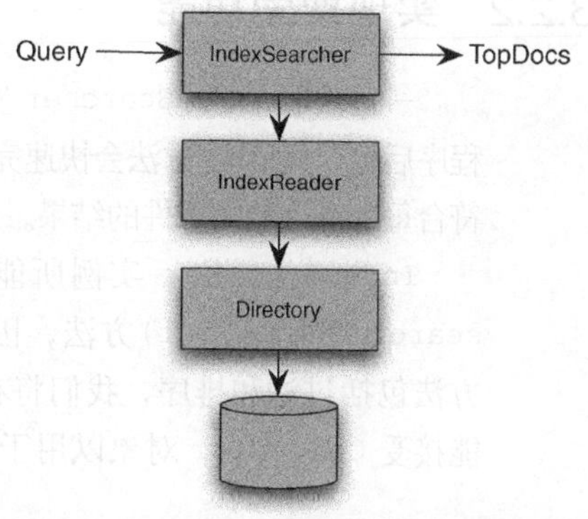

图 3.2 搜索所用到的各个类的相互关系

NOTE 打开 IndexReader 需要较大的系统开销，因此你必须尽可能重复使用同一个 IndexReader 实例以用于搜索，并限制打开新 IndexReader 的频率。

另外，还可以从索引目录中直接创建 IndexSearcher，这种情况下系统会在后台建立自己私有的 IndexReader，正如在第 1 章我们所看到的那样。如果采用这个方案，你可以通过调用 IndexSearcher 的 getIndexReader 来检索自己的 IndexReader，但需要记住：如果你此时关闭 seacher，那么它同时也会关闭自己的 IndexReader，因为后者是由前者打开的。

在创建 IndexReader 时，它会搜索已有的索引快照。如果你需要搜索索引中的变更信息，那么必须打开一个新的 reader。所幸的是，IndexReader.reopen 方法是一个获取新 IndexReader 的有效手段，重启的 IndexReader 能在耗费较少系统资源的情况下使用当前 reader 来获取索引中所有的变更信息。具体使用方式如下：

```
IndexReader newReader = reader.reopen();
if (reader != newReader) {
  reader.close();
  reader = newReader;
  searcher = new IndexSearcher(reader);
}
```

如果索引有所变更，reopen 方法值返回一个新的 reader，这时程序必须关闭旧的 reader 并创建新的 IndexSearcher。在实际的应用程序中，可能有多个线程还在使用旧的 reader 进行搜索，因此你必须保证这段代码是线程安全的。11.2.2 小节提供了一个实用的内置类可以实现这点。3.2.5 小节展示了如何从 IndexWriter 中获取近实时 IndexReader，这对于访问执行索引变更的 IndexWriter 来说是一种更为节省资源的实现方式。现在我们已经获得 IndexSearcher，下面看看如何使用它进行搜索。

NOTE IndexSearcher 实例只能对其初始化时刻所对应的索引进行搜索。如果索引操作是由多线程完成的，新编入索引的文档则不能被该 searcher 看到。若要看到这些新文档，那么你必须打开一个新的 reader。

3.2.2　实现搜索功能

一旦获取 IndexSearcher 实例，我们就可以通过调用其 search()方法来进行搜索了。在程序后台，search 方法会快速完成大量工作。它会访问所有候选的搜索匹配文档，并只返回符合每个查询约束条件的结果。最后，它会收集最靠前的几个搜索结果并返回给调用程序。

IndexSearcher 实例所能调用的主搜索方法如表 3.3 所示。本章我们将只使用 search(Query, int)方法，因为大多数应用程序无需使用其他高级方法。其他的搜索方法包括过滤和排序，我们将在第 5 章中介绍。第 6 章会介绍自定义的搜索方法，它们能接受 Collector 对象以用于收集搜索结果。

表 3.3　**IndexSearcher** 提供的主要 search 方法

IndexSearcher.search 方法	使 用 时 刻
TopDocs search(Query query, int n)	直接进行搜索。int n 参数表示返回的评分最高的文档数量
TopDocs search(Query query, Filter filter, int n)	搜索受文档子集约束，约束条件基于过滤策略
TopFieldDocs search(Query query, Filter filter, int n, Sort sort)	搜索受文档子集约束，约束条件基于过滤策略，结果排序通过自定义的 Sort 完成
void search(Query query, Collector results)	当使用自定义文档访问策略时使用，或者不想以默认的前 N 个搜索结果排序策略收集结果时使用
void search(Query query, Filter filter, Collector results)	同上。区别在于结果文档只有在传入过滤策略时才能被接收

大多数 IndexSearcher 的 search 方法都会以返回 TopDocs 对象的形式来返回搜索结果，具体我们将在下节介绍。

3.2.3　使用 TopDocs 类

现在我们已调用了 search 方法，并获取其返回的 TopDocs 对象，我们可以利用该对象来访问搜索结果。通常，你可以使用表 3.3 中的 search 方法并获取返回的 TopDocs 对象。搜索结果是通过相关性进行排序的——换句话说，是通过每个结果文档与查询条件的匹配程度进行排序的（有关结果排序的其他方式请参考 5.2 小节）。

TopDocs 类为检索搜索结果提供了少量方法和属性，具体如表 3.4 所示。TopDocs.totalHits 属性会返回匹配文档数量。默认情况下，匹配文档是根据评分按照降序排列的。TopDocs.scoreDocs 属性是一个数组，它包含程序所要求的顶部匹配文档数量。每个 ScoreDoc 实例都有一个浮点类型的评分，该评分是相关性评分；该实例还包括一个整型的文档号，它用于标识文档 ID，能够用于检索文档中保存的域，具体可以通过调用 IndexSearcher.document(doc)方法进行。最后，TopDocs.getMaxScore()方法会返回所有匹配文档的最大评分；当使用相关性评分进行排序时（在默认情况下），返回的最大评分通常就是第一个搜索结果对应的评分。但如果按照其他评分策略进行排序的话（见 5.2 小节），即使最大评分对应的结果文档没有按照自定义的排序策略出现在首部，它返回的最大评分仍然是这条结果对应的评分。

表 3.4 **TopDocs** 方法用于高效访问搜索结果 03_Ch03.fm

TopDocs 方法或属性	返　回　值
`totalHits`	匹配搜索条件的文档数量
`scoreDocs`	包含搜索结果的 `ScoreDoc` 对象数组
`getMaxScore()`	如果已完成排序（当通过域进行排序时，程序需要分别控制是否对该域进行评分计算）则返回最大评分

3.2.4 搜索结果分页

若要将搜索结果呈现给终端用户，通常是只将前 10～20 个最相关的文档展现出来。通过 `ScoreDocs` 进行分页处理是一个常见的需求，然而如果你发现用户经常进行大量的分页浏览，那么你就得重新梳理一下这个设计了：理想情况下，用户基本上只在首页结果中进行查找。这就是说，分页功能仍然是必要的。你可以使用如下两种方式实现分页：

- 将首次搜索获得的多页搜索结果收集起来并保存在 `ScoreDocs` 和 `IndexSearcher` 实例中，并在用户换页浏览时展现这几页结果；
- 每次用户换页浏览时都重新进行查询操作。

重新查询通常是更好的解决方案。这个方案可以不用存储每个用户的当前浏览状态，而这个操作对于 Web 应用程序来说开销巨大，特别是对于拥有巨大用户群的应用程序来说。咋一看，重新查询似乎比较浪费，但 Lucene 的快速处理能力正好可以弥补这个缺陷。另外，得益于当今操作系统的 I/O 缓存机制，重新查询操作通常会很快完成，因为该操作所需要处理的磁盘数据已经被缓存至 RAM 了。总之，用户是不会点击已浏览过的首页信息的。

为了实现重新查询功能，程序将再次执行初始搜索，这样会进行大量的匹配操作，而搜索结果将会从用户所期望页面的起始处开始展示。保存初始查询的方式取决于具体的程序架构。对于 Web 应用程序来说，用户输入的查询表达式会被 `QueryParser` 对象解析并传入，初始的查询表达式可以由部分页面导航链接组成，并根据每次查询请求而被重新解析，或者查询表达式可以以 cookie 的形式保存在隐藏的 HTML 域中。

不要过早地使用缓存或存储来对页面导航进行优化。首先需要用一个直接的查询方案来实现翻页功能；也许你就会发现这种实现方式已经能够满足这个需求了。下面我们将介绍一个近实时搜索示例。

3.2.5 近实时搜索

Lucene 2.9 版本发布的新功能之一就是近实时搜索，它使你能够使用一个打开的

IndexWriter 快速搜索索引的变更内容，而不必首先关闭 writer 或向该 writer 提交。很多应用程序使用一个长期打开的 IndexWriter 来完成持续变更，这要求对应的搜索能够快速反映索引变更。如果该 IndexWriter 实例与负责搜索的程序处于同一 JVM 中，那么我们就可以使用近实时搜索功能，如程序 3.3 所示。

该功能我们称之为近实时搜索，而不是实时搜索，这是因为我们不大可能严格保证这段周转时间，因而不能与操作系统所提供的"硬"实时功能进行比较。Lucene 的近实时搜索功能更像一个"软"实时操作系统。举例来说，如果 Java 决定进入垃圾处理周期，或者如果程序刚完成对一个大段的合并，或者计算机正在因没有足够的 RAM 而进行高负载处理，那么近实时 reader 的周转时间会变得更长。但实际上翻转时间可以很短（几十毫秒或者更短），这取决于索引和搜索吞吐量，以及程序获取一个新的近实时 reader 的频率。

在过去，由于没有这个功能，我们必须调用 writer 中的 commit 方法，然后重新打开 reader，但这个处理过程会非常耗时，因为 commit 方法必须对索引中所有的新文件进行同步，而这个同步操作对于某些操作系统和文件系统来说通常非常耗费系统资源，因为这通常意味着底层 I/O 设备必须将所有缓存内容写入存储器。近实时搜索功能使你能够对新创建但还未完成提交的段进行搜索。11.1.3 小节给出了几点用于减少索引-搜索反应时间的建议。

程序 3.3 近实时搜索

```
public class NearRealTimeTest extends TestCase {
  public void testNearRealTime() throws Exception {
    Directory dir = new RAMDirectory();
    IndexWriter writer = new IndexWriter(dir, new
      StandardAnalyzer(Version.LUCENE_30),
      IndexWriter.MaxFieldLength.UNLIMITED);
    for(int i=0;i<10;i++) {
      Document doc = new Document();
      doc.add(new Field("id", ""+i, Field.Store.NO,
      Field.Index.NOT_ANALYZED_NO_NORMS));
      doc.add(new Field("text", "aaa", Field.Store.NO,
      Field.Index.ANALYZED));
      writer.addDocument(doc);
    }                                                   ❶ 创建近实时 reader
    IndexReader reader = writer.getReader();         <-
    IndexSearcher searcher = new IndexSearcher(reader);  <- 将 reader 封装至
                                                            IndexSearcher
    Query query = new TermQuery(new Term("text", "aaa"));
    TopDocs docs = searcher.search(query, 1);
    assertEquals(10, docs.totalHits);          <-- 返回 10 个搜索结果

    writer.deleteDocuments(new Term("id", "7"));    <-❷ 删除一个文档

    Document doc = new Document();
    doc.add(new Field("id",                             ❸ 添加一个文档
                      "11",
                      Field.Store.NO,
                      Field.Index.NOT_ANALYZED_NO_NORMS));

    doc.add(new Field("text",
                      "bbb",
                      Field.Store.NO,
                      Field.Index.ANALYZED));
```

```
    writer.addDocument(doc);
                                                          ❹ 重启 reader
    IndexReader newReader = reader.reopen();
    assertFalse(reader == newReader);           ❺ 确认 reader 是新建的
    reader.close();
    searcher = new IndexSearcher(newReader);    ❻ 关闭旧的 reader

    TopDocs hits = searcher.search(query, 10);  ❼ 查验目前的 9 个结果
    assertEquals(9, hits.totalHits);
    query = new TermQuery(new Term("text", "bbb"));   ❽ 确认匹配的新文档
    hits = searcher.search(query, 1);
    assertEquals(1, hits.totalHits);

    newReader.close();
    writer.close();
  }
}
```

❶ `IndexWriter` 返回的 reader 能够对索引中所有之前提交的变更进行搜索，还包括所有未提交的变更。返回的 reader 是只读的。

❷ ❸ 建立索引变更但并不提交它们。

❹ ❺ ❻ 重新打开 reader。需要注意的是，后台程序只会简单调用 `writer.getReader` 方法。由于生成了索引变更，`newReader` 是与旧 reader 不同的，因此我们必须关闭旧 reader。

❼ ❽ writer 完成的索引变更能够在新的搜索中得到反映。

这里有一个重要的方法 `IndexWriter.getReader`，它会将缓存中的所有变更刷新到索引目录中，然后创建一个新的包含这些变更的 `IndexReader`。如果想要通过 `IndexWriter` 完成更多变更，你可以 `IndexReader` 的 reopen 方法来获取新的 reader。reopen 方法效率非常高：对于索引中任何未发生变更的部分来说，新的 reader 会共享这些部分中打开的文件，并能缓存先前的 reader。只有上次 open 或 reopen 操作以来重新创建的文件才会在此轮被打开。这种操作方式速度很快，通常翻转时间不到一秒。11.2.2 小节提供了更多的有关如何使用近实时 reader 方法的示例。

下面我们看看 Lucene 如何对搜索匹配的文档进行评分。

3.3 理解 Lucene 的评分机制

每当搜索到匹配文档时，该文档都会被赋予一定的分值，用以反映匹配程度。该分值会计算文档与查询语句之间的相似程度，更高的分值反映了更强的相似程度和匹配程度。我们之所以在本章上部分就开始讨论这个复杂的问题，主要是为了让你在接下来的学习前首先对影响 Lucene 评分的各个因素有一个总体了解。我们从 Lucene 的评分公式开始详述，然后向你全面展示文档是如何达到这个分值的。

3.3.1 Lucene 如何评分

首先，我们看看 Lucene 的相似度评分公式，如图 3.3 所示。该公式之所以被称为相

似度评分公式，是因为使用它的目的就是用来衡量查询语句和对应匹配文档之间的相似程度的。分值计算方式为查询语句（q）中每个项（t）与文档（d）的匹配分值之和。

$$\sum_{t\ in\ q} (tf(t\ in\ d) \times idf(t)^2 \times boost(t.field\ in\ d) \times lengthNorm(t.field\ in\ d)) \times coord(q,d) \times queryNorm(q)$$

图 3.3 Lucene 利用该公式来计算匹配某一查询的文档的评分

NOTE 如果你对该方程或者这种数学计算思想的理解存在一定困难，可以放心跳过该节。Lucene 的评分机制是相当优秀的，但使用 Lucene 并不需要完全理解它的评分机制。

这样得到的评分只是原始评分，它是一个大于等于 0.0 的浮点数。通常，如果搜索程序要将评分呈现给用户的话，最好先将评分进行归一化处理，即用该条查询对应的评分除以最大评分。评分越大说明文档和查询之间的匹配越好。Lucene 默认返回根据评分反向排序的文档，这意味着最上面的文档是最匹配的。表 3.5 显示了评分公式的各个因子。

表 3.5 评分公式中的因子

评 分 因 子	描 述
`tf(t in d)`	项频率因子——文档（d）中出现项（t）的频率
`idf(t)`	项在倒排文档中出现的频率：它被用来衡量项的“唯一”性。出现频率较高的 term 具有较低的 idf；出现较少的 term 具有较高的 idf
`boost(t.field in d)`	域和文档的加权，在索引期间设置（参见 2.5 小节）。你可以用该方法对某个域或文档进行静态单独加权
`lengthNorm(t.field in d)`	域的归一化（Normalization）值，表示域中包含的项数量。该值在索引期间计算，并保存在索引 norm 中。对于该因子，更短的域（或更少的语汇单元）能获得更大的加权
`coord(q,d)`	协调因子（Coordination factor），基于文档中包含查询的项个数。该因子会对包含更多搜索项的文档进行类似 AND 的加权
`queryNorm(q)`	每个查询的归一化值，指每个查询项权重的平方和

公式中引入了加权因子（boost factor），用于对某个查询或某域对评分效果进行控制。Lucene 在索引时会显式通过 `boost (t.field in d)` 来设置某个域的加权因子。域加权因子的默认值为 1.0。在索引期间，还可以为文档设置加权因子，该因子在隐式地将该文档中所有域的初始加权因子都设置为指定值。特定域的加权因子是初始加权因子的倍数，经过一定处理才能最终得到该域的加权因子值。在索引过程中，可能多次将同一域名添加到同一文档中，在这种情况下，该域的加权因子就等于它在这个文档所有加权因子之和。有关索引期间加权因子的详细讨论参见 2.5 小节。

公式中除了显式表达的因子之外，其他因子是作为查询标准（`queryNorm`）因子的一部分在每次预查询前进行计算。`Query` 对象本身对匹配文档的评分也会产生一定的影响。加权处理某一 Query 实例仅在应用程序执行多重字句的查询时比较有效；如果只搜索单个项，加权处理该项相当于同时对所有匹配该项的文档都进行了相同比例的加权。在多重子句的布尔查询中，一些文档可能只匹配其中一个子句，而使用不同的加权因子可以用来区分不同的查询条件。Query 对象的加权因子值也默认为 1.0。

在这个评分公式中，对大多数因子的控制和实现都是通过 Similarity 抽象类的子类完成的。如果没有指定其他实现 Similarity 的类，那么 Lucene 会使用 DefaultSimilarity 类。此外，DefaultSimilary 类还负责实现评分中更多的计算；例如，term 频率因子（frequency factor）就是实际频率的平方根。由于本书是关于"实战"类书籍，深入研究这些内部运算已经超出了本书范围。实际上，这些因子是极少改变的。如果你要改变这些因子，请参考 Similarity 相关 Java 文档，但事先需要对这个概念以及修改后果有坚实的理解。

还有个需要注意的内容：索引期间的加权改变或者索引期间使用诸如 lengthNorm 等 Similarity 方法要求索引针对所有因子进行同步构建。

下面我们谈谈为何对于你的 Query 对象来说，某个文档会获得更高的评分。Lucene 提供了一个很好的功能来回答这个问题。

3.3.2　使用 explain()理解搜索结果评分

哦！评分公式似乎让人望而却步——事实确实是这样。我们正在讨论的是评分公式中的一些因子使得基于同一查询的某些文档评分高于其他文档；如果确实想知道这些因子时如何计算出来的，Lucene 提供了一个称为 Explanation 的类来满足这个需求。IndexSearcher 类包含一个 explain 方法，调用该方法需要传入一个 Query 对象和一个文档 ID，然后该方法会返回一个 Explanation 对象。

Explanation 对象内部包含了所有关于评分计算中各个因子的信息细节。如果需要的话，每个细节都可以访问；但通常还是需要全部输出这些释义的。.toString()方法可以以良好的文本格式输出 Explanation 对象。我们写了一个简单程序来输出 Explanation 对象，如程序 3.4 所示。

程序 3.4　explain()方法

```
public class Explainer {
  public static void main(String[] args) throws Exception {
    if (args.length != 2) {
      System.err.println("Usage: Explainer <index dir> <query>");
      System.exit(1);
    }
    String indexDir = args[0];
    String queryExpression = args[1];

    Directory directory = FSDirectory.open(new File(indexDir));
    QueryParser parser = new QueryParser(Version.LUCENE_30,
                                   "contents", new SimpleAnalyzer());
    Query query = parser.parse(queryExpression);

    System.out.println("Query: " + queryExpression);

    IndexSearcher searcher = new IndexSearcher(directory);
    TopDocs topDocs = searcher.search(query, 10);

    for (ScoreDoc match : topDocs.scoreDocs) {
```

```
      Explanation explanation
        = searcher.explain(query, match.doc);      生成 Explanation 对象

      System.out.println("----------");
      Document doc = searcher.doc(match.doc);
      System.out.println(doc.get("title"));          输出 Explanation 对象
      System.out.println(explanation.toString());
    }
    searcher.close();
    directory.close();
  }
}
```

用范例来查询 junit 会得到如下输出，注意相关程度最高的标题得分也最高：

```
Query: junit
----------
JUnit in Action, Second Edition
0.7629841 = (MATCH) fieldWeight(contents:junit in 11), product of:
  1.4142135 = tf(termFreq(contents:junit)=2)                        ❶
  2.466337 = idf(docFreq=2, maxDocs=13)
  0.21875 = fieldNorm(field=contents, doc=11)

----------
Ant in Action
0.61658424 = (MATCH) fieldWeight(contents:junit in 9), product of:
  1.0 = tf(termFreq(contents:junit)=1)                              ❷
  2.466337 = idf(docFreq=2, maxDocs=13)
  0.25 = fieldNorm(field=contents, doc=9)
```

❶ junit 这个项在《JUnit in Action（第 2 版）》对应的 contents 域中出现了两次。索引中的 conents 域是一个集合，它聚集了所有文本域，用于对某个单独域进行搜索。

❷ junit 这个项在 Ant in Action 对应的 contents 域中只出现了一次。

此外，Explaintion 类还有一个.toHtml()方法能够输出同样的层次结构，它如同 HTML 中嵌套<ul>那样，适合于在 Web 浏览器中输出结果。实际上，Explanation 是 Nutch 项目的核心内容，它允许透明排序。

通过 Explanation 对象可以方便地看到评分计算的内部运作，但它需要的开销是和做查询操作一样的。因此，不要过多使用 Explanation 对象。

3.4 Lucene 的多样化查询

正如在 3.2 小节所提到的，Lucene 的查询操作最终需要调用 IndexSearcher 类中的 search 方法，同时传入 Query 实例作为参数。Query 的子类可以直接实例化，也可以入 3.1.2 小节讨论的那样通过使用 QueryParser 类实例化，而后者会首先将自由文本转换成我们这里介绍的每种 Query 类型。在每种情况下，我们都将展示如何编程实例化每种 Query 对象，同时还会展示使用哪些 QueryParser 语法来创建查询。

即使你正在使用 QueryParser，在放大、提炼或者约束用户输入的查询时，普遍使用的方法是将查询表达式与一个由构造方法 API 创建的 Query 对象相结合。举例来说，你可能希望将自由查询的解析表达式限制在索引的一个子集中，例如将搜索的文

档限制在某一类别。根据搜索程序的用户界面，你可以通过日期选择器选择一个搜索的日期范围，也可以通过下拉菜单选择一个搜索类别，或者还可以选择不受限制的搜索方式。这些查询子句都可以通过使用 QueryParser 和编程构造的查询语句整合实现。

另外，还有一个创建 Query 对象的方法，即使用 XML Query Parser 包，该程序包位于 Lucene 的软件捐赠模块中，具体可以参考 9.5 小节内容。该包允许你以 XML 字符串形式表达任意的查询语句，然后将该语句转换成 Query 实例。XML 字符串可以任何方式创建，有一个简单的创建方法，即通过 Lucene 高级搜索界面将查询语句转换成名称值对（name-value pairs）。

本节内容包含 Lucene 内置的 Query 类型：TermQuery、TermRangeQuery、NumericRangeQuery、PrefixQuery、BooleanQuery、PhraseQuery、WildcardQuery、FuzzyQuery 以及并不常见的暂时称为 MatchAllDocsQuery 的类。我们将讲解这些类构成的查询语句是如何与文档进行匹配的，以及如何编程创建它们。Lucene 的软件捐赠区域还有更多类型的查询语句，详见 8.6 小节。在 3.5 小节中，我们还会展示如何使用 QueryParser 类来创建这些查询类型。下面我们从 TermQuery 类开始讲。

3.4.1 通过项进行搜索：TermQuery 类

对索引中特定项进行搜索是最基本的搜索方式。Term 是最小的索引片段，每个 Term 包含了一个域名和一个文本值。程序 3.1 给出了一个搜索特定项的例子。下面这段代码初始化了一个 Term 实例：

```
Term t = new Term("contents", "java");
```

TermQuery 构造方法允许一个单独的 Term 对象作为其参数：

```
Query query = new TermQuery(t);
```

使用这个 TermQuery 对象进行搜索，可以返回在 content 域包含单词“java”的所有文档。值得注意的是，该查询值是区分大小写的，因此搜索前一定要对索引后的项大小写进行匹配；由于不同的分析器（详见第 4 章）采取的索引方式可能不同，对原始文本文档的搜索可能还有其他需要注意的问题。

TermQuery 类在根据关键字查询文档时显得特别实用。如果文档是通过 Field.Index.NOT_ANALYZED 进行索引的，该值就可以用来检索这些文档。例如，通过本书提供的测试数据，下面的代码将通过匹配 ISBN 号的方式来检索某个文档：

```
public void testKeyword() throws Exception {
  Directory dir = TestUtil.getBookIndexDirectory();
  IndexSearcher searcher = new IndexSearcher(dir);

  Term t = new Term("isbn", "9781935182023");
  Query query = new TermQuery(t);
  TopDocs docs = searcher.search(query, 10);
  assertEquals("JUnit in Action, Second Edition",
```

```
        1, docs.totalHits);
  searcher.close();
  dir.close();
}
```

然而 Field.Index.NOT_ANALYZED 域并不是唯一的，它的唯一性是在索引期间确定的。在本书测试数据中，ISBN 号对于所有文档来说是唯一的。

3.4.2 在指定的项范围内搜索：TermRangeQuery 类

索引中的各个 Term 对象会按照字典编排顺序（通过 String.compareTo 方法）进行排序，并允许在 Lucene 的 TermRangeQuery 对象提供的范围内进行文本项的直接搜索。搜索时包含或不包含起始项和终止项。如果这个项为空，那么它对应的端就是无边界的。举例来说，一个空的 lowerTerm 意味着没有下边界，这样所有比上边界项小的项都会被计算在内。该查询只适用于文本范围，比如搜索从 N 到 Q 范围内的域名称。下一节提到的 NumericRangeQuery 可以用于数值域的范围查询。

下面的代码为 TermRangeQuery 的使用方法，其功能是搜索起始字母范围从 d 到 j 的书籍标题。根据我们的书籍信息集，能搜索到 3 本这样的书。这里需要注意，书籍索引中的 title2 域是小写字母形式的，并使用 Field.NOT_ANALYZED_NO_NORMS 将该域索引成单个语汇单元。

```
public void testTermRangeQuery() throws Exception {
  Directory dir = TestUtil.getBookIndexDirectory();
  IndexSearcher searcher = new IndexSearcher(dir);
  TermRangeQuery query = new TermRangeQuery("title2", "d", "j",
                                            true, true);
  TopDocs matches = searcher.search(query, 100);
  assertEquals(3, matches.totalHits);
  searcher.close();
  dir.close();
}
```

其中 TermRangeQuery 初始化方法中的的两个 Boolean 对象参数表示是（用 true 表示）否（用 false 表示）包含搜索范围的起点或终点。在该例中我们传递的参数为 true，表示搜索范围包含起点和终点。但是我们若传递 false 参数的话，搜索结果也不会发生改变，因为该例本来就没有标题在 d 和 j 之间的书籍。

由于 Lucene 通常按照字典编排顺序存储项（使用 String.compareTo，该方法使用 UTF16 代码单元进行比较），根据起点和终点项定义的搜索范围通常也是根据字典排序的。然而，TermRangeQuery 还可以处理自定义的 Collator 对象，该对象会随后用于搜索范围检查。遗憾的是，对于大的索引来说，这个处理过程会异常缓慢，因为它在检查边界条件时需要列举出索引中的每个项。CollationKeyAnalyzer 作为一个软件捐赠模块，能够用它提高程序性能。

下面我们看看数字型的范围比较类：TermRangeQuery。

3.4.3 在指定的数字范围内搜索：NumericRangeQuery 类

如果使用 NumericField 对象来索引域，那么你就能有效地使用 NumericRangeQuery 类在某个特定范围内搜索该域。Lucene 会在后台将提交的搜索范围转换成与前面索引操作生成的树结构（trie structure）等效的括号集。这里每个括号都是索引中各不相同的项，它们对应的文档都会在搜索时进行或运算。使用 NumericRangeQuery 类搜索时所需要的括号数量相对较小，这使得该类运行时与 TermRangeQuery 类相比，性能好很多。

我们看看下面的程序示例，该程序基于书籍索引中的 pubmonth 域运行。程序将该域作为整数进行索引，并且索引精度为月，也就是说，2010 年 3 月会被索引成域值为 201003 的 NumericField。程序接下来进行了一次范围内搜寻：

```
public void testInclusive() throws Exception {
  Directory dir = TestUtil.getBookIndexDirectory();
  IndexSearcher searcher = new IndexSearcher(dir);
  // pub date of TTC was September 2006
  NumericRangeQuery query = NumericRangeQuery.newIntRange("pubmonth",
                                                          200605,
                                                          200609,
                                                          true,
                                                          true);

  TopDocs matches = searcher.search(query, 10);
  assertEquals(1, matches.totalHits);
  searcher.close();
  dir.close();
}
```

正如 TermRangeQuery 类一样，程序最后 newIntRange 方法中的两个 Boolean 参数表示搜索范围是（用 true 表示）否（用 false 表示）包含起点和终点。在该范围内，我们只搜索到一本出版书，它是在 2006 年 9 月出版的。如果我们将搜索范围改为不包含起点和终点，那么就搜不到这本书了。

```
public void testExclusive() throws Exception {
  Directory dir = TestUtil.getBookIndexDirectory();
  IndexSearcher searcher = new IndexSearcher(dir);

  // pub date of TTC was September 2006
  NumericRangeQuery query = NumericRangeQuery.newIntRange("pubmonth",
                                                          200605,
                                                          200609,
                                                          false,
                                                          false);
  TopDocs matches = searcher.search(query, 10);
  assertEquals(0, matches.totalHits);
  searcher.close();
  dir.close();
}
```

NumericRangeQuery 类还可以选择性传入与 NumericField 相同的 precisionStep 参数。如果在索引期间改变了该参数的默认值，那么你一定得在搜索期间输入可接受的新值（要么输入相同的值，要么输入索引期间使用的其他值）。否则，搜索结果可能不会正确。有关 NumericRangeQuery 的细节请参考相关 Java 文档。

下面我们看看另一个通过前缀进行项匹配的查询。

3.4.4 通过字符串搜索：PrefixQuery 类

搜索程序使用 PrefixQuery 来搜索包含以指定字符串开头的项的文档。这个操作看起来是很容易的。下面的代码展示了如何通过简单的 PrefixQuery 对象对某个层次结构进行递归查询。包含 category 域的文档会呈现一个层次结构，该结构可以完美地用于匹配一个 PrefixQuery 对象，如程序 3.5 所示。

程序 3.5 PrefixQuery 类

```
public class PrefixQueryTest extends TestCase {
  public void testPrefix() throws Exception {
    Directory dir = TestUtil.getBookIndexDirectory();
    IndexSearcher searcher = new IndexSearcher(dir);
    Term term = new Term("category",
                    "/technology/computers/programming");   // 搜索编程方面的书籍，包括它们的子类书籍
    PrefixQuery query = new PrefixQuery(term);

    TopDocs matches = searcher.search(query, 10);
    int programmingAndBelow = matches.totalHits;

    matches = searcher.search(new TermQuery(term), 10);   // 搜索编程方面的书籍不包括它们的子类
    int justProgramming = matches.totalHits;

    assertTrue(programmingAndBelow > justProgramming);
    searcher.close();
    dir.close();
  }
}
```

PrefixQueryTest 类展示了 PrefixQuery 和 TermQuery 之间的差异。methodology 分类存在于/technology/computers/programming 分类目录下。在这个 methodology 子类中的书籍程序通过 PrefixQuery，而不是通过 TermQuery 找到的。

下面将讲解 BooleanQuery 类，该类非常有趣，因为它能够嵌入和组合其他查询。

3.4.5 组合查询：BooleanQuery 类

通过使用 BooleanQuery 类可以将本章讨论的各种查询类型组合成复杂的查询方式，而 BooleanQuery 本身是一个 Boolean 子句（clauses）的容器。这个子句可以是表示逻辑“与”、逻辑“或”或者逻辑“非”的一个子查询。这些属性允许进行逻辑 AND、OR 和 NOT 组合。你可以调用如下 API 的方法将查询子句加入到 BooleanQuery 对象中：

```
public void add(Query query, BooleanClause.Occur occur)
```

这里 Occur 对象可以设置为 BooleanClause.Occur.MUST、BooleanClause.

Occur.SHOULD 或者 BooleanClause.Occur.MUST_NOT。

BooleanQuery 对象还可以作为另一个 BooleanQuery 对象的字句，这样就允许它们任意地嵌套了。我们看看相关例子。程序 3.6 展示了使用 AND 查询来查找我们所关注的主题为 search 的最新书籍：

程序 3.6 使用 BooleanQuery 对象合并子查询

```
public void testAnd() throws Exception {
  TermQuery searchingBooks =
    new TermQuery(new Term("subject", "search"));    ❶

  Query books2010 =
    NumericRangeQuery.newIntRange("pubmonth", 201001,
                                  201012,
                                  true, true);          ❷

  BooleanQuery searchingBooks2010 = new BooleanQuery();
  searchingBooks2010.add(searchingBooks, BooleanClause.Occur.MUST);   ❸
  searchingBooks2010.add(books2010, BooleanClause.Occur.MUST);

  Directory dir = TestUtil.getBookIndexDirectory();
  IndexSearcher searcher = new IndexSearcher(dir);
  TopDocs matches = searcher.search(searchingBooks2010, 10);

  assertTrue(TestUtil.hitsIncludeTitle(searcher, matches,
                               "Lucene in Action, Second Edition"));

  searcher.close();
  dir.close();
}
```

❶ 这条查询负责查找 subject 域包含“search”的所有书籍。

❷ 这条查询负责查找 2010 年出版的所有书籍。

❸ 这里将两个查询合并为一个布尔查询，其中两个查询子句都是必须的（第二个参数为 BooleanClause.Occur.MUST）。

在下面的测试用例中，我们使用了一个新的工具方法：TestUtil.hitsIncludeTitle：

```
public static boolean hitsIncludeTitle(IndexSearcher searcher,
                                       TopDocs hits, String title)
  throws IOException {
  for (ScoreDoc match : hits.scoreDocs) {
    Document doc = searcher.doc(match.doc);
    if (title.equals(doc.get("title"))) {
      return true;
    }
  }
  System.out.println("title '" + title + "' not found");
  return false;
}
```

BooleanQuery.add 有两个重载的 add 方法。其中一个 add 方法只接受一个 BooleanClause 对象作为其参数，而另一个 add 方法可以接受一个 Query 对象和一个 BooleanClause.Occur 对象作为其参数。这里的 BooleanClause 对象仅仅是作为 Query 对象和 BooleanClause.Occur 对象的容器使用，因而在此不再详述。BooleanClause.

Occur.MUST 的精确含义是：只有匹配该查询子句的文档才在考虑之列。BooleanClause. Occur.SHOULD 意味着该项只是可选项。BooleanClause. Occur.MUST_NOT 意味着搜索结果不会包含任何匹配该查询子句的文档。使用 BooleanClause.Occur.SHOULD 实现逻辑或（OR）查询如程序 3.7 所示。

程序 3.7　使用 BooleanQuery 对象对可选子句进行组合查询

```
public void testOr() throws Exception {
  TermQuery methodologyBooks = new TermQuery(
           new Term("category",
             "/technology/computers/programming/methodology"));        匹配类别 1

  TermQuery easternPhilosophyBooks = new TermQuery(
      new Term("category",
          "/philosophy/eastern"));                                     匹配类别 2

  BooleanQuery enlightenmentBooks = new BooleanQuery();
  enlightenmentBooks.add(methodologyBooks,
                        BooleanClause.Occur.SHOULD);                   合并两种类别
  enlightenmentBooks.add(easternPhilosophyBooks
                        BooleanClause.Occur.SHOULD);

  Directory dir = TestUtil.getBookIndexDirectory();
  IndexSearcher searcher = new IndexSearcher(dir);
  TopDocs matches = searcher.search(enlightenmentBooks, 10);
  System.out.println("or = " + enlightenmentBooks);

  assertTrue(TestUtil.hitsIncludeTitle(searcher, matches,
                         "Extreme Programming Explained"));

  assertTrue(TestUtil.hitsIncludeTitle(searcher, matches,
                         "Tao Te Ching \u9053\u5FB7\u7D93"));

  searcher.close();
  dir.close();
}
```

在合并和匹配多个不同的查询子句时，最好是用单个 BooleanQuery 类进行处理；这里只需要为每个子句指定相应的 BooleanClause.Occur 对象即可。用这个方法可以建立很强大的查询语句。举例来说，如果你要建立一个必须匹配“java”和“programming”的查询语句，但该查询语句又不能匹配“ant”，同时该查询还必须同时匹配“computers”和“flowers”中的一个。那么，你会发现查询结果返回的每个文档会包含“java”和“programming”，不包含“ant”，同时该结果还会包含“computers”和“flowers”中的一个，或者包含两者。

BooleanQuery 对其中包含的查询子句是有数量限制的，默认情况下允许包含 1024 个查询子句。该限制主要是为了防止时对应用程序的性能造成影响。当子句数量超过最大值时，程序会抛出 TooManyClauses 异常。对于 Lucene 早期版本来说，这个限制是必要的，因为某些查询语句可能会在后台被改写成等效的 BooleanQuery 类。但从版本 2.9 开始，Lucene 会以一种更有效地方式处理这些查询语句。如果你在一些特殊情况下需要增大查询子句的数量限制，可以使用 BooleanQuery 类提供的 ClauseCount (int) 方法进行设置，但设置前需要意识到这个做法对程序性能产生的影响。

下面要讲到的查询，即 PhraseQuery 类，它与前面讲到的查询都不相同，因为该查询重点处理的是多个项情况下的位置信息。

3.4.6 通过短语搜索：PhraseQuery 类

索引时如果不用 omitTermFreqAndPositions 选项（详见 2.4.1 小节）建立纯 Boolean 域的话，索引会根据默认设置包含各个项的位置信息。PhraseQuery 类会根据这些位置信息定位某个距离范围内的项所对应的文档。例如，假设某个域中包含短语 “the quick brown fox jumped over the lazy”，即时我们不知道这个短语的完整写法，也一样可以通过查找域中 quick 和 fox 相关并且相距很近的文档。当然，一个简单的 TermQuery 类也能够通过对这两个项的单独查询而找到同样的文档，但在该例中，我们仅仅希望查到域中 quick 紧邻 fox（quick fox）的或者两者之间只有一个单词（quick [其他单词] fox）的文档。

在匹配的情况下，两个项的位置之间所允许的最大间隔距离称为 slop。这里的距离是指项若要按顺序组成给定的短语所需要移动位置的次数。我们用刚才提到的那个短语看看 slop 因此是怎么工作的。首先我们需要构建一个小型测试框架，该框架包含一个 setUp() 方法用来索引某个文档，还需要包含一个 tearDown() 方法用来关闭目录和搜索器，另外还需要包含一个自定义的 matched(String[],int) 方法来构建、执行和断言短语查询是否匹配该测试文档，如程序 3.8 所示。

程序 3.8 PhraseQuery

```
public class PhraseQueryTest extends TestCase {
  private Directory dir;
  private IndexSearcher searcher;
  protected void setUp() throws IOException {
    dir = new RAMDirectory();
    IndexWriter writer = new IndexWriter(dir,
                              new WhitespaceAnalyzer(),
                              IndexWriter.MaxFieldLength.UNLIMITED);
    Document doc = new Document();
    doc.add(new Field("field",
            "the quick brown fox jumped over the lazy dog",   // 建立测试文档
            Field.Store.YES,
            Field.Index.ANALYZED));
    writer.addDocument(doc);
    writer.close();

    searcher = new IndexSearcher(dir);
  }

  protected void tearDown() throws IOException {
    searcher.close();
    dir.close();
  }

  private boolean matched(String[] phrase, int slop)
      throws IOException {
    PhraseQuery query = new PhraseQuery();      // 初始化 PhraseQuery 对象
    query.setSlop(slop);
```

```
    for (String word : phrase) {
      query.add(new Term("field", word));      添加短语项序列
    }

    TopDocs matches = searcher.search(query, 10);
    return matches.totalHits > 0;
  }
}
```

由于只想示范一下几个短语查询的案例，在以上程序中我们简化了 matched 方法的代码。程序按照一定的顺序添加各个 term 来建立短语查询语句。在默认情况下，PhraseQuery 的 slop 因子设置为 0，即要求查询结果必须和输入的短语完全匹配。通过 setUp() 和 matched() 方法，测试用例对 PhraseQuery 的行为作了简洁示范。程序以查询失败或超出 slop 因子作为边界：

```
public void testSlopComparison() throws Exception {
  String[] phrase = new String[] {"quick", "fox"};

  assertFalse("exact phrase not found", matched(phrase, 0));

  assertTrue("close enough", matched(phrase, 1));
}
```

在短语查询中，虽然项的先后顺序会对 slop 因子的选取产生一定影响，但我们不一定需要按照这些项在文档中出现的先后顺序来将它们添加至 PhraseQuery 中。例如，如果把上述 String 数组中的两个项颠倒（先是“fox”然后才是“quick”），要和文档匹配的话就需要移动 3 个位置，而不是原先的一个了。为了表达得更形象一些，可以思考一下单词“fox”需要移动多少个位置才能位于单词“quick”的两个 slot 之后。你会发现“fox”移动一次到达“quick”的位置，然后再移动两次才能和“quick brown fox”匹配。

图 3.4 展示了 slop 位置在以上两种短语查询场景中是如何工作的，同时下面的测试用例表明了实际的匹配情况：

```
public void testReverse() throws Exception {
  String[] phrase = new String[] {"fox", "quick"};

  assertFalse("hop flop", matched(phrase, 2));
  assertTrue("hop hop slop", matched(phrase, 3));
}
```


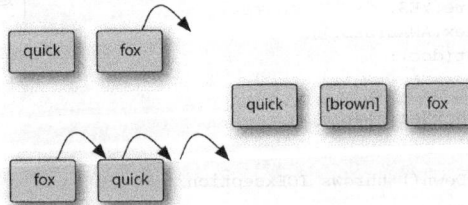

图 3.4 图解 PhraseQuery 的 slop 因子：短语“quick fox”需要 slop 值为 1 的移动才能和原文档匹配，而“fox quick”需要 slop 值为 3 的移动才能匹配

下面我们将深入讲解如何进行复合项短语查询。

复合项短语（MULTIPLE-TERM PHRASES）

PhraseQuery 支持复合项短语.无论短语中有多少个项，slop 因子都规定了按顺序移动项位置的总次数的最大值。下面看看符合项短语查询的一个实例：

```
public void testMultiple() throws Exception {
  assertFalse("not close enough",
      matched(new String[] {"quick", "jumped", "lazy"}, 3));

  assertTrue("just enough",
      matched(new String[] {"quick", "jumped", "lazy"}, 4));

  assertFalse("almost but not quite",
      matched(new String[] {"lazy", "jumped", "quick"}, 7));

  assertTrue("bingo",
      matched(new String[] {"lazy", "jumped", "quick"}, 8));
}
```

现在你已经了解到短语查询是如何进行匹配的，下面我们将注意力转向短语查询对文档评分的影响。

短语查询评分

短语查询是根据短语匹配所需要的编辑距离来进行评分的。项之间的距离越小，具有的权重也就越大。短语查询的评分因子如图 3.5 所示。评分与距离成反比关系，距离越大的匹配其评分越低。

$$\frac{1}{distance+1}$$

图 3.5 短语查询的评分公式

NOTE 在 QueryParser 的分析表达式中，双引号里面的若干个项被转换成一个 PhraseQuery 对象。Slop 因子的默认值是 0，但是你可以在 QueryParser 的查询表达式中加上~n 声明，以此来调整 slop 因子的值。例如，表达式“quick fox” ~3 的意思为：为 fox 和 quick 项生成一个 slop 因子为 3 的 PhraseQuery 对象。更多关于 PhraseQuery 和 slop 因子的细节请参考 3.4.6 小节。短语由被传给 QueryParser 的分析器进行分析，在此过程中还会加入另外一个复杂的层，相关内容会在 4.1.2 小节进行讨论。

下面介绍的查询类是 WildcardQuery，它使用通配符对项进行匹配。

3.4.7 通配符查询：WildcardQuery 类

通配符查询可以让我们使用不完整的、缺少某些字母的项进行查询，但是仍然可以查到相关匹配结果。Lucene 使用两个标准的通配符：*代表 0 个或者多个字母，? 代表 0 个或者 1 个字母。程序 3.9 是 WildcardQuery 实际使用的例子。你可以将 WildcardQuery 类看做一个更通用的 PrefixQuery 类，因为通配符是没有两端的。

程序 3.9　WildcardQuery 类

```
private void indexSingleFieldDocs(Field[] fields) throws Exception {
  IndexWriter writer = new IndexWriter(directory,
      new WhitespaceAnalyzer(), IndexWriter.MaxFieldLength.UNLIMITED);
  for (Field f : fields) {
    Document doc = new Document();
    doc.add(f);
    writer.addDocument(doc);
  }
  writer.optimize();
  writer.close();
}

public void testWildcard() throws Exception {
  indexSingleFieldDocs(new Field[]
    { new Field("contents", "wild", Field.Store.YES,
                Field.Index.ANALYZED),
      new Field("contents", "child", Field.Store.YES,
                Field.Index.ANALYZED),
      new Field("contents", "mild", Field.Store.YES,
                Field.Index.ANALYZED),
      new Field("contents", "mildew", Field.Store.YES,
                Field.Index.ANALYZED) });

  IndexSearcher searcher = new IndexSearcher(directory);
  Query query = new WildcardQuery(new Term("contents", "?ild*"));
  TopDocs matches = searcher.search(query, 10);
  assertEquals("child no match", 3, matches.totalHits);

  assertEquals("score the same", matches.scoreDocs[0].score,
                                 matches.scoreDocs[1].score, 0.0);
  assertEquals("score the same", matches.scoreDocs[1].score,
                                 matches.scoreDocs[2].score, 0.0);
  searcher.close();
}
```

创建 WildcardQuery 类

虽然通配符模式并不是显式地使用精确项来进行查询，但在搜索时，Lucene 还是会如同创建 `Term` 类一样为其创建用于匹配的模式。在 Lucene 内部，通配符查询被用来作为索引中匹配项的一种模式。一个 `Term` 实例是一个便利的占位符，它代表了一个域名和一个任意字符串。

WARNING　当使用通配符进行查询时，可能会降低系统性能。较长的前缀（第一个通配符前面的字符）可以减少用于查找匹配搜枚举的项的个数。如以通配符为首的查询模式会强制枚举所有索引中的项以用于搜索匹配。

奇怪的是，通配符匹配查询对评分没有任何影响。程序 3.9 中的最后两个断言中，wild 和 mild 就应该比 mildew 匹配得更好一些，但它们在评分上没有任何区别。

下一节将介绍模糊查询类 `FuzzyQuery`。

3.4.8　搜索类似项：FuzzyQuery 类

最后要介绍一个更为有趣的 Lucene 内置查询。Lucene 的模糊查询 `FuzzyQuery` 类用于匹配与指定项相似的项。Levenshtein 距离算法用来决定索引文件中的项与指定目标项的相似程度（有关 Levenshtein 距离算法的更多信息请参考 http://en.wikipedia. org/wiki/Levenshtein_Distance）。这种算法又称为编辑距离算法，它是两个字符串之间相似度的一个度量方法，编辑距离就是用来计算从一个字符串转换到另一个字符串所需的最少插入、删除和替换的字母个数。例如，“three”和“tree”两个字符串的编辑距离为 1，因为前者只需要删除一个字符它们就一样了。

Levenshtein 距离计算不同于 PhraseQuery 和 PhrasePrefixQuery 中所使用的距离计算方法。短语查询距离是为了匹配目标文档短语所需移动项的次数，而 Levenshtein 距离则是一个项内部字母移动的次数。下面的测试向我们展示了 FuzzyQuery 的用法及其行为方式：

```
public void testFuzzy() throws Exception {
  indexSingleFieldDocs(new Field[] { new Field("contents",
                                          "fuzzy",
                                          Field.Store.YES,
                                          Field.Index.ANALYZED),
                                     new Field("contents",
                                          "wuzzy",
                                          Field.Store.YES,
                                          Field.Index.ANALYZED)
                                     });

  IndexSearcher searcher = new IndexSearcher(directory);
  Query query = new FuzzyQuery(new Term("contents", "wuzza"));
  TopDocs matches = searcher.search(query, 10);
  assertEquals("both close enough", 2, matches.totalHits);

  assertTrue("wuzzy closer than fuzzy",
        matches.scoreDocs[0].score != matches.scoreDocs[1].score);

  Document doc = searcher.doc(matches.scoreDocs[0].doc);
  assertEquals("wuzza bear", "wuzzy", doc.get("contents"));
  searcher.close();
}
```

该测试案例为我们阐明了两个关键点。通过“wuzza”项匹配到了两个文档，虽然“wuzza”没有被索引，但是却查找到了相近的匹配。FuzzyQuery 通过一个阈值来控制匹配，而不是单纯依靠编辑距离。这个阈值是通过字符串长度除以编辑距离得到的一个因子。编辑距离能影响匹配结果的评分，编辑距离越小的项所获得的评分就越高。使用图 3.6 中的公式可以计算出 FuzzyQuery 距离。

$$1-\frac{distance}{min(textlen, targetlen)}$$

图 3.6 FuzzyQuery 距离公式

WARNING FuzzyQuery 类会尽可能地枚举出一个索引中所有项。因此，最好尽量少地使用这类查询，即便要使用这类查询，起码也应当知晓其工作原理以及它对程序性能的影响。

3.4.9 匹配所有文档：MatchAllDocsQuery 类

MatchAllDocsQuery 类，顾名思义，就是匹配索引中所有文档。默认情况下，该类对匹配的文档分配了一个固定的评分，该文档具体的查询加权默认值为 1.0。如果你将该查询作为顶层查询，那么除了使用默认的相关性排序之外，最好通过域来排序。

对于一些特殊域来说，还可以用 MatchAllDocsQuery 来为索引中的文档进行评分加权，操作如下：

```
Query query = new MatchAllDocsQuery(field);
```

如果执行这样的操作，文档就会根据该特定域的加权情况而被评分（详见 2.5 小节）。

我们已经讲完 Lucene 的基本核心查询类。第 5 章会讲到更多高级查询类。现在，我们将转向使用 QueryParser 来从用户输入的文本查询语句中创建查询。

3.5　解析查询表达式：QueryParser

尽管基于 API 创建的查询对象很强大，但是如果所有的查询对象都必须通过 Java 代码显式构造的话，这也是不合理的。通过使用由自然语言表示的查询表达式，Lucene 的 QueryParser 类可以创建前面介绍过的某一个 Query 子类。由于 QueryParser 类已经能够识别由 Google 等 Web 搜索引擎普及起来的标准查询语法了，因此你的搜索程序若要很好的满足用户期望的话，使用该类就是一种简单快捷的方法。QueryParser 类还可以很方便地进行定制开发，更详细的内容可以参见 6.3 小节。

我们创建的 Query 实例可能是一个较为复杂的实体，它可能由多个嵌套的 BooleanQuery 对象以及各类已经介绍过的 Query 类所组成，但是用户输入的查询表达式只能具有类似如下的可读性：

```
+pubdate:[20100101 TO 20101231] Java AND (Lucene OR Apache)
```

该查询将搜索 2010 年出版的关于 Java、且内容中包含 Lucene 或 Apache 关键字的所有书籍。

NOTE　如果查询表达式使用了一下特殊字符，你就应该对其进行转义操作，使这些字符在一般的表达式中能够发挥作用。QueryParser 在各个项中使用反斜杠（\）来表示转转义字符。需要进行转义的字符有：

```
\ + - ! ( ) : ^ ] { } ~ * ?
```

我们已经在 3.1.2 小节的开头部分简要介绍了 QueryParser 对象。本节我们将首先研究 QueryParser 对象所支持的 Lucene 核心 Query 类的具体查询语法。我们还会讲到一些用于控制解析某些查询语句的设置。我们还会对 QueryParser 类所支持的用于分组控制、加权和搜索域的查询子句语法进行总结。这节讨论的 QueryParser 类将以 3.4

节中讨论过的 Query 类型为基础。注意，其中子章节的篇幅较短；这也反映出 QueryParser 对象在后台运行得多么强壮——它能运行简单的搜索语法，也能轻易地建立复杂的查询语句。

我们将以一个简单方式开始，看看 QueryParser 对象是如何处理查询语句的。

3.5.1 Query.toString 方法

当查询表达式被 QueryParser 对象解析后，看上去会发生一些变化。但你是否知道它发生了什么样的变化呢？是否已经被解析为所需的形式了呢？要看到这些结果的话， 个途径就是使用 Query 类的 toString()方法。

本章中已经讨论过得所有核心 Query 类中都包含了一个特殊的 toString()方法。该方法被重载为 toString()以及 toString(String field)方法，括号中的 field 为默认域名称。无参数的 toString()方法使用了一个空的默认域名，这就意味着程序会明确地使用能够输出全部项的域选择标识符。下面给出了一个使用 toString()方法的例程：

```
public void testToString() throws Exception {
  BooleanQuery query = new BooleanQuery();
  query.add(new FuzzyQuery(new Term("field", "kountry")),
           BooleanClause.Occur.MUST);
  query.add(new TermQuery(new Term("title", "western")),
           BooleanClause.Occur.SHOULD);
  assertEquals("both kinds", "+kountry~0.5 title:western",
              query.toString("field"));
}
```

toString()方法（特别是带有字符串参数的 toString 方法）便于我们可视化调试用构造函数创建的复杂查询，同时也是打开 QueryParser 如何解析查询表达式之门的一把钥匙。但我们建议读者不要过分依赖 Lucene 对 Query.toString()输出以及 QueryParser 已解析的表达式进行准确转换的能力。虽然这个转换通常比较准确，但其中由于 QueryParser 中包含一个分析器，这可能会使情况变得更复杂。关于这项内容，我们将在 4.1.2 小节进一步讨论。下面我们再次从一个简单的 Query 类讲起，即 TermQuery 类。

3.5.2 TermQuery

正如预期的那样，单个词在默认情况下如果不被识别为更长的其他查询类型表达式的一部分，那么它将被 QueryParser 解析为单个 TermQuery 对象。例如：

```
public void testTermQuery() throws Exception {
  QueryParser parser = new QueryParser(Version.LUCENE_30,
                                       "subject", analyzer);
```

```
  Query query = parser.parse("computers");
  System.out.println("term: " + query);
}
```

其输出结果为：

```
term: subject:computers
```

需要注意的是，QueryParser 如何在初始化时通过向 computer 域添加默认的 subject 域来构建项查询。3.5.11 小节展示了如何添加非默认的域。还需要注意的是，在构建 TermQuery 对象前，单词对应的文本信息是通过分析过程获得的，该内容我们将在下一章中具体讲解。在 QueryParserTest 类中，我们使用的分析器是通过空格来区分各个单词的。但如果我们使用一些更为有趣的分析器的话，比如通过剔除复数后缀，就可以对一些项进行优化，从而将单词修改为原形形式并传递给 TermQuery 对象。在这里，最重要的是 QueryParser 使用的分析器与索引期间使用的分析器能够相互匹配。4.1.2 小节将会深入研究这个难题。

下面我们看看 QueryParser 对象如何构建指定范围查询。

3.5.3 项范围查询

针对文本或日期的范围查询所采用的是括号形式，并且只需要在查询范围两端的项之间用 TO 进行连接就可以了。注意这里的 TO 必须都为大写字母。而括号的类型就决定了所指定的搜索范围是包含在内（用中括号表示）还是排除在外（用大括号表示）。注意这里与编程构建 NumericRangeQuery 或 TermRangeQuery 对象不同的是，我们不能将同时进行包含和排除操作：搜索范围的起点和终点要么都是包含在内的，要么都是排除在外的。

程序 3.10 中的 testRangeQuery() 方法展示了如何将查询范围同时包含在内或是排除在外。

程序 3.10 使用 QueryParser 对象创建 TermRangeQuery 对象

```
public void testTermRangeQuery() throws Exception {
  Query query = new QueryParser(Version.LUCENE_30,
                        "subject", analyzer)
                  .parse("title2:[Q TO V]");
  assertTrue(query instanceof TermRangeQuery);

  TopDocs matches = searcher.search(query, 10);
  assertTrue(TestUtil.hitsIncludeTitle(searcher, matches,
          "Tapestry in Action"));

  query = new QueryParser(Version.LUCENE_30,
                "subject",
                analyzer)
           .parse("title2:{Q TO \"Tapestry in Action\" }");
  matches = searcher.search(query, 10);
  assertFalse(TestUtil.hitsIncludeTitle(searcher, matches,
          "Tapestry in Action"));
}
```

确认边界在搜索范围内

确认边界在搜索范围外

实际运行时 Tapestry 被排除在外

NOTE 对于非日期范围的查询，Lucene 会在用户输入查询范围后将查询边界转换为小写字母形式，除非程序调用了 QueryParser.setLowercaseExandedTerms(false)方法，这样的话程序就不会对输入的文本进行分析。如果查询范围的起点或终点之间不包含空格，那它们必须用双引号括起来，否则程序会解析失败。

下面我们看看数值和日期的范围搜索。

3.5.4 数值范围搜索和日期范围搜索

QueryParser 类不会为你建立 NumericRangeQuery 类。这是因为当前的 Lucene 版本不会记录 NumericField 对象索引过的域，当然有可能在你读到该处时，Lucene 的新版本已经修正了该限制。当日期被作为搜索范围处理时，QueryParser 类的确内置了一些解析它们的逻辑，但若是使用 NumericField 对象索引这些日期的话，该逻辑就不起作用了。不过别担心，QueryParser 的一些子类还是能够正确处理一些简单的数值域的，具体请参考 6.3.3 小节和 6.3.4 小节。

下面我们看看 QueryParser 如何建立前缀查询和通配符查询。

3.5.5 前缀查询和通配符查询

如果某个项中包含了一个星号或问号，该项就会被看作是通配符查询对象 WildcardQuery。而当查询项只在末尾有一个星号时，QueryParser 类会将它优化为前缀查询对象 PrefixQuery。不管是前缀查询还是通配符查询，其对象都会被转换为小写字母形式。不过该转换行为还是可以控制的：

```
public void testLowercasing() throws Exception {
  Query q = new QueryParser(Version.LUCENE_30,
        "field", analyzer).parse("PrefixQuery*");
  assertEquals("lowercased",
      "prefixquery*", q.toString("field"));

  QueryParser qp = new QueryParser(Version.LUCENE_30,
                             "field", analyzer);
  qp.setLowercaseExpandedTerms(false);
  q = qp.parse("PrefixQuery*");
  assertEquals("not lowercased",
      "PrefixQuery*", q.toString("field"));
}
```

在使用 QueryParser 类进行通配符查询时，默认情况是不支持项开端包含通配符的，若要改变这个默认限制，可以调用 setAllowLeadingWildcard 方法，但这个调用会牺牲掉一部分程序性能。3.4.7 小节有程序性能方面更详细的讨论，而 6.3.2 小节提供了一个完全禁止通配符查询的方法。

下面我们看看 QueryParser 如何建立布尔查询类 BooleanQuery。

3.5.6　布尔操作符

可以使用 AND、OR 和 NOT 操作符通过 QueryParser 建立文本类型的布尔查询。需要注意的是，这些布尔操作符必须全部使用大写形式。列出的项之间如果没有指定布尔操作符，那么系统会使用暗含的操作符，默认情况为 OR。对于“abc xyz”的查询会被系统解释为“abc OR xyz”或者“abc AND xyz”，具体选择哪种布尔逻辑取决于程序对于隐含操作符的设置。若要将隐含操作符切换为 AND，可以进行如下操作：

```
QueryParser parser = new QueryParser(Version.LUCENE_30,
                                     "contents", analyzer);
parser.setDefaultOperator(QueryParser.AND_OPERATOR);
```

若在查询项前面放置 NOT 操作符将使程序进行不匹配该项的搜索操作。针对某个项的否定操作必须与至少一个非否定项的操作联合起来进行，否则程序不会返回结果文档；换句话说，我们不可能使用类似“NOT term”的查询来找到所有不包含该项的文档。以上 3 个用大写字母标识的操作符都有对应的快捷方式，如表 3.6 所示。

表 3.6　　布尔查询操作符的快捷方式

详 细 语 法	快 捷 语 法
a AND b	+a +b
a OR b	ab
a AND NOT b	+a −b

下面我们将介绍如何构建短语查询（PhraseQuery）。

3.5.7　短语查询

查询语句中用双引号扩起来的项可以用来创建一个 PhraseQuery。引号之间的文本将被进行分析；作为分析结果，PhraseQuery 可能不会跟原始短语一样精确。这个分析过程一直以来都是给我们带来一些困惑的主要原因。举例来说，查询语句“This is Some Phrase*”被 StandardAnalyzer 分析时，将被解析成用短语“some phrase”构成的 PhraseQuery 对象。而 StandardAnalyzer 会删除单词 this 和 is，因为这两个单词出现在默认的停用词列表中，因此最后的解析结果会删除这两个单词并用空格代替其位置（有关 StandardAnalyzer 的更多介绍可以参考 4.3.2 小节）。一个经常被提及的问题就是：为什么星号不能被解释成模糊查询？请记住：双引号内的文本会促使分析器将之转换为 PhraseQuery。单项短语（single-term phrase）将被优化成 TermQuery 对象。下面的代码证实了短语查询表达式的分析效果以及 TermQuery 优化效果：

```
public void testPhraseQuery() throws Exception {
  Query q = new QueryParser(Version.LUCENE_30,
                            "field",
                           new StandardAnalyzer(
                             Version.LUCENE_30))
              .parse("\"This is Some Phrase*\"");
  assertEquals("analyzed",
      "\"? ? some phrase\"", q.toString("field"));

  q = new QueryParser(Version.LUCENE_30,
                      "field", analyzer)
            .parse("\"term\"");
  assertTrue("reduced to TermQuery", q instanceof TermQuery);
}
```

我们可以从中看到，查询语句经过解析后，里面的停用词对应的位置已被问号所代替。默认的 slop 因子为 0，但你可以通过调用 QueryParser.setPhraseSlop() 方法来改变这个默认因子。对于每条短语，还可以用波浪号（～）和预期的整型 slop 值来修改 slop 因子。

```
public void testSlop() throws Exception {
  Query q = new QueryParser(Version.LUCENE_30,
      "field", analyzer)
          .parse("\"exact phrase\"");
  assertEquals("zero slop",
      "\"exact phrase\"", q.toString("field"));

  QueryParser qp = new QueryParser(Version.LUCENE_30,
                                   "field", analyzer);
  qp.setPhraseSlop(5);
  q = qp.parse("\"sloppy phrase\"");
  assertEquals("sloppy, implicitly",
      "\"sloppy phrase\"~5", q.toString("field"));
}
```

如前所述，一个松散的 PhraseQuery 并不需要按照同样的顺序进行项的匹配。但 SpanNearQuery（具体将在 5.5.3 小节中介绍）却能够确保按次序的匹配。在 6.3.5 小节中，我们继承了 QueryParser 类并在解析查询短语时用 SpanNearQuery 类替代了 QueryParser，这样就能允许松散的且按照次序进行的短语匹配操作。下面我们将介绍模糊查询（FuzzyQuery）和匹配所有文档的查询（MatchAllDocQuery）。

3.5.8 模糊查询

波浪符（～）会针对正在处理的项来创建模糊查询。需要注意的是，波浪符还可以用于指定松散短语查询，但具体环境是各不相同的。双引号表示短语查询，它并不能用于模糊查询。你可以选择性指定一个浮点数，用来表示所需的最小相似程度。下面是使用案例：

```
public void testFuzzyQuery() throws Exception {
  QueryParser parser = new QueryParser(Version.LUCENE_30,
                                       "subject", analyzer);
  Query query = parser.parse("kountry~");
  System.out.println("fuzzy: " + query);

  query = parser.parse("kountry~0.7");
  System.out.println("fuzzy 2: " + query);
}
```

该程序会产生如下输出：

```
fuzzy: subject:kountry~0.5
fuzzy 2: subject:kountry~0.7
```

同样的性能可以揭示：使用通配符查询（WildcardQuery）和使用模糊查询是一致的，它们还可以通过自定义方式禁止运行，具体可以参考6.3.2小节。

3.5.9 MatchAllDocsQuery

当输入*:*后，QueryParser会生成MatchAllDocsQuery。

这个操作会将QueryParser所产生的所有Lucene核心查询类型进行包装。但这并不是QueryParser的一切：它还支持一些非常实用的Query子句分组语法、加权子句以及将子句限制在特定的域上。下面我们将介绍子句分组。

3.5.10 分组查询

Lucene的BooleanQuery允许你构建复杂的嵌套子句；同样，QueryParser使用分组后的文本类型的查询表达式来支持同样的功能。我们找到了有关敏捷或极限方法的相关书籍。我们使用括弧来形成子查询，这样就能建立高级的BooleanQuery：

```
public void testGrouping() throws Exception {
  Query query = new QueryParser(
      Version.LUCENE_30,
      "subject",
      analyzer).parse("(agile OR extreme) AND methodology");
  TopDocs matches = searcher.search(query, 10);
  assertTrue(TestUtil.hitsIncludeTitle(searcher, matches,
                                       "Extreme Programming Explained"));
  assertTrue(TestUtil.hitsIncludeTitle(searcher,
                                      matches,
                                      "The Pragmatic Programmer"));
}
```

有了这段代码，你可以任意进行查询嵌套。用这个方式你可以建立一些令人惊异的查询。图3.7展示了通过这种方式建立起来的递归结构示例。

下面我们将介绍如何选择一个特定的域。需要注意的是，域的选择也需要利用括弧。

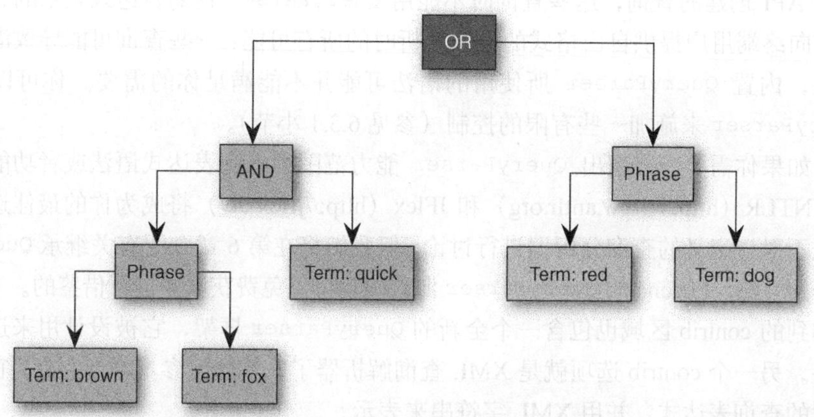

图 3.7 Query 可以包含任意嵌套的结构，可以用 QueryParser 分组来表示。该查询是通过解析表达式(+“brown fox” +quick)“red dog”得到的

3.5.11 域选择

在创建查询时，QueryParser 需要知道域名，但一般来说，要求用户来标识被搜索的域是不够友善的（终端用户可能不必知道或者不想知道域名）。正如我们所看到的那样，默认的域名是在创建 QueryParser 时提供的。然而被分析后的查询语句并不仅限制在搜索这个默认的域。如果使用域选择器表示法，你就可以对非默认域中的项进行指定。举例来说，如果将查询解析器设置为默认搜索所有域，那么你的用户仍然可以使用 title:lucene 的形式将搜索范围限制在 title 域。你可以将域选择分组成多个查询子句。使用 field(a b c)会（默认）将以上 3 个项查询以逻辑 OR 形式连接起来，这里每个项都必须出现在指定的域中。下面我们看看如何对查询子句进行加权。

3.5.12 为子查询设置加权

在浮点数前面附上一个^符号可以对查询处理进行加权因子的设置。举例来说，查询表达式 junit^2.0 testing 会将 junit TermQuery 的加权系数设置为 2.0，并维持 testing TermQuery 的默认加权系数 1.0。你可以对任何类型的查询进行加权，这其中包括放入括号中的组。

3.5.13 是否一定要使用 QueryParse

QueryParser 能够快捷有效地为用户提供强大的查询构建，但它并不能适合所有的场合。QueryParser 不能通过 API 创建所有的查询类型。在第 5 章，我们将详细介绍只能用 API 创建的查询，这些查询时不能用 QueryParser 查询表达式表示的。你必须记住在向终端用户提供自由格式的查询解析时的所有可能；一些查询可能导致潜在的性能瓶颈，内置 QueryParser 所使用的语法可能并不能满足你的需要。你可以通过继承 QueryParser 来施加一些有限的控制（参见 6.3.1 小节）。

如果你需要一些超出 QueryParser 能力范围的查询表达式语法或者功能，那么诸如 ANTLR（http://www.antlr.org）和 JFlex（http://jflex.de/）将成为你的最佳选择。我们这里不对自定义的查询分析器进行讨论，但我们将在第 6 章介绍有关继承 QueryParser 的开发方法。Lucene 的 QueryParser 源代码是可以免费获取并进行借鉴的。在 9.9 小节中提到的 contrib 区域也包含一个全新的 QueryParser 框架，它被设计用来进行模块化扩展。另一个 contrib 选项就是 XML 查询解析器了，具体可参考 9.5 小节，它能够创建任意的查询表达式，并用 XML 字符串来表示。

你可以通过将 QueryParser 解析后的查询和调用 API 建立的查询联合起来作为 BooleanQuery 中的查询子句，从而获得一个折中效果。举例来说，如果用于需要将搜索范围限制在特定的类别中，或者要缩小它们的日期范围，那么你可以让用户界面将这些选项分别设置在类别选择器或者日期范围域中。

3.6 小结

Lucene 能够提供与查询条件高度相关的搜索结果，并且处理速度也很快。大多数应用程序只需要 Lucene 的一小部分类或者方法来实现搜索功能。对读者来说，最基本的内容就是通过对本章的学习来理解基本查询类型和如何访问搜索结果。

Lucene 的评分公式（加上附录 B 中所介绍的索引格式，以及有效的算法）能够神奇地首先返回最相关的搜索结果文档。Lucene 的 QueryParser 类负责对人类可读的查询表达式进行解析，并能为终端用户提供强大的全文搜索能力。QueryParser 能够很快满足大多数应用程序的搜索需求——但使用它时要注意一些警示信息，因此我们一定要理解程序的边界状况。QueryParser 给我们带来的大部分困惑都源于意外的分析交互；第 4 章将深入介绍分析过程，它包含了更多的 QueryParser 细节。

是的，有关搜索的内容要超出本章所介绍的范围，但重要的是理解搜索的基本原理。在第 4 章介绍完分析后，第 5 章将深入 Lucene 更多的功能，如限制（或过滤）搜索空间、以及通过域值对搜索结果进行排序等；第 6 章将探究大量用于扩展 Lucene 搜索能力以进行自定义排序和查询解析的方法。

第 4 章 Lucene 的分析过程

本章要点

- 理解分析过程
- 使用 Lucene 的核心分析类
- 编写自定义分析器
- 处理非英语语种

分析（Analysis），在 Lucene 中指的是将域（Field）文本转换成最基本的索引表示单元——项（Term）的过程。在搜索过程中，这些项用于决定什么样的文档能够匹配查询条件。例如，如果这句话“For example，if you indexed this sentence in a field”被索引到一个域中，那么对应的项可能是以 for 和 example 两个单词打头，而其他的项会按照其在句子中出现的先后顺序逐个排列。分析器对分析操作进行了封装。它通过执行若干操作，将文本转换成语汇单元，这些操作可能包括：提取单词、去除标点符号、去掉字母上面的音调符号、将字母转换成小写（也称为规范化）、去除常用词、将单词还原为词干形式（词干还原），或者将单词转换成基本形式（词形归并 lemmatization）。这个处理过程也称为语汇单元化过程（tokenization），而从文本流中提取的文本块称为语汇单元（token）。语汇单元与它的域名结合后，就形成了项（Term）。

开发 Lucene 的主要目的就是让信息检索变得更容易。我们强调检索是很重要的。作为用户，你一定希望向 Lucene 中加入大量文本，并且希望通过文本中的单词迅速找到相关文档。为了让 Lucene 理解“单词”是什么，就需要在索引时对文本进行分析，并将项从文本中提取出来，而这些项则构成了搜索的基础构件。

使用 Lucene 时，选择一个合适的分析器是非常关键的。对分析器的选择没有唯一标准。待分析的语种是影响分析器选择的因素之一，因为每种语言都有其自身特点。影响分析器选择的另一个因素是被分析的文本所属的领域，不同的行业有不同的术语、缩写词和缩略语，我们在分析时一定要注意这点。尽管我们在选择分析器时考虑了很多因素，但是不存在能适用于所有情况的分析器。有可能所有的内置分析器都不能满足你的要求，这是就得创建一个自定义的分析方案；令人振奋的是，Lucene 的构件模块使得这一过程非常容易。

本章我们将涉及 Lucene 分析过程的方方面面，包括怎样和在何处使用分析器、内置分析器的具体作用，以及如何利用 Lucene 中的核心 API 所提供的构件模块编写自定义的分析器等内容。由于自定义分析器很容易创建，并且其他很多程序都能实现，所以我们的示例分析将包括同义词注入、近音词搜索、词干分析和停用词过滤等内容。下面我们从 Lucene 在何时以及如何使用分析器开始讲解。

4.1 使用分析器

在深入了解分析器内部的繁琐细节之前，我们先看看分析器在 Lucene 中是如何被使用的。分析操作将出现在任何需要将文本转换成项的时刻，而对于 Lucene 核心来说，分析操作会出现在两个时间点：建立索引期间和使用 QueryParser 对象进行搜索时。如果在搜索结果中高亮显示被搜索内容（我们强烈建议这样做，因为这能给用户更好的搜索体验），也可能要用到分析操作。高亮显示功能需要调用 Lucene 的两个软件捐赠模块实现，具体内容会在第 8 章提到。在本节，我们将首先详解分析器是如何应用于这些场景的，然后我们会给出文档解析（parsing）和文档分析（analyzing）的重要区别。

在我们着手介绍具体代码之前，先对分析操作进行一个总体认识。首先我们用 4 个内置分析器分别分析短语“The quick brown fox jumped over the lazy dog，”：

```
Analyzing "The quick brown fox jumped over the lazy dog"
  WhitespaceAnalyzer:
    [The] [quick] [brown] [fox] [jumped] [over] [the] [lazy] [dog]
  SimpleAnalyzer:
    [the] [quick] [brown] [fox] [jumped] [over] [the] [lazy] [dog]
  StopAnalyzer:
    [quick] [brown] [fox] [jumped] [over] [lazy] [dog]
  StandardAnalyzer:
    [quick] [brown] [fox] [jumped] [over] [lazy] [dog]
```

我们看到，在分析结果里，每个语汇单元都用括号隔开了。在建立索引时，通过分析过程提取的语汇单元就是被索引的项。而且最重要的是，只有被索引的项才能被搜索到！

NOTE 只有由分析器产生的语汇单元才能被搜索，例外情况是索引对应的域时使用 Field.Index.NOT_ANALYZED 或者 Field.Index.NOT_ANALYZED_NO_NORMS 选项，该情况下整个域值都被作为一个语汇单元，从而也能被搜索到。

接下来我们用同样的 4 个分析器来分析短语“XY&Z Corporation – xyz@example.com”：

```
Analyzing "XY&Z Corporation - xyz@example.com"
  WhitespaceAnalyzer:
    [XY&Z] [Corporation] [-] [xyz@example.com]
  SimpleAnalyzer:
    [xy] [z] [corporation] [xyz] [example] [com]
  StopAnalyzer:
    [xy] [z] [corporation] [xyz] [example] [com]
  StandardAnalyzer:
    [xy&z] [corporation] [xyz@example.com]
```

能看出来，分析结果中的语汇单元取决于对应的分析器。在以上两个例子中出现了一些有趣现象。我们看看单词“the”、公司名“XY&Z”和 E-mail 地址 xyz@example.com 的处理结果；此外，还有特殊连接字符（–）以及每个语汇单元的大小写形式。4.2.3 小节将会详解更多的处理细节，此外你还可以通过 4.2.3 节的程序 4.1 来了解产生这些输出的程序代码。我们在这里总结一下这 4 个分析器：

- WhitespaceAnalyzer：顾名思义，该分析器通过空格来分割文本信息，而并不对生成的语汇单元进行其他的规范化处理。
- SimpleAnalyzer：该分析器会首先通过非字母字符来分割文本信息，然后将语汇单元统一为小写形式。需要注意的是，该分析器会去掉数字类型的字符，但会保留其他字符。
- StopAnalyzer：该分析器功能与 SimpleAnalyzer 类似。区别在于，前者会去除常用单词。在默认情况下，它会去除英文中的常用单词（如 the、a 等），但你也可以根据需要自己设置常用单词。
- StandardAnalyzer：这是 Lucene 最复杂的核心分析器。它包含大量的逻辑操作来识别某些种类的语汇单元，比如公司名称、E-mail 地址以及主机名称等。它还会将语汇单元转换成小写形式，并去除停用词和标点符号。

Lucene 的分析结果对于搜索用户来说是不可见的。从原始文本中提取的项会被立即编入索引，并且在搜索时用于匹配对应文档。当使用 QueryParser 进行搜索时，Lucene 会再次进行分析操作，这次分析的内容是用户输入的查询语句的文本信息，这样就能确保最佳匹配效果。

下面我们看看索引期间 Lucene 是如何使用分析器的。

4.1.1　索引过程中的分析

在索引期间，文档域值所包含的文本信息需要被转换成语汇单元，如图 4.1 所示。

程序需要首先实例化一个 Analyzer 对象，然后将之传递给 IndexWriter 对象：

```
Analyzer analyzer = new StandardAnalyzer(Version.LUCENE_30);
IndexWriter writer = new IndexWriter(directory, analyzer,
                        IndexWriter.MaxFieldLength.UNLIMITED);
```

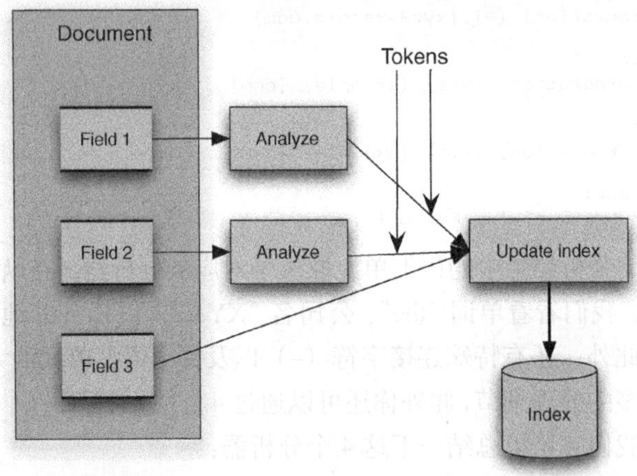

图 4.1 索引期间的分析处理。Field 1 和 Field 2 被分析处理，并输出语汇单元序列；Field3 未被处理，原因是该域值被整个索引成一个单独的语汇单元

在用 IndexWriter 实例索引文档时，一般通过默认的分析器来分析文档中的每个域。但若某个文档需要用特殊的分析器处理的话，可以针对这个文档指定分析器：IndexWriter 类的 addDocument 方法和 updateDocument 方法都允许为某个文档选择对应的分析器。

为了确保文本信息被分析器处理，可以在创建域时指定 Field.Index.ANALYZED 或者 Field.Index.ANLYZED_NO_NORMS 参数。若需要将整个域值作为一个语汇单元处理，如图 4.1 中 Field 3 所示，则可以将 Field.Index.NOT_ANALYZED 或 Field.Index.NOT_ANALYZED_NO_NORMS 作为第 4 个参数传入该域。该方式的一个应用案例出现在 2.4.6 小节中所提到的需要对域进行排序的情况。

NOTE new Field(String, String, Field.Stroe.YES, Field.Index.ANALYZED) 方法会创建一个语汇单元化的域，并将它保存起来。这里不用担心，原始字符串值已经被保存起来。但是我们指定的 Analyzer 的输出内容则需要进行索引操作，并且要能被搜索到。

下面的代码显示了被索引文档的一个域是被分析和存储了的，以及第二个域是被分析但未被存储的。

```
Document doc = new Document();
doc.add(new Field("title", "This is the title", Field.Store.YES,
            Field.Index.ANALYZED));
doc.add(new Field("contents", "...document contents...", Field.Store.NO,
            Field.Index.ANALYZED));
writer.addDocument(doc);
```

“title”和“contents”两个域都被传递给 IndexWriter 的 Analyzer 对象进行分析处理。QueryParser 对象也会使用分析器来将用户输入的查询语句解析为各个项。

4.1.2 QueryParser 分析

QueryParser 能够很好地为搜索用户提供形式自由的查询。为了完成这个任务，QueryParser 使用分析器将文本信息分割成各个项以用于搜索。在实例化 QueryParser 对象时，同样需要传入一个分析器对象：

```
QueryParser parser = new QueryParser(Version.LUCENE_30,
                                     "contents", analyzer);
Query query = parser.parse(expression);
```

分析器会接收表达式中连续的独立的文本片段，而不是整体接收整个表达式。这个表达式可能包含操作符、圆括号或其他表示范围、通配符以及模糊查询在内的特殊表达式语法。例如如下查询语句：

```
"president obama" +harvard +professor
```

QueryParser 会 3 次调用分析器，首先是处理文本“president obama”，然后是文本“harvard”，最后是“professor”。QueryParser 对全部的文本进行的都是同样的分析，而不管它们究竟是如何被索引的。因此，当查询一个被索引过但没有被语汇单元化的域时，会出现相当棘手的问题。我们将在 4.7.3 小节分析这种情况。

查询时，QueryParser 所使用的分析器必须和索引期间使用的分析器相同吗？不一定。如果你使用基本的内置分析器，那么在以上两种情况下使用相同的分析器可能行得通。但是在我们使用更复杂的分析器时，在索引期间和 QueryParser 查询时一定得使用不同的分析器，这真是有点离奇。我们将在 4.5 小节详细讨论情况。下面我们来对比一下文档解析和文档分析的差异。

4.1.3 解析 vs 分析：分析器何时不再适用

在 Lucene 内部，分析器用于将域的文本内容单元化，这是分析器的一个重点任务。HTML、Microsoft Word、XML 以及其他格式的文档，包括了诸如作者、标题、最新修改时间等许多潜在的元数据（metadata）。当你索引富文档（rich document）时，这些元数据需要被分离出来，并索引为单独的域。分析器可以用于每次分析一个特定的域并且将域内容分解为语汇单元；但是在分析器内不可以创建新的域。

分析器不能用于从文档中分离和提取域，因为分析器的职责范围只是每次处理一个域。所以为了对域进行分离，就要在分析之前预先解析这些文档。例如，一个常见的做法就是把 HTML 文档中的<title>和<body>部分分离为一些单独的域。在这种情况下，文档应该被解析或者预处理过，从而用独立的文本块表示各个域。第 7 章会提到有关这些预处理步骤的更多细节。

现在我们已经了解到 Lucene 在哪里使用分析器，以及如何使用分析器。下面我们该深入研究分析器的功能以及它如何运行了。

4.2 剖析分析器

为了便于理解 Lucene 分析过程，我们需要进行一些深入的剖析，以认识它的真面目。因为将来你可能会搭建自己的分析器，所以理解 Lucene 分析器的架构和构件模块就显得非常重要了。

Analyzer 类是一个抽象类，是所有分析器的基类。它通过 TokenStream 类以一种很好的方式将文本逐字转换为语汇单元流。分析器实现 TokenStream 对象的唯一声明方法是：

```
public TokenStream tokenStream(String fieldName, Reader reader)
```

返回的 TokenStream 对象就用来递归处理所有的语汇单元的。

让我们从简单的 SimpleAnalyzer 类开始观察分析器是怎样工作的。以下代码是从 Lucene 代码库中直接复制的：

```
public final class SimpleAnalyzer extends Analyzer {
  @Override
  public TokenStream tokenStream(String fieldName, Reader reader) {
    return new LowerCaseTokenizer(reader);
  }
  @Override
  public TokenStream reusableTokenStream(String fieldName, Reader reader
      throws IOException {
    Tokenizer tokenizer = (Tokenizer) getPreviousTokenStream();
    if (tokenizer == null) {
      tokenizer = new LowerCaseTokenizer(reader);
      setPreviousTokenStream(tokenizer);
    } else
      tokenizer.reset(reader);
    return tokenizer;
  }
}
```

LowerCasetokenizer 对象依据文本中的非字母字符（通过 Character. isLetter() 方法进行判断）来分割文本，去掉非字母字符，并且正如它名字所暗示的那样，将所有字母转换成小写形式。

reusableTokenStream() 方法是一个可选方法，分析器可以实现这个方法并通过它得到更好的索引效率。该方法被允许重复利用此前向对应线程返回的同一个 TokenStream。这种方式可以节约大量的磁盘分配空间和垃圾搜集开销，因为若不这样处理的话，每个文档的每个域都需要重新初始化一个 TokenStream 对象。Analyzer 基类实现了两个工具类方法，即 setPreviousTokenStream() 和 getPreviousTokenStream()，它们为本机存储线程提供针对 TokenStream 对象的存储和回收功能。Lucene 的所有内置分析器都需要实现如下方法：该方法首次被某线程调用时，必须建立并存储一个新的 TokenStream 对象。在将该分析器指派给新的 Reader 对象后，后续调用该分析器时就会返回先前的建立的 TokenStream 对象。

我们将在下节详细讨论分析器所使用的主要部件，包括 TokenStream 系列，以及表征语汇单元相关组件的各种属性。另外，我们还将介绍如何查看分析器的实际行为，以及语汇单元转换器排列顺序的重要性。下面我们从分析过程的最基本单元即语汇单元开始讲。

4.2.1 语汇单元的组成

语汇单元流是分析过程所产生的基本输出。在索引时，Lucene 使用特定的分析器来处理需要被语汇单元化的域，而每个语汇单元相关的重要属性随即被编入索引中。

我们以对文本“the quick brown fox”的分析为例。该文本中每个语汇单元都表示一个独立的单词。一个语汇单元携带了一个文本值（即单词本身）和其他一些元数据：原始文本从起点到终点的偏移量、语汇单元的类型、以及位置增量。语汇单元可以选择性包含一些由程序定义的标志位和任意字节数的有效负载，这样程序就能根据具体需要来处理这些语汇单元。图 4.2 展示了用 SimpleAnalyzer 类分析该短语所产生的语汇单元。

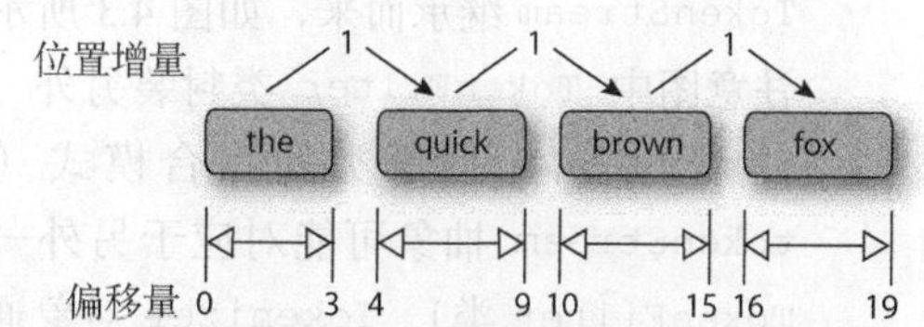

图 4.2 带有位置信息和偏移信息的语汇单元流

起点的偏移量是指语汇单元文本的起始字符在原始文本中的位置，而终点偏移量则表示语汇单元文本终止字符的下一个位置。偏移量对于在搜索结果中用高亮显示匹配的语汇单元非常有用，具体将在第 8 章讲解。语汇单元的类型是用 String 对象表示的，其默认值为“word”，如果需要的话，你可以在语汇单元的过滤过程中控制和利用到其类型属性。文本被语汇单元化之后，相对于前一个语汇单元的位置信息以位置增量值保存。大多数内置的语汇单元化模块都将位置增量的默认值设为 1，表示所有语汇单元都是连续的，在位置上是一个接一个的。每个语汇单元还带有多个选择标志；一个标志即 32 比特数据集（以 int 型数值保存），Lucene 的内置分析器不使用这些标志，但你自己设计的搜索程序是可以使用它们的。此外，每个语汇单元都能以 byte[]数组形式记录在索引中，用以指向有效负载。有关使用有效负载的进阶内容我们将在 6.5 小节讲述。

语汇单元转换为项

当文本在索引过程中进过分析后，每个语汇单元都作为一个项被传递给索引。位置增量、起点和终点偏移量和有效负载是语汇单元携带到索引中的唯一附加元数据。语汇单元的类型和标志位都被抛弃了——它们只在分析过程使用。

位置增量

位置增量使得当前语汇单元和前一个语汇单元在位置上关联起来。一般来说位置增量为 1，表示每个单词存在于域中唯一且连续的位置上。位置增量因子会直接影响短语查询（参见 3.4.6 小节）和跨度查询（参见 5.5 小节），因为这些查询需要知道域中各个项之间的距离。

如果位置增量大于 1，则允许语汇单元之间有空隙，可以用这个空隙来表示被删除的单词。在 4.6.1 小节移除停用词的例子中，Lucene 通过位置增量保留了移除该词后产生的空隙。

位置增量为 0 的语汇单元表示将该语汇单元放置在前一个语汇单元的位置上。同义词分析器可以通过 0 增量来表示插入的同义词。这个做法使得 Lucene 在进行短语查询时，输入任意一个同义词都能匹配到同一结果。4.5 小节有同义词分析器（SynonymAnalyzer）的示例，该分析器使用了 0 位置增量。

4.2.2 语汇单元流揭秘

TokenStream 是一个能在被调用后产生语汇单元序列的类，但 TokenStream 类有两个不同的类型：Tokenizer 类和 TokenFilter 类。这两个类都都从抽象类 TokenStream 继承而来，如图 4.3 所示。注意图中 TokenFilter 类封装另外一个 TokenStream 抽象类的组合模式（该 tokenStream 抽象可能对应于另外一个 TokenFilter 类）。Tokenizer 对象通过 java.io.Reader 对象读取字符并创建语汇单元，而 TokenFilter 则负责处理输入的语汇单元，然后通过新增、删除或修改属性的方式来产生新的语汇单元。

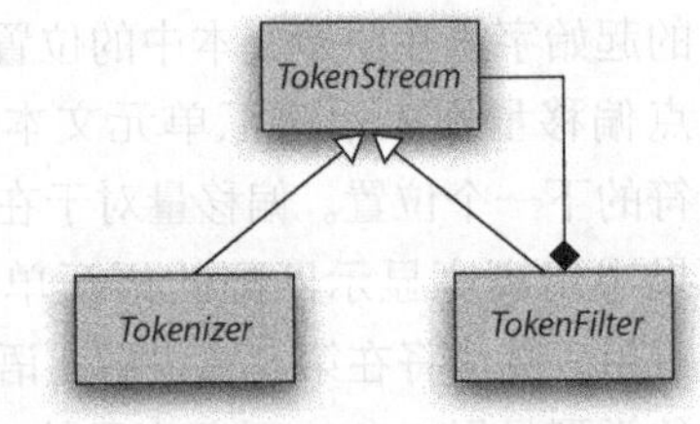

图 4.3　产生语汇单元的类体系结构：TokenStream 为抽象基类；Tokenizer 对象从 Reader 对象中创建语汇单元；TokenFilter 对象负责过滤其他的 TokenStream 对象

当分析器从它的 tokenStream 方法或者 reusableTokenStream 方法返回 tokenStream 对象后，它就开始用一个 tokenizer 对象创建初始语汇单元序列，然后再链接任意数量的 tokenFilter 对象来修改这些语汇单元。这被称为分析器链（analyzer chain）。图 4.4 展示了拥有 3 个 tokenFilter 对象的分析器链。

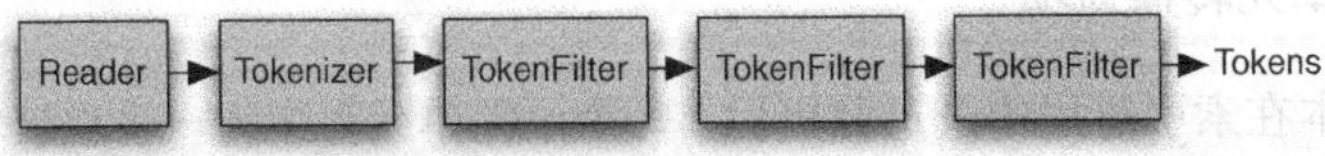

图 4.4　分析器链以一个 Tokenizer 对象开始，通过 Reader 对象读取字符并产生初始语汇单元，然后用任意数量链接的 TokenFilter 对象修改这些语汇单元

下面我们看看 Lucene 的核心 Tokenizer 类和 TokenFilter 类，如表 4.1 所示。其对应的类类层次结构可以参考图 4.5。

表 4.1 Lucene 核心 API 提供的分析器构建模块

类　名	描　述
TokenStream	抽象 Tokenizer 基类
Tokenizer	输入参数为 Reader 对象的 TokenStream 子类
CharTokenizer	基于字符的 Tokenizer 父类，包含抽象方法 isTokenChar()。当 isTokenChar() 为 true 时输出连续的语汇单元块。该类还能将字符规范化处理（如转换为小写形式）。输出的语汇单元所包含的最大字符数为 255
WhitespaceTokenizer	isTokenizer()为 true 时的 CharTokenizer 类，用于处理所有非空格字符
KeywordTokenizer	将输入的整个字符串转换为一个语汇单元
LetterTokenizer	isTokenChar() 为 true，并且 Character.isLetter 为 true 时的 CharTokenizer 类
LowerCaseTokenizer	将所有字符规范化处理为小写形式的 LetterTokenizer 类
SinkTokenizer	Tokenizer 子类，用于吸收语汇单元，能将语汇单元缓存至一个私有列表中，并能递归访问该列表中的语汇单元。该类与 TeeTokenizer 联合使用，用于“拆分”TokenStream 对象
StandardTokenizer	复杂而基于语法的语汇单元产生器，用于输出高级别类型的语汇单元，如 E-mail 地址（详见 4.3.2 小节）。每个输出的语汇单元标记为一个特殊类型，这些类型中的一部分需要用 StandardFilter 特殊处理
TokenFilter	输入参数为另一个 TokenStream 子类的 TokenStream 子类
LowerCaseFilter	将语汇单元转换成小写形式
StopFilter	移除指定集合中的停用词
PorterStemFilter	利用 Porter 词干提取算法（Porter Strmming Algorithm）将语汇单元还原为其词干。例如，将单词 country 和 countries 还原为词干 countri
TeeTokenFilter	通过将语汇单元写入 SinkTokenizer 对象，完成对 TokenStream 对象的“拆分”。该类还会返回未被修改的语汇单元
ASCIIFoldingFilter	将带音调的字符映射为不带音调符的字符
CachingTokenFilter	存储从输入字符流中提取的所有语汇单元，调用该类 reset()方法后能重复以上处理
LengthFilter	支持特定文本长度的语汇单元
StandardFilter	接收一个 StandardTokenizer 对象作为参数。用于去除缩略词中的点号，或者在带有单引号的单词中去掉's（适用于单引号后面跟 s 的情况）

为了用代码详细说明分析器链，下面给出一段简单代码：

```
public TokenStream tokenStream(String fieldName, Reader reader) {
  return new StopFilter(true,
                        new LowerCaseTokenizer(reader),
                        stopWords);
}
```

在该分析器中，LowerCaseTokenizer 对象会通过 Reader 对象输出原始语汇单元集，然后将这个语汇单元集传递给 StopFilter 对象的初始化方法。LowerCaseTokenizer 对象所输出的语汇单元对应于原始文本中的邻接字母，同时还会将这些字母转换为小写形式。语汇单元的边界以非字母字符来区分，同时这些非字母字符不会出现在语汇单元中。在经过语汇单元转换后小写转换后，StopFilter 会通过查询停用词列表来移除语汇单元中的停用词，调用的方法为 positionIncrement()（参考 4.3.1 小节）。

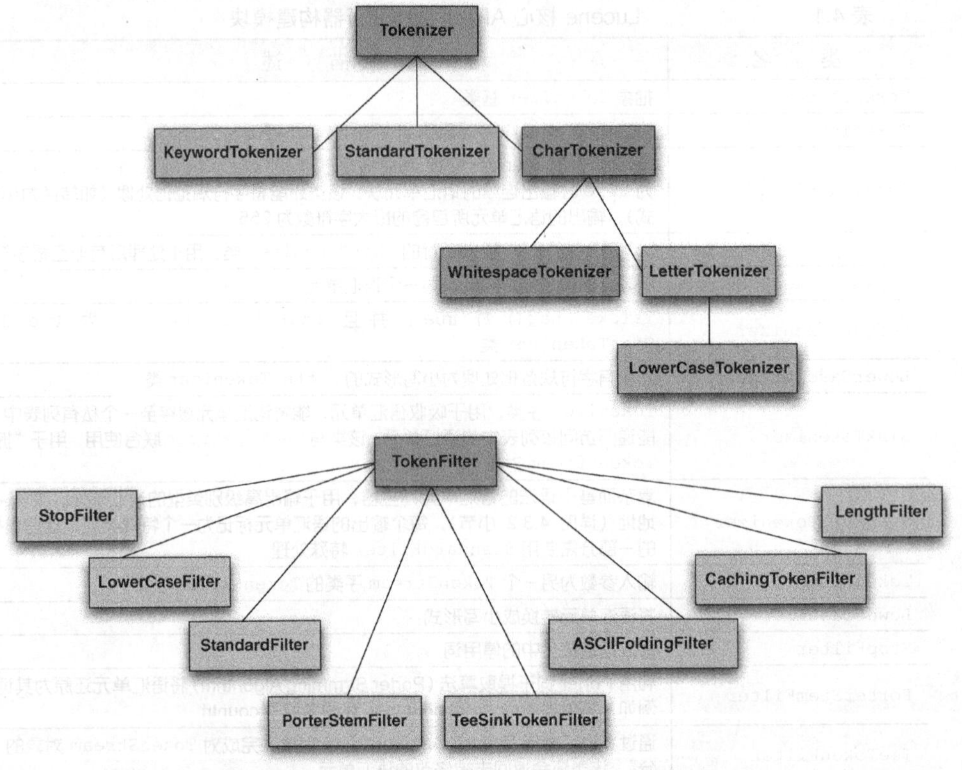

图 4.5 TokenFilter 类和 Tokenizer 类层次结构

在实现 TokenStream 抽象类时，加入缓存功能是必要的。底层的 Tokenizer 对象使用缓存来存储字符，以便在遇到空格和非字母字符等边界时生成语汇单元。TokenFilter 对象在向数据流中输出附加的语汇单元时，需要将当前语汇单元和附加语汇单元进行排列，并且一次只能输出一个语汇单元；4.5 小节中 SynonymFilter 是一个队列过滤的例子。

大多数 Lucene 内置的 TokenFilter 类都对输入的语汇单元流进行了某种程度的修改，而其中一个 TeeSinkTokenFilter 类更是如此。该过滤器会将输入的语汇单元流复制成任意数量的输出流，称之为 sink。该过滤器从单个输入源读取语汇单元，然后将该语汇单元的拷贝发送到 sink 输出流和标准输出流中，每个 sink 输出流都可以用于进一步处理。该功能在如下情况很有用：当两个或多个域共享同一个初始化分析步骤，但相互之间在语汇单元的最终处理过程中又存在差异时。

下面我们讲讲如何观察分析结果。

4.2.3 观察分析器

通常情况下，分析过程所产生的语汇单元会在毫无提示的情况下用于索引操作。然而若能跟踪到语汇单元的生成则能对分析过程有一个具体的了解。本节我们将展示如何做到这点。具体来说，我们会给出 4.1 小节中的示例所对应的程序代码，然后我们将展示语汇单元所携带的几个有趣的属性，包括项（term）、位置增量（position-Increment）、偏移量（offset）、类型（type）、标志位（flags）和有效负载。

我们从程序 4.1 开始介绍，AnalyzerDemo 类会使用 Lucene 的核心分析器来分析两个预定义的短语。每个短语都被各个核心分析器分析，然后会显示它们所输出的语汇单元，用以表明将被索引的分析结果。

程序 4.1　AnalyzerDemo：观察分析操作的实例

```
public class AnalyzerDemo {
  private static final String[] examples = {
    "The quick brown fox jumped over the lazy dog",
    "XY&Z Corporation - xyz@example.com"
  };

  private static final Analyzer[] analyzers = new Analyzer[] {
    new WhitespaceAnalyzer(),
    new SimpleAnalyzer(),
    new StopAnalyzer(Version.LUCENE_30),
    new StandardAnalyzer(Version.LUCENE_30)
  };

  public static void main(String[] args) throws IOException {

    String[] strings = examples;
    if (args.length > 0) {           <-- 分析处理的命令行参数
      strings = args;
    }

    for (String text : strings) {
      analyze(text);
    }
  }

  private static void analyze(String text) throws IOException {
    System.out.println("Analyzing \"" + text + "\"");
    for (Analyzer analyzer : analyzers) {
      String name = analyzer.getClass().getSimpleName();
      System.out.println("  " + name + ":");
      System.out.print("    ");
      AnalyzerUtils.displayTokens(analyzer, text);   <-- 执行实际操作
      System.out.println("\n");
    }
  }
}
```

有趣的是，在 AnalyzerUtils（如程序 4.2 所示）中分析器用于处理提取出来的文本和语汇单元。AnalyzerUtils 没有对文本进行索引就直接将它传递给了分析器，但是

却得到了类似于利用 IndexWriter 进行索引时所得到的结果。

程序 4.2 AnalyzerUtils：深入研究分析器

```
public static void displayTokens(Analyzer analyzer,
                                 String text) throws IOException {
  displayTokens(analyzer.tokenStream("contents",
                new StringReader(text)));          <-  调用分析过程
}

public static void displayTokens(TokenStream stream)
  throws IOException {

  TermAttribute term = stream.addAttribute(TermAttribute.class);
  while(stream.incrementToken()) {
    System.out.print("[" + term.term() + "] ");    <-  输出带括号的语汇单元
  }
}
```

通常你不必显式调用分析器的 tokenStream()方法，除非你需要对域分析的结果进行详细的诊断或者需要了解某些分析过程细节。需要注意的是，在 displayTokens()方法中，“content”域名是随意指定的。建议你在应用程序中保留以上例程中有关输出语汇单元的功能，以便能够确定程序在所指定的分析器中都分离出了哪些语汇单元。事实上，要实现这个功能并不需要自己再编写额外代码，只需要用 AnalyzerUtils 或 AnalyzerDemo 就可以进行实验。AnalyzerDemo 程序使你能够从命令行中指定一个或多个需要分析的字符串，而不只限于使用程序代码中指定的哪些字符串：

```
%java lia.analysis.AnalyzerDemo "No Fluff, Just Stuff"

Analyzing "No Fluff, Just Stuff"
  org.apache.lucene.analysis.WhitespaceAnalyzer:
    [No] [Fluff,] [Just] [Stuff]

  org.apache.lucene.analysis.SimpleAnalyzer:
    [no] [fluff] [just] [stuff]

  org.apache.lucene.analysis.StopAnalyzer:
    [fluff] [just] [stuff]

  org.apache.lucene.analysis.standard.StandardAnalyzer:
    [fluff] [just] [stuff]
```

下面我们开始深入分析语汇单元组成。

深入分析语汇单元 p

我们已知道 TokenFilter 对象会访问和修改输入的语汇单元流。但确切地说，语汇单元是由哪些属性组成的呢？为了更好地进行说明，我们在 AnalyzerUtils 类中增加了一个名为 displayTokensWithFullDetails()的方法，如程序 4.3 所示。

程序 4.3 观察各个语汇单元的项、偏移量、类型和位置增量

```
public static void displayTokensWithFullDetails(Analyzer analyzer,
                                                String text)
            throws IOException {
```

```
  TokenStream stream = analyzer.tokenStream("contents",        ◁┘ 执行分析
                                    new StringReader(text));

  TermAttribute term = stream.addAttribute(TermAttribute.class);
  PositionIncrementAttribute posIncr =
    stream.addAttribute(PositionIncrementAttribute.class);     获取有用属性
  OffsetAttribute offset =
    stream.addAttribute(OffsetAttribute.class);
  TypeAttribute type = stream.addAttribute(TypeAttribute.class);
  int position = 0;                                  递归处理所有语汇单元
  while(stream.incrementToken()) {                 ◁┘

    int increment = posIncr.getPositionIncrement();
    if (increment > 0) {
      position = position + increment;
      System.out.println();                        计算位置信息并打印
      System.out.print(position + ": ");
    }

    System.out.print("[" +
                     term.term() + ":" +
                     offset.startOffset() + "->" +     打印所有语汇单元细节信息
                     offset.endOffset() + ":" +
                     type.type() + "] ");
  }
  System.out.println();
}
```

在该程序中，我们展示了使用 SimpleAnalyzer 分析器对示例短语进行分析后所得到的语汇单元具体信息：

```
public static void main(String[] args) throws IOException {
  AnalyzerUtils.displayTokensWithFullDetails(new SimpleAnalyzer(),
      "The quick brown fox....");
}
```

以下是程序输出结果：

```
1: [the:0->3:word]
2: [quick:4->9:word]
3: [brown:10->15:word]
4: [fox:16->19:word]
```

上面列出的每一个语汇单元都被置于与前一语汇单元邻接的位置上（从结果中每个语汇单元前表示其位置的序号上就可以看出）。我们还可以看到，在原始文本中，单词"the"的偏移量从 0 开始到 3 结束。此外，每个语汇单元都是单词类型的。我们将在 4.6.1 小节介绍一个与此相似但更简单、用于观察语汇单元位置增量的方法。除此之外，本书还提供了如何观察多个语汇单元共享同一偏移位置的例子。语汇单元的每个特征都保存在自己的 Attribute 类中。

属性

需要注意的是，TokenStream 永远不会显式创建包含所有语汇单元属性的单个对象。它会分别与语汇单元每个元素（项、偏移量、位置增量等）对应的可重用属性接口进行交

互。Lucene 过去的版本确实会使用单独的语汇单元对象，但为了加强扩展性，以及在重用期间提供更好的分析性能，Lucene 2.9 版本以后就已改为使用基于属性的 API 了。

TokenStream 继承类 AttributeSource（在 org.apache.lucene.util 程序包中）并生成子类。AttributeSource 是一个实用方法，它能在程序非运行期间提供增强类型并且能够完全扩展的属性操作，这可以给我们带来很好的运行性能。Lucene 在分析期间使用某些预定义的属性，如表 4.2 所示，但你的程序还可以自由加入自己的属性，方法是创建实现 Attribute 接口的具体类。需要注意的是，Lucene 在索引期间不会对这些新属性作任何操作，因此，这种方式只有当分析链早期的 TokenStream 想要向另一个后来生成的 TokenStream 发送消息时才能使用。

表 4.2 Lucene 内置的语汇单元属性

语汇单元属性接口	描　述
TermAttribute	语汇单元对应的文本
PositionIncrementAttribute	位置增量（默认值为 1）
OffsetAttribute	起始字符和终止字符的偏移量
TypeAttribute	语汇单元类型（默认为单词）
FlagsAttribute	自定义标志位
PayloadAttribute	每个语汇单元的 byte[] 类型有效负载（详见 6.5 小节）

通过这个可重用 API，你首先可以通过调用 addAttribute 方法来获取需要的属性，该方法会返回一个实现对应接口的具体类。然后，你可以通过调用 TokenStream.incrementToken() 方法来递归访问所有的语汇单元。如果该方法已经到达下一个新的语汇单元则会返回 true，若已经对 stream 处理完毕则会返回 false。然后你就可以与先前获取的属性对象进行交互来得到针对每个语汇单元的属性值。当 incrementToken 返回 true 时，其中所有的属性都会将内部状态修改为下一个语汇单元。

如果你只对位置增量感兴趣，那么可以这样操作：

```
TokenStream stream = analyzer.tokenStream("contents",
                                  new StringReader(text));
PositionIncrementAttribute posIncr =
  stream.addAttribute(PositionIncrementAttribute.class);
while (stream.incrementToken()) {
  System.out.println("posIncr=" + posIncr.getPositionIncrement());
}
```

需要注意的是，表 4.2 中的核心属性类是双向的，即你可以用它们来获取或者设置属性值。因此，当首次实例化 TokenStream 时，只能用于改变位置增量的 TokenFilter 会从该输入的 TokenStream 中获取和存储 PositionIncrementAttribute 属性，然后通过针对输入流调用其 incrementToken() 方法并调用 PositionIncrementAttribute.setPositionIncrement() 方法来修改属性值。

有时候你需要获取当前语汇单元的所有信息并用于以后的信息恢复。这可以通过调用 captureState 方法实现，它会返回一个包含所有状态的 State 对象。后续恢复信息时，你可以调用 restoreState 方法完成。需要注意的是，这个操作会降低程序性能，因此你在创建自己的 TokenFilter 时要尽量避免进行该操作。

起始和结束位置偏移量有什么好处?

起始和结束位置偏移量记录的是初始字符在语汇单元中的偏移量，它们并不属于 Lucene 的核心功能。并且，它们对于各个语汇单元来说只是不透明的整数，你可以在这里设置任意的整数。

如果你使用 TermVector 类进行索引（如 2.4.3 小节所述），并指定存储偏移量的话，那么搜索时就能针对指定的文档检索到 TermVector 类，并能访问这些偏移量。通常这个功能可用于高亮显示搜索结果，相关内容我们将会在第 8 章中讨论。还有一种情况是，在没有存储 TermVector 对象的情况下为高亮显示搜索结果而重新分析文本，在这种情况下分析器会重新计算起始和结束位置偏移量，并实时使用它。

语汇单元类型的作用

你可以通过语汇单元的类型值将语汇单元指明为某种特定类型的词汇。StandardAnalyzer 类的语汇单元 Stream()方法会创建一个 StandardTokenizer 对象，该对象用于根据某种语言的语法特征将传入 tokenStream()方法内部的文本解析为不同类型的语汇单元。用 StandardAnalyzer 分析 “I'll e-mail you at xyz@example.com” 会输出一下有趣的结果：

```
1: [i'll:0->4:<APOSTROPHE>]
2: [email:5->10:<ALPHANUM>]
3: [you:11->14:<ALPHANUM>]
5: [xyz@example.com:18->33:<EMAIL>]
```

注意看结果中每个语汇单元的类型，“I'll” 上有一个撇号（’），Standard 语汇单元 izer 注意到这个符号并把它和前后的字符一起组成一个单元；对 E-mail 地址的处理也是这样。单词 “at” 在这里作为停用词而被删除掉了。我们将在 4.3.2 小节讲述 StandardAnalyzer 类的其他作用。StandardAnalyzer 是唯一一个能影响输出语汇单元类型的内置分析器。在 4.4 和 4.5 小节中，我们将会介绍 Metaphone 和同义词分析器，并给出语汇单元类型另一种用法的例子。默认情况下，Lucene 并不将语汇单元的类型编入索引；因此，该类型只会在分析时使用。但你可以使用 TypeAsPayload 语汇单元 Filter 类将语汇单元的类型作为有效负载而记录下来。我们将在 6.5 小节详细地介绍有效负载的相关内容。

4.2.4 语汇单元过滤器：过滤顺序的重要性

对于某些 TokenFilter 子类来说，在分析过程中对事件的处理顺序是非常重要的。每个步骤也许都必须依赖前一个步骤才能完成。移除停用词的处理就是一个很好的例子。StopFilter 类在停用词集合中区分大小写地查对每一个语汇单元。这个步骤就依赖于输入小写形式的语汇单元。下面通过几个程序示例来进一步解释，我们首先编写一个和 StopAnalyzer 类功能相似的 StopAnalyzer2 类，稍后我们还将编写一个有缺陷的类，它调换了上述处理步骤：

```
public class StopAnalyzer2 extends Analyzer {

  private Set stopWords;

  public StopAnalyzer2() {
    stopWords = StopAnalyzer.ENGLISH_STOP_WORDS_SET;
  }

  public StopAnalyzer2(String[] stopWords) {
    this.stopWords = StopFilter.makeStopSet(stopWords);
  }

  public TokenStream tokenStream(String fieldName, Reader reader) {
    return new StopFilter(true,
                    new LowerCaseFilter(
                      new LetterTokenizer(reader)),
                    stopWords);

  }
}
```

StopAnalyzer2 类中为 LowerCaseFilter 的构造函数中添加了一个 LetterTokenizer 对象，而不仅仅是一个单纯的 LowerCaseTokenizer 对象。LowerCaseToienizer 类有性能上的优势：它在生成语汇单元时就已进行小写处理，而不是将两个处理过程分开进行。下面的测试用例使用了 AnalyzerUtils 类中的语汇单元 FromAnalysis () 方法，并断言已经将停用词“the”移除，从而证明了 StopAnalyzer2 的输出结果正如我们所预期的那样：

```
public void testStopAnalyzer2() throws Exception {
  AnalyzerUtils.assertAnalyzesTo(new StopAnalyzer2(),
                                 "The quick brown...",
                                 new String[] {"quick", "brown"});
}
```

我们在 AnalyzerUtils 类中增加了一个单元测试方法，该方法用于断言经过处理后输出的语汇单元序列与我们预期的结果相符：

```
public static void assertAnalyzesTo(Analyzer analyzer, String input,
                                    String[] output) throws Exception {
  TokenStream stream =
      analyzer.tokenStream("field", new StringReader(input));

  TermAttribute termAttr = stream.addAttribute(TermAttribute.class);
  for (String expected : output) {
    Assert.assertTrue(stream.incrementToken());
    Assert.assertEquals(expected, termAttr.term());
  }
  Assert.assertFalse(stream.incrementToken());
  stream.close();
}
```

为了说明处理顺序会影响语汇单元的过滤，我们又编写了一个有缺陷的分析器，该分析器调换了 StopFilter 和 LowerCaseFilter 的处理顺序：

```
public class StopAnalyzerFlawed extends Analyzer {
  private Set stopWords;

  public StopAnalyzerFlawed() {
    stopWords = StopAnalyzer.ENGLISH_STOP_WORDS_SET;
  }

  public TokenStream tokenStream(String fieldName, Reader reader) {
    return new LowerCaseFilter(
           new StopFilter(true, new LetterTokenizer(reader),
                          stopWords));
  }
}
```

StopFilter 类首先假定所有的语汇单元都已经被转换为小写形式了，然后区分大小写地把这些语汇单元与停用词表中的单词进行对照。下面的测试用例就向我们表明，语汇单元“the”并没有被移除（它是分析器输出的第一个语汇单元），因为它已经以小写形式出现在我们的输出结果中了：

```
public void testStopAnalyzerFlawed() throws Exception {
  AnalyzerUtils.assertAnalyzesTo(new StopAnalyzerFlawed(),
                                 "The quick brown...",
                                 new String[] {"the", "quick", "brown"});
}
```

小写化的问题只是过滤顺序疏忽而可能导致的问题之一。过滤器往往都假定上一个语汇单元的处理任务已经完成了。比如说，在设计时，Lucene 开发者就规定 StandardFilter 类只能和 StandardTokenizer 类配合使用，而不能接受其他任何 tokenStream 作为其参数。当你指定过滤操作顺序时，还应该考虑这样的安排对应用程序性能可能带来的影响。例如我们要考虑这样一个分析器，它既能够移除停用词，还可以将同义词注入到语汇单元流中——那么首先移除停用词或许效率会更高一些；因为这样的话，负责同义词注入的过滤器需要考虑的项就会更少一些（在 4.5 小节会有一个更详细的案例）。

到目前为止，你应该对分析过程的内部机制有了一个坚实的掌握。分析器会简单地定义一个语汇单元链，该链的开端为新语汇单元（tokenStream）的初始数据源，其后跟随任意数量的用于修改语汇单元的 tokenFilter 子类。语汇单元包含一个属性集，Lucene 会通过各种不同的方法来存储该集合。现在我们已经近距离接触了一些分析器示例，包括 Lucene 提供的内置分析器，以及随后出现的自定义分析器。

4.3　使用内置分析器

Lucene 包含了一些内置分析器，它们由某些内置的语汇单元 Tokenizer 和 TokenFilter 联合组成。主要的几个分析器见表 4.3。我们接下来将在 4.8.2 小节讨论一些针对特定语种的捐赠分析器，还将在 4.7.2 小节讨论一种特殊的 PerFieldAnalyzer Wrapper 类。

表 4.3 Lucene 几个主要的可用分析器

分 析 器	内部操作步骤
WhitespaceAnalyzer	根据空格拆分语汇单元
SimpleAnalyzer	根据非字母字符拆分文本，并将其转换为小写形式
StopAnalyzer	根据非字母字符拆分文本，然后小写化，再移除停用词
KeywordAnalyzer	将整个文本作为一个单一语汇单元处理
StandardAnalyzer	基于复杂的语法来生成语汇单元，该语法能识别 E-mail 地址、首字母缩写词、汉语/日语/韩语字符、字母数字等。还能完成小写转换和移除停用词

内置分析器，如 WhitespaceAnalyzer、SimpleAnalyzer、StopAnalyzer、KeywordAnalyzer 以及 StandardAnalyzer，它们几乎可以用于分析所有的西方（主要指欧洲）语言。我们从 4.1 小节的输出结果中可以看到每个分析器的不同分析效果。WhitespaceAnalyzer 和 KeywordAnalyzer 都很好理解：表 4.3 中一行的描述就已经对它们进行了很好总结，所以我们在这里就不深入介绍了。KeywordAnalyzer 将在 4.7.3 小节讲述。由于 StopAnalyzer 和 StandardAnalyzer 两个分析器都具有突出的处理效果，我们接下来将对它们进行深入讲解。

4.3.1 StopAnalyzer

StopAnalyzer 分析器除了完成基本的单词拆分和小写化功能之外，还负责移除一些称之为停用词（stop words）的特殊单词。停用词是指较为通用的词（如“the”），它对于搜索来说词义较为单一，几乎每个文档都会包含这样的词。

StopAnalyzer 类内置了如下一个常用英文停用词集合，该集合由 ENGLISH_STOP_WORDS_SET 定义，其默认定义为：

```
"a", "an", "and", "are", "as", "at", "be", "but", "by",
"for", "if", "in", "into", "is", "it", "no", "not", "of", "on",
"or", "such","that", "the", "their", "then", "there", "these",
"they", "this", "to", "was", "will", "with"
```

StopAnalyzer 有一个可重载的构造方法，允许你通过它传入自己的停用词集合。

初始化 StopAnalyzer 时，系统会在后台创建一个 StopFilter 对象以完成过滤功能。4.6.1 小节会介绍有关 StopFilter 的更多细节。

4.3.2 StandardAnalyzer

StandardAnalyzer 是公认的最实用的 Lucene 内置分析器。该分析器基于 JFlex-based[1] 语法操作，能够将以下类型的词汇准确转化为语汇单元：字母数字混合编列的词汇、由各

[1] JFlex 是一个复杂和高性能的语法解析器，详见 http://jflex.de。

单词首字母组成的缩写词、公司名称、E-mail 地址、计算机主机名、数字、内部带撇号的单词、序列号、IP 地址以及中文和日文字符。StandardAnalyzer 还能通过以 StopAnalyzer 相同的机制移除停用词（它们使用同一个默认的英文停用词集合，以及可通过重载方法选择自定义的停用词集合）。因此，StandardAnalyzer 是你的不二选择。

正如我们在 4.1.1 小节以及程序 4.1 的 AnalyzerDemo 中所看到的，Standard Analyzer 的使用方法和其他任何分析器的使用方法并没有太大的不同。尽管如此，在处理文本的方式上，StandardAnalyzer 还是有其独到的一面。例如，我们来比较一下 4.1 小节中的各个分析器对短语“XYZ&Z Corporation – xyz@example.com”的处理效果。StandardAnalyzer 是唯一一个能够将“XY&Z”以及 E-mail 地址“xyz@example.com”保留在一起的分析器，而这两段文本都是需要通过十分复杂的分析过程才能正确处理的。

4.3.3　应当采用哪种核心分析器

现在我们已了解到 Lucene 的 4 个核心分析器运行方式的区别。那么我们将如何为自己的应用程序选择合适的分析器呢？答案可能会使你吃惊：大多数应用程序都不使用任意一种内置分析器，而是选择创建自己的分析器链。对于使用核心分析器的应用程序来说，StandardAnalyzer 可能是最常用的选择。也许除了一些特定的情况（举例来说，某个包含部分数字列表的域可能会使用 WhitespaceAnalyzer），其他几个核心分析器通常对大多数应用程序来说都太过简单了。但这些核心分析器是非常适合运行测试用例的，而事实上它们也在被 Lucene 的单元测试模块大量使用。

一般来说，应用程序都有自己特殊的需求，如自定义停用词列表、为程序特定的语汇单元（如部分数字或同义词扩展）而进行特殊的语汇单元化操作、保留针对某些语汇单元的处理方式，或者选择特定的词干提取算法等。事实上，使用 Solr 能够轻松创建自定义的分析链，方法是在 solrconfig.xml 文件中以 XML 格式直接定义分析链表达式。

考虑到这一点，现在你已具备了有关 Lucene 分析处理的强大基础知识，我们接下来将着手创建自己的实用分析器。我们将介绍如何实现以下两种常用的功能：近音词查询和同义词扩展。下面，我们将创建自己的分析器链，并通过语汇单元的词干来对它们进行规范化处理、在处理过程中删除停用词，以及讨论由该处理方式带来的一些挑战。此后，我们将讨论一些有意义的基于域的并且能够影响分析过程的修改方案。最后，我们将介绍在分析不同语言时出现的一些问题，并且我们将快速总结 Nutch 项目的文档分析方案。下面我们从近音词查询开始介绍。

4.4　近音词查询

你玩过看手势猜字谜的游戏吗？比如将手圈成杯状放在耳朵后面，这表示下面要做的动作和你要表达的真实意思在读音上很接近。如果你没玩过，那么我们假设有一个客户出高价要求你在诸如智能手机等集成了 J2ME 的设备上开发一个搜索引擎，用于帮助那些参与猜字谜比赛的客户。在本节，我们将编写一个自定义的分析器，用它来将单词转换为它的词根，而这个分析器是通过 Apache Commons Codec 项目中的 Metaphone 算法实现的。我们选择 Metaphone 算法只是作为一个例子，你也可以选用类似于 Soundex 的其他可行算法。

我们从一个测试案例开始介绍更高级的搜索体验目标，如程序 4.4 所示：

程序 4.4 搜索近音词

```
public void testKoolKat() throws Exception {
  RAMDirectory directory = new RAMDirectory();
  Analyzer analyzer = new MetaphoneReplacementAnalyzer();
  IndexWriter writer = new IndexWriter(directory, analyzer, true,
                             IndexWriter.MaxFieldLength.UNLIMITED);

  Document doc = new Document();
  doc.add(new Field("contents",          <—— 索引文档
                    "cool cat",
                    Field.Store.YES,
                    Field.Index.ANALYZED));
  writer.addDocument(doc);
  writer.close();

  IndexSearcher searcher = new IndexSearcher(directory);
  Query query = new QueryParser(Version.LUCENE_30,
                                "contents", analyzer)    | 解析查询语句
                        .parse("kool kat");

  TopDocs hits = searcher.search(query, 1);
  assertEquals(1, hits.totalHits);              <—— 核实匹配
  int docID = hits.scoreDocs[0].doc;
  doc = searcher.doc(docID);
  assertEquals("cool cat", doc.get("contents"));     <—— 检索初始值

  searcher.close();
}
```

看起来非常不可思议！用户输入的搜索内容为"kool kat"。其中"kool"和"kat"两个项都没有在原始文档中出现过，然而搜索程序却为用户找到了事先所期望的匹配。当然，使用原文中的单词搜索也可以返回用户预期的结果。能达到这样的神奇效果，其关键在于以下这个 `MetaphontReplacementAnalyzer` 类：

```
public class MetaphoneReplacementAnalyzer extends Analyzer {
  public TokenStream tokenStream(String fieldName, Reader reader) {
    return new MetaphoneReplacementFilter(
                 new LetterTokenizer(reader));
  }
}
```

因为 Metaphone 算法假定每个单词都只由字母组成，所以 `LetterTokenizer` 用于为我们的音素（metaphone）过滤器（`MetaphoneReplacementFilter`）的初始化输入参数，而 `LetterTokenizer` 并不会把文本内容转换为小写形式。生成的各个语汇单元会被相应的音素所替换，因此没有必要对文本内容进行小写处理。下面，我们将深入讲解

MetaphoneReplacementFilter 类（如程序 4.5 所示），实际的处理都是由这个类完成的。

程序 4.5 TokenFilter 根据等效音素替换语汇单元

```
public class MetaphoneReplacementFilter extends TokenFilter {
  public static final String METAPHONE = "metaphone";
  private Metaphone metaphoner = new Metaphone();
  private TermAttribute termAttr;
  private TypeAttribute typeAttr;

  public MetaphoneReplacementFilter(TokenStream input) {
    super(input);
    termAttr = addAttribute(TermAttribute.class);
    typeAttr = addAttribute(TypeAttribute.class);
  }

  public boolean incrementToken() throws IOException {
    if (!input.incrementToken())              // 转入下一语汇单元
      return false;

    String encoded;                            // 转换为 Metaphone 编码
    encoded = metaphoner.encode(termAttr.term());
    termAttr.setTermBuffer(encoded);           // 使用编码文本覆盖
    typeAttr.setType(METAPHONE);               // 设置语汇单元类型
    return true;
  }
}
```

正如类 MetaphoneReplacementFilter 的命名那样，它会用输出的语汇单元逐字替代原来的输入。新的语汇单元都是在相同位置上对其原始值进行替换，因此它们和原始语汇单元具有相同的位置偏移值。在返回语汇单元集的前一行代码负责设置语汇单元类型。正如 4.3.2 小节介绍的那样，StandardTokenizer 类将每个语汇单元划分为某个类别，以供随后的 StandardFilter 类使用。在该例程中没有用到 metaphone 类型，但该类型意味着调用语汇单元类的 type() 方法能够使得后面的过滤器进行音素-语汇单元处理。

NOTE 诸如 MetaphoneReplacementFilter 类中使用的 metaphone 等语汇单元类型会贯穿在整个分析阶段里，但 Lucene 不会将它们编入索引。若非特别指定，默认情况下的语汇单元类型都是"word"。4.2.3 小节已对语汇单元类型进行过深入分析。

通常，观察一下分析器对文本的处理情况对于我们学习 Lucene 是有益的。下面的例子使用 AnalyzerUtils 类，对两个发音相似但拼写完全不同的短语进行了语汇单元化处理并显示出来：

```
public static void main(String[] args) throws IOException {
  MetaphoneReplacementAnalyzer analyzer =
                             new MetaphoneReplacementAnalyzer();
  AnalyzerUtils.displayTokens(analyzer,
                 "The quick brown fox jumped over the lazy dog");

  System.out.println("");
  AnalyzerUtils.displayTokens(analyzer,
                 "Tha quik brown phox jumpd ovvar tha lazi dag");
}
```

下面列出的就是上述例程中输出的 mataphone 编码样本：

```
[0] [KK] [BRN] [FKS] [JMPT] [OFR] [0] [LS] [TKS]
[0] [KK] [BRN] [FKS] [JMPT] [OFR] [0] [LS] [TKS]
```

这两个结果竟然是完全匹配的！

实际上，若非在一些特殊场合下，用户不太可能以发音相似作为匹配条件进行搜索；否则搜索程序将会返回相当多的用户并不需要的结果[1]。从 Google 的操作来看，以相似发音作为匹配条件的做法，只会在下述情景下才能发挥其作用，即用户每个输入的单词都出现拼写错误，因而没有搜索到任何匹配文档；此时，搜索程序会建议用户使用替代单词重新进行搜索。实现这种处理方式的一种方法便是对所有文本进行同音分析，并在需要进行修改时提供一个相互参照的列表以供查询。

下面我们将介绍一种能够在索引期间处理同义词的分析器。

4.5 同义词、别名和其他表示相同意义的词

你多久会碰到一次在搜索“spud”单词的时候却发现搜索结果中并没有包含“potato”呢？那好，也许这样精确的搜索结果不会经常发生，但你需要了解：处于某些原因，自然语言已演变成可以用多种方式来表达同一事物。搜索期间必须处理这类同义词，否则用户可能找不到他们想要的文档。

下面我们自定义开发的分析器会在索引期间向输出语汇单元流中注入对应的同义词，并且同义词是跟初始单词放置在同一位置上的。通过在索引期间添加同义词，搜索时就可以找到那些不包含搜索项但能与它们的同义词匹配的文档。我们从一个测试用例开始讲，以展示如何使用这个新的分析器，如程序 4.6 所示。

程序 4.6　测试同义词分析器

```
public void testJumps() throws Exception {
  TokenStream stream =
    synonymAnalyzer.tokenStream("contents",
                        new StringReader("jumps"));     // 用同义词分析器进行分析
  TermAttribute term = stream.addAttribute(TermAttribute.class);
  PositionIncrementAttribute posIncr =
        stream.addAttribute(PositionIncrementAttribute.class);
  int i = 0;
  String[] expected = new String[]{"jumps",
                                   "hops",
                                   "leaps"};            // 检查正确的同义词
  while(stream.incrementToken()) {
    assertEquals(expected[i], term.term());
```

[1] Erik 在编写本章内容时，问年仅 5 岁的聪明儿子 Jakob 如何拼写“cool cat”，他回答：“c-o-l c-a-t”。从这点可以看出英语是一门很容易混淆的语言。所以 Erik 想到，为小朋友们设的计搜索引擎中的“近音”特性将是非常有用的。Metaphone 算法将 cool、kool 以及 col 都编码为 KL。

```
    int expectedPos;
    if (i == 0) {
      expectedPos = 1;
    } else {
      expectedPos = 0;                                    核实同义词位置
    }
    assertEquals(expectedPos,
                 posIncr.getPositionIncrement());
    i++;
  }
  assertEquals(3, i);
}
```

需要注意的是，我们的单元测试不仅说明了 SynonymAnalyzer 类会输出 jumps 的一些同义词，同时还表明一个单词的所有同义词都会和它位于相同位置上（位置增量为 0）。现在我们已了解 SynonymAnalyzer 的行为，下面看看如何构建它。

4.5.1　创建 SynonymAnalyzer

SynonymAnalyzer 的目标首先是检测具有同义词的单词，然后在同一位置插入对应的同义词。图 4.6 展示了我们的 SynonymAnalyzer 如何处理输入的文本，程序 4.7 是对应的实现。

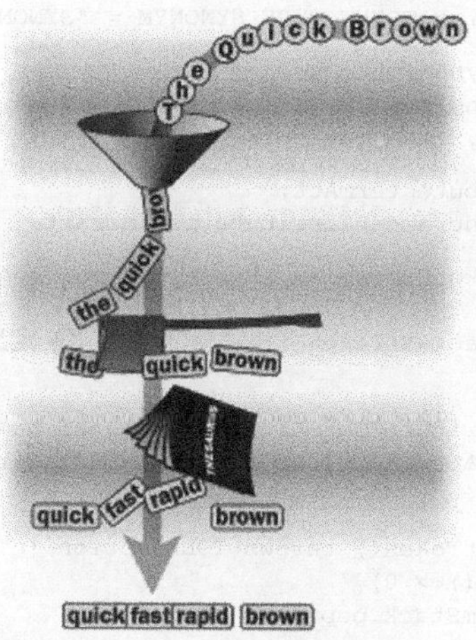

图 4.6　SynonymAnalyzer 看起来如同工厂中的自动化过程

程序 4.7　SynonymAnalyzer 实现

```
public class SynonymAnalyzer extends Analyzer {
  private SynonymEngine engine;

  public SynonymAnalyzer(SynonymEngine engine) {
    this.engine = engine;
  }
```

```
public TokenStream tokenStream(String fieldName, Reader reader) {
  TokenStream result = new SynonymFilter(
                      new StopFilter(true,
                        new LowerCaseFilter(
                          new StandardFilter(
                            new StandardTokenizer(
                              Version.LUCENE_30, reader))),
                        StopAnalyzer.ENGLISH_STOP_WORDS_SET),
                      engine
                    );
  return result;
 }
}
```

我们再次看到，这个分析器的代码也很短小，这些代码用简单的方式将 Tokenizer 和一些列 TokenFilter 串在了一起；事实上，分析器只是用 SynonymFilter 过滤器对 StandardAnalyzer 类进行了封装而已（你可以查看表 4.1 以获得更多关于分析器构件的信息）。这一串 TokenFilter 中的最后过滤器是 SynonymFilter（参考程序 4.8），该过滤器是我们当前讨论的核心内容。当你想该过滤器中输入各个项时，它会对这些项进行缓冲。该过滤器使用了一个栈作为这些项的缓冲空间。

程序 4.8 SynonymFilter：缓冲并每次只输出一个语汇单元

```
public class SynonymFilter extends TokenFilter {
  public static final String TOKEN_TYPE_SYNONYM = "SYNONYM";

  private Stack<String> synonymStack;
  private SynonymEngine engine;
  private AttributeSource.State current;

  private final TermAttribute termAtt;
  private final PositionIncrementAttribute posIncrAtt;

  public SynonymFilter(TokenStream in, SynonymEngine engine) {
    super(in);
    synonymStack = new Stack<String>();          ❶ 定义同义词缓冲区
    this.engine = engine;

    this.termAtt = addAttribute(TermAttribute.class);
    this.posIncrAtt = addAttribute(PositionIncrementAttribute.class);
  }

  public boolean incrementToken() throws IOException {
    if (synonymStack.size() > 0) {                    ❷ 弹出缓冲区的同义词
      String syn = synonymStack.pop();
      restoreState(current);
      termAtt.setTermBuffer(syn);
      posIncrAtt.setPositionIncrement(0);          ❸ 将位置增量设置为 0
      return true;
    }

    if (!input.incrementToken())                   ❹ 读取下一个语汇单元
      return false;

    if (addAliasesToStack()) {                     ❺ 同义词入栈

      current = captureState();                    ❻ 保存当前语汇单元
    }
```

```
    return true;                              ❼ 返回当前语汇单元
  }
  private boolean addAliasesToStack() throws IOException {
    String[] synonyms = engine.getSynonyms(termAtt.term()); <-
    if (synonyms == null) {                                   |
      return false;                                 检索同义词 ❽
    }
    for (String synonym : synonyms) {        <-
      synonymStack.push(synonym);              |
    }                                          ❾ 同义词入栈
    return true;
  }
}
```

❶ 我们创建了一个栈来容纳将要出现的同义词。

❷ ❸ 代码会持续将输入语汇单元流中的同义词弹出栈，知道语汇单元流处理完毕。

❹ 当先前所有语汇单元的同义词都输出完毕后，程序才读取下一个语汇单元。

❺ ❾ 程序将当前语汇单元的所有同义词都压入栈。

❻ 如果当前语汇单元有同义词的话，程序会保存相关细节。

❼ 在返回相关的同义词之前，首先返回当前语汇单元（初始语汇单元）。

❽ 程序通过 SynonymEngine 对象检索同义词。

设计 SynonymAnalyzer 类时考虑到了为 SynonymEngine 提供可扩展性，因而 SynonymEngine 类被设计成只有一个方法的接口：

```
public interface SynonymEngine {
  String[] getSynonyms(String s) throws IOException;
}
```

设计中通过使用这个接口，能够轻松实现测试。本书把实现高质量 SynonymEngine 接口的任务留给读者作为练习[1]。在下面的例程中，我们将采用一个简单的测试方法，即对一些同义词进行硬编码：

```
public class TestSynonymEngine implements SynonymEngine {
  private static HashMap<String, String[]> map =
    new HashMap<String, String[]>();

  static {
    map.put("quick", new String[] {"fast", "speedy"});
    map.put("jumps", new String[] {"leaps", "hops"});
    map.put("over", new String[] {"above"});
    map.put("lazy", new String[] {"apathetic", "sluggish"});
    map.put("dog", new String[] {"canine", "pooch"});
  }

  public String[] getSynonyms(String s) {
    return map.get(s);
  }
}
```

[1] 有关仿制对象的实现内容是否会阻碍你的学习进程呢？事实上，我们已经通过 WordNet 数据库实现了一个强大的 SynonymEngine 对象。相关内容请参考 9.3.2 小节。

这里需要注意的是，TestSynonymEngine 生成的同义词是单向的：如 quick 的同义词为 fast 和 speedy，但是 fast 却没有同义词。在实际的搜索软件产品中，你需要保证所有的同义词列表都是相互的，由于我们这里展示的是一个测试例程，这样就可以了。

设置位置增量是很重要的。然而，只有在搜索过程中出现故障时你才需要修改位置增量。对同义词所进行的索引和其他项的索引操作是类似的，因此 TermQuery 对象会如我们预期的那样工作。此外，当我们在原始单词处使用其同义词替代它时，PhraseQuery 也会正常工作。程序 4.9 中的 SynonymAnalyzerTest 测试用例表明，当我们使用各个 Query 子类的构造函数创建 Query 对象时，程序也能够很好地运行。

程序 4.9 SynonymAnalyzerTest：示范同义词查询的处理过程

```
public class SynonymAnalyzerTest extends TestCase {
  private IndexSearcher searcher;
  private static SynonymAnalyzer synonymAnalyzer =
                      new SynonymAnalyzer(new TestSynonymEngine());

  public void setUp() throws Exception {
    RAMDirectory directory = new RAMDirectory();

    IndexWriter writer = new IndexWriter(directory,
                            synonymAnalyzer,
                            IndexWriter.MaxFieldLength.UNLIMITED);

    Document doc = new Document();
    doc.add(new Field("content",
                      "The quick brown fox jumps over the lazy dog",
                      Field.Store.YES,
                      Field.Index.ANALYZED));
    writer.addDocument(doc);

    writer.close();

    searcher = new IndexSearcher(directory);
  }

  public void tearDown() throws Exception {
    searcher.close();
  }

  public void testSearchByAPI() throws Exception {

    TermQuery tq = new TermQuery(new Term("content", "hops"));   ❶ 搜索“hops”
    assertEquals(1, TestUtil.hitCount(searcher, tq));

    PhraseQuery pq = new PhraseQuery();                       ❷ 搜索“fox hops”
    pq.add(new Term("content", "fox"));
    pq.add(new Term("content", "hops"));
    assertEquals(1, TestUtil.hitCount(searcher, pq));
  }
}
```

❶ 搜索单词“hops”能匹配到相应文档。

❷ 搜索短语“fox hops”也能匹配到相应文档。

程序已经对短语“...fox jumps...”进行了索引，此外“SynonymAnalyzer”也已经将“hops”添加到“jumps”所在的位置上。因此 TermQuery 对象在对“hops”进行查询时会成功返回我们所预期的结果，同样 PhraseQuery 对“fox hops”的查询也能成功返回结果。这正是我们需要的效果。

下面我们用 QueryParser 进行测试。这次我们会运行两个测试用例。第一个测试用例会使用 SynonymAnalyzer 创建 QueryParser 对象，而第二个测试用例则使用 StandardAnalyzer 创建，如程序 4.10 所示。

程序 4.10　使用 QueryParser 对象测试 SynonymAnalyzer

```
public void testWithQueryParser() throws Exception {
  Query query = new QueryParser(Version.LUCENE_30,          SynonymAnalyzer
                                "content",                  能搜索到文档
                                synonymAnalyzer).parse("\"fox jumps\"");
  assertEquals(1, TestUtil.hitCount(searcher, query));
  System.out.println("With SynonymAnalyzer, \"fox jumps\" parses to " +
                                    query.toString("content"));

  query = new QueryParser(Version.LUCENE_30,               StandardAnalyzer
                          "content",                        也能搜索到文档
                          new StandardAnalyzer(Version.LUCENE_30))
                  .parse("\"fox jumps\"");
  assertEquals(1, TestUtil.hitCount(searcher, query));
  System.out.println("With StandardAnalyzer, \"fox jumps\" parses to " +
                                    query.toString("content"));
}
```

两个分析器都能搜索到匹配的文档，效果都不错。测试用例会输出如下结果：

```
With SynonymAnalyzer, "fox jumps" parses to "fox (jumps hops leaps)"
With StandardAnalyzer, "fox jumps" parses to "fox jumps"
```

正如预期的那样，使用 SynonymAnalyzer 时，查询语句中的单词被扩展至它们的同义词范围。QueryParser 能够自动检测到该分析器产生的语汇单元的位置增量为 0。如果查询的是短语而不是单词，程序会创建一个 MultiPhraseQuery 对象进行处理，相关内容可参考 5.3 小节。

由于我们只有在索引期间或者搜索期间才需要扩展同义词，若在两个处理时段内都进行同义词扩展则是对系统资源的浪费，也是不必要的。如果在索引期间进行同义词扩展，那么索引所占用的磁盘空间会稍大一些，但这能加快搜索速度，因为这样可使得被访问的搜索项更少。如果同义词被编入索引，那么你就不能随意地快速更改它们，也不能在搜索期间随意观察这些改变所带来的效果。另外一种情况，你若在搜索期间进行同义词扩展，那么就能在测试时很快观察到这种这种改变带来的效果。有关同义词扩展的选择场景，可以简单地根据自己的搜索程序需要进行权衡。

接下来我们将详细讲解 AnalyzerUtils 类，这可以使我们更清楚地了解索引期间的同义词扩展。

4.5.2　显示语汇单元的位置

AnalyzerUtils.displayTokens 并没有向我们展示当前位置增量不为 1 时，使用各个分析器进行处理所获得的所有信息。为了对各种分析器有一个更好的理解，我们向

AnalyzerUtils 类添加了一个工具方法 displayTokenWithPositions，如程序 4.11 所示。

程序 4.11　查看每个语汇单元的位置增量

```
public static void displayTokensWithPositions
  (Analyzer analyzer, String text) throws IOException {

  TokenStream stream = analyzer.tokenStream("contents",
                                   new StringReader(text));
  TermAttribute term = stream.addAttribute(TermAttribute.class);
  PositionIncrementAttribute posIncr =
       stream.addAttribute(PositionIncrementAttribute.class);

  int position = 0;
  while(stream.incrementToken()) {
    int increment = posIncr.getPositionIncrement();
    if (increment > 0) {
      position = position + increment;
      System.out.println();
      System.out.print(position + ": ");
    }

    System.out.print("[" + term.term() + "] ");
  }
  System.out.println();
}
```

为此，我们编写了一小段代码来观察一下 SynonymAnalyzer 类到底进行了哪些操作：

```
public class SynonymAnalyzerViewer {

  public static void main(String[] args) throws IOException {

  SynonymEngine engine = new TestSynonymEngine();

  AnalyzerUtils.displayTokensWithPositions(
    new SynonymAnalyzer(engine),
    "The quick brown fox jumps over the lazy dog");
  }
}
```

现在我们就能够清楚地看到单词的所有同义词都被放到了与其相同的位置上：

```
2: [quick] [speedy] [fast]
3: [brown]
4: [fox]
5: [jumps] [hops] [leaps]
6: [over] [above]
8: [lazy] [sluggish] [apathetic]
9: [dog] [pooch] [canine]
```

左边一列数字表示该语汇单元所处的位置。可以看到这里的数字都是连续的，但当分析器留下一些空位时它们就不一定是连续的了（正如下一个我们将看到的自定义分析器那样）。位于同一位置上的多个项向我们展示了 Lucene 是如何处理添加同义词的。

4.6　词干分析

我们最后介绍的分析器用于移除所有的停用词（stop words）。它的命名虽然略显滑稽，但描述性很强：PositionalPorterStopAnalyzer。该分析器用于移除原文中的停用词，并将这些词本来所处的位置留空；此外，它还能够对词干过滤器进行控制。

PorterStemFilter 类可以参见图 4.5 中的类层次结构，但它并没被任何 Lucene 的内置分析器使用。该过滤器使用 Martin Porter 博士提出的 Porter 词干算法（Porter stemming algorithm）将单词的词干提取出来，Porter 博士为该算法给出了最好的定义：

> Porter 词干算法（或称为 Porter 词干提取器）是对英文单词中较常见的、因时态、语态、复数格等原因引起的词尾变化进行移除的处理过程。在建立信息检索系统时，这个算法部分完成了对各个项的标准化处理[1]。

换句话说，经过这个算法的处理，每个单词的各种形式都会被还原为其词干形式。例如以下几个单词：breathe、breathes、breathing 以及 breathed，经过 Porter 词干还原处理后输出都为 breath。

Porter 词干还原器只是诸多词干算法的一个。在 8.2.1 小节介绍了 Lucene 的一个扩展组件，它实现了 Snowball 算法（该算法也是 Porter 博士提出的）。此外，Kstem 是另一种词干算法，也在 Lucene 中得到了实现（更多内容请在 Google 上搜索 KStem 和 Lucene）。

下面我们将展示如何使用 StopFilter 来一出停用词并将对应位置留空，然后我们将全面介绍这个分析器。

4.6.1 StopFilter 保留空位

有关停用词的移除带来了一个有趣的话题：被删除的单词对应的位置会留下什么呢？假设你要索引短语“one is not enough.”，那么 StopAnalyzer 输出的语汇单元会是 one 和 enouth，它会移除 is 和 not。默认情况下，StopAnalyzer 会通过加大位置增量来计算被移除的单词数量。AnalyzerUtils 类的 displayTokensWithPositions()方法的输出结果向我们展示了这一点：

```
2: [quick]
3: [brown]
4: [fox]
5: [jump]
6: [over]
8: [lazi]
9: [dog]
```

由于分析过程将停用词 the 删除了，因此结果中第一和第七位置的单词丢失了。如果你需要取消这两个空位以使位置增量永远为 1，可以使用 StopFilter 类的 setEnablePositionIncrements 方法实现。但使用时需要小心：由于索引并不保存被删除的单词，因此使用时可能带来一些麻烦。举例来说，如果不保留上述两个空位的话，短语“one enough”也会匹配到索引中的“one is not enough”！

退一步讲，移除停用词最主要的原因就是这些单词通常没有特殊含义；它们是各类

[1] 摘自网站 http://tartarus.org/～martin/PorterStemmer/index.html。

语言中所必需的“粘合”词。问题在于，由于我们已经将它们移除了，那么这样就会导致丢失一些信息，而这可能会或可能不会成为导致应用程序出现问题。举例来说，非精确查询仍然能够匹配到对应的文档，如“a quick brown fox”。

还有一个有趣的替代方案，我们称之为“shingles”，它们是由多个邻接语汇单元而形成的复杂语汇单元结构。Lucene 的 contrib 的 analyzer 目录下有一个称之为 `ShingleFilter` 的 `TokenFilter`，它负责在分析期间建立 shingles。有关 shingles 的详细介绍将在 8.2.3 小节进行。有了 shingles，停用词就可以与邻接的单词合并起来形成新的语汇单元，如 the-quick。在搜索期间也可以进行同样的扩展。这能够使我们完成精确的短语查询，因为停用词在这里得到保留了。使用 shingles 能获得很好的搜索性能，因为包含语汇单元 the-quick 的文档会比包含停用词 the 的文档少得多。Nutch 也使用 shingles，有关 Nutch 的文档分析功能将在 4.9 小节介绍。

4.6.2 合并词干操作和停用词移除操作

PositionalPorterStopAnalyzer 这个自定义的分析器里使用了停用词移除过滤器，它允许保留移除后的空位，其输入参数为对象 `LowerCaseTokenizer`。经过停用词过滤器处理后的结果将会送至 Porter 词干还原器。程序 4.12 展示的是这个复杂分析器的完整实现代码。`LowerCaseTokenizer` 启动了整个分析过程，然后将小写化后的语汇单元输入到我们自定义的停用词移除过滤器中，最后用内置的 Porter 词干还原器提取单词的词干。

程序 4.12 PositionalPorterStopAnalyzer：提取词干和移除停用词

```
public class PositionalPorterStopAnalyzer extends Analyzer {
  private Set stopWords;

  public PositionalPorterStopAnalyzer() {
    this(StopAnalyzer.ENGLISH_STOP_WORDS_SET);
  }

  public PositionalPorterStopAnalyzer(Set stopWords) {
    this.stopWords = stopWords;
  }

  public TokenStream tokenStream(String fieldName, Reader reader) {
    StopFilter stopFilter = new StopFilter(true,
                                  new LowerCaseTokenizer(reader),
                                  stopWords);
    stopFilter.setEnablePositionIncrements(true);
    return new PorterStemFilter(stopFilter);
  }
}
```

下面我们讲讲分析过程中有关域的一些内容。

4.7 域分析

由于文档包含多个域的现实，使之具有多样特性，这样就给分析过程带来了一些有趣的需求。我们将首先考察如何分析具有多个值的域，然后将讨论如何使用不同的分析器来分析各个域，最后我们会介绍如何完全跳过对某些域的分析。

4.7.1 多值域分析

我们回顾一下第 2 章的内容，文档可能包含同名的多个 Field 实例，而 Lucene 在索引过程中在逻辑上将这些域的语汇单元按照顺序附加在一起。所幸的是，你的分析器可以在每个域值边界处对以上操作进行一些控制。这点对于确保查询语句（如短语查询和跨度查询等）和语汇单元位置的对应关系是很重要的，这样就不会意外地对两个分离的 Field 实例进行匹配。举例来说，如果一个域值是“it's time to pay income tax”而下一个域值是“return library books on time”，那么对于短语“tax return”的搜索将会匹配到这个域。

为了解决这个问题，你必须通过继承 Analyzer 类来创建自己的分析器，然后重载其中的 getPositionIncrementGap 方法（以及 tokenStream 或 reusableTokenStream 方法）。默认情况下，getPositionIncrementGap 方法会返回 0（无间隙），意思是它在运行时会认为各个域值是连接在一起的。如果将这个值增加到足够大（如 100），那么位置查询就不会错误地在各个域值边界进行匹配了。

还有一点很重要，那就是要确保正常计算多值域的语汇单元偏移量。如果程序要高亮显示这些域，如 8.3 节介绍的那样，那么错误的偏移量会导致程序将错误的文本部分进行高亮显示。语汇单元的 OffsetAttribute 对象提供了几个方法来检索偏移量的起始和结束，还提供了一个特殊的 endOffset 方法，该方法主要用于返回域的最后便宜。对于 TokenFilter 已经将一个或多个最后的语汇单元剥离的情况下，这个方法是必要的。否则 Lucene 就无法计算该域值的最后偏移量了。每个 Field 实例的偏移量是通过 endOffset 方法此前对所有域的偏移量计算综合来确定的。Lucene 的核心语汇单元化对象都会实现对应的 endOffset 方法，但如果你要创建自己的语汇单元化对象，具体的实现方法可以自行决定。类似的，对于多值域，如果你的应用程序需要将空隙加入偏移量，那么你必须在自定义的分析器中重载 getOffsetGap 方法。

另外一个分析过程中经常碰到的挑战就是如何针对不同的域使用不同的分析器。

4.7.2 特定域分析

在索引操作期间，对于分析器选择的粒度为 IndexWriter 或文档级别。如果使用 QueryParser，那么程序就会只是用一个分析器来处理所有文本。然而对于很多应用程序来说，文档可能包含多个不同的域，而每个域都需要用对应的分析器来分析。

在程序内部，分析器能够轻易地处理正在被处理的域名，因为这个域名是作为参数传入其 tokenStream 方法的。而 Lucene 内置的分析器是不能扩展这种能力的，因为它们是被设计用来处理一般情况的，而域名则是与应用程序相关的，但是你可以很容易地创建一个自定义分析器来处理这种情况。作为可选，Lucene 有一个适用的内置工具类 PerFieldAnalyzerWapper，该类使得针对每个域使用不同的分析器变得简单起来。其使用方式如下：

```
PerFieldAnalyzerWrapper analyzer = new PerFieldAnalyzerWrapper(
                                    new SimpleAnalyzer());
analyzer.addAnalyzer("body", new StandardAnalyzer(Version.LUCENE_30));
```

在创建 PerFieldAnalyzerWapper 时，你需要提供默认的分析器。然后，对于需要使用不同分析器进行处理的域来说，你可以调用其 addAnalyzer 方法。而其他没有指定对应分析器的域在处理时都会回退到默认的分析器。在前一个示例中，除了 body 域之外的其他域我们都使用 SimpleAnalyzer 进行分析，而 body 域则指定 StandardAnalyzer 进行分析。

4.7.3 搜索未被分析的域

通常还有一些情况，程序在没有进行分析的情况下将域值编入索引。举例来说，部分数字、URL、社会安全号码等将被直接编入索引并作为一个单独的语汇单元来搜索。在索引操作期间，要完成这个功能很简单，只要在创建 Field 对象时指定 Field.Index.NOT_ANALYZED 或者 Field.Index.NOT_ANALYZED_NO_NORMS 即可。若你还想要用户能够针对这些数字部分进行搜索，那么只要程序直接创建对应的 TermQuery 即可完成。

但如果使用 QueryParser 并且又要对一个未被分析的域进行查询时你可能面临进退两难，这是因为事实上只有在索引期间才知道一个域是否被分析过了。该域的项一旦被编入索引，就与其他项完全一样，程序就不能看到这个区别了。下面我们看看程序 4.13 中给出的测试用例，程序将文档中未被分析的域编入索引后，会试图再次找到这个文档。

程序 4.13 使用 QueryParser 匹配部分数字

```
public class KeywordAnalyzerTest extends TestCase {

  private IndexSearcher searcher;

  public void setUp() throws Exception {
    Directory directory = new RAMDirectory();

    IndexWriter writer = new IndexWriter(directory,
                              new SimpleAnalyzer(),
                              IndexWriter.MaxFieldLength.UNLIMITED);

    Document doc = new Document();
    doc.add(new Field("partnum",
                      "Q36",
                      Field.Store.NO,
                      Field.Index.NOT_ANALYZED_NO_NORMS));   <—— 不分析该域
    doc.add(new Field("description",
                      "Illidium Space Modulator",
                      Field.Store.YES,
```

```
                    Field.Index.ANALYZED));
    writer.addDocument(doc);

    writer.close();

    searcher = new IndexSearcher(directory);
  }

  public void testTermQuery() throws Exception {
    Query query = new TermQuery(new Term("partnum", "Q36"));       // 不分析该项
    assertEquals(1, TestUtil.hitCount(searcher, query));           // 确认文档匹配
  }

  public void testBasicQueryParser() throws Exception {
    Query query = new QueryParser(Version.LUCENE_30,                // ❶
                                  "description",
                                  new SimpleAnalyzer())
                       .parse("partnum:Q36 AND SPACE");
    assertEquals("note Q36 -> q",
                 "+partnum:q +space",
                 query.toString("description"));                    // ❷
    assertEquals("doc not found :(", 0,
                 TestUtil.hitCount(searcher, query));

  }
}
```

❶ QueryParser 对查询表达式中的每个项和短语都进行分析。Q36 和 SPACE 都被单独进行分析。SimpleAnalyzer 会剥离非字母字符并将字母小写化，因此 Q36 经过分析就变成 q。但在索引操作期间，Q36 是按照原样保存的。还需要注意的是，此时用到的分析器是跟索引期间所用到的一致的，但由于索引期间处理该域时参数为 Field.Index.NOT_ANALYZED_NO_NORMS，所以并未用到该分析器。

❷ Query 有一个很好的 toString() 方法（请参考 3.3.2 小节）用以返回类似于 QueryParser 的查询表达式。注意这里的 Q36 已经消失了。TermQuery 对象运行正常，但 QueryParser 却没有找到任何结果。这个有关 QueryParser 处理未被分析的域时碰到的问题指出了一个关键点：索引操作和分析操作都在试图进行搜索。testBasicQueryParser 测试向我们表明了：当分析查询表达式时，对于使用参数 Index.NOT_ANALYZED_NO_NORMS 创建的项的搜索会带来问题。这是因为 QueryParser 对不该进行分析的部分域进行了分析。可能解决方案有如下几种。

- 修改用户界面，以便能让用户能自由搜索部分未被分析的数字。通常，用户并不想了解（也不必了解）索引中的域名。该方案比较容易实现，但并不推荐使用，因为这种做法会在用户面前呈现多于一个文本输入框，这会使得用户感到困惑。
- 如果这些数字或者其他文本结构经常出现在分析过程的词典中，可以考虑创建一个自定义的特定范围的分析器，以便能够识别和保留它们。
- 建立 QueryParser 的子类，并重载两个 getFieldQuery 方法的其中一个或两个，以提供对特定域的处理。

■ 用 PerFieldAnalyzerWrapper 作为特定域的分析器。

设计搜索界面是需要依赖于具体应用程序的；BooleanQuery（3.4.5 小节）和过滤器（5.6 小节）能够支持将查询片段用复杂方式联合起来使用。9.5 小节介绍了如何使用基于格式的搜索接口，该接口用 XML 来表示整个查询语句。本章内容提供了有关建立以域为中心的分析器基础知识。我们将在 6.3 小节介绍上面提到的 QueryParser 子类。在以上所有解决方案之中，最简单的方案就是使用 PerFieldAnalyzerWrapper。

我们将使用 Lucene 的 KeywordAnalyzer 来对部分数字作为一个整体进行语汇单元化操作。需要注意的是，KeywordAnalyzer 和 Field.Index.NOT_ANALYZED*在索引操作期间是相同的；只有在使用 QueryParser 时才有必要使用 KeywordAnalyzer。由于我们只想让一个域以这种方式进行“分析”，因此 PerFieldAnalyzerWrapper 只处理这一个域。首先，我们看看 KeywordAnalyzer 在实战中是如何修复这种状况的：

```
public void testPerFieldAnalyzer() throws Exception {
  PerFieldAnalyzerWrapper analyzer = new PerFieldAnalyzerWrapper(
                                       new SimpleAnalyzer());
  analyzer.addAnalyzer("partnum", new KeywordAnalyzer());
  Query query = new QueryParser(Version.LUCENE_30,
                               "description", analyzer).parse(
               "partnum:Q36 AND SPACE");
  assertEquals("Q36 kept as-is",
             "+partnum:Q36 +space", query.toString("description"));
  assertEquals("doc found!", 1, TestUtil.hitCount(searcher, query));
}
```

我们使用 PerFieldAnalyzerWrapper 来让 KeywordAnalyzer 只处理这个将数值作为整体的域，并使用 SimpleAnalyzer 处理其他所有域。在索引操作期间这会产生同样的结果。现在，查询语句已经为这个特殊域生成了对应的项，因此我们预期能够在搜索期间就能找到这个文档了。

对于给定的 KeywordAnalyzer 我们可以使代码更合理化（在 KeyWordAnalyzerTest.setUp 方法中进行），并使用索引期间 testPerFieldAnalyzer 所使用的同一个 PerFieldAnalyzerWrapper。在索引期间对于特定的域使用 KeywordAnalyzer 可以减少对于 Index.NOT_ANALYZED_NO_NORMS 的使用，并可以用 Index. ANALYZED 代替它。从美学角度来看，最好是能在索引和查询期间 ongoing 相同的分析器，而使用 PerFieldAnalyzerWrapper 则使之成为可能。

我们已介绍了一些需要处理不同类型域的场景。多值域需要设置位置增量空隙，以避免程序误对各个域值连接处的文本进行匹配操作，而 PerFieldAnalyzerWrapper 则让我们能够自定义为各个域分配对应的分析器。下面我们将话题切换到如何对非英文文本进行分析。

4.8　语言分析

如何利用 Lucene 处理各种不同的语言是一个有趣而广泛问题。怎样才能对各种各样的语言进行索引并能被检索到呢？如果开发人员要基于 Lucene 构建支持 Unicode 的搜索程序，需要注意哪些问题呢？

在分析不同语言的文本时，你必须面临以下几个问题：首先是要正确设置字符的编码方式，从而使 Java 能够顺利地读取诸如文件等外部数据。在分析过程中，每种语言都有其不同的停用词集合，以及特有的词干分析算法。而且，根据每种语言的不同需要，可能还要把一些声调符号从字符中去掉。最后，如果你事先不知道处理的是何种语言，那么程序还要对此判断。至于如何利用 Lucene 提供的基本模块处理以上几个问题，最终要由开发者来决定。此外，在 Lucene 的 contrib 目录（详见 8.2 小节）和互联网上还有诸如 `Tokenizer` 和 `TokenStream` 等大量的分析器和附加模块可用。

本章我们将首先介绍 Unicode 编码，然后讨论针对非英语语种的分析器选择，特别是对于亚洲语种来说，如何选择相应的分析器是个很大的挑战。最后我们将研究针对索引包含多语种情况的处理方案。下面我们将以简要介绍 Unicode 和字符编码内容开始。

4.8.1　Unicode 与字符编码

在 Lucene 内部，所有的字符都是以标准的 UTF-8 编码存储的。Java 会在字符串对象内对 Unicode 编码进行自动处理，用 UTF16 格式表示字符，从而把我们从繁琐的编码处理中解放出来。然而，你必须负责把外部文本传递给 Java 以及 Lucene。如果你正在一个文件系统上索引文件，则需要知道这些文件时以何种编码方式保存的，这才能保证你可以正确地读取文件内信息。而如果你正从 HTTP 服务器上读取 HTML 或 XML 文档，编码处理就显得更为复杂了，因为这些文档的编码方式既可以在 HTTP 的 content-type 文件头指定，也可以在这些文档本身的 XML 头或 HTML 的`<meta>`标签中指定。

在本书中，我们将不对编码的细节问题进行介绍，并不是因为它们不重要，而只是因为他们已经不属于 Lucene 所要讨论的问题范畴了。如果你想获得有关编码信息的相关资源，请查看附录 D。特别是如果你对 I18N 还不甚了解，还可以参阅 Joel Spolsky 写的一篇非常好的文章《The Absoute Minimum Every Software Developer Absolutely，Positively Must Know About Unicode and Character Sets（No Excuses!）》（http://www.joelonsoftware.com/articles/Unicode.html）以及 Java 语言国际化教程（http://java.sun.com/docs/books/tutorial/i18n/intro/）。

在下面的章节里，我们假设你处理的文本使用的是 Unicode 编码规范，然后我们会将重点转到 Lucene 语种处理相关的话题。

4.8.2 非英语语种分析

当你在处理非英文文本时，原来分析过程中用到的各种细节仍然适用。分析文本的目的就是从中提取出所有项。对于西方语言来说，分割单词使用的是空格和标点，所以你必须把西方语言中的停用词列表以及词干还原算法调整为针对特定语种的文本以便于对之进行分析。在可能情况下，你可以使用 `ASCIIFoldFilter` 将非 ACSII 编码的 Unicode 字符替换为等编码值的 ASCII 字符。

除了我们已经讨论过的内置分析器以外，Lucene 的 contrib 目录还提供了很多针对特定语种的分析器，具体目录为 contrib/analyzers。这些分析器可以针对特定语种进行词干还原操作和停用词移除操作。词干操作的另一个免费版本是 `SnowballAnalyzer` 类家族，它们支持很多欧洲语种。我们将在 8.2.1 小节中详细讨论 `SnowballAnalyzer` 类。

下面我们看看 Lucene 有关字符过滤器的高级功能，这些功能甚至对于 `Tokenizer` 来说都是透明的。

4.8.3 字符规范化处理

对于 Lucene 2.9 版本来说，我们可以将 `Tokenizer` 所碰到的字符流进行规范化处理。该规范化操作适合在 `Reader` 以及用于过滤 `Reader` 生成的字符的 Tokenizer 之间进行，如图 4.7 所示。这个 API 最重要的特点就是能够在过滤器添加或删除字符时对 `Token` 的起始和结束偏移量进行必要的修正。这意味着查询输入的字符串能够被正确地高亮显示。

那么什么时候才会对字符进行过滤呢？一个可能的使用示例就是在日语字符流中对平假名和片假名之间建立映射关系。另外一个就是对中文简体字和繁体字之间建立映射关系。大多数程序并不需要对字符流进行过滤，但如果使用过滤功能的话，你会发现它是很简单的。

无论出于什么原因，Lucene 都提供了一套字符过滤类，用以表示基于语汇单元的相关功能。`CharStream` 抽象基类仅仅向 Reader 类中加入了一个 `correctOffset` 方法。`CharReader` 封装了一个普通的 `Reader` 类并负责创建一个 `CharStream` 对象，而 `CharFilter` 类则负责将所有 `CharStream` 链接起来。如果使用这些构建模块，你可以创建一个字符过滤器链，它已单个 `CharReader` 作为开端，其后可以跟随任意数量的 `CharFilter`，这甚至可以在语汇单元化功能启动之前就能运行了。图 4.7 展示了由 3 个 `CharFilter` 跟随的初始 `CharReader`。

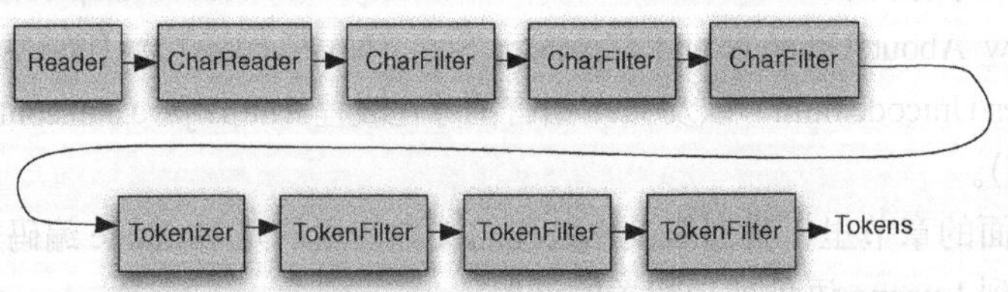

图 4.7 包含字符规范化处理的分析器链

Lucene 提供了一个单一的 CharFilter 核心子类，我们称之为 MappingCharFilter，该类允许你接收输入和输出子字符串。一旦程序发现输入字符流中的输入子字符串，这些子字符串将被输出子字符串所代替。尽管你可以按照原样使用该类，但如果你想要实现更简单的子串替换策略，请谨记：这会带来潜在的高开销。这是因为当前这个类会在分析期间为大量临时对象分配存储空间。

Lucene 的核心分析器都没有字符过滤功能。你必须创建自己的分析器，该分析器以一个 CharReader 作为开端，后续跟随任意数量的 CharFilter，然后再建立 Tokenizer 和 TokenFilter 链。下面我们来看看 Lucene 为分析亚洲语种提供了哪些支持。

4.8.4 亚洲语种分析

对于汉语、日语以及韩语（统称为 CJK）等亚洲语种来说，一般使用表意文字而不是使用由字母组成的单词。这些象形字符不一定是通过空格来分隔的，所以我们需要使用一种完全不同的分析方法来识别和分隔语汇单元。StandardAnalyzer 是 Lucene 内置的唯一能够处理亚洲语种的分析器，该分析器可以将一定范围内的 Unicode 编码识别为 CJK 字符，并将它们拆分为独立的语汇单元。

Lucene 的 contrib 目录中有 3 个分析器适合于处理亚洲语种（有关 Lucene 的 contrib 分析器更多细节请参考 8.2 小节）：CJKAnalyzer、ChineseAnalyzer 和 Smart ChineseAnalyzer。在本书示例中，中文字符 Tao Te Ching（道德经）这本书的书名加入了 title 变量中。因为我们的数据来源于 Java 的属性文件，因此需要 Unicode 转义序列[1]：

```
title=Tao Te Ching \u9053\u5FB7\u7D93
```

索引文件中所有经过语汇单元化处理的域都使用了 StandardAnalyzer 类，通过使用这个类，我们可以得到索引中各个独立的项，它将每个英文单词（tao、te、ching）按照我们的预期切分为一个汉字（道、德、经），尽管这些汉字之间没有空格，但它还是能正确完成切分操作。下面的 ChineseTest 类证明了使用汉字表示法搜索“tao”可以如愿搜到正确的结果：

```
public class ChineseTest extends TestCase {
  public void testChinese() throws Exception {
    Directory dir = TestUtil.getBookIndexDirectory();
    IndexSearcher searcher = new IndexSearcher(dir);
    Query query = new TermQuery(new Term("contents", "道"));
    assertEquals("tao", 1, TestUtil.hitCount(searcher, query));
  }
}
```

---

[1] java.util.Properties 使用 ISO-8859-1 编码规则加载属性文件，但它也允许使用标准的 Java Unicode \u 语法规则对字符进行编码。Java 中包含一个名为 native2ascii 的程序，通过它我们可以把各种使用本地编码的文件转换为对应的 Unicode 编码。

需要注意的是，ChinestTest.java 应保存为 UTF-8 格式的文档，并且使用 Javac 编译器编译时需要使用 UTF-8 编码转换（编码参数为-endoding utf8）。因为我们必须确保汉字能够被正确地编码和读取，此外我们还需要使用一个能处理 CJK 编码的分析器。

域程序 4.2 中的 AnalyzerDemo 类似，我们创建了一个 ChineseDemo 程序（如程序 4.14 所示）来说明各种分析器是如何处理中文文本的。该演示程序使用 Abstract Window Toolkit（AWT）的 Label 类来显示本地或控制台环境下的字符。

程序 4.14 ChineseDemo：展示中文文本分析器

```
public class ChineseDemo {
  private static String[] strings = {"道德经"};          ◁— 分析文本

  private static Analyzer[] analyzers = {
    new SimpleAnalyzer(),
    new StandardAnalyzer(Version.LUCENE_30),
    new ChineseAnalyzer (),                              ◁— 测试分析器
    new CJKAnalyzer (Version.LUCENE_30),
    new SmartChineseAnalyzer (Version.LUCENE_30)
  };

  public static void main(String args[]) throws Exception {

    for (String string : strings) {
      for (Analyzer analyzer : analyzers) {
        analyze(string, analyzer);
      }
    }

  }

  private static void analyze(String string, Analyzer analyzer)
         throws IOException {
    StringBuffer buffer = new StringBuffer();

    TokenStream stream = analyzer.tokenStream("contents",
                                   new StringReader(string));

    TermAttribute term = stream.addAttribute(TermAttribute.class);

    while(stream.incrementToken()) {                     ◁— 检索语汇单元
      buffer.append("[");
      buffer.append(term.term());
      buffer.append("] ");
    }

    String output = buffer.toString();

    Frame f = new Frame();
    f.setTitle(analyzer.getClass().getSimpleName() + " : " + string);
    f.setResizable(false);

    Font font = new Font(null, Font.PLAIN, 36);
    int width = getWidth(f.getFontMetrics(font), output);

    f.setSize((width < 250) ? 250 : width + 50, 75);
    Label label = new Label(output);                     ◁— 显示分析结果
    label.setSize(width, 75);
    label.setAlignment(Label.CENTER);
```

```
      label.setFont(font);
      f.add(label);

      f.setVisible(true);
    }
    private static int getWidth(FontMetrics metrics, String s) {
      int size = 0;
      int length = s.length();
      for (int i = 0; i < length; i++) {
        size += metrics.charWidth(s.charAt(i));
      }
      return size;
    }
}
```

CJKAnalyzer、ChineseAnalyzer 和 SmartChineseAnalyzer 这 3 个分析器可以在 Lucene 的 contrib 目录中找到；它们不包含在 Lucene 的核心版本中。为了避免任何可能由于控制台输出的编码或字体被损坏等原因引起的混乱，ChineseDemo 程序中使用了一个 AWT Label 组件用于显示输出，如图 4.8 所示。

```
public class ChineseDemo {
  private static String[] strings = {"道德经"};

  private static Analyzer[] analyzers = {
    new SimpleAnalyzer        [道德经]
    new StandardAnalyzer      [道][德][经]   CENE_CURRENT),
    new ChineseAnalyzer       [道][德][经]
    new CJKAnalyzer           [道德][德经]
    new SmartChineseAnalyzer  [道德][经]
  };
}
```

图 4.8 ChineseDemo 类展示了如何对标题“道德经”进行分析

CJKAnalyzer 类将每两个前后相连的字符组合在一起。这是因为很多的 CJK 单词都是由两个字符所组成。通过这种方式对字符进行组合后，这些新组成的词语就可以保存在一起了（不过不能组成词语的两个字也被组合在一起，这将增大索引文件的规模）。在我们的例子中 ChineseAnalyzer 使用了一个更为简单的方法，它使用 Lucene 中内置的 StandardAnalyzer 类将中文句子切分成单个汉字从而得到结果。由多个汉字组成的词语按照构成它的每个汉字而被切分为各个单独的项。最后，SmartChineseAnalyzer 用到概率知识来针对简化汉字进行优化查询。

4.8.5 有关非英语语种分析的其他问题

当你在同一索引中处理各种不同语种时所碰到的主要障碍是：如何处理文本编码。这时 StandardAnalyzer 仍然是 Lucene 中最好的通用内置分析器，它甚至还可以用于处理 CJK 字符；不过捐赠的 SmartChineseAnalyzer 类似乎更适用于对中文进行分析。

当希望把由多种语言构成的文档编入同一索引时，你最好为每个文档都指定相应的分析器。你或许想要在文档中加入一个域用于表示该文档使用的语种；该域可以用于过滤搜索结果，还可以在检索期间用于显示相关内容。在 6.3.4 小节中，我们将展示如何从用户使用的浏览器中检索对应的地区信息，这个功能可以用来在搜索期间选择对应的分析器。

最后要介绍的是语种检测。和字符编码一样，语种检测也超出了 Lucene 所涉及的范围，不过它对你的搜索程序来说可能是很重要的。在本书中我们并不对语种检测技术加以讨论，但它的确是当前可供选择的搜索技术中较为活跃的研究领域之一（参见附录 D）。

4.9 Nutch 分析

我们不可能得到 Google 的源代码，但可以得到与之相似的开源项目 Nutch 的源代码，它是由 Lucene 的开发者 Doug Cutting 开发的。Nutch 对文本的分析方式很有趣，它对停用词做了一些特殊处理，在 Nutch 中将停用词称为常用项（common terms）。如果搜索程序对所有的单词都进行了索引，那么大量的文档都将与诸如 the 在内的各个常用项相关。此时，如果对 the 进行查询将显得毫无意义，因为这将返回大量让你眼花缭乱的包含了该项的文档。如果在查询中使用了常用项，并且该常用项不是包含在带有其他修饰词或引号的某个短语中，那么程序将忽略这些常用词，例如，在短语 the quick brown 中，常用词 the 将被忽略。不过假如把这个短语放入双引号中，比如“the quick brown”，情况就会发生微妙变化，我们将在本节中详细讨论这个变化。

Nutch 把索引期间进行分析所使用的二元语法技术（bigram 将两个连续的单词作为一个单一的语汇单元）与查询期间对短语的优化技术结合在一起。这种结合可以大大减小搜索时需要考虑的文档范围；例如，包含词组 the quick 的文档比包含 the 的文档就要少得多。利用 Nutch 的一些内部组件，我们创建了一个简单的示例程序，用来展示 Nutch 在分析方面所使用的小技巧。Shingles 的 contrib 程序包也提供了同样功能。程序 4.15 首先是利用 NutchDocumentAnalyzer 类分析短语“The quick brown…”，然后分析短语“the quick brown”，以此来说明 Nutch 是如何创建 Lucene 中的 Query 对象的。

程序 4.15 NutchExample：示范 Nutch 的分析和查询解析技术

```
public class NutchExample {

  public static void main(String[] args) throws IOException {         ❶ 自定义分析器
    Configuration conf = new Configuration();
    conf.addResource("nutch-default.xml");
    NutchDocumentAnalyzer analyzer = new NutchDocumentAnalyzer(conf);  <-

    TokenStream ts = analyzer.tokenStream("content",
                        new StringReader("The quick brown fox..."));
    int position = 0;
    while(true) {     <-
      Token token = ts.next();       ❷ 显示语汇单元细节
      if (token == null) {
```

```
            break;
        }
        int increment = token.getPositionIncrement();

        if (increment > 0) {
          position = position + increment;
          System.out.println();
          System.out.print(position + ": ");
        }

        System.out.print("[" +
                         token.termText() + ":" +
                         token.startOffset() + "->" +
                         token.endOffset() + ":" +
                         token.type() + "] ");
      }
      System.out.println();

      Query nutchQuery = Query.parse("\"the quick brown\"", conf);
      org.apache.lucene.search.Query luceneQuery;
      luceneQuery = new QueryFilters(conf).filter(nutchQuery);
      System.out.println("Translated: " + luceneQuery);
    }
  }
```

解析为 Nutch 的 Query 类 ❸

创建转换后的 LuceneQuery 类

❶ Nutch 使用自定义分析器 `NutchDocumentAnalyzer`。需要注意的是，Nutch 内置了 Lucene 早期版本（版本 2.4），这也说明了为什么它还在使用基于 `Token` 类和 `TokenStream` 类的 `next()` 方法的老分析器 API。这些老的 API 已经被 3.0 后续版本的基于属性的 API 代替了。

❷ 程序递归访问语汇单元并打印其细节信息。

❸ 程序创建了 Nutch 查询，并使用 Nutch 的 `QueryFilters` 对象来将 `Query` 对象转换为可重写的 Lucene `Query` 对象。

分析器的输出展示了“the quick”短语是如何转换成二元词组的，这里单词 the 并没有被忽略。这个二元词组会被 Nutch 置于与 the 相同的语汇单元位置中：

```
1: [the:0->3:<WORD>] [the-quick:0->9:gram]
2: [quick:4->9:<WORD>]
3: [brown:10->15:<WORD>]
4: [fox:16->19:<WORD>]
```

由于在分析时会创建额外的语汇单元，索引会随之增大，但付出这个代价是值得的，因为它提升了对精确短语（exace-phrase）的查询速度。除此之外它还会带来其他好处，即索引时不会丢弃任何一个项。

在查询期间，Nutch 也会对短语进行分析和优化。Lucene 的 Query 实例对查询表达式“`the quick brown`”的输出如下（回忆一下 3.3.2 小节中与 `Query` 类的 `toString()` 方法相关的内容）：

```
Translated: +(url:"the quick brown"^4.0 anchor:"the quick brown"^2.0
  content:"the-quick quick brown" title:"the quick
  brown"^1.5 host:"the quick brown"^2.0)
```

通过提高 url、anchor、title 和 host 域的加权因子，Nutch 的 Query 对象还能够使用精确短语对这些域进行搜索。Content 域子句被优化为每一位置上都只包含了一个二元词组形式，而在该位置上还附加了一个<WORD>类型的语汇单元。

这个例子只是有关 Nutch 如何处理索引期间分析以及如何 Query 对象的一个概述。Nutch 还在不断发展、优化并且已经融合了多种索引和查询技术。我们通常只需要在 content 域中考虑二元词组的问题就可以了，不过当文档库不断增大时，是否要对其他域进行优化还需要进一步论证。你也可以使用 shingles contrib 模块实现上述同样的功能，具体参见 8.2.3 小节。

4.10 小结

虽然分析功能只是 Lucene 的一个方面，不过它却是最需要重视的内容。只有在索引过程中经过分析所产生的词才是能被搜索到的。当然，有时只使用 `StandardAnalyzer` 也能满足你的需要，实际上对于很多搜索程序来说这个类就已经够用了。不过，对分析过程的理解仍然是非常重要的。那些认为分析结果理当如此的用户往往会陷入困惑之中，因为它们不能理解为什么对“to be or not to be”的搜索没有返回结果（或许是因为这些停用词已经被移除了的缘故吧）。

在索引期间合并分析器往往只需要一行代码，但程序内部的运行机制或许会包括很多复杂过程，比如停用词的移除以及单词词干的还原等。移除一些单词可以缩小索引文件的规模，但是同时也可能会对精确查询带来不利的影响。

因为完全通用的分析方法是不存在的，所以当开始进行分析时，你可能需要根据不同的应用领域来调整对应的分析过程。Lucene 一流的分析器可以把每个内部的分析过程简化为只对文本的分析，这使得读者可以重复利用基本的组件来构建自定义的分析器。当你使用分析器时，请务必使用 `AnalyzerUtils` 类或其他类似的类，因为用这种类获得的文本是用于切分各个语汇单元的第一手材料。如果你在分析过程中更改了所使用的分析器，则应该用这个新的分析器来重建索引，这样才能保证应用程序采用同样的方式来对全部文档进行分析。

到目前为止，通过 4 章的学习，我们已对 Lucene 的主要组件有了初步的认识，这些组件包括：索引、分析和搜索。在下一章中，我们会通过讲解 Lucene 的高级搜索功能来深入了解搜索。

第 5 章　高级搜索技术

本章要点

- 为所有文档加载域值
- 对搜索结果进行过滤和排序
- 跨度查询和功能查询
- 使用项向量
- 停止较慢的搜索

很多使用 Lucene 来实现搜索功能的应用程序都可以利用第 3 章介绍的 API 来完成。但是有些项目若单靠前面介绍的基本搜索机制仍然无法实现其功能。可能你需要使用安全过滤器来限制文档对于特定用户的可被搜索程度，或者你想按照特定的域来排列搜索结果，如标题域等，而不是根据搜索结果与查询语句的相关性来排列。在使用项向量的情况下，你可以找到与现有文档类似的文档，或者可以自动将文档分类。功能查询允许你使用任意的逻辑为查询结果进行评分，你可以根据新近程度来对关联评分进行加权。本章将涵盖上面提到的所有功能。

本章要讲到的高级搜索技术包括：

- 创建跨度查询，这是一个高级查询技术，它会密切注意匹配搜索的每个项的位置信息；
- 使用 MultiPhraseQuery 类在短语范围类进行同义词查询；
- 使用 FieldSelector 来对更好地控制文档域的加载；

- 针对 Lucene 多个索引的搜索；
- 超时情况下终止搜索；
- 使用 QueryParser 变体来一次性搜索多个域。

我们将要介绍的第一项内容为 Lucene 的域缓存，它是一个构建模块，也是很多 Lucene 高级搜索功能的基础。

5.1 Lucene 域缓存

有时你需要能够很快地访问各个文档中某个域的值。Lucene 的倒排索引是不支持这个的，因为它已经为了快速访问所有文档中所包含的特定项而做了优化处理。被存储的域和项向量使你可以通过文档号来访问所有的域值，但它们的加载速度比较慢，并且通常不能同时生成超过一页的搜索结果。

Lucene 的域缓存是一个高级的内部 API，创建它的目的就是为了满足以上需求。需要注意的是，域缓存是一项用户不可见的搜索功能；并且它在某种程度上是一个构建模块，一个实用的内部 API，当程序需要完成高级搜索功能时你可以使用它。通常你的应用程序不会直接使用域缓存，但高级搜索功能需要使用它，如根据域值对搜索结果进行排序（我们将在下一节中介绍），以及在后台使用域缓存等。除了排序功能，Lucene 的一些内置过滤器和一些功能查询都会在内部使用域缓存，因此重要的是理解这其中的性能取舍。

还有一些需要直接使用域缓存的真实案例。也许你为每个需要在搜索期间访问，以及需要从存储于分离数据库或其他存储系统的值进行检索的文档建立了唯一的标识。也许你希望根据发布时间对文档进行加权，因此你就需要能够快速访问每个文档的发布日期（具体示例我们将在 5.7.2 小节给出）。在一个商业环境中，可能你的文档对应于产品，每个产品都有自己的装运重量（针对每个文档都以浮点或双精度类型存储），并且你希望在每个商品的搜索结果中都立即标出对应的搬运开销。这些需求都能够通过 Lucene 的域缓存 API 轻易解决。

使用域缓存的一个重要限制就是所有文档都必须拥有一个与指定域对应的单一域值。这意味着域缓存不能处理从 Lucene 3.0 版本开始出现的多值域，但也有可能当你读到此处时该限制已经被解除了。

NOTE 域缓存只能用于包含单个项的域。这通常意味着该域在被索引时需要使用参数 `Index.NOT_ANALYZED` 或 `Index.NOT_ANALYZED_NO_NORMS`，如果使用诸如 `Keyword-Analyzer` 等分析器的话，这些域还是可以被分析的，该分析过程只产生一个语汇单元。

我们将首先介绍如何直接使用域缓存。举例来说，在建立自定义的过滤器或者功能查询时，你需要能够访问所有文档的某个域值。然后我们将讨论在使用域缓存时对应的 RAM 和 CPU 性能权衡。最后，我们会讨论同时针对单个段中域缓存的访问。下面我们开始介绍域缓存 API。

5.1.1 为所有文档加载域值

你可以轻松地使用域缓存来加载一个针对指定的域、而对应文档是根据文档号进行索引的域值数组。举例来说，如果每个文档都有一个称之为“weight”的域，那么你就可以获得每个文档中该域的域值，操作如下：

```
float[] weights = FieldCache.DEFAULT.getFloats(reader, "weight");
```

然后，在需要知道产品文档重量的时候加入引用 `weights[docID]` 即可。域缓存支持很多本地数据类型：byte、short、int、long、float、double、string 以及 `StringIndex` 类，最后一项包括 string 值的排序顺序。

对于给定的 reader 和域进行首次域缓存访问时，程序将访问所有的文档值并以一维大数组的形式加载将其加载至内存，并记录至内部缓存，其主键为 reader 实例和域名。对于较大的索引来说，该处理过程非常耗时。而随后的调用则会很快从缓存中返回相同的数组。只有当程序关闭 reader 并去掉引用后才会清除缓存中的数据记录（以 reader 为主键的 `WeakHashMap` 是在后台使用的）。这意味着使用域缓存进行的首次搜索会花费一定的代价来进行数据填充。如果索引足够大，这个开销将会非常高，所以对于实际的查询程序来说，最好是在使用 `IndexSearcher` 之前对其进行预处理，具体将在 11.2.2 小节介绍。

重要的是在内存中将域缓存的使用进行分类。数值域需要使用本地类型的数值，并乘以文档数。对于 String 类型，每个文档中独立的项都会被缓存。对于高度唯一的域来说，如标题域，这会消耗大量内存，因为 Java 的 String 对象本身就要占用较大存储空间。`StringIndex` 域缓存用于根据 String 域进行排序，它还需要保存额外的 int 类型数组，用来表示对应的所有文档的排列顺序。

NOTE 域缓存会消耗大量内存；每条数据都需要为之分配一个本地类型数组，该数组长度与对应 reader 中的文档数量相等。只有当程序关闭 reader 并删除其对应的所有引用并且程序启动垃圾收集任务时，域缓存的内容才会被清除。

5.1.2 段对应的 reader

自版本 2.9 起，Lucene 就开始讲所有搜索结果集中起来并且一次性针对一个段进行结果排序。这意味着被 Lucene 核心功能传入域缓存的 reader 参数将永远为一个 reader 对应一个段。当重新打开一个 `IndexReader` 时，这个处理方式能带来很大好处；只有新生成的段才必须加载至域缓存。

但这意味着你必须避免将最顶层的 `IndexReader` 直接传入域缓存来加载域值，因为随后你会将这些值加载两次，这样会消耗两倍的所需内存空间。通常，你会需要一些高级的定制类型值，如自定义的 `Collector`、`Filter` 或 `FieldComparatorSource`（具体请参考第 6 章）。所有的这些类都是随单段 reader 提供的，而你必须一次将这些 reader

传入域缓存以检索域值。如果域缓存占用了太多内存，并且你开始怀疑最顶层 reader 可能已被意外传入域缓存的话，可以尝试使用 `setInfoStream` 这个 API 来生成调试信息。以上案例，加上其他场景（如将同一个 reader 和域以两种不同类型进行加载）会使得程序输出对应的详细信息，该信息将打印在程序提供的 `PrintStream` 对象中。

NOTE 要避免将最顶层 reader 直接传入域缓存 API。如果 Lucene 再将单个段所对应的 reader 传入域缓存 API 的话，这会导致程序消耗两倍的所需内存空间。

现在我们已学会如何在程序中以构建模块的形式直接使用域缓存，下面我们将介绍 Lucene 一个比较有价值的功能，它在程序内部使用域缓存用于域排序。

5.2 对搜索结果进行排序

在默认情况下，Lucene 通过关联评分对匹配文档进行降序排列，这样就使得关联性最强的文档被排在首位。这种默认排序方式的效果是很好的，因为它会尽可能使得用户能在首先出现的几个搜索结果中找到自己所需要的文档，而不是翻页找寻。然而，你也经常需要为用户提供选项以实现各种不同的排序方式。

举例来说，若要搜索一本书，可能想要将搜索结果按照类别分组显示，并且每个类别的书要按照与查询语句、或者用户先要的标题的关联性来排列。在 Lucene 以外使用程序搜集和排列这些结果就可以实现这个功能。但在搜索结果数量较多的情况下，这种操作会遇到程序性能上的瓶颈。本节我们将介绍以上两种功能的实现，并且会探究各种其他排列搜索结果的方法，包括通过一个或多个域值按照升序或降序排列。

记住，在后台进行结果排序从域缓存中加载所有文档的相关域值，因此在执行此项操作时需要对根据情况进行性能上的取舍。

在下面的章节中，我们讲从如何在搜索过程中指定自定义的排序方式开始，具体从两个特殊的排序方式开始，即关联性排序（Lucene 默认排序方式）方式和索引排序方式。然后我们将介绍如何通过域值排序，这还包括可选择地进行反向排序。接着我们会讨论如何通过多个排序标准进行排序。最后我们将展示如何指定域的类型或 Locale（语言地区），这对于确保正确的排序顺序是很重要的。

5.2.1 根据域值进行排序

`IndexSearcher` 类包含了几个可重载的 search 方法。到目前为止，我们只讲述了基本的 `search(Query,int)` 方法，它返回的是按相关性降序排列的结果。而能够对结果进行排序的方法为 `search(Query,Filfer,int,Sort).Filter`。如果不需要对结果进行过滤的话，需要将 Filter 对象置为 null，有关 Filter 对象将在 5.6 小节提到。

在默认情况下，接受 Sort 对象参数的 search 方法不会对匹配文档进行任何评分操作。

因为评分操作会消耗大量的系统性能，并且很多程序在通过域排序时并不需要进行评分操作。如果你的应用程序并不需要评分操作，那么最好是使用默认搜索方法。当需要使用其他搜索方法时，可以使用 IndexSearcher 类的 setDefaultFieldSortScoring() 方法，该方法有两个布尔类型参数：doTrackScores 和 doMaxScore。如果 doTrackScores 参数为 true，那么每个搜索命中结果都会被进行评分操作。如果 doMaxScore 为 true，那么程序将对最大分值的搜索命中结果进行评分操作。需要注意的是，后者通常会耗费更多的系统资源，因为前者只对最有效的搜索结果进行评分操作。举例来说，当我们需要显示搜索结果的对应评分时，我们会将 doTrackScores 置为 true，而将 doMaxScore 置为 false。

本节我们将全程使用程序 5.1 和程序 5.2 中的代码，以展示排序效果。程序 5.1 包含 displayResults()方法，它负责执行搜索操作并打印每项搜索结果的相关细节。程序 5.2 是针对每类排序方式调用 displayResults()方法的主方法。该程序可以通过在本书源代码目录处输入 ant SortingExample 运行。

程序 5.1 通过域排列搜索结果

```
public class SortingExample {
  private Directory directory;

  public SortingExample(Directory directory) {
    this.directory = directory;
  }

  public void displayResults(Query query, Sort sort)        ❶
      throws IOException {
    IndexSearcher searcher = new IndexSearcher(directory);

    searcher.setDefaultFieldSortScoring(true, false);        ❷

    TopDocs results = searcher.search(query, null,           ❸
                                      20, sort);

    System.out.println("\nResults for: " +                   ❹
        query.toString() + " sorted by " + sort);

    System.out.println(StringUtils.rightPad("Title", 30) +
      StringUtils.rightPad("pubmonth", 10) +
      StringUtils.center("id", 4) +
      StringUtils.center("score", 15));
   PrintStream out = new PrintStream(System.out, true, "UTF-8");    ❺

   DecimalFormat scoreFormatter = new DecimalFormat("0.######");
   for (ScoreDoc sd : results.scoreDocs) {
     int docID = sd.doc;
     float score = sd.score;
     Document doc = searcher.doc(docID);
     System.out.println(
       StringUtils.rightPad(
           StringUtils.abbreviate(doc.get("title"), 29), 30) +
       StringUtils.rightPad(doc.get("pubmonth"), 10) +       ❻
       StringUtils.center("" + docID, 4) +
       StringUtils.leftPad(
          scoreFormatter.format(score), 12));
```

```
    out.println("      " + doc.get("category"));
    //out.println(searcher.explain(query, docID));    <-- ❼
  }
  searcher.close();
}
```

Sort 对象❶会对域的排序信息顺序进行封装。我们通过询问 IndexSearcher❷来计算每次搜索命中评分。然后我们调用重载的 search 方法来接收自定义的 Sort 对象❸。我们使用 Sort 类的 toString 方法❹来描述该类自身，然后创建 PrintStream 对象来接收 UTF-8 编码输出❺，最后使用 Apache Common Lang 针对列输出格式而提供的 StringUtils 类❻。稍后你会找到一个查看查询说明的理由。就目前来说，它是被注释掉的❼。

现在你已了解到 displayResults 方法的工作方式，程序 5.2 展示了如何调用该方法来打印本节余下的结果。

程序 5.2　通过不同域排序时显示搜索结果

```
public static void main(String[] args) throws Exception {
  Query allBooks = new MatchAllDocsQuery();

  QueryParser parser = new QueryParser(Version.LUCENE_30,          ❶ 创建查询语句测试
                                       "contents",
                                       new StandardAnalyzer(
                                         Version.LUCENE_30));

  BooleanQuery query = new BooleanQuery();
  query.add(allBooks, BooleanClause.Occur.SHOULD);
  query.add(parser.parse("java OR action"),
            BooleanClause.Occur.SHOULD);

  Directory directory = TestUtil.getBookIndexDirectory();          ❷ 创建示例 runner
  SortingExample example = new SortingExample(directory);

  example.displayResults(query, Sort.RELEVANCE);

  example.displayResults(query, Sort.INDEXORDER);

  example.displayResults(query,
      new Sort(new SortField("category", SortField.STRING)));

  example.displayResults(query,
      new Sort(new SortField("pubmonth", SortField.INT, true)));
  example.displayResults(query,
    new Sort(new SortField("category", SortField.STRING),
      SortField.FIELD_SCORE,
      new SortField("pubmonth", SortField.INT, true)
    ));

  example.displayResults(query,
      new Sort(new SortField[] {SortField.FIELD_SCORE,
      new SortField("category", SortField.STRING)}));
  directory.close();
}
```

该排列例程使用了特殊的查询语句❶。该查询语句被设计成能够匹配所有结果，同时还能针对某些查询命中结果给出更高的评分，这样就能产生一些评分变化，以用于相关性排序。接下来的示例 runner 是采用本书源代码中的书籍索引示例代码❷构建的。

现在你已了解到如何进行排序，我们接下来会研究结果排序的多种方法。我们将逐

步分析程序 5.2 中 displayResults()方法的每种调用方式。

5.2.2　按照相关性进行排序

Lucene 按照相关程度对结果进行降序排列，这也称为默认评分方式。该方式可以通过将 Sort 对象参数置为 null 传递给相关方法或者使用缺省排序方法来实现。每种调用方式都会返回默认评分排序。其中 Sort.RELEVANCE 与 new Sort()等效：

```
example.displayResults(query, Sort.RELEVANCE);
example.displayResults(query, new Sort());
```

由于在使用 Sort 对象时会产生额外开销，所以当你在希望按照相关程度进行排序时，请尽可能使用 search(Query, int)方法。程序 5.2 就是如何按照相关性进行排序的例子：

```
example.displayResults(allBooks, Sort.RELEVANCE);
```

程序的相关性输出如下（注意降序排列的评分列）：

```
Results for: *:* (contents:java contents:action) sorted by <score>
Title                               pubmonth    id      score
Lucene in Action, Second E... 201005        7       1.052735
   /technology/computers/programming
Ant in Action                       200707      9       1.052735
   /technology/computers/programming
Tapestry in Action                  200403      10      0.447534
   /technology/computers/programming
JUnit in Action, Second Ed... 201005        11      0.429442
   /technology/computers/programming
Tao Te Ching 道德经                 200609      0       0.151398
   /philosophy/eastern
Lipitor Thief of Memory             200611      1       0.151398
   /health
Imperial Secrets of Health... 199903        2       0.151398
   /health/alternative/chinese
Nudge: Improving Decisions... 200804        3       0.151398
   /health
Gödel, Escher, Bach: an Et... 199905        4       0.151398
   /technology/computers/ai
Extreme Programming Explained 200411        5       0.151398
   /technology/computers/programming/methodology
Mindstorms: Children, Comp... 199307        6       0.151398
   /technology/computers/programming/education
The Pragmatic Programmer            199910      8       0.151398
   /technology/computers/programming
A Modern Art of Education           200403      12      0.151398
   /education/pedagogy
```

Sort 类的 toString()方法的输出<score>栏，该栏反映出按照相关性评分的降序排列。请注意那些具有相同评分的搜索命中结果的数量，但是在这些评分相同的搜索命中结果集中，它们还是按照文档 ID 进行升序排列的。Lucene 内部通常会按照文档 ID 添加一个隐含的最终排序，这样才能与你具体指定的排序规则区别开来。

5.2.3　按照索引顺序进行排序

如果想根据文档的索引顺序进行排序，可以在 searcher 方法中使用 Sort.INDEXORDER 作为参数：

```
example.displayResults(query, Sort.INDEXORDER);
```

下面是输出结果。请注意文档 ID 栏是升序排列的：

```
Results for: *:* (contents:java contents:action) sorted by <doc>
Title                                pubmonth   id    score
Tao Te Ching 道德经                  200609     0     0.151398
   /philosophy/eastern
Lipitor Thief of Memory              200611     1     0.151398
   /health
Imperial Secrets of Health... 199903     2     0.151398
   /health/alternative/chinese
Nudge: Improving Decisions... 200804     3     0.151398
   /health
Gödel, Escher, Bach: an Et... 199905     4     0.151398
   /technology/computers/ai
Extreme Programming Explained 200411     5     0.151398
   /technology/computers/programming/methodology
Mindstorms: Children, Comp... 199307     6     0.151398
   /technology/computers/programming/education
Lucene in Action, Second E... 201005     7     1.052735
   /technology/computers/programming
The Pragmatic Programmer             199910     8     0.151398
   /technology/computers/programming
Ant in Action                        200707     9     1.052735
   /technology/computers/programming
Tapestry in Action                   200403     10    0.447534
   /technology/computers/programming
JUnit in Action, Second Ed... 201005     11    0.429442
   /technology/computers/programming
A Modern Art of Education            200403     12    0.151398
   /education/pedagogy
```

对于索引排序来说，文档顺序一旦建立就不会再改变，这是很有趣的一个现象。但是如果你需要重新索引文档，先前的文档顺序就不会再有效了，因为新索引的文档会有新的 ID，索引最后会根据这些新的 ID 进行排序。因此在上面的例子中，索引顺序是不确定的。

迄今为止，我们只通过评分或文档索引顺序进行了排序操作。事实上在没有指定排序方式时，Lucene 就是根据文档的评分来完成排序操作的，而根据文档索引顺序进行的排序操作方式实际上并没有太大作用。下面我们将要讨论的是通过文档中某个域进行排序。

5.2.4　通过域进行排序

通过文本域排序首先要求该域整个被索引成单个语汇单元，如 2.4.6 小节所述。一般这需要使用 Field.Index.NOT_ANALYZED 参数或 Field.Index.NOT_ANALYZED_NO_NORMS 参数。分开来讲，你可以选择是否存储该域。在前面的书籍测试索引中，类别域是用参数 Field.Index.NOT_ANALYZED 和 Field.Store.YES 进行索引的，这样就允许针对该域进行排序。NumericField 实例会为排序而自动进行对应的索引操作。如果需要通过域进行排序，你必须创建一个 Sort 对象，并在对象的初始化方法中指定域名参数：

```
example.displayResults(query,
    new Sort(new SortField("category", SortField.STRING)));
```

下面是根据类别域进行排序的例子。注意结果中是按照类别域的字母顺序升序排列的：

```
Results for: *:* (contents:java contents:action)
➥   sorted by <string: "category">
Title                              pubmonth   id     score
A Modern Art of Education          200403     12     0.151398
    /education/pedagogy
Lipitor Thief of Memory            200611     1      0.151398
    /health
Nudge: Improving Decisions...      200804     3      0.151398
    /health
Imperial Secrets of Health...      199903     2      0.151398
    /health/alternative/chinese
Tao Te Ching 道德经                200609     0      0.151398
    /philosophy/eastern
Gödel, Escher, Bach: an Et...      199905     4      0.151398
    /technology/computers/ai
Lucene in Action, Second E...      201005     7      1.052735
    /technology/computers/programming
The Pragmatic Programmer           199910     8      0.151398
    /technology/computers/programming
Ant in Action                      200707     9      1.052735
    /technology/computers/programming
Tapestry in Action                 200403     10     0.447534
    /technology/computers/programming
JUnit in Action, Second Ed...      201005     11     0.429442
    /technology/computers/programming
Mindstorms: Children, Comp...      199307     6      0.151398
    /technology/computers/programming/education
Extreme Programming Explained      200411     5      0.151398
    /technology/computers/programming/methodology
```

5.2.5 倒排序

在默认情况下，Lucene 针对域（包括相关性排序和文档 ID 排序）的排序方向使用的是自然排序方式。自然排序会对相关度采用降序排序，但对其他域会采用升序排序。针对每个域的自然排序方式都可以进行倒序处理。例如，下面是最新出版的书籍目录：

```
example.displayResults(allBooks,
    new Sort(new SortField("pubmonth", SortField.INT, true)));
```

在我们的书籍测试索引中，pubmonth 域被索引为 NumericField 类型对象，这里的年份和月份被合并为整型值。例如，201005 被索引为整数 201 005，注意，这时的 pubmonth 是按照降序排列的：

```
Results for: *:* (contents:java contents:action)
➥   sorted by <int: "pubmonth">!
Title                              pubmonth   id     score
Lucene in Action, Second E...      201005     7      1.052735
    /technology/computers/programming
```

```
JUnit in Action, Second Ed... 201005      11      0.429442
    /technology/computers/programming
Nudge: Improving Decisions... 200804      3       0.151398
    /health
Ant in Action                 200707      9       1.052735
    /technology/computers/programming
Lipitor Thief of Memory       200611      1       0.151398
    /health
Tao Te Ching 道德经            200609      0       0.151398
    /philosophy/eastern
Extreme Programming Explained 200411      5       0.151398
    /technology/computers/programming/methodology
Tapestry in Action            200403      10      0.447534
    /technology/computers/programming
A Modern Art of Education     200403      12      0.151398
    /education/pedagogy
The Pragmatic Programmer      199910      8       0.151398
    /technology/computers/programming
Gödel, Escher, Bach: an Et... 199905      4       0.151398
    /technology/computers/ai
Imperial Secrets of Health... 199903      2       0.151398
    /health/alternative/chinese
Mindstorms: Children, Comp... 199307      6       0.151398
    /technology/computers/programming/education
```

其中 sorted by “pubmouth”!<doc>申明表明这里是根据 pubmouth 域进行反向自然排序的（按照出版月份进行降序排列，即首先出现最新出版的书）。这里需要注意，在同一月份出版的两本书是通过文档 ID 顺序进行相对排序的。

5.2.6 通过多个域进行排序

当初次排序后还会因为多个具有相等值而导致排序不精确的话，这时通过多个域进行排序就显得很重要了。其实 Lucene 已经暗含了根据多个域进行排序的操作，因为 Lucene 会自动根据文档 ID 来断开它们之间的连接。你可以通过传入多个 SortFields 对象来显式创建 Sort 对象，以此控制参与排序的域。下面的例子将类别域的字母排序作为主要排序方式，接着对类别相同的书籍按照评分进行排序，而对于评分相同的情况，则按照出版月份进行降序排序：

```
example.displayResults(query,
   new Sort(new SortField("category", SortField.STRING),
            SortField.FIELD_SCORE,
            new SortField("pubmonth", SortField.INT, true)
            ));
```

可以从排序结果中看到，程序首先根据类别进行排序，然后根据评分排序。例如 /technology/computers/programming 目录类别有多本书籍，程序针对这些书籍首先进行相关性评分的降序排列，然后进行出版日期的降序排列：

```
Results for: *:* (contents:java contents:action)
➥  sorted by <string: "category">,<score>,<int: "pubmonth">!
Title                          pubmonth     id      score
A Modern Art of Education      200403       12      0.151398
    /education/pedagogy
```

```
Nudge: Improving Decisions... 200804     3          0.151398
   /health
Lipitor Thief of Memory       200611     1          0.151398
   /health
Imperial Secrets of Health... 199903     2          0.151398
   /health/alternative/chinese
Tao Te Ching 道德经           200609     0          0.151398
   /philosophy/eastern
Gödel, Escher, Bach: an Et... 199905     4          0.151398
   /technology/computers/ai
Lucene in Action, Second E... 201005     7          1.052735
   /technology/computers/programming
Ant in Action                 200707     9          1.052735
   /technology/computers/programming
Tapestry in Action            200403     10         0.447534
   /technology/computers/programming
JUnit in Action, Second Ed... 201005     11         0.429442
   /technology/computers/programming
The Pragmatic Programmer      199910     8          0.151398
   /technology/computers/programming
Mindstorms: Children, Comp... 199307     6          0.151398
   /technology/computers/programming/education
Extreme Programming Explained 200411     5          0.151398
   /technology/computers/programming/methodology
```

实际上，Sort 实例内部保存了一个 SortFields 数组，但只有上例中才能显示看到这个数组，在其他示例中，我们都是使用一种快捷方式来创建 SortField 数组的。每个 SortField 对象都包含域名、域类型和反向排序标志位。另外，SortField 对象还包含集中域类型的常量，它们是 SCORE、DOC、STRING、BYTE、SHORT、INT、LONG、FLOAT 和 DOUBLE。其中 SCORE 和 DOC 常量是用于针对相关性和文档 ID 进行排序的特殊类型。

5.2.7 为排序域选择类型

在搜索期间，应用程序已经为搜索设置好用于排序的域以及相应的域类型。而我们应该早在索引期间就指定程序的排序功能；不过，如果使用自定义的排序类，你也可以再搜索时才指定程序的排序功能，具体情况可以参考 6.1 小节。2.4.6 小节曾探讨了索引期间的排序设计。如果程序使用 NumericField 类进行索引的话，就能实现针对数值的排序。与针对字符串类型的排序相比，针对数值的排序会更少消耗系统内存；5.1 小节我们曾深入讨论了对应处理方式的系统性能状况。

如果要针对字符串进行排序，你可能需要指定你自己所在的语言地区（Locale），这正是下节我们将要提到的内容。

5.2.8 使用非默认的 locale 方式进行排序

当你按照 SortField.STRING 类型排序时，程序内部会默认地调用 String.compareTo() 方法来确定排列次序。不过，如果需要另一种不同的排列顺序，SortField 类允许你通过制定一个本地化的方法来达到这个目的。Collator 对象是通过 Collator.getInstance(Locale)

方法来初始化的，而 Collator.compare()方法则用于决定排序方式。在指定 Locale 对象时，有两个可重载的 SortField 初始化方法可用：

```
public SortField (String field, Locale locale)
public SortField (String field, Locale locale, boolean reverse)
```

这两个构造方法所创建的对象都是按照 SortField.STRING 类型排序的 SortField 对象，因为 Locale 对象只适用于字符类型的排序，而不能用于数值类型。

本节我们展示了如何通过 Lucene 来对搜索结果进行精确排序。你已了解到如何通过相关程度进行排序，这是 Lucene 默认排序方式，以及如何通过索引顺序和域值进行排序。另外你也已了解到如何进行反向排序，以及如何利用多个排序规则。通常 Lucene 针对关联程度的默认排序方式是最好的，但对于需要进行精确排序控制的程序来说，Lucene 也能提供解决方案。下面我们来看看一个针对短语搜索的有趣方案。

5.3 使用 MultiPhraseQuery

Lucene 内置的 MultiPhraseQuery 类是一种可以适用于特殊应用的 Query 类，但实际上它还有很多其他用途。MultiPhraseQuery 类与 PhraseQuery 类似，区别在于前者允许在同一位置上针对多个项的查询。你也可以通过其他方法完成同样的逻辑功能，但这样会以高昂的系统消耗为代价，如通过使用 BooleanQuery 类或者逻辑“或”连接符将所有可能的短语进行联合查询。

举例来说，假如我们需要搜索与 *speedy fox* 相关的所有文档，就可以在 *fox* 前面加上 *quick* 或 *fast* 这样的词。另一种查询方法就是使用 MultiPhraseQuery 类。在下面的例子里，我们索引了两个由同义词词组组成的文档。其中一个文档使用词组“the quick brown fox jumped over the lazy dog”，而另一个文档则使用词组“the fast fox hopped over the hound”，正如下面 setUp()方法所表示的那样：

程序 5.3 搭建索引用于测试 MultiPhraseQuery 类

```
public class MultiPhraseQueryTest extends TestCase {
  private IndexSearcher searcher;

  protected void setUp() throws Exception {
    Directory directory = new RAMDirectory();
    IndexWriter writer = new IndexWriter(directory,
                                    new WhitespaceAnalyzer(),

    IndexWriter.MaxFieldLength.UNLIMITED);
    Document doc1 = new Document();
    doc1.add(new Field("field",
              "the quick brown fox jumped over the lazy dog",
              Field.Store.YES, Field.Index.ANALYZED));
    writer.addDocument(doc1);
    Document doc2 = new Document();
    doc2.add(new Field("field",
              "the fast fox hopped over the hound",
```

```
            Field.Store.YES, Field.Index.ANALYZED));
    writer.addDocument(doc2);
    writer.close();

    searcher = new IndexSearcher(directory);
  }
}
```

程序 5.4 中包含的测试方法显示了通过向 MultiPhraseQuery 对象中顺序添加一个或多个项来使用 MultiPhraseQuery 类 API 的方式。

程序 5.4 使用 MultiPhraseQuery 类对同一位置上多个项进行匹配操作

```
public void testBasic() throws Exception {
  MultiPhraseQuery query = new MultiPhraseQuery();
  query.add(new Term[] {
      new Term("field", "quick"),          允许其中一个项被首
      new Term("field", "fast")            先匹配
  });
  query.add(new Term("field", "fox"));     <- 允许单个项被随
  System.out.println(query);                  后匹配

  TopDocs hits = searcher.search(query, 10);
  assertEquals("fast fox match", 1, hits.totalHits);

  query.setSlop(1);
  hits = searcher.search(query, 10);
  assertEquals("both match", 2, hits.totalHits);
}
```

同 PhraseQuery 类类似，PhrasePrefixQuery 也支持 slop 因子。在 testBasic() 方法中，该因子用来在第二次搜索中匹配短语"quick brown fox"；如果使用默认为 0 的 slop 因子，就匹配不到这个短语。作为补充，示例程序 5.5 展示的测试方法表明了用 BooleanQuery 类能够实现同样的功能，它通过针对短语"quick fox"设置 slop 因子来实现。

程序 5.5 用 BooleanQuery 类模拟 MultiPhraseQuery 类的功能

```
public void testAgainstOR() throws Exception {
  PhraseQuery quickFox = new PhraseQuery();
  quickFox.setSlop(1);
  quickFox.add(new Term("field", "quick"));
  quickFox.add(new Term("field", "fox"));

  PhraseQuery fastFox = new PhraseQuery();
  fastFox.add(new Term("field", "fast"));
  fastFox.add(new Term("field", "fox"));

  BooleanQuery query = new BooleanQuery();
  query.add(quickFox, BooleanClause.Occur.SHOULD);
  query.add(fastFox, BooleanClause.Occur.SHOULD);
  TopDocs hits = searcher.search(query, 10);
  assertEquals(2, hits.totalHits);
}
```

PhrasePrefixQuery 类与在 BooleanQuery 类的 add()方法中所使用的 PhraseQuery 类的不同之处在于：PhrasePrefixQuery 类中的 slop 因子的作用范围是查询过程中的所有短语；而在 PhraseQuery 中，一个 slop 因子只能作用于一个短语。

当然，通常来说，对项进行硬编码（hard-coding）是不现实的。针对 PhrasePrefixQuery 类的一种可能的使用方法是，向短语位置动态插入同义词，这样就能获得精确度相对较低的查询匹配。例如，你可以向程序中嵌入基于 WordNet 的代码（有关 WordNet 和 Lucene 的更多内容请参考 9.3 小节）。正如程序 5.6 所示，当分析器针对短语中的语汇单元使用 0 位置增量的情况下，QueryParser 类会生成 MultiPhraseQuery 对象来搜索被双引号所包含的项。

程序 5.6　使用 QueryParser 类生成 MultiPhraseQuery 对象

```
public void testQueryParser() throws Exception {
  SynonymEngine engine = new SynonymEngine() {
      public String[] getSynonyms(String s) {
        if (s.equals("quick"))
          return new String[] {"fast"};
        else
          return null;
      }
    };

  Query q = new QueryParser(Version.LUCENE_30,
                            "field",
                            new SynonymAnalyzer(engine))
    .parse("\"quick fox\"");

  assertEquals("analyzed",
      "field:\"(quick fast) fox\"", q.toString());
  assertTrue("parsed as MultiPhraseQuery", q instanceof MultiPhraseQuery);
}
```

下面我们将分析 MultiFieldQueryParser 类，该类用于针对多个域的查询。

5.4　针对多个域的一次性查询

在本书的样本数据里，我们只对几个域进行了索引，它们是：标题、类别、作者、主题等。然而用户在搜索时，他可能想要一次性针对所有这些域进行搜索。这样就需要用户拼写出所有域名，但除了一些特殊情况，这种要求对用户来说显得太高了。用户更倾向于程序能在默认情况下就搜索所有域，而只在一些特殊情况下单独搜索某个域。下面我们将介绍该策略的 3 种可能的实现方式。

第一种实现方式就是创建多值的全包含域来对所有域的文本进行索引，这我们已经在本书测试索引中的 contents 域实现过。一定要在添加域值时对域值之间的空格进行位置增量处理，我们已在 4.7.1 小节讨论过，这样能避免程序错误地将两个域之间的域值进行查询匹配操作。然后程序就可以对这个全包含域进行搜索了。该方案有一些缺陷：你不能直接对每个域的加权进行控制[1]，并且假如你还分开使用这些域的话，它会浪费磁盘空间。

第二种实现方式就是使用 MultiFieldQueryParser，它是 QueryParser 的子类。

[1] 如果使用有效载荷的话（这是一项高级内容，将在 6.5 小节介绍），就可以在全包含域中进行其中每个域的加权控制。

它在会在后台程序中实例化一个 QueryParser 对象，用来针对每个域进行查询表达式的解析，然后使用 BooleanQuery 将查询结果合并起来。当程序向 BooleanQuery 添加查询子句时，默认操作符 OR 被用于最简单的解析方法中。为了实现更好的控制，布尔操作符可以使用 BooleanClause 的常量指定给每个域，如果需要指定的话可以使用 BooleanClause.Occur.MUST，如果禁止指定可以使用 BooleanClause.Occur.MUST_NOT，或者普通情况为 BooleanClause.Occur.SHOULD。

程序 5.7 展示了这个重量级的 QueryParser 的使用方法。testDefaultOperator() 方法首先会使用 title 域和 subject 域来解析查询表达式“development”。该测试用例表示文档匹配操作是基于以上两个域进行的。第二个测试用例中，testSpecifiedOperator() 通过设置来要求程序必须匹配所有指定域的查询表达式，并且使用查询语句“lucene”进行搜索。

程序 5.7 MultiFieldQueryParser 类一次性搜索多个域

```
public void testDefaultOperator() throws Exception {
  Query query = new MultiFieldQueryParser(Version.LUCENE_30,
                                          new String[]
                                            {"title", "subject"},
      new SimpleAnalyzer()).parse("development");

  Directory dir = TestUtil.getBookIndexDirectory();
  IndexSearcher searcher = new IndexSearcher(
                               dir,
                               true);
  TopDocs hits = searcher.search(query, 10);

  assertTrue(TestUtil.hitsIncludeTitle(
        searcher,
        hits,
        "Ant in Action"));

  assertTrue(TestUtil.hitsIncludeTitle(
        searcher,
        hits,
        "Extreme Programming Explained"));     // 标题域中包含 development
  searcher.close();
  dir.close();
}

public void testSpecifiedOperator() throws Exception {
  Query query = MultiFieldQueryParser.parse(Version.LUCENE_30,
      "lucene",
      new String[]{"title", "subject"},
      new BooleanClause.Occur[]{BooleanClause.Occur.MUST,
            BooleanClause.Occur.MUST},
      new SimpleAnalyzer());

  Directory dir = TestUtil.getBookIndexDirectory();
  IndexSearcher searcher = new IndexSearcher(
                               dir,
                               true);
  TopDocs hits = searcher.search(query, 10);

  assertTrue(TestUtil.hitsIncludeTitle(
        searcher,
```

```
            hits,
            "Lucene in Action, Second Edition "));
    assertEquals("one and only one", 1, hits.scoreDocs.length);
    searcher.close();
    dir.close();
}
```

MultiFieldQueryParser 有一些使用限制，这主要是由它使用 QueryParser 的方式导致的。你不能对 QueryParser 所支持的任何设置进行控制，你将被限制在使用默认设置，如默认的本地日期解析以及 zero-slop 默认短语查询等。

如果选择使用 MultiFieldQueryParser，那么一定要确保使用第 3 章和第 4 章介绍的 QueryParser 和 Analyzer 诊断技术进行查询语句的正确组装。使用 QueryParser 进行分析时会出现大量的奇怪的情况，而使用 MultiFieldQueryParser 时这些情况会更加复杂化。MultiFieldQueryParser 的一个重要缺陷就是它会生成更多的复杂查询，而 Lucene 必须对每条查询分别进行测试，这样会比使用全包含域速度更慢。

用于自动查询多值域的第三种实现方式就是使用高级 DisjunctionMaxQuery 类，它会封装一个或多个任意的查询，将匹配的文档进行 OR 操作。你可以使用 BooleanQuery 完成这个功能，正如 MultiFieldQueryParser 所完成的那样，但 DisjunctionMaxQuery 的有趣之处在于它的评分方式：当某个文档匹配到多于一条查询时，该类会将这个文档的评分记为最高分，而与 BooleanQuery 相比，后者会将所有匹配的评分详加。这样能产生更好的终端用户相关性。

DisjunctionMaxQuery 还包含一个可选的仲裁器，因此所有处理都是平等的，一个匹配更多查询的文档能够获得更高的评分。为了用 DisjunctionMaxQuery 进行多值域查询，你需要穿件一个新的基于域的 Query，该 Query 得包含所有需要用到的域，然后使用 DisjunctionMaxQuery 的 add 方法来包含这个 Query。

以上哪种实现方式更适合你的应用程序呢？答案是“看情况”，因为这里存在一些重要的取舍。全包含域是一个简单的解决方案——但这个方案只能对搜索结果进行简单排序并且可能浪费磁盘空间（程序可能对同样的文本索引两次），但这个方案可能会获得最好的搜索性能。MultiFieldQueryParser 生成的 BooleanQuery 会计算所有查询所匹配文档的评分总和（而 DisjunctionMaxQuery 则只选取最大评分），然后他能够实现针对每个域的加权。你必须对以上 3 种解决方案都进行测试，同时需要一起考虑搜索性能和搜索相关性，然后再找出最佳方案。

下面我们将转到跨度查询，这是一种高级查询，它允许你进行基于位置信息的匹配操作。

5.5 跨度查询

Lucene 包含了一个建立在 SpanQuery 类基础上的整套查询体系，大致反映了 Lucene 的 Query 类体系。本节提到的跨度查询是指域中的起始语汇单元和终止语汇单元的位置。

我们回忆一下 4.2.1 小节在分析期间生成的语汇单元，它包含了与前一个语汇单元相对的位置信息。该位置信息与 SpanQuery 子类联合后，可以允许更多的复杂查询，如查询所有靠近短语“President Obama”且包含短语“health care reform.”的文档。

迄今为止，我们讨论过的查询类型都不适用于针对上述短语的位置感知（position-aware）查询。你可能会使用“president obama”和“health care reform”这样的搜索条件，但通过这些短语搜索到得文档可能并不是我们所需要的，因为在这些结果中的两个短语可能会隔得很远。在一些典型应用中，相对于 PhraseQuery 来说，SpanQuery 类被用来提供更丰富的位置感应搜索功能。SpanQuery 类还经常与有效载荷联合使用，用来访问索引期间创建的有效载荷，具体请参考 6.5 小节。

在搜索期间，跨度查询所跟踪的文档要比匹配的文档要多：每个单独的跨度（每个域可包含多个跨度）都会被跟踪。与 TermQuery 做个比较，TermQuery 只是对文档进行简单的匹配操作，而 SpanTermQuery 除了完成这个功能外，还会保留每个匹配文档对应的项位置信息。总的来说，跨度查询是一种计算密集型操作。举例来说，当 TermQuery 找到包含对应项的文档时，它会记录该匹配文档并且进行下一个文档的查询操作；而 SpanTermQuery 却必须列举出该项在该文档中所有的出现地点。

SpanQuery 基类包含 6 个子类，如表 5.1 所示。我们将通过程序 5.8 中的简单示例来说明这些 SpanQuery 子类：程序中我们将对两个文档进行索引，其中一个被索引成短语“the quick brown fox jumps over the lazy dog”而另外一个会被索引成短语“the quick red fox jumps over the sleepy cat.”我们会为这些文档中的每个项创建一个单独的 SpanTermQuery 对象，并设置 3 个帮助性的 assert 方法。最后，我们将创建各种类型的跨度查询来验证其功能。

表 5.1 **SpanQuery 类家族**

SpanQuery 类型	描述
SpanTermQuery	和其他跨度查询类型结合使用。单独使用时相当于 TermQuery
SpanFirstQuery	用来匹配域中首部分的各个跨度
SpanNearQuery	用来匹配临近的跨度
SpanNotQuery	用来匹配不重叠的跨度
FieldMaskingSpanQuery	封装其他 SpanQuery 类，但程序会认为已匹配到另外的域。该功能可用于针对多个域的跨度查询
SpanOrQuery	跨度查询的聚合匹配

程序 5.8 SpanQuery 测试架构

```
public class SpanQueryTest extends TestCase {
  private RAMDirectory directory;
  private IndexSearcher searcher;
  private IndexReader reader;
```

```
  private SpanTermQuery quick;
  private SpanTermQuery brown;
  private SpanTermQuery red;
  private SpanTermQuery fox;
  private SpanTermQuery lazy;
  private SpanTermQuery sleepy;
  private SpanTermQuery dog;
  private SpanTermQuery cat;
  private Analyzer analyzer;
  protected void setUp() throws Exception {
    directory = new RAMDirectory();

    analyzer = new WhitespaceAnalyzer();
    IndexWriter writer = new IndexWriter(directory,
                                         analyzer,
                                   IndexWriter.MaxFieldLength.UNLIMITED);

    Document doc = new Document();
    doc.add(new Field("f",
        "the quick brown fox jumps over the lazy dog",
        Field.Store.YES, Field.Index.ANALYZED));
    writer.addDocument(doc);

    doc = new Document();
    doc.add(new Field("f",
        "the quick red fox jumps over the sleepy cat",
        Field.Store.YES, Field.Index.ANALYZED));
    writer.addDocument(doc);

    writer.close();

    searcher = new IndexSearcher(directory);
    reader = searcher.getIndexReader();

    quick = new SpanTermQuery(new Term("f", "quick"));
    brown = new SpanTermQuery(new Term("f", "brown"));
    red = new SpanTermQuery(new Term("f", "red"));
    fox = new SpanTermQuery(new Term("f", "fox"));
    lazy = new SpanTermQuery(new Term("f", "lazy"));
    sleepy = new SpanTermQuery(new Term("f", "sleepy"));
    dog = new SpanTermQuery(new Term("f", "dog"));
    cat = new SpanTermQuery(new Term("f", "cat"));
  }

  private void assertOnlyBrownFox(Query query) throws Exception {
    TopDocs hits = searcher.search(query, 10);
    assertEquals(1, hits.totalHits);
    assertEquals("wrong doc", 0, hits.scoreDocs[0].doc);
  }

  private void assertBothFoxes(Query query) throws Exception {
    TopDocs hits = searcher.search(query, 10);
    assertEquals(2, hits.totalHits);
  }

  private void assertNoMatches(Query query) throws Exception {
    TopDocs hits = searcher.search(query, 10);
    assertEquals(0, hits.totalHits);
  }
}
```

有了这些基础设置，我们就能探索 Lucene 的跨度查询了。我们首先从学习如何使用 SpanTermQuery 开始。

5.5.1 跨度查询的构建模块：SpanTermQuery

要实现跨度查询功能，需要用到 SpanTermQuery 类。从 Lucene 的内部运行机制来看，SpanQuery 对象会一直跟踪它所匹配的结果：对于每个正在进行匹配操作的文档，它都会记录下一连串的起始/结束位置。就该类自身而言，其匹配文档的方式与 TermQuery 一样，只不过它还需要记录下相同项在每个文档中出现的不同位置。总的来说，你不会只使用 SpanTermQuery 这个查询类（而是使用 TermQuery 类）；如果使用的话，你只会将该类作为其他 SpanQuery 类的输入参数。

图 5.1 展示了如下代码的匹配效果：

```
public void testSpanTermQuery() throws Exception {
  assertOnlyBrownFox(brown);
  dumpSpans(brown);
}
```

图 5.1 单词 brown 的 SpanTermQuery 对象

因为在下面的其他测试中都会用到名为 brown 的 SpanTermQuery 对象，所以这个对象会在本书源代码 SpanQueryTest 类的 setUp()方法中被创建，正如上一小节中的代码所示。在这个类里我们还定义了一个名为 dumpSpans()的方法，该方法可以让我们看到一些跨度查询输出结果。dumpSpans()方法使用 SpanQuery 的一些底层 API 来为我们输出想要的结果；除了在诊断某些异常时用到以外，一般情况向我们是不会用到 SpanQuery 的这些底层 API 的，因而我们在此就不再对它进行详细讲解。对于异常的诊断，每个 SpanQuery 子类都为 dumpSpans()方法提供了一个用于诊断的 toString()方法，如程序 5.9 所示：

程序 5.9 dumpSpans()方法用于查看所有匹配 SpanQuery 的跨度查询结果

```
private void dumpSpans(SpanQuery query) throws IOException {
  Spans spans = query.getSpans(reader);
  System.out.println(query + ":");
  int numSpans = 0;

  TopDocs hits = searcher.search(query, 10);
  float[] scores = new float[2];
  for (ScoreDoc sd : hits.scoreDocs) {
    scores[sd.doc] = sd.score;
  }

  while (spans.next()) {          <-- 处理所有跨度
```

```
    numSpans++;

    int id = spans.doc();
    Document doc = reader.document(id);

    TokenStream stream = analyzer.tokenStream("contents",
                            new StringReader(doc.get("f")));
    TermAttribute term = stream.addAttribute(TermAttribute.class);
    StringBuilder buffer = new StringBuilder();
    buffer.append("   ");
    int i = 0;
    while(stream.incrementToken()) {
      if (i == spans.start()) {
        buffer.append("<");
      }
      buffer.append(term.term());
      if (i + 1 == spans.end()) {
        buffer.append(">");
      }
      buffer.append(" ");
      i++;
    }
    buffer.append("(").append(scores[id]).append(") ");
    System.out.println(buffer);
  }

  if (numSpans == 0) {
    System.out.println("   No spans");
  }
  System.out.println();
}
```

检索文档

重新分析文本

处理所有语汇单元

在各个跨度之间打印 < and >连接符

dumpSpans(brown)方法的输出结果为：

```
f:brown:
   the quick <brown> fox jumps over the lazy dog (0.22097087)
```

更有趣的是，dumpSpans()方法从 SpanTermQuery 对象中得到了有关单词“the”的如下输出结果：

```
dumpSpans(new SpanTermQuery(new Term("f", "the")));

f:the:
   <the> quick brown fox jumps over the lazy dog (0.18579213)
   the quick brown fox jumps over <the> lazy dog (0.18579213)
   <the> quick red fox jumps over the sleepy cat (0.18579213)
   the quick red fox jumps over <the> sleepy cat (0.18579213)
```

程序不仅匹配到了两个文档，而且每个文档都包含两个用括号突出显示的 SpanTermQuery 所查询的“the”项。SpanTermQuery 基类被用作其他 SpanQuery 子类的构建模块。下面我们看看如何匹配那些在域起点包含某些项的文档。

5.5.2 在域的起点查找跨度

一般而言，我们可以使用 SpanFirstQuery 类对出现在域中前面某位置的跨度进行查询。图 5.2 展示了 SpanFirstQuery 使用实例。

下面这段测试代码展示了匹配和不匹配两种情况：

```
public void testSpanFirstQuery() throws Exception {
  SpanFirstQuery sfq = new SpanFirstQuery(brown, 2);
  assertNoMatches(sfq);

  dumpSpans(sfq);

  sfq = new SpanFirstQuery(brown, 3);
  dumpSpans(sfq);
  assertOnlyBrownFox(sfq);
}
```

在第一次查询中，由于 SpanFirstQuery 对象 sfq 设置的跨度 2 太小，以至于没有找到匹配单词 brown 的文档；而第二次查询的跨度为 3，该跨度范围内桥耗能找到匹配的结果（如图 5.2 所示）。任何一个 SpanQuery 对象都可以在 SpanFirstQuery 中使用，Lucene 会在指定的跨度范围内对这个 SpanQuery 对象进行查询，SpanFirstQuery 的跨度则限定在域的前面指定数量（在上例中分别为 2 和 3）个位置范围之内。跨度查询结果与原先使用 SpanQuery 对象查询得到的结果一样，正如我们在 5.5.1 小节看到的，dumpSpans() 方法针对单词 brown 有相同的输出。

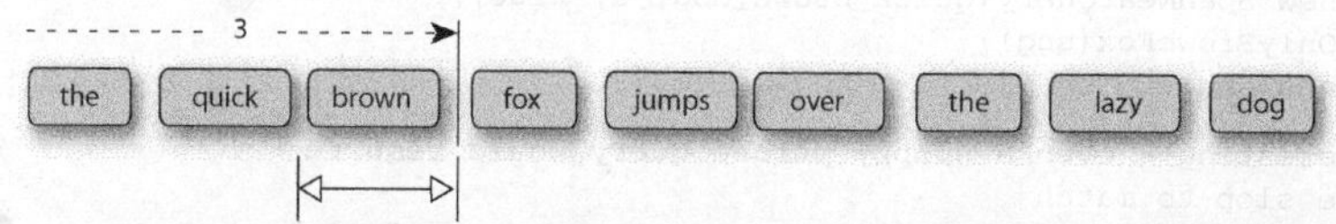

图 5.2 SpanFirstQuery 类要求在域的开始几个位置范围内进行跨度查询匹配

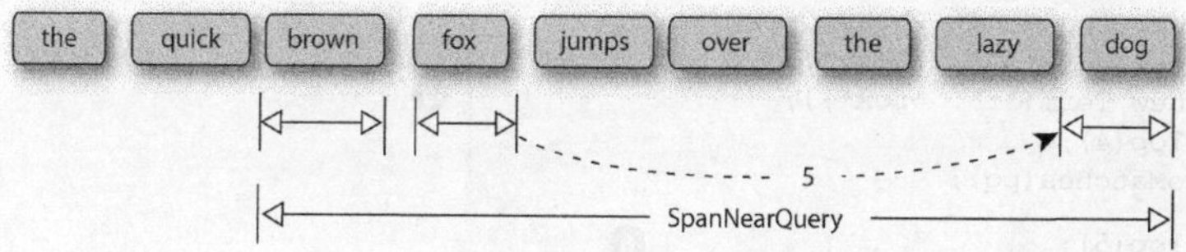

图 5.3 SpanNearQuery 要求在域内相邻几个位置范围内进行跨度查询匹配

5.5.3 彼此相邻的跨度

PhraseQuery 对象（参见 3.4.6 小节）匹配到的文档所包含的项通常是彼此相邻的，考虑到原文档在查询项之间可能有一些中间项，或为了支持倒排项查询，Lucene 的开发者在 PhraseQuery 类中设置了一个 slop 因子用于满足上述需要。SpanNearQuery 的执行过程和 PhraseQuery 类似，但两者也存在一些重要区别。SpanNearQuery 会在一定位置范围内对跨度查询对象进行匹配，并且用一个独立的标记来表示这些查询对象必须按照指定的顺序操作，或者是允许按照倒排顺序进行匹配操作。匹配结果的跨度范围是从第一个跨度的起始位置到最后一个跨度的结束位置。图 5.3 中的 SpanNearQuery 对象包含了 3 个 SpanTermQuery 对象。

在 SpanNearQuery 中将 SpanTermQuery 对象作为 SpanQuery 使用的效果，与使

用 PhraseQuery 的效果非常相似。但是，SpanNearQuery 的 slop 因子却没有 PhraseQuery 的 slop 因子那么复杂，因为 SpanNearQuery 的 slop 因子不需要附加至少 2 个位置来记录倒排跨度。如果你需要对 SpanNearQuery 对象进行倒排，只需要将 inOrder 标志（类构造方法的第 3 个参数）置为 false 就可以了。程序 5.10 展示了 SpanNearQuery 类包含的一些方法，并说明了该类与 PhraseQuery 类之间的关系。

程序 5.10 使用 SpanNearQuery 进行相邻匹配

```
public void testSpanNearQuery() throws Exception {
  SpanQuery[] quick_brown_dog =
      new SpanQuery[]{quick, brown, dog};
  SpanNearQuery snq =
    new SpanNearQuery(quick_brown_dog, 0, true);         ❶
  assertNoMatches(snq);
  dumpSpans(snq);

  snq = new SpanNearQuery(quick_brown_dog, 4, true);      ❷
  assertNoMatches(snq);
  dumpSpans(snq);

  snq = new SpanNearQuery(quick_brown_dog, 5, true);      ❸
  assertOnlyBrownFox(snq);
  dumpSpans(snq);

  // interesting - even a sloppy phrase query would require
  // more slop to match
  snq = new SpanNearQuery(new SpanQuery[]{lazy, fox}, 3, false);   ❹
  assertOnlyBrownFox(snq);
  dumpSpans(snq);

  PhraseQuery pq = new PhraseQuery();
  pq.add(new Term("f", "lazy"));
  pq.add(new Term("f", "fox"));                           ❺
  pq.setSlop(4);
  assertNoMatches(pq);

  pq.setSlop(5);                                          ❻
  assertOnlyBrownFox(pq);
}
```

❶ 对 3 个位置上连续的项进行的查询没有匹配到任何文档。

❷ 把 slop 因子设为 4，查询相同的项仍然没有匹配到任何文档。

❸ 将 SpanNearQuery 对象的 slop 因子设为 5，找到一个匹配的文档。

❹ 因为嵌套在 SpanNearQuery 内的两个 SpanTermQuery 对象 lazy 以及 fox 在文档中出现的顺序与它们在 SpanTermQuery 中添加的顺序是相反的，所以要将 inOrder 标志设置为 false。这时，只需要 slop 因子设为 3 就可以找到一个匹配文档了。

❺ 我们使用与 SpanNearQuery 相似的 PhraseQuery 类，即使把 slop 因子设为 4 仍然找不到匹配的文档。

❻ 使用 PhraseQuery 类时，要将 slop 因子设为 5 才能找到匹配的文档。

这里我们仅仅展示了使用内置 SpanTermQuery 对象的 SpanNearQuery 类，但实际上 SpanNearQuery 可以使用任何类型的 SpanQuery 对象作为其参数。我们将会在程序

5.11 中展示 SpanNearQuery 类的更多复杂用法，那里 SpanNearQuery 对象将与 SpanOrQuery 对象结合使用。下面我们看看 SpanNotQuery 类的用法。

5.5.4 在匹配结果中排除重叠的跨度

SpanNotQuery 会排除那些与 SpanQuery 对象相交叠的文档。下面的代码说明了这一点：

```
public void testSpanNotQuery() throws Exception {
  SpanNearQuery quick_fox =
      new SpanNearQuery(new SpanQuery[]{quick, fox}, 1, true);
  assertBothFoxes(quick_fox);
  dumpSpans(quick_fox);

  SpanNotQuery quick_fox_dog = new SpanNotQuery(quick_fox, dog);
  assertBothFoxes(quick_fox_dog);
  dumpSpans(quick_fox_dog);

  SpanNotQuery no_quick_red_fox =
      new SpanNotQuery(quick_fox, red);
  assertOnlyBrownFox(no_quick_red_fox);
  dumpSpans(no_quick_red_fox);
}
```

SpanNotQuery 构造方法中第一个参数表示要包含的跨度对象，第二个参数则表示要排除的跨度对象。我们在代码中加入 dumpSpans() 方法，看看程序会输出什么样的结果。以下列出的是各种 Java 查询语句生成的不同结果：

```
SpanNearQuery quick_fox =
        new SpanNearQuery(new SpanQuery[]{quick, fox}, 1, true);
spanNear([f:quick, f:fox], 1, true):
   the <quick brown fox> jumps over the lazy dog (0.18579213)
   the <quick red fox> jumps over the sleepy cat (0.18579213)
SpanNotQuery quick_fox_dog = new SpanNotQuery(quick_fox, dog);
spanNot(spanNear([f:quick, f:fox], 1, true), f:dog):
   the <quick brown fox> jumps over the lazy dog (0.18579213)
   the <quick red fox> jumps over the sleepy cat (0.18579213)

SpanNotQuery no_quick_red_fox =
        new SpanNotQuery(quick_fox, red);
spanNot(spanNear([f:quick, f:fox], 1, true), f:red):
   the <quick brown fox> jumps over the lazy dog (0.18579213)
```

使用 SpanNearQuery 对象查询时，匹配了两个文档，这是因为 quick 和 fox 在这两个文档中都只相隔了一个位置。用第一个名为 quick_fox_dog 的 SpanNotQuery 对象进行查询时，仍然匹配到两个文档，因为 quick_fox 对象的跨度范围与 dog 对象没有出现交叠。而用第二个名为 no_quick_red_fox 的 SpanNotQuery 对象进行查询时，却没有匹配到第二个文档，这是因为 red 对象与 quick_fox 的跨度范围有交叠。值得注意的是，跨度匹配的最终结果是由原来在 SpanNotQuery 构造方法中要包含的跨度对象所决定的，跨度排除对象只是用来决定是否存在交叠，进而排除它们。

我们最后要讲到的查询对象很适用于联合多个 SpanQuery 进行查询。

5.5.5 SpanOrQuery 类

最后要介绍的是 SpanOrQuery 类，它在构造方法中对一个 SpanQuery 对象的集合进行了封装。下面我们用一个例子加以说明，该查询功能用英文来表述是：all documents that have ""quick fox" near "lazy dog" or that have "quick fox" near "sleepy cat."。图 5.4 说明了前一分句描述的情形。这个分句是指在 SpanNearQuery 对象里包含两个 SpanNearQuery 对象 quick_fox 和 lazy_dog，而这两个对象又分别包含两个 SpanTermQuery 对象。

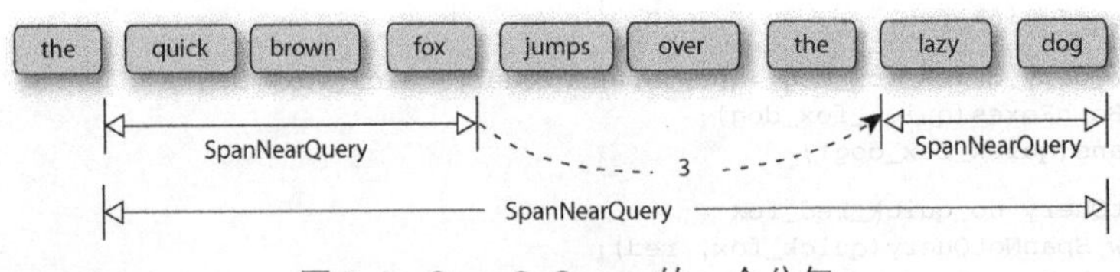

图 5.4 SpanOrQuery 的一个分句

由于我们需要在下面的例子中构造所需的所有 SpanQuery 子类（参见程序 5.11），因此下面的测试用例代码显得有点长。我们使用 dumpSpans() 方法来对代码进行详细分析。

程序 5.11 使用 SpanOrQuery 类联合两个跨度查询

```
public void testSpanOrQuery() throws Exception {
  SpanNearQuery quick_fox =
      new SpanNearQuery(new SpanQuery[]{quick, fox}, 1, true);

  SpanNearQuery lazy_dog =
      new SpanNearQuery(new SpanQuery[]{lazy, dog}, 0, true);

  SpanNearQuery sleepy_cat =
      new SpanNearQuery(new SpanQuery[]{sleepy, cat}, 0, true);

  SpanNearQuery qf_near_ld =
      new SpanNearQuery(
          new SpanQuery[]{quick_fox, lazy_dog}, 3, true);
  assertOnlyBrownFox(qf_near_ld);
  dumpSpans(qf_near_ld);

  SpanNearQuery qf_near_sc =
      new SpanNearQuery(
          new SpanQuery[]{quick_fox, sleepy_cat}, 3, true);
  dumpSpans(qf_near_sc);

  SpanOrQuery or = new SpanOrQuery(
      new SpanQuery[]{qf_near_ld, qf_near_sc});
  assertBothFoxes(or);
  dumpSpans(or);
}
```

为了能够跟踪最终的 OR 查询结果的生成过程，我们使用了上文已经多次使用的 dumpSpans() 方法。下面我们队这个例程的输出进行分析：

```
SpanNearQuery qf_near_ld =
        new SpanNearQuery(
            new SpanQuery[]{quick_fox, lazy_dog}, 3, true);
spanNear([spanNear([f:quick, f:fox], 1, true),
          spanNear([f:lazy, f:dog], 0, true)], 3, true):
   the <quick brown fox jumps over the lazy dog> (0.3321948)

SpanNearQuery qf_near_sc =
        new SpanNearQuery(
            new SpanQuery[]{quick_fox, sleepy_cat}, 3, true);
spanNear([spanNear([f:quick, f:fox], 1, true),
          spanNear([f:sleepy, f:cat], 0, true)], 3, true):
   the <quick red fox jumps over the sleepy cat> (0.3321948)

SpanOrQuery or = new SpanOrQuery(
        new SpanQuery[]{qf_near_ld, qf_near_sc});
spanOr([spanNear([spanNear([f:quick, f:fox], 1, true),
                  spanNear([f:lazy, f:dog], 0, true)], 3, true),
        spanNear([spanNear([f:quick, f:fox], 1, true),
                  spanNear([f:sleepy, f:cat], 0, true)], 3, true)]):
   the <quick brown fox jumps over the lazy dog> (0.6643896)
   the <quick red fox jumps over the sleepy cat> (0.6643896)
```

我们用最里层的 SpanTermQuery 对象组成了两个 SpanNearQuery 对象。程序中将这两个对象用于匹配与“lazy dog”(qf_near_ld)邻近的“quick fox”，以及与“sleepy cat”(qf_near_sc)邻近的“quick fox”。最后，我们把这两个 SpanNearQuery 实例合并为一个 SpanOrQuery 实例，从而综合了满足要求的所有跨度匹配结果。

SpanNearQuery 类和 SpanOrQuery 都接受任何其他的 SpanQuery 子类作为其参数，因此你可以由此完成任意嵌套的查询操作。举例来说，假如你想完成“包含短语的短语查询（phrase within a phrase）”，比如子短语“Bob Dylan”用于 slop 因子为 0 的精确查询，以及包含该短语的外部短语“sings”，后者带有非 0 的 slop 因子。这类查询若使用 PhraseQuery 类是无法实现的，因为后者只接受项作为其参数。然而你可以使用嵌套的 SpanNearQuery 类轻易完成这个功能。

5.5.6 SpanQuery 类和 QueryParser 类

到目前为止，QueryParser 类还不能支持任何 SpanQuery 类型，不过 Lucene 捐赠模块中的 QueryParser 类却能支持这一功能。我们将在 9.6 小节介绍这些分析器。

回顾一下 3.4.6 小节中我们所介绍过的，当 slop 因子设定得足够大时，PhraseQuery 就会忽略项的顺序。有趣的是，你可以使用带有 SpanTermQuery 子句的 SpanNearQuery 对象来替代 PhraseQuery，从而能方便地对 QueryParser 进行扩展，并且使得短语查询所匹配的域中包含的项都是按照指定顺序排列的。我们将在 6.3.5 小节介绍相关技术。

现在我们已经讲完 Lucene 跨度查询家族等高级技术。这些高级查询技术能在单个文档范围内，针对文档中的项位置进行精确匹配控制。下面要讲到的 Lucene 高级技术为搜索过滤技术。

5.6 搜索过滤

过滤是 Lucene 中用于缩小搜索空间的一种机制，它把可能的搜索匹配结果仅限制在所有文档的一个子集中。它们可以用来对已经得到的搜索匹配结果进行进一步搜索，以实现在搜索结果中的继续搜索（search-within-search）特性。此外，它们还可以用来限制文档的搜索空间。安全过滤器允许用户只能看见属于“自己的”文档搜索结果，即使这些查询实际上还匹配了其他的文档。我们将在 5.6.7 小节给出一个安全过滤器的例子。

通过重载一个带有 Filter 对象参数的 search()方法，你可以对任何一个 Lucene 搜索进行过滤。下面介绍一些 Lucene 内置的过滤器子类。

- TermRangeFilter 只对包含特定项范围的文档进行匹配操作。功能与 TermRangeQuery 一致，但前者没有评分操作。
- NumericRangeFilter 只对特定域的特定数值范围进行文档匹配操作。功能与 NumericRangeQuery 一致，但前者没有评分操作。
- FieldCacheRangeFilter 针对某个项或者某个数值范围进行文档匹配操作，使用时可以结合 FieldCache（详见 5.1 小节）获得更好的性能表现。
- FieldCacheTermsFilter 针对特定项进行文档匹配操作，使用时可以结合 FieldCache 获得更好的性能表现。
- QueryWrapperFilter 可以将任意 Query 实例转换为 Filter 实例，转换时仅将 Query 实例对应的匹配文档作为过滤空间，该操作忽略文档评分。
- SpanQueryFilter 将 SpanQuery 实例转换成 SpanFilter 实例，这个操作会将 Filter 基类派生为对应的子类并且会在子类中新增一个方法，用于为每个文档匹配操作提供位置跨度访问。该类与 QueryWrapperFilter 类似，只不过前者的转换结果为 SpanQuery 类。
- PrefixFilter 只匹配包含特定域和特定前缀的项的文档。功能与 PrefixQuery 一致，但前者没有评分操作。
- CachingWrapperFilter 是其他过滤器的封装器（Decorator），它将结果缓存起来以便再次使用，从而提高系统性能。
- CachingSpanFilter 与 CachingWrapperFilter 功能一致，但前者的缓冲目标是 SpanFilter。
- FilteredDocIdSet 允许对过滤器进行过滤，一次处理一个文档。使用它时，必须首先派生它的子类，然后在该子类中定义匹配方法。

在你需要使用缓存结果之前，要确定它是由一个小型数据结构（即一个 DocIdBitSet）完成的，在这个数据结构里每一个比特代表一个文档。

除了使用过滤器，我们还可以通过其他方法实现同样的功能，例如：把逻辑与的条件子句合并到 BooleanQuery 对象中。在本节，我们将会讨论各个内置的过滤器及其 BooleanQuery 替代对象，我们首先从 TermRangeFilter 开始。

5.6.1 TermRangeFilter

TermRangeFilter 对特定域的项范围进行过滤，与除去评分功能的 TermRangeQuery 类似。如果域是数值类型的，那么你需要使用 NumericRangeFilter 代替（见下节）。TermRangeFilter 的处理对象是文本域。

作为示例，我们看看标题域的过滤情况，如程序 5.12 所示。我们使用 MatchAllDocsQuery 作为我们的查询对象，然后将标题域过滤器用于该查询。

程序 5.12 使用 TermRangeFilter 过滤文档标题

```
public class FilterTest extends TestCase {
  private Query allBooks;
  private IndexSearcher searcher;

  protected void setUp() throws Exception {          ❶
    allBooks = new MatchAllDocsQuery();
    dir = TestUtil.getBookIndexDirectory();
    searcher = new IndexSearcher(dir);
  }

  protected void tearDown() throws Exception {
    searcher.close();
    dir.close();
  }
  public void testTermRangeFilter() throws Exception {
    Filter filter = new TermRangeFilter("title2", "d", "j", true, true);
    assertEquals(3, TestUtil.hitCount(searcher, allBooks, filter));
  }
}
```

setUp() 方法❶确立了索引中所有书籍的数量基线，并允许在使用外部数据过滤器时进行对比。TermRangeFilter 类的两个初始化方法中的第一个参数都是指索引中的域名。在我们的样本数据中，该域名为 title2，这时通过 Field.NOT_ANALYZED_NO_NORMS 参数将域名转换为小写得到的。TermRangeFilter 类初始化方法中最后两个参数 includeLower 和 includeUpper，决定了过滤范围边界处的两个项是否要被包括在内。

过滤范围还可以选成开区间形式。

开区间范围过滤

TermRangeFilter 还支持开区间范围过滤。如果要过滤某个边界项（闭区间），可以在该边界对应输入参数中传入对应的边界值；反之，可以在该边界位置传入 null（开区间）：

```
filter = new TermRangeFilter("modified", null, jan31, false, true);
filter = new TermRangeFilter("modified", jan1, null, true, false);
```

另外，TermRangeFilter 提供了两个静态方法完成同样功能：

```
filter = TermRangeFilter.Less("modified", jan31);
filter = TermRangeFilter.More("modified", jan1);
```

5.6.2 NumericRangeFilter

NumericRangeFilter 类负责过滤数值范围的文档。其功能与去除评分功能的 NumericRangeQuery 类一致：

```
public void testNumericDateFilter() throws Exception {
  Filter filter = NumericRangeFilter.newIntRange("pubmonth",
                                                 201001,
                                                 201006,
                                                 true,
                                                 true);
  assertEquals(2, TestUtil.hitCount(searcher, allBooks, filter));
}
```

这里我们给出与 NumericRangeQuery 同样的警告，举例来说，如果你指定了与默认情况不同的 precisionStep 方法，那么它必须与索引期间使用的对应方法相匹配。

下面将介绍的过滤器可以同时完成 TermRangeFilter 和 NumericRangeFilter 的功能，但它是基于 Lucene 域缓存构建的。

5.6.3 FieldCacheRangeFilter

FieldCacheRangeFilter 提供了另一种范围过滤选择。它所完成的过滤功能与 TermRangeFilter 和 NumericRangeFilter 加起来一样，但它的使用却是基于 Lucene 的域缓存机制的。使用这个机制可以在某些情况下带来系统性能提升，因为所有的值都提起存储到内存中了。但要注意，域缓存的通常用法请参考 5.1 小节。

FieldCacheRangeFilter 公开了一个 API 来实现范围过滤。下面的代码展示了如何用 TermRangeFilter 来对 title2 进行同样的过滤：

```
Filter filter = FieldCacheRangeFilter.newStringRange("title2",
    "d", "j", true, true);
assertEquals(3, TestUtil.hitCount(searcher, allBooks, filter));
```

为了达到与使用 NumericRangeFilter 相同的过滤效果：

```
filter = FieldCacheRangeFilter.newIntRange("pubmonth",
                                           201001,
                                           201006,
                                           true,
                                           true);
assertEquals(2, TestUtil.hitCount(searcher, allBooks, filter));
```

下面我们看看如何通过任意的项集合进行过滤。

5.6.4 特定项过滤

有时你可能只是想在过滤器中选择特定的项。举例来说，也许你的文档包含一个 Country

域，并且搜索界面展现了一个选择框允许用户选择用于搜索的国家名。这有两种实现方式。

第一种方式就是使用 FieldCacheTermsFilter，它会在后台使用域缓存（请一定要阅读 5.1 小节中有关域缓存的性能取舍问题）。该类在实例化时只需要将域（String 类型）和 String 数组传入即可。

```
public void testFieldCacheTermsFilter() throws Exception {
  Filter filter = new FieldCacheTermsFilter("category",
                   new String[] {"/health/alternative/chinese",
                                 "/technology/computers/ai",
                                 "/technology/computers/programming"});
  assertEquals("expected 7 hits",
               7,
               TestUtil.hitCount(searcher, allBooks, filter));
}
```

所有包含指定域中任意一个项的文档将被接收。需要注意的是，这些文档的每个域都必须有单一的项值。在程序后台，在针对指定域进行搜索期间，当首次使用域缓存时，该过滤器会将所有文档的所有项加载进来。这意味着首次搜索的速度会更慢，但后续的搜索由于是再次使用域缓存，速度将会很快。即使在过滤器中改变指定的项，程序都会重复使用域缓存。

第二种通过项进行过滤的方式就是使用 TermsFilter，该类包含在 Lucene 的 contrib 模块中，我们将在 8.6.4 小节详细介绍。TermsFilter 不进行任何的内部缓存，它允许对拥有超过一个项的域进行过滤；否则 TermsFilter 的功能就和 FieldCacheTermsFilter 一样了。最好的是在自己的应用程序中对以上两种方式都进行测试，看看它们之间是否存在明显的性能差异。

5.6.5 使用 QueryWrapperFilter 类

QueryWrapperFilter 使用查询中匹配的文档来对随后搜索中可以访问的文档进行限制。它允许你将带有评分功能的查询转换为不带评分功能的过滤器。使用 QueryWrapperFilter 可以将被搜索文档限制在特定的类别范围内。

```
public void testQueryWrapperFilter() throws Exception {
  TermQuery categoryQuery =
     new TermQuery(new Term("category", "/philosophy/eastern"));

  Filter categoryFilter = new QueryWrapperFilter(categoryQuery);
  assertEquals("only tao te ching",
               1,
               TestUtil.hitCount(searcher, allBooks, categoryFilter));
}
```

这里我们对所有书籍进行搜索（请参考程序 5.12 中的 setUp()方法），但在搜索时我们使用了过滤器对包含某本书的类别进行了限制。下面我们将介绍如何将 SpanQuery 转换成过滤器。

5.6.6 使用 SpanQueryFilter 类

SpanQueryFilter 完成与 QueryWrapperFilter 一样的功能，区别是前者能够保留

针对每个匹配文档的跨度。下面是使用案例：

```
public void testSpanQueryFilter() throws Exception {
  SpanQuery categoryQuery =
    new SpanTermQuery(new Term("category", "/philosophy/eastern"));

  Filter categoryFilter = new SpanQueryFilter(categoryQuery);

  assertEquals("only tao te ching",
               1,
               TestUtil.hitCount(searcher, allBooks, categoryFilter));
}
```

SpanQueryFilter 添加了 bitSpans 方法，这是你能够检索针对每个匹配文档的查询跨度。只有高级应用程序才会使用跨度（Lucene 在过滤时并不在内部使用它们），因此如果你不需要这个信息，那么最好是只使用 QueryWrapperFilter。

下面我们将介绍如何使用过滤器实现安全约束，这也称为权限过滤。

5.6.7　安全过滤器

文档过滤的另一个例子就是基于文档的安全性来限制其匹配范围。我们的例程中假设各个文档都与其所有者关联在一起，这个关联信息是在索引过程中就已知的。这次我们索引两个文档，两者在关键字域里都包含有 info 项，但是每个文档分别对应不同的所有者，如程序 5.13 所示。

程序 5.13　搭建用于测试安全过滤器的索引

```
public class SecurityFilterTest extends TestCase {

  private IndexSearcher searcher;

  protected void setUp() throws Exception {
    Directory directory = new RAMDirectory();
    IndexWriter writer = new IndexWriter(directory,
                             new WhitespaceAnalyzer(),
                             IndexWriter.MaxFieldLength.UNLIMITED);

    Document document = new Document();
    document.add(new Field("owner",                     ① Elwood
                           "elwood",
                           Field.Store.YES,
                           Field.Index.NOT_ANALYZED));
    document.add(new Field("keywords",
                           "elwood's sensitive info",       ① Elwood
                           Field.Store.YES,
                           Field.Index.ANALYZED));
    writer.addDocument(document);

    document = new Document();
    document.add(new Field("owner",
                           "jake",
                           Field.Store.YES,                 ② Jake
                           Field.Index.NOT_ANALYZED));

    document.add(new Field("keywords",
                           "jake's sensitive info",
                           Field.Store.YES,
                           Field.Index.ANALYZED));
```

```
        writer.addDocument(document);

        writer.close();
        searcher = new IndexSearcher(directory);
    }
}
```

当然，如果我们通过在 keywords 域中使用 TermQuery 来查询 info，可以搜索到两个文档。但是，假设 Jake 正在使用我们程序中的搜索功能，那么对于他来说，就应该只能搜索到他所拥有的文档。我们可以使用一个 QueryWrapperFilter 实例来将搜索空间限制在某个用户所拥有的文档范围之内，从而轻松实现上述功能，如程序 5.14 所示。

程序 5.14 从安全角度出发，通过过滤器使搜索结果文档限定在指定范围之内

```
public void testSecurityFilter() throws Exception {
  TermQuery query = new TermQuery(
                    new Term("keywords", "info"));          ❶

  assertEquals("Both documents match",
               2,                                            ❷
               TestUtil.hitCount(searcher, query));

  Filter jakeFilter = new QueryWrapperFilter(
    new TermQuery(new Term("owner", "jake")));             ❸

  TopDocs hits = searcher.search(query, jakeFilter, 10);
  assertEquals(1, hits.totalHits);
  assertEquals("elwood is safe",                            ❹
               "jake's sensitive info",
      searcher.doc(hits.scoreDocs[0].doc)
               .get("keywords"));
}
```

❶ 这是针对 info 项使用 TermQuery 的一般用法。
❷ 返回所有包含 info 项的文档。
❸ 这里，过滤器把文档搜索范围限制在 jake 所拥有的文档范围内。
❹ 通过对 info 项使用相同的 TermQuery，程序只返回 jake 的文档。

如果你对安全的需求都是像上述程序那样直接的，在索引期间可以将文档和用户或者角色关联起来，这时用一个 QueryWrapperFilter 类就能很好实现。但是一些程序可能需要更多地动态实施各种规则。在 6.4 小节中，我们开发了一个复杂的过滤器，它能用于处理外部信息；该实现方法可能更适用于更为动态的和自定义的安全过滤策略。

5.6.8 使用 BooleanQuery 类进行过滤

你可以通过另一种方式把查询的范围限制在所有文档的一个子集中，即将受限制的 Query 对象作为 BooleanQuery 的一个逻辑与子句绑定到初始的 Query 对象中。尽管事实上这种处理方式和使用过滤器搜索所获得的结果是一样的，它们之间还是有几个显著区别。如果你在 QueryWrapperFilter 对象上使用 CachingWrapperFilter 进行处理，你就能将允许查询的文档缓存起来，这样就能在后续的搜索操作中利用同一个过滤器来提升搜索速度。此外，标准化的文档评分机制可能也有所不同。当你仔细研究评分公式时（见3.3小节）就可以意识到这点了，因为IDF（Inverse Document Frequency，倒排文档频率）因子可能是动态改变的。当你使用 BooleanQuery 集合时，所有包含查询项的文档都被计算入方程中，然而使用过滤器则可以在方程中过滤掉一部分文档，并对倒排文档的频率因子产生一定影响。

下面的测试用例说明了如何使用 BooleanQuery 集合来进行过滤，而且举例说明了它和 testQueryFilter 在评分上的不同：

```
public void testFilterAlternative() throws Exception {
  TermQuery categoryQuery =
     new TermQuery(new Term("category", "/philosophy/eastern"));

  BooleanQuery constrainedQuery = new BooleanQuery();
  constrainedQuery.add(allBooks, BooleanClause.Occur.MUST);
  constrainedQuery.add(categoryQuery, BooleanClause.Occur.MUST);

  assertEquals("only tao te ching",
               1,
               TestUtil.hitCount(searcher, constrainedQuery));
}
```

按上述方式将 BooleanQuery 对象不断聚集的技术与 QueryParser 解析后的查询对象结合在一起，可以使用户能够输入自由形式的查询，并通过一个由API控制的查询将搜索限制在某个文档子集范围内。下面我们将介绍 PrefixFilter 类。

5.6.9 PrefixFilter

PrefixFilter 是 PrefixQuery 的必然结果，它会对包含以特殊前缀开始的项的文档进行匹配。我们可以用 PrefixFilter 来将搜索范围限制在某个指定类别的所有书籍中。

```
public void testPrefixFilter() throws Exception {
  Filter prefixFilter = new PrefixFilter(
                            new Term("category",
                                     "/technology/computers"));
  assertEquals("only /technology/computers/* books",
               8,
               TestUtil.hitCount(searcher,
                                 allBooks,
                                 prefixFilter));
}
```

下面我们将展示如何缓存过滤器以获得更好的系统性能。

5.6.10 缓存过滤结果

当过滤器被缓存并通过 CachingWrapperFilter 重复使用时，它们的最大优势便体现出来了。CachingWrapperFilter 类会自动管理缓存操作（其内部会使用一个 WeakHashMap 对象，从而使得未被引用的条目能够被垃圾收集器清除）。你可以用 CachingWrappingFilter 来对任何过滤器进行缓存。使用过滤器缓存的关键在于 IndexReader，这意味着如果你需要通过缓存来提高搜索性能，就必须使用同一个 IndexReader 实例。如果你没有构造 IndexReader 实例，而只构造了某个路径上的 IndexSearcher 实例，那么为了通过缓存来提高搜索性能，就必须使用相同的 IndexSearcher 实例。当索引的改变需要体现在搜索过程中时，就需要丢弃原来创建的 IndexSearcher 实例和 IndexReader 实例，然后再将它们重新实例化。

为了演示 CachingWrapperFilter 的用法，我们返回到日期边界过滤的例子中。尽管我们想使用 TermRangeFilter 类，但我们又希望通过使用缓存来提高程序性能：

```
public void testCachingWrapper() throws Exception {
  Filter filter = new TermRangeFilter("title2",
                                       "d", "j",
                                       true, true);

  CachingWrapperFilter cachingFilter;
  cachingFilter = new CachingWrapperFilter(filter);
  assertEquals(3,
               TestUtil.hitCount(searcher,
                                 allBooks,
                                 cachingFilter));
}
```

连续使用带有相同的 IndexSearcher 实例的同一个 CachingWrapperFilter 实例，就是用缓存结果而并非使用封装过的过滤器来实现过滤的。

5.6.11 将 filter 封装成 query

我们了解到如何将查询封装为过滤器。你还可以进行反向操作，使用 ConstantScoreQuery 将过滤器转换成查询以用于随后的搜索。生成的查询只对过滤器所包含的文档进行匹配，然后赋予它们与查询加权相等的评分。

5.6.12 对过滤器进行过滤

FilteredDocIdSet 类是一个抽象类，它能够接受一个 filter 参数，在随后的匹配操作期间，只要碰到一个文档，它就会调用对应的 match 方法（即我们所实现的其子类的同名方法）来检查该文档是否匹配。这使得你能够自定义实现 match 方法中的逻辑，并能够对其他过滤器进行动态过滤。该方法效率很高，因为 FilteredDocIdSet 从不为过滤器完全分配字节空间。而实际上，每个匹配操作都是根据程序要求而运行的。

该方法可以用来加强权限操作，特别是在大量权限为静态（当前在索引中）但又需要动态检查一定数量权限的时候非常有用。对于这样一个使用案例，你需要创建一个基于索引内容的标准权限过滤器，然后实现 FilteredDocIdSet 子类，并覆盖其 match 方法以实现自己的动态权限逻辑。

5.6.13 非 Lucene 内置的过滤器

Lucene 不只局限于使用内置的过滤器。在 Lucene 的 contrib 模块有一个过滤器——ChainedFilter，用它可以组成复杂的过滤器链。我们将在 9.1 小节中介绍这部分内容。

编写自定义的过滤器可以讲外部数据作为约束搜索的因素。但是，为了能够使搜索更为高效，我们有必要了解一些关于 Lucene API 的详细内容。我们将在 6.4 小节介绍编写这些过滤器的相关内容。

如果这些可供选择的过滤方案还不能满足你的要求，Lucne 1.4 还增加了另一个有趣的过滤器：FilteredQuery。正如 IndexSearcher 的 search(Query,Filter)一样，FilteredQuery 可以对某个查询进行过滤；因为在 BooleanQuery 对象中，FilteredQuery 也可以被作为一个单独的查询子句来使用。似乎只有在使用自定义过滤器的情况下 FilteredQuery 才会有意义，因此我们将在 6.4.3 小节讲解自定义过滤器的同时介绍 FilteredQuery。

有关过滤器的内容已经讲完了。下一个要介绍的高级技术为功能查询（Function Queries），它能让你自定义控制文档的评分方式。

5.7 使用功能查询实现自定义评分

Lucene 的相关性评分公式我们已在第 3 章讨论过，它完成了大量的针对每个文档相关性处理工作，它是基于文档与查询条件的匹配程度进行评分的。但如果你想要修改或覆盖这个评分机制又该怎么做呢？在 5.2 小节你已看到如何将默认的相关性排序方式修改为通过一个或多个域进行排序，但你如果还需要更灵活的评分机制又该如何做呢？这时你可以使用功能查询来完成这点。

功能查询带给你一定的自由度来通过编程的形式使用自己的逻辑来对匹配文档进行评分。所有用到的类都来自于 org.apache.lucene.search.function 程序包。本节我们将首先介绍功能查询所用到的几个主要类，然后将介绍使用功能查询对最近修改过的文档进行加权的实际案例。

5.7.1 功能查询的相关类

所有功能查询类的基类是 ValueSourceQuery。该查询会对所有文档进行匹配操作，但对每个匹配文档的评分是通过该类初始化时传入的 ValueSource 而设置的。该程序包提供了一个 FieldCacheSource 子类，它负责从域缓存中导出域值。你还可以创建自定义的 ValueSource——举例来说，通过这个自定义的类从外部数据库中导出评分。但很可能最简单的方案是使用 FieldScoreQuery，它是 ValueSourceQuery 的子类，并能从指定的索引域中静态导出每个文档的评分。该域必须是数值型的，并且不能使用 norms 索引，以及每个文档中该域只能由一个语汇单元。通常你可以使用 Field.Index.NOT_ANALYZED_NO_NORMS 参数进行语汇单元化处理。下面我们将给出一个简单的使用案例。首先，文档中需要包含“score”域，如下所示：

```
doc.add(new Field("score",
                  "42",
                  Field.Store.NO,
                  Field.Index.NOT_ANALYZED_NO_NORMS));
```

然后，创建功能查询：

```
Query q = new FieldScoreQuery("score", FieldScoreQuery.Type.BYTE);
```

该查询会对所有文档进行匹配操作，并根据文档中的“score”域而对每个文档赋予评分。你还可以使用 SHORT、INT 或 FLOAT 类型的常量。在程序后台，该功能查询会使用域缓存，因此这里也需要对此进行 5.1 小节中的所提到的性能权衡。

我们的示例在某种程度上讲有点多余，你可以简单地通过 score 域进行排序，并以降序形式获得同样的结果。但当你使用第二种功能查询 CustomScoreQuery 时，就能实现一些有趣的功能。该查询使你能够将通常的 Lucene 查询和一个或多个其他功能查询联合起来使用。

现在我们可以使用先前创建的FieldScoreQuery类以及一个CustomScoreQuery类来计算评分：

```
Query q = new QueryParser(Version.LUCENE_30,
                          "content",
                          new StandardAnalyzer(
                            Version.LUCENE_30))
            .parse("the green hat");
FieldScoreQuery qf = new FieldScoreQuery("score",
                                         FieldScoreQuery.Type.BYTE);
CustomScoreQuery customQ = new CustomScoreQuery(q, qf) {
  public CustomScoreProvider getCustomScoreProvider(IndexReader r) {
    return new CustomScoreProvider(r) {
      public float customScore(int doc,
                               float subQueryScore,
                               float valSrcScore) {
        return (float) (Math.sqrt(subQueryScore) * valSrcScore);
      }
    };
  }
};
```

在本示例中，我们通过解析用户的搜索文本而创建了一个通常的查询 q。接下来我们将创建先前使用过的同样的 FieldScoreQuery，并根据 score 域来对文档进行评分。最后，我们创建了一个 CustomScoreQuery 类，并覆盖了其中的 getCustomScoreProvider 方法，让其返回一个包含针对每个匹配文档所采用的自定义评分算法的类。在这个人为的案例中，我们将查询评分开平方，并随后用它与 FieldScoreQuery 所提供的静态评分相乘。你可以使用任意的程序逻辑来创建自己的评分系统。

需要注意的是，传给 getCustomScoreProvider 的 IndexReader 参数是针对段的，意思是如果索引包含的段不止一个，那么搜索期间会多次调用这个方法。强调这点是重要的，因为它使你的评分逻辑能够有效使用段 reader 来对域缓存中的值进行检索。下面我们将介绍一个有关功能查询更为有趣的应用，它使用域缓存来对新进匹配的文档进行加权。

5.7.2 使用功能查询对最近修改过的文档进行加权

在实际程序中 CustomScoreQuery 是用来为文档进行加权的。你可以根据任何自定义的策略对文档进行加权，但对于程序 5.15 所提供的示例来说，我们会使用一个新的自定义查询类 RecencyBoostingQuery 来对最近修改过的文档进行加权。在文档具有明晰的时间戳的应用程序中，如搜索新闻和出版物等，通过新近程度进行加权是很实用的。该类要求你对每个被加权文档中包含时间戳的数值类型的域指定一个域名。

程序 5.15　根据新近程度对搜索结果进行加权

```
static class RecencyBoostingQuery extends CustomScoreQuery {
  double multiplier;
  int today;
  int maxDaysAgo;
  String dayField;
  static int MSEC_PER_DAY = 1000*3600*24;

  public RecencyBoostingQuery(Query q, double multiplier,
                              int maxDaysAgo, String dayField) {
    super(q);
    today = (int) (new Date().getTime()/MSEC_PER_DAY);
    this.multiplier = multiplier;
    this.maxDaysAgo = maxDaysAgo;
    this.dayField = dayField;
  }

  private class RecencyBooster extends CustomScoreProvider {
    final int[] publishDay;

    public RecencyBooster(IndexReader r) throws IOException {
      super(r);
      publishDay = FieldCache.DEFAULT              // 从域缓存中检索天数
          .getInts(r, dayField);
    }

    public float customScore(int doc, float subQueryScore,
                             float valSrcScore) {          // 计算流逝天数
      int daysAgo = today - publishDay[doc];
      if (daysAgo < maxDaysAgo) {                 // 跳过旧书
        float boost = (float) (multiplier *
                      (maxDaysAgo-daysAgo)        // 计算单一线性加权
                      / maxDaysAgo);
```

```
      return (float) (subQueryScore * (1.0+boost));
    } else {
      return subQueryScore;          <-- 返回未加权分数
    }
  }
}
public CustomScoreProvider getCustomScoreProvider(IndexReader r)
    throws IOException {
  return new RecencyBooster(r);
}
}
```

在我们的示例中，我们事先将 pubmonthAsDay 域编入索引，操作如下：

```
doc.add(new NumericField("pubmonthAsDay")
             .setIntValue((int) (d.getTime()/(1000*3600*24))));
```

有关日期和时间的索引选项请参考 2.6.2 小节。一旦索引搭建完毕，我们就可以直接使用 RecencyBoostingQuery 了，如程序 5.16 所示。

程序 5.16 对新近程度加权算法进行测试

```
public void testRecency() throws Throwable {
  Directory dir = TestUtil.getBookIndexDirectory();
  IndexReader r = IndexReader.open(dir);
  IndexSearcher s = new IndexSearcher(r);
  s.setDefaultFieldSortScoring(true, true);

  QueryParser parser = new QueryParser(
                          Version.LUCENE_30,
                          "contents",
                          new StandardAnalyzer(
                            Version.LUCENE_30));
  Query q = parser.parse("java in action");          <-- 解析查询
  Query q2 = new RecencyBoostingQuery(q,             <-- 创建新近程度加权查询
                                      2.0, 2*365);

  Sort sort = new Sort(new SortField[] {
    SortField.FIELD_SCORE,
    new SortField("title2", SortField.STRING)});
  TopDocs hits = s.search(q, null, 5, sort);

  for (int i = 0; i < hits.scoreDocs.length; i++) {
    Document doc = r.document(hits.scoreDocs[i].doc);
    System.out.println((1+i) + ": " +
                       doc.get("title") +
                       ": pubmonth=" +
                       doc.get("pubmonth") +
                       " score=" + hits.scoreDocs[i].score);
  }
  s.close();
  r.close();
  dir.close();
}
```

我们首先通过解析搜索字符串“java in action”创建了一个普通的查询，然后实例化 RecencyBoostingQuery 对象，并将任何在过去两年内出版书籍的加权因子设为 2.0。然后我们运行搜索，并将搜索结果首先按照相关性评分排序，其次按照标题域排序。

对程序 5.16 进行测试时运行了未加权的查询，输出结果如下：

```
1: Ant in Action: pubmonth=200707 score=0.78687847
2: Lucene in Action, Second Edition: pubmonth=201005 score=0.78687847
3: Tapestry in Action: pubmonth=200403 score=0.15186688
4: JUnit in Action, Second Edition: pubmonth=201005 score=0.13288352
```

如果你另外选择使用 q2 运行测试，它会对根据新近程度对每条结果进行加权，你将看到如下输出：

```
1: Lucene in Action, Second Edition: pubmonth=201005 score=2.483518
2: Ant in Action: pubmonth=200707 score=0.78687847
3: JUnit in Action, Second Edition: pubmonth=201005 score=0.41940224
4: Tapestry in Action: pubmonth=200403 score=0.15186688
```

我们可以发现，对于未加权的查询来说，顶部两条结果是基于相关性评分排列的。但在加入新近程度加权因子后，评分是不同的，并且排序也改变了（效果应该更好）。

以上就是功能查询的相关内容。尽管我们只集中于一个有关根据新近程度进行相关性加权评分的案例进行介绍，程序查询功能还是为我们开启了所有可能空间。你可以使用任意的评分算法。下面我们将介绍 Lucene 如何进行针对多个索引的搜索。

5.8　针对多索引的搜索

某些应用程序需要保持多个分离的 Lucene 索引，但又需要在搜索过程中能够使针对这几个索引的所有搜索结果合并输出。有时候，导致这类分离索引出现可能是为了方便程序运行或者管理上的原因——例如，如果不同的用户或者组织为不同的文档集合创建了不同的索引，就会导致多个分离索引的出现。有时这种情况的出现是为了增大文档容量。例如，一个新闻网站可能每月新创建一个索引，然后在搜索时指定该月份对应的索引即可。

出于这些原因，Lucene 提供了两个很实用的类来针对多索引进行搜索。我们首先会讲解 MultiSearcher 类，该类使用单线程提供多索引搜索。然后我们会提到 ParallelMultiSearcher 类，该类使用多线程进行并发处理。

5.8.1　使用 MultiSearch 类

使用 MultiSearcher 类可以搜索到所有索引，并以一种指定的顺序（或者是以评分递减的顺序）将搜索结果合并起来。多索引搜索（MultiSearcher）类的使用是相对于单索引搜索（IndexSearcher）而言的，除非你通过一组 IndexSearcher 对象去搜索一个以上的目录（因而这是一个高效的封装模式，它将大部分工作都委托给了子搜索器完成）。

程序 5.17 展示了如何搜索两个索引，这两个索引是按照关键字的字母顺序划分的。该索引由动物名称组成，名称的开头字母是按照字母表顺序排列的。这些动物名称中的一半位于其中一个索引中，而另一半则在另一索引中。下面的搜索程序执行的是跨越两个索引范围的查询，并证实搜索结果已经被合并为一个整体。

程序 5.17 利用过滤器控制搜索空间

```
public class MultiSearcherTest extends TestCase {
  private IndexSearcher[] searchers;

  public void setUp() throws Exception {
    String[] animals = { "aardvark", "beaver", "coati",
                         "dog", "elephant", "frog", "gila monster",
                         "horse", "iguana", "javelina", "kangaroo",
                         "lemur", "moose", "nematode", "orca",
                         "python", "quokka", "rat", "scorpion",
                         "tarantula", "uromastyx", "vicuna",
                         "walrus", "xiphias", "yak", "zebra"};

    Analyzer analyzer = new WhitespaceAnalyzer();

    Directory aTOmDirectory = new RAMDirectory();        ❶ 建立两个目录
    Directory nTOzDirectory = new RAMDirectory();

    IndexWriter aTOmWriter = new IndexWriter(aTOmDirectory,
                                             analyzer,
      IndexWriter.MaxFieldLength.UNLIMITED);
    IndexWriter nTOzWriter = new IndexWriter(nTOzDirectory,
                                             analyzer,
                                 IndexWriter.MaxFieldLength.UNLIMITED);

    for (int i=animals.length - 1; i >= 0; i--) {
      Document doc = new Document();
      String animal = animals[i];
      doc.add(new Field("animal", animal,
              Field.Store.YES, Field.Index.NOT_ANALYZED));
      if (animal.charAt(0) < 'n') {
        aTOmWriter.addDocument(doc);
      } else {                                           ❷ 分别索引字母表前后
        nTOzWriter.addDocument(doc);                        两半关键字
      }
    }

    aTOmWriter.close();
    nTOzWriter.close();

    searchers = new IndexSearcher[2];
    searchers[0] = new IndexSearcher(aTOmDirectory);
    searchers[1] = new IndexSearcher(nTOzDirectory);
  }

  public void testMulti() throws Exception {
    MultiSearcher searcher = new MultiSearcher(searchers);

    TermRangeQuery query = new TermRangeQuery("animal",      ❸ 对两个索引
                                              "h",              都搜索
                                              "t",
                                              true, true);

    TopDocs hits = searcher.search(query, 10);
    assertEquals("tarantula not included", 12, hits.totalHits);
  }
```

这段代码使用了两个索引❶。开头字母位于字母表前一半的关键字所编入一个索引文件中，另一半则编入另一个索引文件中❷。对应查询❸从两个索引文件中查找匹配文档。

TermRangeQuery 类将查询包含那些从 h 到 t 开头的动物名称，匹配的文档分别来自于两个不同的索引。这里还有一个相关类 ParallelMultiSearcher，它完成与 MultiSearcher 同样的功能，但前者使用多线程进行并发处理。

5.8.2　使用 ParallelMultiSearcher 进行多线程搜索

ParallelMultiSearcher 是 MultiSearcher 的多线程版本，它会为每个 Searchable 对象分配一个新线程，然后在程序调用搜索方法时等待这些线程进行处理直到处理完毕。基本的搜索和搜索过滤操作时并行执行的，但是基于 Collector 的搜索暂时还不能进行并行处理。Lucene 公开的 ParallelMultiSearcher API 与 MultiSearcher 一致，使用起来是很简单的。

使用 ParallelMultiSearcher 是否能够获得性能提升取决于你的程序架构。如果各个索引位于不同的物理硬盘并且你的计算机支持 CPU 并发并发处理的话，使用 ParallelMultiSearcher 就能获得性能提升。然而，目前还没有太多的针对该并发处理的测试程序可用，因此你需要在自己的应用程序中自行测试。

在 Lucene 的 contrib/remote 目录还有一个 ParallelMultiSearcher 的姊妹类，它允许你对多个索引进行远程并行搜索。下面我们将介绍项向量，该内容我们已经在第 2 章索引操作部分进行过一些介绍。

5.9　使用项向量

项向量是是一个有关等价存储文档倒排索引的一项高级技术。由于项向量是一个高级话题，以及通过项向量能完成很多事情，因此本节的篇幅较长。我们将通过两个实例来说明在搜索期间使用索引中的项向量能完成的如下两个功能：搜寻相似文档和自动归类文档。

从技术上讲，项向量是一组由项-频率对（term-frequency pair）组成的集合，该向量还可选择性包含各个项出现的位置信息。我们之中很多人可能很难在多维空间想象向量的样子，因此为了将向量概念可视化，我们看看只包含 *cat* 和 *dog* 这两个项的两个文档。这两个单词在每个文档中都出现了很多次。我们在二维空间的 *X*、*Y* 坐标上标记出这两个项出现的频率，如图 5.5 所示。我们感兴趣的是两个项向量之间的夹角，相关内容我们将在 5.9.2 小节详细讲解。

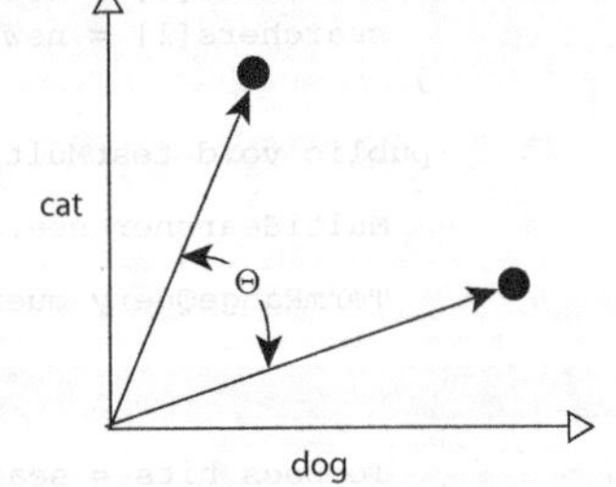

图 5.5　两个文档中包含了 cat 和 dog 的项向量

我们在 2.4.3 节展示了如何使用项向量进行索引操作。我们在索引书籍样本数据时，曾使用项向量索引过标题、作者、主题和内容域。在一个给定文档中通过 ID 来检索域的项向量时，需要调用一个 IndexReader 所包含的方法：

```
TermFreqVector termFreqVector =
           reader.getTermFreqVector(id, "subject");
```

TermFreqVector 实例有几个方法用于检索向量信息，它们主要用于返回一些字符串和整形数组（它们分别表示域中某个项的值以及该项在域中出现的频率）。如果你的程序还需要保存项向量的位置偏移量和（或）位置信息，可以使用 Field.TermVector.WITH_POSITIONS_OFFSETS 选项，然后你会在加载项向量时得到一个 TermPositionVector 对象。该对象包含文档中有关每个项出现的位置信息以及位置偏移量。

你可以使用项向量的一些有趣功能，例如查找与特定文档类似的文档，这是一个对潜在语义进行分析的例子。在下面的章节中，我们会展示如何找寻与已有书籍类似的其他书籍，以及概念型分类器（proof-of-concept categorizer），它能够告知我们这些新书属于哪个最恰当的分类。我们封装了 TermVectorMapper 类，用于精确控制从索引中读取项向量。

5.9.1 查找相似书籍

在顾客查看某本特定书籍时，如果我们的书店能够提供一些其他可供选择的书籍会更好一些。这些书籍应该和原书相关，但是如果手工对这些书籍进行关联又必然会耗费大量人力，并且还需要持续保持更新。这里我们利用 Lucene 的布尔查询功能，通过一本书的信息去查找其他类似书籍，以此来替代手工分类方法。程序 5.18 展示了一个用于在我们的样本数据中查找相似书籍的基本方法。

程序 5.18 查找与特定书籍相似的其他书籍

```
public class BooksLikeThis {
  public static void main(String[] args) throws IOException {
    Directory dir = TestUtil.getBookIndexDirectory();

    IndexReader reader = IndexReader.open(dir);
    int numDocs = reader.maxDoc();

    BooksLikeThis blt = new BooksLikeThis(reader);
    for (int i = 0; i < numDocs; i++) {                    // ❶ 遍历每本书
      System.out.println();
      Document doc = reader.document(i);
      System.out.println(doc.get("title"));

      Document[] docs = blt.docsLike(i, 10);               // ❷ 查找与这本书相似的书
      if (docs.length == 0) {
        System.out.println("  None like this");
      }
      for (Document likeThisDoc : docs) {
        System.out.println("  -> " + likeThisDoc.get("title"));
      }
    }
```

```
    reader.close();
    dir.close();
  }

  private IndexReader reader;
  private IndexSearcher searcher;

  public BooksLikeThis(IndexReader reader) {
    this.reader = reader;
    searcher = new IndexSearcher(reader);
  }

  public Document[] docsLike(int id, int max) throws IOException {
    Document doc = reader.document(id);

    String[] authors = doc.getValues("author");
    BooleanQuery authorQuery = new BooleanQuery();
    for (String author : authors) {
      authorQuery.add(new TermQuery(new Term("author", author)),
          BooleanClause.Occur.SHOULD);
    }
    authorQuery.setBoost(2.0f);

    TermFreqVector vector =
        reader.getTermFreqVector(id, "subject");

    BooleanQuery subjectQuery = new BooleanQuery();
    for (String vecTerm : vector.getTerms()) {
      TermQuery tq = new TermQuery(
          new Term("subject", vecTerm));
      subjectQuery.add(tq, BooleanClause.Occur.SHOULD);
    }

    BooleanQuery likeThisQuery = new BooleanQuery();
    likeThisQuery.add(authorQuery, BooleanClause.Occur.SHOULD);
    likeThisQuery.add(subjectQuery, BooleanClause.Occur.SHOULD);

    likeThisQuery.add(new TermQuery(
        new Term("isbn", doc.get("isbn"))),
      BooleanClause.Occur.MUST_NOT);

    TopDocs hits = searcher.search(likeThisQuery, 10);
    int size = max;
    if (max > hits.scoreDocs.length) size = hits.scoreDocs.length;

    Document[] docs = new Document[size];
    for (int i = 0; i < size; i++) {
      docs[i] = reader.document(hits.scoreDocs[i].doc);
    }

    return docs;
  }
}
```

❸ 对作者相同的书进行加权

❹ 使用 subject 项向量中的项

❺ 创建最终查询

❻ 排除当前这本书

❶ 在上面的例子中，我们遍历了索引中的每个书籍文档，查找与每个文档所代表的书籍相似的书籍。

❷ 查找与当前书籍相似的书籍。

❸ 那些作者相同的书籍被看做相似书籍，这些书的因此被加权，使得它们能够排列在其他作者的书籍之前。

❹ 使用 subject 项向量中的各个项，我们把每个项都添加到一个布尔查询中。

❺ 将 author 和 subject 查询组合为最终的布尔查询。

❻ 我们将参照物书籍排除在外，因为概述本身肯定是最好的匹配结果。

在❸中，我们使用了一个不同方式来获取 author 域的值。在该方式中，author 域被作为多重域来索引，而用来表示一本书原作者的字符串是以逗号隔开的作者名单列表：

```
String[] authors = author.split(",");
for (String a : authors) {
  doc.add(new Field("author",
                    a,
                    Field.Store.YES,
                    Field.Index.NOT_ANALYZED,
                    Field.TermVector.WITH_POSITIONS_OFFSETS));
}
```

输出的结果非常有趣，下列输出展示了我们的书籍是如何通过对作者和主题的查询而关联起来的：

```
Tao Te Ching 道德经
  None like this

Lipitor Thief of Memory
  None like this

Imperial Secrets of Health and Longevity
  None like this

Nudge: Improving Decisions About Health, Wealth, and Happness
  None like this

Gödel, Escher, Bach: an Eternal Golden Braid
  None like this

Extreme Programming Explained
  -> The Pragmatic Programmer
  -> Ant in Action
Mindstorms: Children, Computers, And Powerful Ideas
  -> A Modern Art of Education

Lucene in Action, Second Edition
  -> Ant in Action

The Pragmatic Programmer
  -> Extreme Programming Explained

Ant in Action
  -> Lucene in Action, Second Edition
  -> JUnit in Action, Second Edition
  -> Extreme Programming Explained

Tapestry in Action
  None like this

JUnit in Action, Second Edition
  -> Ant in Action

A Modern Art of Education
  -> Mindstorms: Children, Computers, And Powerful Ideas
```

如果想要查看每个查询的实际执行情况，只需要去掉 docsLike 方法最后部分用于打印代码行的注释符号即可。

这个 books-like-this 例子也可以不使用项向量来实现，并且在这个例子中我们并没有真正把它们当做项向量使用。我们只是通过使用项向量以便于为指定域获取对应项而已。在不使用项向量的情况下，subject 域本来应该被重新分析或索引，从而使得单个 subject 项可以被分别添加到 subject 域中，目的是能够获取指定域中各个项的列表。下面的例子同样使用了项向量的频率部分，而这个例子的使用方式要复杂得多。

Lucene 的捐赠模块包含了一个实用的 Query 类实现，即 LikeThisQuery 类，它与 BooksLikeThis 类功能一致但使用更加广泛。很明显在使用 BooksLikeThis 类时，从索引中读取的诸如 subject 和 author 等域都是硬编码至该类的。但 MoreLikeThisQuery 却能让你在程序中设置域名，这样它针对任何索引都能运作良好。8.6.1 小节会详细讲解 MoreLikeThisQuery 类。8.3 小节和 8.4 小节讲到的两个高亮捐赠模块也是使用项向量来找寻项的出现位置，并以此用于高亮显示该项。

下面我们看看另外一个使用项向量的例子：自动分类。

5.9.2　它属于哪个类别

索引中的每本书我们都给定了唯一的主类别：比如，某本书被分类为“/technology/computers/programming”。对一本新书来说，最恰当的类别可能相对明显一些，但有时（更有可能）该书可能同时隶属于多个类别中，这似乎也是合理的。这时，你可以使用项向量去自动决定该书类别。我们已经编写了一些代码用于为已存在的各个类别创建具有代表性的 subject 向量。这个原型向量是每个文档 subject 域向量的和向量（sum vector）。

我们的最终目标是，在给定某本新书的一些主题关键字后，经过这些原型向量的预先计算，程序可以告诉我们这本书最适合归入到哪个类别中。我们的测试用例使用了以下两个表示主题的字符串：

```
public void testCategorization() throws Exception {
  assertEquals("/technology/computers/programming/methodology",
      getCategory("extreme agile methodology"));
  assertEquals("/education/pedagogy",
      getCategory("montessori education philosophy"));
}
```

第一个断言的含义是，基于我们的样例数据，一本新书如果在主题里面包含了“extreme agile methodology”这样的关键字，那么该书最适合的类别应该是/technology/computers/programming/methodology。我们通过找到向量空间中与新书主题最接近的分类角度来确定该书所属的最佳类别。

测试方法 setUp 为每个类别分别创建向量：

```
protected void setUp() throws Exception {
  categoryMap = new TreeMap();

  buildCategoryVectors();
}
```

我们的代码会遍历索引中的各个文档，并且将每本书籍的 subject 向量聚合到与该书籍相关的一个类别向量中。该类别向量存储于一个 Map 对象中，并且将类别名称作为对应的主键。该对象中每个条目的值则是以项为标识的另一个 Map 对象，它的值是表示该项出现频率的整型数值，如程序 5.19 所示：

程序 5.19 通过聚合各个类别来建立类别向量

```
private void buildCategoryVectors() throws IOException {
  IndexReader reader = IndexReader.open(TestUtil.getBookIndexDirectory());

  int maxDoc = reader.maxDoc();

  for (int i = 0; i < maxDoc; i++) {
    if (!reader.isDeleted(i)) {
      Document doc = reader.document(i);
      String category = doc.get("category");

      Map vectorMap = (Map) categoryMap.get(category);
      if (vectorMap == null) {
        vectorMap = new TreeMap();
        categoryMap.put(category, vectorMap);
      }

      TermFreqVector termFreqVector =
          reader.getTermFreqVector(i, "subject");

      addTermFreqToMap(vectorMap, termFreqVector);
    }
  }
}
```

书籍的频率项向量是由 addTermFreqToMap() 方法添加到对应的类别向量中。getTerms() 方法和 getTermFrequencies() 方法返回的的数组相互呼应，使得两个返回数组中相同位置对应的项都是相同的，如程序 5.20 所示：

程序 5.20 为每个类别积聚项频率

```
private void addTermFreqToMap(Map vectorMap,
                              TermFreqVector termFreqVector) {
  String[] terms = termFreqVector.getTerms();
  int[] freqs = termFreqVector.getTermFrequencies();

  for (int i = 0; i < terms.length; i++) {
    String term = terms[i];

    if (vectorMap.containsKey(term)) {
      Integer value = (Integer) vectorMap.get(term);
      vectorMap.put(term,
          new Integer(value.intValue() + freqs[i]));
    } else {
      vectorMap.put(term, new Integer(freqs[i]));
    }
  }
}
```

建立类别向量映射图是该程序中较为容易的部分，因为这只涉及添加操作。但是，计算两个向量之间的夹角则与数学运算有着密切联系。如前面图 5.5 所示，在最简单的二维空间里，两个类别（A 和 B）有唯一的基于聚合的项向量(正如前面程序刚完成的一样)。在夹角上与一本新书主题最相近的类别，就是我们的最佳匹配选择。图 5.6 展示了计算两个向量之间夹角的数学公式。

$$\cos\Theta = \frac{A \cdot B}{\|A\|\|B\|}$$

图 5.6　计算两个向量之间夹角的公式

getCategory()方法会循环遍历所有类别，计算新书域每个类别向量之间的夹角。夹角最小的就是最接近的匹配，然后程序会返回匹配到的类别名称，如程序 5.21 所示。

程序 5.21　找寻最佳类别匹配的最接近向量

```
private String getCategory(String subject) {
  String[] words = subject.split(" ");

  Iterator categoryIterator = categoryMap.keySet().iterator();
  double bestAngle = Double.MAX_VALUE;
  String bestCategory = null;

  while (categoryIterator.hasNext()) {
    String category = (String) categoryIterator.next();

    double angle = computeAngle(words, category);

    if (angle < bestAngle) {
      bestAngle = angle;
      bestCategory = category;
    }
  }

  return bestCategory;
}
```

我们假定主题字符串是以空格分开的，且每个单词只出现一次。并且，我们使用 String.split()方法来从主题域中提取语汇单元，该方法只采用不改变语汇单元文本的分析器。如果你使用的分析器会改变语汇单元文本，例如 PorterStemFilter，那么你就得修改 String.split()方法以便能够调用这个分析器。我们在角度计算中加入这些假设的目的是简化计算。最后，计算单词数组和特定类别之间的夹角的工作是由 computeAngle 方法完成的，如程序 5.22 所示。

程序 5.22　计算新书和已知类别之间的项向量夹角

```
private double computeAngle(String[] words, String category) {
  Map vectorMap = (Map) categoryMap.get(category);

  int dotProduct = 0;
  int sumOfSquares = 0;
  for (String word : words) {
    int categoryWordFreq = 0;

    if (vectorMap.containsKey(word)) {
      categoryWordFreq =
          ((Integer) vectorMap.get(word)).intValue();
    }

    dotProduct += categoryWordFreq;                    <-- ❶
    sumOfSquares += categoryWordFreq * categoryWordFreq;
```

```
    }

    double denominator;
    if (sumOfSquares == words.length) {
      denominator = sumOfSquares;                    ❷
    } else {
      denominator = Math.sqrt(sumOfSquares) *
                    Math.sqrt(words.length);
    }

    double ratio = dotProduct / denominator;

    return Math.acos(ratio);
  }
```

❶ 假设每个单词在单词数组里出现的频率为 1，然后对计算进行优化。

❷ N 的平方根乘以 N 的平方根得到 N。程序中的这种简便方法避免了比值可能大于 1 的情况（这在反余弦函数中是非法值），从而用来解决精度问题。

我们必须注意到计算两个文档的项向量之间的夹角，或者像在这个例子中一样，计算一个文档和一个典型类别之间的夹角，计算量是比较大的。它需要计算平方根和反余弦函数，而这在对海量索引数据的情况下是不允许的。我们将以下节的 TermVectorMapper 类的讲解作为项向量内容的结束。

5.9.3 TermVectorMapper 类

有时，IndexReader.getTermFreqVector()所返回的平行整列结构可能并不方便程序使用。也许除了通过 Term 进行排序之外，你还想通过自己的准则来对项向量进行排序。或者你可能想只对一些有用的项进行加载。所有这些需求都可以通过 Lucene 最近新增的 TermVectorMapper 完成。它是一个抽象基类，当它的子类被传递给 IndexReader.getTermFreqVector()方法后，能够分别接收各个项，同时能根据各个项的位置和偏移量信息来选择用自己的方式存储对应的数据。表 5.2 描述了 TermVectorMapper 子类所必须实现的方法。

表 5.2 自定义 **TermVectorMapper** 类必须实现的方法

方 法	功 能
setDocumentNumber	针对每个文档调用一次，并返回目前正在被加载的文档
setExpectations	针对每个域调用一次，并返回域中包含的项数量，以及对应的位置和偏移量是否已被存储
map	针对每个项调用一次，提供实际的项向量数据
isIgnoringPositions	只有在需要查看项向量的位置信息时才返回 false
isIgnoringOffsets	只有在需要查看项向量的位置偏移信息时才返回 false

Lucene 包含一些有关 TermVectorMapper 类的核心子类，如表 5.3 所示。你还可以

创建自己的对应子类。

正如我们已看到的那样，项向量是一种强大的高级功能。我们已看到两个可能用到的示例，它们分别是：自动将文档分类和找寻与现有例子类似的文档。我们还看到 Lucene 用于精确控制项向量加载方式的高级 API。我们将看到如何使用另一个 Lucene API 来加载域：FieldSelector。

表 5.3　**TermVectorMapper 的内置实现方法**

方　法	功　能
PositionBasedTermVectorMapper	对于每个域，都保存其项与对应整型位置信息的映射关系，该位置对应的偏移量以可选方式保存
SortedTermVectorMapper	将所有域的项向量合并成一个单一的 SortedSet。将它们以指定 Comparator 的形式排序。有一个 Comparator 是由 Lucene 的核心类 TermVectorEntryFreqSortedComparator 提供的，它初次以项频率作为排序标准，后续以项本身作为排序标准
FieldSortedTermVectorMapper	与 SortedTermVectorMapper 类似，区别在于域并不被合并，而是让每个域分别保存对应的项

5.10　使用 FieldSelector 加载域

我们已介绍了使用 IndexReader 从索引中读取文档。你也知道，IndexReader 返回的文档是与被索引之前的文档不同的，因为只有在索引期间使用选项 Field.Store.YES 的域才会出现在返回的文档中。在程序后台，Lucene 会将这些域写入索引，以供后续 IndexReader 读取。

遗憾的是，读取文档的操作可能比较耗时，特别是当你需要在每次搜索时都读取大量文档时，或者文档中包含大量存储的域时。通常，一个文档可能包含一个或两个大的存储域，它们包含了文档的实际文本内容，以及一些小点的“元数据”域，如标题、分类、作者和出版日期等。当程序展现搜索结果时，你可能只需要这部分元数据域，因此对前面的大尺寸域进行加载是昂贵且无必要的。这就是 FieldSelector 出现的原因。FieldSelector 类的位置在 org.apache.lucene.document 程序包中，它允许你针对每个文档加载特定范围的域集合。这个接口带有一个简单的方法：

```
FieldSelectorResult accept(String fieldName);
```

实现该接口的类会返回一个 FieldSelectorResult 对象，用来描述是否需要对特定域名的域进行加载，以及如何加载。FieldSelectorResult 是一个带有七种值的枚举类型，如表 5.4 所示。

表 5.4 加载域时的 **FieldSelectorResult** 选项

选 项	功 能
LOAD	加载域
LAZY_LOAD	延迟加载域。只有在程序调用 Field.stringValue()或者 Field.binaryValue()方法时才会实际加载域.
NO_LOAD	跳过该域的加载
LOAD_AND_BREAK	加载完该域后停止加载剩余的域
LOAD_FOR_MERGE	内部用于段合并期间的域加载；该操作会跳过对压缩域的解压处理
SIZE	只读取域的长度，然后用 4 字节长的数组对该长度进行编码并形成一个新的二进制域
SIZE_AND_BREAK	与 SIZE 选项类似，但不再加载剩余的域

当使用 FieldSelector 加载存储域时，IndexReader 会逐个访问文档中的域，访问顺序是根据索引期间的添加顺序决定的。IndexReader 会针对每一个域调用 FieldSelector 并根据返回的结果来加载（或不加载）该域。

Lucene 有几个内置的 FieldSelector 子类，如表 5.5 所示。另外还可以根据需要建立自己的 FieldSelector 子类。

表 5.5 FieldSelector 核心实现

类	功 能
LoadFirstFieldSelector	只对遇到的第一个域进行加载
MapFieldSelector	自行指定将被加载的域名；程序会跳过对其他域的加载
SetBasedFieldSelector	自行指定两个集合：第一个集合包含被加载的域，第二个集合包含延迟加载的域

尽管 FieldSelector 会节省域加载时间，但这还是需要依赖具体程序的。域加载期间大量的开销会用在找寻索引中域存储位置所对应的指针上，因此你可能会发现就算跳过对一些域的加载也不会节省大量的时间。具体实施时需要对自己的应用程序进行测试，以找到最佳的性能取舍。

5.11 停止较慢的搜索

通常情况下，Lucene 的搜索速度是很快的。但如果索引较大，或者搜索条件异常复杂的话，这就有可能使 Lucene 耗费较长时间来执行搜索。所幸的是，Lucene 有一个特殊的 Collector 子类 TimeLimitingCollector，它能在耗时较长的情况下停止搜索。有关 Collector 的更多细节我们将在 6.2 小节中介绍。

TimeLimitingCollector 实现了 Collector 的所有方法，并能够在搜索耗时较长的情况下抛出 TimeExceededException 异常。它的使用方式很简单，如程序 5.23 所示。

程序 5.23 使用 **TimeLimitingCollector** 停止 slow 搜索

```
public class TimeLimitingCollectorTest extends TestCase {
  public void testTimeLimitingCollector() throws Exception {
    Directory dir = TestUtil.getBookIndexDirectory();
    IndexSearcher searcher = new IndexSearcher(dir);
    Query q = new MatchAllDocsQuery();
    int numAllBooks = TestUtil.hitCount(searcher, q);

    TopScoreDocCollector topDocs = TopScoreDocCollector.create(10, false);
    Collector collector = new TimeLimitingCollector(topDocs,
                                                    1000);
    try {
      searcher.search(q, collector);
      assertEquals(numAllBooks, topDocs.getTotalHits());
    } catch (TimeExceededException tee) {
      System.out.println("Too much time taken.");
    }
    searcher.close();
    dir.close();
  }
}
```

封装已有的 Collector

验证所有结果

打印超时信息

在本示例中，我们创建了一个 TopScoreDocCollector 对象，它会根据评分来保留最靠前的 10 条搜索结果，并通过封装 TimeLimitingCollector 来取消耗时超过 1 000 毫秒（1 秒）的搜索。显然你必须修改异常处理模块来针对超时搜索情况选择具体的处理内容。其中一个选项就是收集目前已经获取的搜索结果并向用户展现，因为太长的搜索耗时已影响到搜索结果的精度，这种做法可能会比较危险，此时的搜索结果并不完备，因此如若要展现它们的话，用户可能会基于这些错误结果进行一些重要的浏览。另外一个选项就是不向用户展现任何搜索结果，只是简单地提示用户重新输入查询短语或者简化查询条件。

使用 TimeLimitingCollector 有一些限制。首先，它会在收集搜索结果时添加一些自己的操作（比如每当获取一个搜索结果文档时都检查此时是否已超时），这会使得搜索速度变得稍慢，尽管影响程度并不大。其次，它只在收集搜索结果时判断是否超时，然后一些查询有可能在 Query.rewrite() 操作期间消耗较长时间。对于这类查询来说，程序可能只有在搜索超时时才能捕获 TimeExceededException 异常。

5.12 小结

本章介绍了一些 Lucene 的派生功能，主要集中于 Lucene 新增的内置搜索功能。我们介绍了 Lucene 的内置域缓存 API，它允许你将所有文档的指定域值以数组的形式加载至内存。对于搜索结果的排序控制方法是很灵活的。

我们介绍了大量的高级查询技巧。MultiPhraseQuery 通过在查询短语的同一位置中使用多个项来简化 PhraseQuery。SpanQuery 家族通过处理项位置信息而获得更高的搜索精度。MultiFieldQueryParser 是另一类 QueryParser 子类，它能针对多个域进行匹配操作。功能查询使你能够通过编程来自定义文档评分方式。

过滤器能够在不管查询语句的情况下限制文档搜索空间，你既可以创建自己的过滤器（详见 6.4 小节），也可以使用 Lucene 提供的多个内置过滤器之一来完成。我们已介绍了如何将查询封装成过滤器以及反相操作，还介绍了如何将过滤器缓存以加快处理速度。

Lucene 提供了针对多个索引的搜索支持，其中包括使用运行并行版本来实现并发处理。项向量的使用能够为我们带来一些有用的效果，如“like this”项向量角度计算等。我们已介绍了如何通过 TermVectorMapper 和 FieldSelector 来对项向量和存储域的加载进行微调。最后我们介绍了如何使用 TimeLimitingCollector 来处理耗时较长的搜索。

当代搜索程序已变得更加多样化，并且用户也提出了更高的要求，你会发现 Lucene 所提供的丰富而高级的搜索能力能够帮助你满足这些要求。本章我们只介绍了实例中所完成的相关功能，因为诸如排序、过滤和项向量等主要功能过于巨大而无法一一介绍。很可能无论你所遇到的搜索需求有多高深，使用 Lucene 都能满足这些需求。

然而到此为止我们还没有到达搜索的重点。Lucene 还支持一些扩展搜索方式，如自定义排序、位置负载、过滤以及查询表达式解析等，这些内容我们将在下一章介绍。

第 6 章 扩展搜索

本章要点

- 创建自定义排序
- 使用 Collector
- 自定义 QueryParser
- 使用位置有效载荷

通过前面几章关于搜索的介绍，你可能以为本书有关搜索的话题已经结束了。其实不然，在本章中我们将继续讲述该内容。在前面的第 3 章和第 5 章，我们分别讨论了 Lucene 基本的内置搜索功能以及在这些功能之上的一些高级搜索功能。在这两章中，我们只探究了 Lucene 的内置特性。除此之外，Lucene 还具有一些强大的扩展功能点。

自定义排序功能可以让你在 Lucene 内置的域相关性排序功能不再适用时，自行开发新的排序规则。我们将展示一个通过与用户当前地点的地理接近程度来进行排序的示例。如果你不想通过某种排序规则来在顶层显示搜索结果文档的话，自定义的 collection 则能够帮助你自行处理匹配文档的显式顺序。此外，我们还会讲到一个有关两个自定义 collector 的使用示例。QueryParser 类带有多个用于生成自定义查询语句格式的程序扩展点，我们也将给出这方面的使用案例，它们包括如何避免使用某种查询格式、以及如何处理数值和日期域等。自定义过滤器能使你根据需要来限制或允许用于匹配操作的文档范围。最后，你还可以使用有效载荷来分别对文档中各个指定的项进行加权操作。掌握这些强大的扩展功能后，你就可以通过几近任意的方式来定制开发 Lucene 各项功能。

下面我们从自定义排序开始讲解。

6.1 使用自定义排序方法

如果按搜索结果的评分、文档 ID 或者域值进行排序方式都不能满足你的排序要求时，Lucene 还允许我们实现自定义的排序方式，而这个排序方式是通过自己创建抽象基类 `FieldComparatorSource` 的子类来实现的。当你无法再索引过程中确定某种排序标准时，这种用户自定义的排序机制则会显示出其优越性。

本节我们将建立一个自定义的排序规则，该规则是根据搜索结果和指定位置的地理距离远近来对搜索结果进行排序的[1]。这里的指定位置只有在搜索期间才能确定，例如，我们可以通过搜索用户所使用的移动终端及其内置的全球定位系统（GPS）来确定其地理位置。我们会首先提到索引期间需要完成的步骤，然后我们会详述如何在搜索期间实现自定义排序方式，最后你会了解到如何在新的排序规则下访问域值。

6.1.1 针对地理位置排序方式进行文档索引

我们围绕一个重要概念 “What Mexican food restaurant is nearest to me?”（最近的墨西哥餐厅在哪里？）来创建一个简单的范例。图 6.1 展示了在 10 × 10 网格范围内，虚拟网格坐标中

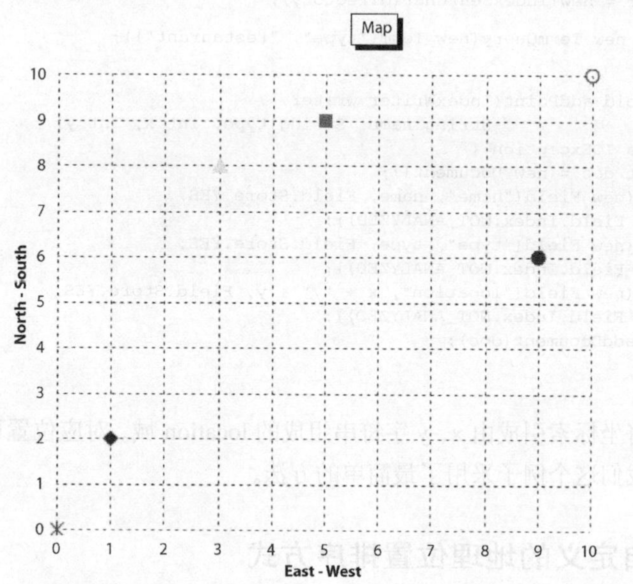

图 6.1　哪家墨西哥餐厅距家（坐标 0，0）或公司（坐标 10，10）较近?

---

[1] 感谢 Tim Jones（他负责提供 Lucene 的排序功能）给我的灵感。

的餐厅位置。需要注意的是，Lucene 的 contrib 模块目前已经包含了"空间相关的"程序开发包（"spatial" package）来根据通常的地理距离信息进行过滤和排序，具体请参考 9.7 小节。

程序 6.1 中的测试数据是已经被索引过的，我们为每个地点都指定了 3 个域，即地名（name）、一个用 X 坐标和 Y 坐标表示的位置（location）以及该地点的类型（type）。通过使用 type 域，我们的程序还可以用于其他业务类型，并且它还允许我们把特殊类型的地理位置信息从搜索结果中过滤出来。

程序 6.1　索引地理位置数据

```
public class DistanceSortingTest extends TestCase {
  private RAMDirectory directory;
  private IndexSearcher searcher;
  private Query query;
  protected void setUp() throws Exception {
    directory = new RAMDirectory();
    IndexWriter writer =
        new IndexWriter(directory, new WhitespaceAnalyzer(),
                        IndexWriter.MaxFieldLength.UNLIMITED);
    addPoint(writer, "El Charro", "restaurant", 1, 2);
    addPoint(writer, "Cafe Poca Cosa", "restaurant", 5, 9);
    addPoint(writer, "Los Betos", "restaurant", 9, 6);
    addPoint(writer, "Nico's Taco Shop", "restaurant", 3, 8);

    writer.close();

    searcher = new IndexSearcher(directory);

    query = new TermQuery(new Term("type", "restaurant"));
  }

  private void addPoint(IndexWriter writer,
                        String name, String type, int x, int y)
      throws IOException {
    Document doc = new Document();
    doc.add(new Field("name", name, Field.Store.YES,
            Field.Index.NOT_ANALYZED));
    doc.add(new Field("type", type, Field.Store.YES,
            Field.Index.NOT_ANALYZED));
    doc.add(new Field("location", x + "," + y, Field.Store.YES,
            Field.Index.NOT_ANALYZED));
    writer.addDocument(doc);
  }
}
```

我们将坐标索引成由 x、y 字符串组成的 location 域。对应位置可以有很多种编码方式，不过我们这个例子采用了最简单的方法。

6.1.2　实现自定义的地理位置排序方式

在深入研究自定义排序类之前，我们先看看如下用来保证程序正确运行的测试用例：

```
public void testNearestRestaurantToHome() throws Exception {
  Sort sort = new Sort(new SortField("location",
      new DistanceComparatorSource(0, 0)));
```

```
  TopDocs hits = searcher.search(query, null, 10, sort);

  assertEquals("closest",
               "El Charro",
               searcher.doc(hits.scoreDocs[0].doc).get("name"));
  assertEquals("furthest",
               "Los Betos",
               searcher.doc(hits.scoreDocs[3].doc).get("name"));
}
```

我们把家（home）所处的坐标设置成（0，0），下面的测试向我们展示了搜索结果返回的第一个和最后一个文档，它们分别表示离家最近和最远的餐厅位置。嗯，如果我们没有使用上述的自定义排序方式，这些文档将会按照插入的先后顺序返回，因为针对餐厅类型的查询所返回的搜索结果都具有相同的评分。有关距离的计算会在我们自定义的 DistanceComparatorSource 类中完成，如程序 6.2 所示。

程序 6.2 DistanceComparatorSource 类

```
public class DistanceComparatorSource
  extends FieldComparatorSource {                          ❶
  private int x;
  private int y;

  public DistanceComparatorSource(int x, int y) {               ❷
    this.x = x;
    this.y = y;
  }

  public FieldComparator newComparator(java.lang.String fieldName,
                                       int numHits, int sortPos,    ❸
                                       boolean reversed)
    throws IOException {
    return new DistanceScoreDocLookupComparator(fieldName,
                                                numHits);
  }

  private class DistanceScoreDocLookupComparator              ❹
      extends FieldComparator {
    private int[] xDoc, yDoc;                          ❺
    private float[] values;                           ❻
    private float bottom;                            ❼
    String fieldName;

    public DistanceScoreDocLookupComparator(
                String fieldName, int numHits) throws IOException {
      values = new float[numHits];
      this.fieldName = fieldName;
    }

    public void setNextReader(IndexReader reader, int docBase)
        throws IOException {
      xDoc = FieldCache.DEFAULT.getInts(reader, "x");           ❽
      yDoc = FieldCache.DEFAULT.getInts(reader, "y");
    }

   private float getDistance(int doc) {
     int deltax = xDoc[doc] - x;                              ❾
     int deltay = yDoc[doc] - y;
     return (float) Math.sqrt(deltax * deltax + deltay * deltay);
   }
```

```
      public int compare(int slot1, int slot2) {          ⑩
        if (values[slot1] < values[slot2]) return -1;
        if (values[slot1] > values[slot2]) return 1;
        return 0;
      }

      public void setBottom(int slot) {                   ⑪
        bottom = values[slot];
      }

      public int compareBottom(int doc) {                 ⑫
        float docDistance = getDistance(doc);
        if (bottom < docDistance) return -1;
        if (bottom > docDistance) return 1;
        return 0;
      }

      public void copy(int slot, int doc) {               ⑬
        values[slot] = getDistance(doc);
      }

      public Comparable value(int slot) {                 ⑭
        return new Float(values[slot]);
      }

      public int sortType() {
        return SortField.CUSTOM;
      }
    }

    public String toString() {
      return "Distance from ("+x+","+y+")";
    }
  }
```

在以上例程中，排序架构是通过 FieldComparatorSource 类和 FieldComparator 类❶来与 Lucene 进行交互的，❹中的 API 主要实现对匹配文档进行排序。处于性能上的原因，该 API 比你想象的要更为复杂。特别地，该 comparator 是根据 Lucene 所跟踪的队列（通过将 numHits 参数传递给 newComparator()方法实现）❸的大小来创建的。另外，Lucene 每次搜索（通过 setNextReader()方法进行）索引中一个新的段时都会通知该 comparator。

DistanceComparatorSource 类的初始化方法的两个坐标参数是用来计算初始地点的距离❷的。在每次调用 setNextReader()方法时，我们都从域缓存❺、❽中获取所有的 x、y 坐标值。在使用域缓存时，需要理解它与程序性能的关系，我们已经在 5.1 小节中对此进行了介绍。这些坐标值还会被 getDistance()方法❾用来计算给定文档的实际距离，随后 Lucene 会调用 value()方法⑭来检索该值以用于排序。

在搜索期间，当某个文档符合搜索要求时，它将被插入结果队列的指定 slot 中，具体位置由 Lucene 决定。Lucene 会要求你的 comparator 在队列范围内（compare 方法⑩）对命中结果进行比较、在队列中（setBottom 方法❼、⑪）设置底部（对应评分最低的搜索结果）slot、与队列底部的命中结果进行比较（compareBotton 方法⑫）、以及将新的命中结果拷贝至队列中（copy 方法⑬）等操作。values 数组❻会保存队列中所有符合搜索要求的结果文档距离。

通过注入用户位置等运行时信息进行排序时一项异常强大的功能。尽管如此，这方面仍然还有需要完善的地方，如每家餐厅与我们所处位置的距离是多少等。当使用返回 TopDocs 对象结果的 search 方法时，我们并不能获取那些已经计算出的距离值。不过我们可以使用一个更为底层的 API 来访问这些用于排序的值。

6.1.3 访问自定义排序中的值

在排序时使用的 IndexSearcher.search()方法(相关内容已在 5.2 小节中介绍过)会返回超过 top 文档数量的信息：

```
public TopFieldDocs search(Query query, Filter filter,
                           int nDocs, Sort sort)
```

TopFieldDocs 类是 TopDocs 类的子类，它负责在对每个命中结果进行排序时添加对应的文档域值。这里的域值是通过每个 FieldDoc 对象提供的，该类是 ScoreDoc 的子类，后者包含数组形式的返回结果。FieldDoc 类封装了原始评分、文档 ID 和带值的 Comparable 对象数组，该值为每个 SortField 类所使用。我们与其把精力集中在该 API 细节上（我们也可以从 Lucene 的 Javadocs 或者源代码中获得这些 API 细节），还不如去探究一下如何去使用这个 API。

程序 6.3 中的测试用例说明了如何利用 TopFieldDocs 类和 FieldDoc 类来检索在排序操作中计算出来的距离，本例是以工作地点所在的坐标（10，10）为基点进行排序的。

程序 6.3 访问自定义的排序值以获得搜索结果

```
public void testNeareastRestaurantToWork() throws Exception {
  Sort sort = new Sort(new SortField("unused",
    new DistanceComparatorSource(10, 10)));

  TopFieldDocs docs = searcher.search(query, null, 3, sort);   <-❶

  assertEquals(4, docs.totalHits);   <-❷
  assertEquals(3, docs.scoreDocs.length);   <-❸

  FieldDoc fieldDoc = (FieldDoc) docs.scoreDocs[0];   <-❹

  assertEquals("(10,10) -> (9,6) = sqrt(17)",
    new Float(Math.sqrt(17)),
    fieldDoc.fields[0]);   <-❺

  Document document = searcher.doc(fieldDoc.doc);   <-❻
  assertEquals("Los Betos", document.get("name"));
}
```

❶ 这个底层的 API 需要我们指定所返回的命中数量的最大值。

❷ TopFieldDocs 之所以还提供了命中结果总数，是因为需要对所有的命中结果进行评估，以找出 3 个最优的命中结果。

❸ 返回文档的总数（最大为指定的上限值）。

❹ 为了获得排序值，docs.scoreDocs(0) 方法返回的 ScoreDoc 对象必须转换为 FieldDoc 对象。

❺ 在 FieldDoc 对象的 field[]属性的第一个值（在本例中 field[]属性里只有一个域值）中获得已经计算好的距离。

❻ 如果想获得当前的 Document 对象，还需要调用其他方法。

正如你所看到的那样，Lucene 的自定义排序功能允许你在相关性排序或域值排序不再适用时，能够构建自定义的排序逻辑。我们已深入研究了一个基础示例，即通过地理距离进行排序，但这只是很多自定义排序逻辑中的一种。我们接下来将会把注意力转向更深的 Lucene 内部扩展点：自定义 collection。

6.2 开发自定义的 Collector

在大多数具有全文搜索功能的应用程序中，在使用相关行排序或者域值排序时，用户需要查找的是和查询条件最相关的文档。这种最常用的搜索使用方式是很简单的，程序只需要访问对应的 ScoreDocs 对象就可以了。然而在一些场合下，用户却想要对搜索返回的文档进行更多更精确的控制。

如果你能继承抽象基类 Collector 并创建属于自己的子类，那么 Lucene 就允许你针对每一个匹配文档作完全定制化的操作。例如，你可能希望收集匹配查询语句的每一个文档 ID，或者你想查阅每一个匹配文档的内容，或者查阅一个外部资源以向其中加入比较信息。本节我们将介绍这两类用法。

你可能最想做的就是运行一个规范化的搜索，它返回大量搜索命中结果，然后程序再处理这些结果。该方案是可以执行的，但这会极大影响程序效率，因为相关的程序处理方法会消耗大量的 CPU 计算资源（可能你不会需要这些计算资源），以及大量的排序处理（这你可能同样不会用到）。而是用自定义的 Collector 类则能避免这类问题。

我们从深入研究相关方法开始介绍，这些方法组成了自定义的 Collector 类 API（如表 6.1 所示）。

表 6.1　　实现自定义 Collector 类的方法

方 法 名	功 能
setNextReader(IndexReader reader,int docBase)	通知 Collector 程序正在搜索一个新段，并提供该段对应的 IndexReader 和起始文档
setScorer(Scorer scorer)	为 Collector 提供一个 Scorer。每处理一个段时都会调用这个方法。Collector 必须调用自己 collect()方法内部的 Scorer.score()方法来对当前匹配的文档进行评分
collect(int docID)	针对每个匹配搜索的文档调用该方法。docID 与当前段相关，因此必须加入 docBase 以使之绝对化
acceptsDocsOutOfOrder()	如果 Collector 能够处理乱序 docID 时便返回 true。如果返回 true 的话，一些 BooleanQuery 实例就能更快收集搜索结果

6.2.1 Collector 基类

Collector 是一个抽象基类，它为 Lucene 定义了用于搜索期间与之进行交互的 API。正如用于自定义排序的 FieldComparator API 一样，Collector 的 API 比你想象的要复杂，定义它是为了实现高性能搜索结果收集。表 6.1 展示了这四个方法，并给出了相应的简介。

Lucene 所有的核心搜索方法都在后台使用 Collector 子类来完成搜索结果收集。举例来说，当通过相关性进行排序时，后台会使用 TopScoreDocCollector 类。当通过域进行排序时，则是使用 TopFieldCollector。以上两个公开类都存在于 org.apache.lucene.search 程序包中，你可以在需要的时候再对它们进行实例化。

在搜索期间，当 Lucene 找到一个匹配文档时，会调用 Collector 类的 collect(int docID)方法，Lucene 并不关心对文档作何种操作，如果需要记录匹配结果的话，这取决于 Collector 的操作。以上是有关搜索的热点问题，因此要确认你的 collect 方法只完成所需的最小操作。

为了获得更高的搜索性能，Lucene 每次只对一个段进行搜索，并通过调用 setNextReader (IndexReader reader, int docBase)方法来通知程序在段之间进行切换。我们提供的 IndexReader 类是特定于段进行操作的。对于每个段来说，对应的 IndexReader 实例是不同的。对于 Collector 来说，重要的是在此时记录 docBase，因为传入 collect 方法的 docID 参数是与具体的段相关的。为了获取绝对或全局性的 docID，你必须向该方法传入 docBase 参数。该方法还能完成 collector 所要求的针对任意段的初始化操作。举例来说，你可以使用 5.1 小节介绍的 FieldCache API 来检索与指定 IndexReader 对应的域值。

需要注意的是，相关性评分不会传递给 collect 方法，这样能为不需要该参数的 Collector 节省一些 CPU 资源。作为替代，Lucene 会针对每个段调用 Collector 实例中的 setScorer(Scorer)方法并提供一个 Scorer 实例。如果需要的话，你必须保留这个 Scorer，然后通过调用 Scorer.score()方法来检索当前匹配文档的相关性评分。该方法必须通过 collect 方法调用，因为它保留了针对正被收集的当前文档 docID 对应的可变数据。需要注意的是，Scorer.score()方法每次都会重新计算文档评分，因此如果 collect 方法将会多次调用 score 方法时，你必须在内部第一次调用它后，后续改为直接使用它返回的结果即可。作为选择，Lucene 提供了 ScoreCachingWrapperScorer 类，它是 Scorer 的子类，能够对每个文档的评分进行缓存。同时需要注意的是，Score 是一个复杂而高级的 API，但当前介绍的内容只使用其中的 score 方法。

最后一个方法是 acceptsDocsOutOfOrder()，它会返回一个 Boolean 对象，该方法由 Lucene 调用，目的是测试你的 Collector 是否能处理乱序到达的 docID。很多 collector 都有这个处理能力，但有一些 collector 只能在乱序到达的 docID 和顺序到达的 docID 之间选择一种进行处理，或者在处理两种情况时需要进行大量额外的操作。如果可能的话，此时你必须返回 true，因为某些 BooleanQuery 实例在足够自由的情况下会在后台调用更快的 scorer 方法。

下面我们看看两个自定义 Collector 的示例：BookLinkCollector 和 AllDocCollector。

6.2.2 自定义 Collector：BookLinkCollector

我们已经编写了一个自定义的 Collector 类，名为 BookLinkCollector，该类为所有唯一的 URL 和匹配查询语句的对应书籍标题创建了一个 HashMap 对象。BookLinkCollector 类如程序 6.4 所示。

程序 6.4 自定义的 Collector：收集所有书籍的链接

```
public class BookLinkCollector extends Collector {
  private Map<String,String> documents = new HashMap<String,String>();
  private Scorer scorer;
  private String[] urls;
  private String[] titles;

  public boolean acceptsDocsOutOfOrder() {
    return true;                                  <-- 允许无次序的文档 ID
  }

  public void setScorer(Scorer scorer) {
    this.scorer = scorer;
  }

  public void setNextReader(IndexReader reader, int docBase)
      throws IOException {
    urls = FieldCache.DEFAULT.getStrings(reader, "url");         | 加载 FieldCash 值
    titles = FieldCache.DEFAULT.getStrings(reader, "title2");   |
  }

  public void collect(int docID) {
    try {
      String url = urls[docID];
      String title = titles[docID];               | 保存匹配细节
      documents.put(url, title);                  |
      System.out.println(title + ":" + scorer.score());
    } catch (IOException e) {
    }
  }

  public Map<String,String> getLinks() {
    return Collections.unmodifiableMap(documents);
  }
}
```

collector 不同于 Lucene 通常的搜索结果收集方式，它并不保留匹配文档的 ID，而是针对每个匹配文档添加一个私有映射表，完成对 URL 和标题的映射，然后在搜索结束后返回这个映射表。处于这个原因，即使我们向 setNextReader 方法中传入 docBase 参数，那也不必保留文档 ID，因为从 FieldCache 中检索出的 url 和 title 是基于每个段中文档 ID 的。自定义的 Collector 需要使用 IndexSearcher.search 方法中的变量，如程序 6.5 所示。

程序 6.5 测试 BookLinkCollector 类

```
public void testCollecting() throws Exception {
  Directory dir = TestUtil.getBookIndexDirectory();
  TermQuery query = new TermQuery(new Term("contents", "junit"));
  IndexSearcher searcher = new IndexSearcher(dir);

  BookLinkCollector collector = new BookLinkCollector(searcher);
  searcher.search(query, collector);

  Map<String,String> linkMap = collector.getLinks();
  assertEquals("ant in action",
               linkMap.get("http://www.manning.com/loughran"));;
  searcher.close();
  dir.close();
}
```

在搜索期间，Lucene 向 collector 传入每个匹配文档的 docID。在搜索结束后，我们将对由 collector 创建并包含针对“ant in action”的映射进行确认。

接下来我们将介绍一个简单的自定义 Collector 类。

6.2.3 AllDocCollector 类

有时候你可能想在搜索过程中简单记录一下各个匹配的文档，你也知道，匹配文档的数量不会很大。程序 6.6 展示了一个简单的类，AllDocCollector，用以完成上述功能。

程序 6.6 一个自定义 collector 负责收集所有文档和评分，并将之写入 List 中

```
public class AllDocCollector extends Collector {
  List<ScoreDoc> docs = new ArrayList<ScoreDoc>();
  private Scorer scorer;
  private int docBase;

  public boolean acceptsDocsOutOfOrder() {
    return true;
  }

  public void setScorer(Scorer scorer) {
    this.scorer = scorer;
  }

  public void setNextReader(IndexReader reader, int docBase) {
    this.docBase = docBase;
  }
  public void collect(int doc) throws IOException {
    docs.add(
      new ScoreDoc(doc+docBase,              <— 创建文档 ID
                   scorer.score()));           <— 记录评分
  }

  public void reset() {
    docs.clear();
  }

  public List<ScoreDoc> getHits() {
    return docs;
  }
}
```

你只需要实例化对象、将之传递给搜索模块并使用 getHits()方法获取搜索结果即可。但需要注意的是，搜索结果中的 docID 可能是乱序的，因为 acceptsDocsOutOfOrder()方法会返回 true。如果这是个问题的话，只需要将它改为 false 即可。

正如此前看到的一样，创建自定义的 Collector 是很简单的。Lucene 会返回匹配结果的 docID，然后你就可以据此进行自己的操作了。我们创建的 collector 是存放文档映射的，而不是匹配的文档本身，也不负责收集所有匹配文档，因为搜索命中的可能性是无穷的！

下面我们将介绍如何有效扩展 QueryParser 类。

6.3 扩展 QueryParser 类

在 3.5 小节中，我们介绍了 QueryParser 类并解释了它用于控制自身行为的一些设置，比如用于解析日期的 locale 设置和控制缺省短语的 slop 设置等。QueryParser 类也是可以扩展的，例如：允许通过继承该类并重写一部分创建查询的方法的。在本节中，我们将展示如何继承 QueryParser 类，并将之用于禁用通配符查询和模糊查询（它们效率太低），并对日期范围的解析进行自定义处理。此外，我们还会将短语查询转换为 SpanNearQuery 而不是 PhraseQuery。

6.3.1 自定义 QueryParser 的行为

尽管 QueryParser 类存在一些怪异之处，比如和分析器之间的交互等，不过它确实包含一些可以由用户自定义的扩展功能。表 6.2 详述了为继承该类而设计的一些方法，以及对它们进行重写的原因。

该表列出的所有方法都返回一个 Query 对象，这使得我们可以用这些方法来构造一些新的 Query 类型，而不仅仅是使用目前已有的一些派生类型。此外，所有这些方法都可能抛出 ParseException 异常，程序可以捕获它们并处理对应错误。

表 6.2 QueryParser 的功能扩展点

方　法	重 载 原 因
getFieldQuery(String field, Analyzer analyzer, String queryText)或者getFieldQuery (String field, Analyzer analyzer, String queryText, int slop)	这些方法用于构造 TermQuery 对象或 PhraseQuery 对象。如果需要进行指定的分析或者需要转换为唯一的查询类型，可重载此方法。例如，一个 SpanNearQuery 能够替代 PhraseQuery 完成强制性的有序词组匹配
getFuzzyQuery(String field, String termStr, float minSimilarity)	模糊查询会对 Lucene 性能产生负面影响。为了禁止使用模糊查询，可以重载此方法并抛出 ParseException 异常
getPrefixQuery(String field, String termStr)	当查询项以*号结尾时，该方法用来构造一个 Query 对象。但传递给该方法的 termStr 参数并不包括*号，而且这个项字符串也不会被分析。重载时可以加入自己所需的分析方法
getRangeQuery(String field, String start, String end, boolean inclusive)	默认的范围查询有几个比较特别的地方值得关注(见3.5.3小节)。通过重载我们可以将开始和结尾项变为小写、使用一种不同的日期格式、通过将数值转换为 NumericRangeQuery 来处理数值范围（见 6.3.3 小节）

续表

方 法	重载原因
getBooleanQuery(List clauses)或者 getBooleanQuery(List clauses, boolean disableCoord)	创建基于子句的布尔查询
getWildcardQuery(Stringfield, String termStr)	通配符查询会给性能带来负面影响，因此重载的方法可以抛出一个 ParseException 异常以禁用这些通配符查询。既然传入的 termStr 不会被分析，相应的，我们会需要一个特别方法来处理这一字符串

QueryParser 也有针对查询类型的扩展点。这些扩展点与表 6.2 中所列出扩展点区别在于，前者会根据请求创建并返回查询类型。如果你想在不改变查询逻辑的情况下替换某类查询类型所对应的 Query 对象，那么就可以重载以下方法：newBooleanQuery、newTermQuery、newPhraseQuery、newMultiPhraseQuery、newPrefixQuery、newFuzzyQuery、newRangeQuery、newMatchAllDocsQuery 和 newWildcardQuery。举例来说，如果 QueryParser 在某个时候创建了 TermQuery 对象，你可以简单地通过重载该类的 newTermQuery()方法来实例化自己的 TermQuery 子类对象。

6.3.2 禁用模糊查询和通配符查询

程序 6.7 中自定义的 QueryParser 子类 CustomQueryParser 向我们展示了一个自定义的查询解析器，以及它是如何利用 ParseException 选项来禁用模糊查询和通配符查询的。

程序 6.7 禁用通配符查询和模糊查询

```
public class CustomQueryParser extends QueryParser {
  public CustomQueryParser(Version matchVersion,
                           String field, Analyzer analyzer) {
    super(matchVersion, field, analyzer);
  }

  protected final Query getWildcardQuery(String field, String termStr)
        throws ParseException {
    throw new ParseException("Wildcard not allowed");
  }

  protected Query getFuzzyQuery(String field, String term,
                                float minSimilarity)
        throws ParseException {
    throw new ParseException("Fuzzy queries not allowed");
  }
}
```

为了正确使用这个自定义的解析器并避免用户执行通配符查询和模糊查询，你需要创建一个 CustomQueryParser 实例并像使用 QueryParser 那样使用它，如程序 6.8 所示。

程序 6.8　使用自定义 QueryParser 类

```
public void testCustomQueryParser() {
  CustomQueryParser parser =
    new CustomQueryParser(Version.LUCENE_30,
                          "field", analyzer);

  try {
    parser.parse("a?t");
    fail("Wildcard queries should not be allowed");
  } catch (ParseException expected) {      <-- Expected
  }

  try {
    parser.parse("xunit~");
    fail("Fuzzy queries should not be allowed");
  } catch (ParseException expected) {      <-- Expected
  }
}
```

通过这些代码我们实现了对这两个开销巨大的查询类型的禁用，这样你就不必实施担心它们引起的性能下降和程序异常运行异常等问题，这些问题可能就是由于把查询扩展为过多查询项所引起的。我们下下面讲到的 QueryParser 扩展点即创建一个 NumericRangeQuery 对象。

6.3.3　处理数值域的范围查询

我们已在第 2 章了解到，Lucene 可以对数值类型和日期类型的域值进行索引。遗憾的是，QueryParser 并不能在搜索期间生成对应的 NumericRangeQuery 实例。而所幸的是，要实现这个功能是比较简单的，只要创建对应的 QueryParser 子类就可以了，如程序 6.9 所示。

程序 6.9　继承 QueryParser 类对数值域进行处理

```
class NumericRangeQueryParser extends QueryParser {
  public NumericRangeQueryParser(Version matchVersion,
                                 String field, Analyzer a) {
    super(matchVersion, field, a);
  }
  public Query getRangeQuery(String field,
                             String part1,
                             String part2,
                             boolean inclusive)
      throws ParseException {
    TermRangeQuery query = (TermRangeQuery)        | 获取父类包含的
      super.getRangeQuery(field, part1, part2,     | TermRangeQuery
                          inclusive);              | 对象

    if ("price".equals(field)) {
      return NumericRangeQuery.newDoubleRange(
                 "price",                          | 创建匹配的
                 Double.parseDouble(               | NumericRangeQuery
                     query.getLowerTerm()),        | 对象
                 Double.parseDouble(
                     query.getUpperTerm()),
                 query.includesLower(),
                 query.includesUpper());
```

```
    } else {
      return query;
    }
  }
}
```

返回默认的 TermRangeQuery 对象

使用以上方法就能通过 QueryParser 类首先创建 TermRangeQuery 对象，然后以此根据需要创建 NumericRangeQuery 对象。对 NumericQueryParser 类的测试可按如下进行：

```
public void testNumericRangeQuery() throws Exception {
  String expression = "price:[10 TO 20]";

  QueryParser parser = new NumericRangeQueryParser(Version.LUCENE_30,
                                   "subject", analyzer);

  Query query = parser.parse(expression);
  System.out.println(expression + " parsed to " + query);
}
```

程序预期输出如下（注意整数 10 和 20 已经被转换成浮点数）：

```
price:[10 TO 20] parsed to price:[10.0 TO 20.0]
```

正如我们所看到的那样，通过继承 QueryParser 来对数值域进行的处理方式是很直接的。下面我们用同样的方法来处理日期域。

6.3.4 处理日期范围

QueryParser 内置了用于检测日期范围的逻辑：如果某个项是有效日期，程序会根据 DateFormat.SHORT 参数和默认或指定的地区来对该日期进行宽松解析，然后将日期转换成程序可识别的内部文本形式。默认情况下，该转换操作会使用更早期的 DateField.dateToString 方法，它已毫秒精度来返回日期转换结果；但这可能并不是你想要的结果。如果调用 QueryParser 的 setDateResolution 方法来声明使用哪个 DateTools.Resolution 来索引域的话，QueryParser 随后会使用更新的 DateTools.dateToString 方法将日期转换成合适的字符串。如果两个项都未能转换成有效日期，那么它们都将作为文本形式的日期范围使用。

尽管有了这两个用于处理日期的内部方法，QueryParser 的日期处理机制还未更新到能够处理以 NumericField 形式索引的日期域，而后者正是我们推荐的日期处理方式，具体请参考 2.6.2 小节。下面我们看看如何再次覆盖 newRangeQuery 方法，这次我们会将基于日期范围的搜索转换成对应的 NumericRangeQuery 搜索，如程序 6.10 所示。

程序 6.10 继承 QueryParser 类来处理日期域

```
class NumericDateRangeQueryParser extends QueryParser {
  public NumericDateRangeQueryParser(Version matchVersion,
                              String field, Analyzer a) {
    super(matchVersion, field, a);
  }
  public Query getRangeQuery(String field,
                         String part1,
```

```
                              String part2,
                              boolean inclusive)
    throws ParseException {
    TermRangeQuery query = (TermRangeQuery)
        super.getRangeQuery(field, part1, part2, inclusive);
    if ("pubmonth".equals(field)) {
      return NumericRangeQuery.newIntRange(
                  "pubmonth",
                  Integer.parseInt(query.getLowerTerm()),
                  Integer.parseInt(query.getUpperTerm()),
                  query.includesLower(),
                  query.includesUpper());
    } else {
      return query;
    }
  }
}
```

在这种情况下，使用 QueryParser 内置的日期检测逻辑及其日期解析方法仍然是实用的。你可以简单地在自己的子类中建立基于这种逻辑的新逻辑，方法是在讲查询转换成 NumericRangeQuery 后再采取其他步骤。需要注意的是，为了使用这个子类，你必须调用 QueryParser.setDateResolution 方法，这样就能用 DateTools 来创建结果文本了，如程序 6.11 所示。

程序 6.11 测试解析日期范围功能

```
public void testDateRangeQuery() throws Exception {
  String expression = "pubmonth:[01/01/2010 TO 06/01/2010]";

  QueryParser parser = new NumericDateRangeQueryParser(Version.LUCENE_30,
                                                 "subject", analyzer);

  parser.setDateResolution("pubmonth", DateTools.Resolution.MONTH);
  parser.setLocale(Locale.US);                    告知 QueryParser
                                                  日期处理方式
  Query query = parser.parse(expression);
  System.out.println(expression + " parsed to " + query);
  TopDocs matches = searcher.search(query, 10);
  assertTrue("expecting at least one result !", matches.totalHits > 0);
}
```

该测试会输出如下结果：

```
pubmonth:[05/01/1988 TO 10/01/1988] parsed to pubmonth:[198805 TO 198810]
```

正如我们所看到的那样，QueryParser 首先会将文本格式的日期表达式(05/01/1988)转换成规范化格式(198805)，然后我们的 NumericDateRangeQueryParser 子类会将这些规范格式数据转换成对应的 NumericRangeQuery 对象。

控制日期解析的地区

若要修改日期解析的地区，可以构建一个 QueryParser 实例并调用其 setLocale() 方法。通常情况下，客户端的地区是不能采用默认地区的。举例来说，在一个 Web 应用程序中，HttpServletRequest 对象会包含由客户端浏览器所设置的地区信息。你可以使用这个信息来控制 QueryParser 的日期解析地区，如程序 6.12 所示。

程序 6.12 在 Web 应用程序中使用终端位置信息

```
public class SearchServletFragment extends HttpServlet {
  protected void doGet(HttpServletRequest request,
                       HttpServletResponse response)
      throws ServletException, IOException {

    QueryParser parser = new NumericDateRangeQueryParser(
                             Version.LUCENE_30,
                             "contents",
                             new StandardAnalyzer(Version.LUCENE_30));

    parser.setLocale(request.getLocale());
    parser.setDateResolution(DateTools.Resolution.DAY);

    Query query = null;
    try {
      query = parser.parse(request.getParameter("q"));
    } catch (ParseException e) {
      e.printStackTrace(System.err);              <-- 处理异常
    }

    TopDocs docs = searcher.search(query, 10);    <-- 处理搜索并返回结果
  }
}
```

QueryParser 的 setLocale 方法是 Lucene 用于促进国际化（通常缩写为 I18N）处理的方式之一。文本分析工具是另一个更重要的国际化处理工具。更多有关 I18N 的介绍请参考 4.8 小节。

我们最后要介绍的一个自定义 QueryParser 子类会展示如何使用 SpanNearQuery 来替换默认的 PhraseQuery 类。

6.3.5 对已排序短语进行查询

当 QueryParser 解析单个项或者带有双引号的项时，它会调用 getFieldQuery() 方法，并在这个方法中调用 Query 类的构造方法。对不带引号的项进行解析时，调用的是不含 slop 参数的 getFieldQuery() 方法（slop 因子只有在进行多项短语查询 <multiterm phrase query>时才有意义）；而对带有双引号的项进行解析时则需要调用包含 slop 参数的 getFieldQuery() 方法，这个方法实质上是先在内部调用不含 slop 参数的 getFieldQuery() 方法来构造查询语句，然后再对 slop 参数进行适当的设置。缺省返回的 Query 对象为 TermQuery 或 PhraseQuery，至于返回哪个要取决于分析器返回的语汇单元数量[1]。如果 slop 值设置的足够大，PhraseQuery 就会匹配到与搜索项中语汇单元顺序完全不同的原文文本。我们无法强制 PhraseQuery 按照查询项中语汇

[1] 如果分析器为某个项创建了多个语汇单元，Lucene 就会为其创建 PhraseQuery 对象。

单元的顺序去匹配搜索这些项（除非把 slop 因子设置为 0 或 1）。不过，SpanNearQuery 却可以做到按顺序匹配。通过直接重载 getFieldQuery()方法，我们就可以使用顺序匹配的 SpanNearQuery 类代替 PhraseQuery 类，如程序 6.13 所示。

程序 6.13 将 PhraseQuery 类转换为 SpanNearQuery 类

```
protected Query getFieldQuery(String field, String queryText,
                                int slop)
    throws ParseException {
  Query orig = super.getFieldQuery(field, queryText, slop);      ❶

  if (!(orig instanceof PhraseQuery)) {                          ❷
    return orig;
  }

  PhraseQuery pq = (PhraseQuery) orig;
  Term[] terms = pq.getTerms();                                  ❸
  SpanTermQuery[] clauses = new SpanTermQuery[terms.length];
  for (int i = 0; i < terms.length; i++) {
    clauses[i] = new SpanTermQuery(terms[i]);
  }

  SpanNearQuery query = new SpanNearQuery(                       ❹
                clauses, slop, true);

  return query;
}
```

❶ 我们把分析和确定 Query 类型的任务交给 QueryParser 类的 getFieldQuery()方法去处理。

❷ 此处我们重载了 PhraseQuery 并立即返回相关内容。

❸ 由 PhraseQuery 类的 getTerms()方法返回所有的项。

❹ 最后利用上述返回的项创建一个 SpanNearQuery 对象。

下面的测试案例展示了如何使用自定义的 getFieldQuery()方法，该方法在创建 SpanNearQuery 对象时非常有效：

```
public void testPhraseQuery() throws Exception {
  CustomQueryParser parser =
    new CustomQueryParser(Version.LUCENE_30,
                          "field", analyzer);

  Query query = parser.parse("singleTerm");
  assertTrue("TermQuery", query instanceof TermQuery);

  query = parser.parse("\"a phrase\"");
  assertTrue("SpanNearQuery", query instanceof SpanNearQuery);
}
```

还有一个可以增强的功能就是为自定义的查询解析器添加一个切换开关，从而使 API 的使用者能够控制是否按照查询项中的语汇单元顺序匹配。

正如你所看到那样，QueryParser 类能够很容易被继承以用于改变查询语句的产生方式。我们接下来会讲解 Lucene 的一个重要扩展点：自定义过滤器。

6.4 自定义过滤器

如果执行过滤操作所需要的信息都存储在索引中，我们就没有必要自己编写过滤器了，因为使用 QueryWrapperFilter 就可以完成过滤操作，具体请参考 5.6.5 小节。

不过在某些情况下，为了处理一些外部信息，我们需要编写自定义的过滤器。基于本书提供的示例数据，假设我们正在经营一家网上书店，而且我们希望用户能够对今天的特价热销图书进行搜索。

你可能想简单地将特价书目作为一个域并将之编入索引，但对这种经常变化的信息进行处理会消耗大量系统资源。与其在特价书目发生改变时对全部文档进行重新索引，我们还不如把这些特价标记存储在我们（假定的）关系数据库中。然后，我们将看到如何在搜索期间实现自定义过滤，最后我们将探索另一种实现自定义过滤的方式。

6.4.1 实现自定义过滤器

我们通过定义如下接口来对特价书源进行抽象：

```
public interface SpecialsAccessor {
  String[] isbns();
}
```

其中 isbns()方法会返回处于特价状态的书籍。由于同一时刻不会有太多特价书，返回这些特价书的 ISBN 号就足够了。

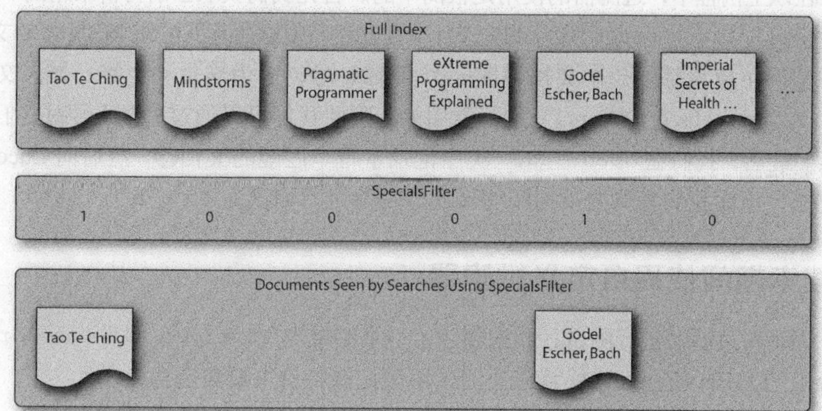

图 6.2 过滤器通过一个比特位为索引中每个文档建立特价标识。只有数值为 1 的文档才是特价的

在创建了检索接口之后，我们就可以编写自定义的过滤器——SpecialsFilter 了。这类过滤器都是继承自 org.apache.lucene.search.Filter 类，并且必须实现 getDocIdSet (IndexReader reader)方法，最后返回 DocIdSet 对象。各 Bit 位位置

是和文档号相对应的。值为 1 的 bit 位表示该位置上的文档可以被搜索到，而值为 0 的 bit 位则表示对应闻之的文档不在搜索之列。图 6.2 展示了一个使用 SpecialsFilter 类设置特价书籍对应 bit 位的示例（如程序 6.14 所示）。

程序 6.14 使用 **SpecialsFilter** 从外部数据源检索信息

```
public class SpecialsFilter extends Filter {
  private SpecialsAccessor accessor;
  public SpecialsFilter(SpecialsAccessor accessor) {
    this.accessor = accessor;
  }

  public DocIdSet getDocIdSet(IndexReader reader) throws IOException
    OpenBitSet bits = new OpenBitSet(reader.maxDoc());

    String[] isbns = accessor.isbns();          <-- ❶

    int[] docs = new int[1];
    int[] freqs = new int[1];
    for (String isbn : isbns) {
      if (isbn != null) {
        TermDocs termDocs =
          reader.termDocs(new Term("isbn", isbn));          <-- ❷
        int count = termDocs.read(docs, freqs);
        if (count == 1) {                                     ❸
          bits.set(docs[0]);
        }
      }
    }

    return bits;
  }
}
```

在以上例程中，过滤器的使用是很简单的。首先我们获取当前特价书籍的 ISBN 号❶。然后我们与 IndexReader 类的 API 进行交互并递归搜索所有匹配该 ISBN 号的文档❷；在所有情况下应该都是一个文档对应一个 ISBN 号，因为这是一个唯一域。文档是通过 Field.Index.NOT_ANALYZED 进行索引的，因此我们可以通过 ISBN 号对它们进行快速检索。最后，我们在 OpenBitSet 类中记录了每个匹配的文档❸，然后向 Lucene 返回这些文档。下面我们将对搜索期间的过滤器功能进行测试。

6.4.2 搜索期间使用自定义过滤器

为了对过滤器进行测试，我们创建了一个简单类 TestSpecialsAccessor 用于返回特价书的 ISBN 集合，这样就能让测试用例控制特价书籍集合：

```
public class TestSpecialsAccessor implements SpecialsAccessor {
  private String[] isbns;

  public TestSpecialsAccessor(String[] isbns) {
    this.isbns = isbns;
  }

  public String[] isbns() {
    return isbns;
  }
}
```

下面是对 SpecialsFilter 类进行具体测试的内容，这里使用了与其他过滤器测试中同样的 setUp() 方法：

```
public void testCustomFilter() throws Exception {
  String[] isbns = new String[] {"9780061142666", "9780394756820"};

  SpecialsAccessor accessor = new TestSpecialsAccessor(isbns);
  Filter filter = new SpecialsFilter(accessor);
  TopDocs hits = searcher.search(allBooks, filter, 10);
  assertEquals("the specials", isbns.length, hits.totalHits);
}
```

我们使用了范围较广的普通查询以检索所有书籍，这样更易设置断言。但由于我们的过滤器已经削减了搜索空间，程序只会返回特价书籍。通过该程序架构，我们可以很容易地实现 SpecialsAccessor 接口以及从数据库检索特价书的 ISBN 号；读者可自行实现该程序架构，作为本章的练习题。

需要注意的是，我们在 SpecialsFilter 类的实现过程中作了一个重要选择，就是不对该类的 DocIdSet 进行缓存。其实使用 CachingWrapperFilter 封装 SpecialsFilter 类就可以完成这个工作。下面我们看看另一种在搜索期间实现过滤器的方法。

6.4.3　另一种选择：FilterQuery 类

为了添加针对术语的过滤器，一个选择就是使用 FiltereredQuery 类[1]。FilteredQuery 类颠覆了现有的使用 Filter 类进行过滤的局面。借助一个 Filter 对象，IndexSearcher 的 search() 方法会在查询期间执行以此过滤操作。使用 FilteredQuery 对象能够将任何过滤器转换为具体查询，该功能为你提供了某些可能性，比如将某个过滤器添加到 BooleanQuery 的查询子句中。

下面我们再一次用 SpecialsFilter 作为例子。这次我们将构建一个更为复杂的查询：搜索教育类的特价图书或关于 Logo[2]的图书。使用迄今为止我们介绍过的技术而直接创建的 Qucry 类都无法实现这样的操作，但是现在利用 FilteredQuery 就可以完成该功能了。加入仅需要搜索教育类特价图书，利用前面的代码片段就可以了。

在程序 6.15 中的测试用例展示了如何通过嵌套有 TermQuery 类和 FilteredQuery 类的 BooleanQuery 类实现上述查询。

程序 6.15　使用 FilteredQuery 类

```
public void testFilteredQuery() throws Exception {
  String[] isbns = new String[] {"9780880105118"};       <-- ❶

  SpecialsAccessor accessor = new TestSpecialsAccessor(isbns);
```

1 抱歉，Lucene 中使用的 Filter、QueryWrapperFilter、FilteredQuery 以及完全没有关联的 TokenFilter 等名字可能容易引起混淆，希望读者加以区别。

2 Erik 当初是使用《Logo on an Apple IIe》开始他的编程之旅的。

```
  Filter filter = new SpecialsFilter(accessor);
  WildcardQuery educationBooks =
      new WildcardQuery(new Term("category", "*education*"));
  FilteredQuery edBooksOnSpecial =
      new FilteredQuery(educationBooks, filter);

  TermQuery logoBooks =
      new TermQuery(new Term("subject", "logo"));

  BooleanQuery logoOrEdBooks = new BooleanQuery();
  logoOrEdBooks.add(logoBooks, BooleanClause.Occur.SHOULD);
  logoOrEdBooks.add(edBooksOnSpecial, BooleanClause.Occur.SHOULD);

  TopDocs hits = searcher.search(logoOrEdBooks, 10);
  System.out.println(logoOrEdBooks.toString());
  assertEquals("Papert and Steiner", 2, hits.totalHits);
}
```

❶ Rudolf Steiner 的著作《***A Modern Art of Education***》的 ISBN 号。

❷ 我们为特价教育类图书构造了一个 Query 对象，在本例中只包含 Steiner 的这本书。

❸ 我们为所有主题中包含 *logo* 的图书创建了一个 Query 对象，在我们的示例数据中之包含《***Mindstorms***》这本书。

❹ 这两个查询以 OR 方式组合起来。

在搜索期间每次使用 FilteredQuery 时，程序都会调用 Filter 中嵌套的 getDocIdSet() 方法，因此，我们建议在查询语句重复使用以及结果过滤器不会改变的情况下使用过滤器缓存。

过滤功能是一项用于确定文档与查询语句之间能够匹配的强大工具，在本节你已了解到如何创建自定义过滤器并在搜索期间使用它们，你还应了解如何将过滤器封装为查询，以便用于任何查询场合。过滤器能在高级搜索期间带给你大量的灵活性。

6.5　有效载荷（Payloads）

有效载荷是 Lucene 一个高级功能，它使应用程序能够针对索引期间出现的项保存任意数量的字节数组。该字节数组对于 Lucene 是完全不透明的：它只是在索引期间简单地存储每个项的位置信息，然后将这些信息用于随后的搜索。另外，Lucene 核心功能模块并不使用有效载荷进行任何操作，也不对这些内容作出任何假设。这意味着你可以存储任意数量的对程序较为重要的编码数据，并在随后的搜索中使用这些数据，或者在程序中判断哪些文档存在于搜索结果中，或者判断这些匹配文档是如何进行评分和排序的。

有效载荷有多种用途。本章将深入分析的一个案例就是，基于同一个项在文档中的出现位置而对它进行不用的加权。另外一个案例就是对索引中每个项的词性信息进行存储，并基于这些信息来改变项的过滤、评分或排序方式。通过创建一个单项域，你可以存储文档级别的元数据，如基于程序的唯一文档标识等。而其他案例则用于对分析期间所丢失的排序格式信息进行存储，如项是否为大写或斜体形式，或者它们所使用的字体及大小等。

当特定项的出现变得“重要”时，基于位置信息的加权操作允许你修改对应的匹配文档评分。如果我们正在索引混合文档，其中一些文档是公告内容（weather warning）而其他文档则为更为普通的形式，那么你可以通过搜索“warning”来对公告文档中出现的项进行特殊加权。另外一个案例就是对原始文本中出现的粗体或斜体项进行加权，或者对 HTML 文档中包含 title 标签或 header 标签的项进行加权。尽管你可以使用域加权操作完成这些功能，但这种方式要求你将所有重要的项拆分成各个分离的域，而通常这是不可行或没必要的。有效载特性使你能够基于单个域中各个项的信息进行加权操作。

下面我们看看如何使用有效载荷对特定项进行加权。我们将从分析期间项语汇单元添加有效负载的各个步骤开始。然后，我们将自定义的有效载荷用于搜索。最后我们将探究 Lucene 的另外两种与有效载荷的交互方式：第一种是通过 `SpanQuery` 进行，第二种是通过直接访问 Lucene 的 `TermPositions` API 进行。

下面我们从如何在分析期间生成有效载荷开始介绍。

6.5.1 分析期间生成有效载荷

第一步就是创建分析器，用它检测重要并且附有恰当有效载荷的项。用于该分析器的 `TokenStream` 必须定义 `PayloadAttribute`，然后在恰当时机创建 `Payload` 实例，并调用其 `incrementToken` 方法内部的 `PayloadAttribute.setPayload` 方法。`Payload` 实例的初始化方法如下：

```
Payload(byte[] data)
Payload(byte[] data, int offset, int length)
```

对于一些语汇单元来说，最好是将其有效载荷设置为 null。事实上，对于具有常用默认值的应用程序来说，最好是用 null 有效载荷来表示默认值，而不是使用已编入默认值的有效载荷，这样能节省索引所占用的空间。Lucene 会在该位置简单记录这里没有有效载荷。

分析器的 contrib 模块包含几个实用的 `TokenFilter`，如表 6.3 所示。这些类可以将一些已有的 `Token` 属性（如类型和开始/结束偏移量等）转换成对应的有效载荷。我们将在该案例中短期使用 `PayloadHelper` 类，它提供了一些实用功能，能将 `byte[]` 数组编码或解码为数值类型的值。

表 6.3 **contrib/analyzers** 目录的 **TokenFilter** 能够将某些 **TokenAttributes** 编码成有效载荷

名 称	用 途
NumericPayloadTokenFilter	将匹配指定类型的语汇单元编码成浮点类型的有效载荷
TypeAsPayloadTokenFilter	将每个语汇单元类型都编码成有效载荷
TokenOffsetPayloadTokenFilter	将每个语汇单元的起始和结束位置偏移量都编码成有效载荷
PayloadHelper	静态方法。将 int 和 float 类型编码和解码成 byte 数组类型的有效载荷

很多情况下，正如我们的示例一样，创建有效载荷的逻辑需要更多的定制开发来实现。

在我们的示例中，我们的需求是创建的有效载荷所对应的项必须被进行加权处理、包含加权分数并且不对其他所有项设置有效载荷。所幸的是，我们可以通过直接创建自定义的 `TokenFilter` 来实现这些逻辑。程序 6.16 展示了自定义的 `BulletinPayloadsAnalyzer` 和 `BulletinPayloadsFilter`。

我们的实现逻辑非常简单：如果文档是公告类型的（通过检查文档内容是否具有前缀 ***Bulletin*** 实现），那么我们将在出现项 ***warning*** 的任意时刻对它附加一个浮点类型的有效载荷。我们使用 `PayloadHelper` 将这个浮点数编码成等效的字节数组。

程序 6.16 自定义过滤器用于向公告文档内的 warning 项添加有效载荷

```
public class BulletinPayloadsFilter extends TokenFilter {

  private TermAttribute termAtt;
  private PayloadAttribute payloadAttr;
  private boolean isBulletin;
  private Payload boostPayload;

  BulletinPayloadsFilter(TokenStream in, float warningBoost) {
    super(in);
    payloadAttr = addAttribute(PayloadAttribute.class);
    termAtt = addAttribute(TermAttribute.class);
    boostPayload = new Payload(PayloadHelper.encodeFloat(warningBoost));
  }

  void setIsBulletin(boolean v) {
    isBulletin = v;
  }

  public final boolean incrementToken() throws IOException {
    if (input.incrementToken()) {
      if (isBulletin && termAtt.term().equals("warning")) {     // 添加有效载荷加权
        payloadAttr.setPayload(boostPayload);
      } else {
        payloadAttr.setPayload(null);                             // 清除有效载荷
      }
      return true;
    } else {
      return false;
    }
  }
}
```

使用这个分析器我们就可以将自定义的有效载荷加入索引。但我们又如何在搜索期间使用有效载荷并对某些匹配文档进行加权呢？

6.5.2 搜索期间使用有效载荷

所幸的是，Lucene 提供了一个内置的查询类 `PayloadTermQuery` 用于精确实现上述需求，该类位于 `org.apache.lucene.search.payloads` 程序包。该查询类类似于 `SpanTermQuery`，相似之处在于它会对包含指定项的所有文档进行匹配操作，并跟踪实际的匹配次数（跨度）。但随后它会进行更多处理，它会提供一个基于每个出现项的有效载荷的评分因子。为了完成这个操作，你必须创建自己的 `Similarity` 类，该类要定义 scorePayload 方法，类似如下：

```
public class BoostingSimilarity extends DefaultSimilarity {
  public float scorePayload(int docID, String fieldName,
                            int start, int end, byte[] payload,
                            int offset, int length) {

    if (payload != null) {
      return PayloadHelper.decodeFloat(payload, offset);
    } else {
      return 1.0F;
    }
  }
}
```

我们再次用到 PayloadHelper，这次是用于将字节数组解码还原成浮点数。对于每个出现的项，PayloadTermQuery 都会调用 scorePayload 方法来决定对应的有效负载评分。然后，它会使用我们提供的 PayloadFunction 实例来对每个匹配文档中的匹配项进行评分相加。Lucene 2.9 提供了 3 个这样的功能类——MinPayloadFunction、AveragePayloadFunction 和 MaxPayloadFunction——但你也可在必要的时候简单地建立自己的子类。最后，在默认情况下，这些合并的有效负载评分将与 SpanTermQuery 另外提供的普通评分相乘，这样就完成了对该文档的"加权"评分。如果你想用自己的有效负载评分来完全代替上述匹配文档评分，可以使用如下初始化方法：

```
PayloadTermQuery(Term term, PayloadFunction function,
                 boolean includeSpanScore)
```

如果在初始化方法的 includeSpanScore 参数中传入 false，那么每个匹配项的评分将合并成有效载荷评分。现在我们已了解了所有功能块，下面我们将之合并进测试案例中，如程序 6.17 所示。

程序 6.17 使用有效载荷对某些出现的项进行加权

```
public class PayloadsTest extends TestCase {

  Directory dir;
  IndexWriter writer;
  BulletinPayloadsAnalyzer analyzer;

  protected void setUp() throws Exception {
    super.setUp();
    dir = new RAMDirectory();
    analyzer = new BulletinPayloadsAnalyzer(5.0F);    <—— 通过 5.0 进行加权
    writer = new IndexWriter(dir, analyzer,
                             IndexWriter.MaxFieldLength.UNLIMITED);
  }

  protected void tearDown() throws Exception {
    super.tearDown();
    writer.close();
  }

  void addDoc(String title, String contents) throws IOException {
    Document doc = new Document();
    doc.add(new Field("title",
                      title,
                      Field.Store.YES,
                      Field.Index.NO));
    doc.add(new Field("contents",
                      contents,
```

```
                    Field.Store.NO,
                    Field.Index.ANALYZED));
    analyzer.setIsBulletin(contents.startsWith("Bulletin:"));
    writer.addDocument(doc);
  }

  public void testPayloadTermQuery() throws Throwable {
    addDoc("Hurricane warning",
           "Bulletin: A hurricane warning was issued " +
           "at 6 AM for the outer great banks");
    addDoc("Warning label maker",
           "The warning label maker is a delightful toy for " +
           "your precocious seven year old's warning needs");
    addDoc("Tornado warning",
           "Bulletin: There is a tornado warning for " +
           "Worcester county until 6 PM today");

    IndexReader r = writer.getReader();
    writer.close();

    IndexSearcher searcher = new IndexSearcher(r);
    searcher.setSimilarity(new BoostingSimilarity());

    Term warning = new Term("contents", "warning");

    Query query1 = new TermQuery(warning);
    System.out.println("\nTermQuery results:");
    TopDocs hits = searcher.search(query1, 10);
    TestUtil.dumpHits(searcher, hits);
                                                        排名第一
    assertEquals("Warning label maker",
                 searcher.doc(hits.scoreDocs[0].doc).get("title"));

    Query query2 = new PayloadTermQuery(warning,
                                        new AveragePayloadFunction());

    System.out.println("\nPayloadTermQuery results:");
    hits = searcher.search(query2, 10);
    TestUtil.dumpHits(searcher, hits);
                                                        加权后排名最后
    assertEquals("Warning label maker",
                 searcher.doc(hits.scoreDocs[2].doc).get("title"));

    r.close();
    searcher.close();
  }
}
```

这里我们索引了3个文档，其中两个文档为公告类型。接下来，我们进行了两次搜索并打印结果。第一个搜索使用普通的 `TermQuery` 进行，它会将第二个文档返回至结果顶部，因为该文档中出现了两次项 ***warning***。第二个搜索使用 `PayloadTermQuery`，它对每个公告文档中的 ***warning*** 项进行了 5.0 加权（以单个参数的形式传递给 `BulletinPayloadsAnalyzer`）。运行该测试用例会生成如下输出结果：

```
TermQuery results:
0.2518424:Warning label maker
0.22259936:Hurricane warning
0.22259936:Tornado warning

BoostingTermQuery results:
0.7870075:Hurricane warning
0.7870075:Tornado warning
0.17807949:Warning label maker
```

事实上，PayloadTermQuery 会导致两个公告文档（Hurricane warning 和 Tornado warning）获得高得多评分，这会使它们出现搜索结果的顶部。

需要注意的是，有效载荷相关程序包还包括 PayloadNearQuery，它和 SpanNearQuery 类似，区别在于它会像 PayloadTermQuery 一样调用 Similarity.scorePayload 方法。事实上，所有的 SpanQuery 类都能访问有效载荷，具体我们将在下面介绍。

6.5.3 有效载荷和跨度查询

尽管使用 PayloadTermQuery 和 PayloadNearQuery 是利用有效载荷进行文档评分修改的最简单方式，但所有的 SpanQuery 类都支持对有效载荷的高级访问，这些有效载荷是由 getSpans 方法返回且出现在每个匹配跨度中的。在这一点上，除了 SpanTermQuery 和 SpanNearQuery 之外，没有其他 SpanQuery 子类能够使用有效载荷。如果你需要基于有效载荷对文档进行过滤，那么需要在自定义的 SpanQuery 子类中覆盖 getSpans 方法；或者通过覆盖 SpanScorer 类来提供基于有效载荷的自定义评分机制。这些都是高级使用案例，并且很少有用户会涉及该领域，因此这里寻找灵感的最好方式是花更多时间来研究 Lucene 的用户列表信息。

在 Lucene 的 API 中提供的最后一个有效载荷接口则为 TermPositions。

6.5.4 通过 TermPositions 来检索有效载荷

使用有效载荷进行扩展的最后一个 Lucene API 就是 TermPositions 迭代器了。它是一个高级的内部 API，允许你对包含特定项的文档进行遍历，并对匹配该项所有位置信息和对应有效载荷的文档进行检索。TermPositions 包含如下方法：

```
boolean isPayloadAvailable()
int getPayloadLength()
byte[] getPayload(byte[] data, int offset)
```

需要注意的是，一旦调用了 getPayload() 方法，直到通过调用 nextPosition() 方法进入下一个位置之前，你是不能再次调用该方法的。每个有效负载都只能被检索一次。

有效负载的相关功能还处于积极开发状态中，目的是提供更多使用有效负载的核心支持，如结果过滤或自定义评分机制等。在这些核心支持出现之前，你需要利用本节介绍的扩展点来事先这些强大功能。请保持关注我们的用户列表中的相关信息。

6.6 小结

Lucene 为开发人员提供了极其灵活的搜索功能，以至于我们使用了 3 章的篇幅来介绍搜索。当内置的相关性排序或域值排序功能不忙满足需求时，开发人员可以自定义排序逻辑。自定义 Collector 子类使你在找到匹配文档时能够有效对其进行需要的操作，而自定义 Filters 子类则使你能够联合任意的外部信息来创建过滤器。

在本章中，你已发现通过扩展 QueryParser 可以改进其创建查询的方式，以避免进行某些类型的查询，或者修改每个 Query 的构建方式。我们还展示了如何使用有效负载等高级功能来改进对文档中某些更重要项的控制方式，改进方式是基于这些项的位置信息进行的。

通过对本章以及第 3 章、第 5 章有关搜索功能的学习，你应该能够具有一定的能力和灵活性来将 Lucene 搜索功能集成到自己的应用程序中了。下一章将介绍如何使用 Apache Tika 项目从各种不同格式的文档中提取文本。

第 2 部分

Lucene 应用

Lucene本身只是一个 JAR 包（Java 程序包），它的真正用处在于你可以围绕它进行程序开发。本书第2部分将用几种不同方式来探讨Lucene的应用。在很多实际项目中，我们通常需要对诸如 Microsoft Office、PDF、HTML、XML等格式的文档进行全文搜索。“使用 Tika 提取文本”（第 7 章）给出了一些针对这些文档进行索引的方案。由于 Lucene 的扩展功能增加太多，我们将分两章来介绍：“Lucene 基本扩展”（第 8 章）和“Lucene 高级扩展”（第 9 章）。尽管 Java 是 Lucene 的基本编程语言，而索引格式却是与语言无关的。通过“其他编程语言使用 Lucene”（第 10 章）将探讨采用几种其他类型的编程语言使用 Lucene，如 C++、C#，Python、Perl 和 Ruby 等。“Lucene 管理和性能调优”（第 11 章，即第 2 部分最后一章）将深入介绍 Lucene 在诸如内存、磁盘空间、以及文件描述符数量方面的资源消耗情况及对应管理方式。本章你还能够学会如何提升索引和搜索性能。

第 7 章　使用 Tika 提取文本

本章要点

- 理解 Tika 的逻辑设计
- 使用 Tika 的内置工具和 API 提取文本
- 解析 XML
- 处理已知的 Tika 局限

在构建搜索程序时，一个通常而重要的步骤就是从文档中提取文本以用于索引。在幸运情况下，应用程序处理的数据已经是文本格式了，或者程序文档格式是一致的，如统一为 XML 格式或者数据库中规则的行。如果不这么幸运的话，你就必须处理多种多样的文档，而这在当前来说是很常见的，如 Outlook、Word、Excel、PowerPoint、Visio、Flash、PDF、Open Office、Rich Text Fort（RTF）等文件格式，甚至是诸如 TAR、ZIP 和 BZIP2 等类型的压缩文件格式。似乎处理诸如 XML 或 HTML 等文本格式是一个巨大挑战，因为你必须小心处理以避免碰到标签或 JavaScript 文本源。纯文本格式似乎是最简单的文件格式，但对于这类文件的不同字符编码格式的处理也不是那么简单的。

过去，我们在处理文档时需要将它们“隔离”，即：逐个跟踪文档过滤器，并通过这些过滤器唯一而有用的 API 进行交互，目的是从中提取自己需要的文本。同时你还需要自己侦测文档类型和编码类型。所幸的是，目前已经有一款被称为 Tika 的开源框架能为你完成以上绝大部分功能，Tika 目前是 Apache Lucene 的顶层项目。

Tika 有一个简单易用的 API，用来提供文档源并随后对从中过滤出的文本内容进行检索。本章我们将从 Tika 的概述开始，然后深入其逻辑设计、API 和对应工具。在介绍如何安装 Tika 后，我们将讨论它的一些实用的工具，这些工具使得你能够在不编写任何 Java 代码的情况下对文档进行过滤。接着我们将研究一个用于编程实现文本提取并生成对应 Lucene 文档的类。在此之后，我们将考察用于从 XML 内容中提取域的两种方法，然后我们将通过两项内容对 Tika 进行总结，这两个内容分别是：Tika 的一些局限和访问一些可选的文档过滤选项。

7.1 Tika 是什么

在 Apache 孵化器中结业后（该过程就是将新创建的项目转变为正是的 Apache 项目），Tika 在 2008 年八月加入到 Lucene 项目。目前 Tika 最新的版本号位 0.6。目前针对 Tika 的开发正在大踏步进行，人们预测三月份其 1.0 版本将不再向后兼容，因此有关 Tika 最新的文档请参考 http://lucene.apache.org/tika。

Tika 是一个具有内置解析器用于处理各种文档类型的程序框架。该框架公布了标准的 API 供应用程序调用并完成从文档中提取文本和元数据，内置解析器会在后台通过外部程序库提供的 API 与之交互。这使得你的应用程序能够针对不同的文档类型使用相同的 API。当程序需要从文档中提取文本时，Tika 会找到对应的解析器（在此仅作简短介绍）。

作为一个程序框架，Tika 并不自行完成任何的文档过滤工作。并且，它还需要依赖外部开源项目和程序库来完成这些功能。表 7.1 列出了 Tika0.6 版本所支持的文件格式，以及文档过滤器所依赖的开源项目和程序库。表中支持大量的常用文档格式，新支持的文档格式也正在频繁加入该表，因此最新的支持列表请在线查看。

除了从文档中提取正文文本以外，Tika 还能从大多数类型的文档中提取元数据值。Tika 对于元数据是通过 `String<->`映射表来表示的，并以常量的形式列出通用元数据主键，如表 7.2 所示。这些常量是用 `org.aprche.tika.metadata` 包中的 `Metadata` 类来定义的。但并不是所有的解析器都能提取元数据，并且在提取过程中，解析器可能生成超出预期的各种不同的元数据主键。通常，Tika 对元数据的提取时变化的，因此最好是对目标文档进行抽样解析以理解元数据的生成规则。

下面我们开始介绍 Tika 如何对文档的逻辑结构进行建模，以及它会调用哪些 API 来进行提取。

表 7.1 Tika 支持的文档格式以及用于解析文档的程序库

支持的文档格式	程 序 库
Microsoft's OLE2 Compound Document Format（Excel、Word、PowerPoint、Visio、Outlook）	Apache POI
Microsoft Office 2007 OOXML	Apache POI

续表

支持的文档格式	程 序 库
Adobe Portable Document Format (PDF)	PDFBox
Rich Text Format (RTF)——目前只支持正文文本（无元数据）	Java Swing API (RTFEditorKit)
纯文本字符集侦测	ICU4J library
HTML	Java 的 javax.xml 类
ZIP 压缩包	Java 内置的 zip 类，Apache Commons Compress
TAR 压缩包	Apache Ant、Apache Commons Compress
AR 压缩包	Apache Commons Compress
CPIO 压缩包	Apache Commons Compress
GZIP 压缩包	Java 内置支持(GZIPInputStream)、Apache Commons Compress
BZIP2 压缩包	Apache Ant、Apache Commons Compress
Image formats（仅支持元数据）	Java 的 javax.imageio 类
Java class 文件	ASM library (JCR-1522)
Java JAR 文件	Java 内置的 zip 类和 ASM library、Apache Commons Compress
MP3 音频(ID3v1 tags)	直接实现
其他音频格式(wav、aiff、au)	Java 内置支持(javax.sound.*)
OpenDocument	直接解析 XML 文档
Adobe Flash	直接从 FLV 文件中提取元数据
MIDI 文件(embedded text, eg song lyrics)	Java 内置支持(javax.audio.midi.*)
WAVE 音频 (sampling metadata)	Java 内置支持(javax.audio.sampled.*)

表 7.2 Tika 提取的元数据主键

元数据常量	描 述
RESOURCE_KEY_NAME	包含文档的文件名或资源名。客户端程序可以对该属性进行设置以允许分析器使用试探性文件名来确定文档格式。如果文件格式包含标准义件名（例如 GZIP 文件格式中包含文件名），分析器子类可以设置该属性
CONTENT_TYPE	文档中声明的常量类型。例如客户端程序可以设置基于 HTTP 内容类型的属性。声明的内容类型可以帮助分析器以正确翻译文档。分析器子类根据被解析的文档来设置该内容属性
CONTENT_ENCODING	文档中声明的内容编码方式。例如客户端程序可以设置基于 HTTP 内容类型的属性。声明的内容类型可以帮助分析器以正确翻译文档。分析器子类根据被解析的文档来设置该内容属性
TITLE	文档标题。如果文档格式显式包含了标题域，那么分析器子类会设置该属性
AUTHOR	文档中的作者名。如果文档格式显式包含了作者域，那么分析器子类会设置该属性
MSOffice.*	定义从 Microsoft Office 来的额外元数据：APPLICATION_NAME, CHARACTER_COUNT, COMMENTS, KEYWORDS, LAST_AUTHOR, LAST_PRINTED, LAST_SAVED, PAGE_COUNT, REVISION_NUMBER, TEMPLATE, WORD_COUNT.

7.2 Tika 的逻辑设计和 API

Tika 使用可扩展超文本标记语言（Extensible Hypertext Markup Language，XHTML）标准来对所有文档进行建模，无论文档的初始格式如何。XHTML 作为一种标记语言，能够兼具 XML 和 HTML 的优点：因为 XHTML 文档可以用 XML 形式实现，可以使用标准的 XML 工具编程实现 XHTML 文档的处理。另外，由于 XHTML 大部分兼容 HTML4 浏览器，因此它能通过当代 Web 浏览器进行展现。有了 XHTML，文档结构中就能加入如下的顶层逻辑：

```
<html xmlns="http://www.w3.org/1999/xhtml">
  <head>
    <title>...</title>
  </head>
  <body>
    ...
  </body>
</html>
```

在<body>…</body>结构即为其他用于展现文档内部结构的标签（如<p>、<h1>和<div>等）。

以上是 XHTML 文档的逻辑结构，但 Tika 是如何将它应用于程序中的呢？答案就是 SAX（Simple API for XML），另一个用于 XML 解析器的固定标准。有了 SAX，当程序解析 XML 文档时，解析器会调用各个由 org.xml.sax.ContentHandler 子类所实例化的对象。对于解析 XML 文档来说，这是一个可伸缩的处理过程，因为它允许程序根据所碰到的文档来选择如何处理文档中的每个元素。程序只需要消耗很小的 RAM 就能处理任意数量的文档。

Tika 所需要的基本接口就是这个异常简单的 parse 方法（在 org.apache.tika.parser.Parser 类中）：

```
void parse(InputStream stream
           ContentHandler handler,
           Metadata metadata,
           ParseContext context)
```

Tika 通过 InputStream 读取文档的各个字节数据，但并不关闭 InputStream。我们建议读者使用 try/finally 语句来关闭该字节流。

然后文档解析器会对字节流进行解码，将它们转换成 XHTML 逻辑结构，再通过程序提供的 ContentHandler 来调用 SAX API。第三个参数，metedata，它是双向使用的：输入数据的细节信息，如指定的 Content-Type（从 HTTP 服务器获取）或文件名（如果知道的话）将在调用 parse 之前进行设置，然后在 Tika 处理文档期间碰到的任何元数据都将被记录下来并返回。最后一个参数用于向解析器传入所需要的任意程序配置。

我们可以看出，Tika 类似于一个导管：除了调用 ContentHandler 以外，它不对自己碰到的文档文本做任何操作。而负责处理结果元素和文本的 ContentHandler 的提供则取决于你的应用程序。但 Tika 还包括一些实用的工具类，它们针对一些常见情况提供了 ContentHandler 的子类实现。举例来说，BodyContentHandler 负责搜集 <body>…</body>之间的所有文档文本，并将其传递给另一个 handler：OutputStream、Writer 或者内部字符串缓冲，以用于随后的检索。

如果已确切知道所处理的文档类型，你可以直接建立对应的解析器（例如 PDFParser、OfficeParser 或者 HtmlParser）并调用其 parse()方法。如果你并不确定文档类型，Tika 提供了一个 AutoDetectParser，它是 Parser 的子类，能够使用各种试探方法来确定文档类型并调用对应的解析器。

Tika 尽可能对诸如文档格式和字符集编码（对于文本/纯文本文档来说）等信息进行自动探测。当然，如果你预先了解这些文档信息，如初始文件名（它可能包含有用的扩展名信息）或者字符集编码，那么最好的是通过元数据输入的形式将这些信息传递给 Tika 以便使用。文件名需要通过 Metadata.RESOURCE_NAME_KEY 加入；文档内容类型需要通过 Metadata.CONTENT_TYPE 加入，而文档内容的字符集编码需要通过 Metadata.CONTENT_ENCODING 加入。

到了该实际行动的时候了。下面我们开始进行 Tika 的安装。

7.3 安装 Tika

Tika 需要进行编译。本书源代码对应的 Tika 版本号为 0.6，位置为 lib 目录，但很可能你已瞄准新的版本了。Tika 的编译时在 Maven2 容器中进行的，后者可以在线直接下载，如果你已使用过 Maven2 的话可以通过程序中的链接来下载。

Tika 的编译同样简单，但自本书出版后，你需要在 Tika 站点检查"Getting Started"项，以处理可能发生的变更。我们首先下载 Tika 的源代码版本（例如，apache-tika-0.6-src.tar.gz 对应的版本号为 0.6），然后解压该版本。Tika 使用 Apache Maven2 编译系统，需要 Java 5 或更高版本的 Java，因此你需要首先安装这两项。安装完成后，在解压后的 Tika 源代码目录运行 mvn install 命令。该命令将下载很多用于本 Marven 的程序依赖包、编译 Tika 源代码、运行测试并生成最后的 JAR 包。如果进展顺利，你将在控制台末端看到打印出的 BUILD SUCCESSFUL 信息。如果在该过程中碰到 OutOfMemoryError 异常，你可以增大 JVM 的堆内存，方法是设置 MAVEN_OPTS 环境变量（例如，在 bash shell 环境下输入 export MAVEN_OPTS="-Xmx2g"）。

作为模块化设计程序，Tika 包含如下组件：

- Tika-core 包含主要的接口和核心功能;
- Tika-parsers 包含与外部解析器程序库对应的所有适配器;
- Tika-app 将所有内容打包成一个单一的可执行的 JAR 包。

这些组件对应的源代码都保存在以相同名称命名的子目录中。编译完成后，你会发现一个名为 ***target*** 的子目录（在每个组件的目录下都有一个这样的子目录)，该目录包含已被编译好的 JAR 包，如 tika-app-0.6.jar。

使用 tika-app-0.6.jar 是很方便的，因为它里面已包含所有依赖的文件，也包括 Tika 将用到的为所有外部解析器提供的类。如果出于某种原因不能集成这些程序所需要的外部 JAR 包，或者你并不想这样做，那么你可以使用 Maven 将所有依赖的 JAR 集中到每个组件对应的 target/dependency 目录下。

NOTE 你可以通过运行 `mvn dependency:copy-dependencies` 命令来集中所有依赖的 JAR 包。该命令会将这些 JAR 包从 Maven 目录拷贝到每个组件对应的 `target/dependency` 目录下。如果你倾向于使用 Maven2 之外的 Tika，该命令非常实用。

现在我们已完成 Tika 的编译，那么下一步就是文档提取了。我们将从 Tika 内置的文本提取工具开始介绍。

7.4 Tika 的内置文本提取工具

Tika 带有一个简单的内置工具，允许你从本地文件系统或者 URL 中的文档中提取文本。该工具会建立一个 `AutoDetectParser` 实例来对文档进行过滤，然后提供一些选项用于跟操作结果进行交互。该工具既可以在专用的 GUI 中运行，也可以在命令行模式下运行，后者允许你对输出结果进行进一步处理，如使用管道或者使用其他命令行工具对此进行处理。以 GUI 模式运行需要输入如下命令：

```
java -jar lib/tika-app-0.6.jar --gui
```

该命令会生成一个简单的 GUI 窗口，你可以通过拖动的方式将文件加入或移除该窗口，目的是测试过滤器是如何在此工作的。图 7.1 展示了将本书第 2 章内容对应的 Microsoft Word 文档拖入到窗口后的情况。该窗口有多个标签，用来表示过滤期间被提取的各种不同文本：

- Formatted Text 标签显示 XHTML 内容，通过 Java 内置的 `javax.swing.JEditorPane` 作为文本/html 内容展示界面;
- Plain Text 标签表示只显示从 XHTML 文档中提取文本或空格;
- Structured Text 标签将展示原始的 XHTML 数据;
- Metadata 标签包含从文档中提取的所有元数据域;

■ Errors 标签会显示在文档解析过程中的所有出错信息。

尽管 GUI 模式是一个用于快速测试 Tika 文档处理的很好办法，但更常用的还是命令行模式的启动方法：

```
cat Document.pdf | java -jar lib/tika-app-0.6.jar -
```

该命令会从解析器中打印出所有的 XHTML 输出（命令行最后的-号表示告诉该工具从标准输入端读入文档信息；你还可以直接使用文件名，而不使用管道的方式向命令行输入数据）。该工具接受各种命令行选项以改变自己的运行方式。

- --help 或-?：打印出所有选项。
- --verbose 或-v：打印调试信息。
- --gui 或-g：运行 GUI。
- --encoding=X 或-eX 指定输出编码方式。
- --xml 或-x 输出 XHTML 内容（这是默认的运行方式）。对应于 GUI 模式中的 Structured Text 标签。
- --html 或-h：输出 HTML 内容，它是 XHTML 内容的简化版本。对应于 GUI 模式中的 Formatted Text 标签（以 HTML 方式输出）。
- --text 或-t：输出纯文本内容。对应于 GUI 模式中的 Plain Text 标签。
- --metadata 或-m：只输出元数据主键和值。对应于 GUI 模式中的 Metadata 标签。

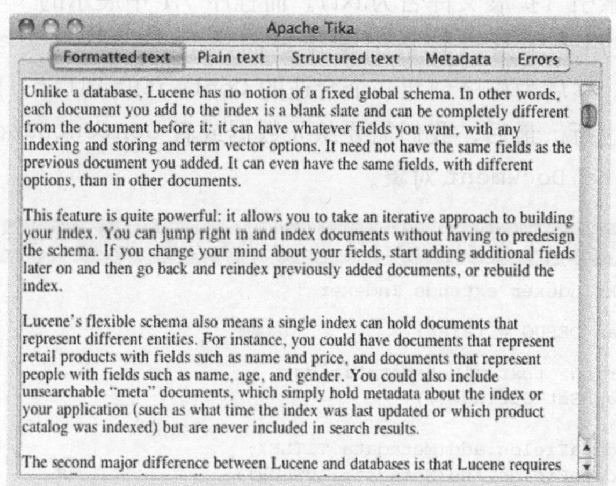

图 7.1 通过拖动的方式将二进制文档加入或移除 Tika 内置的文本提取工具 GUI 窗口以测试过滤器是如何工作的

你可以将 Tika 的命令行工具作为文本提取解决方案的基础。它使用简单，部署也很快速。但如果你需要对文本进行更多控制，或者保留一些元数据域，那么你需要使用

Tika 可编程 API，该部分内容我们将在下节介绍。

7.5 编程实现文本提取

我们已介绍了 Tika 的简单 parse API，它是基于 Tika 文本提取的核心部分。但有关文本提取的其他部分是怎样运行的呢？我们如何通过 SAX 的 ContentHandler 来构建 Lucene 文档呢？这就是我们要介绍的内容。我们还会介绍一个实用的工具类，其名称被巧妙地命名为 Tika，它提供的一些方法能够部分用于与 Lucene 的集成。最后，我们将介绍如何对于每个 MIME 类型而自定义对应的解析器以供 Lucene 选择。

NOTE Tika 的发展非常迅速，因此很可能当你阅读此书时 Lucene 与 Tika 的集成方式又有了很大改进，因此一定要从 http://lucene.apache.org/tika 进行核对。Solr 已经有了较好的集成：如果你 POST 二进制文档，如 PDF 或 Microsoft Word 文档等，Solr 会在后台使用 Tika 来提取文本，并使用可变的域映射表对这些文本进行索引。

7.5.1 索引 Lucene 文档

我们回忆一下，第 1 章提到的 Indexer 工具是有严格的使用限制的，它只能对纯文本文件进行索引（扩展文件名为.txt）。而程序 7.1 中展示的 TikaIndexer 却能突破这个局限！使用该工具进行索引操作是简单的，只要有文档源，并将它打开为 InputStream，然后为程序创建一个合适的 ContentHandler，或者使用 Tika 所提供的工具类之一也行。最后，我们需要从元数据或者 ContentHandler 所碰到的文本数据来创建 Lucene Document 对象。

程序 7.1 用于从任意类型文档中提取文本的类，并用 Lucene 对文本进行索引

```
public class TikaIndexer extends Indexer {

  private boolean DEBUG = false;                          ❶

  static Set<String> textualMetadataFields
        = new HashSet<String>();
  static {
    textualMetadataFields.add(Metadata.TITLE);
    textualMetadataFields.add(Metadata.AUTHOR);                ❷
    textualMetadataFields.add(Metadata.COMMENTS);
    textualMetadataFields.add(Metadata.KEYWORDS);
    textualMetadataFields.add(Metadata.DESCRIPTION);
    textualMetadataFields.add(Metadata.SUBJECT);
  }

  public static void main(String[] args) throws Exception {
    if (args.length != 2) {
      throw new IllegalArgumentException("Usage: java " +
```

```
      TikaIndexer.class.getName() +
      " <index dir> <data dir>");
  }

  TikaConfig config = TikaConfig.getDefaultConfig();
  List<String> parsers = new ArrayList<String>(config.getParsers()
                                    .keySet());
  Collections.sort(parsers);
  Iterator<String> it = parsers.iterator();                          ❸
  System.out.println("Mime type parsers:");
  while(it.hasNext()) {
    System.out.println("  " + it.next());
  }
  System.out.println();

  String indexDir = args[0];
  String dataDir = args[1];

  long start = new Date().getTime();
  TikaIndexer indexer = new TikaIndexer(indexDir);
  int numIndexed = indexer.index(dataDir, null);
  indexer.close();
  long end = new Date().getTime();

  System.out.println("Indexing " + numIndexed + " files took "
    + (end - start) + " milliseconds");
}

public TikaIndexer(String indexDir) throws IOException {
  super(indexDir);
}

protected Document getDocument(File f) throws Exception {

  Metadata metadata = new Metadata();
  metadata.set(Metadata.RESOURCE_NAME_KEY, f.getName());        ❹

  InputStream is = new FileInputStream(f);                ❺
  Parser parser = new AutoDetectParser();                   ❻
  ContentHandler handler = new BodyContentHandler();          ❼
  ParseContext context = new ParseContext();               ❽
  context.set(Parser.class, parser);

  try {
    parser.parse(is, handler, metadata,
                 new ParseContext());                       ❾
  } finally {
    is.close();
  }
  Document doc = new Document();
  doc.add(new Field("contents", handler.toString(),
                 Field.Store.NO, Field.Index.ANALYZED));      ❿

  if (DEBUG) {
    System.out.println("  all text: " + handler.toString());
  }

  for(String name : metadata.names()) {              ⓫
    String value = metadata.get(name);
    if (textualMetadataFields.contains(name)) {
      doc.add(new Field("contents", value,                  ⓬
                Field.Store.NO, Field.Index.ANALYZED));
```

```
      }
      doc.add(new Field(name, value,                                  ⑬
                        Field.Store.YES, Field.Index.NO));
      if (DEBUG) {
        System.out.println("   " + name + ": " + value);
      }
    }
    if (DEBUG) {
      System.out.println();
    }

    doc.add(new Field("filename", f.getCanonicalPath(),             ⑭
             Field.Store.YES, Field.Index.NOT_ANALYZED));

    return doc;
  }
}
```

对于 TikaIndexer，我们只是简单地继承了初始的 Indexer 并重载了其中的 main 方法和 getDocument 方法：

❶ 将 debug 标志位设置为 true，进行详细输出。

❷、⓫、⓬ 列出我们认为是文本的元数据域。在文档解析完毕以后，我们取出文档中出现的任何元数据域，同时包含文档中 contents 域的值。

❸ 递归访问 Tika 的所有 Parser 并打印日志，看看目前处理的文档类型。

❹、⓭、⓮ 使用 Tika.getFileMetadata()方法创建 Metadata 实例，该方法会记录文件名，因此 Tika 能够根据这些文件名来猜测文档类型。在文档中找到的每个域都会返回同样的 Metadata 实例，并保存在文档对象中。同时程序还会分别保存文件路径。

❺❻ 打开并读取文件，然后使用 AutoDetectParser 找寻合适的分析器。

❼❽❾❿ BodyContentHandler 将我们从创建自己的内容处理器中解放出来。它会收集正文中所有的文本，然后我们会将该文本加入文档的内容域中。我们建立了 ParseContext 对象并调用分析器的 parse()方法来实际完成该工作。该示例运行良好，但你在实际产品中使用它时需要进行以下一些修正。

- 捕获并处理 parser.parse()方法可能抛出的异常。如果文档受到损坏，那么你会发现 TikaException 异常。如果从 InputStream 中读取字节流时出现问题，那么你会遇到 IOException 异常。如果所需的分析器不能被定位或者被实例化，那么你还会遇到类加载异常。
- 对于索引中的元数据域及其索引方式，建议提供更多的选择。这类选择会在很大程度上依赖于具体的应用程序。
- 对于被索引的文本，建议提供更多选择。目前，TikaIndexer 简单地通过向文档中添加多个与域名对应的实例的方式，来将从文档中提取的所有文本合并后，写入内容域。而你可能采用另外的方式来处理不同的文档子结构，可能使用能设置 positionIncrementGap 的分析器，因此短语查询和跨度查询便不能对跨越两个不同内容域的搜索进行匹配。

- 添加自定义逻辑来滤除已知的“无意义”的文本文档的部分内容，如在所有文档中都出现的标准文本头或文本脚注。
- 如果文档文本尺寸较大，可以考虑使用 Tika.parse 工具方法（具体内容将在下节介绍）。

正如我们所看到的，使用 Tika 的可编程 API 进行文本提取并建立 Lucene 文档的操作是很简单的。在我们的示例中，我们使用了 AutoDetectParser 中的 parse API，而 Tika 还提供了一些工具类 API，它们可能为你的应用程序提供有价值的可选方案。

7.5.2 Tika 工具类

org.apache.tika 程序包中的 Tika 类是一个工具类，它提供了大量实用的工具方法，如表 7.3 所示。

表 7.3 **Tika 工具类提供的实用方法**

方 法	用 途
String detect(...)	对带有元数据选项的 InputStream、文件或 URL 中的媒体类型进行检测
Reader parse(...)	解析 InputStream、文件或者 URL，返回 Reader 对象，可以从该对象中读入文本
String parseToString(...)	将 InputStream、文件或 URL 解析为 String

通常这些方法能使你用创建的一行空间来从文档中提取文本。有一个与 Lucene 集成的特别有用的方法就是 Readerparse(...) 方法了，它除了对文档进行解析，还会提供 Reader 对象以供程序读取文本。Lucene 可以通过 Reader 对象直接进行文本索引，这使得对文档中提取的文本的索引操作变得非常简单。

返回的 Reader 对象是一个 ParsingReader 类的实例，后者来自于 org.apache.tika.parser 程序包，它的是实现方式非常巧妙。一旦创建该对象，它会启动后台线程并使用 BodyContentHandler 对文档进行解析。返回的文本会写入 PipedWriter（对应 java.io 程序包）对象，并返回对应的 PipedReader 对象。出于该数据流的实现方式，文档的所有文本不会立即生成。而实际上，文本是通过在 Reader 中共享一小部分缓存的方式建立的。这意味着在进行过滤操作时，即使文档被解析成数量巨大的文本，它也只会使用一小部分内存。

在文档建立期间，ParsingReader 还将处理文档中所有的元数据，因此在文档建立以后且在对其进行索引之前，你需要调用 getMetadata() 方法并将任何重要的元数据都添加到文档中。

该类可能非常适合于你的应用程序。但由于针对每个文档都会生成对应线程来处理，并且该过程会使用 PipedWriter 和 PipedReader，与简单地采取预先处理全部文本的方式相比（如使用 StringBuilder），该方式很可能在完成净索引吞吐量的指标上面较低。当然，要想预先处理所有文本也是不大可能的，因为文档尺寸可能是无限的，所以还是使用前者较好。

7.5.3 选择自定义分析器

Tika 的 `AutoDetectParser` 会首先通过试探的方法来判断文档的 MIME 类型，然后使用该 MIME 类型来查找对应的解析器。为了实现查找功能，Tika 使用了 `TikaConfig` 实例，它通过一个 XML 文件来实现将 MIME 类型映射加载到对应的解析器中。默认的 `TikaConfig` 类可以通过静态方法 `getDefaultConfig` 方法获得，该类会依次加载 Tika 遇到的 tika-config.xml 文件。由于该文件为 XML 类型，你可以用自己习惯的文本编辑器打开它并从中了解 Tika 目前能处理哪些 MIME 类型。我们还使用了程序 7.1 中 `TikaConfig` 的 `getParsers` 方法来列出 MIME 类型。

如果你想针对指定的 MIME 类型来修改对应的解析器，或者添加自己的解析器来处理某个 MIME 类型，那么可以自行建立对应的 XML 文档并根据它来实例化自己的 `TikaConfig` 类。然后，当需要创建 `AutoDetectParser` 实例时，将自己的 `TikaConfig` 实例传递给前者的初始化方法即可。

现在我们已了解了 Tika 的各个功能，下面我们会简要介绍一下 Tika 的局限。

7.6 Tika 的局限

作为一个全新的程序框架，Tika 还面临着一些已知的问题，并正在着手解决。其中一些挑战是由 Tika 自身的设计带来的固有问题，这些问题可能不会随着时间的推移而得到解决，而其他一些可以解决的问题则可能在你读到该书时就已经得到解决了。

第一个问题就是 Tika 可能在一些情况下丢失文档结构。总的来说，一些文档的结构可能比 Tika 所使用的标准 XHTML 模型要复杂的多。在我们的示例中，addressbook.xml 文件结构就较为复杂，它包括两个条目，每个条目都有很多特定的域。而 Tika 则将该文件简化为固定的 XHTML 结构，这个操作会丢失一些文件信息。所幸的是，我们还有其他方法来从 XML 中创建复杂的文档，具体内容我们将在下节介绍。

Tika 的另一个局限就是在运行期间需要依赖大量的程序包。如果改为使用单一的 JAR 包，则会导致该包中包含大量的类；如果不使用单一的 JAR 包，那么又需要在类路径中保留多个 JAR 包。部分原因是因为 Tika 在进行解析操作时需要依赖多个外部程序包来执行。但还有一个原因就是这些外部程序库所提供的功能通常会大大超出 Tika 所需要的范围。举例来说，PDFBox 和 Apache POI 能获取文档的字体、布置和内置图片信息，并能以二进制格式创建新文档或者修改已有文档。而 Tika 只需要其中很小一部分功能（即“提取文本”部分），而这些程序库通常不会为此分解出独立的组件以供 Tika 使用。因此，这就导致了 Tika 对应的类路径中引入超量的类和 JAR 包，并且它们还可能与你程序中的其他 JAR 包产生冲突。为了更好地说明这个问题，Tika 的 0.6 版本中所有 JAR 包的大小约为 15MB，而 Lucene 的核心 JAR 却仅有 1MB 大小。

Tika 还面临的问题就是，一些针对诸如 Microsoft OLE2 Compound Document Format 等文档的解析需要对文档字节流进行随机访问，而 Tika 的 InputStream 是不支持这个的。目前 Tika 的解决方案是将文件内容拷贝到临时文件中，并用随机方法直接访问这个临时文件。该问题的改进方法可能在你读到该书时已经出现了，它会支持对 Tika 的文件流进行随机访问，从而避免文件拷贝问题。

下面我们将介绍如何在保留文件所有结构的情况下，根据其 XML 结构来提取文本。

7.7 索引自定义的 XML 文件

XML 是一种很有用的标记语言，它支持使用自定义的结构或 DTD 来表示文档结构。遗憾的是，Tika 只支持对该结构的简单处理方式：它会剥离文档中的标签，并提取标签之间的所有文本。简而言之，它会丢弃文档中所有的结构信息。

通常，这种处理方式并不是我们想要的，我们需要对 XML 中的标签进行自定义处理并转换到文档的域中。为了实现这个功能，我们就不能再使用 Tika 了，而是建立自己的处理逻辑来提取标签信息。本节我们将讨论两个分别用于解析 XML 内容和创建 Lucene 文档的方案。第一个方案使用 XML SAX 解析器，而第二个方案则使用 Apache Commons Digester 项目来建立自己的转换器，它简化了对 XML 文档结构的访问方式。

作为我们本节需要全程用到的示例，程序 7.2 展示了一个 XML 片段，它只包含一个 address book 入口。它的结构清晰，记录了每个 contact 的细节信息。还需要注意的是，<contact>元素有一个 type 属性，我们随后将对这个属性联通内部的所有元素文本进行提取，最后用 Lucene 文档中独立的域来保存该信息。

程序 7.2 表示 address book 入口的 XML 程序片段

```
<?xml version='1.0' encoding='utf-8'?>
<address-book>
    <contact type="individual">
        <name>Zane Pasolini</name>
        <address>999 W. Prince St.</address>
        <city>New York</city>
        <province>NY</province>
        <postalcode>10013</postalcode>
        <country>USA</country>
        <telephone>+1 212 345 6789</telephone>
    </contact>
</address-book>
```

7.7.1 使用 SAX 进行解析

SAX 定义了一个事件驱动接口，这样就能在解析时刻由解析器调用其对应的方法进行文件解析。这些事件包括：文件及其内部的元素开端、结束、解析错误等。程序 7.3 展示了我们用于解析 XML address book 并将之转换为 Lucene 文档的方案。

程序 7.3 使用 SAX API 对 address book 入口进行解析

```
public class SAXXMLDocument extends DefaultHandler {
  private StringBuilder elementBuffer = new StringBuilder();
  private Map<String,String> attributeMap = new HashMap<String,String> ();

  private Document doc;

  public Document getDocument(InputStream is)          <-❶ 启动解析器
    throws DocumentHandlerException {

    SAXParserFactory spf = SAXParserFactory.newInstance();
    try {
      SAXParser parser = spf.newSAXParser();
      parser.parse(is, this);
    } catch (Exception e) {
      throw new DocumentHandlerException(
        "Cannot parse XML document", e);
    }

    return doc;
  }                                                    ❷ 创建新文档
  public void startDocument() {                      <-
    doc = new Document();
  }
  public void startElement(String uri, String localName,    ❸ 记录属性
    String qName, Attributes atts)
    throws SAXException {

    elementBuffer.setLength(0);
    attributeMap.clear();
    int numAtts = atts.getLength();
    if (numAtts > 0) {
      for (int i = 0; i < numAtts; i++) {
        attributeMap.put(atts.getQName(i), atts.getValue(i));
      }
    }
  }
                                                                ❹ 收集文本
  public void characters(char[] text, int start, int length) {  <-
    elementBuffer.append(text, start, length);
  }

  public void endElement(String uri, String localName,       ❺ 添加域
                         String qName)
    throws SAXException {
    if (qName.equals("address-book")) {
      return;
    }
    else if (qName.equals("contact")) {
      for (Entry<String,String> attribute : attributeMap.entrySet()) {
      String attName = attribute.getKey();
      String attValue = attribute.getValue();
      doc.add(new Field(attName, attValue, Field.Store.YES,
                                   Field.Index.NOT_ANALYZED));

      }
  }
```

```
    else {
      doc.add(new Field(qName, elementBuffer.toString(), Field.Store.YES,
     Field.Index.NOT_ANALYZED));
    }
  }

  public static void main(String args[]) throws Exception {
    SAXXMLDocument handler = new SAXXMLDocument();
    Document doc = handler.getDocument(
      new FileInputStream(new File(args[0])));
    System.out.println(doc);
  }
}
```

程序中 5 个关键方法分别为：getDocument、startDocument、startElement、characters 和 endElement。另外，我们还需要注意 elementBuffer 方法和 attributeMap 方法。前者用来存储文本类型的 CDATA 数据，它包含在当前文档里面。文档中一些元素可能包含属性，如 address book 入口的<contact>元素会包含 type 属性。而 attributeMap 方法则用于存储当前元素属性的名称和属性值。

getDocument 方法❶并不完成太多工作：它负责创建新的 SAX 解析器，并将该解析器传递给 XML 文档对应的 InputStream。在那里，解析器子类会调用该类的其他 4 个关键方法，它们一起用于创建 Lucene 文档对象，该对象最后由 getDocument 方法返回。

对于 startDocument❷方法，它是在开始进行 XML 文档解析时才调用的，我们只创建了一个新的 Lucene Document 实例。该 Document 实例将用于向其中添加域。

程序在每次发现新的 XML 元素时都会 startElement 方法❸。程序首先通过将长度设置为 0 的方式擦除 elementBuffer 对象，然后通过清除 attributeMap 的方式来移除域前一个元素有关联的数据。如果当前元素具有属性值，程序会迭代访问这些属性，并在 attributeMap 中保存属性名称和属性值。对于程序 7.2 所对应的 XML 文档来说，与属性相关的操作有在为<contact>而调用 startElement 方法时才会进行，因为只有该元素包含属性值。

在处理单个 XML 元素期间，characters 方法❹可能会被调用多次。程序在调用 elementBuffer 方法时会传入追加的元素内容。

最后一个有用的方法为 endElement❺，这时我们可以看见更多的 Lucene 实际行为。该方法是在解析器关闭当前元素的标签后才调用的。因此，它会包含被处理的 XML 元素的所有信息。我们并不关注对顶层元素<address-book>的索引，因此程序调用该方法后会立即返回结果。同样，我们也并不关注<contact>元素的索引。但我们对<contact>元素的属性的索引还是关注的，因此程序使用 attributeMap 来获取属性名和属性值，并将它们加入到 Lucene 索引中。其他所有元素都是等同处理的，程序会毫无分别地将它们索引为 Field.Index.NOT_ANALYZED。属性值会跟元素数据一起编入索引。

程序最后的返回的文档是一个可以用于编入 Lucene 索引的文档，该文档包含的域名来自于 XML 元素名，对应的域值则为这些 XML 元素对应的文本内容。在解压本书原代码后，你可以在命令行根目录下运行 ant SAXXMLDocument 来启动该工具。该工具会生成类似如下的输出信息，表示它创建的文档：

```
Document<stored,indexed<name:Zane Pasolini>
stored,indexed<address:999 W. Prince St.>
stored,indexed<city:New York>
stored,indexed<province:NY>
stored,indexed<postalcode:10013>
stored,indexed<country:USA>
stored,indexed<telephone:+1 212 345 6789>>
```

这些代码使你能够对XMl文档进行索引，但我们还可以看看另一个用于解析XML的手动运行工具：Digester。

7.7.2 使用Apache Commons Digester进行解析和索引

Digester 可以从 ***http://commons.apache.org/digester/*** 获取，它是Apache Commons项目的子项目。它提供了一个简单的、高级的接口来对XML文档和Java对象进行映射；一些开发人员发现这个工具比DOM或SAX XML解析更容易使用。当Digester在XML文档中发现由开发人员定义的属性时，它会进行由开发人员定义的相关操作。

程序7.4中的DigesterXMLDocument类负责解析XML文档，如我们的address book条目（参见程序7.2），并返回以XML元素表示域的的Lucene文档。

程序7.4 使用Apache Commons Digester解析XML

```
public class DigesterXMLDocument {

  private Digester dig;                                          创建 Contact ❷
  private static Document doc;
  public DigesterXMLDocument() {
                                                                 创建 ❶
    dig = new Digester();
    dig.setValidating(false);

    dig.addObjectCreate("address-book", DigesterXMLDocument.class);
    dig.addObjectCreate("address-book/contact", Contact.class);
    dig.addSetProperties("address-book/contact", "type", "type");
    dig.addCallMethod("address-book/contact/name",
        "setName", 0);                                           设置 type 属性 ❸
    dig.addCallMethod("address-book/contact/address",
      "setAddress", 0);
    dig.addCallMethod("address-book/contact/city",               ❹ 设置 name 属性
      "setCity", 0);
    dig.addCallMethod("address-book/contact/province",
      "setProvince", 0);
    dig.addCallMethod("address-book/contact/postalcode",
      "setPostalcode", 0);
    dig.addCallMethod("address-book/contact/country",
      "setCountry", 0);
    dig.addCallMethod("address-book/contact/telephone",
      "setTelephone", 0);
```

```
    dig.addSetNext("address-book/contact", "populateDocument");   ⑤ 调用 populateDocument 方法
  }

  public synchronized Document getDocument(InputStream is)
    throws DocumentHandlerException {

    try {
      dig.parse(is);                          ⑥ 解析 XML InputStream
    }
    catch (IOException e) {
      throw new DocumentHandlerException(
        "Cannot parse XML document", e);
    }
    catch (SAXException e) {
      throw new DocumentHandlerException(
        "Cannot parse XML document", e);
    }
    return doc;
  }
                                                  ⑦ 创建 Lucene 文档
  public void populateDocument(Contact contact) {

    doc = new Document();

    doc.add(new Field("type", contact.getType(), Field.Store.YES,
                      Field.Index.NOT_ANALYZED));
    doc.add(new Field("name", contact.getName(), Field.Store.YES,
                      Field.Index.NOT_ANALYZED));
    doc.add(new Field("address", contact.getAddress(), Field.Store.YES,
                      Field.Index.NOT_ANALYZED));
    doc.add(new Field("city", contact.getCity(), Field.Store.YES,
                      Field.Index.NOT_ANALYZED));
    doc.add(new Field("province", contact.getProvince(), Field.Store.YES,
                      Field.Index.NOT_ANALYZED));
    doc.add(new Field("postalcode", contact.getPostalcode(),
                      Field.Store.YES, Field.Index.NOT_ANALYZED));
    doc.add(new Field("country", contact.getCountry(), Field.Store.YES,
                      Field.Index.NOT_ANALYZED));
    doc.add(new Field("telephone", contact.getTelephone(),
                      Field.Store.YES, Field.Index.NOT_ANALYZED));
  }

  public static void main(String[] args) throws Exception {
    DigesterXMLDocument handler = new DigesterXMLDocument();
    Document doc =
      handler.getDocument(new FileInputStream(new File(args[0])));
    System.out.println(doc);
  }
}
```

需要注意的是，Contact 类是一个简单的 JavaBean（它针对每个元素都有 setter 和 getter 方法）；程序 7.4 中我们并没有列出这些内容，但你可以在本书源代码中查到。

该代码片段较为冗长，我们将对此进行解释。在 DigesterXMLDocument 初始化方法中，我们创建了 Digester 实例并通过指定一些规则来对其进行配置。每个规则都指定了一个操作和一个针对该操作的启动模式。

第一个规则❶会告知 Digester 在找到 address-book 模式时创建 DigesterXMLDocument 类的实例。具体是通过使用 Digester 的 addObjectCreate 方法实现的。由于<address-book>是我们 XML 文档的起始元素，它会首先触发该规则。

第二个规则❷用于在<address-book>中找到<contact>子元素时指示 Digester

创建 Contact 实例，该规则用 address-book/contact 形式表示。

为了处理<contact>元素的属性，我们在 Digester 找到<contact>元素❸的 type 属性时，会在 Contact 实例中设置 type 属性。我们使用 Digester 的 addSetProperties 方法来完成该功能。Contact 类是以内部类的形式编写的，它只包含 setter 方法和 getter 方法。

DigesterXMLDocument 类包含几个看起来相似的规则，每个规则都会调用 Digester 的 addCallMethod 方法❹。它们用于设置各个 Contact 属性。举例来说，一个诸如 dig.addCallMethod(“address-book/contact/name”,“setName”,0)的方法会调用 Contact 实例中的 setName 方法。当 Digester 开始处理父元素<address-book>和<contact>目录下的<name>元素时才调用该方法。setName 方法所包含的参数值即为<name>和</name>标签之间的文本内容。对于示例程序 7.2 的情况，该方法具体的执行方式为 setName(“Zane Pasolini”)。

我们使用 Digester 的 addSetNext 方法来指定在处理元素尾部</contact>时所用的 populateDocument(Contact) 方法。getDocument 方法以 XML 文档对应 InputStream❻进行解析。最后，我们生成的 Lucene 文档是的域所包含的数据由解析❼期间由 Contact 类搜集的。

向 Digester 传递规则时，需要考虑的一个重要情况就是注意传递顺序。尽管我们可以改变类中各个 addSetProperties()的添加顺序并仍旧能编写正常的程序代码，但切换 addObjectCreate()和 addSetNext()的顺序却可能导致错误。

正如我们所看到的，Digester 提供一个高级接口用于解析 XML 文档。由于我们在程序中指定了 XML 解析规则，我们的 DigesterXMLDocument 只能对 address book 的 XML 格式进行解析。所幸的是，Digester 能够根据 DTD 中描述的 XML 模式通过声明来指定相同的解析规则，该规则包含在 Digester 分发包中。通过这种声明的方式，我们可以设计基于 Digester 的 XML 解析器，它可以在运行期间进行配置，这就给解析程序带来了较大的灵活性。

Digester 在后台使用 Java 反射机制来创建类实例，因此我们在访问 modifier 时必须小心避免 Digester 受到抑制。举例来说，内部的 Contact 类（程序中没有列出）是动态实例化的，因此它必须为 public 类型的。类似的，我们的 populateDocument (Contact) 方法需要声明为 public，因为它也是动态调用的。Digester 还要求将 Document 实例声明为静态的，目的是使 DigesterXMLDocument 保持线程安全，我们访问 getDocument (InputStream) 的方法必须是同步方法。

最后一节我们将简要分析 Tika 的替代方案。

7.8 其他选择

尽管 Tika 是我们最喜欢的文本提取方式，但我们还有一些其他选择。由 SourceForge

主办的 Aperture 开源项目（***http://aperture.sourceforge.net***）能够支持大范围的文档格式，并能提取文本内容和元数据。此外，鉴于 Tika 专注于文本提取，Aperture 还能提供爬虫功能，这意味着它能连接文件系统、Web 服务器、IMAP 邮件服务器、Outlook 和 iCal 文件以从这些系统中抓取文档。

还有一款商业文档过滤库，如 Stellent 过滤器（也被称为 INSO 过滤器，现在已成为 Oracle 的一部分）、ISYS 文件 reader 和 KeyView 过滤器（目前是 Autonomy 的一部分）。这些工具都是非开源解决方案，其许可证可能也比较贵，因此它们不一定适合你的应用程序。

最后，还有大量的个人开源解析器均用于处理各种文档类型。很可能你的文档类型已找到很好的对应的开源解析器进行处理了，而它们还未与 Tika 进行集成。如果你已找到这样的解析器，建议考虑实现对应的 Tika 插件并将之捐赠回来，或者也可以在 Tika 开发者邮件列表中发布这款解析器的相关信息即可。

7.9 小结

目前有大量流行的文档格式类型。在过去，从这些文档中提取文本是搭建搜索应用程序的一个难点。但现在，我们已有了 Tika，它使得文本提取工作变得异常简单。我们已了解了 Tika 的命令行工具，它是与你的程序进行快速集成的基础，也是使用 Tika API 的示例，对这些 API 进行少量修改后能够很容易成为你搜索应用程序中的文本提取核心模块。如果使用 Tika 进行文本提取，你可以将更多的时间花在搜索程序的其他重要部分上。在一些情况下，如解析 XML 时，Tika 并不是最合适的，而你已了解到如何在这些情况下创建自己的 XML 解析器。

下一章我们将介绍 Lucene 的捐赠模块，它为扩展 Lucene 的核心功能提供了广泛的选择。

第 8 章　Lucene 基本扩展

本章要点

- 高亮显示搜索结果
- 修正文本搜索的拼写错误
- 使用 Luke 查看索引细节
- 使用其他的实现查询、分析和过滤接口的类

假设你已经建立了一个索引，但是否能够在不编写任何代码的情况下就对该索引进行浏览或查询呢？答案是肯定的！为了达到这个目的，本章我们将介绍一个好用的工具 Luke 来完成这些任务。另外，我们是否还需要在 Lucene 提供的内置分析器基础上再进行其他的分析操作呢？事实上，在 Lucene 的捐赠模块已有几款专用的多语言分析器。此外，是否需要在搜索结果中高亮显示用户所输入的项呢？目前我们已经有两个解决方案可供选择！我们还将展示如何针对拼写错误的单词为用户提供建议。

本章我们会对 Lucene 基本的、使用最广泛的扩展功能进行考察，这些功能的大部分都置于 Lucene 源代码的 contrib 子目录中。Lucene 在设计上充分考虑了这些核心源代码的内聚性和扩展性。基于同样的考虑，在本书内容的编排上我们特意将内容分为两大部分，第一部分讲解 Lucene 核心内容，第二部分介绍为扩展核心内容而开发的程序扩展包。

由于这些引人注目的程序扩展包数量较大，我们将分两章对这些扩展包进行介绍。

本章我们将介绍那些使用频率更高的程序包，下一章我们将介绍余下部分使用较少但仍然引人注目的程序包。由于 Lucene 的 benchmark 模块是非常有用的，我们将用单独的一章（附录 C）专门对此进行讲解。

以上每个程序扩展包都处于开发维护阶段，而其中一些程序包则处于相对来说更为成熟的阶段，它们有更强的向后兼容能力、更详细的文档手册、并已引起更多的用户和开发人员的注意。每个程序包都有自己的 Java 手册，但由于各手册的完整程度有所差别，所以使用时需要仔细阅读它们。即使某个特定的程序包不能很好地适用于你的应用程序，你也可以此为参考，从中获取程序设计灵感并重新为你的应用程序设计类似功能。如果你因此达到了自己的目标，那么请别忘了贡献出自己的成果，因为这个机制正是捐赠模块存在的最重要原因。

如果你曾今困惑于为什么自己的搜索引擎没按照自己的设计意图来运行，或者想了解索引内幕的话，通过研究下面介绍的 Luke 工具则能让你更快找到答案。

8.1 Luke：Lucene 的索引工具箱

Andrzej Bialecki 开发了一个非常优秀的 Lucene 索引浏览器，并将该浏览器命名为 Luke（可在 http://code.google.com/p/luke 上获取该软件）。Luke 是一款非常受欢迎的 Java 桌面应用程序，它提供了一个与基于文件系统的索引进行密切访问的机制。我们强烈推荐你在进行 Lucene 相关开发时手头常备这个软件，因为它能够帮助你完成一些特定的查询操作，并使你能够深入观察某一索引文件内部各个项的内容以及索引文件的结构。

Luke 目前已经正式成为 Lucene 开发工具包的一个组成部分。它对标签的支持以及良好集成的用户界面可以用于快速浏览以及实验功能。本节我们将领略到它的大部分功能，包括浏览项和索引中的文档、查看总体索引统计、运行特定搜索并查看运行日志以及重建义档等。Luke 还能对索引进行修改，如删除和恢复文档，以及对索引进行解锁和优化等。该工具是一款面向开发人员或系统管理人员的优秀工具。

Luke 的使用是很简单的，只需要配备 Java Runtime Environment（JRE）1.5 或者后续版本就可以了。Luke 是一个单独的 JAR 文件，可以直接运行（如果系统支持的话，可以通过在文件浏览器中双击该文件运行）或者通过从命令行执行 `java -jar lukeall-<VERSION>.jar` 也可以。本书出版时 Luke 对应的最新版本是 0.9.9.1；该版本内置 Lucene 2.9.1。同时你还可以获得对应的源代码版本。Luke 首先需要一个用于索引文件的路径，在如图 8.1 所示的文件选择对话框中设置。

Luke 提供了大量的重要选项用于在打开索引时进行相关控制。Luke 的界面设计非常友好并易于交互，你可以在同一上下文从一个视图跳转到另外一个。Luke 界面被分为 5 个标签页面，它们分别是：Overview、Documents、Search、Files 和 Plugins。工具菜单提供的选项有：优化当前索引、恢复已被标识为删除状态的文档，以及在复杂格式和标准格式之间切换索引格式。

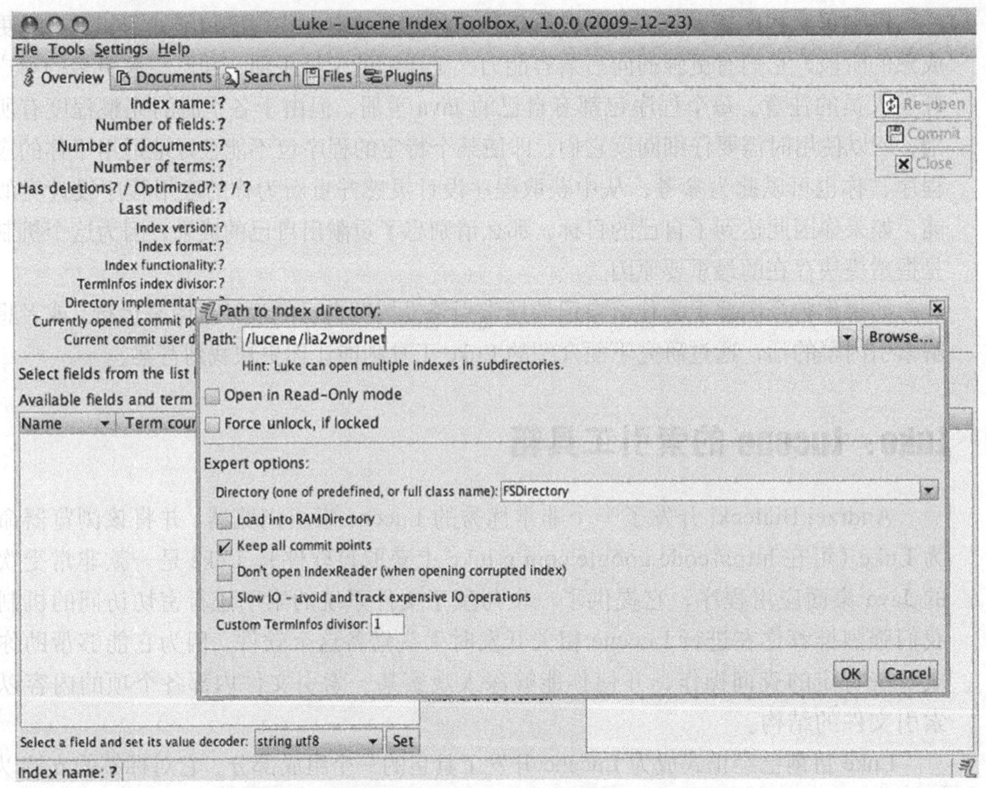

图 8.1 Luke 对话框提供的重要选项用于打开索引

8.1.1 Overview 标签页：索引的全局视图

在 Luke 的 Overview 标签页中显示了包括包括域、文档和项总数在内的 Lucene 索引的各项主要信息（如图 8.2 所示）。一个或多个被选择的域中前若干个项会在“Top Ranking Terms”下的窗格区域内显示。双击其中的一个项会打开该项对应的 Document 标签页，在这个标签页中可以查看包含该项的所有文档。右键点击某个项会弹出带有 3 个选项的菜单：

- 在 Search 标签页显示包含该项的所有文档列表；
- 打开该项所对应的 Documents 标签页；
- 将该项拷贝至剪贴板，以便能随后将它粘贴至其他地方。

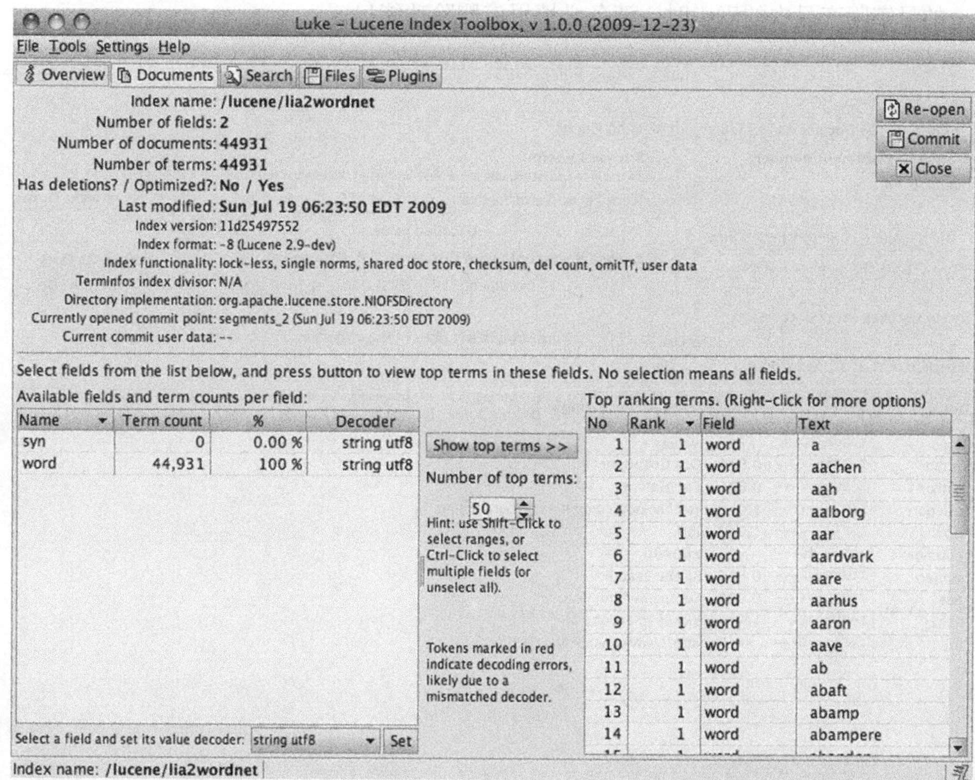

图 8.2 Luke 的 Overview 标签页提供针对域和项的浏览功能

8.1.2 浏览文档

Documents 标签页是 Luke 中最复杂的页面，这里你可通过文档号来浏览文档，也可以对项进行浏览（如图 8.3 所示）；通过文档号来浏览文档非常直观，它是按照箭头按钮顺序地浏览文档。窗口底部表格中显示的是当前选定的文档中存储的所有域。

对文档中的项进行浏览需要包含一些技巧，你可以通过以下途径进行操作。点击“First Term”按钮可以在界面上获得索引中针对特定域的第一个项。然后点击“Next Term”就可以逐项浏览了。同时，文档中所包含的该项数量也会在括号中显示出来。如果要选择一个特定的项，可以在文本框中输入除了最后一个字符的该项名称，然后通过点击“Next Term”按钮来找到该项。

在浏览器下方则是项文档浏览器，它使你能够浏览包含所选项的文档。“First Doc”按钮用于选择第一个包含了所选项的文档；和你浏览各个项的操作一样，“Next Doc”按钮则用于选择下一个文档。

被选择的文档或者包含所选项的文档是可以通过该界面进行删除操作的（当你操作

的是实际产品中的索引时，请务必慎用该删除功能!)。

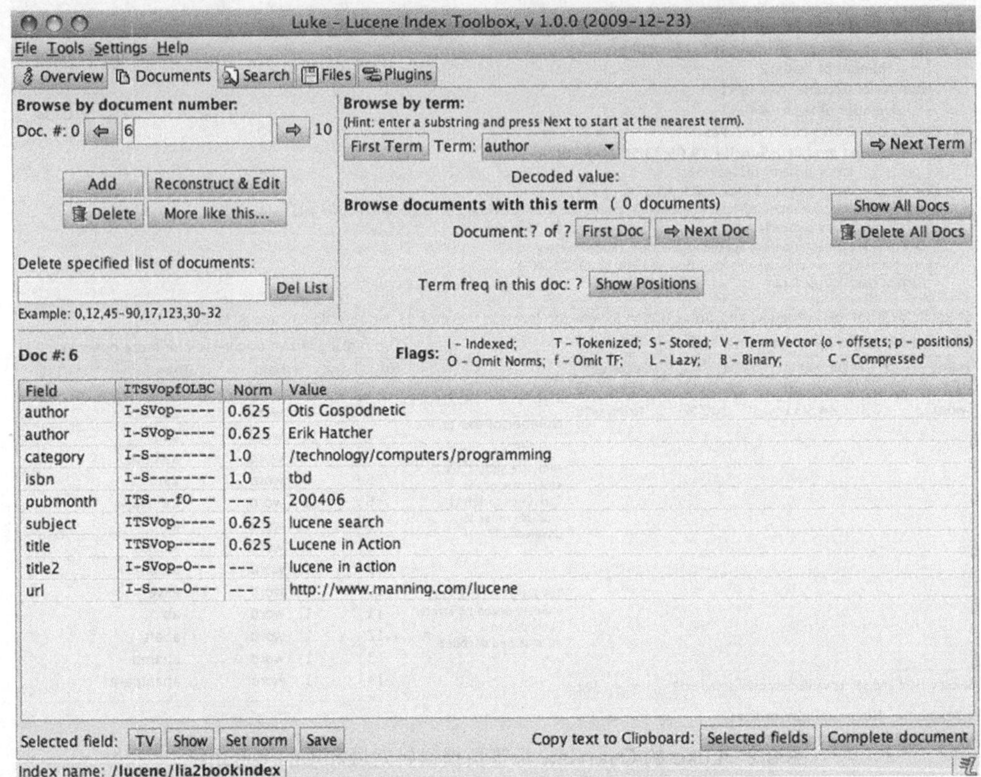

图 8.3 Luke 的 Documents 标签页展示被选文档的所有域

Documents 标签页的另一特点是支持将文本拷贝到剪贴板中。所有在界面显示的域或者被选择的域内容都可以被复制到剪贴板中。

NOTE Luke 只能对 Lucene 索引进行操作，此外，未被存储的域中不包含索引之前的原始文本。当然这些域还是会被 Luke 列出，只是不能在 Documents 视图中看到它们的具体内容，也不能将它们的内容复制到剪贴板上（正如上图中的 contents 域，字符串值会显示为 “not available”，表示不可用）。

当点击 “Show All Docs” 按钮时，Luke 会将界面切换到 Search 标签页，并执行针对该选项的搜索操作，最后显示包含该项的所有文档。索引内如果存储了某个域的项向量的话，点击 “Field's Term Vector” 按钮会在弹出的窗口中显示向量里的各个项及其出现频率。

最后介绍的 Documents 标签页功能就是 “Reconstruct&Edit” 按钮。点击这个按钮将会打开一个文档编辑窗口，在这个窗口中你可以对索引中的文档进行编辑（删除或重新添加）或向索引中添加新的文档。

Luke 可以根据索引操作时的排列顺序将项重新聚集起来，并对已经语汇单元化但没有被存储的域进行重新构建。重新构建域的内容可能会导致信息丢失，而当你查看一个被重新构建的域时，Luke 会向你做出相应的警告（例如，如果在分析过程中停用词被移除或者语汇单元被还原为词干形式，会导致这些项的原始值不能被再次构建）。

8.1.3 使用 QueryParser 进行搜索

我们已经介绍了两种自动切换到 Search 标签页的方法，分别是：在 Overview 标签页的“Top Ranking Terms”中点击从选定项右键弹出菜单中的“Show All Term Docs”选项；或者在 Documents 标签页的项浏览器中点击“Show All Docs”按钮。

你也可以手动切换到 Search 标签页，按照 `QueryParser` 表达式的语法来输入查询表达式，并选择你所需的分析器类型以及默认的域。当设定完查询表达式以及其他域后，点击“Search”按钮，窗口底部的表格中就会显示搜索命中的所有文档，如图 8.4 所示。

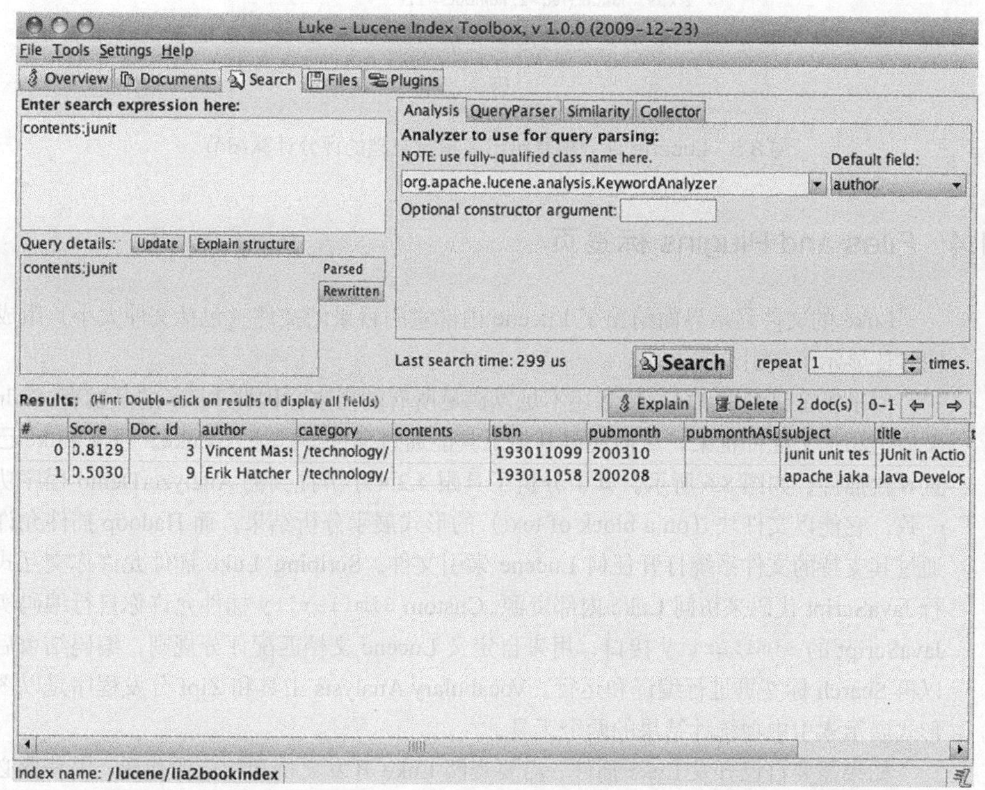

图 8.4 Searching：一个体验 QueryParser 的便利方法

在 Search 标签页的表格中，双击某个文档则会切换到预先选择的文档所对应的 Documents 标签页中。当需要输入不同的搜索表达式进行测试，并查看 QueryParser 对这些不同表达式进行解析所产生的不同反应时，这种切换是非常有用的。Luke 会列出环境变量 classpath 中能找到的所有分析器，但只有那些不必为构造方法提供参数的分析器才能够被 Luke 所使用。此外，Luke 还具有解释文档评分机制的功能，这是你能够对各文档的评分有更深入的了解。

当需要查看对某个文档的评分解释时，只需要选定这个文档并点击“Explanation”按钮即可。图 8.5 向我们展示了这样一个示例。

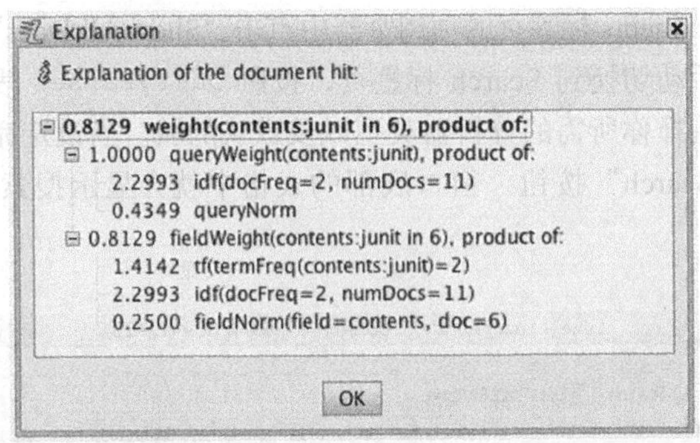

图 8.5 Lucene 评分解释给出了指定文档的评分计算细节

8.1.4 Files and Plugins 标签页

Luke 的文件显示界面给出了 Lucene 内部索引目录的文件（包括文件大小）组成。同时还显示了索引总体大小。

似乎以上讲到的 Luke 功能还不足以满足所有的需求，因此 Luke 的开发者 Andrzej 又为它添加了插件框架，从而使得其他工具能通过插件形式加入 Luke。目前 Luke 已内置 6 款插件，如图 8.6 所示。其中分析工具跟 4.2.4 小节提到的 AnalyzerDemo 程序功能一致，它能以文件块（on a block of text）的形式展示分析结果。而 Hadoop 插件允许你通过其支持的文件系统打开任何 Lucene 索引文件。Scriping Luke 插件允许你交互式运行 JavaScript 代码来访问 Luke 内部资源。Custom Similarity 插件允许你自行编码实现 JavaScript 的 Similarity 接口，用来自定义 Lucene 文档匹配评分规则，编码结束后可以再 Search 标签页进行编译和运行。Vocabulary Analysis 工具和 Zipf 分发程序是以图表形式展示索引中项统计结果的两个工具。

如果需要自己开发 Luke 插件，需要查阅 Luke 开发文档和相应源代码，以获取必要的开发信息。下面我们的讲解内容将涉及分析过程中大量的 contrib 选项。

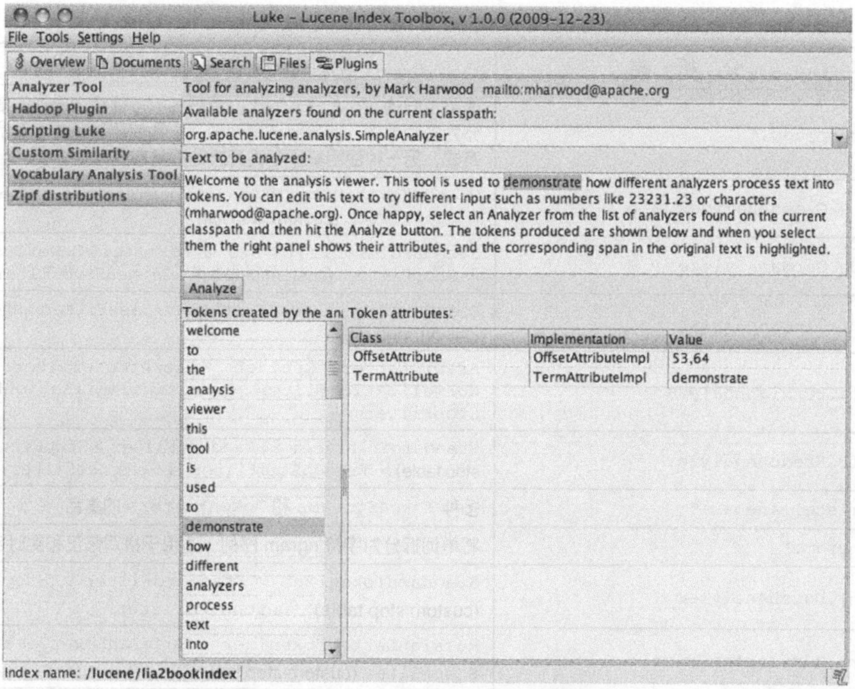

图 8.6 Luke 包含的几款实用内置插件

8.2 分析器、语汇单元器和语汇单元过滤器

我们常说，分析器多多益善。Lucene 的捐赠模块在这方面做的很好：它提供了多种针对不同自然语言的分析器、一些相关的过滤器和语汇单元处理器以及一些优秀的 Snowball 算法分析器。各种分析器如表 8.1 所示。表中已经去掉了各个类名的前缀 `org.apache.lucene.analysis`。

表 8.1 捐赠分析器

分　析　器	语汇单元流和语汇单元过滤器链
ar.ArabicAnalyzer	ArabicLetterTokenizer > LowerCaseFilter > StopFilter > ArabicNormalizationFilter >ArabicStemFilter
br.BrazilianAnalyzer	StandardTokenizer > StandardFilter >StopFilter(custom stop table) > BrazilianStemFilter >LowerCaseFilter
cjk.CJKAnalyzer	CJKTokenizer > StopFilter (custom English stop words ironically). 将由双字符构成的中文文本作为一个语汇单元进行索引操作
cn.ChineseAnalyzer	ChineseTokenizer > ChineseFilter. 通过将每个中文字符映射为语汇单元的形式进行中文文本索引
cn.smart.SmartChineseAnalyzer	另一种中文分析器。该分析器使用基于词典的方式将中文文本转换为词语片段

续表

分 析 器	语汇单元流和语汇单元过滤器链
compound.*	两类不同的 TokenFilter。负责将很多德语中出现的复合单词拆分为各个单词。拆分算法有两种（一种使用基于连字符的单词拆分方式，另一种使用基于单词词典的拆分方式）
cz.CzechAnalyzer	StandardTokenizer > StandardFilter >LowerCaseFilter > StopFilter (custom stop list)
de.GermanAnalyzer	StandardTokenizer > StandardFilter >LowerCaseFilter > StopFilter (custom stop list) >GermanStemFilter
el.GreekAnalyzer	StandardTokenizer > GreekLowerCaseFilter >StopFilter (custom stop list)
fa.PersianAnalyzer	ArabicLetterTokenizer > LowerCaseFilter >Arabic NormalizationFilter >PersianNormalizationFilter > StopFilter
fr.FrenchAnalyzer	StandardTokenizer > StandardFilter > StopFilter(custom stop table) > FrenchStemFilter >LowerCaseFilter
miscellaneous.*	多种 TokenStreams 和 TokenFilters 的集合
ngram.*	将单词拆分为字符 ngram 序列。适用于拼写修正和实时自动完成
nl.DutchAnalyzer	StandardTokenizer > StandardFilter > StopFilter (custom stop table)> DutchStemFilter
ru.RussianAnalyzer	RussianLetterTokenizer > RussianLowerCaseFilter > StopFilter (custom stop list) > RussianStemFilter
th.ThaiAnalyzer	StandardFilter > ThaiWordFilter > StopFilter （英文停用词）
analysis.WikipediaTokenizer	与 StandardTokenizer 类似，区别在于前者会针对基于 Wikipedia 集合的 XML 标记语言加入更多的特殊处理。这样就会产生额外的基于 Wikipedia 的语汇单元类型
shingle.*	从另一个 TokenStream 中创建 shingle 的 Tokenizer 类（ngram 来自于多个语汇单元）
sinks.DateRecognizerSinkTokenizer	该 SinkTokenizer 类（参见 4.2.3 小节）只接受具有有效日期的语汇单元（日期格式使用 java.text.DateFormat）
sinks.TokenRangeSinkTokenizer	该 SinkTokenizer 类（参见 4.2.3 小节）只接受一定范围内的语汇单元
sinks.TokenTypeSinkTokenizer	该 SinkTokenizer 类（参见 4.2.3 小节）只接受 Token.type()方法所返回的特殊类型的语汇单元
payloads.*	带有效载荷语汇单元属性的 TokenFilter 类，详见 6.5 小节
position.PositionFilter	该过滤器负责为所有语汇单元设置位置增量
query.QueryAutoStopWordAnalyzer	该分析器能负责将 StopFilter 加入其他分析器
snowball.SnowballAnalyzer	StandardTokenizer > StandardFilter > LowerCaseFilter [> StopFilter] > SnowballFilter
ReverseStringFilter	将经过该过滤器的语汇单元文本进行反序处理。例如将 *country* 转换成 *yrtnuoc*。该功能适用于通配符搜索

各种基于特定自然语言的分析器的不同之处在于它们采用的分词方法。葡萄牙语和法语分析器都是用基于自己特定语言的词干还原技术以及自定义的停用词表。捷克语分

析器使用标准的分词方法，不过也结合了一个自定义的停用词表。为了保持逻辑字符的完整性，汉语、CJK（汉语-日语-韩语）和 Smart Chinese 分析器都把双字节字符划分为一个语汇单元。我们已在 4.8.4 小节中展示了汉语的分析过程，并说明了这 3 个分析器是如何工作的。

很多这类分析器，包括下一节将讨论的 SnowballAnalyzer 分析器都允许为它们自定义各自的停用词列表，正如 4.3.1 小节中的 StopAnalyzer 分析器那样。其中大部分分析器都会在过滤时完成大量的单词拆分工作。如果只需要还原词干或词汇拆分功能，你可以借鉴一些相关内容并参考本章内容来构造自定义分析器。4.4、4.5 和 4.6 小节已讲过如何构造自定义分析器。

表 8.1 中列出的大多数分析器并不需要我们给出太多的注释。因为基于特定语种的分析器使用起来是很直接的：这些分析器的设计目标就是针对特定语言进行自定义的语汇单元化操作。ReverseStringFilter 类会保留它所碰到的所有语汇单元。DateRecognizerSinkTokenizer、TokenRangeSinkTokenizer 和 TokenTypeSinkTokenizer 类会根据某些需要来收集语汇单元。WikipediaTokenizer 类会通过 Wikipedia 输出 XML 格式文档来创建语汇单元。Compound 包的类会将单词拆分为对应的复合部分。Payloads 包的类会在语汇单元中加入 payloads 属性。这里我们不再对这些过滤器和语汇单元化处理器进行更深入讨论了，需要时可以参考它们对应的 Java 文档。

下面我们将专门讲解 snowball 分析器，以及 shingle 和 ngram 过滤器，因为这些工具使用起来相对复杂一些。

8.2.1 SnowballAnalyzer

细心的读者可能已经发现，我们已多次提到过 SnowballAnalyzer 分析器，这是因为它是各种语言词干还原器家族的核心。我们在 4.6 小节中已经介绍过词干还原技术。Martin Porter 博士还提出了 Porter 词干还原算法，并以此创建了 Snowball 算法[1]。Porter 算法是专为英语而设计的；而很多“声称”实现该算法的算法并未完全忠实于 Porter 算法定义[2]。为了解决这些问题，Porter 博士严格定义了 Snowball 词干还原算法体系。通过这些精确的算法定义可以保证算法实现的正确性。事实上，Lucene 的 snowball 捐赠模块已经能够从 Porter 博士的网站上获取该算法定义，并能生成对应的 Java 实现。

下面的测试用例展示了利用英语词干提取器进行处理的结果，程序运行期间删除了“stemming”单词中的“ming”，以及“algorithms”单词中的“s”。

```
public void testEnglish() throws Exception {
  Analyzer analyzer = new SnowballAnalyzer(Version.LUCENE_30,
                                           "English");
```

---

[1] 之所以命名为 Snowball 是为了向字符串操作语言 SNOBOL 致敬。

[2] 参阅 http://snowball.tartarus.org/texts/introduction.html

```
  AnalyzerUtils.assertAnalyzesTo(analyzer,
                                 "stemming algorithms",
                                 new String[] {"stem", "algorithm"});
}
```

SnowballAnalyzer 类有两个初始化方法；两个方法都接受词干还原器名作为其参数，其中一个方法的参数列表中指定了 String[]类型的数组作为其停用词表。各种不同的词干还原器分别对应于多种不同语言。其中非英语词干还原器包括：Danish、Dutch、Finnish、French、German、German2、Hungarian、Italian、Kp（用于 Dutch 的 Kraaij-Pohlmann 算法）、Norwegian、Portuguese、Romanian、Russian、Spanish、Swedish 和 Turkish。以上单词都可以作为 SnowballAnalyzer 初始化方法的参数值。下面是一个使用 Spanish 词干提取算法的例子：

```
public void testSpanish() throws Exception {
  Analyzer analyzer = new SnowballAnalyzer(Version.LUCENE_30,
                                           "Spanish");
  AnalyzerUtils.assertAnalyzesTo(analyzer,
                                 "algoritmos",
                                 new String[] {"algoritm"});
}
```

如果你的项目需要使用词干还原技术，我们建议首先研究一下 Snowball 分析器，因为它是由一位词干还原技术领域的专家编写的。另外，值得再次强调的是，你可以把这个分析器的精髓部分（SnowballFilter）封装在自定义分析器中。我们在 4.4、4.5 和 4.6 小节中详细讨论了有关自定义分析的相关内容，这里不再重述。

8.2.2　Ngram 过滤器

ngram 过滤器会接收单个语汇单元并输出一个字母 ngram 语汇单元序列，该序列由作为独立语汇单元的邻接字母组成。程序 8.1 展示了如何使用这类独特的过滤器。

程序 8.1　使用 ngram 过滤器创建邻接字母组合

```
public class NGramTest extends TestCase {

  private static class NGramAnalyzer extends Analyzer {
    public TokenStream tokenStream(String fieldName, Reader reader) {
      return new NGramTokenFilter(new KeywordTokenizer(reader), 2, 4);
    }
  }
  private static class FrontEdgeNGramAnalyzer extends Analyzer {
    public TokenStream tokenStream(String fieldName, Reader reader) {

      return new EdgeNGramTokenFilter(new KeywordTokenizer(reader),
                   EdgeNGramTokenFilter.Side.FRONT, 1, 4);
    }
  }

  private static class BackEdgeNGramAnalyzer extends Analyzer {
    public TokenStream tokenStream(String fieldName, Reader reader) {
```

```
    return new EdgeNGramTokenFilter(new KeywordTokenizer(reader),
                 EdgeNGramTokenFilter.Side.BACK, 1, 4);
  }
}
public void testNGramTokenFilter24() throws IOException {
  AnalyzerUtils.displayTokensWithPositions(new NGramAnalyzer(), "lettuce");
}
public void testEdgeNGramTokenFilterFront() throws IOException {
  AnalyzerUtils.displayTokensWithPositions(new FrontEdgeNGramAnalyzer(),
                                          "lettuce");
}
public void testEdgeNGramTokenFilterBack() throws IOException {
  AnalyzerUtils.displayTokensWithPositions(new BackEdgeNGramAnalyzer(),
                                          "lettuce");
}
}
```

testNGramTokenFilter24 方法创建一个 NGramTokenFilter 对象以用于生成基于单词 lettuce 并且长度分别为 2、3、4 的所有字母 ngram。输出结果如下：

```
 1: [le]
 2: [et]
 3: [tt]
 4: [tu]
 5: [uc]
 6: [ce]
 7: [let]
 8: [ett]
 9: [ttu]
10: [tuc]
11: [uce]
12: [lett]
13: [ettu]
14: [ttuc]
15: [tuce]
```

需要注意的是，每个更大的 ngram 序列都定位在稍小的 ngram 序列后面。其实一个更为自然的解决办法就是，将 ngram 位置设置在单词中该字符的起始位置上，但遗憾的是，到目前为止 Lucene 还没有提供这个选项（这个局限是已知的，但有可能当你读到此处时，这个问题已经得到解决）。

EdgeNGramFilter 的功能是相似的，区别在于它只生成以单词起始或结束处的 ngram。下面是 testEdgeNGramTokenFilterFront 的输出：

```
1: [l]
2: [le]
3: [let]
4: [lett]
```

以及 testEdgeNGramTokenFilterBack 的输出：

```
1: [e]
2: [ce]
3: [uce]
4: [tuce]
```

下面我们讲讲 shingle 过滤器。

8.2.3 Shingle 过滤器

Shingle 是由多个邻接语汇单元所构成的单个语汇单元。它们与字母 ngram 类似，都用于拼写检查程序包（详见 8.5 小节）和 ngram 语汇单元生成器（详见 8.2.2 小节），它们的相同点在于都是联合多个邻接的语汇单元来生成新的语汇单元。但 ngram 语汇单元生成器的操作对象是字母，而 shingle 则操作整个单词。举例来说，句子“please divide this sentence into shingles”可能被语汇单元化成 shingles“please divide”、“divide this”、“this sentence”、“sentence into”和“into shingles”。

为什么需要做这样的操作呢？一个常见的理由就是加快短语搜索速度，特别是加快包含常用项的短语搜索速度。比如在搜索短语“Wizard of Oz”时，由于单词 of 是常见的，如果在搜索中包含这个单词将会使得 Lucene 访问和过滤大量不匹配该短语的项，这种操作的代价是高昂的。而如果我们对语汇单元“wizard of”和“of oz”进行索引后，以上短语搜索就会很快运行，因为这两个语汇单元的出现频率是较低的。4.9 小节介绍的 Nutch 搜索引擎就是出于这个目的而创建了 shingle。由于在索引期间没有丢弃任何停用词，shingle 允许你实现精确而正确的短语搜索，即使短语中包含停用词也是如此。

shingle 另一个引人入胜的使用之处就是文档群，它允许你将相似或几近重复的文档分到同一个组。对于较大并且可能意外钻入重复文档的文档集合来说这个操作是重要的，因为从 Web 服务器中动态抓取数据时经常会发生文档重复。通常只有轻微区别的 URL 之间会出现同样的潜在文档，也许它们之间只是详查一个 header。这很像使用项向量来找寻相似文档（见 5.9.1 小节），它通过突出的 shingle 来展现每个文档，并随后搜索其他具有类似 shingle 以及类似的出现频率的文档。

8.2.4 获取捐赠分析器

根据自己的需要，读者可以下载这些分析器的 JAR 二进制分发版本，或者下载对应的源代码以借鉴一些设计思想。8.7 小节中会提到有关如何访问捐赠源代码和构建二进制分发版本的相关内容。在该版本库里，Snowball 分析器位于 contrib/snowball 目录；本章介绍的其他分析器位于 contrib/analyzer 目录。这些分析器独立于其他组件，它们只依赖于 Lucene，因此很容易整合到 Lucene 中。其中 Snowball 项目中包含了一个名为 `TestApp` 的测试程序，其运行方式如下：

```
> java -cp lib/lucene-snowball-3.0.1.jar org.tartarus.snowball.TestApp
Usage: TestApp <stemmer name> <input file> [-o <output file>]

> java -cp lib/lucene-snowball-3.0.1.jar org.tartarus.snowball.TestApp
    Lovins spoonful.txt
... output of stemmer applied to specified file
```

Snowball 的 `TestApp` 测试程序不直接使用 `SnowballAnalyzer`。而 Snowball 词干还原器本身只会在原文空格处才进行分割操作。

下面我们将展示如何使用 Highligher 包对搜索匹配结果进行高亮显示。

8.3 高亮显示查询项

由软件捐赠者提供的高亮显示模块能够拆分和高亮显示基于 Lucene 查询的文本。高亮显示模块最初是由 Mark Harwood 捐赠的，但自那以后其他很多开发人员也加入进来。在搜索中向用户提供一些基于特定项的周边展现方式能够为用户提供一种强大的工具来判断每个项的搜索相关程度。一般来说，通过对被搜索项的周边信息进行快速浏览就能对该搜索结果是否需要进行进一步浏览进行足够判断。每项搜索结果都包含一定数量的匹配文档片段，并在其中高亮显示查询语句中所包含的项。图 8.7 展示了第 3 章中一段文本的高亮显示部分，它是基于项的查询而生成的。对应的源代码如程序 8.2 所示。与 8.5 节介绍的拼写纠正类似，Web 搜索引擎已将这项功能确定为基线需求，预计其他搜索引擎也会如此。

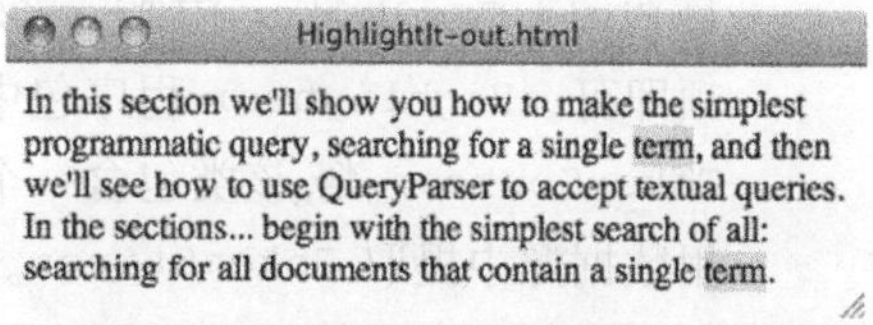

HighlightIt-out.html

In this section we'll show you how to make the simplest programmatic query, searching for a single term, and then we'll see how to use QueryParser to accept textual queries. In the sections... begin with the simplest search of all: searching for all documents that contain a single term.

图 8.7 高亮显示文本中的查询匹配项

高亮显示模块通常包含两个独立的功能。首先是动态拆分功能，意思是从匹配搜索查询的大量文本中选取一小部分句子。一些搜索程序会跳过这个步骤转而生成每个文档对应的静态摘要或总结，但通常会带给用户更差的搜索体验，因为这部分内容是静态的。第二个功能就是高亮显示功能了，它从文本上下文中提取特殊的单词，通常用黑体或彩色背景来标识它们，因此用户能够很快将注意力转向这些特殊单词上。

以上两个功能是完全独立的。举例来说，你可能想要在一个 title 域上实施高亮显示，但不用从文档中提取句子片段，因为你的搜索程序通常就是全文展现 title 的。或者，对于一个包含大量文本的域来说，你首先会拆分它们，然后再实施高亮显示。我们将从高亮显示期间使用的各个组件概况开始介绍，然后会展示实际中用到的高亮显示示例，包括如何使用 CSS（Cascading Style Sheets，层叠样式表）来控制客户端的高亮显示机制。最后我们将对如何对高亮显示搜索结果进行总结。

8.3.1 高亮显示模块

Highlighter 代码是一个复杂而灵活的工具，在文本拆分和高亮显示期间能够能够很好地按照各个必要步骤进行处理。图 8.8 展示了使用 `Highlighter` 类来处理被高亮显示文本的各个步骤。下面我们将逐一介绍。

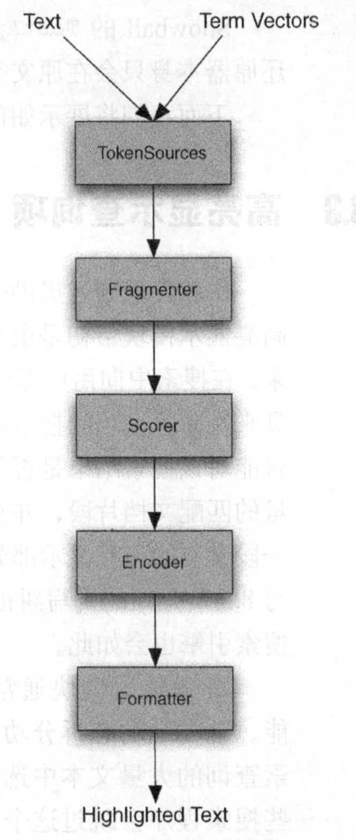

图 8.8　Highlighter 模块使用的 Java 类和接口

TOKENSOURCES

高亮显示模块需要两个独立的输入：完整的原始文本（一个 String 参数）以用于提供操作数据，以及来源于该文本的一个 TokenStream。通常你会讲全部文本作为域存储在索引中，但如果你使用的是外部存储方式——例如数据库——那么系统同样能正常工作。我们只需要确认数据源能够足够快速地将页面的有用文本传递进来即可。

为了创建 TokenStream，你必须对文本进行重新分析，此时需要使用与索引期间相同的分析器进行。作为选择，由于你可能已经在索引期间完成了文本分析，那么可以从此前保存的项向量中生成 TokenStream（详见 2.4.3 小节），只要在操作时使用的是 Field.TermVector.WITH_sPOSITIONS_OFFSETS 选项即可。Highlighter 程序包中包含了使用方便的 TokenSources 类，该类包含一个静态方法能够从可用数据源中提取 TokenStream。如果需要的话，你还可以创建自己的 TokenStream。通常，使用项向量会获得更快的处理速度，但它们会占用额外的索引空间。

Highlighter 依赖于语汇单元流中每个语汇单元的起始和结束位置偏移量来将原始输入文本中的字符片段进行精确定位，以用于高亮显示。因此，关键在于分析器能够对每个语汇单元的 startOffset 和 endOffset 进行正确设置，使之与字母位置偏移量一致。如果设置得不正确，那么用户将发现文本中的非单词片段被错误地高亮显示，或者程序可能在高亮显示期间抛出 InvalidTokenOffsetsException 异常。Lucene 的核心分析器都能正确设置以上偏移量，因此如果你没有使用自己创建的分析器的话，通常不会发生这样的问题。下一个要介绍的组件是 Fragmenter，它负责将原始文本拆分成称之为片段的小单元。

FRAGMENTER

Fragmenter 是 Highlighter 程序包中的 Java 接口，其目的是将原始字符串拆分成独立的片段。NullFragmenter 是该接口的一个具体实现类，它将整个字符串作为单个片段返回。这适合于处理 title 域和其他文本较短的域，而对于这些域来说，我们是希望在搜索结果中全部展示的。SimpleFragmenter 是另一个实现该接口的具体类，它负责将文本拆分成固定字符长度的片段，但它并不处理句子边界。你可以指定每个片段的字符长度（默认情况为100）。但这类片段有点太过于简单了：在创建片段时，它并不限制查询语句的位置，因此对于跨度的匹配操作会轻易被拆分到两个片段中。

所幸的是，最后一个片段生成器 SimpleSpanFragmenter 会解决这个问题，方法是尝试将让片段永远包含跨度匹配的文档。使用时你必须向其传入一个 QueryParser 对象（详见下一小节），使之能知晓跨度匹配的对应地点。

如果不在 Highlighter 实例中设置 Fragmenter，那么它会使用默认的 SimpleFragmenter。尽管该类目前已不存在于 Highlighter 程序包中，如果要自行实现它的话一定要尝试生成基于句子边界的片段。10.8 小节将介绍的 Solr 具有一个 RegexFragmenter 类（它基于已有的规则表达式生成片段），它能够用于基于句子的片段生成操作。

随后 Highlighter 随后会接收每个生成的片段并将之全部传递给 Scorer。

SCORER

Fragmenter 输出的是文本片段序列，而 Highlighter 必须从中挑选出最适合的一个（或多个）片段呈现给用户。为了做到这点，Highlighter 会要求 Java 接口 Scorer 来对每个片段进行评分。Highlighter 程序包提供了两个 Scorer 具体实现类：QueryTermScorer 和 QueryScorer。前者基于片段中对应 Query 的项数量进行评分，后者将只对促成文档匹配的实际项进行评分。QueryScorer 和 SimpleSpanFragmenter 联合使用通常是最好的选择，因为这样就能对真正的匹配内容进行高亮显示。

QueryTermScorer 使用查询语句中的项；该类从初始的项、短语和 Boolean 查询中提取项，并基于对应的加权因子对这些项进行加权。此时的查询语句必须被重写为其最初始的形式以便于 QueryTermScorer 使用。举例来说，通配符查询、模糊查询、前缀查询和范围查询都会将自己重写为包含所有匹配项的 BooleanQuery。调用 Query.rewrite(IndexReader) 方法会将查询语句转换成其初始形式，并根据优先级将查询语句进行重写，然后将新的 Query 传递给 QueryTermScorer（除非你确认该查询语句已经是初始形式则可不必进行该操作）。

QueryScorer 提取查询语句中匹配的跨度，然后用这些跨度来对每个片段进行评分。没有匹配查询的片段即使其包含查询语句中相关项的子集，也只能得到评分 0.0。如果你使用更为简单的 QueryTermScorer，你会发现 PhraseQuery 会展示那些不包含整条短语的片段，而这是非常令人不安的，这会侵蚀掉终端用户对该搜索引擎的信任。需要注意的是，QueryScorer 是特定于每个匹配文档的（因为它列举了该文档的匹配跨度），因此你必须针对每个需要高亮显示的文档来对它进行实例化。由于以上优点，我们强烈建议你使用 QueryScorer 而不是更简单的 QueryTermScorer。下面所有的示例都使用的 QueryScorer。传递给 QueryScorer 的域名参数会指定用来对片段进行评分的域；如果此时传递 null，那么 QueryScorer 会从输入的 Query 中获取域名。

到目前为止，Highlighter 已经选择了评分最高的片段以呈现给用户。剩下的工作就是如何对它们进行适当的格式化处理。

ENCODER

Encoder 是一个 Java 接口，它的目的很简单：将初始文本编码成外部格式。该接口的具体实现有两种：DefaultEncoder 和 SimpleHTMLEncoder。前者在默认情况下供 Highlighter 使用，它并不对文本进行任何操作；后者负责将文本编码成 HTML，并忽略一些诸如<、>、&以及其他非 ASCII 等特殊字符。一旦完成编码，最后一步就是对片段进行格式化处理以向用户展现了。

FORMATTER

Formatter 也是 Java 接口，它负责将片段转换成 String 形式，以及将被高亮显示的项一起用于搜索结果展现以及高亮显示。Highlighter 针对该接口提供了 3 个具体实现类以供选择。SimpleHTMLFormatter 负责将每个匹配结果的开始和结束标签之间的数据进行包装。其默认的初始化方法会使用 <b>(黑体)HTML 标签。GradientFormatter 使用不同的背景色调来标明搜索结果的匹配程度，它使用<font>HTML 标签。SpanGradientFormatter 与前者相同，区别在于它会使用<span>HTML 标签，因为一些浏览器不能正确展示<font>标签。你还可以创建自己的 Formatter API 实现类。

到目前为止，我们以探究了有关高亮显示的所有组件，下面我们将展示一个完整的示例。

8.3.2 独立的高亮显示示例

通过上节内容，你已理解了高亮处理的各个逻辑步骤，下面我们来看看一些实际的示例。最简单的高亮处理示例会返回最好的片段，并用 HTML <B>标签修饰每个匹配的项。

```
String text = "The quick brown fox jumps over the lazy dog";
TermQuery query = new TermQuery(new Term("field", "fox"));
TokenStream tokenStream =
    new SimpleAnalyzer().tokenStream("field",
        new StringReader(text));
QueryScorer scorer = new QueryScorer(query, "field");
Fragmenter fragmenter = new SimpleSpanFragmenter(scorer);
Highlighter highlighter = new Highlighter(scorer);
highlighter.setTextFragmenter(fragmenter);
assertEquals("The quick brown <B>fox</B> jumps over the lazy dog",
        highlighter.getBestFragment(tokenStream, text));
```

上面的代码会产生如下输出：

```
The quick brown <B>fox</B> jumps over the lazy dog
```

在该示例中，文本是一个定长的字符串，我们使用 SimpleAnalyzer 从中提取了 TokenStream。为了对匹配项成功进行高亮显示，Query 中的项需要匹配从 TokenStream 中取出的 Token。用于生成 TokenStream 的文本必须跟初始文本一致。

然后我们创建了一个 QueryScorer 对象来对文本片段进行评分。QueryScorer 要求你对 CachingTokenFilter 中的 TokenStream 进行封装，因为它需要多次处理这些语汇单元。我们使用 QueryScorer 并创建了一个 SimpleSpanFragmenter 以用来将文本拆分成片段。在本示例中，文本内容较少，整个文档将被转换成唯一的片段，因此未深入涉及片段概念。另外，我们还可以使用 NullFragmenter 进行类似处理。最后，我们创建了 Highlighter，设置了 fragmenter，并随后将之用于生成评分最高的片段。

下面我们将展示如何使用 CSS 来控制高亮显示。

8.3.3 使用 CSS 进行高亮显示处理

用<B>加粗标签以用于标注文本在浏览器中的显示方式是一个比较合理的默认设置。而设计者应该用层叠样式表（CSS）代替上述方法。我们下一个例子将使用自定义的开始和结束标签<span>来包装高亮显示的项，即用自定义的 CSS 类高亮显示需要查询的项。利用 CSS 的一些特性，可以把高亮显示项的颜色和格式从显示中分离，以在界面上支持更多的显示选择。

程序 8.2 展示了自定义 Fragmenter 的使用，它把片段大小设置为 70，并用自定义的 Formatter 采取 CSS 样式高亮显示项文本。注意这只是一个人为示例，将被高亮显示的内容只是源代码中的一个静态字符串。在我们的第一个例子中，只返回了一个匹配最好的片段，然而 Highlighter 在返回多个片段时也会有良好表现。在该例中我们用省略号作为分隔符来连接这些片段；如果不以分隔符形式，还能够通过一个字符串数组的形式返回若干个片段，这样你的代码就能独立处理每个片段了。

程序 8.2 使用 CSS 高亮显示项

```
public class HighlightIt {
  private static final String text =
    "In this section we'll show you how to make the simplest " +
    "programmatic query, searching for a single term, and then " +
    "we'll see how to use QueryParser to accept textual queries. " +
    "In the sections that follow, we'll take this simple example " +
    "further by detailing all the query types built into Lucene. " +
    "We begin with the simplest search of all: searching for all " +
    "documents that contain a single term.";
```

```
public static void main(String[] args) throws Exception {

  if (args.length != 1) {
    System.err.println("Usage: HighlightIt <filename-out>");
    System.exit(-1);
  }

  String filename =
   args[0];

  String searchText = "term";                                         创建查询
  QueryParser parser = new QueryParser(Version.LUCENE_30,
                                        "f",
                                        new StandardAnalyzer(Version.LUCENE_30));
  Query query = parser.parse(searchText);
  SimpleHTMLFormatter formatter =                                     自定义标注高亮
    new SimpleHTMLFormatter("<span class=\"highlight\">",             文本的标签
                             "</span>");

  TokenStream tokens = new StandardAnalyzer(Version.LUCENE_30)        语汇单元化
    .tokenStream("f", new StringReader(text));

  QueryScorer scorer = new QueryScorer(query, "f");   <—— 创建 QueryScorer

  Highlighter highlighter
            = new Highlighter(formatter, scorer);                     创建 Highlighter
  highlighter.setTextFragmenter(
            new SimpleSpanFragmenter(scorer));                        使用 SimpleSpanFragmenter

  String result =
      highlighter.getBestFragments(tokens, text, 3, "...");           高亮显示 3 个匹配
                                                                      最好的片段
  FileWriter writer = new FileWriter(filename);
  writer.write("<html>");
  writer.write("<style>\n" +
      ".highlight {\n" +
      " background: yellow;\n" +                                      写入用于
      "}\n" +                                                         高亮显示
      "</style>");                                                    的 HTML
  writer.write("<body>");
  writer.write(result);
  writer.write("</body></html>");
  writer.close();
 }
}
```

在这两个例子中，我们都没有执行搜索也并未对真实的命中结果进行高亮显示。高亮显示的内容都是在程序中硬编码的。这样，在处理高亮的时候就提出了这样的问题：在实际程序中从哪里才能获得需要高亮显示的文本？我们将在下一节回答这个问题。

8.3.4 高亮显示搜索结果

是否在索引中存储存储原始域文本取决于你的需要（详见 2.4 小节域索引选项）。如果原始文本并未存储在索引中（一般来说这是出于对索引大小的考虑），那么你必须从原始文本中检索需要被高亮显示的文本。需要注意确认被检索文本域被索引文本的一致

性，这就是为什么在索引期间一般都采取简单存储这些文本的一个重要原因。如果原始文本存储在各个域中，那么就可以直接通过搜索中获取的文档来检索这些文本，如程序8.3所示：

程序 8.3　在搜索结果中高亮显示匹配文本

```
public void testHits() throws Exception {
  IndexSearcher searcher = new
     IndexSearcher(TestUtil.getBookIndexDirectory());
  TermQuery query = new TermQuery(new Term("title", "action"));
  TopDocs hits = searcher.search(query, 10);

  QueryScorer scorer = new QueryScorer(query, "title");
  Highlighter highlighter = new Highlighter(scorer);
  highlighter.setTextFragmenter(
                 new SimpleSpanFragmenter(scorer));

  Analyzer analyzer = new SimpleAnalyzer();

  for (ScoreDoc sd : hits.scoreDocs) {
    Document doc = searcher.doc(sd.doc);
    String title = doc.get("title");

    TokenStream stream =
     TokenSources.getAnyTokenStream(searcher.getIndexReader(),
                                                        sd.doc,
                                                        "title",
                                                        doc,
                                                        analyzer);
    String fragment =
        highlighter.getBestFragment(stream, title);

    System.out.println(fragment);
  }
}
```

利用我们的书籍索引样本，输出结果如下：

```
Ant in <B>Action</B>
Tapestry in <B>Action</B>
Lucene in <B>Action</B>, Second Edition
JUnit in <B>Action</B>, Second Edition
```

需要注意的是，我们使用了 TokenSources.getAnyTokenStream 方法从原始文档中生成 TokenStream。在程序后台，该方法首先会尝试从索引中检索项向量。如果文档域的索引方式是采用参数 Field.TermVector.WITH_POSITIONS_OFFSETS 进行的，那么项向量将被用于重构 TokenStream。否则，程序传入的分析器将被用于对文本进行重新分析。是否对项向量进行索引，以及是否对文本进行重新分析是由程序决定的：建议读者运行自己的测试案例来对各种实现方式在程序运行期间的索引尺寸进行测量。在我们的实例中，我们将书籍索引中的标题域用项向量来索引，因此项向量将被用来创建语汇单元流。需要注意的是，在默认情况下，Highlighter 只会处理文档文本中的前 50KB 容量的字符。setMaxDocCharsToAnalyze 方法可以用来修改该容量，但需要注意的是增大该容量会降低系统性能。还需要注意的是，如果域是多值的，如 2.4.7 小节所介绍的那样，那么程序将会按照一个域的形式将所有多值域的语汇单元在逻辑上拼接起来。如果要正确执行针对这类域的高亮显示，你必须确认每个语汇单元的起始和终止位置，以及对应的位置偏移量都在分析期间进行了正确设置，如 4.7.1 小节所述。

下面我们将介绍另一个高亮显示模块 FastVectorHighlighter，它能提供更好的处理性能，尤其是对于较大的文档来说。

8.4 FastVectorHighlighter 类

本节作者：***KOJI SEKIGUCHI***

正如我们在上一节所了解的那样，Highlighter 是为用户提供是否对搜索结果进行进一步浏览的最有用的基础工具之一。Highlighter 目前非常流行并已广泛用于 Lucene 应用程序中，但对于较大的文档来说，如果你使用 setMaxDocCharsToAnalyze 方法将用于分析的字符数设置得太大的话，Highlighter 的处理时耗会很长。另一种可选的高亮显示模块我们称之为 FastVectorHighlighter，它是随着 Lucene 2.9 版本首次出现的，能为我们带来更快的高亮显示处理性能。

顾名思义，FastVectorHighlighter 是一个高速的高亮显示工具，它通过使用更多的磁盘空间来换取更快的处理速度，而它所消耗的磁盘空间大小则依赖于索引中呈现的项向量。在 contrib/benchmark 目录下（详见附录 C），有一个名为 highlight-vs-vector-highlight.alg 的算法文件，它使你能够观察到这两个高亮显示工具在运行期间的性能差异。对于版本 2.9 来说，如果使用当代计算机硬件，该算法文件会显示出 FastVectorHighlighter 的处理性能可以达到比 Highlighter 快 2.5 倍。

FastVectorHighlighter 相对于 Highlighter 并不仅仅在于处理速度上，还在于功能上。首先，FastVectorHighlighter 能支持用 ngram 进行语汇单元化处理的域。而 Highlighter 则不能很好地支持这类域。其次，FastVectorHighlighter 更为引人入胜的功能就是能输出多个颜色的高亮标签，如图 8.9 所示。第三，FastVectorHighlighter 能支持“针对每个短语”的标签处理，而不是 Highlighter 所支持的“针对每个项”的标签处理。举例来说，如果搜索短语“lazy dog”，FastVectorHighlighter 将输出<b>lazy dog</b>，而 Highlighter 则只能输出<b>lazy</b> <b>dog</b>。

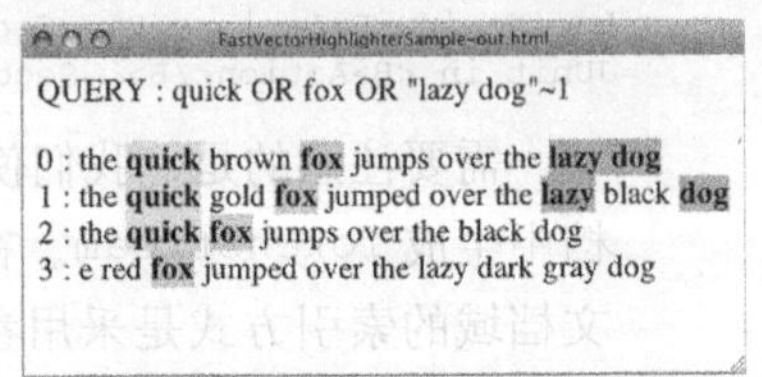

图 8.9　FastVectorHighlighter 支持多种颜色的高亮显示

下面我们看看如何使用 FastVectorHighlighter。在运行程序 8.4 之后，你会看到如图 8.9 所示的 HTML 页面。

程序 8.4 使用 FastVectorHighlighter 高亮显示项

```
public class FastVectorHighlighterSample {

  static final String[] DOCS = {
    "the quick brown fox jumps over the lazy dog",
    "the quick gold fox jumped over the lazy black dog",
    "the quick fox jumps over the black dog",
    "the red fox jumped over the lazy dark gray dog"
  };                                                        索引以下文档
  static final String QUERY = "quick OR fox OR \"lazy dog\"~1";   <-- 运行该查询
  static final String F = "f";
  static Directory dir = new RAMDirectory();
  static Analyzer analyzer = new StandardAnalyzer(Version.LUCENE_30);
  public static void main(String[] args) throws Exception {
    if (args.length != 1) {
      System.err.println("Usage: FastVectorHighlighterSample <filename>");
      System.exit(-1);
    }
    makeIndex();
    searchIndex(args[0]);
  }

  static void makeIndex() throws IOException {
    IndexWriter writer = new IndexWriter(dir, analyzer,
                                true, MaxFieldLength.UNLIMITED);
    for(String d : DOCS){
      Document doc = new Document();
      doc.add(new Field(F, d, Store.YES, Index.ANALYZED,
                   TermVector.WITH_POSITIONS_OFFSETS));
      writer.addDocument(doc);
    }
    writer.close();
  }

  static void searchIndex(String filename) throws Exception {
    QueryParser parser = new QueryParser(Version.LUCENE_30,
                                  F, analyzer);
    Query query = parser.parse(QUERY);
    FastVectorHighlighter highlighter = getHighlighter();    <-- 获取 FastVectorHighlighter
    FieldQuery fieldQuery = highlighter.getFieldQuery(query);   <-- 建立 FieldQuery
    IndexSearcher searcher = new IndexSearcher(dir);
    TopDocs docs = searcher.search(query, 10);

    FileWriter writer = new FileWriter(filename);
    writer.write("<html>");
    writer.write("<body>");
    writer.write("<p>QUERY : " + QUERY + "</p>");
    for(ScoreDoc scoreDoc : docs.scoreDocs) {
      String snippet = highlighter.getBestFragment(
          fieldQuery, searcher.getIndexReader(),
          scoreDoc.doc, F, 100 );                            高亮显示前面片段
      if (snippet != null) {
        writer.write(scoreDoc.doc + " : " + snippet + "<br/>");
      }
    }
    writer.write("</body></html>");
    writer.close();
    searcher.close();
```

```
  }
  static FastVectorHighlighter getHighlighter() {
    FragListBuilder fragListBuilder = new SimpleFragListBuilder();
    FragmentsBuilder fragmentBuilder =
      new ScoreOrderFragmentsBuilder(
        BaseFragmentsBuilder.COLORED_PRE_TAGS,
        BaseFragmentsBuilder.COLORED_POST_TAGS);     创建 FastVectorHighlighter
    return new FastVectorHighlighter(true, true,
        fragListBuilder, fragmentBuilder);
  }
}
```

makeIndex 方法会向索引添加 4 个静态文档，而这 4 个文档都来自于 DOCS。需要注意的是，任何被高亮显示的域都必须使用 TermVector.WITH_POSITIONS_ OFFSETS 参数进行索引。searchIndex 方法会针对常量 QUERY 中设置的搜索条件 quick OR foxOR "lazy dog"～1 进行搜索，并高亮显示搜索结果。

为了获取高亮显示文本片段，首先你必须获取一个 FastVectorHighlighter 对象，然后从中创建一个 FieldQuery 对象。FieldQuery 在高亮显示操作期间是必要的（它以 fieldQuery 参数形式传入，以获取 BestFragment 对象）。为了获取 FastVector-Highlighter 对象，你可以简单地调用如下的默认初始方法：

```
FastVectorHighlighter highlighter = new FastVectorHighlighter();
```

但使用该方法获取的对象是不能用于多色标签高亮显示的。正因为如此，我们在程序 8.4 中提供了一个 getHighlighter 方法，该方法支持多色标签功能，而 COLORED_PRE_TAGS 和 COLORED_POST_TAGS 常量将作为参数传递给 ScoreOrderFragments-Builder 对象的初始化方法，然后程序会将对应的 FragmentsBuilder 对象以参数的形式传递给 FastVectorHighlighter。

正如我们所看到的那样，FastVectorHighlighter 与 Highlighter 相比具有一些引人注目的优势。那么我们是否需要废弃 Highlighter 而只使用 FastVectorHighlighter 呢？答案是否定的。因为 FastVectorHighlighter 也有一些缺点。其中之一就是它会消耗额外的磁盘空间，因为被高亮显示的域是以参数 TermVector.WITH_POSITIONS_OFFSETS 的形式索引的。并且，默认的 FragmentsBuilder 会在构建文本片段时忽略单词边界。在图 8.9 中你能发现这个局限，其中最后一个文本片段是以单词 the 中的字母“e”开始的。为了避免这些问题，你可以自定义实现 FragmentsBuilder 类，让它将单词边界信息加入处理范围。最后，FastVectorHighlighter 只支持一些基本的查询类型，如 TermQuery 和 PhraseQuery 等，以及包含这类基本查询的 BooleanQuery 查询。而 Highlighter 则能支持几乎所有的 Lucene 查询类型，包括 WildcardQuery 和 SpanQuery。这两类高亮显示类都有一些优点和弱点，你必须基于自己的应用程序功能和用户需求来做出明智的选择。

下面我们将介绍一个重要的程序包，它提供了拼写检查功能。

8.5 拼写检查

对于当今的搜索引擎来说，用户认为进行拼写检查是理所当然的事情。如果在 Gooele 搜索界面输入一个拼写错误的单词，那么你将回到一个对你有所帮助并且几乎一直很精确的“Did you mean...”界面，并且该界面提供的带有点击链接的搜索结果项已经进行了拼写纠正处理。Google 的拼写检查功能非常强大，你可以用它对错误的输入进行纠正。对于终端用户来说拼写检查功能非常简单，从直觉上考虑也是一项必须的功能。但是，作为开发人员，我们应该如何实现它呢？有幸的是，Lucene 的拼写检查器正是为此而设的，它是由 David Spencer 创建和捐赠的。

Web 搜索引擎常常需要花费大量精力来调整拼写检查算法。用户通常都需要获得一个好的搜索体验效果，而这就为所有的搜索引擎的预期行为设置了一个很高的门槛。下面我们将逐步介绍拼写纠正处理过程，它们包括生成可能的提示、为拼写错误的单词选取最好的替代、以及将选择功能展现给用户。我们还将介绍一些其他可能的处理方案。在这个过程中，我们会同时介绍拼写检查器捐赠模块是如何处理这些问题的。

8.5.1 生成提示列表

我们可以假定第一步操作就是判断是否有必要进行拼写检查。但预先进行这种判断是困难的，所以通常最有效的方法是在进行余下几部操作后再依靠每条潜在提示的评分来判断是否将之呈现给用户。第一步是生成初始的潜在提示集合。拼写检查器会一次使用一个项，因此如果查询条件包含多个项的话，你必须分别考虑到每个项（可以参考 8.5.4 小节有关处理多个项查询的处理办法）。

你需要一个能进行“有效”拼写检查的源词典。虽然你可以使用已有的精确词典，但要找到这类能够精确匹配搜索空间的词典是困难的，更为困难的是随着时间的推移而保留这个词典。一个更强大的词典生成手段就是使用搜索索引来收集所有独立的项，而程序在索引某个特殊域期间是能够看见这些项的。Lucene 的拼写检查模块正是使用的这种方式。

有了词典后，你必须列举出各条提示。具体可以通过语音方式实现，如我们在 4.4 小节所介绍的“发音相似”匹配方法。另一中实现方式就是使用字母 ngram 来标识类似的单词。字母 ngram 表示一个单词中一定长度的所有邻接字母组合，其变化由这个长度来决定。如果使用该方法，那么词典中所有单词的 ngram 都会被编入一个独立的拼写检查索引。该操作通常比较快，因此程序在每次更新主索引时都可以重构整个拼写检查索引。

下面我们将给出一个示例。假定我们的词典包含单词 lettuce。表 8.2 展示了分别用该单词中长度为 3 和 4 的 ngram 加入拼写检查索引。在这个案例中，我们的“文档”就是单词 lettuce，它被索引的语汇单元就是表中生成的 3ngram 和 4ngram。接下来，假设用户在搜索界面输入单词 letuce，其 ngram 如表 8.3 所示。为了找到提示，程序使用 letuce 的 ngram 来对拼写纠正索引进行搜索。由于两个单词之间有很多 ngram 是相同的（let、tuc、uce 和 tuce），程序因此会返回相关性评分较高的单词 lettuce。

表 8.2 单词 lettuce 的 ngrams

单 词	Lettuce
3gram	let、ett、ttu、tuc、uce
4gram	lett、ettu、ttuc、tuce

表 8.3 拼写错误单词 letuce 的 ngrams

单 词	Lettuce
3gram	let、etu、tuc、uce
4gram	letu、etuc、tuce

所幸的是，拼写纠正模块能够处理所有这类 ngram，具体是在程序后台进行的（虽然 8.2.2 小节所提到的 `NGramTokenizer` 和 `EdgeNGramTokenizer` 允许你在想要采取更多的自定义处理方式时创建自己的 ngram）。创建拼写检查索引是很简单的。程序 8.5 介绍了如何使用现有 Lucene 索引中的项来完成这个操作。该操作会创建一个拼写检查索引，并将之存储在本地目录 `indexes/spellchecker` 中，在默认情况下，该索引会列举所有 Lucene 索引中可见的单独项。

程序会产生类似如下输出：

```
Now build SpellChecker index...
took 2431 milliseconds
```

程序 8.5 创建拼写检查索引

```
public class CreateSpellCheckerIndex {
  public static void main(String[] args) throws IOException {
    if (args.length != 3) {
      System.out.println("Usage: java lia.tools.SpellCheckerTest " +
                         "SpellCheckerIndexDir IndexDir IndexField");
      System.exit(1);
    }
    String spellCheckDir = args[0];
    String indexDir = args[1];
    String indexField = args[2];

    System.out.println("Now build SpellChecker index...");
    Directory dir = FSDirectory.open(new File(spellCheckDir));     建立
    SpellChecker spell = new SpellChecker(dir);                    SpellChecker
    long startTime = System.currentTimeMillis();

    Directory dir2 = FSDirectory.open(new File(indexDir));         打开 IndexReader
    IndexReader r = IndexReader.open(dir2);
```

```
    try {
      spell.indexDictionary(
              new LuceneDictionary(r, indexField));      加入所有单词
    } finally {
      r.close();
    }
    dir.close();
    dir2.close();
    long endTime = System.currentTimeMillis();
    System.out.println("  took " + (endTime-startTime) + " milliseconds");
  }
}
```

需要注意的是，如果你要修改单词原，或者使用来自于 Lucene 的索引但将其一部分滤除，那么你可以创建自己的 Dictionary 接口实现（位于 org.apache.lucene.search.spell 程序包中）并将该实例传递给 SpellChecker。下面的步骤就是选取最佳提示。

8.5.2 选择最佳提示

在第一步中通过字符 ngram 的处理方式，我们已能针对用户查询语句中的每个项而生成一套提示集合了。程序 8.6 展示了如何用拼写检查器生成再拼单词，它使用由程序 8.5 所建立的拼写检查索引。用 ant 运行 SpellCheckerExample 后，程序在默认情况下会搜索单词 letuce 的校正单词：即 5 个有关 letuce 的提示。

```
lettuce
letch
deduce
letup
seduce
```

效果还不错！lettuce 称为第一校正选择。但我们应该如何处理其他几个选项呢？

程序 8.6 使用拼写检查的索引来找寻候选项列表

```
public class SpellCheckerExample {
  public static void main(String[] args) throws IOException {
    if (args.length != 2) {
      System.out.println("Usage: java lia.tools.SpellCheckerTest " +
                         "SpellCheckerIndexDir wordToRespell");
      System.exit(1);
    }
    String spellCheckDir = args[0];
    String wordToRespell = args[1];

    Directory dir = FSDirectory.open(new File(spellCheckDir));
    if (!IndexReader.indexExists(dir)) {
      System.out.println("\nERROR: No spellchecker index at path \"" +
                         spellCheckDir +
                         "\"; please run CreateSpellCheckerIndex first\n");
```

```
      System.exit(1);
    }
    SpellChecker spell = new SpellChecker(dir);          创建 SpellChecker

    spell.setStringDistance(new LevensteinDistance());   设置距离单位

    String[] suggestions = spell.suggestSimilar(         生成候选项
                              wordToRespell, 5);
    System.out.println(suggestions.length +
                       " suggestions for '" +
                       wordToRespell + "':");
    for (String suggestion : suggestions)
      System.out.println("  " + suggestion);
  }
}
```

遗憾的是，通常情况下你是不能奢望向用户展示太多拼写提示的。一般来说，你既可以不向用户展示任何提示（前提是程序认为查询语句中所有的项看似是正确拼写的，或者程序未能找到更好的拼写纠正候选项），也可以只向用户展示一项提示。

尽管 ngram 处理方式比较适合于列举潜在的再拼词，但针对这些词的相关性排名通常并不足以让程序选出最佳提示。通常，我们会采用一种不同的距离度量方式来针对与初始项相似的各个项进行挑选。一个常用的度量方式就是 Levenshtein 度量法，在 3.4.8 小节中我们使用 FuzzyQuery 并采用该度量法来对相似的项进行搜索。它是拼写检查器使用的默认度量法，通常运行得很好。你还可以使用 JaroWinkler 类来选择 Jaro-Winkler 距离（详见 http://en.wikipedia.org/wiki/Jaro-Winkler），它存在于拼写检查程序包中，或者你也可以实现自定义的字符串相似度度量类。SpellChecker. suggestSimilar 返回的提示数组是以距离度量为标准进行相似性降序排列的，因此你可以简单地将第一个结果作为提示而呈现给用户。

最后一步操作就是将拼写纠正选项呈现给用户。

8.5.3 向用户展示搜索结果

一旦获取最佳再拼候选项，你首先需要判断它是否足以适合向用户展现。SpellChecker 类并不返回每条提示与初始用户输入项之间的相似距离，但你可以通过调用 StringDistance 实例中的 getDistance 方法来重新计算该距离值。SpellChecker 还有一个可选的 suggestSimilar 方法，它可以接收额外的参数以将各条提示限制在出现频率更高的初始项范围内；通过调用这个方法，你可以实现只对出现频率超过原始项的拼写纠正提示进行展现，这也是一个用于判断候选提示项是否值得展现的一个合理方法。另外，SpellChecker 还有一个 setAccuracy 方法来设置每条提示的最小相关度。

接下来，假设你已获取适合展现的提示，那么此时的应用程序需要做哪些实际操作呢？一种选择就是，如果你已确认该提示需要进行展现，那么可以用它对用户输入的项进行修正。但此时一定要在首条搜索结果中明确通知用户该修正信息，并向用户提供能够快速返回初始搜索界面的链接。或者，你可以完全按照用户输入的查询条件进行搜索，但在搜索结果界面展现带有拼写纠正提示的“Did you mean…”信息，而这正是Google通常的做法。最后，你可以针对用户输入的初始查询条件和再拼的查询条件同时进行搜索，并使用不同的加权系数对两个查询进行逻辑OR合并。

通常，搜索程序会选择以上三种处理方式之一。但当代Web搜索引擎似乎能够针对每条查询语句而对这几种处理方式进行动态选择，选择标准是依据对具体的提示信息进行度量的结果。具体我们可以通过试用一些搜索链接来验证，如 http://www.google.com 和 http://www.bing.com。

8.5.4 一些加强拼写检查的考虑

实现拼写纠正是一项具有挑战性的工作，我们在前面已经谈到其中一些话题。拼写纠正器的 contrib 模块已为你提供了一个良好的开端。但对于自己的应用程序来说，你可能倾向于进行如下几项改进。

- 如果程序的搜索处理量较大，可以考虑以用户输入的查询所包含的项来辅助进行最佳提示排名。对于诸如新闻搜索引擎等词典更新速度较快的应用程序来说，该策略极具优势。该方案首先假定大多数用户都知道如何正确拼写，到目前为止这确实是一个合理的假设。
- 不再分别对每个项进行再拼操作，而可以考虑其他项的相关修正因子来修正针对每个项的提示。具体方案之一就是针对每对项X和Y来统计它们同时出现的频率，用它来测量同时包含项X和Y的文档或查询数量。然后，当程序对用户输入查询条件中的其他项所对应的提示信息进行排序时，可以将以上统计值结合起来考虑。如果用户输入了一个拼写错误的查询“harry poter”，你可以生成提示信息“harry potter”，而不是其他诸如“harry poster”等选项。
- 用于拼写检查的词典是具有决定性作用的。当程序使用来自于已有索引的项时，如果其内容为“dirty”，那么你可以轻易地从该项内容中获取拼错词并导入词典中。你还可以根据情况导入自己并不想作为提示输出的项，如SKU号码或者股票代码。程序可以尝试将这类项排除在外，或者只接收超出一定出现频率的项。
- 如果程序的搜索处理量较大，你可以对拼写检查器进行训练，标准是根据用户点击“Did you mean…”链接的方式，以基于用户对过去搜索结果中提示信息的点击程度为基础来选择后续提示信息的展现策略。该方案还可以用来构建测试用例集合，以对拼写检查的其他改进进行测试。
- 如果搜索程序具有权限处理模块（基于用户权限来限制其所能看见的内容范围），那么一定要注意针对不同的用户级别而分别保留对应的拼写检查词典。一个全局性的词典会意外地“泄露”超出对应权限的信息，这会导致严重问题。

- 对每条提示的可信度计算方式进行调整。当前的拼写检查模块完全依赖于对应的 StringDistance 评分，但你可以考虑通过联合 StringDistance 和索引中项的出现频率来改进评分方式，以获取更可信的提示。
- 用于判断是否有必要展现修正信息的方法之一就是首先运行用户输入的初始搜索条件，如果随后返回的搜索结果条目为 0 或者很少时，再调用再拼功能进行搜索，看看程序是否会返回更多结果，最后用两种结果来决定是否展示提示信息。

正如我们所看到的，拼写检查的用法尽管看似简单，但在程序后台却面临着很多挑战。拼写检查器 contrib 模块已为你完成了大量这类工作，它们包括创建独立的拼写检查索引、列举拼写纠正候选项以及通过计算相关性举例来对这些候选项进行排名等。这已为你提供了一个良好的开端，但我们同时还为你提供了一些用于改进这些功能的建议。

下面我们将转而介绍引人注目的查询扩展功能。

8.6 引人注目的查询扩展功能

Query 相关的软件捐赠模块为 Lucene 核心查询功能提供了一些引人注目的扩充，其作者为 Mark Harwood，扩充功能的具体类包括 MoreLikeThis、FuzzyLikeThisQuery、BoostingQuery、TermsFilter 和 DuplicateFilter 等。

8.6.1 MoreLikeThis

MoreLikeThis 类包含的程序逻辑用于找寻与现有文档类似的文档。我们在 5.9.1 节介绍了用 BooksLikeThis 类来完成相同功能，但 MoreLikeThis 类更为通用，并且可以用于任何 Lucene 索引。程序 8.7 展示了如何使用 MoreLikeThis 来完成与 BooksLikeThis 同样的工作。

两者的实现方式是完全一致的：它们都从给定的文档中列举出相关项，然后构建 Query 来找寻相似文档。MoreLikeThis 的使用更为灵活：如果为它提供一个 docID 和 IndexReader 实例，它会迭代访问文档中所有存储的域，或者包含项向量的域，从而对该文档的域进行定位。对于存储域的处理来说，它必须对文本进行重新分析，以便在不适合使用 StandardAnalyzer 的情况下首先设置合适的分析器。MoreLikeThis 能够找到与任意字符串数组相似的文档，也能找到与给定文件或 url 相似的文档。

请记住：MoreLikeThis 通常会返回同样的文档（如果搜索是基于索引中的文档来进行的话），因此请确认在展现文档时对重复文档进行过滤。

程序 8.7 使用 MoreLikeThis 类找寻相似文档

```
public class BooksMoreLikeThis {
  public static void main(String[] args) throws Throwable {

    String indexDir = System.getProperty("index.dir");
```

```
FSDirectory directory = FSDirectory.open(new File(indexDir));
IndexReader reader = IndexReader.open(directory);

IndexSearcher searcher = new IndexSearcher(reader);

int numDocs = reader.maxDoc();
                                                        实例化 MoreLikeThis 对象
MoreLikeThis mlt = new MoreLikeThis(reader);        <-

mlt.setFieldNames(new String[] {"title", "author"});
mlt.setMinTermFreq(1);                                   <- 更低的默认最小值

mlt.setMinDocFreq(1);
                                                         递归处理索引中所
for (int docID = 0; docID < numDocs; docID++) {        <- 用文档
  System.out.println();
  Document doc = reader.document(docID);
  System.out.println(doc.get("title"));                  创建查询搜索相似
                                                        <- 文档
  Query query = mlt.like(docID);
  System.out.println("  query=" + query);

  TopDocs similarDocs = searcher.search(query, 10);
  if (similarDocs.totalHits == 0)
    System.out.println("  None like this");
  for(int i=0;i<similarDocs.scoreDocs.length;i++) {      不展示原文档
    if (similarDocs.scoreDocs[i].doc != docID) {       <-
      doc = reader.document(similarDocs.scoreDocs[i].doc);
      System.out.println("  -> " + doc.getField("title").stringValue());
    }
  }
}

searcher.close();
reader.close();
directory.close();
  }
}
```

8.6.2 FuzzyLikeThisQuery

FuzzyLikeThisQuery 会联合 MoreLikeThis 和 FuzzyQuery 运行。它允许你通过任意添加文本来建立查询，这些文本会由默认的 StandardAnalyzer 进行分析。然后它会采用与 FuzzyQuery 相同的处理方式来将该分析过程中产生的语汇单元“模糊”化。最后，在这些生成的项当中，程序会选择最为突出的项进行搜索。当用户不太熟悉标准的 QueryParser 布尔搜索语法时，该查询可以作为一个实用的替代方案。

8.6.3 BoostingQuery

BoostingQuery 允许你运行一个基本 Query，但它会选择性降低第二次查询的结果匹配程度。其使用方式如下：

```
Query balancedQuery = new BoostingQuery(positiveQuery,
                                        negativeQuery, 0.01f);
```

这里 positiveQuery 对应于基本查询，而 negativeQuery 则会对降低匹配标准的文档进行匹配，0.01f 正是用于降低匹配标准的因子。所有匹配 negativeQuery 的文档都不会出现在搜索结果中。而所有匹配 positiveQuery 的文档则会，同时带有它们的初始评分。所有匹配以上两个参数的文档将被程序通过指定的因子降低其评分。

BoostingQuery 类似于创建一个 Boolean 查询，并以 NOT 子句方式加入 negativeQuery，区别是对于能够被直接排除的 negativeQuery 匹配文档而言，BoostingQuery 仍然会包含这些文档，只是将它们的评分降低。

8.6.4 TermsFilter

TermsFilter 是一个能够匹配任意指定项集合的过滤器。它类似于不需要邻接项的 TermRangeFilter。你可以简单地创建 TermsFilter，并通过调用其 addTerm 方法来逐个添加想要被过滤的项，然后在搜索期间使用该过滤器。一个对应的例子就是从数据库查询中收集的主键集合，或者是由用户选择的“类别”标签。

8.6.5 DuplicateFilter

DuplicateFilter 是一个 Filter 子类，负责删除包含与指定未分析域相同的文档。举例来说，加入该域名为 KEY，它未被分析，但已编入索引。假定一个给定的文档能够被 Lucene 索引多次，可能第一次使用“当前版本”进行索引，而第二次则使用“全面修订后的历史版本”进行索引。这样就会出现两个 Lucene 文档，每个文档都共享同一个 KEY 域值，那么你可以接着做类似如下操作：

```
DuplicateFilter df = new DuplicateFilter("KEY");
df.setKeepMode(DuplicateFilter.KM_USE_LAST_OCCURRENCE);
TopDocs hits = searcher.search(query, df, 10);
```

而过滤器将只保留这两个共享同一 KEY 域值的文档中最后编入索引的那个。

8.6.6 RegexQuery

RegexQuery 类位于 contrib/regex 目录，它允许你指定任意的正则表达式以用于项的匹配操作。任何包含匹配该正则表达式的项的文档将得到匹配。它类似于 WildcardQuery。下面是其使用示例：

```
public void testRegexQuery() throws Exception {
  Directory directory = TestUtil.getBookIndexDirectory();
  IndexSearcher searcher = new IndexSearcher(directory);
  RegexQuery q = new RegexQuery(new Term("title", ".*st.*"));
  TopDocs hits = searcher.search(q, 10);
  assertEquals(2, hits.totalHits);
  assertTrue(TestUtil.hitsIncludeTitle(searcher, hits,
                                       "Tapestry in Action"));
  assertTrue(TestUtil.hitsIncludeTitle(searcher, hits,
                 "Mindstorms: Children, Computers, And Powerful Ideas"));
  searcher.close();
  directory.close();
}
```

这里有两本书匹配模糊正则表达式.*st.*。在默认情况下，RegexQuery 会使用 Java 内置正则表达式语法，路径为 java.util.regex，但你可以将之切换到 Apache Jakarta 正则表达式语法上（org.apache.regexp），方法是调用：

```
RegexQuery.setRegexImplementation(new JakartaRegexpCapabilities());
```

contrib/regex 路径下还包括 SpanRegexQuery，它会联合 Query 和 SpanQuery 使用，以使所有的匹配文档都包括对应的跨度查询。SpanQuery 家族已在 5.5 小节中进行过介绍。

下面我们看看如何构建软件捐赠模块。

8.7 构建软件捐赠模块（contrib module）

大多数 Lucene 的捐赠模块都包含在 Lucene 标准版本中，位置就在 contrib 路径下。每个程序包一般都带有包含类和 Java 文档的 JAR 文件。

然而，一些程序包还没有纳入 Lucene 版本发布流程。而且，这里面还包括一些适用但还未随 Lucene 发布的程序包。在这种情况下，你需要自己获取这些源代码并自行编译成版本程序包。所幸的是，这个做法是很简单的，Lucene 的源代码可以简单地通过对应目录获取（通过 Apache 的 SVN 或者通过源代码版本获取）。获取源代码后，你就可以编译对应的 JAR 文件，并将这些二进制文件拷贝至你的项目目录中使用，或者也可以直接将需要的源代码拷贝到自己的项目中，然后再跟你自己的代码一起编译。

8.7.1 源代码获取方式

获取 Lucene 的捐赠模块源代码最简单的方式就是从 http://lucene.apache.org 下载源代码版本。如果你想使用最新和最最好的版本，那么可以使用 Subversion 客户端下载源代码（详见 http://subversion.tigris.org）。对应的教程可以从 Apache 的 http://wiki.apache.org/lucene-java/SourceRepository 下载。特别地，该步骤需要在命令行运行如下命令：

```
svn checkout http://svn.apache.org/repos/asf/lucene/java/trunk lucene
```

该命令只能对源代码进行只读访问。下载完版本后，在你的本地目录中会出现一个名为 lucene-trunk 的子目录。该目录即为 contrib 子目录，前面讨论的所有资源以及其他资源都保存在该目录下。下面我们介绍一下 JAR 文件的编译。

8.7.2 contrib 目录的 Ant 插件

接下来，我们来编译这些组件。为了运行 contrib 编译脚本，你需要使用 Ant1.7.0 或更新版本。在 Lucene-trunk 根目录下有一个 build.xml 编译脚本。编译时可以在在命令行的 Lucene-trunk 目录下运行如下命令：

```
ant build-contrib
```

运行命令后，大多数组件都会完成编译并在编译目录创建对应的 JAR 版本文件。这时可以运行 Ant 测试插件，该插件能测试所有的 Lucene 核心代码以及捐赠代码模块，以确认所有的 Lucene 模块测试通过。

一些组件目前还没有集成到编译脚本中，因此你在需要的时候只能将它们拷贝到自己的项目中进行编译。contrib 目录中仍然存在一些过时的组件（有一些组件我们并未在本章提到），而在这本书之后可能又增加了一些新组件。

每个 contrib 子目录，如 analyzers 和 Ant 目录都有自己的 build.xml 文件。为了编译某个组件，需要把当前的工作目录更换到所需组件的目录下，然后再执行 Ant。这仍是你亲身实战 Lucene 附加软件的一个原始方式，不过这种方式对于直接访问这些附加软件源还是非常实用的。可能你使用这些捐赠模块目的只是为了获取编程灵感，而不是为了源代码本身。

8.8 小结

在搭建搜索引擎时若遇到问题不要推倒重来。毫无疑问，其他人也会遇到与你同样的困境。Contrib 模块和 Lucene 站点所列出的其他资源将有助于你解决这些问题。

本章我们介绍了 Lucene 的一些重要的扩展功能。Google 在处理拼写检查和高亮显示时明确地为搜索用户的基线需求设置为较高的标准。有幸的是，Lucene 的 contrib 模块包含了拼写检查包和两个用于实现高亮显示的程序包，它们为你实现这些功能提供了一个良好的开端。

我们介绍了 Luke，它是一款及其实用的图形工具，用它能够查看索引结构并能看见当前的项和文档，它还能用于运行查询和注入优化等基本索引操作。Luke 这款类似瑞士军刀的宝贵工具可以被所有 Lucene 应用程序所使用。

如果你的搜索程序需要处理非英文搜索，那么你可以使用各种用于非英文的分析器；通常你可以针对每个语种选择多个对应的分析器。除了基于语种的分析器以外，我们还介绍了其他几种使用广泛的分析器，如 ngram 分析器，它能够从每个单词内的相邻字母中创建语汇单元；又如 shingle 分析器，它能够从多个邻接单词中创建 shingle 语汇单元。使用 shingle 过滤器是实现包含停用词的短语搜索的有效方法。

我们还介绍了一些新的 `Query` 子类，它们包括：用于找寻与初始内容类似文档的 `MoreLikeThis` 类、联合 `MoreLikeThis` 和 `FuzzyQuery` 并用于正负混合评分的 `FuzzyLikeThisQuery` 类，以及用于匹配指定正则表达式项的文档匹配操作类 `RegexQuery`。该程序包还包括接收包括任意项集合的文档的 `TermsFilter` 类，以及删除基于指定域的相同文档的 `DuplicateFilter` 类。

下一章我们将继续介绍 Lucene 的 contrib 模块，主要包括一些使用较少的模块。

第 9 章 Lucene 高级扩展

本章要点

- 使用 RMI 远程搜索索引
- 链接多个过滤器
- 使用 Berkeley DB 存储索引
- 根据地理距离进行排序和过滤

在前面的章节中，我们探讨了大量经常使用的 Lucene 扩展功能。本章我们还将讲解一些使用较少但同样引人入胜并且使用方便的 Lucene 扩展功能。

ChainFilter 类允许你在逻辑上将多个过滤器链接成一个过滤器。Berkeley DB 程序包支持使用 Berkeley 数据库存储 Lucene 索引文件。对于在内存中完整存储索引文件，Lucene 提供了两个存储选项，这种方式能比 RAMDirectory 方式获得更高的搜索性能。我们随后将展示 QueryParser 的三个子类，其中一个基于 XML，另一个被设计用来生成 SpanQuery 实例（某些功能是 QueryParser 所不能完成的），最后一个查询解析器是一个高度模块化的类。另外，Spatial Lucene 能够用来进行基于地理距离的排序和过滤。你可以使用 contrib/remote 模块来实现远程搜索（通过 RMI 方式）。

本章将全面讲解 Lucene 的捐赠模块，然而需要提到的是，Lucene 源代码发展速度较快，因此当你读到此处时，可能又出现了一些新模块。如果有任何疑问，你可以长期查看 Lucene 的源代码地址，这样能了解到 Lucene 新提供的代码列表。

下面我们从链式过滤器开始讲。

9.1 链式过滤器

正如我们在 5.6 小节中讨论过的那样，搜索过滤器是用于将将搜索文档的空间限制在一定范围内的强大工具。Lucene 的 contrib 目录包含了一个有趣的元过滤器，该过滤器由 Kelvin Tan 开发，可以将其他过滤器链接起来，并提供了 AND、OR、XOR 和 ANDNOT 这 4 种位操作。ChainedFilter 类类似于 Lucene 内置的 CachingWrapperFilter 类，但前者并不是具体的过滤器；它能够将一连串过滤器联合起来，每个过滤器都为后续过滤器的运行提供所需的位操作，从而实现复杂的合并操作。

程序 9.1 展示了我们使用的基本测试案例，用于展示 ChainedFilter 功能。而展示 ChainedFilter 的使用方法要少费周折，因为它需要一个足够相异的数据集来展现各种不同方案是如何工作的。因此我们创建了一个包含 500 个文档的索引，这些文档包含了一个值为 1～500 范围的关键字域、一个始于 2009 年 1 月 1 日的连续日期域以及一个 owner 域，前一半文档的 owner 为 Bob 而后半部分文档的 owner 则为 Sue。

程序 9.1 ChainedFilter 实战中的基本测试案例

```
public class ChainedFilterTest extends TestCase {
  public static final int MAX = 500;
  private RAMDirectory directory;
  private IndexSearcher searcher;
  private Query query;
  private Filter dateFilter;
  private Filter bobFilter;
  private Filter sueFilter;

  public void setUp() throws Exception {
    directory = new RAMDirectory();
    IndexWriter writer =
       new IndexWriter(directory, new WhitespaceAnalyzer(),
                       IndexWriter.MaxFieldLength.UNLIMITED);

    Calendar cal = Calendar.getInstance();
    cal.set(2009, 1, 1, 0, 0);              <—— 将日期设置为 2009 年 1月1日
    for (int i = 0; i < MAX; i++) {
      Document doc = new Document();
      doc.add(new Field("key", "" + (i + 1),
                        Field.Store.YES, Field.Index.NOT_ANALYZED));
      doc.add(new Field("owner", (i < MAX / 2) ? "bob" : "sue",
                        Field.Store.YES, Field.Index.NOT_ANALYZED));
      doc.add(new Field("date", DateTools.timeToString(
                                cal.getTimeInMillis(),
                                DateTools.Resolution.DAY),
                        Field.Store.YES, Field.Index.NOT_ANALYZED));
      writer.addDocument(doc);

      cal.add(Calendar.DATE, 1);
    }
    writer.close();

    searcher = new IndexSearcher(directory);
```

```
    BooleanQuery bq = new BooleanQuery();
    bq.add(new TermQuery(new Term("owner", "bob")),
           BooleanClause.Occur.SHOULD);                    匹配所有文档
    bq.add(new TermQuery(new Term("owner", "sue")),
           BooleanClause.Occur.SHOULD);
    query = bq;

    cal.set(2099, 1, 1, 0, 0);
    dateFilter = TermRangeFilter.Less("date",
                   DateTools.timeToString(                  根据日期匹配所有文档
                     cal.getTimeInMillis(),
                     DateTools.Resolution.DAY));
    bobFilter = new CachingWrapperFilter(
         new QueryWrapperFilter(                             只匹配 Bob 的文档
            new TermQuery(new Term("owner", "bob"))));

    sueFilter = new CachingWrapperFilter(
       new QueryWrapperFilter(                               只匹配 Sue 的文档
          new TermQuery(new Term("owner", "sue"))));
  }
}
```

除了创建测试所需的索引之外，setUp()方法还定义了一个表示逻辑或得 Query 对象，以及一些杂下面例子中将使用到的过滤器。这个 Query 对象在不使用过滤器的情况下，搜索 Bob 或者 Sue 所拥有的文档，这将会匹配所有 500 个文档。此外还创建了一个表示逻辑或得 DateFilter 实例和两个 QueryFilter 实例，这两个 QueryFilter 中的一个用于过滤 owner 为 Bob 的文档，而另一个过滤 owner 为 Sue 的文档。

用嵌套在 ChainedFilter 类中的单个过滤器的效果并不会超出 ChainedFilter 中没有内嵌过滤器的情况，这里我们将展示其中两个过滤器：

```
public void testSingleFilter() throws Exception {
  ChainedFilter chain = new ChainedFilter(
                                 new Filter[] {dateFilter});
  TopDocs hits = searcher.search(query, chain, 10);
  assertEquals(MAX, hits.totalHits);

  chain = new ChainedFilter(new Filter[] {bobFilter});
  assertEquals(MAX / 2, TestUtil.hitCount(searcher, query, chain),
    hits.totalHits);
}
```

当我们把多个过滤器链接起来的时候，ChainedFilter 真正的性能才发挥出来。默认的关系操作是或（OR）操作，正如下面展示的那样，当对所有者为 Bob 或 Sue 的文档进行过滤操作时，该操作会把过滤出的空间联合起来形成了一个比原来更大的文档空间。

滤操作时，该操作会把过滤出的空间联合起来形成了一个比原来更大的文档空间。

```
public void testOR() throws Exception {
  ChainedFilter chain = new ChainedFilter(
          new Filter[] {sueFilter, bobFilter});
 assertEquals("OR matches all", MAX, TestUtil.hitCount(searcher, query,
    chain));
}
```

逻辑与（AND）操作则可以用来缩小文档空间而非扩大文档空间：

```
public void testAND() throws Exception {
  ChainedFilter chain = new ChainedFilter(
       new Filter[] {dateFilter, bobFilter}, ChainedFilter.AND);
  TopDocs hits = searcher.search(query, chain, 10);
  assertEquals("AND matches just Bob", MAX / 2, hits.totalHits);
  Document firstDoc = searcher.doc(hits.scoreDocs[0].doc);
  assertEquals("bob", firstDoc.get("owner"));
}
```

这个 testAND 测试用例对 bobFilter 和 dateFilter 这两个过滤器进行逻辑与（AND）操作，而因为 dateFilter 是全包含的，这样就能有效地将搜索空间限制在 Bob 所拥有的文档中。换句话说，提供的过滤器交集就是查询的文档空间。过滤器的还可以设置为两者的异或（XOR，与或操作相反，意思是两者取其一，但不能都取）：

```
public void testXOR() throws Exception {
  ChainedFilter chain = new ChainedFilter(
    new Filter[]{dateFilter, bobFilter}, ChainedFilter.XOR);
  TopDocs hits = searcher.search(query, chain, 10);
  assertEquals("XOR matches Sue", MAX / 2, hits.totalHits);
  Document firstDoc = searcher.doc(hits.scoreDocs[0].doc);
  assertEquals("sue", firstDoc.get("owner"));
}
```

对 bobFilter 和 dateFilter 进行异或操作能够有效地将搜索范围限制为 Sue 所拥有的文档内。最后，与非操作只（ANDNOT）允许结果符合第一个过滤器而不能匹配第二个过滤器的文档通过：

```
public void testANDNOT() throws Exception {
  ChainedFilter chain = new ChainedFilter(
  new Filter[]{dateFilter, sueFilter},
     new int[] {ChainedFilter.AND, ChainedFilter.ANDNOT});

  TopDocs hits = searcher.search(query, chain, 10);
  assertEquals("ANDNOT matches just Bob",
               MAX / 2, hits.totalHits);
  Document firstDoc = searcher.doc(hits.scoreDocs[0].doc);
  assertEquals("bob", firstDoc.get("owner"));
}
```

在 testANDNOT 方法中，对于给定的测试数据，数据范围内除了 Sue 所拥有的文档之外都是可以用于搜索的。这样就把范围缩小到仅包含 Bob 所拥有的文档范围以内。

根据你的需要，把查询语句合并成一个 BooleanQuery 或者用 FilteredQuery 类（参见 6.4.3 小节）都可以获得同样的效果。在使用过滤器时，需要谨记它们的工作性能状况；并且，如果需要在不改变索引的情况下重用过滤器的结果，需要确认你所使用的是具有缓存功能的过滤器。ChainedFilter 没有进行缓存，但是只要把它封装进 CachingWrappingFilter 就可以提供针对过滤结果的缓存操作。

下面我们看看另外一项扩展功能。

9.2 使用 Berkeley DB 存储索引

Chandler 项目（*http://chandlerproject.org*）正在努力开发一个开源的个人信息管理器。

该项目目标是管理不同类型的信息，比如 E-mail、紧急消息、约会、联系人、任务、记录、网页、博客、书签、图片等诸多不同类型的信息。它是一个可扩展的平台，并不仅仅是一个应用程序。而搜索则是 Chandler 程序架构的一个关键组件。

Chandler 代码主要基于 Python 编程语言，同时为本地代码提供了必要的调用接口。我们接着将注意力转向 Chandler 开发者如何使用 Lucene 上面来，你可以到 Chandler 网站获取更多有关该项目的信息。Andi Vajda 是 Chandler 项目主要开发者之一，他创建了 PyLucene，使得 Python 程序能够完全访问 Lucene 的 API。PyLucene 是 Lucene 针对 Python 语言的一个重要移植版本；我们将在 10.7 小节对该版本进行完整介绍。

Chandler 的基础信息库使用的是 Oracle Berkeley DB，该数据库与传统的关系数据库区别很大，这些传统的数据库都是由 RDF（Resource Description Framework 资源描述框架）驱动的。Andi 使用 Berkeley DB 为 Lucene 目录提供底层存储机制。这种存储方式在存储 Lucene 索引文件时有一个副作用，那就是它基于该数据库所提供的事务处理方式。Andi 将他的这个工具赠予了 Lucene 项目组，并由 contrib 目录的 db/bdb 区域负责维护。

Berkeley DB 在本书出版时版本号已经到了 4.7.25，它是由 C 语言编写的，但它能够通过 Java 本地接口（Java Native Interface，JNI）提供全部的 Java 访问。Db/bdb contrib 模块负责提供针对这些 API 的访问机制。Berkeley DB 还有一个 Java 版本，在这个版本中所有代码都是用 Java 编写的，因此对于这个版本来说不需要进行 JNI 访问，代码也只是被放置在一个单一的 JAR 文件中。Contrib/db/bdb 目录的 Java 版本是由 Aaron Donovan 负责移植的，移植后的 Java 版本放置路径为 contrib/db/bdb-je。程序 9.2 展示了如何使用 Java 版本的 Berkeley DB，与初始版本相比，它们的程序 API 是类似的。我们会提供对应的索引和搜索程序示例，示例代码包含于本书源代码中。

`JEDirectory` 是一个 `Directory` 实现，它将文件存储于 Java 版本的 Berkeley DB 中，它的使用频率要比 Lucene 内置的 `RAMDirectory` 和 `FSDirectory` 高。在使用时，需要初始化两个 Berkeley DB 的 Java API 对象：`EnviromentConfig` 和 `DatabaseConfig`。程序 9.2 展示了使用 `JEDirectory` 进行索引操作示例。

程序 9.2　使用 JEDirectory 将索引存储至 Berkeley DB 中

```
public class BerkeleyDbJEIndexer {
  public static void main(String[] args)
    throws IOException, DatabaseException {
    if (args.length != 1) {
      System.err.println("Usage: BerkeleyDbIndexer <index dir>");
      System.exit(-1);
    }

    File indexFile = new File(args[0]);
    if (indexFile.exists()) {
      File[] files = indexFile.listFiles();
      for (int i = 0; i < files.length; i++)
        if (files[i].getName().startsWith("__"))      // 删除已有索引
          files[i].delete();
      indexFile.delete();
```

```
    }
    indexFile.mkdir();

    EnvironmentConfig envConfig = new EnvironmentConfig();
    DatabaseConfig dbConfig = new DatabaseConfig();

    envConfig.setTransactional(true);          配置 BDB 和 db
    envConfig.setAllowCreate(true);            环境
    dbConfig.setTransactional(true);
    dbConfig.setAllowCreate(true);B

    Environment env = new Environment(indexFile, envConfig);

    Transaction txn = env.beginTransaction(null, null);
    Database index = env.openDatabase(txn, "__index__", dbConfig);
    Database blocks = env.openDatabase(txn, "__blocks__", dbConfig);
    txn.commit();                                       打开 db，事务处理
    txn = env.beginTransaction(null, null);
    JEDirectory directory = new JEDirectory(txn, index, blocks);  <-
    IndexWriter writer = new IndexWriter(directory,      创建 JEDirectory
                   new StandardAnalyzer(Version.LUCENE_30),
                   true,
                   IndexWriter.MaxFieldLength.UNLIMITED);

    Document doc = new Document();
    doc.add(new Field("contents", "The quick brown fox...",
              Field.Store.YES, Field.Index.ANALYZED));
    writer.addDocument(doc);

    writer.optimize();
    writer.close();

    directory.close();
    txn.commit();

    index.close();
    blocks.close();
    env.close();

    System.out.println("Indexing Complete");
  }
}
```

正如你所看到的那样，使用 Berkeley DB 前需要针对数据库进行大量的初始化工作。然而一旦当你获取到 JEDirectory 对象后，就能够跟内置的 Directory 一样使用了。使用 JEDirectory 进行搜索的机制也与内置 Directory 一致（请参考本书源代码中的 BerkeleyDBJESearcher）。在下一节中我们将介绍如何使用 WordNet 数据库来将同义词写入索引。

9.3 WordNet 同义词

单词之间的关系构成了一张错综复杂的关系网。美国普林斯顿大学认知科学实验室开发了一个用于说明同义词网络的系统，该系统的开发是由心理学教授 George Miller

发起的[1]。WordNet 表示出各种可以同时在词汇和语义上互换的单词形式。Google 的定义功能（输入 `define：word` 作为 Google 的一个搜索条件，然后亲眼看看搜索结果）常常会引导用户去参考在线的 WordNet 系统，该系统能够使你浏览单词之间的关系。图 9.1 展示了在 WordNet 网站上搜索单词 search 的结果。

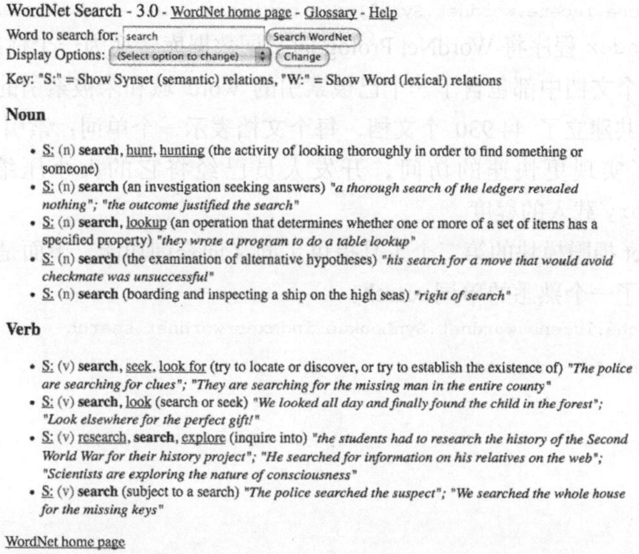

WordNet Search - 3.0 - WordNet home page - Glossary - Help

Word to search for: search [Search WordNet]

Display Options: (Select option to change) [Change]

Key: "S:" = Show Synset (semantic) relations, "W:" = Show Word (lexical) relations

Noun

- S: (n) **search**, hunt, hunting (the activity of looking thoroughly in order to find something or someone)
- S: (n) **search** (an investigation seeking answers) *"a thorough search of the ledgers revealed nothing"; "the outcome justified the search"*
- S: (n) **search**, lookup (an operation that determines whether one or more of a set of items has a specified property) *"they wrote a program to do a table lookup"*
- S: (n) **search** (the examination of alternative hypotheses) *"his search for a move that would avoid checkmate was unsuccessful"*
- S: (n) **search** (boarding and inspecting a ship on the high seas) *"right of search"*

Verb

- S: (v) **search**, seek, look for (try to locate or discover, or try to establish the existence of) *"The police are searching for clues"; "They are searching for the missing man in the entire county"*
- S: (v) **search**, look (search or seek) *"We looked all day and finally found the child in the forest"; "Look elsewhere for the perfect gift!"*
- S: (v) research, **search**, explore (inquire into) *"the students had to research the history of the Second World War for their history project"; "He searched for information on his relatives on the web"; "Scientists are exploring the nature of consciousness"*
- S: (v) **search** (subject to a search) *"The police searched the suspect"; "We searched the whole house for the missing keys"*

WordNet home page

图 9.1 WordNet 展示单词 search 及其同义词之间的关系

所有这些对使用 Lucene 的开发者意味着：借助于 Dave Spencer 为 Lucene contrib 模块所作的贡献，WordNet 的同义词数据库可以被导入至 Lucene 索引中。这就实现了应用程序对同义词的快速查找——例如，我们可以在索引或者查询过程中注入同义词（参见 4.5 小节的具体实现）。下面我们首先看看如何建立包含 WordNet 同义词的索引，然后看看如何在分析期间使用这些同义词。

9.3.1 建立同义词索引

建立同义词索引需要按照如下步骤进行：

1. 从 http://wordnet.princeton.edu/wordnet/download 网站下载并解压 WordNet 的 Prolog 文件，目前发布的文件名为 Wnprolog-3.0.tar.gz。
2. 获取 contrib WordNet 包的二进制代码文件（或者也可以通过编译源代码获得，参见 8.7 小节）。

[1] 有趣的是，George Miller 报告了著名的瞬间记忆中的 7±2 块现象，即在任何时候，我们能同时专注的各类主题是有限的，只有 7 个左右。

3 对下载的文件进行解压。该过程会产生一个 prolog 子目录，里面会包含多个文件。在这些文件中，我们感兴趣的是 wn_s.pl 文件。在创建同义词索引时，需要在命令行运行 Syns2Index 程序。在命令行第一个参数指向第一步获得的 WordNet 发行版本的 wn_s.pl 文件。而第二个参数则指定了 Lucene 索引被创建后的存放路径：

```
java org.apache.lucene.wordnet.Syns2Index prolog/wn_s.pl wordnetindex
```

Syns2Index 程序将 WordNet Prolog 同义词数据库转换为一个标准的 Lucene 索引，该索引的每个文档中都包含了一个已被索引的 word 域和未被索引的 syn 域。WordNet 的 3.0 版本共建立了 44 930 个文档，每个文档表示一个单词；索引文件大小为 2.9MB 左右，为了实现更快速的访问，开发人员已经将它的大小压缩到可以作为一个 RAMDirectory 载入的程度。

WordNet 捐赠模块的第二个工具提供了同义词查询功能，下面是一个查询示例，这里我们查询了一个熟悉的单词 search：

```
java org.apache.lucene.wordnet.SynLookup indexes/wordnet search

Synonyms found for "search":
explore
hunt
hunting
look
lookup
research
seek
```

图 9.2 使用 Luke 图形化界面展示了以上同义词。

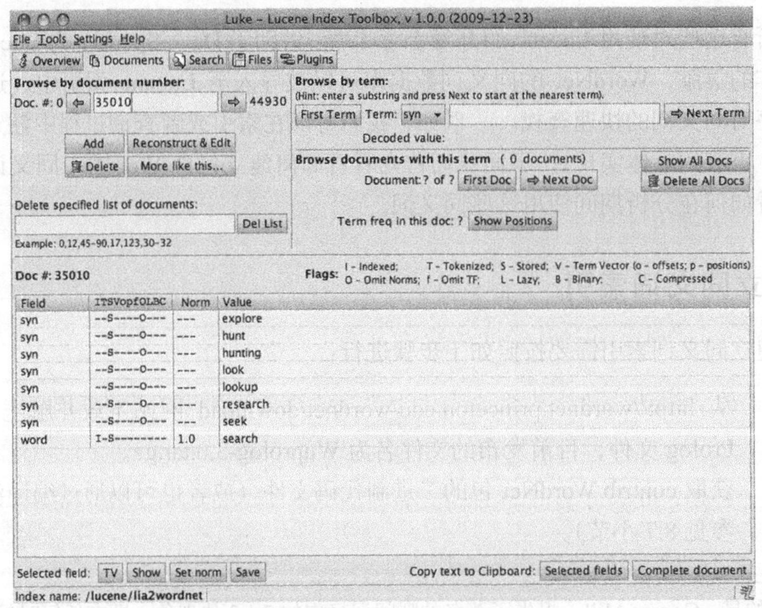

图 9.2 使用 Luke 的 Documents 标签页显示同义词搜索结果

如果你要应用程序中使用同义词索引，就要借助于 SynLookup 类的相关部分，如程序 9.3 所示。

程序 9.3 从基于 WordNet 的索引中查找同义词

```
public static void main(String[] args) throws IOException {
  if (args.length != 2) {
    System.out.println(
         "java org.apache.lucene.wordnet.SynLookup <index path> <word>");
  }

  FSDirectory directory = FSDirectory.open(new File(args[0]));
  IndexSearcher searcher = new IndexSearcher(directory);

  String word = args[1];
  Query query = new TermQuery(new Term(Syns2Index.F_WORD, word));

  CountingCollector countingCollector = new CountingCollector();
  searcher.search(query, countingCollector);

  if (countingCollector.numHits == 0) {
    System.out.println("No synonyms found for " + word);
  } else {
    System.out.println("Synonyms found for \"" + word + "\":");
  }

  ScoreDoc[] hits = searcher.search(query,
     countingCollector.numHits).scoreDocs;

  for (int i = 0; i < hits.length; i++) {
    Document doc = searcher.doc(hits[i].doc);

    String[] values = doc.getValues(Syns2Index.F_SYN);

    for (int j = 0; j < values.length; j++) {         // 列举同义词
     System.out.println(values[j]);
    }
  }

  searcher.close();
  directory.close();
}
```

程序中 SynLookup 类是为本书而编写的，但是它已经被添加到 WordNct 的 contrib 源代码基线中。

9.3.2 将 WordNet 同义词链接到分析器中

4.5 小节中自定义的 SynonymAnalyzer 类能够很容易使用 SynonymEngine 接口与 WordNet 中的同义词相连接。程序 9.4 包含了 WordNetSynonymEngine 类，它可以与 SynonymAnalyzer 类一起使用。

程序 9.4 WordNetSynonymEngine 从 WordNet 数据库中产生同义词

```
public class WordNetSynonymEngine implements SynonymEngine {
  IndexSearcher searcher;
  Directory fsDir;
```

```
  public WordNetSynonymEngine(File index) throws IOException {
    fsDir = FSDirectory.open(index);
    searcher = new IndexSearcher(fsDir);
  }

  public void close() throws IOException {
    searcher.close();
    fsDir.close();
  }

  public String[] getSynonyms(String word) throws IOException {

    List<String> synList = new ArrayList<String>();
                                                       收集匹配的所有文档
    AllDocCollector collector = new AllDocCollector();  <-

    searcher.search(new TermQuery(new Term("word", word)), collector);

    for (ScoreDoc hit : collector.getHits()) {   <- 递归处理匹配文档
      Document doc = searcher.doc(hit.doc);

      String[] values = doc.getValues("syn");

      for (String syn : values) {      <-- 记录同义词
        synList.add(syn);
      }
    }

    return synList.toArray(new String[0]);
  }
}
```

我们使用 6.2.3 小节中出现的 `AllDocCollector` 类来保存所有同义词。

为了使用 `WordNetSynonymEngine` 类，我们调整了 4.5.2 小节中的 `SynonymAnalyzerViewer` 类。上面的示例程序输出如下：

```
1: [quick] [warm] [straightaway] [spry] [speedy] [ready] [quickly]
   [promptly] [prompt] [nimble] [immediate] [flying] [fast] [agile]
2: [brown] [embrown] [brownness] [brownish] [browned]
3: [fox]¹ trick] [throw] [slyboots] [fuddle] [fob] [dodger]
   [discombobulate] [confuse] [confound] [befuddle] [bedevil]
4: [jumps]
5: [over] [terminated] [o] [ended] [concluded] [complete]
6: [lazy] [slothful] [otiose] [indolent] [faineant]
7: [dogs]
```

有趣的是，jump 和 dog 两个单词在 WordNet 中确实存在同义词，但仅仅是以单数形式存在。为了避免这种情况发生，词干还原功能也许应该在 `SynonymFilter` 类之前被添加到 `SynonymAnalyzer` 类中，或者在 WordNet 索引中查找单词之前，`WordNetSynonymEngine` 应该先将这些单词还原为词干形式。以上指出的这些问题需要根据你的实际运行环境来选择具体解决方案。这里再次强调了分析过程的重要性，因为该问题确实是需要引起你注意的。

下面我们看看在 RAM 中保存索引的几个选择。

---

[1] 我们不要为 WordNet 同义词数据库的表面所迷惑，因为插入词 fox 的同义词并不指动物。

9.4　基于内存的快速索引

我们在 2.10 小节中介绍了如何使用 RAMDirectory 将索引完全加载至内存。如果磁盘上存有预建的索引并且你又想将之全部搬入内存以获取更快搜索速度的话，那么可以使用 RAMDirectory 来实现是特别方便的。但由于 RAMDirectory 仍然将索引数据作为文件处理，因此对于 Lucene 来说，搜索期间仍需要一定的开销来解码这些文件格式以用于每次查询。这样就引入了两个有用的 contrib 模块：MemoryIndex 和 InstantiatedIndex。

MemoryIndex 作者为 Wolfgang Hoschek，该类是只用于 RAM 的快速索引类，它被设计用来测试单个文档是否匹配查询条件。它只能对单个文档进行索引和搜索操作。使用时，先实例化 MemoryIndex 对象，然后调用其 addField 方法来添加文档域。然后调用其 search 方法来对任意形式的 Lucene 查询条件进行搜索。该方法会返回一个浮点类型的相关性评分；返回 0.0 意味着没有搜索到匹配文档。

InstantiatedIndex 作者为 Karl Wettin，它与 MemoryIndex 类似，区别在于前者能够对多个文档进行索引和搜索操作。使用时首先创建一个 InstantiatedIndex 对象，它与 RAMDirectory 类似，区别在于 writer 和 reader 会共享同一个存储空间。然后，创建 InstantiatedIndexWriter 对象来对文档进行索引操作。作为选择，你可以在创建 InstantiatedIndex 实例时传入已有的 IndexReader，它会自动拷贝该索引中的内容。最后，创建一个 InstantiatedIndexReader 实例及其派生的 IndexSearcher 对象，这样就能运行 Lucene 搜索了。

在程序后台，这两个模块都使用链接至内存的 Java 数据结构来表示 Lucene 索引的各个特性，而不同于 RAMDirectory 所使用的分离索引文件。这种设计能比 RAMDirectory 获得快得多的搜索速度，其代价就是占用更多的内存空间。在很多情况下，特别是在索引较小的情况下，被搜索的文档具有较高的转换频率，因此在索引之后和搜索之前的翻转时间就会更短，如果能够提供足够的内存空间，那么就能获得更加完美的运行效果。

下面我们将介绍如何创建以 XML 形式表示的查询条件。

9.5　XML QueryParser：超出“one box”的搜索接口

本节作者：***MARK HARWOOD***

标准的 Lucene 的 QueryParser 能够很好地用于创建单文本输入的搜索接口，如 Google 等 Web 搜索引擎所提供的那样。但很多搜索程序比这个更为复杂，它需要自定义搜索格式来实现下列带有组件的搜索功能：

- 下拉框，如“性别：男/女”；
- 单选框或复选框，如“是否包含模糊查询?”；
- 用于选择日期或日期范围的日历组件；
- 用于定位的地图组件；
- 分离的自由文本输入场，用于指向多个域，如标题域或作者域。

以上所有来自于 HTML 格式的元素必须进行合并，以形成 Lucene 搜索请求。基本上有 3 种方法来构建这类搜索请求，如图 9.3 所示。

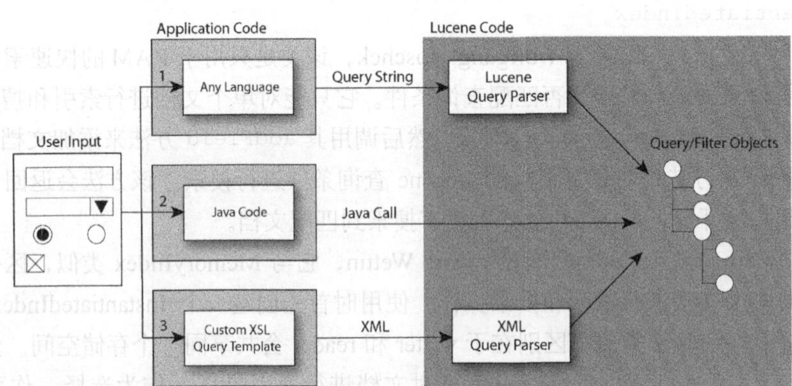

图 9.3　用于从搜索界面构建 Lucene 查询的 3 个常用选项

图 9.3 中的选项 1 和选项 2 都有各自的不足。标准的 QueryParser 语法只能用于对有限范围的 Lucene 查询条件和过滤器进行实例化。选项 2 内置了查询逻辑相关的所有 Java 代码，而这是很难阅读和维护的。一般来说，需要避免使用 Java 代码来收集复杂的对象。通常，特定领域的文本文件会提供一个更为清晰的语法，并且更易维护。进一步的例子会包含 Spring 配置文件、XML（Extensible Markup Language）UI（User Interface）语言（XUL）框架、Ant 编译文件或 Hibernate 数据库映射等。XmlQueryParser 捐赠软件则能精确完成这些工作，能够针对 Lucene 完成如图 9.3 所示的选项。

我们将以一个简短的示例开始介绍，然后会介绍一个关于如何使用 XmlQueryParser 的完整示例。最后我们将以使用新 Query 类型进行 XmlQueryParser 扩展的选项作为结束。下面是一个简单的 XML 查询示例，它联合了 Lucene 查询和过滤器，能够在不使用 Java 代码的情况下表达一个 Lucene Query：

```
<FilteredQuery>
  <Query>
    <UserQuery fieldName="text">"Swimming pool"</UserQuery>
  </Query>
  <Filter>
    <TermsFilter fieldName="dayOfWeek">monday friday</TermsFilter>
  </Filter>
</FilteredQuery>
```

XmlQueryParser 将对这些 XML 文本进行解析，并为你生成 Query 对象，而对应的 contrib 模块包含了一个完整的文档类型定义（Document Type Definition，DTD），用它可以像完整的 HTML 文档一样指定新的标签，并包含针对所有标签的示例。

但我们如何才能通过 Web 搜索界面来生成这类 XML 文本呢？其实这有多种实现方式；一个最简单的方法就是使用可扩展样式表达语言（Extensible Stylesheet Language，XSL）来定义查询模板，将之定义为能在运行期间由用户输入的文本文件。下面我们将全程介绍一个 Web 应用程序示例。该示例来自于 XmlQueryParser 源代码目录中的 Web Demo。

9.5.1 使用 XmlQueryParser

让我们看看图 9.4 中基于 Web 格式的 UI 界面。我们创建了一个处理工作搜索格式的 Servlet。好消息是这段代码在不用修改的情况下也能用于你自行选择的搜索格式。

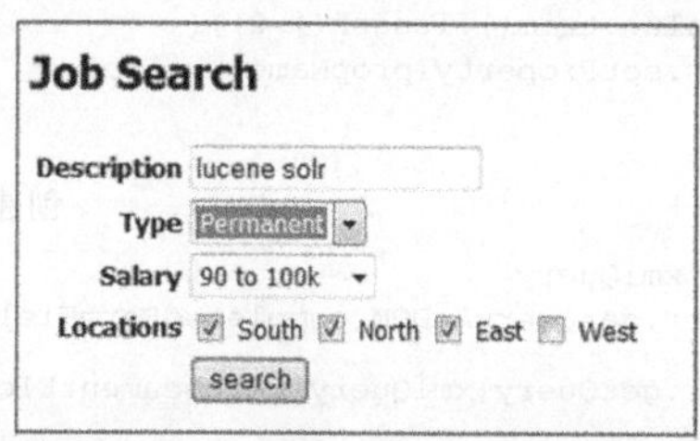

图 9.4 以 XmlQueryParser 实现的用于工作搜索站点的高级搜索界面

我们的 Java Servlet 以初始化代码作为起始：

```
public void init(ServletConfig config) throws ServletException {
  super.init(config);
  try {
    openExampleIndex();

    queryTemplateManager = new QueryTemplateManager(
      getServletContext().getResourceAsStream("/WEB-INF/query.xsl"));

    xmlParser = new CorePlusExtensionsParser(defaultFldName,analyzer);

  } catch (Exception e) {
    throw new ServletException("Error loading query template",e);
  }
}
```

初始化代码执行了 3 项基本操作。

- 打开索引——该方法（程序中没有标出）只打开一个标准的 IndexSearcher，并将之缓存至 Servlet 实例中。
- 使用 QueryTemplateManager 类加载 Query 模板——该类将在随后用于辅助建立查询。
- 创建 XML 查询解析器——此处使用的 CorePlusExtensionsParser 类会提供

一个 XML 查询解析器，它以通过提前配置而能够支持所有的 Lucene 核心查询和过滤器，以及来自于 Lucene contrib 模块的查询和过滤器（后续我们将介绍如何添加针对自定义查询的支持）。

在完成 Servlet 的初始化以后，现在我们将添加代码来处理搜索请求，如程序 9.5 所示。

程序 9.5 使用 XML 查询解析器处理搜索请求

```
protected void doPost(HttpServletRequest request, HttpServletResponse
    response)
  throws ServletException, IOException {

  Properties completedFormFields=new Properties();
  Enumeration pNames = request.getParameterNames();
  while(pNames.hasMoreElements()){
    String propName=(String) pNames.nextElement();
    String value=request.getParameter(propName);
    if((value!=null)&&(value.trim().length()>0)){
      completedFormFields.setProperty(propName, value);
    }
  }

  try{
    org.w3c.dom.Document xmlQuery=
      queryTemplateManager.getQueryAsDOM(completedFormFields);

    Query query=xmlParser.getQuery(xmlQuery.getDocumentElement());

    TopDocs topDocs = searcher.search(query,10);
    if(topDocs!=null) {
      ScoreDoc[] sd = topDocs.scoreDocs;
      Document[] results=new Document[sd.length];
      for (int i = 0; i < results.length; i++) {
        results[i]=searcher.doc(sd[i].doc);
      }
      request.setAttribute("results", results);
    }
    RequestDispatcher dispatcher =
      getServletContext().getRequestDispatcher("/index.jsp");
    dispatcher.forward(request,response);
  }
  catch(Exception e){
    throw new ServletException("Error processing query",e);
  }
}
```

创建属性对象

创建 XML 文档

解析为 Lucene Query

存储搜索结果

首先，我们向一个 `java.util.Properties` 对象中填入所有格式值，同时向用户提供一些选择标准。如果使用 `getParameter`，那么只允许对指定参数使用一个值；另外你还可以切换到 `getParameterValues` 方法来放宽这一限制。`Proterties` 对象会随后传入 `QueryTemplateManager` 对象填充搜索默然，并创建用于表示查询逻辑的 XML 文档。随后该 XML 文档将被传递给查询解析器以创建 Query 对象并用于搜索。余下的方法都是 Servlet 的典型代码，它们可以将结果进行打包并将之传递给 JavaServer Page（JSP）用于展现结果。

设置完 Servlet 后，现在我们就可以近距离观察所需的用于工作搜索的自定义逻辑了，同时还可以观察这些逻辑是如何用 query.xsl 查询模板表示的。查询模板中的 XML 语言允许我们进行如下操作：

- 使用 if 声明测试是否存在输入值；
- 以 XML 文档输出的形式来代替输入值；
- 对输入值进行处理，如分割字符串和对数字进行 0 填充等；
- 使用 for each 声明循环处理各个分段内容。

这里我们没必要将所有 XSL 语言都进行介绍，但很明显前面的历程使我们能够完成大部分有关将用户输入转换成查询的操作。用于控制创建查询子句的 XSL 声明是与查询子句本身不同的，因为前者都是带有前缀<xsl:tag 的。我们的 query.xsl 内容如程序 9.6 所示。

程序 9.6　使用 XSL 将用户输入转换成对应的 XML 查询

```
<?xml version="1.0" encoding="ISO-8859-1"?>
<xsl:stylesheet version="1.0"
  xmlns:xsl="http://www.w3.org/1999/XSL/Transform">
 <xsl:template match="/Document">
  <BooleanQuery>
   <xsl:if test="type">                          ❶
    <Clause occurs="must">
     <ConstantScoreQuery>
      <CachedFilter>
       <TermsFilter fieldName="type">
        <xsl:value-of select="type"/>
       </TermsFilter>
      </CachedFilter>
     </ConstantScoreQuery>
    </Clause>
   </xsl:if>

   <xsl:if test="description">                   ❷
    <Clause occurs="must">
     <UserQuery fieldName="description">
      <xsl:value-of select="description"/>
     </UserQuery>
    </Clause>
   </xsl:if>
   <xsl:if test="South|North|East|West">         ❸
    <Clause occurs="must">
     <ConstantScoreQuery>
      <BooleanFilter>
       <xsl:for-each select="South|North|East|West">
        <Clause occurs="should">
         <CachedFilter>
          <TermsFilter fieldName="location">
           <xsl:value-of select="name()"/>
          </TermsFilter>
         </CachedFilter>
        </Clause>
```

```
          </xsl:for-each>
        </BooleanFilter>
      </ConstantScoreQuery>
    </Clause>
  </xsl:if>

  <xsl:if test="salaryRange">                    ◁—❹
    <Clause occurs="must">
      <ConstantScoreQuery>
        <RangeFilter fieldName="salary" >
          <xsl:attribute name="lowerTerm">
            <xsl:value-of
  select='format-number( substring-before(salaryRange,"-"), "000" )' />
          </xsl:attribute>
          <xsl:attribute name="upperTerm">
            <xsl:value-of
  select='format-number( substring-after(salaryRange,"-"), "000" )' />
          </xsl:attribute>
        </RangeFilter>
      </ConstantScoreQuery>
    </Clause>
  </xsl:if>
 </BooleanQuery>
</xsl:template>
</xsl:stylesheet>
```

❶ 如果用户选择所偏爱的工作类型，那么程序将使用 permanent/contract 过滤器和缓存。
❷ 使用标准 Lucene 查询解析器处理任何由用户输入的工作描述。
❸ 如果设置了任何地址域，将它们全部用 OR 连接至 Boolean 过滤器并对该过滤器进行缓存。
❹ 将薪酬范围转换成常数类型的分数范围过滤器。

程序 9.6 中的模板会依据用户输入而有条件地输出查询子句。每条子句的输出逻辑如下：

- 工作类型（Job Type）—— 作为只有两种可能值的域（permanent 或 contract），运行针对该域的查询的代价较高，因为这类搜索通常需要对索引中一半以上的文档进行匹配操作。如果索引较大，这会导致程序从磁盘中读取数以百万计的文档 ID。出于这个原因，我们使用了缓存的过滤器来处理这些搜索项。在用 <CacheFilter>标签封装以后，任何过滤器都可以缓存至内存以便于重用。
- 工作描述（Job Description）—— 作为自由文本输入场，标准的 Lucene 查询语法允许用户来定义自己的处理规范。<UserQuery>标签之间的内容将传递给标准的 Lucene QueryParser 并对用户的搜索条件进行解释。
- 工作地点（Job Location）—— 与工作类型域相似，工作地点域也只有几个有限选择，可以使用缓存过滤器来处理。然而与工作类型域不同的是，工作地点有多个选择。我们使用 BooleanFilter 将多个过滤器子句用 OR 逻辑连接起来。
- 工作薪酬（Job Salary）—— 工作薪酬被处理成 RangeFilter 子句，它会产生一个 Lucene TermRangeFilter 对象。对应搜索格式的输入域要求我们在使用它之前对 XSL 模板进行修改。薪酬范围值来自于搜索格式中诸如 90～100 等单个字符串值。在创建 Lucene 搜索请求之前，我们必须将薪酬范围分割成最高和最低两项值，并确认每个值都遵从 Lucene 的要求进行了 0 填充处理以便能够按照词典顺序排列。所幸的是，这些操作可以使用内置的 XSL 功能完成。

下面我们看看如何对 XmlQueryParser 进行扩展。

9.5.2 扩展 XML 查询语法

在查询语法中添加对新增标签的支持，或者变换支持已有标签的类是一项相对简单的工作。作为示例，我们将加入对新 XML 标签的支持，从而简化基于日期的过滤器规范。新标签允许我们以“today”类似的形式来表示日期范围，如“last week's news”或者“people aged between 30 and 40”。举例来说，在我们的工作搜索程序中，我们期望使用如下的语法来添加过滤器：

```
<Ago fieldName="dateJobPosted" timeUnit="days" from="0" to="7"/>
```

XML 语法中的每个标签都有对应的 Builder 类，该类用来解析对应标签之间的具体内容。Builder 类是通过向解析器添加带有标签名称的类来完成注册的。因此为了针对新的 Ago 标签注册对应的 builder，我们需要向 servlet 输入如下初始化方法：

```
xmlParser.addFilterBuilder("Ago", new AgoFilterBuilder());
```

AgoFilterBuilder 类如程序 9.7 所示，它是一个简单对象，用于解析值为 Ago 的任意 XML 标签。对于与 XML DOM 类似的接口来说，这段代码可以直接使用。

程序 9.7 使用自定义 FilterBuilder 扩展 XML 查询解析器

```
public class AgoFilterBuilder implements FilterBuilder {

  static HashMap<String,Integer> timeUnits=new HashMap<String,Integer>();

  @Override
  public Filter getFilter(Element element) throws ParserException {
    String fieldName = DOMUtils.getAttributeWithInheritanceOrFail(element,
                                                          "fieldName");

  String timeUnit = DOMUtils.getAttribute(element, "timeUnit", "days");
  Integer calUnit = timeUnits.get(timeUnit);
  if (calUnit == null) {
    throw new ParserException("Illegal time unit:"
                          +timeUnit+
                          " - must be days, months or years");
  }
  int agoStart = DOMUtils.getAttribute(element, "from",0);
  int agoEnd = DOMUtils.getAttribute(element, "to", 0);
  if (agoStart < agoEnd) {
    int oldAgoStart = agoStart;
    agoStart = agoEnd;
    agoEnd = oldAgoStart;
  }
```

提取域、time unit、from 和 to

```
    SimpleDateFormat sdf = new SimpleDateFormat("yyyyMMdd");

    Calendar start = Calendar.getInstance();
    start.add(calUnit, agoStart*-1);

    Calendar end = Calendar.getInstance();
    end.add(calUnit, agoEnd*-1);

    return NumericRangeFilter.newIntRange(
                fieldName,
                Integer.valueOf(sdf.format(start.getTime())),
                Integer.valueOf(sdf.format(end.getTime())),
                true, true);
  }

  static {
    timeUnits.put("days", Calendar.DAY_OF_YEAR);
    timeUnits.put("months",Calendar.MONTH);
    timeUnits.put("years", Calendar.YEAR);
  }
}
```

解析日期/时间

创建 NumericRangeFilter

程序在每次遇到 Ago 标签时都会由 XML 解析器调用 AgoFilterBuilder，它预期会返回带有一个 XML DOM 元素的 Filter 对象。DOMUtils 类简化了参数提取操作。AgoFilterBuilder 使用 DOMUtils 对象来读取 to、from 和 timeUnit 属性，如果没有具体属性的话会使用默认属性值。这段代码通过对乱序值的交换简化了用于指定 to 和 from 域值的逻辑。

对于编写 Builder 类的一个重要考虑就是它们必须是线程安全的。出于这个原因，我们的 Builder 类为每个搜索请求都创建了一个 SimpleDateFormat 对象，而不是保留单个的对象，因为 SimpleDateFormat 不是线程安全的。

Builder 类相对简单，因为 XML 标签并不允许向其嵌入任何子查询或过滤器。Lucene 的 contrib 模块所包含的 BooleanQueryBuilder 类提供了一个更为复杂的 XML 标签示例，它支持嵌套的 Query 对象。这类 Builder 类必须使用 QueryBuilderFactory 进行初始化，后者被用来找寻合适的 Builder 以处理嵌套的 query 标签。

下面我们将介绍一款可替代的 QueryParser 子类，它可以生成跨度查询。

9.6 外围查询语言

本节作者：***POUL ELSCHOT***

正如我们在 5.5 小节所看到的那样，跨度查询提供了一些用于位置匹配的高级功能。遗憾的是，Lucene 的 QueryParser 不能产生跨度查询语句。这就是我们引入外围 QueryParser 的原因。外围 QueryParser 定义了一个高级的文本语言来创建跨度查询。

我们将全程介绍一个使用示例，以获取对外围 QueryParser 所使用的查询语言的初步认识。假定一个气象学家想要找寻包含"temperature inversion"的文档。在该文档中，"inversion"还可以被表示成"negative gradient"，并且每个单词都可以各种间接形式表示。

在外围查询语言中，该针对“temperature inversion”的查询可以表示为：

```
5n(temperat*, (invers* or (negativ* 3n gradient*)))
```

该查询会匹配如下样例文本：

- Even when the temperature is high, its inversion would...
- A negative gradient for the temperature.

但并不会匹配如下文本，因为这些文本都不能匹配“gradient”：

- A negative temperature.

这显示出了跨度查询的威力：它们允许将相邻组合的单词（“negative gradient”）作为单个单词（“inversion”）或者其他相邻组合单词的同义词的处理。

你会注意到外围语法并不同于 Lucene 内置的 `QueryParser`。诸如 5n 等操作符可以作为前缀，表示首先出现，而其后可以跟随以括弧包围的子查询——举例来说，5n (...,...)。对于前缀来说，括弧代表外围语法，内部可以为 Lucene 跨度。

3n 操作符用于中缀标记，用于分割两个子查询。每个标记都是外围查询语言所允许的。5n 和 3n 操作符会创建一个包含指定子查询的乱序 SpanNearQuery，表示只对相互之间存在 5 个或 3 个位置跨度的子查询进行匹配。如果用 w 代替 n，那么程序会创建有序的 `SpanNearQuery`。前缀数字可以从 1 到 99 之间选取；如果不输入数字（只输入 n 或 w），那么程序将会使用默认值 1，意思是子查询是针对邻接跨度进行匹配的。

我们继续分析这个例子，假定气象学家想要找寻能够同时匹配“negative gradient”和另外两个概念“low pressure”和“rain”的文档。在索引文档中，这些概念还会以复数或动词形式表示，以及用同义词表示，如用“depression”表示“low pressure”以及用“precipitation”表示“rain”。同时，以上 3 个概念在文档中的出现位置必须保持小于 50 个单词间隔：

```
50n( (low w pressure*) or depression*,
5n(temperat*, (invers* or (negativ* 3n gradient*))),
rain* or precipitat*)
```

这会匹配到如下样例文本：

- Low pressure, temperature inversion, and rain.
- When the temperature has a negative height gradient above a depression no precipitation is expected.

但它不会匹配到如下文本，因为单词“gradient”的位置不对（大于预设的三个位置），这样就可以对查询结果的精确度进行改进：

- When the temperature has a negative height above a depression no precipitation gradient is expected.

与 Lucene 内置的 `QueryParser` 类似，外围语法支持用括弧表示嵌套查询；

field:text 语法可以将搜索项的范围限制在指定的域之中；*和？作为通配符使用；Boolean 类型操作符为 AND、OR 和 NOT；尖括号^可用于对子查询进行加权。当不使用邻接指标时，外围 QueryParser 所生成的 Boolean 查询和项查询是与 Lucene 内置 QueryParser 一致的。对于邻接子查询来说，通配符和 or 将映射至 SpanOrQuery，而单个项会映射至 SpanTermQuery。由于 Lucene 跨度查询程序包的限制，操作符 and、not 和^不能用于邻接子查询操作符。

需要注意的是，Lucene 跨度查询程序包的运行效果通常不如标准查询解析器所使用的短语查询。并且查询越复杂，执行时间就越长。基于此，我们建议读者向用户提供过滤器的可用程度。

与标准 QueryParser 不同的是，外围解析器不使用分析器。这意味着用户必须精确了解项的索引方式。对于用外围语言查询的索引文本来说，我们建议使用小写字母分析器，它会删除频繁出现的标点。这类分析器已在前面的示例中介绍过。这种使用分析器的方式使你能够很好地控制查询加过，代价是在搜索期间必须使用更多的通配符。

如果想要实现嵌套的邻接查询，需要精确知道被索引内容，还需要使用括弧、逗号和通配符，以及额外的过滤器使用方式，而外围查询语言是不适用于临时用户的。但对于想要在查询上花费更多精力以便获取高精度搜索结果的用户来说，这类查询语言是一个很好的选择。

若要获取更完整的外围查询语言介绍，可以查看源代码附带的 README.txt 文件。在使用外围查询语言时，需要确认其对应的 contrib 模块包含于 Java 类路径中，并通过如下 Java 代码来确认能够运行正常的 Lucene 查询：

```
String queryText = "5d(temperat*, (invers* or (negativ* 3d gradient*)))";
SrndQuery srndQuery = QueryParser.parse(queryText);
int maxBasicQueries = 1000;
BasicQueryFactory bqFactory = new BasicQueryFactory(maxBasicQueries);

String defaultFieldName = "txt";

Query luceneQuery = srndQuery.makeLuceneQueryField(
            defaultFieldName, bqFactory);
```

下面我们将介绍被称为 Spatial Lucene 的 contrib 模块。

9.7 Spatial Lucene

本节作者：***PATRICK O'LEARY***

在过去的 10 年中，Web 搜索功能已经由找寻基本 Web 页面转变为找寻基于某个主题的特定结果了。目前的视频搜索、媒体搜索、图片搜索、新闻、体育等都被称为纵向搜索。而脱颖而出的一项搜索功能就是本地搜索了，它使用特殊的搜索技术使得用户可以通过提交基于地域的信息来对结构数据库中存储的本地商业列表[1]进行搜索。

---

[1] 更多细节请参考 http://en.wikipedia.org/wiki/Local_search_(Internet)。

目前 Lucene 包含的一个软件捐赠模块能够实现本地搜索：该模块被称为 Spatial Lucene，它的捐赠是由 Patrick O'Leary（http://www.gissearch.com）首次发起的，并能随着时间推移而扩充处理能力。如果你需要找寻诸如“shoe stores that exist within 10 miles of location X，”等信息，那么可以使用 Spatial Lucene 来完成。

但 Spatial Lucene 绝不是一个完整的 GIS（Geographical Information System）解决方案，它支持如下功能：

- 基于半径的搜索；例如“show me only restaurants within 2 miles from a specified location”，该搜索条件定义了一个圆形区域的过滤器；
- 通过距离进行排序，因此离起点更近的地点将被排在首位；
- 通过距离进行加权，因此离起点更近的地点将获得更大的加权。

空间搜索所面临的挑战就是，对于每条接收的查询来说，它们的起点是各不相同的。如果起点是固定的，那么处理起来将是很简单的，这样我们就可计算相对该起点的各个距离，并将其编入索引。但由于距离是动态值，它是随着每条查询所指定的起点而变化的，因此 Spatial Lucene 必须在索引和搜索期间使用空间逻辑动态处理这些查询。本节我们将介绍这种处理逻辑，还会介绍 Spatial Lucene 在实现这种逻辑时在性能上的考虑。下面我们首先看看如何为空间搜索而对文档进行索引。

9.7.1 索引空间数据

为了使用 Spatial Lucene，你必须首先在文档中加入地理位置代码。这意味着对于诸如“77 Massachusetts Ave”或“the Louvre”等文本格式的位置信息来说，它们必须被转换成对应的经纬度。http://www.gissearch.com/geocode 站点提供了一些用于进行地理位置编码的方法。这些操作必须在 Spatial Lucene 之外完成，而后者只对具有经纬度的地点进行处理。

那么 Spatial Lucene 要对位置信息作哪些处理呢？一个简单的处理方案就是将每个文档的位置加载进来，然后计算其直线距离，并用该计算值来进行过滤、排序或加权。该方案能够正常运行，但性能比较差。Spatial Lucene 则不同，它在索引操作期间对这些信息进行了一些有趣的转换，包括投影和分层网格等操作，这能加快搜索速度。

全球投影

为了计算距离，首先我们必须使用一种被称为投影的数学方法来将地球“变平”，如图 9.5 所示。这个预处理是必要的，这样我们才能使用二维坐标系统来表示地球表面上的任意地点。该处理过程类似于用光线透射一个透明的球体并将球体表面内容“投影”到平面画布中。通过将球体摊开为平面的处理方式，我们就能更为一致地处理这个封闭界面。

常用的投影方式有两种。第一种投影方式叫做正弦曲线投影（http://en.wikipedia.org/

wiki/Sinusoidal_projection)，它保留了相等的投影间距，但会引起影像的扭曲。第二种叫做麦卡托投影（http://en.wikipedia.org/wiki/Mercator_projection），使用它的原因是它能提供一个规则的矩形的全球视图。但该投影方式不能如实的界定某些地球区域。举例来说，如果你在谷歌地图上查看全球投影，并用它与采用球形投影的谷歌地球相比，你会发现格陵兰岛在谷歌地图上的矩形投影面积会跟北美洲一样大，而在谷歌地球中，它的面积只有北美面积的 1/3。Spatial Lucene 内置的了正弦曲线投影，我们将在后面的示例中使用它。

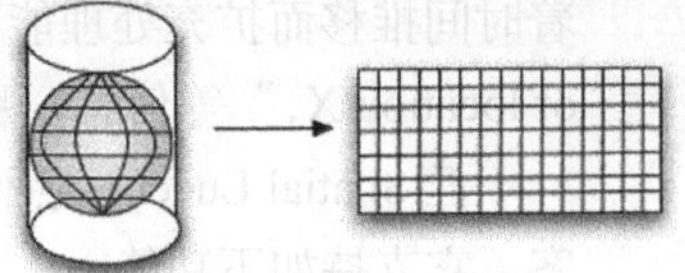

图 9.5 空间搜索需要首先将三维地球表面投影成二维平面

下一步就是将各个地域用网格表示出来。

层和网格

一旦使用投影方式将每个地区转换成平面视图，那么它们将被分层的网格绘制出来，如图 9.6 所示。各个层会将二维网格转换成更小的方形网格。每个网格都有唯一的 ID；当层级越高时，网格也就越细微。

这种约定方式使我们能够在粒度级别范围内对存储的位置信息进行快速检索。距离来说，如果你的你用 100 万个文档用来表示美国各个不同的地理部分，并且你希望找到包含西海岸的每个文档。如果你存储的是原始位置文档，那么你必须对这 100 万个文档进行递归访问，以查看该文档对应的地区是否位于搜索半径范围内。但若使用网格的话，你可以将搜索条件设置为“搜索半径大约为 1 000 英里，因此最适合这个半径的层级为 9，并且网格参考坐标为-3.004 和-3.005 的区域将会包含我所需要的所有结果”。然后你就可以使用 Lucene 只进行两个项的检索便能找到对应结果了。针对两个项的检索相对于针对 100 万个文档的递归访问来说会节约大量的系统开销和运行时间。

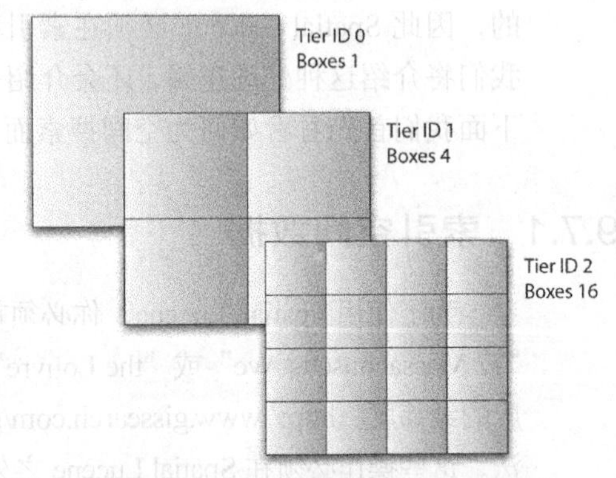

图 9.6 分层和网格可以将二维区域递归分割成更小区域

程序 9.8 展示了如何使用 Spatial Lucene 进行文档索引。我们使用 `CartesianTierPlotter` 类来创建层级为 5-15 的网格。

程序 9.8 索引文档用于空间搜索

```
public class SpatialLuceneExample {
  String latField = "lat";
  String lngField = "lon";
  String tierPrefix = "_localTier";
```

```
  private Directory directory;
  private IndexWriter writer;

  SpatialLuceneExample() throws IOException {
    directory = new RAMDirectory();
    writer = new IndexWriter(directory, new WhitespaceAnalyzer(),
                            MaxFieldLength.UNLIMITED);
  }

  private void addLocation(IndexWriter writer, String name, double lat,
                          double lng) throws IOException {
    Document doc = new Document();
    doc.add(new Field("name", name, Field.Store.YES,
                      Field.Index.ANALYZED));

    doc.add(new Field(latField,
            NumericUtils.doubleToPrefixCoded(lat),
            Field.Store.YES, Field.Index.NOT_ANALYZED));        将经纬度编码为双
    doc.add(new Field(lngField,                                  精度数值
            NumericUtils.doubleToPrefixCoded(lng),
            Field.Store.YES, Field.Index.NOT_ANALYZED));
    doc.add(new Field("metafile", "doc", Field.Store.YES,
                      Field.Index.ANALYZED));
                                                                使用正弦投影
    IProjector projector = new SinusoidalProjector();

    int startTier = 5;          对1至1000英里进
    int endTier = 15;           行索引

    for (; startTier <= endTier; startTier++) {
      CartesianTierPlotter ctp;
      ctp = new CartesianTierPlotter(startTier,
                                      projector, tierPrefix);
                                                                计算边框 ID
      double boxId = ctp.getTierBoxId(lat, lng);
      System.out.println("Adding field " + ctp.getTierFieldName() + ":"
                         + boxId);
      doc.add(new Field(ctp.getTierFieldName(), NumericUtils
                  .doubleToPrefixCoded(boxId), Field.Store.YES,
                  Field.Index.NOT_ANALYZED_NO_NORMS));
                                                                添加层域
    }

    writer.addDocument(doc);
    System.out.println("===== Added Doc to index ====");
  }
}
```

程序中最重要的部分就是用于创建针对每个被索引地点层级的循环部分了。对于当前层来说，可以创建 CartesianTierPlotter 对象开始处理：

```
ctp = new CartesianTierPlotter(startTier, projector, tierPrefix);
```

各个参数如下：

- tierLevel，在本例从范围从 5 到 15；
- projector 为 SinusoidalProjector，用于将经纬度投影至平面；
- tierPrefix 是用于域名的前缀，在本例中为“_localTier”。

然后我们调用 ctp.getTierBoxId(lat, lng) 方法并传入经纬度参数。该方法会返

回网格 ID，它包含了对应层级的经纬度值，具体用双精度类型的 x、y 坐标值表示。例如，加入值 field _localTier11:-12.0016 表示缩放比例为 11，网格–12.0016 会包含刚才添加的位置，其网格位置为 x = –12, y = 16。这样就能提供一个快速查找地理坐标及相邻坐标的方法。addLocation 方法使用方式很简单：

```
addLocation(writer, "TGIFriday", 39.8725000, -77.3829000);
```

该方法会向 Lucene 空间索引中添加一个称之为"TGIFriday"并带有经纬度坐标的文档。下面我们看看如何对空间索引进行搜索。

9.7.2 搜索空间数据

一旦完成数据索引，我们就可以对它进行检索了。程序 9.9 展示了如何进行具体检索。我们创建了一个方法来完成通常的文本搜索，它根据与指定的地点的距离来对文档进行过滤和排序。这是标准的本地搜索程序的基本功能。

程序 9.9 通过空间尺度进行排序和过滤

```
public void findNear(String what, double latitude, double longitude,
                     double radius)
  throws CorruptIndexException, IOException {
  IndexSearcher searcher = new IndexSearcher(directory);

  DistanceQueryBuilder dq;
  dq = new DistanceQueryBuilder(latitude,
                                longitude,
                                radius,
                                latField,          创建距离查询
                                lngField,
                                tierPrefix,
                                true);

  Query tq;
  if (what == null)                                          匹配所有文档
    tq = new TermQuery(new Term("metafile", "doc"));
  else
    tq = new TermQuery(new Term("name", what));

  DistanceFieldComparatorSource dsort;
  dsort = new DistanceFieldComparatorSource(
                  dq.getDistanceFilter());                   创建距离排序
  Sort sort = new Sort(new SortField("foo", dsort));

  TopDocs hits = searcher.search(tq, dq.getFilter(), 10, sort);

  int numResults = hits.totalHits;

  Map<Integer,Double> distances =
        dq.getDistanceFilter().getDistances();               得到距离图

  System.out.println("Number of results: " + numResults);
  System.out.println("Found:");
  for(int i =0 ; i < numResults; i++) {
    int docID = hits.scoreDocs[i].doc;
    Document d = searcher.doc(docID);
```

```
    String name = d.get("name");
    double rsLat = NumericUtils.prefixCodedToDouble(d.get(latField));
    double rsLng = NumericUtils.prefixCodedToDouble(d.get(lngField));
    Double geo_distance = distances.get(docID);

    System.out.printf(name +": %.2f Miles\n", geo_distance);
    System.out.println("\t\t("+ rsLat +","+ rsLng +")");
  }
}
```

搜索期间的关键组件为 DistanceQueryBuilder，它的参数如下。

- latitude 和 longitude：每次搜索的中心位置（初始位置）经纬度。
- radius：搜索半径。
- latField 和 lngField：索引中精度域名和纬度域名。
- tierPrefix：索引中空间层的前缀，它必须与索引期间的 tierPrefix 匹配。
- needPrecise：如果需要通过距离进行精确过滤的话，该值为 true。

可能用途最不明显的参数就是 needPrecise 了。为了确认所有结果都在指定半径内，程序需要对每个潜在搜索结果相对于搜索条件内中心位置的距离进行计算。但有时候是不需要这种精度计算的。例如，用于搜索位于西海岸的所以地区的过滤器就是这样，它是一个比较随意的搜索请求，这种情况下使用最小的边界网格就足够了，所以可以将 needPrecise 设置为 false。如果需要精确过滤搜索结果，或者需要根据距离来对搜索结果进行排序，那么该值必须设置为 true。

Distance 是一个动态域，它并不是索引的组成部分。这意味着我们必须使用 Spatial Lucene 的 DistanceSortSource 类，它可以接收来自于 DistanceQueryBuilder 的 distanceFilter，因为它包含该查询条件中所有的距离值。需要注意的是，程序中没有使用域名（本例中为 foo）；DistanceSortSource 提供了排序相关的信息。有关自定义排序的更多内容可以参考 6.1 小节。下面让我们结束该示例的讲解。

找寻最近的餐厅

我们以了解到如何将必要信息填充值索引以用于空间搜索，以及如何构建使用距离值进行过滤和排序的查询。下面我们结合到目前为止已有的空间数据来做收尾工作，如程序 9.10 所示。我们添加了一个 addData 方法——目的是将一组酒吧、俱乐部和餐厅信息录入索引——另外还有一个主程序用来创建索引并随后完成针对最近餐厅的搜索。

程序 9.10 使用 Spatial Lucene 找寻离家最近的餐厅

```
public static void main(String[] args) throws IOException {
  SpatialLuceneExample spatial = new SpatialLuceneExample();
  spatial.addData();
  spatial.findNear("Restaurant", 39.8725000, -77.3829000, 8);
}

private void addData() throws IOException {
```

```
    addLocation(writer, "McCormick & Schmick's Seafood Restaurant",
            39.9579000,-77.3572000);
    addLocation(writer, "Jimmy's Old Town Tavern", 39.9690000, -77.3862000);
    addLocation(writer, "Ned Devine's", 39.9510000, -77.4107000);
    addLocation(writer, "Old Brogue Irish Pub", 39.9955000, -77.2884000);
    addLocation(writer, "Alf Laylah Wa Laylah", 39.8956000, -77.4258000);
    addLocation(writer, "Sully's Restaurant & Supper", 39.9003000, -
      77.4467000);
    addLocation(writer, "TGIFriday", 39.8725000, -77.3829000);
    addLocation(writer, "Potomac Swing Dance Club", 39.9027000, -77.2639000);
    addLocation(writer, "White Tiger Restaurant", 39.9027000, -77.2638000);
    addLocation(writer, "Jammin' Java", 39.9039000, -77.2622000);
    addLocation(writer, "Potomac Swing Dance Club", 39.9027000, -77.2639000);
    addLocation(writer, "WiseAcres Comedy Club", 39.9248000, -77.2344000);
    addLocation(writer, "Glen Echo Spanish Ballroom", 39.9691000, -77.1400000);
    addLocation(writer, "Whitlow's on Wilson", 39.8889000, -77.0926000);
    addLocation(writer, "Iota Club and Cafe", 39.8890000, -77.0923000);
    addLocation(writer, "Hilton Washington Embassy Row", 39.9103000,
            -77.0451000);
    addLocation(writer, "HorseFeathers, Bar & Grill", 39.01220000000001,
            -77.3942);
    writer.close();
}
```

我们使用 addData 方法添加了一个带有名称的地点列表。然后在索引中搜索单词 Restaurant，同时设定搜索范围为离中心地点（39.872 500 0, −77.382 900 0）8 英里的半径内。你可以通过输入命令 ant SpatialLucene 来运行该搜索。运行结果如下：

```
Number of results: 3
Found:
Sully's Restaurant & Supper: 3.94 Miles
        (39.9003,-77.4467)
McCormick & Schmick's Seafood Restaurant: 6.07 Miles
        (39.9579,-77.3572)
White Tiger Restaurant: 6.74 Miles
        (39.9027,-77.2638)
```

最后一个主题，我们将介绍 Spatial Lucene 的性能情况。

9.7.3 Spatial Lucene 的性能特点

标准文本搜索会强烈依赖倒排索引，该索引中重复的单词可以减小索引尺寸并提升了索引时间，而与之不同的是，空间位置则是唯一的。在引进带有层级的笛卡尔坐标网格后，它能将这些位置信息转换成不同层级的不同尺寸的非唯一网格，这可以提升索引时间。但对于距离的计算仍然需要依靠访问索引中各个位置，这会带来一些问题：

- 内存使用量会很高，为经度域和纬度域都是通过域缓存来访问的（见 5.1 小节）；
- 搜索结果具有不同的密度；
- 距离计算比较复杂且速度较慢。

内存用量

如果使用 org.apache.lucene.spatial.geohash 方法则会减少内存用量，它将经

度和纬度两个域合并成一个单独的哈希域[1]。DistanceQueryBuilder 通过如下初始化方法来支持 geohash：

```
DistanceQueryBuilder(double lat, double lng, double miles,
                     String geoHashFieldPrefix,
                     String tierFieldPrefix,
                     boolean needPrecise)
```

但使用这个方法时，需要权衡额外的处理开销，即对 geohash 域进行编码和解码时的开销。

搜索结果密度

可以想见，在死亡谷和纽约分别搜索比萨店或获得不同的结果。结果越多，程序需要计算的距离就越多。如果程序使用分布式架构和线程来处理则会获得更好的处理效果；处理搜索所采用的线程数和 CPU 数越多，结果也就返回的越快。在这个情况下，虽然 Spatial Lucene 会对重叠地点进行缓存，但缓存机制是没有太大帮助的，因为中心位置可能比搜索项变换得更快。

NOTE 不要以区域为单位索引文档——因为这样会导致数据加载不均。城区通常比郊区拥有更多的地理数据，所以会需要更长的处理时间。并且，人们更多的是搜索城市中的地理目标而不是郊区。

性能数据

作为一个粗略的性能测试，我们对有关距离过滤和排序的文本查询操作进行了评估。具体环境是：单线程、CPU 频率为 3.06GHz、Java1.5 虚拟机且堆内存设置为 500MB。搜索器首先通过 5 个查询进行初始化，对于不同的查询半径来说，我们将 5 次查询请求的耗时进行平均。索引中文档总数为 647860。

表 9.1 展示了测试结果。第一列表示查询返回的文档数；第二列表示不进行精确距离计算的边框计算耗时；第三列表示为获取精确结果而额外增加的处理时间。

表 9.1 针对不同计数的搜索和过滤时间

结　果　数	获取结果耗时	过滤距离的耗时
9 959	7ms	520ms
14 019	10ms	807ms
80 900	12ms	1 650ms

从表 9.1 中可以明显看出，从索引中检索大的空间数据集是很快的：笛卡尔边框中的 80 900 项结果的获取速度是很快的，但在进行精确计算距离并进行排序时，耗时是相当大的。

[1] 有关 geohash 的详细介绍请参考 http://en.wikipedia.org/wiki/Geohash。

NOTE 如果你主要关注搜索分数，那么一个粗略的边界框就足够精确了——例如与西海岸相关的所有文档相对于 1 000 英里半径内通过距离进行精确排序的所有文档——然后在使用 `DistanceQueryBuilder` 时将 `needPrecise` 设置为 `false`。在结果展示期间，你可以调用 `DistanceUtils.getInstance().getDistanceMi(search_lat, search_long, result_lat, result_lng)` 方法来计算距离。

下面我们将介绍另一个使用 Java RMI 进行远程搜索的 contrib 模块。

9.8 远程进行多索引搜索

contrib 目录提供了远程索引搜索能力，它是通过远程方法调用（Remote Method Invocation，RMI）实现的，具体路径为 contrib/remote。尽管该功能以前曾是 Lucene 内部的核心功能，但在 Lucene 2.9 版本后已将它移至 contrib 区域。还有很多其他的选择来实现远程搜索，如通过 Web 服务实现等。本节只着眼于 Lucene 社区所捐赠部分的远程搜索功能；其他实现方式留给读者进行改进。

我们将一个 RMI 服务器与一个 `RemoteSearchable` 实例进行绑定，后者实现了 `Searchable` 接口，正如 `IndexSearcher` 和 `MultiSearcher` 一样。服务器端的 `RemoteSearchable` 代表一个实际的 `Searchable` 接口实现。

其他配置可依据你具体的需要而进行。客户端需要针对多个远程（或本地）索引而实例化一个 `ParallelMultiSearcher` 对象，并且每个服务器只能对一个索引进行搜索。

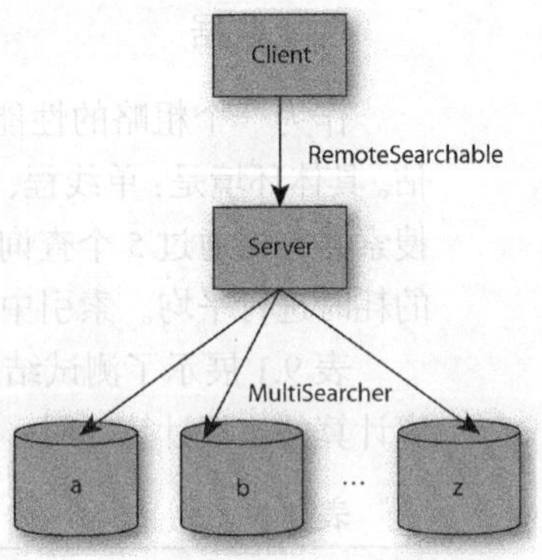

图 9.7 通过 RMI 进行远程搜索，用服务器搜索多个索引

为了演示 `RemoteSearchable`，我们将一个多索引服务器配置进行合并，它们与图 9.7 类似，同时使用了 `MultiSearcher` 和 `ParallelMultiSearcher` 以进行性能比较。我们将 WordNet 索引（包含大约 44 000 个单词及其同义词的数据库）拆分成 26 个索引，分别以 A～Z 的顺序表示，对应于子索引中各个单词的首字母。服务器提供了两个可访问客户端的 RMI `RemoteSearchable` 对象，允许客户端访问串行 `MultiSearcher` 或者 `ParallelMultiSearcher` 中的一个。

`SearchServer` 如程序 9.11 所示：

程序 9.11 SearchServer：使用 RMI 的远程搜索服务

```
public class SearchServer {
  private static final String ALPHABET =
      "abcdefghijklmnopqrstuvwxyz";
```

```
  public static void main(String[] args) throws Exception {
    if (args.length != 1) {
      System.err.println("Usage: SearchServer <basedir>");
      System.exit(-1);
    }

    String basedir = args[0];                                  ❶
    Directory[] dirs = new Directory[ALPHABET.length()];
    Searchable[] searchables = new Searchable[ALPHABET.length()];
    for (int i = 0; i < ALPHABET.length(); i++) {
      dirs[i] = FSDirectory.open(new File(basedir, ""+ALPHABET.charAt(i)));
      searchables[i] = new IndexSearcher(
          dirs[i]);                                            ❷
    }

    LocateRegistry.createRegistry(1099);                       ❸

    Searcher multiSearcher = new MultiSearcher(searchables);
    RemoteSearchable multiImpl =
      new RemoteSearchable(multiSearcher);                     ❹
    Naming.rebind("//localhost/LIA_Multi", multiImpl);

    Searcher parallelSearcher =
        new ParallelMultiSearcher(searchables);
    RemoteSearchable parallelImpl =
        new RemoteSearchable(parallelSearcher);                ❺
    Naming.rebind("//localhost/LIA_Parallel", parallelImpl);

    System.out.println("Server started");

    for (int i = 0; i < ALPHABET.length(); i++) {
      dirs[i].close();
    }
  }
}
```

❶ 位于 basedir 中的 36 个索引，每个索引都已字母表中的字母命名。

❷ 为每个索引都打开一个 IndexSearcher。

❸ 建立 RMI 注册。

❹ 位于多个索引之上的 MultiSearcher，名为 LIA_Multi，通过 RMI 创建和发布。

❺ 位于同样索引之上的 ParallelMultiSearcher，名为 LIA_Parallel，通过 RMI 创建和发布。

通过 SearchServer 进行远程查询大多需要进行 RMI 粘合，如程序 9.12 中的 SearchClient 那样。由于我们通过 RemoteSearchable 访问服务器，该类比我们想要使用的 API 更为底层，所以我们用 MultiSearcher 来封装 RemoteSearchable。为什么使用 MultiSearcher 呢？因为它能够对 Searchable 进行封装，使我们能够将它作为 IndexSearcher 来使用。

程序 9.12 SearchClient 访问来自于 SearchServer 的 RMI 对象

```
public class SearchClient {
  private static HashMap searcherCache = new HashMap();

  public static void main(String[] args) throws Exception {
    if (args.length != 1) {
```

```
      System.err.println("Usage: SearchClient <query>");
      System.exit(-1);
    }

    String word = args[0];

    for (int i=0; i < 5; i++) {
      search("LIA_Multi", word);                    ❶
      search("LIA_Parallel", word);
    }
  }

  private static void search(String name, String word)
      throws Exception {
    TermQuery query = new TermQuery(new Term("word", word));

    MultiSearcher searcher =
      (MultiSearcher) searcherCache.get(name);           ❷

    if (searcher == null) {
      searcher =
        new MultiSearcher(                               ❸
          new Searchable[]{lookupRemote(name)});
      searcherCache.put(name, searcher);
    }

    long begin = new Date().getTime();
    TopDocs hits = searcher.search(query, 10);           ❹
    long end = new Date().getTime();

    System.out.print("Searched " + name +
        " for '" + word + "' (" + (end - begin) + " ms): ");

    if (hits.scoreDocs.length == 0) {
      System.out.print("<NONE FOUND>");
    }

    for (ScoreDoc sd : hits.scoreDocs) {
      Document doc = searcher.doc(sd.doc);
      String[] values = doc.getValues("syn");
      for (String syn : values) {
        System.out.print(syn + " ");
      }
    }
    System.out.println();
    System.out.println();
                                                         ❺
  }

  private static Searchable lookupRemote(String name)
      throws Exception {
    return (Searchable) Naming.lookup("//localhost/" + name);   ❻
  }
}
```

❶ 我们通过运行多个相同搜索来初始化 JVM 并获取响应时间样本。对 MultiSearcher 和 ParallelMultiSearcher 分别进行搜索。

❷ 搜索器被缓存，使之尽可能高效。

❸ 远程 Searchable 被定位，并封装至 MultiSearcher。

❹ 定时进行搜索。

❺ 我们并未关闭搜索器，因为它负责关闭远程搜索器，从而会禁止以后的搜索。

❻ 查找远程接口。

WARNING 调用 RemoteSearchable 或由它封装的 MultiSearcher 中的 close()方法。这个操作会阻止后续的搜索操作，因为它会使得服务器端关闭对索引的访问。

下面我们看看远程搜索器的运行状况。为了验证运行目标，我们在同一台计算机上用多个独立的窗口来运行。启动服务器：

```
% ant SearchServer

Running lia.tools.remote.SearchServer...
Server started
Running lia.tools.remote.SearchClient...
Searched LIA_Multi for 'java' (78 ms): coffee

Searched LIA_Parallel for 'java' (36 ms): coffee

Searched LIA_Multi for 'java' (13 ms): coffee

Searched LIA_Parallel for 'java' (11 ms): coffee

Searched LIA_Multi for 'java' (11 ms): coffee

Searched LIA_Parallel for 'java' (16 ms): coffee

Searched LIA_Multi for 'java' (32 ms): coffee

Searched LIA_Parallel for 'java' (21 ms): coffee

Searched LIA_Multi for 'java' (8 ms): coffee

Searched LIA_Parallel for 'java' (15 ms): coffee
```

我们注意到由每种类型的服务器端搜索器所报表的搜索次数。在我们的测试环境中（4 个 CPU 和 1 个磁盘），ParallelMultiSearcher 域 MultiSearcher 相比较，有时运行较慢，而有时却更快。并且，你可以发现我们为什么选择多次运行搜索：第一次搜索会比后续搜索持续更长的时间，这是因为 JVM 和操作系统 I/O 缓存的初始化而导致的。这些搜索结果表明，性能测试是一件比较棘手的事情，但在很多环境中这又是必要的。由于程序运行环境会强烈影响程序性能，我们建议你在自己的运行环境中运行自己的测试用例。有关性能测试的更多细节请参考 11.1 小节。

如果你选择以这种 RMI 方式进行搜索，你需要创建一些基础架构来协调和管理诸如关闭索引和服务器如何处理索引更新（请记住，搜索器只能看到索引快照，若要看到索引更新则必须对它进行重启）等问题。

下面我们将介绍另一种查询解析方案，即新加入的更为灵活的 QueryParser 类。

9.9 灵活的 QueryParser

Lucene 2.9 版本中新增了可选的 QueryParser 核心模块，其目录位于 contrib/queryparser。这个灵活的 QueryParser 是由 IBM 捐赠的，它用于大量内部软件产品中，目的是共享通用的查询解析基础架构，即使是在语法和查询生成方式出现实质性改变的情况下也能如此。当你读到此处时，该核心 QueryParser 有可能已经被更为灵活的类所代替。

那么是什么使得该解析器变得灵活呢？它在很大程度上去掉了用输入字符串创建 Query 对象的 3 个阶段的耦合程度。

1 QueryParser——输入的字符串将被转换为树形结构，其中那个每个 Query 都用一个查询节点来表示。这样该短语就能以较小空间存储并能在很多状况下轻松重用。这种方式是将字符串初始化为查询节点树的一个简单而直接的方案。

2 QueryNodeProcessor——查询节点被转换为其他查询节点，或者直接修改其配置。该阶段完成了大量的处理操作——举例来说，考虑到允许使用的查询类型，需要针对其默认设置进行处理等。

3 QueryBuilder——该阶段将查询节点树转换成最后的 Query 实例以供 Lucene 进行搜索。域 QueryParser 类似，该类设计得较为简单，其唯一目标就是将查询节点转换成合适的 Lucene Query 对象。

灵活的 QueryParser 有两个程序包。第一个程序包是核心架构，位于 org.apache.lucene.queryParser.core。该程序包包含用于实现 3 个解析阶段的基础架构。第二个程序包包含 StandQueryParser，位于 org.apache.lucene.queryParser.standard，它为 3 个解析阶段定义了对应的组件，用于对 Lucene 核心 QueryParser 进行匹配操作。StandardQueryParser 能够自由应用于任何使用 Lucene 核心 QueryParser 的场合：

```
Analyzer analyzer = new StandardAnalyzer(Version.LUCENE_30);
StandardQueryParser parser = new StandardQueryParser(analyzer);
Query q = parser.parse("(agile OR extreme) AND methodology", "subject");
System.out.println("parsed " + q);
```

尽管新的解析器是模块化的插件，它却包含了比核心 QueryParser 更多的类，能够对更多的自定义操作进行初始化。程序 9.13 展示了如何自定义灵活 QueryParser 来去除通配符和模糊查询，并产生跨度查询而不是短语查询。我们曾在 6.3.2 小节中使用核心 QueryParser 来完成同样的修改。但核心 QueryParser 允许你覆盖其中一个方法来自定义每个查询的创建方式，而灵活查询解析器则要求你创建独立的查询处理器或者编译类。

程序 9.13 自定义灵活查询解析器

```
public class CustomFlexibleQueryParser extends StandardQueryParser {

  public CustomFlexibleQueryParser(Analyzer analyzer) {        安装自定义节点
    super(analyzer);                                           处理器

    QueryNodeProcessorPipeline processors = (QueryNodeProcessorPipeline)
                        getQueryNodeProcessor();
    processors.addProcessor(new NoFuzzyOrWildcardQueryProcessor());   <-
```

```
    QueryTreeBuilder builders = (QueryTreeBuilder) getQueryBuilder();
    builders.setBuilder(TokenizedPhraseQueryNode.class,
                              new SpanNearPhraseQueryBuilder());
    builders.setBuilder(SlopQueryNode.class, new SlopQueryNodeBuilder());
  }

  private final class NoFuzzyOrWildcardQueryProcessor
      extends QueryNodeProcessorImpl {
    protected QueryNode preProcessNode(QueryNode node)
        throws QueryNodeException {
      if (node instanceof FuzzyQueryNode ||
          node instanceof WildcardQueryNode) {
        throw new QueryNodeException(new MessageImpl("no"));
      }
      return node;
    }
    protected QueryNode postProcessNode(QueryNode node)
        throws QueryNodeException {
      return node;
    }
    protected List<QueryNode> setChildrenOrder(List<QueryNode> children) {
      return children;
    }
  }

  private class SpanNearPhraseQueryBuilder implements StandardQueryBuilder {
    public Query build(QueryNode queryNode) throws QueryNodeException {
      TokenizedPhraseQueryNode phraseNode =
            (TokenizedPhraseQueryNode) queryNode;
      PhraseQuery phraseQuery = new PhraseQuery();
      List<QueryNode> children = phraseNode.getChildren();

      SpanTermQuery[] clauses;
      if (children != null) {
        int numTerms = children.size();
        clauses = new SpanTermQuery[numTerms];
        for (int i=0;i<numTerms;i++) {
          FieldQueryNode termNode = (FieldQueryNode) children.get(i);
          TermQuery termQuery = (TermQuery) termNode
            .getTag(QueryTreeBuilder.QUERY_TREE_BUILDER_TAGID);
          clauses[i] = new SpanTermQuery(termQuery.getTerm());
        }
      } else {
        clauses = new SpanTermQuery[0];
      }

      return new SpanNearQuery(clauses, phraseQuery.getSlop(), true);
    }
  }

  public class SlopQueryNodeBuilder implements StandardQueryBuilder {

    public Query build(QueryNode queryNode) throws QueryNodeException {
      SlopQueryNode phraseSlopNode = (SlopQueryNode) queryNode;

      Query query = (Query) phraseSlopNode.getChild().getTag(
                          QueryTreeBuilder.QUERY_TREE_BUILDER_TAGID);
      if (query instanceof PhraseQuery) {
        ((PhraseQuery) query).setSlop(phraseSlopNode.getValue());
      } else if (query instanceof MultiPhraseQuery) {
```

安装两个自定义查询构建器

禁止模糊查询和通配符查询

抓取短语中的所有项

创建 SpanNearQuery

覆盖内置的 builder

```
        ((MultiPhraseQuery) query).setSlop(phraseSlopNode.getValue());
      }

      return query;
    }
  }
}
```

在6.3小节中，我们可以覆盖QueryParser中的单个方法。但对于灵活QueryParser来说，我们或者创建一个节点处理器，正如我们在程序中禁止通配符查询和模糊查询那样，或者创建自定义的节点构建器，正如我们在程序中创建跨度查询而不是短语查询那样。最后，我们创建StandardQueryParser子类来安装以上处理器和构建器。

下一节我们将介绍其他有关contrib/miscellaneous程序包的内容。

9.10 其他内容

在contrib/miscellaneous程序包中，还包含了大量可用的其他小程序包，我们将在此做一个简要介绍。

- IndexSplitter和MultiPassIndexSplitter是用于获取已有索引并将之拆分成多个部分的两个工具。IndexSplitter值针对索引已有的段进行拆分，但其处理速度较快，因为它只进行简单的文件级别的拷贝。MultiPassIndexSplitter可以对任意索引进行拆分（文件数不变），但其处理速度较慢，因为它一次访问一个文件并且会多次传递该文件。
- BalanceSegmentMergePolicy是一个自定义的MergePolicy子类，它试图避免创建大的段，同时还会试图避免在索引中增加太多小段。设计思想是阻止巨大的合并操作，因为在近实时搜索程序中，I/O和CPU的资源消耗会影响正在进行的搜索性能。MergePolicy类的相关信息请参考2.13.6小节。
- TermVectorAccessor使你能够方位索引中的项向量，即使文档没有通过项向量方式进行索引的情况也能这样操作。你需要向该对象中传入TermVectorMapper，如5.9.3小节所介绍的那样，它可以接收项向量。如果索引中存有项向量，那么它们会被直接加载并被发送至映射器。如果索引中没有项向量，它会访问索引中每个项来产生相关信息，并会跳过被请求的文档。需要注意的是，对于较大的索引来说，该处理过程速度会非常慢。
- FieldNormModifier是一个独立的工具（内部定义了一个静态main方法），它允许你针对指定的相似类而对索引中所有的norm进行重新计算。它会针对你指定的域而对倒排索引中素有的项进行访问，针对所有未被删除的文档计算项长度，然后使用程序提供的相似类来为每个文档计算并设置新的norm值。它通过使用自定义的Similarity类并根据各个域的长度来快速试验各种不同的用于域加权的方法。

- IndexMergeTool 是一个独立的工具，它负责打开指定路径下的索引序列，并调用 IndexWriter.addIndexes 方法来合并这些索引。该类初始化方法中第一个参数就是索引对应的路径，并且其子目录中的索引也将被合并。
- SweetSpotSimilarity 是另外一个 Similarity 子类，提供了一个同样尺度的计算平台用于计算域加权分数。你必须对它进行配置以达到通常的文档长度，但这可以提升 Lucene 相关性评分。http://wiki.apache.org/lucene-java/TREC_2007_Million_Queries_Track_IBM_Haifa_Team 介绍了针对 Trec 2007 Million Queries Track 的试验集，它包括 SweetSpotSimilarity，并对 Lucene 相关性评分进行了较大改进。
- PrecedenceQueryParser 是另一个可选的 QueryParser，它会以更为一致的方式来处理操作符优先级。
- AnalyzingQueryParser 是 QueryParser 的扩展，它也会通过分析过程（而核心 QueryParser 则不能）来向 FuzzyQuery、PrefixQuery、TermRangeQuery 和 WildcardQuery 对象中传入文本。
- ComplexPhraseQueryParser 是 QueryParser 的一个扩展，它支持在短语查询中内置通配符查询和模糊查询，例如(john jon jonthan~)peters*。

9.11 小结

我们已完成了对所有 Lucene contrib 模块的介绍。

Spatial Lucene 是一个令人振奋的程序包，它允许你向搜索程序中添加地理距离过滤器和排序逻辑。ChainedFilter 允许你在逻辑上将多个过滤器合并起来。

我们介绍了 3 个可选的查询解析器，XmlQueryParser 通过将 XML 解析成查询的方式来简化用户搜索界面。外围的 QueryParser 使你能够进行复杂的跨度查询。灵活 QueryParser 是一个模块化的解决方案，它对查询解析 3 阶段进行解耦合，并提供了内置的核心 QueryParser 替代类。使用 MemoryIndex 或 InstantiatedIndex 可以创建快速内存操作，或者你可以通过将索引存入 Berkeley Db 目录来实现快速操作，这能获得所有的 BDB 特性，如完整事务处理等。

如果你已准备好进行新的有用创新，那么可以考虑将创新代码捐赠给 Lucene contrib 库，或者在 Lucene 社区公开它。我们都得感谢 Doug Cutting 慷慨开源了 Lucene 代码。同样通过捐赠形式，你可以从大量开发人员的成果中获益，他们可以帮助你对捐赠代码进行审查、排错和维护；最重要的是，你无须担忧，这种形式能够使世界变得更美好！

下一章我们将介绍 Lucene 移植的相关内容，它使得其他程序语言使用 Lucene 的功能成为可能。

第 10 章 其他编程语言使用 Lucene

本章要点

- 使用其他编程语言访问 Lucene
- 各种不同的移植风格
- Lucene 移植版本的 API、功能和性能比较

目前，Lucene 已经是事实上的标准开源代码库。尽管 Java 编程语言使用范围较为广泛，但也并不是每个程序员都会使用它。很多程序员还是倾向于使用动态编程语言（比如 Python、Ruby、Perl 和 PHP 等）。如果你看上了 Lucene 但又不想使用 Java 编程的话，该怎么办呢？不用担心，目前已有大量的非 Java 编程语言能够访问 Lucene，而本章我们将介绍这些内容。

在开始介绍前，我们先探讨一下单词“移植”（port）的含义，我们将明确地扩展该单词的通常含义。我们使用单词“移植”来表示能够访问 Lucene 功能的非 Java 软件。尽管移植通常是指将由某种编程语言构成的源代码完全转换为另一种编程语言，而在本章，我们得改变一下这个定义了。目前已出现了很多创造性的手法能支持两种编程语言之间的交互。本章我们将首先详细介绍 4 种移植类型，然后会介绍 Lucene 流行的移植类型。对于每种移植类型，我们都会给出移植语言信息、简要的移植历史、目前状态以及移植取舍等。需要注意的是，Lucene 的每一个移植版本都是一个独立项目，这些项目拥有自己的邮件列表、文档、指南、用户群和开发团体等，这些都可以为你提供 Lucene 对应移植版本更为详细的信息。

10.1 移植入门

表 10.1 列出了本章包含的各种移植类型。

表 10.1　Lucene 移植类型

移植类型	描述	移植版本	优点	缺点
本地移植	Lucene 的所有源代码都移植到目标运行环境中	Lucene.net Clucene KinoSearch Ferret Lucy Zend Framework	轻量级运行。 可直接访问移植版本的本地接口	移植开销大，会延长移植版本发布时间。可能会产生更多 bug。可能更不易与 Lucene Java 版本兼容（如果不通过移植方式兼容的话）
本地反向移植	使目标程序运行于 JVM 中	Jython JRuby	轻量级运行。与 Lucene 版本 100%兼容	目标语言可能会丢失一些原有功能，如本地扩展功能等
本地封装	本地环境内置 JVM，并封装了 Lucene 的 API 以供本地调用	PyLucene	移植速度快，移植版本延迟时间短，因为该过程只需要提封装对应的 Lucene 接口即可。与 Lucen 版本 100%兼容	重量级运行环境，因为需要启动两个运行环境（本地程序运行环境和 JVM 运行环境）
客户端-服务器模式	服务端用一个独立的进程或者独立的设备运行 Java 版本的 Lucene，并通过标准协议提供访问接口。目标语言作为客户端访问 Lucene	Solr+clients PHP Bridge Beagle	客户端较容易构建。Solr 能提供比 Lucene 更多的功能。与 Lucene 完全兼容	需要更重量级的运行环境，因为必须提供一个完整的服务器运行模式

本地移植（Native Port）是指将 Lucene 的 Java 源代码版本全部转换为能在目标环境运行的版本。这种移植类型是符合传统移植定义的。Lucene.Net 就是这样一个范例，它已将 Lucene 的 Java 代码全部转换为 C#代码形式。另一个范例就是 KinoSearch 了，该项目是由 C 语言作为核心，并绑定了 Perl 功能，从而能提供与 Java 版本的 Lucene 类似的功能。由于 C 或 C++是很多动态编程语言（如 Perl 和 Python 等）公认的扩展语言，我们将这种移植称为本地移植。本地移植是一种松散移植（loose port）方式，意思是它并不精确提供与 Lucene Java 版本完全一致的 API，但保留了类似的访问方式。

本地反向移植版本与本地移植版本是互为镜像的，因为目标程序将运行于 JVM 上。在该移植过程中，使用诸如 Ruby 等目标编程语言搭建应用程序，但由于该应用程序是运行在 JVM 上的，这样它就能访问任何 Java API，包括 Lucene 的 API。JRuby 和 Jython 就是这类移植的两个范例。这类移植不用针对 Lucene 作任何改动，只需要修改目标程序使之能访问任何 Java 程序库即可，因此本书所讨论的具体项目都不属于本地反向移植范畴。

本地封装移植类型需要在后台运行 JVM，同时还需要“正常”运行目标程序语言，这样就只有必需的 Lucene API 才被封装在目标运行环境中。PyLucene 正是这样一个范例。

在客户端-服务器移植类型中，Lucene 运行于一个独立的进程或独立的计算机中，其他程序通过标准网络协议来访问 Lucene API。服务端可以只运行 JVM（如 PHP Bridge 模式），或者也可以完整运行诸如 Solr 等服务进程，这样就能实现基于 HTTP API 的 XML 来访问 Lucene，同时还能提供比 Lucene 更多的功能，如分布式搜索和分组导航等。这种移植模式需要用多种编程语言开发客户端程序，并通过网络来访问服务器资源。

各种移植类型之间存在巨大的差异，具体内容我们将在下面章节深入介绍。

10.1.1 移植取舍

每种移植方式都存在一些重要的移植取舍，这些内容也总结在表 10.1 中。本地移植方式的优点是：目标运行环境只需要运行移植版本，一个进程即可。这种移植方式可能是技术上最纯净和最轻量级的解决方案，因为所有代码只需要一个运行环境。而这种移植方式的缺点则是移植开销较大，由于 Lucene 的 Java 源代码是随时发展的，这意味着移植版本的发布需要延迟更长的时间，并且移植版本以及对应的索引文件格式可能很容易与 Lucene 的 API 不一致。另外，移植过程还可能面临较高的失败风险，因为这种持续的移植对相关参与人员有一定的要求。本地移植还可能在性能表现出现差异，这取决于目标运行环境与 JVM 的性能差异。

本地反向移植则是一个引人注目的解决方案，这种移植的前提是本地运行环境能够运行目标编程语言。对于 JRuby 移植来说，需要编写能访问任何 Java 代码的 Ruby 代码，但这种移植方式通常会丢失 Ruby 的 C 扩展模块。该移植方式也是轻量级的，因为移植程序和 JVM 一起只需要一个进程来运行。

类似地，本地封装移植版本也只需要一个本地进程来运行，但这种方式集成了 JVM（用于运行 Lucene 所有的 Java 代码）运行环境和目标运行环境，因此这种移植方式与前两种方式相比属于重量级运行方式。这种移植方式存在一个重要权衡，那就是并不需要对当前 Lucene 版本做出太大改动：只有改变的 API 才需要进行针对性移植，而不是修改整个 Lucene 版本，因此移植工作是基于 Lucene API 的“表面移植”并使得移植版本的发布延迟时间要比前面的方式少的多。尤其是对于 PyLucene 来说，它能通过 Java C 编译器（JCC）自动产生 Lucene API 封装代码，这使得移植版本延迟时间基本为 0，因为移植工作都让电脑自动完成了！如果其他语言也能使用 JCC 的话，也能达到同样的效果。

最后我们看看客户端-服务器移植方式。这是一种高度内聚的移植方式，因为 Lucene 的 API 是由运行在服务端的程序通过标准网络协议提供的，因此你可以通过多个终端来访问该 API，而终端程序则可以使用不同的编程语言来构建。但这种移植方式的一个潜在缺点是，你必须为此专门管理对应的服务器或服务进程，而这些服务进程跟你的主程序又是截然不同的。

10.1.2 选择合适的移植版本

面对如此多种移植方式，刚开始你可能会感到迷茫，但实际上这反而带给大家更多的移植选项。如果你的应用程序已成型并且是以服务器为中心的模式，并且你又对 PHP 情有独钟的话，那么客户端-服务器移植方式（用 Solr 作为服务器，用 SolrPHP 作为客户端）将是你的不二选择。事实上，基于服务器的应用程序通常需要搭建一个客户端-服务器搜索架构，这样便于多个前端电脑共享服务端提供的搜索访问接口。另一方面，如果你使用的是 C++桌面应用程序并且不想搭建独立的服务器，以及只想在一个进程上运行所有程序的话，那么你可以选择诸如 CLucene 等本地移植版本。

版本移植领域都面临着起起落落的状况。通常一个移植项目是由某个人主导的，而如果他不再继续移植工作，那么这个移植项目也就慢慢消停了。而新的移植项目可能会以新的形式浮出水面并能吸引人们的注意。这是开源世界的一个自然演变过程。尽管我们今天在努力介绍广受欢迎的 Lucene 移植，但也有可能当你读到该处时已经出现了其他更好的解决方案。这里我们会简要一下其他 Lucene 移植版本，这些版本由于并未引起足够重视，我们将不再用整章篇幅来对它们一一介绍了。笔者建议你在选择适合自己的移植方案前，一定要多在网上搜索相关内容，并在用户列表中多提问。

尽管每个 Lucene 移植版本都尽量保持与原版本同步，但它们的发布还是会滞后于原版本。不仅如此，大多数移植版本都相对原始，从这点我们可以看出移植社区的开发人员并没有太大重叠。每个移植版本都或多或少地吸纳或摒弃了 Lucene 的一些设计理念，但它们都是以 Lucene 架构作为设计蓝本的。每个移植版本都有自己的网站、邮件列表以及其他开源项目都具有的相关信息。每个移植版本都有自己的创始人和开发人员。尽管 Lucene 开发人员和 Lucene 移植人员都了解目前已有的 Lucene 相关项目，但他们之间的联系并不紧密。

下面来看一看这些 Lucene 移植版本，我们先从 CLucene 开始。

10.2 CLucene（C++）

本节作者：*BEN VAN KLINKEN* 和 *ITAMAR SYN-HERSHKO*

CLucene 是一个基于 C++的 Lucene 本地移植开源项目，它由 Ben van Klinken 于 2003 年创建。从那以后，很多开发人员一起促成了该项目。该版本的 API 以及索引文件格式都能保证与对应的 Lucene Java 版本匹配。表 10.2 展示了该项目目前的情况。

表 10.2 CLucene 概要

移植特性	现 状
移植类型	本地移植
移植语言	C++
网站	http://clucene.sourceforge.net/
开发状态	稳定
活跃程度	开发和用户使用都处于活跃状态
上一个稳定版本	0.9.21b
对应的 Lucene 版本	1.9.1
是否兼容 Lucene 索引格式	是 索引格式 1.9.1
是否兼容 Lucene API	是
许可证	LGPL 或者 Apache License 2.0

CLucene 最新的稳定版本兼容 Lucene 1.9.1 版本的 API 和索引格式，但前正开发的版本主要精力放在针对前期问题的修改，以及支持更多的 Lucene 新版本上。在本书截稿之时，CLucene 已经产生了一个瞄准完全兼容 Lucene 2.3.2 版本的源代码分支。尽管被官方标识为还不够稳定，2.3.2 代码分支似乎已经比较稳定并且已经使用较为广泛了，但该版本的 API 还需要改进。

Adobe 和 Nero 公司被认为已经在自己的产品中使用 CLucene 移植版本了，这与其他著名的开源项目如 Strigi（ht://Dig and kio-clucene）情况类似。

10.2.1 移植目的

由于很多公司和开发人员只使用 C/C++编程语言，这样便不能利用 Lucene 了，因为后者是用 Java 构建的。CLucene 为 Lucene 的使用提供了便利，它使得这些公司和开发人员能够在保留自己熟悉的程序运行平台、开发工具的情况下使用 Lucene 提供的功能。

C++开发人员是 CLucene 的主要用户。由于 CLucene 是用本地 C++代码编写的，它不需要任何先决条件，另外它还能很容易地调用由各种高级语言和脚本语言编写的程序库。由于灵活的设计架构、本地代码以及很小的内存占用，CLucene 还能在嵌入式系统和移动设备上运行，而这些设备一般不会提供太多的计算资源，通常 JVM 并不在其上运行。

CLucene 项目还能吸引那些想要使用 Lucene 但又想提高 Lucene 运行性能、或者想要减少 JVM 运行开销的用户。尽管 Java 平台的用户在不断增长，但用 C++编写的程序在一些诸如文件处理和内存管理等基本操作上还是更快一些，因为后者没有专门的框架，也不用进行垃圾处理操作（Garbage Collection Process）。CLucene 能确保提供更高的运行性能，即使在其核心开发团队不进行周期性代码优化的情况下也能如此。

尽管目前没有标准检查程序来展示这点，前面版本的 CLucene 已经表现出比对应版本的 Lucene 快 5～10 倍的性能提升，这是因为前者在内存使用、索引执行速度和搜索操作上性能更高。当然，后续的 Lucene 和 CLucene 版本都在执行性能上有所改进。

10.2.2 API 和索引兼容

CLucene 的 API 和 Lucene 的 API 是类似的，这就意味着用 Java 编写的代码可以很容易地转换成 C++代码。这样做的缺点是 CLucene 并没有遵循已经被人们广泛认同的 C++编码规范。然而鉴于大量的类需要重新设计，以及保持与 Lucene 项目的同步，CLucene 延续了“Javasque”编码规范。这种方法也允许通过宏和脚本将代码转换成 C++代码。

由于提供了完全的索引格式兼容，Lucene 创建的索引能够用于 CLucene 搜索，反过来也是如此，只要两者的版本都支持该索引格式即可。举例来说，本书截稿时 CLucene 能读写由 Lucene 2.3.2 创建的索引，但它并不能处理由 Lucene 3+版本创建或合并的的索引。由于 Lucene 的向后兼容特性，即使最新的 Lucene 版本都能读取由其他 CLucene 版本创建的索引；当然若该索引未被更新版本的 Lucene 修改过的话，它也能被对应版本的 CLucene 读取。

程序 10.1 展示了一个 C++命令行程序代码，它能提供基本的索引和搜索功能。该程序首先对包含单独的内容域的几个文档进行索引，紧接着它会利用已经在内存生成好的索引进行一些搜索操作，最后会为每个查询打印出搜索结果。

程序 10.1 使用 CLucene 的 IndexWriter 和 IndexSearcher API

```
#include "CLucene.h"
using namespace lucene::analysis;
using namespace lucene::index;
using namespace lucene::document;
using namespace lucene::queryParser;
using namespace lucene::search;
using namespace lucene::store;
const TCHAR* docs[] = {
  _T("a b c d e"),
  _T("a b c d e a b c d e"),
  _T("a b c d e f g h i j"),
  _T("a c e"),                     将被索引的文档
  _T("e c a"),
  _T("a c e a c e"),
  _T("a c e a b c"),
  NULL
};
const TCHAR* queries[] = {
  _T("a b"),
  _T("\"a b\""),
  _T("\"a b c\""),
  _T("a c"),                       将运行的搜索
  _T("\"a c\""),
  _T("\"a c e\""),
  NULL
```

```
};

int main( int32_t, char** argv )
{                                                    在栈中初始化分析器
  SimpleAnalyzer analyzer;                        <-

  try {
    Directory* dir = new RAMDirectory();
    IndexWriter* writer = new IndexWriter(dir, &analyzer, true);
    Document doc;                                <-  重复使用文档
                                                     对象实例
    for (int j = 0; docs[j] != NULL; ++j) {
      doc.add( *_CLNEW Field(_T("contents"),
                              docs[j],                    索引文档
                              Field::STORE_YES |
                              Field::INDEX_TOKENIZED) );
      writer->addDocument(&doc);
      doc.clear();
    }
    writer->close();
    delete writer;

    IndexReader* reader = IndexReader::open(dir);
    IndexSearcher searcher(reader);
    QueryParser parser(_T("contents"), &analyzer);
    parser.setPhraseSlop(4);

    Hits* hits = NULL;

    for (int j = 0; queries[j] != NULL; ++j)
      {                                              解析查询语句
        Query* query = parser.parse(queries[j]);   <-

        const wchar_t* qryInfo = query->toString(_T("contents"));
        _tprintf(_T("Query: %s\n"), qryInfo);
        delete[] qryInfo;

        hits = searcher.search(query);
        _tprintf(_T("%d total results\n"),
                 hits->length());                       运行搜索打印
        for (size_t i=0; i < hits->length() && i<10; i++) {   结果
          Document* d = &hits->doc(i);
          _tprintf(_T("#%d. %s (score: %f)\n"),
                   i, d->get(_T("contents")),
                   hits->score(i));
        }

        delete hits;
        delete query;
      }

    searcher.close(); reader->close(); delete reader;
    dir->close(); delete dir;

  } catch (CLuceneError& e) {
    _tprintf(_T(" caught a exception: %s\n"), e.twhat());
  } catch (...){
    _tprintf(_T(" caught an unknown exception\n"));
  }
}
```

10.2.3 支持的平台

CLucene 最初是在 VS（Microsoft Visual Studio）环境下开发的，但是它也可以在 GCC、MinGW32 和 Borland C++编译器中编译。除了 Microsoft Windows 平台以外，CLucene 还可以在各种 Linux、FreeBSD、Mac OS X 和 Debian 平台中编译。CLucene 代码同时支持 32 位和 64 位两种版本。

目前，CLucene 可以通过 CMake 编译脚本来简化编译过程，同时也能运行在几乎任何平台上。该编译脚本同时支持 Unicode 和非 Unicode 编译方式。

CLucene 团队充分利用了 SourceForge 的多平台 Compile Farm（译者注：Compile Farm 是 SourceForge 平台提供的一项服务），以确保 CLucene 能够在尽可能多的平台上编译和运行。然而，SourceForge 目前已经关闭了自己的 Compile Farm，因此大多数交叉平台测试功能只能由贡献者自己在对应机型计算机上进行了（即使是不常见的机型也得如此），或者还可以通过虚拟机（Virturl Machine）来进行。

10.2.4 当前情况以及未来展望

作为与 Lucene Java 版本保持兼容工作的一部分，CLucene 版本分发包包含了大量与 Lucene 相同的组件，如测试用例、contrib 文件夹和演示程序等。同时还包括开发库组件等。不幸的是，由于 Lucene 的快速发展，目前 CLucene 已经很难跟上 Lucene 的进度了，因此后续版本可能会丢弃很多类和测试用例等内容。

CLucene 曾经有几个针对其他程序的接口封装，如 Perl、Python、.NET 和 PHP 等，因而这些程序就能调用对应的 CLucene 接口。但大多数接口封装都是针对 CLucene 早期的版本程序库开发的，已经有一段时间未进行升级了。如果要在新版本中使用它们的话，可能的方案就是加快这类接口的开发，或者使用诸如 SWIG 等工具来为各种程序语言一次性建立一个简单接口。

由于早期开发过程中的一个决策导致了 CLucene 没有外部程序库来处理字符串、多线程和引用计数（reference counting）等。CLucene 核心团队以开始用 Boost 的 C++库来代替内部一些用于以上操作的自定义代码和宏。这个升级方案会使 CLucene 版本变得强壮得多，并使得开发人员将注意力集中到移植更多 Lucene 代码上来，而不是总担心各种基于平台的移植问题。同时，类似智能指针（smart-pointer）等概念会使得封装接口的构建更为简单。

10.3 Lucene.Net（C#和其他.NET 编程语言）

本节作者：***GEORGE AROUSH***，*Apache Lucene.NET* 的创始者

Apache Lucene.Net 是在 2004 年在 SourceForge 上作为 dotLucene 项目开始的。在 2006 年，该项目进入 Apache，到 2009 年 8 月，该项目正式成为 Apache Lucene 项目的一个子项目。如它的主页所陈述的那样：

Lucene.Net 致力于 Lucene 的 API 和类的实现。API 名称和类名称（包括文档和注释中出现的名称）与 Lucene 保持一致，主要是为了让 Lucene.Net 看起来像是由 C#和.NET 框架所构建的而已。例如，Java 版本中的 IndexSearcher.search 方法移植到 C#版本后，写法为 IndexSearcher.Search。

对于移植到 C#的 Lucene API 和类来说，需要补充的是，其中的算法也同样被移植了。意思是说，由 Java 版 Lucene 所创建的索引是对 C#版 Lucene 前后兼容的，不管是针对索引的读、写还是更新操作。事实上 Lucene 索引可以同时使用 Lucene Java 版本和 Lucene.Net 版本的进程进行搜索和更新。

Lucene.Net 的现状如表 10.3 所示。尽管最后的 Apache 官方版本为 2.0 版，Lucene.Net 的子版本号还是从 1.4 排到 2.9.1 了，并且所有版本都很稳定，也正用于知名环境，如 MySpace 和 Beagle 等。

表 10.3　　Lucene.Net 概要

移植特性	现　状
移植类型	本地移植
移植语言	C#
网站	http://lucene.apache.org/lucene.net/
开发状态	稳定
活跃程度	开发和用户使用都处于活跃状态
上一个稳定版本	2.9.1
对应的 Lucene 版本	2.9.1
是否兼容 Lucene 索引格式	是，索引格式 2.9.1
是否兼容 Lucene API	是
许可证	Apache License 2.0

Beagle（http://beagle-project.org/Main_page）是一个让用户能够搜索个人信息的工具（信息包括本地文件、E-mail、图片、日历条目和地址簿条目等），它是 Lucene.Net 的一个有趣的应用案例。Beagle 本身是一个比较大的项目，它的设计和 Solr 类似：程序设有一个专门的后台进程来提供网络 API，而客户端可以使用各种编程语言构建（目前至少可以使用 C#、C 和 Python 实现）。Beagle 似乎能很好地运行于 Linux 桌面环境下并被作为该环境标准的本地搜索实现，也可以作为.NET 框架的开源实现运行在 Mono 环境下。

Lucene.Net 的性能与 Lucene Java 类似。最近的测试表明，基于 Lucene 2.3.1 的 Lucene.Net 版本表现出了 5%的性能提升。目前 Lucene.Net 开发人员并未提供更多的性能测试数据。我们可以认为 Lucene.Net 域 Lucene Java 在性能上旗鼓相当。

Lucene.Net 的版本分发包所包含的组件与 Lucene 一致。它包含源代码、测试用例和演示程序。另外，一些捐赠组件也已经被移植到 C#上了。

10.3.1 API 兼容

前面已经提到，虽然 Lucene.Net 是用 C#编写的，但它提供的 API 和 Lucene 所提供的几乎完全一样。因此，花费很少的精力就可以将 Lucene 中编码移植成 C#编码。由于 Lucene.Net 有较好的兼容性，.NET 开发人员在开发过程中完全可以使用 Lucene Java 版所使用的一些文档，譬如本书文档。

Lucene 和 Lucene.Net 的区别仅限于 Java 和 C#所使用的命名规范不同，即 Java 的方法名以小写字母开头，而 C#则是以大写字母开头来命名一个方法。程序 10.2 展示了如何使用 Lucene.Net 创建一个索引。

程序 10.2 使用 Lucene.Net 索引*.txt 文档的 C#代码

```
class Indexer {
  String indexDir = args[0];
  String dataDir = args[1];

  public void Indexer(System.String indexDir) {
    Directory dir = FSDirectory.Open(new System.IO.FileInfo(indexDir));
    IndexWriter writer = new IndexWriter(
                         FSDirectory.Open(INDEX_DIR),
                         new StandardAnalyzer(Version.LUCENE_30),
                         true, IndexWriter.MaxFieldLength.UNLIMITED);
  }                                                    建立 Index Writer

  public void Close() {
    writer.Close();                 <—— 关闭 Index Writer
  }

  public int Index(System.String dataDir) {
    System.String[] files =
        System.IO.Directory.GetFileSystemEntries(file.FullName);
    for (int i = 0; i < files.Length; i++) {

      IndexFile(new System.IO.FileInfo(files[i]));
    }
    return writer.NumDocs();
  }

  protected Document GetDocument(System.IO.FileInfo file) {
    Document doc = new Document();
    doc.Add(new Field("contents",
                  new System.IO.StreamReader(file.FullName,      索引文件内容
                      System.Text.Encoding.Default)));
    doc.Add(new Field("filename",
                      file.Name,
                      Field.Store.YES,                      索引文件名和
                      Field.Index.NOT_ANALYZED));           文件路径
    doc.Add(new Field("fullpath",
                      file.FullName,
                      Field.Store.YES,
                      Field.Index.NOT_ANALYZED));
```

```
    return doc;
  }

  private void IndexFile(System.IO.FileInfo file) {
    Document doc = GetDocument(file);          // 将文档编入索引
    writer.AddDocument(doc);
  }
}
```

正如程序所示，源代码与 Lucene Java 对应的索引操作源代码几乎一模一样。程序 10.3 中的搜索例程也是如此。这两个例程都是从 Lucene.Net 所包含的演示程序代码中取出来的。

程序 10.3　使用 Lucene.Net 搜索索引

```
class Searcher {
  String indexDir = args[0];
  String q = args[1];                                          // 打开 searcher

  public static void search(String indexDir, String q) {
    Directory dir = FSDirectory.Open(new System.IO.FileInfo(indexDir));
    IndexSearcher searcher = new IndexSearcher(dir);
    QueryParser parser = new QueryParser("contents",
                                         new
     StandardAnalyzer(Version.LUCENE_30));        // 解析查询语句
    Query query = parser.Parse(q);
    Lucene.Net.Search.TopDocs hits = searcher.Search(query, 10);   // 搜索索引
    System.Console.WriteLine("Found " +
                             hits.totalHits +
                             " document(s) that matched query '" + q + "':");
    for (int i = 0; i < hits.scoreDocs.Length; i++) {
      ScoreDoc scoreDoc = hits.ScoreDocs[i];
      Document doc = searcher.Doc(scoreDoc.doc);           // 检索、显示结果
      System.Console.WriteLine(doc.Get("filename"));
    }
    searcher.Close();
    dir.Close();
  }
}
```

10.3.2 索引兼容

Lucene.Net 和 Lucene 所创建的索引是相互兼容的，也就是说，使用 Lucene 建立的索引也可以由 Lucene.Net 读取，反之亦然。当然了，随着 Lucene 的推陈出新，Lucene 自身不同版本间的索引也可能会互不兼容，所以目前这样的兼容性仅限于 Lucene 2.9 版本。

10.4 KinoSearch 和 Lucy（Perl）

Perl 是一款流行的编程语言。其创始人 Larry Wall 曾声称 Perl 的目标之一就是能够提供多种方式完成一项既定任务。这点确实让 Larry 感到自豪，因为目前 Perl 可以采用多种方式来调用 Lucene 提供的功能。

我们将首先介绍其中最流行的选择，即 KinoSearch。然后我们再介绍 Lucy，目前它

仍旧处于开发状态，还未发布任何版本，但该项目是有意义的。最后我们将介绍 Solr 的两款 Perl 客户端，以及 CLucene 与 Perl 的绑定。

10.4.1 KinoSearch

KinoSearch 项目是由 Marvin Humphrey 创建的，目前仍然由他负责维护。该项目是由 C 和 Perl 采取松散移植（loose port）方式构建的一个本地移植版本。这意味着该版本在高层面是与 Lucene 类似的，但软件架构、API 和索引文件格式方面还是和 Lucene 存在一定差别。该项目的现状已在表 10.4 中列出。Marvin 在将 Lucene 移植到 Perl 和 C 的同时，还花了一定时间来介绍 KinoSearch 的创新点；其中一部分创新点还反过来促进了 Lucene 本身的发展，这反映了开源项目普遍带有的“交叉促进”特性。

表 10.4　　KinoSearch 概要

移植特性	现　状
移植类型	本地移植
移植语言	C、Perl
网站	http://www.rectangular.com/kinosearch/
开发状态	Alpha 测试版（但目前使用较广且较为稳定）
活跃程度	开发和用户使用都处于活跃状态
上一个稳定版本	0.163
对应的 Lucene 版本	无（松散移植方式）
是否兼容 Lucene 索引格式	无
是否兼容 Lucene API	无
许可证	自行定义

KinoSearch 目前还处于 alpha 开发状态，但实际上该版本已经非常稳定，且无 bug 出现，并已经广泛用于 Perl 社区了。对应的开发状态和用户名单都处于活跃状态，并且开发人员（主要为 Marvin）目前正致力于推出首个 1.0 稳定版本。该版本的使用情况我们不太好统计，但目前至少有两个著名网站都在使用它，它们分别是 Slashdot.org 和 Eventful.com。当用户在列表中提交问题后，Marvin 会很快给出回答。

KinoSearch 项目在移植过程中，还从早期的 Lucene 到 Perl 移植项目（PLucene）中汲取了不少经验。PLucene 项目已经停止，主要是因为性能问题。导致性能问题的原因很可能是该移植版本是完全使用 Perl 语言编写的；而 KinoSearch 则不同，它采用 C 语言编写核心，然后用 Perl 围绕该核心进行功能绑定。这样就使得 C 核心能够完成所有的“繁重任务（heavy lifting）”，从而使得系统性能有较大提升。早期针对 KinoSearch 的测试结果表明，KinoSearch 的索引功能在性能表现上与 Lucene 1.9.1 版本较为接近。但由于后续版本中两者都有较大的性能提升，因此目前不太清楚两者的性能对比状况。

KinoSearch 与 Lucene 最大的架构区别可能是：前者需要在创建第一个索引（类似于创建数据库表结构）时预先指定域的定义方式。随后文档中的域必须与这个预设模式相匹配。这个机制使得 KinoSearch 能够简化内部设计，从而获得更好的性能，但这是以牺牲 Lucene 的文档结构的灵活性作为代价的。

KinoSearch 和 Lucene 之间还有很多 API 存在差别。举例来说，如果要修改索引的话，KinoSearch 只提供了一个类 `InvIndexer` 来完成（而 Lucene 则有两个类来实现该功能，分别是 `IndexWriter` 和 `IndexReader`，后者多少有点容易被搞混淆）。尽管两者的索引文件格式比较类似，但也存在区别。程序 10.4 展示了使用 KinoSearch 创建索引的功能。

程序 10.4　使用 KinoSearch 创建索引

```
use KinoSearch::InvIndexer;
use KinoSearch::Analysis::PolyAnalyzer;
my $analyzer
    = KinoSearch::Analysis::PolyAnalyzer->new( language => 'en' );

my $invindexer = KinoSearch::InvIndexer->new(
    invindex => '/path/to/invindex',
    create   => 1,
    analyzer => $analyzer,
);

$invindexer->spec_field(
    name  => 'title',
    boost => 3,
);
$invindexer->spec_field( name => 'bodytext' );

while ( my ( $title, $bodytext ) = each %source_documents ) {
    my $doc = $invindexer->new_doc;

    $doc->set_value( title    => $title );
    $doc->set_value( bodytext => $bodytext );
    $invindexer->add_doc($doc);
}

$invindexer->finish;
use KinoSearch::Searcher;
use KinoSearch::Analysis::PolyAnalyzer;

my $analyzer
    = KinoSearch::Analysis::PolyAnalyzer->new( language => 'en' );

my $searcher = KinoSearch::Searcher->new(
    invindex => '/path/to/invindex',
    analyzer => $analyzer,
);

my $hits = $searcher->search( query => "foo bar" );
while ( my $hit = $hits->fetch_hit_hashref ) {
    print "$hit->{title}\n";
}
```

下面我们看看 Lucy，它是 KinoSearch 的一个后续版本。

10.4.2 Lucy

Lucy 的网址是：http://lucene.apache.org/lucy，它是一个新的 Lucene 移植项目。该项目计划建立一个利用 C 语言实现的松散的 Lucene 移植版本，设计时考虑使用各种不同的动态编程语言来封装 C 接口，初期主要考虑用 Perl 和 Ruby 两种动态编程语言来实现。表 10.5 展示了 Lucy 项目的当前状态。

表 10.5 Lucy 概要

移 植 特 性	现 状
移植类型	本地移植
移植语言	C 与 Perl、Ruby（也可能为其他语言）绑定
网站	http://lucene.apache.org/lucy/
开发状态	设计状态（目前还没有发布代码和版本）
活跃程度	开发活跃状态
上一个稳定版本	无
对应的 Lucene 版本	无（松散移植方式）
是否兼容 Lucene 索引格式	无
是否兼容 Lucene API	无
许可证	未知

Lucy 项目是由 KinoSearch 创始者 Marvin Humphrey 和 Ferret（参见 10.5 小节）创始者 David Balmain 共同启动的。遗憾的是，David 目前已无法参与该项目，但 Marvin 和其他开发人员一直致力于推出该项目的初始版本。与 Ferret 和 KinoSearch 类似，Lucy 的设计灵感来自于 Lucene，并从前面两个项目中继承了相关设计理念，其主要目标是集成两者之优点。Lucy 项目最后可能改成由其他动态编程语言来封装 C 核心接口。当然目前使用 Perl 封装则能提供更多选择。

10.4.3 其他 Perl 选项

目前还有其他使用 Perl 来访问 Lucene 功能的设计方式。对于 Solr 项目来说，至少有两种客户端设计方式，它们分别是 Solr.pm（见 http://search.cpan.org/perldoc?Solr）和 SolPerl。前者由 Solr 的部分项目人员独立进行开发，而后者是由 Solr 全体项目成员负责开发和发布。Solr 采用了客户端-服务器模式的移植方式。如果你强烈偏爱那些兼容 API 和索引结构的移植方式，并且不喜欢类似 KinoSearch 的“松散”移植方式的话，请参考 Perl 与 CLucene 的绑定方式，该方式也属于 Lucene 本地移植类型，并且能够匹配 Lucene 的 API 和索引文件格式。

10.5 Ferret（Ruby）

Ruby 是另一类动态编程语言，近年来该语言已变得非常流行。所幸的是，你可以用多种移植方式通过 Ruby 访问 Lucene 相关功能。其中最流行的一种移植方式是 Ferret，如表 10.6 所示。

表 10.6 Ferret 概要

移植特性	现　状
移植类型	本地封装移植
移植语言	C、Ruby
网站	http://ferret.davebalmain.com/
开发状态	稳定版本，但仍有一些严重缺陷
活跃程度	开发已停止，但用户仍处于活跃状态
上一个稳定版本	0.11.6
对应的 Lucene 版本	无（松散移植方式）
是否兼容 Lucene 索引格式	无
是否兼容 Lucene API	无
许可证	MIT 类型许可证

尽管 Ferret 是独立开发的，但它和 KinoSearch 却有着相同的实现方案，都是 Lucene 向 C 和 Ruby 的松散移植方案。C 核心完成大部分工作，而 Ruby API 则提供对该核心的访问接口。Ferret 是由 David Balmain 创立的，他还为此专门写了一本有关 Ferret 的书。同时，Ruby 也有 acts_as_ferret 插件。不过遗憾的是，目前 Ferret 的开发已经停止。

用户报表反映 Ferret 的性能是不错的，至少能达到 Lucene 1.9 版本的水平。尽管其开发似乎已经停止，但用户对 Ferret 的使用还是很多的，特别是 acts_as_ferret（但目前的报表反映出其最近的版本有一些严重的程序缺陷，因此使用时要小心）。

除了 Ferret 以外，还有其他几种选择来通过 Ruby 访问 Lucene。Solrruby 是 Solr 的 Ruby 客户端，它能像 Lucene 查询操作那样项索引添加、更新和删除文档。安装它只需要在命令行运行 solr-ruby 即可。下面是一个快速安装示例：

```
require 'solr'
# connect to the solr instance
conn = Solr::Connection.new('http://localhost:8983/solr', :autocommit => :on)
# add a document to the index
conn.add(:id => 123, :title_text => 'Lucene in Action, Second Edition')

# update the document
conn.update(:id => 123, :title_text => Ant in Action')
# print out the first hit in a query for 'action'
response = conn.query('action')
print response.hits[0]
```

```
# iterate through all the hits for 'action'
conn.query('action') do |hit|
  puts hit.inspect
end
# delete document by id
conn.delete(123)
```

Solr 还提供了一个 Ruby 响应模块，它能生成有效的 Ruby Hash 数据结构并将之作为字符串响应，这样就能在没有 solr-ruby 客户端的情况下直接由 Ruby 运行，从而能实现紧凑的搜索解决方案。另外还有一个独立开发的 Rails 插件 acts_as_solr，它与 Solr Flare（由 Erik Hatcher 开发）一样，两者都是功能丰富的 Rails 插件，而后者甚至能提供比 acts_as_solr 更多的功能。最后，RSolr 是一个独立开发的 Solr Ruby 客户端，其获取地址为 http://github.com/mwmitchell/rsolr。它能透明地支持 JRuby `DirectSolrConnection` 以及 hash-in 和 hash-out 架构。

NOTE 还有一个针对公共列表处理语言（Common Lisp）的移植版本，名为 Montezuma，地址为 http://code.google.com/p/montezuma。在当初的爆发式发展后，它的开发似乎已经停止了。事实上，Montezuma 是一款 Ferret 的移植版本。

另一款引入注目的选项就是使用 JRuby 了，它是 Ruby 语言的反向移植版本，运行于 JVM 之上。你仍然可以编写 Ruby 代码，但代码的具体运行是由 JVM 完成的，因此包含 Lucene 在内的任何 JAR 都能通过 Ruby 进行访问。JRuby 可以直接访问 Lucene Java，还能通过 solr-ruby、RSolr 或本地 SolrJ 程序库来使用 Solr。JRuby 的缺点之一是它不能运行任何的由 C 实现的 Ruby 扩展（Lucene 是完全的 Java 实现，因此这只会影响那些依赖其他基于 C 实现的 Ruby 扩展）。

10.6 PHP

如果你倾向于使用 PHP 的话，那么这里为你提供了几个有价值的选择。第一个选择就是使用带有 PHP 客户端的 Solr，即 SolPHP，它是一个客户端-服务器方案。与 Ruby 的情形一样，Solr 也有一个响应模块能生成有效的 PHP 代码，并能在 PHP 中执行。

第二个选择就是 CLucene 的 PHP 绑定，它包括 CLucene 版本，后者是纯粹的 Lucene 本地移植版本。另外一个纯本地移植版本为 Zend Framework。

10.6.1 Zend Framework

如表 10.7 所示，Zend Framework 所完成的工作远不止于移植 Lucene 这一项：它是一个完全开源的面相对象的 Web 应用程序架构，完全由 PHP 5 实现。它包含一个用纯 PHP 5 实现的 Lucene 移植（详见 http://framework.zend.com/manual/en/zend），它是你能够轻松地向 Web 应用程序中添加所有搜索。

表 10.7 Zend Frame 概要

移 植 特 性	现 状
移植类型	本地移植
移植语言	PHP 5
网站	http://framework.zend.com/
开发状态	稳定版本
活跃程度	开发和用户使用都处于活跃状态
上一个稳定版本	1.7.3
对应的 Lucene 版本	2.1
是否兼容 Lucene 索引格式	是
是否兼容 Lucene API	是
许可证	BSD 类型许可证

报表显示该架构在索引操作期间性能较慢（但该问题已在最近几个版本中得到解决，因此你在使用前必须自行对此进行测试）。早期的版本不支持 Unicode 内容，但最近的版本已修正该问题。

如果你准备使用纯 PHP 解决方案的话，Zend Framework 将能满足你的应用程序需要，但如果你不需要本地移植、并且想改用轻量级解决方案的话，那么 PHP Bridge 可能是一个好的选择。

10.6.2 PHP Bridge

PHP/Java Bridge 位于 http://php-java-bridge.sourceforge.net/pjb/index.php，从技术上讲，它是一个客户端-服务器解决方案。标准的 Lucene Java 版本运行在独立的进程之上，也可能运行于不同计算机之上，然后 PHP 运行环境可以通过 PHP Bridge 调用 Java 类中的方法。它还可以桥接到一个运行中的.NET 进程中，因此你还可以通过 PHP 来访问 Lucene.NET。对应的 Web 发布档案（WAR）可以从 Web 站点下载，它包含了一些使用 Lucene 进行索引和搜索的示例。举例来说，下面的代码用于创建一个 `IndexWriter`：

```
$tmp = create_index_dir();
$analyzer = new java("org.apache.lucene.analysis.standard.StandardAnalyzer");
$writer = new java("org.apache.lucene.index.IndexWriter",
                   $tmp, $analyzer, true);
```

由于它是一个封装 Lucene 的客户端-服务器架构，你可以直接更新 Lucene 最近发布的版本。它的性能与 Lucene 接近，只有在通过桥接调用相关方法的操作中才有所区别。相对于搜索性能来说，这很可能会更多的影响索引性能。

10.7 PyLucene（Python）

本节作者：*ANDI VAJDA, PyLucene* 的创始者

与Perl相反，Python的创始者Guido van Rossum更倾向于用简单的方案来完成某些事情，事实上，对于Python来说，就有一个用于访问Lucene的简单方案：PyLucene。表10.8展示了PyLucene当前状态。

表10.8 PyLucene概要

移植特性	现状
移植类型	本地封装移植
移植语言	Python、C++、Java
网站	http://lucene.apache.org/pylucene
开发状态	稳定版本
活跃程度	开发和用户使用都处于活跃状态
上一个稳定版本	3.0
对应的Lucene版本	3.0
是否兼容Lucene索引格式	是
是否兼容Lucene API	是
许可证	Apache许可证2.0版本

PyLucene是一个“本地封装”移植，即通过向Lucene源代码中添加Python绑定来实现移植。PyLucene内置了Java虚拟机，可以依次执行标准的Lucene代码，并将之转到Python进程中。PyLucene的Python扩展就是一个名为lucene的Python模块，该模块是由JCC程序包自动产生的，同时包含PyLucene源代码。JCC的自身魅力在于：它是用Python和C++编写的，并使用Java反射机制的API，能通过内置JVM对它进行访问以查看JAR包中所有类所公开的API。一旦获取了该API，它就能生成相应的C++代码并用这些代码来从Python中访问这些API，访问方式是通过Java本地接口（Java Native Interface，JNI）实现的，而前述C++代码则作为通用的“桥接”语言使用。由于JCC通过查看Lucene的JAR文件而自动生成所有的封装代码，因此相应的版本延迟几乎为0。

PyLucene和JCC都是基于Apache 2.0许可证发行的，它由AndiVajda领导，他还是Lucene软件捐赠代码库软件Berkeley DbDirectory（参考9.2小节）的捐赠者。PyLucene以索引和搜索Chandler组件（参考9.2小节）开始运行，该组件是一个扩展的开源PIM，但它已在2004年6月被拆分出来，成为一个独立的项目。在2009年1月，它被作为一个Lucene子项目而归入Apache项目。

PyLucene的性能是与Lucene类似的，因为实际的Lucene代码就是在PyLucene内置的JVM进程中运行的。Python/Java之间的障碍时通过JNI连接的，处理速度比较快。事实上JCC为PyLucene而生成的所有源代码都是C++形式的。该代码使用Python的VM并向Python解释器提供Lucene对象，但PyLucene的代码本身都不由Python解释。

PyLucene首次发布日期是2004年。随着近几年的发展，它已拥有大量用户。一些诸如Debian等Linux分发版本目前已开始发布对应的PyLucene和JCC版本。目前，

PyLucene 开发人员邮件列表中已有 160 个成员。他们之间有着适度的交流，其交流内容通常包含一些软件构建方面的话题。而有关使用 PyLucene 运行 Lucene 的话题通常是在 Lucene 用户邮件列表中解决的。

10.7.1 API 兼容

PyLucene 源代码是由 JCC 自动生成的。因此，Lucene 中所有公开类中的所有公开 API 都可以由 PyLucene 使用。JCC 公开了以 Python 方式实现的迭代器和映射访问，它们主要用于使用 Lucene 进行 Python 体验。但我们给出一个警告：一旦你通过 Python 使用 Lucene，就很难再回到使用 Java 了！

从 PyLucene 的结构来看，其 API 与 Lucene 的 API 在本质上是一致的，这使得 Lucene 的用户更容易学习 PyLucene 的使用。PyLucene 的另外一个优点是：现有的所有 Lucene 说明文档都可以用于 PyLucene 编程。

PyLucene 会紧密跟随 Lucene 的版本发布节奏。Lucene 最新和最主要的版本一旦发布，几天之后就能够通过 PyLucene 使用这些版本。

10.7.2 其他 Python 选项

PyLucene 是我们通过 Python 使用 Lucene 的最好选择，但还有其他一些选择，使用前需要权衡各方面的因素。

- Solr，客户端-服务器移植方式，它包含 SolPython 客户端。
- 如果你倾向于使用本地接口，CLucene 为你提供了 Python 绑定。
- 10.3 小节介绍的 Beagle 也能提供 Python 绑定。与 Solr 类似，Beagle 也是客户端-服务器解决方案，但后者的服务器运行于.NET 环境，而不是 JVM。
- 如果你倾向于反移植版本，那么可以使用 Jython，它将 Python 移植到能够在 JVM 上运行，这样就可以完全访问任何 Java API，包括所有 Lucene 版本。

正如我们所看到的，通过 Python 访问 Lucene 的方式有多种，而最受欢迎的则是 PyLucene。

10.8 Solr（包含多种编程语言）

Solr 是 Lucene 的一个姊妹项目，它的开发进度与 Lucene 紧密联系，它是客户端服务器架构，并提供多种编程语言访问接口。Solr 能够全面支持多种编程语言的客户端。表 10.9 总结了 Solr 当前的状态。概括地说，Solr 是一个封装了 Lucene 的服务器。它提供了基于 HTTP 的标准 XML 接口以用于与 Lucene API 进行交互，它所提供的功能不仅仅是有效使用 Lucene，还有诸如分布式搜索、分组浏览和域概要等内容。由于 Solr 将 Lucene 的 Java API“翻译”成友好的网络协议实现，它能轻松用于其他使用该网络协议的其他编程语言的客户端构建。出于这个原因，在所有使用其他编程语言访问 Lucene 的方式中，Solr 所做的移植工作是最少的。

表 10.9 Solr 概要

移植特性	现状
移植类型	客户端-服务器模式
移植语言	Java、多种客户端封装语言
网站	http://lucene.apache.org/solr
开发状态	稳定版本
活跃程度	开发和用户使用都处于活跃状态
上一个稳定版本	1.3
对应的 Lucene 版本	3.0
是否兼容 Lucene 索引格式	是，3.0 版本
是否兼容 Lucene API	否
许可证	Apache 许可证 2.0 版本

可喜的是，Solr 拥有多种客户端，如表 10.10 所示。若要获取最新的完整列表请参考网址 http://wiki.apache.org/solr/IntegratingSolr。如果你需要通过外部语言来访问 Lucene，那么已经至少有一款 Solr 客户端可供你选择了。如果没有找到合适的客户端，那么你也很容易自己创建一款！Solr 是一个处于开发活跃状态的项目，能够很好地兼容 Lcuene，因为它是在后台调用 Lucene 的。如果你的应用程序允许或者倾向于使用新增的独立服务器来使用 Lucene 的话，那么 Solr 可能是一个很好的选择。

表 10.10 可用的 Solr 客户端列表

名称	编程语言/运行环境
SolRuby, acts_as_solr	Ruby/Rails
SolPHP	PHP
SolJava	Java
SolPython	Python
SolPerl, Solr.pm	Perl (http://search.cpan.org/perldoc?Solr)
SolJSON	JavaScript
SolrJS	JavaScript (http://solrjs.solrstuff.org/)
SolForrest	Apache Forrest/Cocoon
SolrSharp	C#
Solrnet	http://code.google.com/p/solrnet/
SolColdFusion	ColdFusion plug-in

10.9 小结

本章我们介绍了 4 种类型的移植，并介绍了我们已知的当前最为流行的 Lucene 移植版本：CLucene、Lucene.Net、PyLucene、Solr 及其多款客户端、KinoSearch、Ferret、即将发布的 Lucy 以及多种 PHP 选择。我们介绍了它们的 API、所支持的功能、与 Lucene 的兼容程度、以及每款移植的一些使用情况。将来可能出现更多的 Lucene 移植版本；Lucene 开发人员在 Lucene Wiki 上保持了一个用户列表：http://wiki.apache.org/lucene-java/LuceneImplemen tations。正如我们所看到的那样，在非 Java 环境下有多种方式可以访问 Lucene，但每种方式的使用都需要进行一些权衡。但当你想选择使用哪款移植时，具体的权衡工作却是比较困难的，尽管如此，这还是表现了 Lucene 的受欢迎程度以及成熟度，它使得这么多开发人员创建了所有的这些移植选项。

下一章我们将介绍 Lucene 管理方面的内容，包括通过 Lucene 性能调优选项来获取更好的性能。

第 11 章　Lucene 管理和性能调优

本章要点

- 性能调优
- 多线程的有效使用
- 磁盘空间、文件描述符和内存的使用管理
- 索引的备份和恢复
- 索引损坏检查及其修复
- 了解常见错误

前面我们已经介绍了各种使用 Lucene 进行索引和搜索的示例，其中还包含了很多高级使用案例。本章我们将介绍 Lucene 实际运行中的管理方面内容。有人说管理内容是低级而无用的，但至少本书作者之一更愿意改变这一看法。一个经过性能调优的 Lucene 应用程序正如一辆维护良好的汽车：它会在多年的运行中不出现故障，从而使它成为你明智的投资部分，而这会成为你引以为豪的理由！本章将介绍使 Lucene 保持良好运行状态的所有必要工具。

Lucene 具有出众的外部性能，但对于一些苛刻的应用来说，这还不够。但无需担心，我们还有很多方法可以调整程序性能。通常，为应用程序增加处理线程是一个很有效的办法，但这是一个很复杂的处理方式，不太容易实施。我们将为你介绍一些简单的类，它们能封装这些复杂的算法，这样你就可以根据需要来调整 Lucene 性能了。我们将通过一些实战范例来探究如何进行性能测试。

除了性能问题，人们还很关注 Lucene 的资源消耗情况，如磁盘空间、文件描述符数量和内存使用等。随着使用时间的增加，当你的索引文件变得越来越大、程序版本更新次数越来越多时，有必要保留各个资源消耗状态，这样能避免一些突发性灾难问题。所幸的是，只要你知道如何去做，Lucene 对这些资源的消耗是很容易被预测的。通过对这些知识的了解，你能轻易地避免很多程序问题发生。

当然了，如果连索引文件都没有了，怎样才算是好性能呢？不管你如何极力避免，会出错的事终究会出错（墨菲定律），这时你的唯一选择就是从备份中恢复索引文件了。Lucene 内置了对热备份索引的支持，即使程序正在对索引添加文档时，Lucene 也能做到这点。因此，不要给自己拖延的借口——事先一点点准备都能为你避免后续大量的麻烦。

因此，我们现在就腾出手来解决性能调优的问题。

11.1 性能调优

很多应用程序在使用 Lucene 时都能获得很好的性能。但你可能会发现，当索引变大时，或者应用程序新增功能时，或者甚至你的网站用户数越来越大并需要处理越来越高的用户数量时，性能问题就凸显出来了。所幸的是，你可以使用很多方法来提升 Lucene 性能。

但首先需要确认你的应用程序确实需要更高的 Lucene 性能。性能调优是一项耗时、直接甚至能使你上瘾的工作。它会使你的应用程序变得更复杂，这可能会增加程序缺陷和程序维护费用。我们需要认真问问自己（如果有必要的话，可以对着一面镜子）：你的时间被正确地用于提升用户界面和性能调优了吗？其实你可以简单通过硬件升级来提升程序性能，这也是我们常用的第一选择。另外，永远别拿用户的搜索体验效果来换取性能提升：搜索程序必须让用户易于使用，要给用户带来最好的搜索体验，这永远是你的首要任务。这些任务也就是性能调优的代价，因此在决定进行性能调优之前，你得确认自己确实需要更高的程序性能。现在，你是否还要坚持进行性能调优呢？如果是的话，没问题，请往下阅读！

我们将首先从几个基本步骤开始，不管是哪种性能调优，我们都会用到这些步骤的。然后，如果你还需要进行更深的性能调优的话，我们会简要介绍一些最佳性能调优套路。如果没有确切的测试方法的话，你就没法衡量性能调优的效果。最后，我们将介绍搜索程序中几个重要的性能指标，它们是：索引-搜索时延、索引吞吐量、搜索时延和搜索吞吐量。我们还将针对这些指标列举具体的调优选项。

具体哪项性能指标更重要取决于应用程序的具体状况，并且可能随着时间变化而变换。通常，在初次建立索引时，索引吞吐量是最重要的，一旦初始索引建立完毕，索引-搜索时延和搜索时延就变得更加重要了。所以，你得确认具体需要优化哪项性能，因为某项性能调优通常都是以牺牲另一项性能为代价的。对于性能调优来说，处处存在着取舍。

下面我们介绍几个简单的性能调优步骤，这些步骤是能够提升所有性能指标的。

11.1.1 简单的性能调优步骤

在讨论具体性能指标之前，我们需要完成几个简单步骤，这几个步骤是与具体性能调优指标无关的。

- 使用固态磁盘（SSD）而不是磁盘作为系统存储设备。尽管固态磁盘价格贵不少，但它对性能提升的效果非常明显。大多数程序都可以直接用它而不必考虑性能取舍问题，并且固态盘的价格也会随着时间的推移而大幅降低。
- 升级到最新的 Lucene 版本。Lucene 的新版本通常都会好一些：性能会提高、以前版本的缺陷会得到修复，并且还会增加一些新功能。特别是在 2.3 版本中，Lucene 做出了大量针对索引操作的优化，而在版本 2.9 中，Lucene 则针对搜索作了很多优化。Lucene 开发社区做出了一个针对 API 版本向后兼容的明确承诺：小版本之间（如 3.1 版本到 3.2 版本）严格保留对应的 API，但主要版本之间（如 3.x 版本到 4.x 版本）则不一定完全保留对应的 API。因此，新发布的小版本应该只是一个 drop-in，请放心使用它们！
- 升级到最新的 Java 版本，然后再尝试对 JVM 进行性能调优。
- 使用-SERVER 开关选项运行 JVM，该选项能使 JVM 获得更快的网络吞吐量，但可能启动成本较高。
- 使用本地文件系统存储索引。本地文件系统通常会比远程文件系统运行更快。如果你担心本地磁盘损坏，可以使用 RAID 磁盘阵列来提供冗余空间。在任何情况下都需要确保进行索引备份（参见 11.4 小节）：因为系统的某个部分可能在将来某个时刻不可避免地出现严重错误。
- 运行 Java profiler 分析工具，或者收集自己使用 System.nanoTime 选项的大致时限，以确认性能问题实际上是由 Lucene 而不是其他应用程序引起的。对于很多应用程序来说，从数据库或文件系统中加载文档、将原始文档过滤为纯文本以及将文本语汇单元化都是很耗时的工作。而在搜索期间，通过 Lucene 展示搜索结果可能也会很耗时。看到这些，你可能会觉得惊讶吧。
- 重新打开 IndexWriter 或者 IndexReader/IndexSearcher 对象的频率不要超出必要次数。具体实现时，可以建立一个共享的实例，这样它就能使用很长时间，只在需要的时候才重新打开。
- 使用多线程。当代计算机的 CPU、I/O 和内存都有惊人的并行处理能力，并且这种能力会与日俱增。11.2 小节中介绍了多线程使用过程中需要处理的一些细节问题。
- 在自己的计算机内尽可能多地放置物理内存，并配置 Lucene 使之能全部利用这些内存（参见 11.3.3 小节）。但需要确保 Lucene 不占用过多内存以至于计算机会经常进行强制内存换页操作，或者 JVM 会经常被强制进行垃圾收集（GC）操作。

- 为程序的高峰使用期预留足够的内存、CPU 和文件描述符。具具代表意义的情况是，在程序运行的高峰时段（可能正在批量索引文档）开启一个新的搜索器。
- 关闭程序用不上的任何功能。一定要做到这点！
- 将多个文本域组合成一个，这样程序就只用搜索这一个域了。

这些最佳实践方案可能需要花费较多时间才能为你带来更好的系统性能。在完成这些步骤后，你可能已经获得预期的性能提升了。如果还没有达到自己的目标，那也不用担心：我们还有其他很多选项。首先我们需要一个能性能进行测试的方法。

11.1.2 测试方法

首先你需要建立一个简单且可重复的测试方法来测量自己想提升的性能指标。如果没有这个测量方法，我们就无法得知系统性能是否已经提升了。该测试需要能精确反映应用程序的运行状况。要做到这点，你可以尝试使用真实的文档，如果可能的话还可以进行实际的搜索并获取搜索日志。下一步，确认程序的性能基线。如果每次运行的效果迥异，那你可能得三次或多次运行该测试了，然后再记录情况最好的那次（低噪音情况）。

最后我们需要采用开放迭代方法（open-minded iterative approach），因为性能调优是需要一定经验的，并且调整效果通常会让人感到意外。至于是否能达到预期效果，我们要根据计算机的实际运行情况来评估。实施调整时，一般一次只调整一个地方，然后测试调整后的性能，如果性能指标有所提升则保留该调整方案。在确认有实际效果前，不要沉迷于全盘调整（neat tunning），因为一些调整可能会引起意想不到的性能降低，所以不要保留这些调整方案。在制定多个调整方案前，需要预估最“合算”的方案，因为这些方案往往很容易实施并且更容易取得效果，所以建议首先实施。当你已获得足够的性能提升时，建议停止性能调整工作以便将精力放其他重要问题的解决上来。性能调优方案列表可以经常重复实施，也可以在此基础上继续进行迭代。

如果以上所有尝试都未成功，那么请将问题提交到 Lucene Java 用户问题列表中（java-user@lucene.apache.org）。很有可能其他用户也遇到并且成功解决过类似问题，同时提交该问题也能促进针对 Lucene 性能提升的讨论。

在本章的测试中，我们将使用 contrib/benchmark 框架，具体请参考附录 C。该工具尤其适合建立和运行可重复的性能测试案例。目前该工具已能针对每个测试案例进行多次运行，包括修改每次运行的配置参数、测量性能指标和打印所有报告等。同时，该框架还包含大量的内置测试案例结合和文档资源提供选择。另外，你也可以直接运行自己的测试任务来扩展该框架。具体实施时，可以简单通过建立一个算法（.alg）文件，并通过使用自定义的脚本语言来描述测试任务。最后可按照如下方法运行：

```
cd contrib/benchmark
ant run-task -Dtask-alg=<file.alg> -Dtask.mem=XXXM
```

该代码会详细打印每一步测试的性能指标。.alg 文件还可以让其他人员能够轻易重复对应的测试结果：你只需要将文件发给他们运行即可。

各种不同类型的性能测试

在运行索引操作测试案例时，我们需要注意两点。首先，由于 Lucene 会周期性合并索引中的段，当你在不同设置下运行两个索引操作测试案例时，很有可能每个索引结果都会以不同合并状态的段结束。有可能第一个索引只包含 3 个段，因为它由较大的合并操作生成；而另一个索引却又包含了 17 个段。通过运行这样两个测试案例来比较对应的性能指标是不合理的，因为第一种情况下 Lucene 为了使索引结构更加紧凑会进行额外处理。这时，你所比较的是两种类型的性能情况，不具参考意义。

为解决这个问题，你可以将 mergeFactor 设置成较大数字，这样就能避免段的合并操作。这样做至少可以使得测试结果具有可比性。但是需要记住，这类测试结果数据并不是绝对精确的，因为在实际的程序运行环境中是不会关闭段合并操作的。只有在你并不想对段合并操作的性能损耗进行测试的情况下，这个测试案例才是有价值的。

其次，你的测试案例需要考虑到关闭 IndexWriter 所需的时长。在关闭操作期间，IndexWriter 会更新文档，还可能启动段合并操作，并等待后台操作结束。因此，在编写算法文件时需要考虑到 CloseIndex 任务，将它写入测试报告中。

下面我们看看性能调优的一些具体指标。

11.1.3 索引-搜索时延调优

索引-搜索时延是指从添加、更新或删除索引中的文档开始，直到用户在搜索中看见上述操作结果之间的时间跨度。对于很多应用程序来说，该性能指标是很重要的。但由于 Reader 通常只在被打开时的“特定时间”来展现索引，所以减少索引-搜索时延的唯一方法就是在程序中多次重新开启 Reader。

所幸的是，Lucene 2.9 中新加入的近实时搜索功能（详见 2.8 小节和 3.2.5 小节）会将这个转换时间维持在最小值，在实际使用中通常为几十毫秒。在使用 IndexWriter 完成索引修改后，你可以通过调用 IndexWriter.getReader()方法或者调用之前那个 IndexReader 的 reopen()方法来重新打开一个 Reader。但若这个操作若太频繁则会降低索引吞吐量，因为每次操作时，IndexWriter 都会将缓存中的数据写入磁盘。下面是一些关于减少转换时间的建议：

- 通过调用 IndexWriter.setMergedSegmentWarmer 使 IndexWriter 在新合并的段被搜索前激活它。在激活过程中（如果使用默认的 ConcurrentMergeScheduler 的话，该操作会通过后台进程完成），新的近实时 Reader 会保持打开状态并使用合并前的段。这在大段合并中尤其重要，它会减少后续针对近实时 Reader 的新搜索的时延。

- 尝试将 IndexWriter 类转换成 BalanceMergePolicy 类，后者可以在各个捐赠模块（参见 9.10 小节简述）中获取。该 MergePolicy 类被设计用来减少段合并操作，因为该操作会消耗大量 CPU 和 I/O 资源，从而对搜索性能带来不利影响。
- 有可能的话，将 IndexWriter 的 maxBufferedDocs 参数设小点。这样的话即使不重新的打开近实时 Reader，系统也会刷新小的段。尽管这会减少净索引率，但它实际上会将重新开启 Reader 的周期保持为最小值。
- 如果你只向索引添加文档，那么一定要使用 addDocumen 方法而不是 updateDocument 方法。因为使用 updateDocument 方法会增加系统开销，即使指定某个项也不会删除任何文档：IndexWriter 在创建新的近实时 Reader 时必须搜索每个被删除的项。

从好的方面来说，很多应用程序在创建初始索引或者批量更新索引期间只需要高的索引吞吐量。在这段时间内，索引-搜索时延并不重要，因为程序这时还没进行任何搜索操作。然而一旦程序建立好并开始使用索引的话，文档处理量就会减少，而这时索引-搜索时延开始变得重要起来，下一节我们来看看如何对 Lucene 索引吞吐量进行调优。

11.1.4 索引操作吞吐量调优

索引吞吐量主要用来衡量每秒钟编入索引的文档数量，该性能值取决于建立和更新索引的操作时耗。在 benchmark 架构中包含了几个内置的文档数据源可供我们用于测试，它们是：路透社语料库（Reuters corpus，对应 ReutersContentSource 类）、维基百科文章（Wikipedia articles，对应 EnwikiContentSource 类）和某个路径下能够被递归访问的.txt 格式的简单文档源（对应 DirContentSource 类）。在我们的测试中选用的是维基百科文档源。该数据源是一个大而分散的数据集合，能够很好地模拟实际的程序运行环境。若你需要建立自己的测试案例，可以建立包含文档源的子类 ContentSource，然后将之用于测试。

为了最大限度减少建立文档数据源的开销，我们会首先预处理 Wikipedia 中 XML 格式的文件，将之转换为单一的文本文件，该文件每一行都表示一个具体的文档。余下的步骤请参见图 11.1。程序中有一个内置的 WriteLineDoc 类可以逐步完成各个步骤。另外，最新的 Wikipedia 数据可以从 http://wikipedia.org 下载，下载后可以保留原压缩文件的.bz2 格式，因为 benchmark 架构是可以在运行中对该文件进行解压的。

接下来，按照如下算法来建立 createLineFile.alg 文件：

```
docs.file = /x/lucene/enwiki-20090724-pages-articles.xml.bz2
line.file.out = wikipedia.lines.txt
content.source.forever = false

{WriteLineDoc() >: *
```

该算法可以使用内置的EnwikiContentSource类完成，该类知道如何解析Wikipedia的XML格式文件，并随之一次性生成对应的测试文档。该类会反复运行WriteLineDoc任务，直到生成所有文档，然后在wikipedia.lines.txt文件的各行分别记录每个生成的文档。

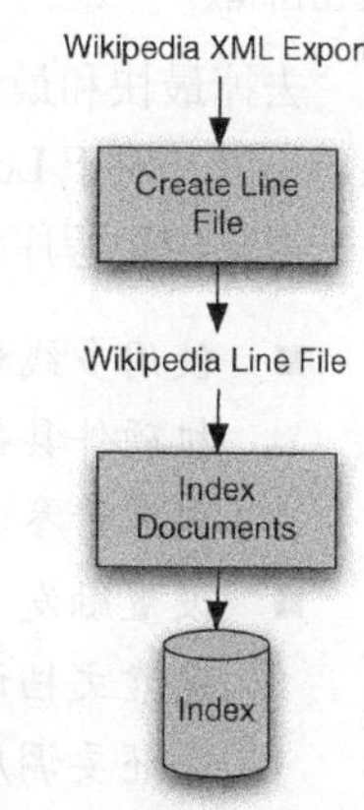

图 11.1 对 Wikipedia 文章进行索引吞吐量测试的步骤

在 shell 命令行运行如下命令：ant run-task-Dtask.alg=create-LineFile.alg，该运行过程会持续一段时间，中途你可以坐在旁边享受硬盘转动的声音，它会为你完成一切——如果你仍然在使用硬盘的话。程序会在运行中打印出被处理的文档数量，最后会生成一个大文件wikipedia.lines.txt，其中每一行都保存了一个文档。看，该操作很简单吧？

在一次性完成上述测试数据的搭建后，我们再运行测试。运行时使用高效的LineDocSource类作为我们的数据源对象。在后续的测试中最好将wikipedia.lines.txt文件存储于索引文件相同目录（contrib/benchmark/work/index），这样可以使得程序在进行读文档和写索引等I/O操作时不至于发生冲突。下面我们开始运行程序11.1中的算法：

程序 11.1 使用 Wikipedia 文档测试索引吞吐量

```
analyzer=org.apache.lucene.analysis.standard.StandardAnalyzer
content.source=org.apache.lucene.benchmark.byTask.feeds.LineDocSource
directory=FSDirectory

doc.stored = true                                    <- 使用域存储和项向量
doc.term.vectors = true
docs.file=/x/lucene/enwiki-20090306-lines.txt

{ "Rounds"                                           <- 运行测试案例三次
  ResetSystemErase
  { "BuildIndex"
    -CreateIndex
    { "AddDocs" AddDoc > : 200000                    <- 添加前 200 000 个文档
    -CloseIndex
  }
  NewRound
} : 3

RepSumByPrefRound BuildIndex                         <- 结果报表
```

以上算法使用StandardAnalyzer三次针对前200 000个文档建立索引。程序最后会为每次运行输出一行摘要。如果你是在实际运行环境中索引Wikipedia文档，那么需要使用基于contrib/wikipedia目录下的Wikipedia专用语汇单元化分析器。该分析器知道诸如[[Category:…]]等Wikipedia文档格式。由于我们这里只是在测量程序的索引吞吐量，使用StandardAnalyzer类就可以了。最后的程序输出类似如下：

```
Operation round runCnt recsPerRun rec/s elapsedSec avgUsedMem avgTotalMem
BuildIndex    0     1     200000 550.7    363.19 33,967,816  39,915,520
BuildIndex -  1 -   1 -   200000 557.3 -  358.85 24,595,904  41,435,136
BuildIndex    2     1     200000 558.4    358.17 23,531,816  41,435,136
```

去掉最快和最慢的两次运行结果，本次索引吞吐量测试结果为 557.3 个文档/秒，效果还可以。对于 Lucene 2.3 来说，默认的索引吞吐量有了实质性的提高。下面介绍一些用于提高应用程序索引吞吐量的具体方案。

- 使用多线程。这是你能作出的对程序性能影响最大的一个方案，特别是当计算机硬件具备大量的并发处理能力时。有关 IndexWriter 内置多线程方案的具体内容请参考 11.2.1 节。
- 设置触发 IndexWriter 刷新的事件，将之设置为通过内存使用量来刷新，而不是靠文档计数来刷新。这也是 Lucene 2.3 版本的默认设置，但如果你的应用程序还要调用 setMaxBufferedDocs 方法，那么需要改为调用 setRAMBufferSizeMB 方法。这里你需要对不同的内存缓冲容量分别进行测试，通常在每个程序运行点缓冲越大性能越好。另外，需要确认程序对内存的用量不会太高，以至于 JVM 被频繁地强制运行垃圾收集，或者计算机被强制启动内存交换（参见 11.3.3 小节）。另外，若要改变 IndexWriter 所使用的内存缓冲容量，可以在你的算法中要使用选项 ram.flush.mb。
- 关掉复杂文件格式选项（IndexWriter.setUseCompoundFile(false)）。在索引期间若使用复杂文件格式会消耗一些处理时间。采用该方案你会发现程序在搜索期间会有一个小的性能提升。但需要注意的是，这个方案需要多得多的文件描述符以用于 reader 打开它们（详见 11.3.2 小节），因此你可以减小 mergeFactor 值以避免达到文件描述符数量上限。关闭复杂文件格式选项可以通过设置 compound=false 实现。
- 对 Document 实例和 Field 实例进行重用。对于 Lucene 2.3 版本来说，Field 实例允许你对其值进行修改。如果你要处理的文档是高度规则的（大多数情况下是这样的），那么可以创建单个 Document 实例，并用它来容纳 Field 实例。这里只需要根据情况来修改 Field 值，然后调用同一 Documents 实例的 addDocuement 方法即可。DocMaker 对象已经在做这类处理了，但你可以关掉这个操作，方法是在你的算法中添加代码 doc.reuse.fields=false。
- 针对不同的 mergeFactor 值进行测试。更高的值意味着索引期间更低的段合并开销，但同时也意味着更慢的搜索速度，因为此时的索引通常会包含更多的段。注意：如果将该值设置得太高，并且同时关闭了复杂文件格式选项的话，程序可能会达到操作系统的文件描述符上限（详见 11.3.2 小节）。对于 Lucene 2.3 版本来说，段合并操作是在索引期间由后台程序完成的，因此这是一个自动利用并发机制的方式。较高的 mergeFactor 值能获得更高的索引性能，但若在最后进行索引优化，那么较低的 mergeFactor 值会带来更快的优化速度，因为在索引操作期间程序会利用并发机制完成段合并操作。建议针对你的应用程序分别进行高低多种值的测试，用计算机的实际性能来告诉你最优值：实际测试效果可能会使你惊讶的！

- 谨慎使用 optimize() 方法，最好是使用 optimize(maxNumSegments) 方法来代替。该方法会将索引所包含的最大段数量优化至 maxNumSegments 值（而不是长期保持为一个段），这可以大量减少索引优化开销，同时也能较大地提高搜索速度。优化操作是很耗时的，如果程序的搜索性能在不进行优化的情况下也可以接受的话，那么建议永远别进行优化操作。
- 将文档索引到各个分离的索引中，或者有可能是位于不同计算机上的各个分离索引中，然后调用 IndexWriter.addIndexesNoOptimize 方法来合并这些索引。不要使用较早的 addIndexes 方法，它经常会额外且不必要地调用 optimize() 方法。
- 对文档创建速度和文档语汇单元化操作速度进行测试，方法是在你的算法中使用 ReadTokens 任务。该任务会逐个访问文档中的每个域，并使用指定的分析器对它们进行语汇单元化操作。这里是不对文档进行索引的，所以这是一个对文档创建速度和语汇单元化开销进行单独测试的很好方式。运行该算法，并使用 StandardAnalyzer 对 Wikipedia 中首先出现的 200 000 个文档进行语汇单元化操作：

```
analyzer=org.apache.lucene.analysis.standard.StandardAnalyzer
content.source=org.apache.lucene.benchmark.byTask.feeds.LineDocSource
docs.file=/x/lucene/enwiki-20090306-lines.txt
{ "Rounds"
  ResetSystemErase
  { ReadTokens > : 200000
  NewRound
} : 3
RepSumByPrefRound ReadTokens
```

以上代码的输出如下：

```
Operation round run recsPerRun        rec/s elapsedSec avgUsedMem avgTotalMem
ReadTokens_N  0    1  161783312 1,239,927.9     130.48  2,774,040   2,924,544
ReadTokens_N  1 -  1  161783312 1,259,857.2  -  128.41  2,774,112 - 2,924,544
ReadTokens_N  2    1  161783312 1,253,862.0     129.03  2,774,184   2,924,544
```

- 去掉最快和最慢两次运行，我们可以发现对文档简单进行检索和语汇单元化操作会耗时 129.03 秒，这段耗时只占我们测试基线中索引耗时的 27%。该值是非常小的，因为我们使用了 LineDocSource 对象作为内容源。在实际的应用程序中，创建、过滤和语汇单元化文档等操作的开销会大得多。建议你用自己的 ContentSource 来试试吧！

下面我们将前述几条方案进行合并。我们将对同样 200 000 个来自于 Wikipedia 的文档进行索引，但会修改我们的参数设置，以提高索引吞入量。我们将关闭 compound 选项、将 mergeFactor 值提高为 30、将 ram.flush.mb 值设置为 128、并使用 5 个线程进行索引。最后的算法文件如程序 11.2 所示。

程序 11.2　使用多线程、compound、额外内存和更大的 mergeFactor 值进行索引

```
analyzer=org.apache.lucene.analysis.standard.StandardAnalyzer
content.source=org.apache.lucene.benchmark.byTask.feeds.LineDocSource
directory=FSDirectory

docs.file=/x/lucene/enwiki-20090306-lines.txt

doc.stored = true
doc.term.vector = true
ram.flush.mb = 128
compound = false
merge.factor = 30

log.step=1000

{ "Rounds"
  ResetSystemErase
  { "BuildIndex"
    -CreateIndex
    [ { "AddDocs" AddDoc > : 40000] : 5        使用 5 个线程并行处理
    -CloseIndex
  }
  NewRound
} : 3

RepSumByPrefRound BuildIndex
```

运行程序 11.2，输出结果如下：

```
Operation round runCnt recsPerRun rec/s elapsedSec  avgUsedMem avgTotalMem
BuildIndex    0      1     200000 879.5      227.40 166,013,008 205,398,016
BuildIndex  - 1  -   1  -  200000 899.7  -   222.29 167,390,016 255,639,552
BuildIndex    2      1     200000 916.8      218.15 174,252,944 276,684,800
```

我们可以发现，这时的性能变得更好了：每秒索引 899.7 个文档！在你的测试中，必须对每种情况进行测试，一次测试一种情况，然后保留最好的那个方案。

现在你已明白了吧！正如我们所看到的，Lucene 的外部索引吞吐量是不错的。但若采取一些简单的调优方案，就能获得更好的效果。下面我们将介绍搜索性能调优。

11.1.5　搜索时延和搜索吞吐量调优

搜索时延主要用来衡量用户等待搜索结果所需要的时间。用户等待搜索结果的时间不能超过一秒，而理想情况下搜索时延更需要短的多。你可以用用 Google 搜索引擎，体验一下每次需要等待多久才能得到搜索结果。搜索吞吐量则主要用来衡量应用程序每秒能够处理多少个搜索任务。以上两个性能指标是相互制约的：若要在同一硬件设备上缩短搜索时延，那么同时也必然会减小搜索吞吐量。这是一个零和规则，讨论前我们假定了该计算机上运行着足够多的搜索线程，以充分利用其计算资源（当然这样做也是应该的）。

测量搜索时延和搜索吞吐量的最好方法是使用独立的负载测试工具进行，如 Grinder 或 Apache JMeter 工具等。这些工具能模拟多个用户的并发操作，并汇总搜索时延和搜索吞吐量。另外，这些工具还可以对搜索程序进行端对端测试，对应于真实用户在 Web 页面的搜索操作。强调这种测试方式是很重要的，因为应用程序在处理诸如搜索请求提交、搜索结果返回、HTML 页面展现搜索结果等过程中很有可能碰到意外的时延。因此我们得记住：在当代搜索引擎中会出现累积时延，因此一定要针对调用 Lucene 前后的各个步骤进行测试，以确认是否是由 Lucene 引起的搜索时延，然后再加以调优。

在进行搜索性能测试时，我们要尽量采用真实用户真实搜索的方式。在有可能的情况下，要从搜索日志中挑出所有搜索处理过程，然后以同样的顺序进行重放并通过搜索日志进行计时。在模拟多用户并发操作时，可以采用多线程进行，同时要确保该模拟操作充分使用了计算机的并发处理机制。测试案例还需要包括后续搜索功能，如在测试过程中进行页面点击等操作。总之，测试案例越接近“实际情况”，测试结果也就越精确。举例来说，如果你已建立了一个小型的手动测试案例集，并反复运行这些测试案例，这种情况下会发现系统性能非常不错，因为操作系统已经提前将所需数据从磁盘加载到 I/O 缓存中了。为了修正这个缺陷，在有可能的情况下，你可以在每次运行测试案例前将这些缓存清空。但这个做法又会带来另外一个问题：测试结果并没有显示的那么差，因为实际情况下 I/O 缓存会相当程度地提高程序性能的。

下面是一些用于提升程序运行性能的步骤。

- 通过调用 IndexReader.open(dir)或者 IndexReader.open(dir,true)方法以只读方式使用 IndexReader（上述调用方式默认以只读方式使用）。以只读方式使用 IndexReader 能得到更好的并发运行效果，因为这种调用方式可以避免一些针对内部数据结构的同步处理。当打开 IndexReader 时，系统默认的处理方式就是只读的。
- 如果应用程序未运行在 Windows 平台上，那么请使用 NIOFSDirectory，这能比 FSDirectory 带来更好的并发运行效果。如果应用程序运行在 64 位 JVM 上，还可以试试 MMapDirectory。
- 减少用户和 Lucene 之间的每步操作中不必要的时延。举例来说，要确保供多个线程共同访问的搜索请求队列是先进先出的，以使搜索结果按照搜索请求的排队顺序返回。同时还要确保 Lucene 返回搜索结果的速度要快。
- 确保使用足够多的线程来充分利用计算机的硬件资源（详见 11.2.2 小节）。在吞吐量持续增加的情况下要继续增加线程数，直到吞吐量不再增加为止，但也不能增加太多线程以至于搜索时延越来越恶化。这里我们需要找到该临界点。
- 在实际运行程序前对它们进行激活。因为首次使用某个排序时，必须将相关的域写入 FieldCache 对象中。预处理可以通过为可能参与排序的域进行一次搜索处理来实现（参见 11.1.2 小节）。

- 如果可以使用 RAM.FieldCache 将所有被保存的域写入 RAM 的话，推荐使用 FieldCache 而不直接使用被保存的域，因为后者必须针对每个文档而被写会磁盘。将域写入 FieldCache 对象的过程比较消耗系统资源（CPU 和 I/O 资源），但该操作只在首次访问时针对每个域进行一次。一旦将域写入 FieldCache 对象，后续对它们的访问就非常快了，只要操作系统不针对 JVM 的内存进行换页操作。
- 减少对 mergeFactor 的使用，以使索引中保存较少的段。
- 关闭使用索引的复合文件格式。
- 限制使用项向量，因为检索它们的过程会很慢。如果必须使用项向量的话，只在需要的搜索中使用它们。可以使用 TermVectorMapper（参见 5.9.3 小节）类仔细挑选那些需要使用项向量的搜索。
- 如果必须加载被存储的域，可以使用 FieldSelector（参见 5.10 小节）类将域限制在需要加载的范围内。对于较大的域来说，可以使用延迟加载方式，这样就只在需要的时候才加载该域的内容。
- 针对索引周期性运行 optimize 或者 optimize（maxNumSegments）方法进行优化。
- 搜索结果条数要根据需要来设定。
- 只在必要情况下重新打开 IndexReader 类。
- 调用 query.rewrite().toString() 方法打印搜索结果。这是 Lucene 实际运行的搜索方式。你可能会惊奇地发现诸如 FuzzyQuery 和 TermRangeQuery 对象是如何重写自身的。
- 如果程序要使用 FuzzyQuery 类（参见 3.4.8 小节），请将最小前缀长度值设置成大于 0（例如 3）。这样才能在实际运行时增加 minimumSimilarity 值。

注意其中一些步骤是会影响索引吞吐量的，因为它们是相互制约的。你必须为自己的程序找到正确的性能平衡点。

现在我们已讲完性能调优内容，你已了解到如何进行性能测量（包括相互冲突的性能指标），以及针对各个性能指标进行调优的多种方式。下面我们看看如何利用多线程进行并行处理。

11.2 多线程和并行处理

当代计算机硬件都能高度支持并行处理。摩尔定律继续适用，但具体表现形式不再是更高的 CPU 时钟频率了，而是更多的 CPU 内核。不仅仅是 CPU 如此，目前硬件设备支持本机命令排队功能（native command queuing），它能一次性接收多个 I/O 操作请求，并将之重新排序以更有效的使用硬盘磁头。即使固态硬盘也支持该功能，并且还做的更好：它使用多个通道来并行访问闪存。同样，RAM 提供的访问接口也实现了多通道处理方式。既然如此，访问这些硬件资源的方式也可以是并行的：当某个线程阻塞等待 I/O 资源时，另外一个线程此时正在使用 CPU 资源，这样我们就实现了并行处理。

因此，并发处理的关键在于使用多线程进行索引和搜索操作，否则就无法充分利用计算机资源，正如购买一艘快艇却让它的航行时速不超过 20 英里那样。或许使用多线程方式是你最能提高程序性能的方案。具体实施时，需要根据经验进行测试以找出合适的程序线程数，同时要对索引、搜索的时延和吞吐量进行权衡。总的来说，首先需要在程序中加入更多线程，以便能观察到在吞吐量提高的同时时延也在增加。然后当你获得合适的线程数后，在此基础上若继续增加线程数会发现吞吐量不再增加，反而由于多余的线程导致程序上下文切换开销增大而使得吞吐量有所下降，同时时延还是增加了。

偏巧的是，使用多线程也有不利的一面，如果你以前也使用过多线程就很容易发现：它们会大量地增加应用程序的复杂度。这样，你必须仔细使用同步方法（但不要过多使用），修改性能测试案例以更好地使用线程、管理线程池，以及在恰当的时机生成和加入新线程。这需要你多花点时间研究 java.util.concurrent 相关的 Java 文档。在使用多线程时可能会新出现一些间歇性程序缺陷，如死锁或 ConcurrentModificationException 异常（出现原因可能是多个线程未能按照同样的顺序获取线程锁）以及其他因丢失同步而导致的问题。对于多线程机制的测试是比较困难的，因为每次运行测试案例时，这些线程都是由 JVM 控制在不同时刻运行的。综上所述，多线程机制是否值得我们引入呢？

答案是肯定的。Lucene 已经通过精巧的设计，能够很好地利用多线程机制。Lucene 是线程安全的：它能完美地支持多线程共享 IndexSearcher、IndexReader、IndexWriter 等对象。Lucene 还是线程友好的：它将同步代码模块压缩到最小，以便多线程能够充分利用计算机的并发机制。事实上，Lucene 2.3 版本就已能很好利用多线程机制了：ConcurrentMergeScheduler 类就是使用多个后台线程来合并索引段，因此在 IndexWriter 中新增和删除文档就不会被段合并操作所阻塞。你可以通过设置 merge.scheduler 属性来实现自己的段合并算法。例如，若要通过 SerialMergeScheduler 类（该类用来匹配 Lucene 2.3 版本之前的合并段）来测试索引操作的话，可以在自己的算法中加入代码 merge.scheduler = org.apache.lucene.index.Serial-MergeScheduler 实现。

本节我们将展示如何在索引和搜索期间平衡线程数量，并顺带提供两个类来简化并发实现。

11.2.1 使用多线程进行索引操作

图 11.2 展示了 ThreadIndexWriter 这个简单工具类的实现，该类继承于

IndexWriter 基类并使用 java.util.concurrent 来管理多线程，从而实现文档添加和更新操作。该类简化了多线程索引操作，因为对应的线程细节对你来说都是透明的。该类还可以应用于其他使用 IndexWriter 类的场合，但是如果你需要使用 IndexWriter 某个专门的初始化方法的话，则需要对 IndexWriter 类进行修改。需要注意的是，该类并没有重载 IndexWriter 类的 commit() 和 prepareCommit() 方法，所以若要向索引一次性提交所有变更，则需要关闭这两个方法。

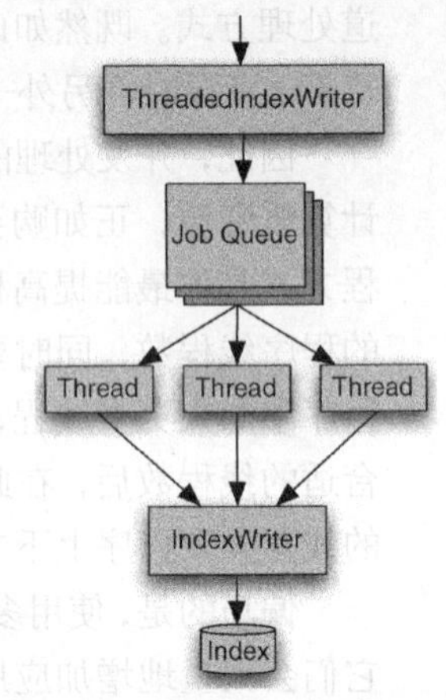

图 11.2 ThreadedIndexWriter 类的多线程管理

所有程序代码如程序 11.3 所示。在初始化该对象时需要指定需要的线程数和队列长度。测试时可通过多种组合值来寻找性能平衡点，对于索引操作来说，numThreads 线程数量的经验值是对应计算机 CPU 中核心数量加 1；对于队列长度来说，可以将 maxQueueSize 设置为 4*numThreads。如果你想在索引期间使用更多线程，加入更大的 RAM 缓存应该会更好，所以在测试过程中可以试试多个线程数量和 RAM 缓存数量的组合以获取最佳性能表现。另外，在测试过程中可以通过进程管理工具进行观察，如 UNIX 系统的 top 或 ps 命令、Windows 系统的任务管理器或者 Mac OS X 的动态管理器等，以确认程序运行期间 CPU 的使用率能够接近 100%。

程序 11.3 本书附带的使用多线程进行索引操作的 IndexWriter 子类

```
public class ThreadedIndexWriter extends IndexWriter {
  private ExecutorService threadPool;
  private Analyzer defaultAnalyzer;
  private class Job implements Runnable {          ◁ 获取一个将被编入索引的文档
    Document doc;
    Analyzer analyzer;
    Term delTerm;
    public Job(Document doc, Term delTerm, Analyzer analyzer) {
      this.doc = doc;
      this.analyzer = analyzer;
      this.delTerm = delTerm;
    }
    public void run() {                            ◁ 实际新增加更新文档
      try {
        if (delTerm != null) {
          ThreadedIndexWriter.super.updateDocument(delTerm, doc, analyzer);
        } else {
          ThreadedIndexWriter.super.addDocument(doc, analyzer);
        }
      } catch (IOException ioe) {
        throw new RuntimeException(ioe);
```

```
      }
    }
  }

  public ThreadedIndexWriter(Directory dir, Analyzer a,
                             boolean create, int numThreads,
                             int maxQueueSize,
                             IndexWriter.MaxFieldLength mfl)
       throws CorruptIndexException, IOException {
    super(dir, a, create, mfl);
    defaultAnalyzer = a;
    threadPool = new ThreadPoolExecutor(         <—— 建立线程池
          numThreads, numThreads,
          0, TimeUnit.SECONDS,
          new ArrayBlockingQueue<Runnable>(maxQueueSize, false),
          new ThreadPoolExecutor.CallerRunsPolicy());
  }

  public void addDocument(Document doc) {
    threadPool.execute(new Job(doc, null, defaultAnalyzer));
  }

  public void addDocument(Document doc, Analyzer a) {
    threadPool.execute(new Job(doc, null, a));          使用线程池完成
  }                                                     操作

  public void updateDocument(Term term, Document doc) {
    threadPool.execute(new Job(doc, term, defaultAnalyzer));
  }

  public void updateDocument(Term term, Document doc, Analyzer a) {
    threadPool.execute(new Job(doc, term, a));
  }

  public void close()
      throws CorruptIndexException, IOException {
    finish();

    super.close();
  }

  public void close(boolean doWait)
      throws CorruptIndexException, IOException {
    finish();
    super.close(doWait);
  }

  public void rollback()
      throws CorruptIndexException, IOException {
    finish();
    super.rollback();
  }
                                          关闭线程池
  private void finish() {               <—
    threadPool.shutdown();
    while(true) {
      try {
        if (threadPool.awaitTermination(Long.MAX_VALUE, TimeUnit.SECONDS)) {
          break;
        }
      } catch (InterruptedException ie) {
        Thread.currentThread().interrupt();
        throw new RuntimeException(ie);
```

```
      }
    }
  }
}
```

该类重载了 addDocument() 方法和 updateDocument() 方法：当调用其中一个方法时，程序会实例化一个 Job 对象，并将之加入线程池的工作队列中。如果队列此时未满，程序会将控制权交还给调用线程。否则，调用线程会马上进行处理。程序会在后台唤醒一个工作线程，并从前端工作队列中获取任务，然后完成对应处理。你的程序在使用该类时，就不能再使用 Document 或 Field 实例了，因为此时你已无法精确控制何时索引 Document 对象了。该类还重载了 close() 方法和 rollback() 方法，程序首先会关闭线程池以确认队列中所有的文档新增和更新操作都已完成。

下面我们试试在 benchmark 框架中使用 ThreadIndexWriter，这种方式能轻易建立一个自定义任务。CreateThreadIndexTask.java 如程序 11.4 所示。

程序 11.4 向 contrib/benchmark 中添加自定义任务

```
public class CreateThreadedIndexTask extends CreateIndexTask {

  public CreateThreadedIndexTask(PerfRunData runData) {
    super(runData);
  }

  public int doLogic() throws IOException {
    PerfRunData runData = getRunData();
    Config config = runData.getConfig();
    IndexWriter writer = new ThreadedIndexWriter(
                                 runData.getDirectory(),
                                 runData.getAnalyzer(),
                                 true,
                                 config.get("writer.num.threads", 4),
                                 config.get("writer.max.thread.queue.size",
                                            20),
                                 IndexWriter.MaxFieldLength.UNLIMITED);
    CreateIndexTask.setIndexWriterConfig(writer, config);
    runData.setIndexWriter(writer);
    return 1;
  }
}
```

程序以 11.2.3 节的基本算法为基础建立了一个新的算法，改动点如下：

- 用 CreateThreadedIndex 类代替 CreateIndex 类；
- 新增 doc.reuse.fields=false，通知 DocMaker 不要重用域；
- 可选择地设置 writer.num.threads 和 writer.max.thread.queue.size 用来测试不同值。

编译 CreateThreadIndexTask.java 文件，然后按照如下方式运行，以便程序知道如何找寻新创建的任务：

```
ant run-task
  -Dtask.alg=indexWikiLine.alg
  -Dbenchmark.ext.classpath=/path/to/my/classes
```

正常情况下你会发现程序比原来运行得更快了。如果你的程序在此前已经使用多线程进行索引操作了，那么就没必要使用这个类；该类作为本书附带的工具，主要为还没有使用多线程索引的程序提供有效的多线程使用方案。现在，你可以随意使用该类来调用 IndexWriter，以利用计算机的并发机制了。下面我们看看搜索期间如何使用多线程处理。

11.2.2 使用多线程进行搜索操作

所幸的是，现代的 Web 服务器或应用程序服务器都能解决大部分的多线程问题：它们支持先进先出的请求队列，以及针对该请求队列的服务线程池。这意味着你大量的系统构建工作已经由它们完成了，所有你需要做的就是创建基于用户请求的查询语句、调用 IndexSearcher 以及返回搜索结果等几项了。这项工作是很简单的，如果你的 Lucene 没有运行在 Web 应用程序中，那么可以从 java.util.concurrent 中获取有关线程池的技术支持。

你需要确认已将线程池大小调整到最优，以便充分利用计算机的并发机制。同样，还需要调整程序允许的最大请求队列值以便于搜索，因为当你的网站某天突然变得流行时，每秒都得处理很多用户的搜索请求，这时你的网站得针对超限的请求返回 HTTP 500 Server Too Busy 出错信息，而不是让这些请求永远在队列中等待。这还能确保你的应用程序能在访问量超限时能够很好地进行恢复操作。为了做到这点，你需要进行对应的压力测试。

还有一个棘手的问题，且 Web 服务器不能处理该问题，那就是在索引文件发生改变时需要重新打开搜索器。由于 IndexWriter 类只了解其打开时间点的索引内容，一旦索引发生改变，程序需要重新打开 IndexWriter 以便准确搜索更新后的索引。遗憾的是，该操作需要付出较大代价，它会消耗大量的 CPU 和 I/O 资源。然而对于一些应用程序来说，通过该操作减少索引-搜索时延还是值得的，这要求应用程序频繁地开启搜索器。

多线程方案会给搜索器的重启操作带来挑战，因为重启搜索器只能等到所有使用该搜索器的线程都完成操作才能开始，这些操作还包括对 IndexSearcher.search 返回的搜索结果进行遍历。除此之外，你还可能想要将旧的搜索器保留到所有搜索上下文（搜索上下文包括初始搜索器和后续的诸如页面点击等操作）都结束或者超时为止。举例来说，如用户在搜索结果页面进行进一步点击，那么后续生成的每个页面对于服务器来说都是一个新的搜索过程。此时如果在页面跳转期间突然更新搜索器，那么每个页面的文档都可能发生变化，用户也因此会在页面发现搜索结果重复或者丢失。这类无法预期的结果会损害用户的搜索体验效果——而这对于搜索应用程序来说可能是致命的。为了避免出现这个问题，在有可能的情况下，建议针对旧的搜索重新发送和生成搜索结果页面。

程序 11.5 展示了一个实用的工具类 SearcherManager，该类在进行多线程的情况下隐藏了上述棘手的细节。它能通过 Directory 实例打开 reader（在你不需要直接访问处于更新操作中的 IndexWriter 实例的情况下），还能以获取近实时 reader 的方式通过 IndexWriter 实例来打开 reader（近实时搜索的相关内容详见 3.2.5 小节）。

程序 11.5 实用多线程方式安全重启 IndexSearcher

```
public class SearcherManager {

  private IndexSearcher currentSearcher;        // 保留当前 IndexSearcher
  private IndexWriter writer;

  public SearcherManager(Directory dir) throws IOException {   // ❶

  currentSearcher = new IndexSearcher(                         // 通过 Directory 实
                          IndexReader.open(dir));              // 例创建搜索器
  warm(currentSearcher);
}

public SearcherManager(IndexWriter writer) throws IOException {  // ❷
  this.writer = writer;
  currentSearcher = new IndexSearcher(                         // 通过近实时 reader 创建
                          writer.getReader());                 // 搜索器
  warm(currentSearcher);

  writer.setMergedSegmentWarmer(
    new IndexWriter.IndexReaderWarmer() {                      // ❸
      public void warm(IndexReader reader) throws IOException {
        SearcherManager.this.warm(new IndexSearcher(reader));
      }
    });
}

public void warm(IndexSearcher searcher)                       // 子类实现
  throws IOException
{}

private boolean reopening;

private synchronized void startReopen()
  throws InterruptedException {
  while (reopening) {
    wait();
  }
  reopening = true;
}

private synchronized void doneReopen() {
  reopening = false;
  notifyAll();
}

public void maybeReopen()                                      // 重启 reader
  throws InterruptedException,
         IOException {

  startReopen();

  try {
    final IndexSearcher searcher = get();
    try {
```

```
      IndexReader newReader = currentSearcher.getIndexReader().reopen();
      if (newReader != currentSearcher.getIndexReader()) {
        IndexSearcher newSearcher = new IndexSearcher(newReader);
        if (writer == null) {
          warm(newSearcher);
        }
        swapSearcher(newSearcher);
      }
    } finally {
      release(searcher);
    }
  } finally {
    doneReopen();
  }
}
                                                            返回当前 searcher
public synchronized IndexSearcher get() {                 <-
  currentSearcher.getIndexReader().incRef();
  return currentSearcher;
}

public synchronized void release(                    释放 Searcher
          IndexSearcher searcher)
  throws IOException {
  searcher.getIndexReader().decRef();
}
private synchronized void swapSearcher(IndexSearcher newSearcher)
  throws IOException {
  release(currentSearcher);
  currentSearcher = newSearcher;
}

public void close() throws IOException {
  swapSearcher(null);
}
}
```

该类通过调用 IndexReader.reopen()接口来高效打开一个新的 IndexReader，新的 IndexReader 可能和对应的旧实例共享一些 SegmentReaders 实例。该类在应用程序中只需要实例化一次即可——例如将它命名为 searchManager——然后在需要进行搜索的任何时刻可以用它访问 IndexSearcher。需要注意的是，该类不会关闭 IndexSearcher。这个设计是有道理的，因为当程序在创建 IndexSearcher 时，如果如果已经打开了 IndexReader，那么 IndexSearcher.close()方法就不会生效，以上例程也说明了这一点。

如果程序需要直接访问索引更新过程中的 IndexWriter 的话，最好是调用以 IndexWriter 为参数的初始化方法❷。这样能获得更高的重启性能：SearchManager 调用了 IndexWriter 的近实时 getReader 接口，并且程序不必在重启之前调用 IndexWriter.commit 方法。SearcherManager 还会调用 setMergedSegmentWarmer❸，以确保新合并的段已经传递给 warm()方法了。

另一方面，可以使用包含 Directory 实例作为参数的初始化方法❶，这样可以直接打开 IndexSearcher。在程序需要搜索器的任何时刻都可以进行如下操作：

```
IndexSearcher searcher = searcherManager.get()
try {
  // do searching & rendering here…
} finally {
  searcherManager.release(searcher);
}
```

每次调用 get()方法后都需要调用对应的 release()方法，编程时最好是使用 try/finally 子句。

需要注意的是，该类不会针对自身进行重启操作。而你的程序必须视情况通过调用 maybeReopen()方法来进行。举例来说，调用该方法的一个最好时机就是在 IndexWriter 完成索引更新操作之后。如果程序直接将 Directory 实例作为参数传递给 SearcherManager 初始化方法，那么需要确认在调用 maybeReopen()之前已将 IndexWriter 进行的所有更新提交完毕。如果是在测试过程中观察重启速度的话，你也可以简单地在处理搜索请求时调用 maybeReopen()方法。当然还可以使用专门的后台线程来调用 maybeReopen()方法。无论如何，程序需要在新搜索器能用于搜索之前，建立实现 warm()方法的子类以运行针对旧搜索器的重启操作。

至此我们已讲完如何采用多线程运行 Lucene。尽管新增线程会增加程序的复杂度，但我们可以通过本书提供的工具类在索引和搜索处理时轻松获取多线程处理效果。下节我们将探究 Lucene 对计算机资源的利用情况。

11.3 资源消耗管理

正如其他软件一样，Lucene 也需要一些宝贵的计算机资源以完成对应的任务。计算机的一些资源是有限的，如磁盘空间、文件描述符数量以及内存容量等。Lucene 在运行期间也必须跟其他程序共享这些计算机资源。因此，理解 Lucene 如何利用这些资源，以及你能在该过程中如何进行控制将能使你的搜索应用程序保持健康运行。你可能猜测 Lucene 对磁盘的使用是和被添加文档的大小之和成正比的，但实际情况可能使你大为吃惊。类似地，Lucene 对开启的文件描述符的使用也是让人料想不到的：针对 Lucene 配置选项的一些改动可能大幅改变它对文件描述符的使用量。最后，为了控制 Lucene 的内存消耗量，你将明白为什么不要总是让 Lucene 访问计算机所有的内存。

下面我们以最受大家欢迎的话题开始：即 Lucene 需要多少磁盘空间？接下来我们将介绍 Lucene 对开启的文件描述符的使用情况，最后再介绍 Lucene 的内存使用情况。

11.3.1 磁盘空间管理

Lucene 对磁盘空间的使用状况取决于多个因素。对于只索引了一个纯文本域的索引来说，它占用的磁盘空间只有原始文本大小的 1/3。而在另一种极端情况下，若索引存储的内容是域、带有位置信息和位置偏移量的项向量、大量被删除文档以及一个读取该索引的已打开 reader，以及在优化过的运行状态的话，该索引会很容易占用超过自身文本大小 10 倍的硬盘空间！这种大跨度的变化和不可预测性使我们有必要对 Lucene 索引所占用的磁盘空间进行管理。

图 11.3 展示了 Lucene 在对 Wikipedia 的所有文档进行索引时，随着时间推移所占用的磁盘空间变化情况，最后时刻我们调用了磁盘空间优化方法。程序最后占用的磁盘空间为 14.2GB，但峰值却为 32.4GB，此时程序正运行多个并发的索引段合并操作。你会很快发现该图存在一些不稳定性：图中磁盘空间的使用量并不是随着时间变化而直线增长的，当程序向索引中添加文档时，磁盘空间的使用量会随着索引段合并操作而突然呈直线上升趋势，然后当合并操作结束时又会很快回落，从而在总体上呈现跳跃的锯齿状趋势。而锯齿状跳跃的幅度则对应于合并操作的规模（即被合并的所有段的净尺寸）。此外，在使用 `ConcurrentMergeScheduler` 类的情况下，对于一些大段的合并会立即引起更大的临时性磁盘使用量。

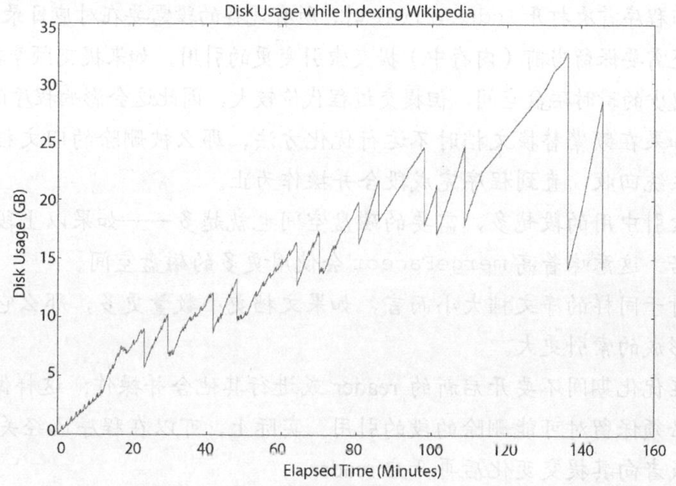

图 11.3 对 Wikipedia 文档进行索引所需要的磁盘空间，最后时刻程序调用了优化方法

在磁盘使用空间如此剧烈波动的情况下我们该如何进行管理呢？所幸的是，有种方法可以解决这个问题。只要你了解后台程序的具体运行状况，那么就可以预测和获悉 Lucene 对磁盘的使用状况。同时，程序也必须了解当 Lucene 写索引时磁盘空间是否已经用完，以免索引文件因此受到损坏。

对于搜索程序来说，重要的是区分索引操作期间的瞬时磁盘用量以及索引操作完成并优化后的磁盘用量。我们最简单的方案就是以最后的索引大小开始分配磁盘空间。下面的公式可用于粗略估算基于索引中所有文档大小的磁盘空间：

1/3 x indexed + 1 x stored + 2 x term vectors

举例来说，如果你的索引文件只索引了文档的一个域，并且采用了项向量，同时该域还是存储域，那么你可以将索引大小预估为所有文档总大小的 3 又 1/3 倍。需要注意的是，该公式只提供了一个近似结果。例如，如果文档包含了不常见的变化的或唯一的项，比如包含了很多唯一的产品 SKU 的表格的话，这将需要更多的磁盘空间。

这里有一些减少磁盘空间使用的方法，如关闭 norms（参见 2.5.3 小节）、关闭不必要的针对域的项频率使用（参见 2.4.1 小节）、以及在对每个文档进行索引时索引和存储较少的文档域。

程序的瞬时磁盘使用量取决于很多因素。当索引文件变得越来越大时，段合并时就需要更大的磁盘空间，从而使得图 11.3 中的锯齿变得更大。在程序将索引优化为一个段的操作过程中，最后的合并操作可能会需要最大的磁盘空间，它可能需要跟最终索引文件大小一样的临时磁盘空间。下面是影响瞬时磁盘用量的其他因素。

- 打开 reader 时禁止其删除正在使用的段文件。这样程序在任一时刻只能有一个开启的 reader，重启 reader 时除外。请注意重启 reader 时一定要关闭旧的 reader！
- 当程序首次打开 IndexWriter 时，所有现存的段需要在对应目录中保持下来，同时还需要保留当前（内存中）提交索引变更的引用。如果提交频率较大，程序会使用更少的瞬时磁盘空间，但提交过程代价较大，因此这会影响程序的索引吞吐量。
- 如果在频繁替换文档时不运行优化方法，那么被删除的旧文档拷贝暂时不会被系统回收，直到程序完成段合并操作为止。
- 索引中用的段越多，需要的磁盘空间也就越多——如果以上段将被程序合并的话。这意味着高 mergeFaceor 会使用更多的磁盘空间。
- 对于同样的净文档大小而言，如果文档更小数量更多，那么它会比少量大文档形成的索引更大。
- 在优化期间不要开启新的 reader 或进行其他合并操作；这样做会使得新 reader 必须保留对可能删除的段的引用。实际上，可以在程序已经关闭 IndexWriter 或者向其提交变化后再开启 reader。
- 一定要在 IndexWriter 完成更改后再开启新的 reader，然后再关闭旧 reader。如果不这样做，新 reader 会保留对 IndexWriter 即将删除文件的引用，由于段合并操作的影响，它会禁止程序删除这些文件。进一步说，现存的 reader 能够保持正常运行，但它不会察觉程序向 IndexWriter 提交的更改，直到程序重启该 reader 为止。
- 如果程序正在进行热备份操作（参见 11.4 小节），快照中的文件拷贝也会消耗磁盘空间，直到程序完成备份操作并释放快照为止。

需要注意的是，如果在 UNIX 系统中运行搜索程序，你可能会认为 writer 删除旧的段文件后对应的磁盘空间就被释放了，而实际上这些文件如果仍被 IndexReader 保持为开启状态的话，它们仍然存在并会占用对应的磁盘空间。这时如果你对该文件目录进行列表操作，却看不到这些文件，这可能使你疑惑——既然看不到文件，那么它们为什么还在占用磁盘空间呢？其实这是由于 UNIX 操作系统的“最后关闭删除（delete on last close）”语义引起的。Windows 系统不会允许程序删除处于开启状态的文件，所以此时你若查看该文件目录，则仍然会看到这些文件。因此，不要被这种因操作系统差异而导致的现象所迷惑！

以上内容你是否已经了解透彻了呢？给你一个好的衡量索引总体大小的经验法则：我们将索引总体大小称为 X，然后，在程序运行的任何时刻都保证两倍于索引需要的空闲磁盘空间。下面我们将介绍搜索程序对文件描述符的使用情况。

11.3.2 文件描述符管理

这里我们假定你已经成功地将应用程序的搜索吞吐量调整到最大，你已经关闭了复杂文件格式。并且你已利用大值 mergeFactor 获得了很大的速度提升，因此这时你会想将 mergeFactor 推至更高。遗憾的是，要达到这个改进需要付出隐秘的代价：这要求你大幅度增加 Lucene 一次性打开的文件数量。首先你会对这个改进目标很感兴趣，因为目前似乎一切条件都具备了。其次，当你向索引中添加更多文档时，索引文件会变大，这样 Lucene 就会需要越来越多的文件描述符，最后你的程序可能突然面对可怕的“Too many open files”异常，从而操作系统会终止你的优化进程。对于如此隐秘而又突发的风险，我们如何才能在文件开启数量有限的情况下降索引性能调整到最优呢？

所幸的是，你是有望完成这个目标的。通过下面几个简单步骤就可以掌控局面。首先你需要运行如下测试案例：

```
public class OpenFileLimitCheck {
  public static void main(String[] args) throws IOException {
    List<RandomAccessFile> files = new ArrayList<RandomAccessFile>();
    try {
      while(true) {
        files.add(new RandomAccessFile("tmp" + files.size(), "rw"));
      }
    } catch (IOException ioe) {
      System.out.println("IOException after " + files.size() + " open
     files:");
      ioe.printStackTrace(System.out);
      int i = 0;
      for (RandomAccessFile raf : files) {
        raf.close();
        new File("tmp" + i++).delete();
      }
    }
  }
}
```

当你运行这个测试案例时，它一般会运行失败，然后程序会汇报操作系统所允许的能被打开的文件数。对于这个数量上限，操作系统和 JVM 的差别是很大的。如果在 Mac OS X 10.6 系统上运行 Java 1.5，程序会显示能被打开文件数上限是 98 个。而在 Windows Server 2003 上运行 Java1.6 该上限则为 9 994 个。在内核版本为 2.6.22 的 Debian Linux 上运行 Java

1.5 会显示上限为 1018，而在 OpenSoaris 上运行 Java 1.6 则支持开启 65 488 个文件。

接着，我们需要增加操作系统的最大开启文件数上限。完成该设置的命令取决于操作系统种类和 shell 形式。在完成上述操作后，再次运行该测试案例以确认提高了该文件数量限制。

最后，我们还需要监控 JVM 在实际运行中所开启的文件数量。该功能可以使用操作系统级别的工具软件完成。对于 UNIX 系统来说，可以使用 lsof 命令。对于 Windows 系统来说，可以使用任务管理器，这里必须使用 `View > Select Columns` 菜单将文件句柄作为一个列加入。微软的系统工具中还包括诸如 `Process Monitor` 等实用的工具软件用以查看指定文件是由哪个文件保持为开启状态的。

为了获取 Lucene 打开文件的更多细节，可以使用下面程序 11.6 进行。该类是本书附带的 `FSDirectory` 替代类，它能加入针对被打开文件的跟踪信息。在读取、写入文件时它能汇报某个文件是何时被打开和关闭的，这使得程序能够检索到当前被打开文件的总数。

程序 11.6 本书附带的 FSDirectory 替代类用来跟踪被打开文件

```
public class TrackingFSDirectory extends SimpleFSDirectory {
  private Set<String> openOutputs = new HashSet<String>();     ◁ 获取所有打开的
  private Set<String> openInputs = new HashSet<String>();        文件名
  public TrackingFSDirectory(File path) throws IOException {
    super(path);
  }                                                          返回被打开文件总数
  synchronized public int getFileDescriptorCount() {        ◁
    return openOutputs.size() + openInputs.size();
  }

  synchronized private void report(String message) {
    System.out.println(System.currentTimeMillis() + ": " +
                       message + "; total " + getFileDescriptorCount());
  }

  synchronized public IndexInput openInput(String name)     ◁
    throws IOException {
    return openInput(name, BufferedIndexInput.BUFFER_SIZE);   打开跟踪输入
  }
  synchronized public IndexInput openInput(String name, int bufferSize)
    throws IOException {                                     ◁
    openInputs.add(name);
    report("Open Input: " + name);
    return new TrackingFSIndexInput(name, bufferSize);
  }
  synchronized public IndexOutput createOutput(String name)
    throws IOException {                         ◁
    openOutputs.add(name);                         打开跟踪输出
    report("Open Output: " + name);
    File file = new File(getFile(), name);
    if (file.exists() && !file.delete())
      throw new IOException("Cannot overwrite: " + file);
    return new TrackingFSIndexOutput(name);
  }
  protected class TrackingFSIndexInput
      extends SimpleFSIndexInput {               跟踪文件关闭事件
```

```
    String name;
    public TrackingFSIndexInput(String name, int bufferSize)
         throws IOException {
      super(new File(getFile(), name), bufferSize, getReadChunkSize());
      this.name = name;
    }
    boolean cloned = false;
    public Object clone() {
      TrackingFSIndexInput clone = (TrackingFSIndexInput)super.clone();
      clone.cloned = true;
      return clone;
    }
    public void close() throws IOException {
      super.close();
      if (!cloned) {
        synchronized(TrackingFSDirectory.this) {
          openInputs.remove(name);
        }
      }
      report("Close Input: " + name);
    }
  }

  protected class TrackingFSIndexOutput
      extends SimpleFSIndexOutput {                    跟踪关闭事件
    String name;
    public TrackingFSIndexOutput(String name) throws IOException {
      super(new File(getFile(), name));
      this.name = name;
    }
    public void close() throws IOException {
      super.close();
      synchronized(TrackingFSDirectory.this) {
        openOutputs.remove(name);
      }
      report("Close Output: " + name);
    }
  }
}
```

图 11.4 展示了程序建立 Wikipedia 文档索引时用到的文件描述符数量，具体运行时程序关闭了复杂文件格式，并将 mergeFactor 设置为默认值 10。从图中可以看出，程序对文件描述符的使用是以峰值模式变化的，即：当程序在段更新操作时会大量使用文件描述符（因为 writer 此时正开启着所有被合并段的文件，以及新建立的段所包含的文件）。这意味着 mergeFactor（它表示同一时刻被合并的段数量）会直接控制索引操作期间的开启文件数量。如果同一时刻程序正在合并两个段（大致对应图中横坐标为 7 分钟时的三个合并操作和 13 分钟时的两个合并操作），那么它会使用双倍的文件描述符。

索引操作时文件描述符使用量的峰值与 mergeFactor 成简单倍数关系，而与此不同的是，搜索操作对文件描述符的使用可能要多的多。对于索引中的每个段，reader 都必须得到该段对应的所有开启文件描述符。如果程序没有使用复杂索引格式，在没有索引项向量的情况下是 7 个文件，在索引项向量的情况下则是 10 个文件。如果索引正在快速更新和增大的话，该值还会随实际情况增加。图 11.5 展示了 IndexReader 在处理与图 11.4 相同的索引时所打开的文件数量，在索引建立后，程序平均每 10 秒重启一次 reader。在重启 reader 操作期间，在索引因段合并操作完成而发生较大改变的情况下，打开的文件数量会达到首个峰值因为该时段内新旧 reader 事实上都是出于开启状态的。一旦旧 reader 关闭后，程序对文件描述符的使用会回落，其值变为与索引中的段数量成正比。当程序调用 IndexReader.reopen 方法时，对文件描述符的使用量会比开启一个新 reader 要少得多，因为段对应的还未改变的文件描述符在前一种调用中是共享状态的。当索引变大时，程序对文件描述符的使用也会相应增加，但并不是直线增加的，因为有时 reader 会在段合并操作结束不久才开始处理索引。通过对以上有关开启文件描述符的了解，这里我们给出一些小窍门在保持索引性能的情况下对文件描述符使用量进行控制。

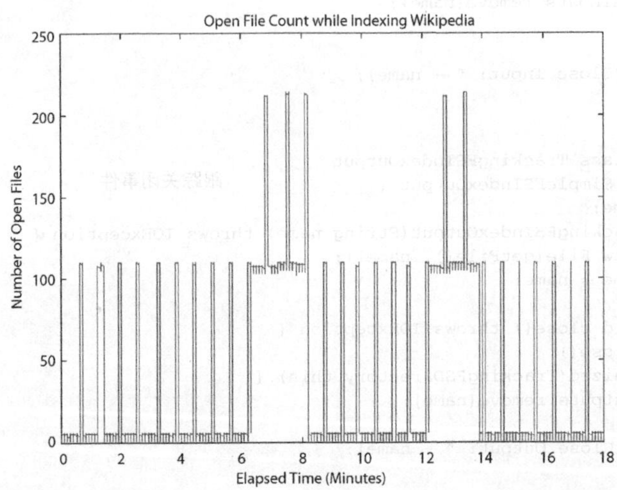

图 11.4　建立 Wikipedia 文档索引时用到的文件描述符数量

- 增加 IndexWriter 缓存容量（调用 setRAMBufferSizeMB 方法）。Writer 更新段的频率越小，索引中的段数量也就越小。
- 使用 IndexReader.reopen 方法而不是开启一个新的 reader。这能很大程度上减少开启文件描述符峰值。
- 减小 mergeFactor——但不要因减小太多而影响索引吞吐量。
- 考虑减小段合并线程数量的最大值。具体可以通过调用 ConcurrentMergeScheduler.setMaxThreadCount()方法实现。
- 优化索引。调用 IndexWriter.optimize(int maxNumSegments)方法可以对索引进行部分优化，该方法能在减小索引中段数量的同时减小索引优化操作的耗时。
- 随时对文件描述符的峰值用量进行预算。因为关闭旧 reader 和打开、初始化一个新 reader 的操作会经常发生。

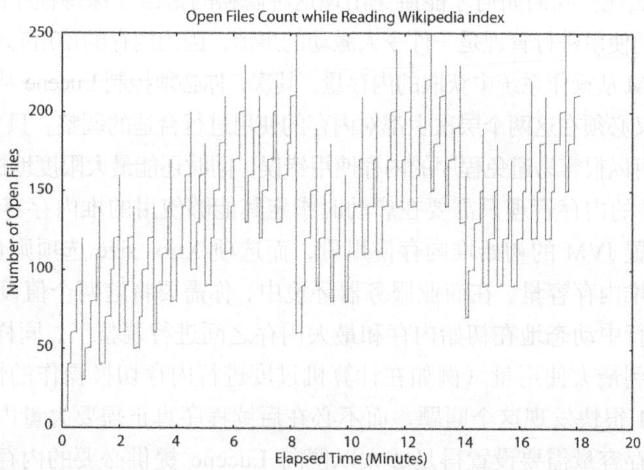

图 11.5 在索引 Wikipedia 文档期间，每 30 秒重启 IndexReader 时的文件描述符使用量

- 如果程序使用单一的 JVM 进行索引和搜索操作，那么你必须为以上两个操作都预留文件描述符峰值用量。当进行多个并发合并操作和重启 reader 操作时，程序会经常达到这个峰值。在有可能的情况下，在重启 reader 之前建议关闭 writer，这样能避免程序出现对文件描述符的用量达到“极值（perfect storm）”。
- 仔细检查其他运行于同一 JVM 的代码模块，确保它们没有使用太多开启文件——如果这样的话，可以考虑使用另一个 JVM 来运行这些模块。
- 仔细检查关闭旧 `IndexReader` 实例的代码。在程序过早耗尽预留的文件描述符情况下尤其需要进行该检查。

在程序性能和文件描述符用量之间进行仔细权衡就像一门艺术一样。现在你已了解到 Lucene 如何使用开启文件、如何测试和增大操作系统对文件描述符用量的限制，以及如何精确跟踪 Lucene 所拥有的开启文件，你已拥有实现该权衡的所有工具。这样的话，这个技能就更像科学而不是艺术了！下面我们将转向另一个富有挑战的资源管理：内存管理。

11.3.3 内存管理

你在自己前期的 Lucene 应用程序中是否遇到过 `OutOfMemoryError` 这个程序错误呢？如果还没有遇到过，那么以后会遇到的，特别是在使用多种方法对 Lucene 应用程序进行性能调优的情况下会造成其对内存的用量增加。因此你会说：没问题，只要增加 JVM 的堆内存大小就可以了。这里我们是看不出什么问题的。如果你这样做的话，程序似乎又能正常运行了，但你可能还不知道，这样做会影响程序性能，因为计算机因此需要在磁盘上建立更大的交换内存。这样也许过段时间你就会再次碰到刚才那个程序错误。这里面究竟发生了什么呢？我们如何才能避免出现这种隐秘的错误并保持程序的高性能呢？

对内存的使用进行管理是一件令人激动的事情，因为内存的使用有两个层次。首先，你必须控制JVM从操作系统中获取的内存量。其次，你必须控制Lucene从JVM中获取的内存量。而我们又必须在这两个层次上都对内存的使用进行合适的调整。只要明白了这两层内存使用，你就可以很容易避免程序的内存使用错误，同时还能最大限度地提高程序性能。

对JVM的内存管理只需要在启动时指定其能够使用的堆内存容量即可。-Xms size选项负责设置JVM的初始堆内存使用量，而选项-Xmx size选项则负责设置JVM所能使用的最大堆内存容量。在商业服务器环境中，你需要将这两个值设为一致，这样JVM就不用在运行中动态地在初始内存和最大内存之间进行调整了。同样，如果程序在运行期间内存达到最大使用量（例如在计算机过度进行内存切换操作的情况下），你可以通过重启JVM很快发现这个问题，而不必在后续程序真正需要大量内存时才通过其日志发现。堆内存容量需要设置得足够大以便向Lucene提供必要的内存，但也不要设置得过大，因为这样会导致计算机频繁进行内存切换操作。一般来说你不必将所有计算机内存都提供给JVM：因为这样有利于为操作系统保留足够的内存空间作为其I/O缓存。

那么我们如何才能知道计算机正在频繁进行内存切换呢？下面给出一些线索。

- 听听硬盘的转动声响。如果计算机进行内存切换操作，硬盘会明显地发出声响，当然这个办法对固态硬盘并不适用。
- 对于UNIX系统来说，可以运行`vmstat 1`命令打印出计算机的虚拟内存使用状况，可以每秒运行一次改命令。然后在打印的报表中查找pages swapped列（通常为si）和pages swapped out列（通常为so）。对于Windows系统来说，可以使用任务管理器查看，使用时可以在任务管理器界面菜单中使用View>Select Columns来添加Page Faults Delta列。在该列中点击较高的值（如大于20的值）即可。
- 通常的交互式程序进程，如shell或command命令、文本编辑器或者Windows资源管理器都不会对前面的操作进行响应。
- 对于`TNR`系统，运行top命令，然后检查`Mem:`行，看看free值和buffer值是否都是接近0。对于Windows系统来说，使用任务管理器并将界面切换到Performance标签页，检查Available和System Cache值、under Physical Memory值是否都接近0。这些值能告诉你计算机正在使用多少内存用于其I/O缓存。
- 你的程序对CPU的使用率是非常低的。

值得注意的是，当代操作系统的内存交换进程似乎是空闲的，这样就能将RAM用作I/O缓存。如果你认为某款操作系统的这个进程太过活跃，那么你可以尝试调整它。举例来说，在Linux系统上有一个称之为`swappiness`的内核参数，将该参数设置为0就可以强制操作系统不再将RAM换出作为I/O缓存用。一些Windows操作系统版本提供了一些选项，用于将程序或系统缓存的性能调优。但我们也得认识到，一定数量的内存交换是正常的。过多的内存交换，特别是在索引和搜索操作期间进行内存交换才是有害的。

为了对Lucene从JVM中获取的内存使用量进行管理，你首先需要测量Lucene所需要的内存量。测量方式有多种，其中最简单的方式就是在运行Java之前加入参数-verbose:gc和-XX:+PrintGCDetails，然后再查查程序在垃圾搜集后对堆内存的使用量。该方法是很有用处的，因为它并不包括未被回收的对象。如果你的Lucene应用程序需要用到几乎所有为JVM分配的堆内存容量，这会导致过多的垃圾搜集处理，这会降低程序的运行速度。如果你的程序对内存的需求比这还多，那么程序在运行期间会抛出OutOfMemoryError异常。

在索引操作期间，对RAM需求最大的就是IndexWriter缓冲了，该缓冲容量可以通过setRAMBufferSizeMB方法进行设置。建议不要将该值设置得过低，因为这会降低索引吞吐量。程序在运行段合并操作时，需要一些额外的RAM，具体需求量与正被合并的段大小相关。

对于搜索操作，需要的RAM会更多。下面是一些有关减少搜索期间RAM使用量的一些小窍门：

- 对索引进行优化，以清空已被删除的文档。
- 对能够直接被加载到FieldCache的域数量进行限制，因为该加载操作会消耗固定的内存和时间（在5.1小节中对此有详细的介绍）。尽量不要加载String类型或者StringIndex类型的FieldCache对象，因为这些对象的加载会比本地类型（如int、float类型等）消耗更多的内存。
- 限制排序的域数量。程序在首次通过制定域进行排序时，该域值将被加载到FieldCache对象中。类似地，尽量不要通过String域进行排序。
- 关闭域norms选项。norms选项会将索引操作期间的各种加权值进行编码，这些加权包括域加权、文档加权和文档长度加权。程序会针对每个文档将这些加权编程一个字节长度的编码。即使没有这些域的文档编码也会占用一个字节空间，因为这些norms会作为一个连续的数组而被存储起来。如果程序包含大量被索引的域，那么这个操作会快速占用大量的RAM。通常norms事实上不会对关联性评分起多大作用。举例来说，如果各个域值的长度类似（如标题域等）并且程序未使用文档加权和域加权，那么就没必要使用norms。在2.5.3小节中已经介绍过如何关闭索引操作期间的norms选项。
- 使用单一的“混合型”文本域，它应能包括多个数据源文本内容（如标题、正文或关键字等），而不要针对每个数据源分配对应的域。这能使Lucene减少对内存的使用，也能加快搜索速度。
- 确认分析器能生成合理的项。可以使用Luke工具来查看索引中的项，并确认这些项能合理地用于搜索。程序很容易对二进制文档进行索引操作，这会产生大量无用的二进制项，而这些项可能永远不会为搜索模块用到。而且这些项一旦被写入索引，后续会带来各种各样的问题。因此最好让程序及早发现这些二进制文档并跳过对应的索引操作，或者在索引操作时采用合适的过滤器来滤除它们。如果你的索引包含了过多项——例如当程序在搜索数量巨大的产品 SKU 时——可以在程序打开 IndexReader 时调用自定义的 termInfosIndexDivisor 方法来减少加载进 RAM 的项。但需要注意，这个操作会降低搜索速度，这里需要进行性能权衡的内容太多了！

- 当程序关闭或释放所有先前的 IndexSearcher/IndexReader 实例时需要对它们进行复查。如果程序意外地保留了对先前实例的引用，这会很快耗尽 RAM 空间和文件描述符资源，甚至是磁盘空间。
- 使用 Java memory profiler 来监查哪些程序对 RAM 占用过大。

在搜索期间重启 reader 前一定要对程序需要的内存用量进行预先测试，因为程序在后续的具体运行过程中会达到内存使用峰值。如果 IndexWriter 与 reader 共用一个 JVM，要在 IndexWriter 进行索引和段合并操作前进行内存用量测试，以获取其峰值内存用量。

下面我们退回来重新运行调优过的 WikiPedia 索引算法，这次我们专门将堆内存设置为一个较小值，看看如果不对此再次进行调优的话程序运行时会出现什么状况。上次我们将该值设置为 512MB 大小，并获得了 899.7 个文档/秒的索引吞吐量。这次我们将堆内存设置为仅 145MB 大小（在该内存尺度下几乎所有 Java 程序都可能在运行期间抛出 OutOfMemoryError 异常）。我们在启动 JVM 时加入选项-Dtask.mem=145M，然后你会发现类似下面的程序日志：

```
Operation round runCnt recsPerRun rec/s elapsedSec  avgUsedMem avgTotalMem
BuildIndex    0     1      200002 323.4     618.41 150,899,008 151,977,984
BuildIndex  - 1 -   1 -    200002 344.0 -   581.36 150,898,992 151,977,984
BuildIndex    2     1      200002 334.4     598.05 150,898,976 151,977,984
```

好家伙，这次的索引吞吐量只有 334.4 个文档/秒，比上一次运行慢了 2.7 倍！导致这个状况的原因主要是由于 JVM 必须在 145MB 内存的环境下进行过量的垃圾搜集操作。从这里也可以看出为什么要为 Lucene 的运行预留足够的 RAM。

跟其他软件一样，Lucene 也需要各种计算机资源来运行，现在你已能够对这一过程进行较好的理解并能进行实际控制了。下面我们将讨论重点转到另一个有关程序高可用性的章节，即索引备份。

11.4 热备份索引

首先，我们给出一个场景：假如现在是凌晨 2 点钟，你正在梦中享受到喜爱自己 Lucene 搜索引擎的用户给自己带来的快乐，然后突然间你却被电话吵醒。这是一个紧急电话，告知你索引已被损坏，搜索程序已停止工作。没问题，你可以回答：恢复上次的索引备份即可！你已提前对索引进行了备份，对吗？

事情难免出错：可能计算机电源出问题，可能硬盘被损坏，可能内存条出故障。几乎可以肯定，在最坏的时间，这些意外可能导致你的索引完全不能使用。你预防该情况发生的最终方案可能是通过相关步骤周期性备份索引以便不时之需。本节我们将介绍一个简单的用于创建和恢复索引备份的方法。

11.4.1 创建索引备份

在 IndexWriter 仍在开启状态下，我们不能简单地对索引文件进行拷贝，因为在拷贝期间可能导致索引发生改变，从而损坏备份的索引文件。因此，最直接的索引备份方案就是先关闭 writer 然后再将索引目录下的所有文件进行备份。这个方案是可行的，但它也存在一些严重问题。对于大的索引来说，这种备份操作会持续较长时间，从而使得程序无法在这段时间内对索引进行修改。很多搜索程序是不能接受索引操作期间如此长时间停顿的。另外一个问题就是当 reader 处于开启状态时，备份操作会拷贝超出实际需要的文件数量，因为 reader 有可能还包括一些被删除文件的引用。最后一个问题，在这种备份方式中，文件拷贝的相关 I/O 操作会降低搜索速度。这时你可能会考虑降低备份期间的文本拷贝速度来解决这个问题，但这样又会增加索引停顿时长。难怪这么多人都不针对索引进行完全备份，而乞求程序在运行期间别出问题！

对于 Lucene 2.3 版本来说，它已经为索引备份问题给出了一个简单有效的答案：你可以简单地通过 Lucene 来对索引进行“热备份”，这样就能在不关闭 writer 的情况下，对程序最近一次索引修改提交操作时的文件引用进行备份，从而能建立一个连续的索引备份镜像。不管这个备份过程会消耗多少时间，备份过程中程序仍然能够对原索引进行更新操作。备份的具体方法就是调用 `SnapshotDeletionPolicy` 类，它能将索引更新提交的时间点延续至备份操作完成为止。这样一来，你的备份程序就有足够的时间来备份索引文件了。同时，建议你将备份期间的 I/O 操作速度进行控制，将它设置为较低速度或者较低优先级，从而不与正在运行的索引和搜索操作发生抵触。具体实施时，你可以建立一个子进程来运行 `rsync`、`tar`、`robocopy` 或者其他备份工具，并向该进程传入需要备份的文件列表。该方案还可以用来在其他计算机上建立索引的快照镜像。

备份工具必须由包含 writer 的 JVM 来初始化，在创建 writer 时必须按照诸如如下方法来引用 `SnapshotDeletionPolicy` 类：

```
IndexDeletionPolicy policy = new KeepOnlyLastCommitDeletionPolicy();
SnapshotDeletionPolicy snapshotter = new SnapshotDeletionPolicy(policy);
IndexWriter writer = new IndexWriter(dir, analyzer, snapshotter,
                                     IndexWriter.MaxFieldLength.UNLIMITED);
```

需要注意的是，你可以向 `SnapshotDeletionPolicy` 类中传入任意的删除策略（而不必像 `KeepOnlyLastCommitDeletionPolicy` 那样）。

在备份前，只需进行如下操作：

```
try {
  IndexCommit commit = snapshotter.snapshot();
  Collection<String> fileNames = commit.getFileNames();
```

```
    /*<iterate over & copy files from fileNames>*/
  } finally {
    snapshotter.release();
  }
```

在 try 模块内部，索引更新提交时刻的所有文件引用都不会被 writer 删除，只要 writer 未被关闭，即使它正在进行更新操作、优化操作等也不会删除这些文件。如果拷贝过程耗时较长也不会出现问题，因为被拷贝的文件是索引快照。在快照的有效期，其引用的文件会一直存在于磁盘上。所以，在备份期间，索引会比通常情况下占用更大的磁盘空间（这里我们假定在备份期间 writer 仍然在持续进行索引更新操作）。当完成索引备份后，可以调用 release 方法以便让 writer 删除这些已被关闭或下次将要更新的文件。

需要注意的是，Lucene 对索引文件的写入操作是一次性完成的。这意味着你可以简单通过文件名比对来完成对索引的增量备份。你不必查看每个文件的内容，也不必查看该文件上次被修改的时间戳，因为一旦程序从快照中完成文件写入和引用操作，这些文件就不会改变了。唯一的例外的是 segments.gen 文件，该文件在每次程序提交索引更新时都会被重写，因此你的备份模块必须经常备份该文件。备份期间，你不用拷贝文件锁（write.lock）。如果程序将要覆盖上一个备份，那么它必须首先删除该备份中未出现在当前快照中的文件，因为这些文件已经不会被当前索引所引用了。

SnapshotDeletionPolicy 类有两个使用限制。

- 该类在同一时刻只保留一个可用的索引快照。当然你也可以解除该限制，方法是通过建立对应的删除策略来同时保留多个索引快照。
- 当前快照不会保存到磁盘。这意味着如果你关闭旧 writer 并打开一个新的 writer，快照将会被删除。因此在备份结束前是不能关闭 writer 的。不过该限制也是很容易解除的：你可以将当前快照存储到磁盘上，然后在打开新 writer 时将该快照保护起来。这样就能在关闭旧 writer 和打开新 writer 时继续进行备份操作。

不管你是否相信，以上就是有关索引备份的全部内容了。下面我们将讨论如何恢复索引。

11.4.2 恢复索引

除了对索引进行周期性备份以外，你还需要准备一个简单的索引快速恢复手册。你需要周期性测试备份和恢复两项功能，因为凌晨 2 点钟对于你来说，并不是一个寻找备份程序缺陷的好时间。

下面是恢复索引的几个步骤。

1. 关闭索引目录下的全部 reader 和 writer，这样才能进行文件恢复。对于 Windows 系统来说，如果还有其他进程在使用这些文件，那么备份程序仍然不能覆盖这些文件。
2. 删除当前索引目录下所有文件。如果删除过程出现“访问被拒绝（Access is denied）”错误，那么需要再次检查上一步是否已完成。

3 从备份目录中拷贝文件至索引目录。程序需要保证该拷贝操作不会碰到任何错误，如磁盘空间已满等，因为这些错误会损坏你的索引。

4 对于索引损坏来说，我们将在下一节有关 Lucene 的常见错误中进行阐述。

11.5 常见错误

Lucene 能够很好地避免大多数常见错误。如果程序遇到磁盘空间已满或者 `OutOfMemoryException` 异常，那么它此时只会丢失内存缓冲中的文档。已经编入索引的文档将会完好保留下来，并且索引也会保持原样。这个结果对于以下情况同样适用：如出现 JVM 崩溃，或者程序碰到无法控制的异常，或者程序进程被终止，或者操作系统崩溃，或者计算机突然断电等情况。

如果程序碰到 `LockObtainFailedException` 异常，那么有可能是因为程序在索引目录遗留了 writer.lock 文件锁，且该锁不能被程序正常释放，除非重启程序或者 JVM。为避免这个问题，我们可以考虑使用 `NativeFSLockFactory` 类，该类使用操作系统所提供的锁(通过调用 `java.nio.*API` 接口获取对应锁)并能在 JVM 正常/非正常终止的任何时刻释放这些锁。程序也可以安全的删除这些 write.lock 文件锁，或者使用 `IndexReader.unlock` 静态方法来删除。但删除之前首先需要确认此时已没有 writer 向该目录进行些操作了。

如果程序抛出 `AlreadyClosedException` 异常，那么你需要复查程序代码：这意味着程序在关闭 writer 或 reader 后还在继续使用它们。

11.5.1 索引损坏

有可能你在程序运行日志中发现奇怪的、意外的异常，或者计算机可能处于无规律运行状态，从而导致出现硬盘或内存错误。令人提心吊胆的是，此时你若运行备份的 Lucene 程序，并发现所有情况似乎都很正常，你就会忽略刚才发生的问题并可能在未来再次碰到这个问题。不过在你内心深处还是不得不思考：是否有可能索引已遭到损坏？在一两个月之前程序日志就开始出现更多的奇怪异常了。索引损坏是在不知不觉中发生的，因为索引损坏后可能相当长一段时间才会被发现，原因可能是段被损坏后，要在下一次段合并操作时才会损坏索引；也有可能是因为一些搜索过程碰巧命中了索引中一些损坏的部分。那么我们该如何处理这个状况呢？

有一些已知的状况能导致索引损坏。如果你的计算机出现这些状况，请一定要找出索引损坏的根本原因，这可以通过详查程序日志及其异常来分析。要不然，这个状况可能会再次发生。下面是一些能够引起索引损坏的典型原因。

- 硬件问题——计算机电源问题、硬盘问题、内存问题等。
- 程序意外使用两个 writer 同时对同一索引进行写操作——Lucene 的锁通常是能

够避免该状况出现的。但若你的程序不恰当使用了其他 LockFactory，或者程序错误删除了 write.lock 锁从而导致该索引目录仍然对其他 writer 开放，那么此时就会导致两个 writer 对同一个索引目录进行写操作。

- 拷贝文件期间出错——如果程序在索引操作期间同时执行索引文件的拷贝操作，那么拷贝期间出现的错误会很容易损坏目标索引。
- 由未被发现的 Lucene 早期 bug 引起——这时请将你的具体情况写入用户列表中，或者在程序运行前开启更详细的日志功能以尽可能地详细获取索引损坏原因。Lucene 开发团队会帮你解决这个问题的！

尽管不能避免以上索引损坏风险，你仍然可以对索引损坏进行提前侦测。如果发现程序抛出 CorruptIndexException 异常，那么我们就可以确认索引已损坏。然而，还有其他多种无法解释的异常也可能导致索引损坏。为了对索引损坏进行提前测试，必须完成以下两件事：

- 运行 Lucene 前打开断言功能（在命令行运行 Java 时加入参数 javaea:org.apache.lucene）。该功能可以让 Lucene 在索引和搜索操作期间的多个点运行额外的测试案例，从而能比其他手段更快地知晓索引的损坏。
- 运行 org.apache.lucene.index.CheckIndex 工具，在命令行运行该工具时请将索引目录作为唯一参数传入。该工具会对索引的每个段都进行详细检查，并给出详细的统计报表，包括每个段的损坏状况。该工具的输出内容如下所示：

```
Opening index @ /lucene/work/index

Segments file=segments_2 numSegments=1
➥      version=FORMAT_SHARED_DOC_STORE [Lucene 2.3]
  1 of 1: name=_8 docCount=36845
    compound=false
    numFiles=11
    size (MB)=103.619
    docStoreOffset=0
    docStoreSegment=_0
    docStoreIsCompoundFile=false
    no deletions
    test: open reader.........OK
    test: fields, norms.......OK [4 fields]
    test: terms, freq, prox...OK [612173 terms;
                                  20052335 terms/docs pairs;
                                  42702159 tokens]
    test: stored fields.......OK [147380 total field count;
                                  avg 4 fields per doc]
    test: term vectors........OK [110509 total vector count;
                                  avg 2.999 term/freq vector fields per doc]
No problems were detected with this index.
```

当你发现索引损坏时，首先要做的就是从备份中恢复索引。但如果所有索引备份都损坏了又该如何呢？这种情况是很容易出现的，因为索引损坏需要较长时间才能发现。此时，我们除了从头建立整个索引以外，还能做什么呢？所幸的是，我们还有最后一个选项：使用 CheckIndex 工具来修复索引。

11.5.2 修复索引

当其他所有方法都无法解决索引损坏问题时，你的最后一个选项就是使用 CheckIndex 工具了。该工具除了能汇报索引细节状况以外，如果在运行时加入参数-fix 的话还能完成索引修复工作：

```
java org.apache.lucene.index.CheckIndex <pathToIndex> -fix
```

该工具会强制删除索引中出现问题的段。需要注意的是，该操作还会全部删除这些段所包含的文档，因此需要小心使用该选项，并且在使用前要首先对索引进行备份。该工具的使用目标应主要着眼于能够在紧急状况下让搜索程序再次运行起来。一旦我们进行了索引备份，那么我们就得重建索引以恢复那些丢失的文档。

11.6 小结

本章我们讲到很多重要的有关 Lucene 实战方面的话题。我们应当像对待自己喜欢的瑞士军刀那样对待本章内容：目前你已拥有了足够的工具来处理有关 Lucene 管理方面的一些重要、实际的问题。

Lucene 具备很好的外部性能，到目前为止，你已了解到如何针对一些重要的性能参数，利用强大的可扩展的 contrib/benchmark 框架来搭建测试案例，从而对自己的搜索程序进行性能调优了。遗憾的是，对某项性能参数的调优往往会反向影响程序的其他性能，因此你在进行性能调优之前需要确认哪项性能参数才是对自己最重要的。进行这种权衡往往是很容易的！

你已了解到使用多线程进行索引和搜索操作对于利用当代计算机的并发机制是非常关键的，本书附带的两个实例类已能很容易为你的索引和搜索操作提供多线程处理方案。此外，索引的热备份是一个非常简单的操作。

通过对本章内容的了解，Lucene 对于磁盘容量、文件描述符数量和内存空间的使用已不再神秘，并能够处于你的控制之下。索引损坏并不可怕；你已了解到哪些因素会导致索引损坏，以及如何对此进行提前侦测和事后修复。这些常见错误是很容易发现和修复的。

本章我们已经覆盖了一些针对 Lucene 的实战内容。你已通过本章了解到很多相关内容，现在我们可以继续完成这些实战内容了！在接下来的三章中，我们将介绍在现实中几个使用 Lucene 的有趣案例。

第 3 部分

案例分析

一张具体的图片胜过对它千言万语的描述。Lucene 的使用案例对于其“实战”来说是无价的。本书第一版的读者很喜欢案例分析相关章节的内容，因此我们已向 Lucene 社区征集了一组新的案例分析以用于本书第二版。Lucene 是很多应用程序发展的背后驱动力。目前已经有大量的 Lucene 专用软件或绝密软件出现，而我们并无法知道这些软件的信息。当然目前同样还有大量我们能在线了解的 Lucene 实战程序。Lucene 的 Wiki 有一个名为 PoweredBy 的章节列出了目前有关 Lucene 应用的多个站点和产品，具体网址为：http://wiki.apache.org/lucene-java/PoweredBy。

Lucene 提供的 API 调用起来非常简单直接，但若要真正发挥 Lucene 的神奇功能，则需要对这些 API 进行精巧地调用。接下来的案例分析部分就是有关如何精巧使用 Lucene 的一些基础实例。读者需要通过研读各行代码的实现细节，从而对这些宝贵内容进行借鉴。第 12 章的案例来自于 Krugle.org，它展示了几个用于实现索引和搜索技巧的源代码，这些案例还能在本项目源代码以外的场合使用。第 13 章会详细介绍 SIREn，它是一套 Lucene 扩展应用，能够实现针对语义 Web（也称之为 Web 3.0）的高效搜索。SIREn 大量使用了 Lucene 的扩展点，同时它也是使用有效载荷（参见 6.5 小节）的一个良好示范。最后，第 14 章介绍了两个实用的 Lucene 扩展应用：Bobo Browse 主要实现分组搜索系统，而 Zoie 则实现实时搜索系统。

如果 Lucene 对你来说还比较陌生，那么请在总体层面上研究这些案例，同时建议你不要拘泥于一些技术细节或某段源代码；这样你就能对 Lucene 在各种应用程序中如何使用有一个总体认识。如果你是一名经验丰富的 Lucene 开发人员，或者已经仔细研究过本书前面章节，那么你就可以享受这些技术细节所带来的乐趣了；也许其中一些技术细节还可以直接借鉴到你自己的应用程序中。

接下来几章的案例分析是由贡献者们从百忙中抽出时间来编写的，在此我们对这些贡献者表示衷心的感谢。同时我们还要感谢 Lucene 开发人员和其他贡献者，是他们的辛勤工作才使得开发基于强大和灵活的 Lucene 的搜索应用程序成为可能。

第 12 章　案例分析 1：Krugle

Krugle：搜索模块源代码

本章作者：*KEN KRUGLER*、*GRANT GLOUSER*

Krugle.org 提供了令人惊艳的服务：它是一个源代码搜索引擎，连续提供了 4 000 多个开源项目目录（这里面还包括 Lucene 及其在 Apache Lucene 中的姊妹项目），你可以通过该站点的源代码控制系统中搜索源代码和对应开发人员的代码注释。如果在搜索界面输入“`lucene`”，那么匹配的结果不仅包括 Lucene 源代码，还包括其他使用 Lucene 的开源项目源代码。

Krugle 是在 Lucene 基础上搭建的，但由于这里的搜索文档内容都是由源代码构成的，这样会为搜索引擎带来一些有趣的挑战。举例来说，当搜索“`deletionpolicy`”时，程序必须匹配源代码中诸如“`DeletionPolicy`”等语汇单元。诸如“=”和“(”等标点符号的搜索可能会在其他搜索网站的分析过程中被忽略，而这里却必须要进行小心处理，以便能搜索到诸如“`for(int x=0`”等预期结果。与自然语言中通常用停用词（后续程序会丢弃这些停用词）来区分各个项所不同的是，Krugle 必须保留源代码中所有这些语汇单元。

以上这些独特的需求为该搜索引擎的设计带来了巨大的挑战，但正如我们在第 4 章所讨论的那样，我们可以用 Lucenc 直接创建自己的分析链，这也是 Krugle 开发团队的工作内容。该处理过程中一个奇妙的内部特性就是 Krugle 能够通过源文件来辨别其中的源代码是用什么语言来编写的；这项功能可以使用户将搜索范围限制在特定的程序语言内。Krugle 还能精确地创建查询语句以匹配分析过程中的语汇单元化处理过程，比如控制每个包含 `PhraseQuery` 的项的位置。

有关 Krugle 如何处理 Lucene 提供的管理特性，这里也有很多内容需要了解：它必须能够应付大尺度的搜索范围，不管是索引文件尺度还是查询速度，同时它还能在单台计算机上同时提供索引和搜索功能。我们可以通过在同一台计算机上为索引和搜索分别启动专门的 JRE 来实现这个功能，同时还需要为每个模块分配相应的磁盘，并且还要能够管理游离于两个环境之间的“快照”。Krugle 有关在搜索期间减少内存使用的特性也非常有趣。

Krugle 团队使用了一个聪明的办法来实现程序自测——通过从索引中随机选择文档作为测试输入，并断言这些文档包含在搜索结果中——这项技术可以被其他众多搜索程序所使用，并能保持用户的搜索体验。

这里我们不再啰嗦了，下面我们将深入介绍 Krugle.org 是如何使用 Lucene 来实现大规模源代码搜索引擎的。

12.1 Krugle 介绍

Krugle.org 是一个搜索引擎，它用于搜寻和探测各个开源项目。该搜索引擎的当前版本包含了 4 000 多个开源项目相关信息，这些信息包括项目描述、许可证、SCM 活跃状况以及最重要的源代码——这里包含了 4 亿行源代码，并且数量还在增大。图 12.1 展示了在 Kruge.org 站点搜索“`lucene indexsearcher`”的返回结果。

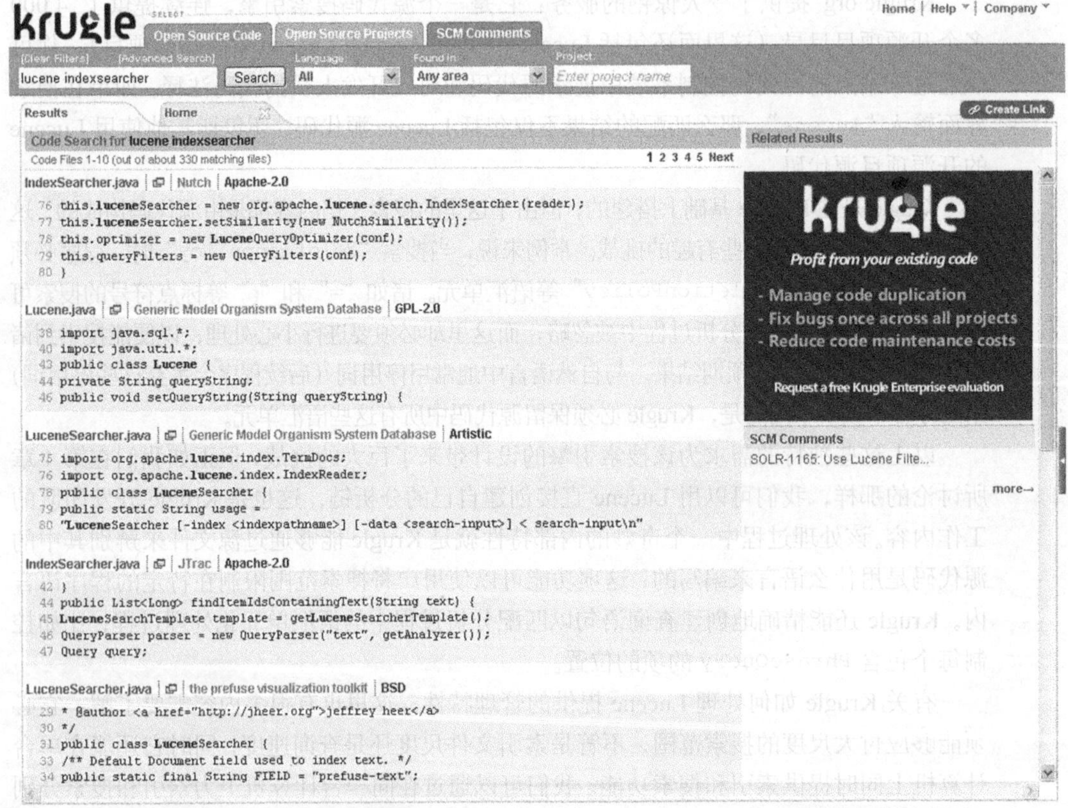

图 12.1 Krugle.org 搜索结果页面展现了多个相关项目和多个源代码文件

Krugle.org 是一个免费的公共服务，它运行于单一的 Krugle 企业版程序之上。该应用程序已经出售给一些大公司用以进行其内部防火墙管理。该企业版开发团队使用 Krugle 应用来创建单个易于理解的源代码目录、项目元数据以及相关开发组织信息。这样做能增加代码的重用程度，降低维护成本，提升重点分析能力，以及监督大而分散的团队开发过程。

Krugle 提供的最重要的功能就是搜索功能了，该功能基于 Lucene 开发。对于广大用户来说，这意味着能够对源代码进行搜索了。在本章案例分析中，我们将重点分析如何使用 Lucene 来实现一些有趣而带有挑战性的源代码搜索需求。其中一些有关索引和搜索的问题并不会出现在用于处理文章、书籍、电子邮件等人类语言的搜索引擎中。但这里用于源代码分析的“技巧”并不仅仅限于源代码搜索。

早期我们使用 Nutch 来抓取技术页面内容，并搜集和提取有关开源项目的相关信息。这样我们必须根据标准的 Hadoop 配置来运行一个主服务器和 10 个从服务器，并需要抓取 5 千万个页面。Krugle.org 的第一个公众站点版本就是基于 Nutch 实现的，它包括 4 个远程代码搜索器、4 个远程页面搜索器、1 个后台文件服务器和 1 个用于搜集搜索结果的主机。该架构很容易处理 15 万个项目以及 26 亿行源代码，但它并不能作为独立的企业级产品使用，因为独立的企业级产品并不需要进行日常护理和提供数据资料。另外，我们并没有从主管项目源代码的 SCM 系统获取程序提交的注释数据，而这些数据对于搜索和分析来说都是具有很高价值的。

因此我们创建了工作流系统（在内部称之为“the Hub”系统），该系统负责抓取和处理页面数据，并将初始的多服务器搜索系统整合为单服务器系统。

12.2 应用架构

对于企业级搜索程序来说，挑战之一就是要在同一时刻很好地完成两件事情：更新处于激活状态的索引以及响应搜索请求。这两个任务都需要大量的 CPU、磁盘和内存资源，因此最简单的解决方案就是以牺牲程序性能来解决资源争用问题。

为此，我们采取了 3 个措施来避免上述问题。首先，我们让大量处理工作布置在服务器外围完成，具体来说就是将一些繁重的工作交给多个称之为源代码管理（SCM）接口（SCMI）的客户端来完成。SCMI 并不在我们的应用服务器上运行，而是在独立的定制的外部服务器上运行，它负责搜集相关项目信息、SCM 注释、源代码以及其他研发信息。这些信息将在外部进行部分处理，然后才会通过特定的 HTTP 无状态传输（REST）协议回传给应用服务器。

其次，我们采用分离的 JVM 来完成数据处理/索引任务，以及搜索/浏览任务。这个方案能更好地控制程序对内存的使用，但代价是会导致一些内存的浪费。工作流（the Hub）系统负责数据处理的 JVM 会接收 SCMI 客户端传来的数据，并管理工作流程以进行解析、索引和结果分析，然后会据此建立一个新的“快照”。该快照由多个 Lucene 索引组成，并包括所有的索引内容以及其他分析结果。当程序准备好新的快照时，会随即向负责处理搜索相关任务的 API JVM 发送请求，后者会响应该请求，并将新的快照换入搜索系统。

对于典型应用来说，我们运行了两个 32 位的 JVM，其中每个 JVM 占用 1.5GB 内存。该方案的另一个好处就是我们可以分别对两个 JVM 进行关闭和重启操作，这会更有利于程序在线升级和问题查找。

最后，我们对磁盘也进行了调整，以避免寻址冲突。我们采用了两个专用磁盘来存储快照：当其中一个磁盘正被用于处理当前快照时，另一个磁盘会被用于建立新快照。Hub 系统还是用另外两个磁盘分别用于存储原始数据和处理后的数据，这也是为了在多线程多任务的运行状况下避免磁盘使用冲突。我们的整个程序架构方案如图 12.2 所示。

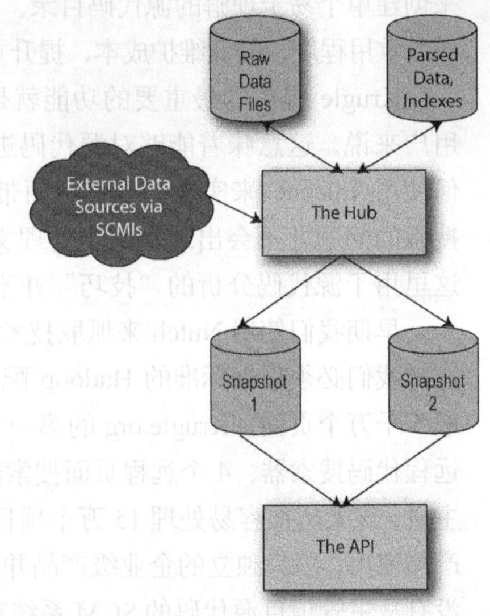

图 12.2 Krugle 在同一系统架构内运行两个 JVM，并且被索引的数据是由外部代理节点提前搜集和预处理过的

12.3 搜索性能

由于 Krugle 处理的数据范围的特殊性（编程语言），我们介绍了一些有趣的程序优化措施。首先介绍的是源代码中一些常用的项。在我们提供的公共站点的第一个版本中，如果对短语“`for(I = 0;i<10;i++)`”进行搜索，那么会导致搜索程序突然暂停，这是由于该短语中的每个项都在索引中具有太高的重复率。但我们却不能因此取消对这些常用项（停用词）的处理，因为这也就等同于禁止短语查询功能了。

因此我们借鉴了 Nutch 手册的其中一页，并在索引和查询处理中使用类似 shingle 过滤器（参见 8.2.3 小节）将常用的项与其他项进行联合后再进行处理。`for` 循环的例子所包括的联合项如表 12.1 所示。

表 12.1 项联合查询能够提高对常用的单个项的搜索效果

项 编 号	项联合形式
1	for (
2	i =
3	0;
4	…
5	++)

如果你因特殊原因而必须将 i 作为单个项进行处理的话，程序还是可以对它进行直接索引的。对联合后的项进行索引操作会导致索引中出现更多的单项，但这同时也意味着项在索引中的的出现频率会降低，因为包含联合项的文档数量会少的多。常用的联合项如表 12.2 所示：

表 12.2 源代码索引中最常用的项及联合项

单　项	联 合 项	单　项	联 合 项
.	);	<	.h
)	;}	1	("
(	({	/	= =
;	()	:	0;
{	))	-	; return
}	}}	*	0)
=	If (	if	="
,	# include	#	{ if
"	; if	return	# endif
>	")	...	...
0	= 0	add	> <

作为示例，我们在公共站点的一个索引具有不超过 500 万源代码文件（文档）。对于不使用联合项和使用 200 个联合项两种情况来说，索引的情况如表 12.3 所示。

表 12.3 将高频出现的项进行联合后索引文件的变化情况

测 量 结 果	不使用联合项	使用联合项
项种类	102 million	242 million
项总数	3.7 billion	13.5 billion
项词典文件大小（*.tis）	1.1 GB	2.5 GB
Prox 文件大小（*.prx）	10 GB	18 GB
Freq 文件大小（*.frq）	3.5 GB	7.3 GB
域存储文件大小（*.fdt）	1.0 GB	1.0 GB

对于该索引来说，我们必须改用 64 位的 JVM 并为程序分配 4GB 内存空间才能获得合理的性能指标。

12.4 源代码解析

在 Krugle 早期的 Beta 测试版本中，我们了解到一些有关开发人员如何进行源代码搜索的内容，这里我们将分析其中两个重要的搜索需求。首先，我们的搜索引擎要能支持半结构化搜索——举例来说，用户想要将搜索范围限制在类名上。

为了实现该功能，我们需要对源代码进行解析。但“解析源代码”是一个比较含糊的描述。大量的编译器就是用来解析源代码的，但完整的编译意味着搜索引擎必须知晓源代码的 include 路径（或类路径）、基于编译的切换操作、针对 C/C++语言的宏定义进行预处理等。最终结果就是，我们需要能够有效地对这些开源项目进行编译从而实现解析，反过来又意味着我们的搜索系统需要进行持续的维护以保持运行。而这种事是不可能发生的，因此我们最终还是无法实现这个功能。

我们在早期的 Krugle 版本中作出了一个重要决定：那就是程序要在并不知晓单个源代码文件的诸如编译设置和编译器版本等信息的情况下能够处理该文件。同时我们还必须能够大范围处理各个编程语种。这也意味着我们提供的解析功能是一种模糊解析的类型。例如我们不能根据源代码文件建立符号表，因为这需要处理该文件相关的包含文件（includes）和导入文件（imports）。

由于需要依赖对应的编程语种，单文件解析的界别可以变化多样。Python、Java 和 C#源代码文件可以用于生成一个不错的解析树，而 C 和 C++则不行。诸如 Ruby 和 Perl 等动态编程语言在解析时则会出现特殊问题，因为项（是指变量还是子程序呢？）的含义有时只能在运行期间才能确定。因此我们提供的解析功能只能生成一个猜测性的结果，这个结果在大多数情况下是正确的，但偶尔也会出错。

我们使用 ANTLR（Another Tool for Language Recognition）来完成大多数解析工作。ANTLR 的作者 Terence Parr 从 3.0 版本开始加入了记忆功能，这使得我们能够在不大量牺牲程序性能的情况下可以针对频繁的回溯（backtracking）操作采用相对灵活的解析策略了。

12.5 子串搜索

我们从 Beta 测试版本中获得的第二个重要信息就是，搜索程序必须支持某些形式的子串搜索。举例来说，当用户搜索关键词“ldap”时，他们期望能找到包含诸如 getLDAPConfig、ldapTimeout 和 find_details_with_ldap 等项的文档。

我们在处理每个搜索项时，需要默认该项包含通配符，如*ldap*，但这种处理方式会显得嘈杂（noisy）而缓慢。嘈杂（即未能搜索到符合要求的结果）主要是因为搜索程序需要处理所有连续的字符流，以找出潜在的匹配项，因而我们在搜索“heap”时可能会找到并不相关的搜索结果“theAPI”。

子串搜索的表现取决于如下两个因素：

- 列举索引中所有项，以便找到任何包含<项>的子串；
- 在（可能大量的）OR 查询语句中使用查询结果集来匹配项。

布尔查询默认允许最大 1 024 个查询子句——在支持通配符查询的情况下，对 Lucene 邮件列表的搜索就能达到这个上限。

其实还有很多方法能够解决这类有关通配符搜索的问题，其中一些方法已经在本书前面章节中提到过。举例来说，你可以获取每一个项，并用项文本中所有可能的后缀子串来对这些项进行索引。例如，myLDAPhook 可以索引成 myldaphook、yldaphook、ldaphook 等。通过这样操作，随后的*ldap*通配符搜索就能转换成 ldap*通配符操作了，这样就减少了搜索期间针对项的列举操作的耗时，因为这时我们就可以进行以 ldap 为起始的二进制搜索了，而不是列举出所有相关的项。然而，此时你仍然需要在结果的 OR 查询中使用大量的子句，并且索引会因这种项扩展策略而显著增大。

另外一个方法就是将每个项转换成多个小项——举例来说，在使用 3 字符小项的情况下，项 myLDAPhook 将会被转换成 myl、yld、lda、dap 等小项。然后，针对 ldap 的搜索将被转换成针对 lda 和 dap 的小项搜索，这样也是能够进行搜索匹配的。该方法的适用程度取决于小项的字符数（本例中我们采用了 3 字符小项），只要小项的字符数大于或等于被搜索文本的任何子串长度就能进行正常搜索。该方法同样会引起索引尺寸的显著增大，对于较长的项来说，它会导致生成大量对应的小项。

还有一个方法就是对索引进行预处理，建立一个从属索引，该索引负责将子串和包该含子串的所有项集合映射起来。当程序进行查询时，第一步就是从从属索引中快速找到所有包含该子查询项的项，然后再用上述列表针对 OR 查询生成查询子句集合。该方法能使查询速度达到可以被接受的程度，对应的代价就是在创建索引的额外用时。当然，该方案仍然面临着有可能超出最大查询子句的数量限制。

第四种方法基于我们将标识符分解为子串的方式。我们通过观察发现子串搜索并没有子单词搜索那样重要。举例来说，用户期望对“ldap”的搜索能够返回包含“getLDAPConfig”的文档，但他们对“apcon”的搜索却并不期望返回这样的结果。

为了实现这个方案，我们建立了一个语汇单元过滤器，该过滤器能识别复合标识符并能将它们分割成子单词，并建立了一个大致类似于词干还原功能的进程（第 4 章介绍了如何创建自定义语汇单元化模块，以及语汇单元过滤器以用于分析过程）。该过滤器会找寻采用共同约定写法的诸如驼峰拼写法（camelCase，即用大小写等形式将单一的标识符变成能够进行视觉分开的多个单元）的标识符，或者包含数字或下划线等标识符。一些编程语言允许在标识符中出现其他字符，甚至是任何字符；这里我们仅限于讨论由字母、数字以及下划线构成的最常用符号。其他字符将作为标点处理，因此包含其他字符的标识符将根据这些特殊字符而被分割成多个部分。这些字符与标点的区别在于，在下一步有关子界枚举（subrange enumeration）的操作中并不会跨越标点边界。

当程序碰到合适的复合标识符时，我们会对该标识符进行检查，以对子词边界的偏移量进行定位。举例来说，getLDAPConfig 看来包含单词 get、LDAP 和 Config，因此边界偏移量分别为 0、3、7 和 13。接下来我们将为每对偏移量（i,j）生成对应的项，其中

I < j。所有包含公共起始偏移量的项都会共享 Lucene 的索引偏移量值，每个新的起始偏移量将在此前的基础上增加 1。

表 12.4 展示了针对示例 getLDAPConfig 而生成的项。

表 12.4 当语汇单元的字母大小写发生变化时，大小写敏感的语汇单元过滤器会将单个语汇单元分割成多个子单元，从而使得针对多个子语汇单元的搜索能够很快完成，而不用诉诸于更昂贵的通配符查询

起始位置	结束位置	位置增量	项
0	3	1	get
0	7	1	getldap
0	13	1	getldapconfig
3	7	2	ldap
3	13	2	ldapconfig
7	13	3	config

通过上述方法，一个包含 n 个子单词的标识符会产生 n× (n + 1) /2 个项。由于 getLDAPConfig 包含 3 个子单词，对此将最终生成 6 个项。作为对比，对于前面有关将项转换为多个小项的方法，小项的数量是与标识符长度成正比变化的。举例来说，getLDAPConfig 会产生 11 个 3 字符小项，具体为 get、etl、tld 等小项。当你在生成所有的后缀子串项时也会出现同样的状况：程序会生成 getladpconfig、etldapconfig、tldapconfig 等子项，直到后缀子串长度达到最小长度位置。

通常，标识符是由最多三四个子单词组成的，因此我们的子界枚举操作不会产生太多的项。但还是有例外状况存在，对于给定的项来说，该操作可能产生太多子词，因此关键在于进行子界枚举操作前设置对应的边界。我们可以设置如下 3 类边界：

- 初始标识符的最大字母长度；
- 子词的最大数量；
- 用于建立项的字词的最大跨度（k）。该边界能将项的数量限制在 O（kn）范围内。

由于索引操作期间（每个复合标识符都能涵盖多个项位置）我们采用了非标准方法设置项的位置，因此我们还可以在查询期间设置项位置。在我们的简单案例中，单个的标识符，即使是复合标识符都可以用一个 `TermQuery` 对象来表示。但若查询语句包括标点符号，有时还可能是 `getLDAPConfig()` 形式的标点符号的情况下又该如何处理呢？这种情况我们可以使用 `PhraseQuery` 对象来处理，这时该对象会包含 3 个项，它们分别是：getldapcomfig、(和)。在索引中，getldapconfig 会跨越 3 个项位置，但如果使用原始的 PhraseQuery 对象进行处理的话，Lucene 只会对包含 getldapconfig 和一个与之相距一个位置的（文档进行精确匹配。所幸的是，`PhraseQuery` 类的 API 允许你使用 `add(term,position)` 方法指定每个项的位置，并且通过计算我们加入该查询语句的每个项的位置，我们可以建立符合需要的

PhraseQuery 类，并用它来匹配索引中需要查找文档的项位置特性。PhraseQuery 类的相关内容请参考 3.5.7 小节。

最后一点：用户偶尔可能会懒得在输入查询项时写入约定的大小写字母。当用户在搜索栏输入 getldapconfig()时，我们的搜索程序并没有任何依据来计算 getldapconfig 所包含的项位置。为此我们设计了一个更为智能的解决方案，即基于这类项的数量和长度来对 PhraseQuery 类的 slop（详见 3.4.6 小节）进行补充设置。

12.6 查询 VS 搜索

在搜索时我们面对的一个挑战就是，大家对搜索结果有着自己不同的理解。在单纯的搜索过程中，用户并不知道搜索结果全集，他们一般都会挑选最为相关的搜索结果。举例来说，当用户在 Google 搜索界面输入 lucene 进行搜索时，他会在搜索结果中挑选自认为实用的页面进行浏览，但此时他对确切的搜索结果页面集合还是不了解的。

在我们称之为查询风格（query-style）的搜索请求中，用户对搜索结果集有更多了解，并且期望能看见所有搜索结果。他可能并不会逐条查看这些搜索结果，但如果这个搜索结果集中丢失了某条信息，那么用户会将之视为程序缺陷。举例来说，当某个用户在公司源代码中搜索调用某个特殊函数的文件时，他通常并不知道调用该 API 的所有源代码文件（否则他就不用进行搜索了），但他确实又知道很多文件是应该出现在搜索结果集中的。如果这些“已知结果”未能出现在搜索结果集合中，那么我们的搜索程序麻烦就大了。

那么什么地方会出现这样的问题呢？当文件总数非常大时会出现，因为 Nutch 默认设置在使用 Lucene 的域截取（参见 2.7 小节）时只处理最初的 1 万个项。这个默认设置总的来说是可以用于 Web 页面搜索的，但当它用于源代码搜索时却往往不能通过测试。当开发人员在搜索结果集中未能见到自己所了解、并应该出现在该集合的某个大文件时，这种因为搜索项排位太靠后而导致的搜索结果丢失问题会影响他对搜索引擎的信心。

另外一个出现搜索结果丢失的情况是对于文件的错误归类而引起的。举例来说，如果 xxx.h 文件是 C++头文件而不是 C 头文件，当用户通过输入程序语种而对搜索结果进行过滤时，搜索结果集中就有可能遗失这个他所知道并且期望能在该结果集中见到的文件。

这个问题并没有很好的解决办法，但我们仍然想办法解决了大量这类问题，方法是利用数据反馈处理来减少搜索结果集中丢失的文档。举例来说，我们会采用大而随机的方式从 http://www.krugle.org 站点选取源文件，然后据此生成所有的多行搜索列表（从 1 行到 10 行不等）。每个搜索都针对随机文件中提取的一小部分源代码进行。然后我们再确认这些代码片段是否都能找到对应的原始文档。

12.7 改进空间

正如任何具有较大规模和复杂度的项目一样，Krugle 的未来还有一段很长的路要走，这包括修正程序缺陷、改进和优化。下面将介绍几个有助于阐明有关 Krugle 和 Lucene 的常见问题。

12.7.1 FieldCache 内存使用

我们知道，Lucene 的域缓存是很消耗内存的（参见 5.1 小节），而实际上我们已注意到我们的公众网站会将 1.1GB 内存空间用于两个 Lucene 域缓存数据结构中。其中一个数据结构包含 SCM 日期注释，而另外一个包含源文件的 MD5 哈希值。我们需要日期信息以对注释信息按照时间先后顺序排序，同样我们也需要 MD5 用于在返回搜索结果时删除重复的源文件。如果读者需要详细了解域缓存和排序的相关内容，请参考第 5 章。

然而 1GB 是相当大的内存空间，如果加上快照处理空间，则需要 1.6GB 内存，因此我们曾对如何减少程序运行的内存空间进行过研究。有关 FieldCache 类及其包括的多个唯一值所引起的问题曾经在过去的 Lucene 问题列表中进行过讨论。

对于日期来说，最简单的解决办法莫过于使用 long 型变量来代替 ISO 日期格式字符串。这里唯一需要的技巧就是确认这些日期在存储时是以 0 打头的字符串形式进行的，以便保持其真正的日期顺序。还有一个选择就是使用 NumericField 类，具体请参考 2.6.1 小节。

对于 MD5 哈希值来说，我们曾对此做过一些测试并发现，对于 1 000 万文档处理量来说，使用 128bit 哈希值正中的 60bit 仍然能够提供足够的唯一性。此外，我们还可以自行对字符串中每个字符采用 12bit 编码（而不用通常的 8bit 编码），这样我们就只需要 5 个 12bit 的字符空间来存储这 60bit 哈希值了，这个方案优于常用的采取 32 个字符空间来存储 128bit 的十六进制编码的 MD5 哈希值（译者注：128bit 对应于 16byte，即 32nibble，对应 32 个十六进制数字，可以用 32 个字符来表示）。

12.7.2 合并索引

在程序创建快照期间，最耗时的操作就是合并多个 Lucene 索引了。测试时我们为每个项目都缓存了一个最新的索引，并在生成快照时将所有这些索引合并成单个索引。对于 4 000 多个项目来说，建立快照阶段的耗时几乎需要 5 个小时，占到快照处理总时间的 80%。

由于我们的处理器是多核的，改善上述性能的方法首先可以通过使用多任务段合并操作实现（每个核心负责处理一个任务）。这样造成的结果就是多索引结构，并且我们可以简单地通过 ParallelMultiSearcher 类（参见 5.8.2 小节）来使用快照中的这些索引。一个更复杂的方法就是将各个项目对应的索引段包含于基于更新频率的组中，这样一来，快照的建立就不必要求合并那些处于频繁更新状态的项目索引了。

12.8　小结

在 2005 年，我们面临着信息检索引擎的抉择，还面临着使用何种编程语言开发 Krugle 的抉择。所幸的是，我们从大量经验丰富的开发人员身上得到了精准而有价值的答案，它包括两点：

- Java 已经“足够快”，能够用于开发工业级搜索引擎；
- Lucene 具有我们项目所需要的能力和灵活度。

Lucene 的灵活度使得我能够处理一些不常见的状况，比如针对代码片段的查询，或者被其他搜索引擎随意丢弃的标点符号处理等。我们还能够处理那些查询项为输入语汇单元子串的情况，具体方法是使用相关的语汇单元过滤器，这种过滤器知道常见的源代码命名约定并能对源代码中的“复杂”内容进行索引操作。如果没有 Lucene 以及大量其他的开源组件，我们将无法在 6 个月时间内从零开始构建我们的 Beta 版本。因此，感谢鼓励我们使用 Lucene 的朋友们，同时感谢 Lucene 社区提供的优秀的搜索工具包。

第 13 章　案例分析 2：SIREn

使用 SIREn 搜索半结构化的文档

本章作者：*RENAUD DELBRU、NICKOLAI TOUPIKOV、MICHELE CATASTA、ROBERT FULLER 和 GIOVANNI TUMMARELLO*

在本章的案例分析中，Digital Enterprise Research Institute（DERI，http://www.deri.ie）公司的员工说明了它们如何利用 Lucene 创建语义信息检索引擎（Semantic Information Retrieval Engine，SIREn）的。SIREn（为开源项目，可以从 http://siren.sindice.com 获取源代码）可以对语义 Web 网站（也称为 Web 3.0 或“数据 Web”）进行搜索，这些网站能够快速生成半结构化文档集合，并用于采用资源描述框架（RDF）[1]标准的 Web 页面。有了 RDF，公众 Web 网站上提供的页面就能通过谓词对任意的实体和对象之间的结构关系进行编码。尽管该标准已推出一段时间了，但也只有最近才有 Web 站点真正采用该标准。

有关 SIREn 能公开访问的示例位于 http://sindice.com，这里有超过 5 000 万抓取的结构化文档，对应 10 亿由实体、谓词和对象构成的三元组。SIREn 是 RDF 三元组的一个强大的替代产品，后者基于关系数据库，并在处理全文本搜索时常常受到局限。

在索引 RDF 文档时的挑战之一就是没有固定的索引模式：任何人都可以在自己的描述总创建新的项。这个情况就为我们提出了重大挑战。正如我们所知道的，SIREn 首先试图使用简单映射来将 RDF 主题、谓词和对象三元组映射至对应文档，这里每个谓词都是文档中一个新的域。但这个做法又会导致性能问题，因为这样一来文档中域的数量就是无限的了。为了解决这个问题，我们引入了有效载荷（参见 6.5 小节）来对三元组信息进行有效编码，而最终的架构则能够提供高度可扩展的 RDF 搜索算法。

SIREn 可能对 Lucene 的自定义开发 API 进行了记录：它创建了大量 Lucene 扩展，包括自定义的语汇单元化模块（`TupleTokenizer`）、语汇单元过滤器（`URINormalisationFilter`、`SirenPayloadFilter`）、分析器（`TupleAnalyzer`、`SPARQLQuery- Analyzer`）、查询对象（`CellQuery`、`TupleQuery`），以及用于处理 SAPARQL RDF 查询语句（这是针对

---

[1] 详见 http://en.wikipedia.org/wiki/Resource_Description_framework。

RDF 内容的标准查询语言，由 W3C（World Wide Web Consortium）制定）的查询解析器。SIREn 的分析链就是一个使用语汇单元类型来记录相关自定义信息的良好案例，这个信息会在随后被其他语汇单元过滤器使用，用于创建对应的有效载荷。SIREn 甚至还能集成 Solr。这种组件化设计方案使得 SIREn 具有开放架构，它允许开发人员自行选择组件来创建自己的语义 Web 搜索程序。下面是有关 SIREn 的深入介绍。

13.1 SIREn 介绍

尽管 RDF 和 Microformats[1] 相关规范已经出台多时，直到最近几年才有大量 Web 站点开始使用它们，从而有效启动了 Web of Data 进程。一些诸如 LinkedIn、Eventful、Digg、Last.fm 以及其他站点目前也开始使用该规范，用它来共享信息片段，而这些信息片段同时可以被其他站点或者智能终端自动重用。作为示例，我们可以看看 Last.fm 页面[2]，并试试自动导入其页面日历事件的功能，当然前提是在浏览器中使用内置的恰当的 Microformats。

在 DERI，我们已经在开发 Sindice.com 搜索引擎了。该项目的目标就是为 Web of Data 提供搜索引擎。目前我们面临的挑战是，这类搜索引擎不仅需要对文本格式的查询作出应答，还应当能够对结构化查询语句进行应答——也就是说，该查询使用了结构化的数据。使得情况更为复杂的是，RDF 规范允许用户能够在项描述内容中创建新的项，这会造成无结构化索引和结构化应答之间的冲突。

根据早期的说法，针对图表结构的数据查询已经有专门的解决方案，我们称之为三元组方案，该方案基于后台数据库管理系统（DBMS）。对于 Sindice 项目来说，我们需要采用比 DBMS 更宽泛的解决方案，并能兼容典型 Web 搜索引擎所要求的功能，即：查询匹配的文档在顶部显示、实时更新、全文本搜索以及分布式索引。

Lucene 长期提供这些能力，但当你阅读到下一节时会发现，这些原始功能并不适用于大的采用不同方式形成的半结构化文档集合。在开发 SIREn 时出于这个原因，我们通过对 Lucene 进行扩展来解决这个问题，并使之能有效地针对 RDF 文档进行索引和查询，正如处理带有任意数量元数据域的文本文档一样。出于别的原因，我们还开发了自定义的语汇单元化模块、语汇单元过滤器、查询格式以及评分系统。

目前 SIREn 已不仅仅应用于 Sindice.com，它还能应用于一些上月数据集成项目，在那里它将作为大规模无结构化搜索引擎来使用，能够针对大范围的文档和数据记录进行查询。

13.2 SIREn 优势

Web of Data 是由 RDF 声明组成的。特别地，RDF 声明包含 3 个部分，即主题、谓

[1] 详见 http://microformats.org。
[2] 详见 http://www.last.fm/events。

词和对象，并声明主题的一个属性（即谓词）和某些值（即对象）。主题或实体包含 URI 格式的引用（如 http://renaud.delbru.fr/rdf/foaf#me）。

声明有两种类型。

- 属性声明，A(e,v)，这里 A 代表一个属性（foaf: name），e 代表一个实体引用，而 v 则为具体内容（如整数、字符串或日期）。
- 关系声明，R(e1,e2)，这里 R 代表一种关系（foaf: knows），而 e1 和 e2 则为实体引用。

这些 RDF 声明从本质上来说组成了一个巨大的互联的实体列表（如人物、产品、事件等）。举例来说，图 13.1 和图 13.2 展示了一个小的 RDF 数据集，以及如何将它们分割成 3 个实体：renaud、giovanni 和 DERI。每个实体图都都是由输入输出关系和实体节点组成的星形实体。椭圆形的节点表示实体引用，而矩形节点则表示实体的具体内容。出于对空间占用的考虑，URI 已经被它们的本地名称所代替。对于多元语法来说，URI 包括在尖括号中，实体内容是用双引号表示的，而圆点则表示三元组的末端。下面的内容则是多元组（N-Triples）[1]语法所描述的 renaund 实体图的一部分内容：

```
http://renaud.delbru.fr/rdf/foaf#me
➥   <http://www.w3.org/1999/02/22-rdf-syntax-ns#type>
➥   <http://xmlns.com/foaf/0.1/Person> .
<http://renaud.delbru.fr/rdf/foaf#me
➥   http://xmlns.com/foaf/0.1/name
➥   "Renaud Delbru"
http://g1o.net#me
➥   <http://xmlns.com/foaf/0.1/knows>
➥   <http://renaud.delbru.fr/rdf/foaf#me>
```

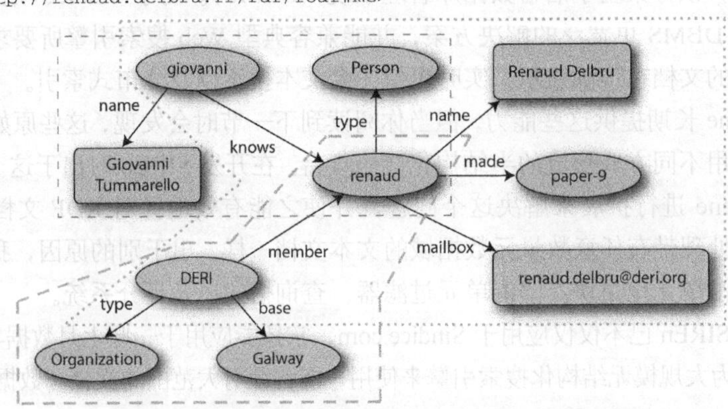

图 13.1 RDF 视图。RDF 结构被分割成（用虚线表示）3 个实体，分别用 renaud、giovanni 和 DERI 这 3 个节点表示

SIREn 采用了以实体为中心的视图，其主要目的是便于对实体进行索引和检索。为了对 Web of Data 中的实体进行搜索和定位，SIREn 提供了诸如图 13.2 中针对星形结构进行查询

[1] N-Triples：详见 http://www.w3.org/2001/sw/RDFCore/ntriples/。

的能力。你可以说 Lucene 已经能够建立这样的星形查询了，因为文档域不必遵循固定的模式（参见 2.1.2 小节）。举例来说，每个实体都可以被转换成对应的 Lucene 文档，这里每个不同的谓词都是一个动态域，而对象则是该域被编入索引时的域值。通过这种办法，Lucene 文档可以包含与实体谓词数等量的动态域。但在处理半结构化的信息时，这种采用动态域的办法就不适用了，我们稍后会详加讨论，此时我们需要一种新的数据模型来完成这个功能。

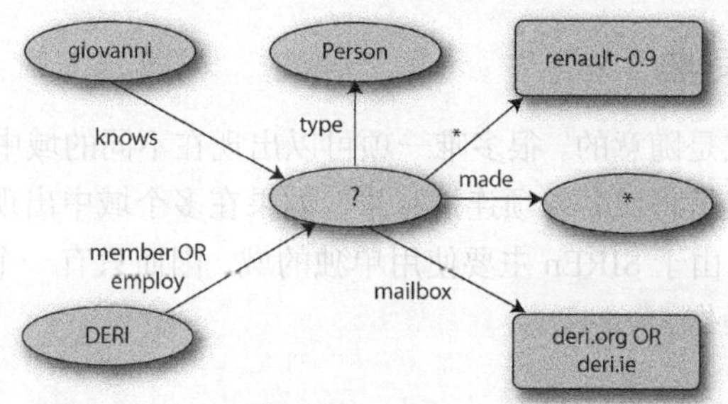

图 13.2　针对 renaud 实体的星形匹配查询，这里? 为可变边界，*为通配符

Web 技术能支持对各种大型数据源的访问。其中一些数据源包含原始数据，而这些原始数据源中存在一些需要进行解析的数据结构。还有一些数据虽然是结构化的，但并不像数据库中的数据那样固定和规整。这些既不原始又不具备严格类型的数据就被称为半结构化数据。半结构化数据还有可能在合并多个结构化数据时产生，因为数据源并不总是遵循同样的模式来建立，并且其值也不是按照同样的约定来表示的。

SIREn 适用于对大量半结构化的数据进行索引和查询操作。在以下情况下可以使用 SIREn：

- 数据结构模式较大，或者具有多个模式；
- 数据结构模式变化较快；
- 数据元的类型是折衷后的类型。

SIREn 使你能够有效地建立复杂结构的查询（当程序或用户了解对应的数据结构模式时）以及非结构化的查询，如简单的关键字搜索等。此外，即使是在非结构化查询的情况下，SIREn 都能在处理查询时“保留（respect）”对应的数据结构，以避免丢失有效的匹配搜索结果，相关内容我们将在下一节中介绍。

13.2.1　通过所有域进行搜索

对于半结构化文档来说，其数据模式通常是未知的，并且数据集合中各种域的数量也可能非常大。有时候我们在搜索时并不知道该使用哪个域。对于这种情况，我们可以针对每个域实施搜索。

在 Lucene 中同时针对多个域进行搜索的唯一方法就是针对域元素使用通配符*模式

搜索（WildcardQuery 类请参考 3.4.7 小节）。在 Lucene 内部处理上，它会通过将所有域与每个查询项连接的方式来扩展通配符查询。因此，这个操作通常会引起查询项数量的显著增加。一个通常的规避方法就是将所有其他域拷贝至搜索域集合中。该解决方案在某些情况下比较好用，但由于其复制了索引中的信息，因此会增大索引尺寸。并且，这样会导致信息结构的丢失，因为所有域值都连接在一个域中了。

13.2.2 一种高效词典

由于数据模式是随意的，很多唯一项可以出现在不同的域中。Lucene 为每个域保留了一个词典，方法是将域名与项连接起来。如果在多个域中出现相同的项，该项将被存储在多个词典中。由于 SIREn 主要使用单独的域，因而只有一个大的词典，从而避免了词典中的项复制操作。

13.2.3 可变域

数据模式通常是未知的，并且同一个域可能有多个名称。对于 SIREn 来说，一个域就是一个项，就跟数据集中其他任何元素一样，这样就能在进行索引操作前将域进行归一化操作。另外，这样也能允许针对域名进行全文本搜索（布尔搜索、模糊搜索、拼写纠正等）。举例来说，对于 Web of Data，我们在搜索实体时通常不用确切知道作为谓词使用的项。通过对谓词 URI（如 http://purl.org/dc/elements/1.1/author）进行语汇单元化处理和归一化处理，我们就可以从一个或多个包含作者项的数据模式中搜索所有的谓词了。

13.2.4 对多值域的高效处理

对于 Lucene 来说，多值域是在索引操作前通过将这些域值连接在一起来处理的（参见 2.4.7 小节）。因此，如果两个字符串 Mark James Smith 和 John Christopher Davis 被索引至同一个作者域，那么输入作者“James AND Christopher”的查询将不会返回作者名“James Christopher”。对于 SIREn 来说，多个值会在索引中保持其独立状态，并且其中每个值都可以用于分离或者联合搜索。

13.3 使用 SIREn 索引实体

为了理解 SIREn 是如何对实体进行索引的，读者需要了解如下内容：

- SIREn 数据模型，以及它是如何基于 Lucene 架构实现的；
- Lucene 用于索引和存储实体的文档模式；
- 如何在索引前准备数据。

下面我们将逐个介绍这 3 个概念。

13.3.1 数据模型

对于给定的实体来说，一个能展现其 RDF 描述的方法就是使用两张表，每张表都包含了 RDF 三元组的对应数组：在其中一张表中（输出关系表），主键为标题 s（实体），第一个单元格为谓词 p（属性），第二个单元格为对象 o（值）。在第二张表中（输入关系表），相关顺序是反过来的，主键为对象 o，第二个单元格为标题 s。对于多值谓词（如多个包含相同 s 和 p 但不同 o 的声明）来说，我们可以将它看做两个由 p 和 n 组成的元组表广义版本。具体内容如表 13.1 所示。对于 SIREn 来说，对单元格的数量并没有限制，其值也可以为空。

每个单元格都可以被独立或者联合搜索，具体可通过布尔搜索、近似搜索或模糊搜索等全文本搜索操作完成。通过将多个单元格进行整合，我们可以通过查询元组来对实体标识符列表进行检索。我们还可以通过整合这些单元格来查询实体描述。13.2 小节中列出的元组为我们提供了一个有关通过元组联合查询来对表 13.1 中的实体进行匹配搜索的示例。

表 13.1 实体元组表

输 出 关 系					
标题	谓词	对象 1	对象 2		对象 n
id1	rdf:type	Person	Student	…	Thing
id1	foaf:name	Renaud Delbru	R.Delbru	…	
id1	foaf:mailbox	mail@deri.org			
id1	foaf:made	Paper-9	Paper-12	…	paper-n
…	…				
输 入 关 系					
对象	谓词	标题 1	标题 2		标题 n
id1	foaf:knows	giovanni	nickolai	…	
id1	foaf:member	DERI	Ø	…	
…	…				

13.3.2 实现问题

现在我们探究一下与项有关的结构信息是如何转变为 Lucene 能够处理的格式的。它的数据模型类似于 1997 年 11 月数字媒体信息库国际研讨会（Proceeding of International Symposium on Digital Media Information Base）中描述的基于路径的数据模型[1]。在这个数据模型中，每个出现的项都与如下信息相关：实体、元组、单元和位置。

1 R.Sacks-davis、T.Dao、J.A.Thom 和 J.Zobel。针对结构、内容和属性进行查询的文档索引。《Proceedings of International Symposium on Digital Media Information Base (DMIB)》，第 236～245 页，World Scientific 出版社，1997 年 11 月。

单元内容可以为任何类型的信息（文本、URI、整数、日期等）并且可以被分解为项序列。这些项会被索引并包含其位置信息，类似于通常的 Lucene 索引。另外，我们为每个项都分配了一个单元标识符（cid）。cid 来自于元组中的单元信息。举例来说，如果某个项出现在首个单元中，那么它会被标明为 cid = 0。实体中的元组可以通过内部标识符（tid）来表示。我们为每个实体分配了一个唯一的标识符（eid），这个标识符实际上是由 Lucene 分配的文档标识符。

索引格式是利用 Lucene 的有效载荷特征实现的（详见 6.5 小节）。每个项的有效载荷包含对应的元组和单元标识符。因此，Lucene 会按照如下格式表示项序列：

```
Term            -> <eid, freq, TermPositions^freq>^tef
TermPositions   -> <pos, Payload>
Payload         -> <tid, cid>
```

tef 参数只是用于表示包含该项的实体数量，它类似于标砖索引中的项文档频率。这些标识符是用变长编码格式进行存储的，主要是因为它们的长度不大。平均而言，每个项的相关信息存储只需要 2byte 空间。

13.3.3　索引概要

我们为 Lucene 文档能够兼容实体而设计了一组通用的域。Lucene 文档结构如表 13.2 所示。一些诸如主题、上下文、内容等域对于实现 SIREn 索引来说是必要的。主题域负责索引和存储主题（即实体的资源标识符），而上下文域则负责索引实体源（URL）。这些域会作为搜索结果返回，但同时还可以用来将查询语句限制在特定实体或上下文上。内容域会兼容元组表——也就是说，RDF 声明负责对实体进行描述。

表 13.2　　用于 Sindice 用例的 Lucene 文档结构

域　名	描　述
主题	实体的 URI（主题元素的声明）
上下文	包含实体的数据集 URI（上下文元素的声明）
内容	描述实体的元组列表。该域早期用于表示 SIREn 数据格式
本体	用于实体描述中的本体列表
范围	实体的发布区域
数据源	被获取、丢弃或发送的数据源
格式	RDF、RDFa、Microformats 等数据的原始格式

我们选择其他域作为实现 Sindice 附加功能的用例，如查询过滤操作和多层面浏览。然后我们就有可能通过本体、范围、数据源或数据格式来对搜索结果进行过滤。

13.3.4　索引前的数据准备

Lucene 文档会被发送至索引服务器。这些文档将在索引之前进行分析。我们建立了自己的

Lucene 分析器来分析包含元组的域。元组类型的内容域具有继承于 N 元组语法的特殊语法：

```
http://www.w3.org/1999/02/22-rdf-syntax-ns#type
➥    <http://xmlns.com/foaf/0.1/Person> .
<http://xmlns.com/foaf/0.1/name> "Renaud Delbru" .
<http://xmlns.com/foaf/0.1/knows> <http://g1o.net#me>
➥    _:node4321 .
```

这里 URI 使用尖括号括起来的。文本是用双引号括起来的，空节点是用_:nodeID 格式来表示的，点号用来表示元组的结束符。

TupleTokenizer 是一个基于语法的语汇单元器，它是由 JFlex 生成的，主要通过元组语法将文本分割成语汇单元。它会产生各种不同类型的语汇单元，如针对元组元素的 uri、bnode 和 literal 等，它还会产生 cell_delimiter 和 tuple_delimiter 等语汇单元来通知 TupleAnalyzer 有关元组元素或元组的结束（4.2.4 小节介绍了语汇单元的类型属性）。TupleTokenizer 内置了 Lucene 分析器，用于分析文本的语汇单元。在生成文本语汇单元的任何时候，它都会被发送至该分析器进行分析。这就为重复使用 Lucene 来对文本信息进行分析提供了一定的灵活度。

TupleAnalyzer 定义了对应的 TokenFilter 以用于 TupleTokenizer 输出。我们为针对 SIREn 的扩展建立了两个特殊的过滤器，分别是 URINormalisationFilter 和 SirenPayloadFilter。同时我们会使用其他 Lucene 原始过滤器，如 StopWord- Filter 和 LowerCaseFilter 等。

URINormalisationFilter 对 URI 进行标准化操作的方式是：删除 URI 中的斜线，将 URI 分解成多个子词，从而生成多个变量。示例如下：

```
"http://xmlns.com/foaf/0.1/name" ->
   (position:token)
   0:"http"
   1:"xmlns.com",
   2:"foaf",
   3:"0.1",
   4:"name",
   5:"http://xmlns.com/foaf/0.1/name"
```

这些变量对于实现针对 URI 的全文本搜索是很有用的。从而使我们有可能生成诸如 name、foaf AND name or http://xmlns.com/foaf/1.0/等查询语句。

SirenPayloadFilter 类（如例程 13.1 所示）为每个语汇单元分配了结构化信息，并将这些信息编码成语汇单元有效载荷。需要注意的是，语汇单元过滤器使用版本 2.4 的语汇单元 API（例如 next()方法），而这些 API 已经被 Lucene 3.0 及后续版本删除了。有关有效载荷的介绍可以参考 6.5 小节。

程序 13.1 SirenPayloadFilter 如何处理语汇单元流

```
public class SirenPayloadFilter extends TokenFilter {
  protected int tuple, tupleElement = 0;

  @Override
```

```
public Token next(final Token result) throws IOException {
  if ((result = input.next(result)) == null) return result;
  if (result.type().equals("<TUPLE_DELIMITER>")) {
    tuple++; tupleElement = 0;
  }
  else if (result.type().equals("<CELL_DELIMITER>"))
    tupleElement++;
  else
    result.setPayload(new SirenPayload(tupleID, cellID));
  return result;
 }
}
```

13.4 使用 SIREn 搜索实体

下面我们将介绍一组查询操作，将它们植入到 SIREn 是为了实现针对元组表内容和结构的操作。这些查询组件也是用于对数据集合实体进行搜索查询的组成模块。

13.4.1 搜索内容

SIREn 包含基本的查询操作，能够访问元组表的内容。这些查询操作提供了一些基本的处理，如项查询（TermQuery、PhraseQuery），还提供了一些高级功能，如模糊操作或前缀操作等。这些功能就能跟一些高级操作结合起来使用，如布尔查询（交集、合集、差分），近似操作（短语、邻接、前、后等）或 SIREn 操作（单元、元组）等。

这些操作复制了与 Lucene 原始操作一致的策略，细微区别在于，在查询操作期间，评分器从有效载荷读取元组信息然后用这些信息来过滤不相关的匹配。举例来说，TermScorer 类对某个项进行评分，然后对该项对应的实体、元组、单元和位置（eid、tid、cid、pos）进行迭代操作。事实上，所有的 SIREn 评分器都实现了 SirenIdIterator 接口（如程序 13.2 所示），该接口提供了迭代期间跳过实体、元组或单元的方法。

程序 13.2 SirenIdIterator 接口

```
public interface SirenIdIterator {
  public boolean skipTo(int entityID);
  public boolean skipTo(int entityID, int tupleID);
  public boolean skipTo(int entityID, int tupleID, int cellID);

  public int dataset();
  public int entity();
  public int tuple();
  public int cell();
  public int pos();
}
```

找到目标后转至首个匹配

返回当前的结构化元素标识符

对于诸如 PhraseQuery 等实现针对多个项联合查询的操作来说，我们采用了如下合并算法：

❶ 检索每个项的条数列表。

❷ 同时访问多个条数列表。

❸ 在每一步我们都对实体、元组和单元标识符进行对比。

- 如果出现不匹配情况，我们将丢弃当前实体。
- 如果项相同，评分器将采用通常的策略来检查每个查询项是否具有有效位置(例如，邻接位置)。在匹配情况下，评分器会将 eid、tid、cid 作为结果（该结果将被诸如 CellQuery 等更高级查询组件使用）返回，并将指针推进至每个条数列表的下一位置。

13.4.2 根据单元限制搜索范围

CellQuery 允许我们将诸如 TermQuery 或 PhraseQuery 等基本查询组件合并成布尔查询操作。接口与 Lucene 的 BooleanQuery 类似，但前者能够使用 addClause (PrimitiveSirenQuery c, Occur o)方法添加多个查询子句。

CellScorer 对由基本查询合并而成的布尔查询针对某个单元的查询结果进行评分。ConjuctionScorer、DisjunctionScorer 和 ReqExclScorer 分别实现了针对单元内连接项、分离项或排除项的评分。它们会迭代访问评分器，并使用 eid、tid 和 cid 进行联合，从而保留那些只匹配同一单元的匹配结果。CellScorer 提供针对匹配实体、元组和单元（eid、tid、cid）的查询迭代，这样一来，诸如 TupleQuery 等更高级查询组件就能针对每个元组进行匹配过滤了。

CellQuery 提供了一个名为 CellQuery.setConstraint(int index)的接口，并加入了单元索引强制选项 cid = index。例如，假使将某个谓词的单元索引选项设置为 0，那么所有不符合 cid = 0 的匹配都将被丢弃。该索引强制选项并不是硬编码的，它可以通过 CellQuery. setConstraint(int start, int end)方法进行修改，目的是搜索 cid 不再 start 和 end 之间的多个单元。

13.4.3 将单元合并成元组

CellQuery 允许我们针对单元的内容进行搜索。我们可以使用 TupleQuery 类对多个单元查询组件进行合并而形成“元组查询”元组查询会检索匹配针对单元查询的布尔联合查询。TupleQuery 提供了与 BooleanQuery 类似的借口，能够通过 addClause (CellQuery c, Occur o)方法添加多个查询子句。

TupleScorer 对多个单元的布尔联合查询进行评分，并能够对匹配查询的实体和元组(eid、tid)进行迭代访问。该功能基于 CellConjunctionScorer、Cell-Disjunction Scorer 和 CellReqExclScorer 分别对针对元组内连接单元、分离单元或排除单元进行评分。每种评分操作都会对评分（CellScorer）进行迭代，并能完成对实体和元组的联合操作。

13.4.4 针对实体描述进行查询

TupleQuery、CellQuery 和 TermQuery 可以通过 Lucene 的 BooleanQuery 进行合并，这使得我们可以实现对匹配实体的富查询（rich queries）。评分操作是通过 Lucene 的 BooleanScorer 完成的，因为每个 SIREn 评分器都是继承于 Lucene 的 Scorer 类的。程序 13.3 展示了如何使用前面讲到的操作来建立一个查询。该查询示例会检索与 DERI 相关，并且属性标签名或 fullname 为 Renaud Delbru 的所有实体。

程序 13.3 建立针对实体描述的查询

```
CellQuery predicate = new CellQuery();
predicate.addClause(new TermQuery(new Term("name")),
                    Occur.SHOULD);
predicate.addClause(new TermQuery(new Term("fullname")),
                    Occur.SHOULD);
predicate.setConstraint(0);

PhraseQuery q = new PhraseQuery();
q.add(new Term("renaud")); q.add(new Term("delbru"));

CellQuery object = new CellQuery();
object.addClause(q, Occur.MUST);
object.setConstraint(1, Integer.MAX_VALUE);
TupleQuery tuple1 = new TupleQuery();
tuple1.addClause(predicate, Occur.MUST);
tuple1.addClause(object, Occur.MUST);

BooleanQuery query = new BooleanQuery();
query.addClause(tuple1, Occur.MUST);5
query.addClause(new TermQuery(new Term("DERI")),
                Occur.MUST);
```

❶ 匹配谓词 "name OR fullname"。

❷ 匹配短语 "renaud delbru"。

❸ 匹配对象 "renaud delbru"。

❹ 匹配<"name OR fullname", "renaud delbru">。

❺ 匹配<"name OR fullname", "renaud delbru"> AND "DERI"。

13.5 在 Solr 中集成 SIREn

Solr 是一款基于 Lucene 的商业搜索服务器，是由 Lucene 项目同样的 Apache Lucene 高级项目组开发的。它提供了很多实用的功能，如平面搜索、缓存、备份和分布式处理等。本节我们将介绍如何轻松将一个新的 Lucene 组件加入 Solr 框架，以及 Sindice 如何才能利用 Solr 提供的所有功能。

为了将 SIREn 整合到 Solr 框架中，我们必须以 Solr 文件格式为元组域类型指派

TupleAnalyzer，如程序 13.4 所示。我们还为 SPARQL 建立了分析器，SPARQL 是 W3C 推荐的 RDF 查询语言[1]。

查询分析器的第一个组件就是 SPARQLQueryAnalyzer 类，它能将输入的 SPARQL 查询转换为语汇单元流。第二个组件为 SPARQLParser，它对 Solr.QParser 进行了扩展，该方法会调用 SPARQLQueryAnalyzer，并对语汇单元流进行解析，然后建立对应的 SIREn 查询。

为了能让 Solr 前端使用 SPARQLParser，我们建立了 SPARQLParserPlugin 类，该类对 Solr.QParserPlugin 进行了扩展，我们还修改了 Solr 的配置文件来完成插件注册，如程序 13.4 所示。

程序 13.4　通过 Solr 的 schema.xml 文件集成 SIREn

```
<fieldType name="tuple" class="solr.TextField">
  <analyzer type="index"
    class="org.sindice.solr.plugins.analysis.TupleAnalyzer"
    words="stopwords.txt"/>
  <analyzer type="query"
    class="org.sindice.solr.plugins.analysis.SPARQLQueryAnalyzer"
    words="stopwords.txt"/>
</fieldType>
...
<fields>
    <field name="content" type="tuple" indexed="true" stored="false"/>
      ... Other field definition ...
</fields>
```

13.6 Benchmark

我们使用商用服务器[2]，并在上面使用 RDF 实体综合数据集来提供性能指标。这些数据集的分离谓词（域）范围从 8 到 128 之间变化。为了生成一个域中的各个域值（通常一个域具有多个域值），我们使用了一个包含 9 万个项的词典。在这个超过 500 条查询的基准上，我们对查询时间进行了平均。每条查询都包含两个主键，它们都是从词典中随机选取的。

从表 13.3 中可以看出，SIREn 保持了一个简明词典（项词典是由每段两个文件表示的，主文件为*.tis，索引文件为*.tii），而 Lucene 的词典尺寸则会随着域的数量而线性增长。对于 128 个域的情况，SIREn 词典大小为 1.6MB，而 Lucene 词典大小则为 113MB。在这个情况下，SIREn 更能高效使用内存，并使我们能够在内存中保存更多的词典部分。使用 SIREn 时，包含张贴列表（就是说，包含针对每个项的文档列表，以及这些项在每个文档中的出现频率的*.frq 文件）的文件会更小。而对于

---

1 详见 http://www.w3.org/TR/rdf-sparql-query/。

2 内存为 8GB，两个 2.23GHz 的 Intel 四核 CPU，SATA 硬盘为 7 200RPM，操作系统为 Linux 2.6.24-19，Java 版本为 1.6.0.06。

Lucene 来说，有关每个域中每个项的张贴列表是不同的；因此，Lucene 创建的张贴列表数量会比 SIREn 所创建的多，而这回导致更大的存储开销。但包含位置信息的文件（*.prx），即包含每个项在文档中出现的位置，以及带有针对当前项位置有效负载的文件，却比 Lucene 对应文件大了 5 倍。这是由于在有效负载中存储了过多的结构信息（元组和单元标识符），但由此带来的影响是有限的，因为该文件通常并不保存在内存。SIREn 的索引总尺寸小于 Lucene 索引尺寸的两倍。附录 B 介绍了 Lucene 的索引文件格式。

表 13.3 主索引大小（单位 kb）比较（数据集为 128 个域）

方案	TermInfoIndex (.tll)	TermInfoFile (.tis)	FreqFile (.frq)	ProxFile (.prx)	Total
Lucene	1 627	113 956	1 179 180	509 815	1 804 578
SIREn	38	3 520	769 798	2 697 581	3 470 937
SIREn/Lucene	2%	3%	65%	529%	192%

在表 13.4 和表 13.5 中我们可以看到，Lucene 在连接和拆分两项操作中的性能都会随着域数量的增加而降低。为了处理针对多个域的查询，Lucene 通过将每个域名与每个关键词连接起来的方式来扩展查询。举例来说，对于在 64 个域之上带有两个关键词的查询来说，Lucene 的 `MultiFieldQueryParser`（详见 5.4 小节）会将查询扩展成 $2 \times 64 = 128$ 个查询项，而在 SIREn 中则没有查询扩展。最坏的情况下，2（关键词项）+ 64（域项）= 66 个查询项，如果针对所有域进行搜索的话则只有 2 个查询项（就是说，当由于没有域项与关键词项对应时，需要使用域通配符）。

表 13.4 针对所有域（通配符域名）的双关键词联合查询时间（单位 ms）

方 案	8 个域	16 个域	32 个域	64 个域	128 个域
Lucene	100	356	659	1 191	2 548
SIREn	72	79	75	76	91

表 13.5 针对所有域（通配符域名）的双关键词单独查询时间（单位 ms）

方案	8 个域	16 个域	32 个域	64 个域	128 个域
Lucene	85	144	287	599	1 357
SIREn	45	59	62	74	109

如果使用全包含域，那么在性能方面是与域通配符情况类似的，这里所有的域值都会连接在一起。在这种情况下，该操作会复制其他时期的索引信息（在词典中），这会引起误报结果，以及在只能对域的一个子集进行搜索时失效。

表 13.6 给出了关键词搜索执行时间，具体的搜索项是在由 64 个域组成的综合数据集所对应的 `BooleanQuery` 中随机选取的 1、2 或 3 个项来得到的。当搜索限制在一

个域时，SIREn 的运行效果稍差一些。愿意是 SIREn 要交叉处理 3 个张贴名单（域张贴名单和每个关键词的张贴名单）而 Lucene 则只处理两个（每个关键词的张贴名单）。但当程序针对两个或三个域进行关键词搜索时，SIREn 则占优。在其他情况下两者性能比较类似。在对 Lucene 执行查询期间进行概要分析后，我们发现 25%的时间都用在对词典的读取操作上（更精确的结果可以通过调用 `SegmentTermEnum.next()`）获得。

表 13.6　搜索中用一个、两个或三个随机选择的域进行关键词查询的时间

方　案	Q-1F	Q-2F	Q-3F
Lucene	50	56	82
SIREn	77	53	58

13.7 小结

本章我们介绍了 SIREn，它是 Lucene 的“扩展应用”，能用于对大量的半结构化数据进行查询。至于为什么说是“扩展应用”，因为 SIREn 完全更像是一个运行于 Lucene 之上的的专用程序，同时并带有一系列自定义的 Lucene 组件——`Analyzers`、`Tokenizers`、`TokenFilters` 等。SIREn 使得 Lucene 和 Solr 能够处理直接来源于“Web 数据”的信息，同时还能有效应用于商业数据集成项目。SIREn 的主要优势如下：

- 能对大数量的域进行有效搜索；
- 在词典大小上能够有效使用内存；
- 支持灵活的域名索引（针对域名的语汇单元化操作、通配符、模糊匹配）；
- 能精确地处理多值域。

但当你需要处理相对较小和格式固定的域，或者域值和域截然不同时，则直接用 Lucene 进行处理效果更好，因为这样处理可以使得索引更小并且一般能加快查询处理速度。事实上，SIREn 并不是为了取代 Lucene，而是与其互补的。你可以用 Lucene 域来处理较为固定和频繁使用的数据集，而用 SIREn 来处理其他情况，或者用它来实现快速的多值域查询。

SIREn 目前已用于 Sindice 搜索引擎，该搜索引擎能够对超过 5 000 万结构化的文档进行索引（元组总数量为 10 亿），并能够在商用服务器上每分钟处理数千个查询。

第 14 章　案例分析 3：LinkedIn

使用 Bobo Browse 和 Zoie 实现平面搜索和实时搜索

本章作者：*JOHNWANG*、*JAKE MANNIX*

LinkedIn.com 是世界上最大的专业社区网络，其用户总数超过 6 000 万（截至 2010 年 3 月），该社区的主要功能就是“搜索人”：用户在该站点能提供全方位的档案资料，并可以将这些资料作为面向社会的专业简历。该站点的一个主要特点就是能够基于复杂搜索条件对其他用户进行搜索，具体使用案例如下：

- 想要找寻潜在雇员招聘经理；
- 寻求销路的销售人员；
- 想要咨询相关领域专家的各级技术管理人员。

在 LinkedIn 上对人进行搜索是一个极其复杂的课题，这需要完成巨大的可扩展性、分布式架构、实时搜因和个性化搜索。每个搜索查询都是由注册用户在站点创立的，这些用户拥有该网站社会网络结构图的子集，而对于不同用户来说，这个子集会使得他们各自的搜索结果具有不同的相关性评分。

Lucene 加强了 LinkedIn 的搜索功能。在本章，我们将看到两个强大的 Lucene 扩展，它们已用于 LinkedIn 站点。首先是 Bobo Browse（源代码下载地址为 http://sna-projects.com/bobo），它能提供分组信息搜索功能。第二个扩展是 Zoie（源代码下载地址为 http://sna-projects.com/zoie），它是一个基于 Lucene 构建的实时搜索系统。

14.1 使用 Bobo Browse 进行分组搜索

标准的全文本搜索引擎——Lucene 也不例外——是被设计用来在索引中快速搜集一定数量（如 10 条）的匹配结果，这些结果是与查询条件最为相关的，然后丢弃其余的匹配结果。如果这些“最为相关”的搜索结果文档都不是用户想要的，那么用户必须通过添加其他项来重新设定查询条件。但对于用户来说，它们并没有相关手册来指导其添加合适的搜索项，而且这个操作容易出错从而给用户带来额外的操作。有时候，这种优化查询的努力甚至走得太远，以至于搜索引擎查不到任何结果，使得用户不得不退回来重新操作。这是常常发生在搜索引擎上的问题，并不只是 Lucene 才这样。

如果使用 faceted 搜索的话[1]，除了顶部几个搜索结果之外，用户还能在搜索结果集中看到所有文档的域值分布情况。作为示例，在 LinkedIn 中每个文档都是某个人的简介；当用户搜索 java engineer 时，她会看到 177 878 人数搜索结果中的 10 条，同时还能看到这 10 个结果在所有搜索结果中所占比例，对于该用户当前所处的公司来说，IBM 是最受欢迎的域值，对应搜索结果有 2 090 条；Oracle 是第二受欢迎的域值，对应搜索结果为 1 938 条；Microsoft 第三，对应 1 344 条，等等。项 facet 被用来描述域——current_company——搜索引擎会将搜索结果转向该域；facet value 为该域的值，如 IBM 等。Facet count 是针对特定分组值所获得的搜索结果条数——对于 IBM 来说为 2 090 条。这些搜索结果是以链接形式出现的，用户还可以通过点击“IBM”来缩小搜索范围，这样就会返回 2 090 条搜索结果，这跟 Lucene 查询语句“`+java +engineer +current_company:IBM`”等效。由于搜索引擎只返回分组计数大于 0 的分组值链接，用户需要事先知道需要查询结果的条数，特别地，该条数是不会为 0 的。图 14.1 展示了通过 Bobo 浏览器和 Lucene 共同增强的 LinkedIn 的分组搜索功能。

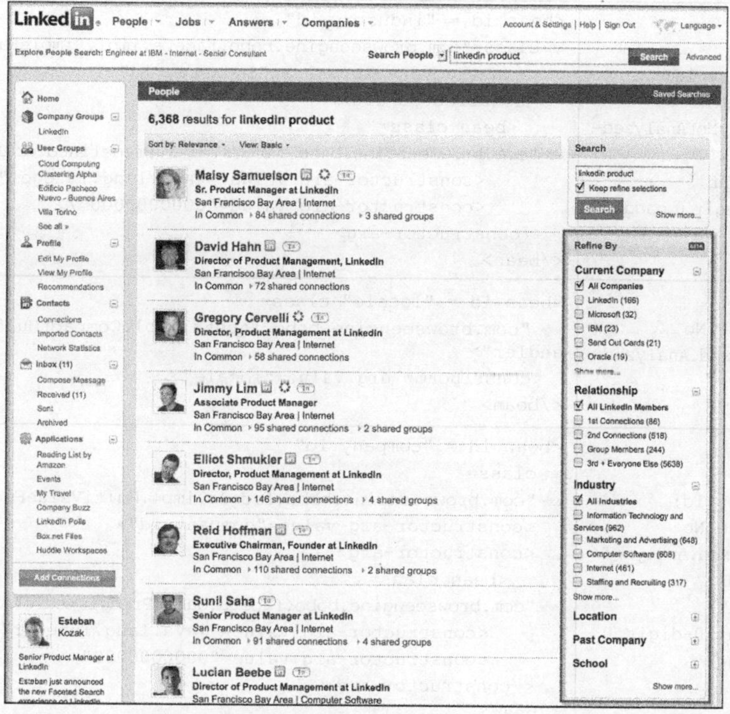

图 14.1 右侧带有分组、分组值及其计数的 Linked.com 搜索结果页面

---

[1] 详见 http://en.wikipedia.org/wiki/Faceted_search。

14.1.1 Bobo Browse 的设计

Bobo Browse 开源代码库是基于 Lucene 构建的，并能对任何基于 Lucene 的项目添加分组功能。它的索引是由简单的 Lucene 索引加上一些有关如何将域用于支持分组搜索的声明组成的。这些声明可以通过 Spring[1] 配置文件的形式加入 Lucene 索引文件目录，同时可以使用 bobo.spring，如表 14.1 所示；这些声明还可以通过建立 BoboIndexReader 类进行程序构建。这种架构上的选择可以使得 Lucene 索引在不被重新进行构建的情况下实现索引的分组浏览。声明文件中的每个域都是由 FacetHandler 实例指定的，该实例以压缩格式加载前一个数据视图。Bobo Browse 使用这些 FacetHandler 实例进行计数、排序和域检索。

表 14.1 Bobo Browse 允许你通过 Spring 文件配置 facet 声明

Lucene 文档构造	用于表示分组信息的 Spring Bean
geo_region: • Store.No • Index.NotAnalyzed-NoNorms • omitTf	<bean id = "geo_region" ➥class="com.browseengine.bobo.facets.impl.SimpleFacetHandler"> <constructor-arg value="geo_region"> </bean>
industry_id: • Store.No • Index.NotAnalyzed-NoNorms • omitTf • 10-digit 0 padding	<bean id = "industry_id" ➥class="com.browseengine.bobo.facets.impl.SimpleFacetHandler"> <constructor-arg value="industry_id"> <constructor-arg> <bean class= ➥"com.browseengine.bobo.facets.data.PredefinedTermListFactory"> <constructor-arg value="java.lang.Integer" /> <constructor-arg value="0000000000"/> </constructor-arg> </bean>
locale: • Store.No • Indexed.Analyzed-NoNorms • omitTf	<bean id = "locale" class= ➥ "com.browseengine.bobo.facets.impl.CompactMultiValueFacetHandler"> <constructor-arg value="locale"> </bean>
company_id: • Store.No • Indexed.Analyzed-NoNorms • omitTf • with 10-digit 0 padding	<bean id = "company_id" ➥class= ➥"com.browseengine.bobo.facets.impl.MultiValueFacetHandler"> <constructor-arg value="company_id"> <constructor-arg> <bean class= ➥"com.browseengine.bobo.facets.data.PredefinedTermListFactory"> <constructor-arg value="java.lang.Integer" /> <constructor-arg value="0000000000"/> </constructor-arg> </bean>

[1] 详见 http://www.springsource.org。

续表

Lucene 文档构造	用于表示分组信息的 Spring Bean
num_recommendations: • Store.No • Indexed.NotAnalyzed-NoNorms • omitTf • with 10-digit 0 padding	<bean id = "num_recommendations" ➥ class="com.browseengine.bobo.facets.impl.RangeFacetHandler"> <constructor-arg value="num_recommendations"> <constructor-arg> <bean class= ➥ "com.browseengine.bobo.facets.data.PredefinedTermListFactory"> <constructor-arg value="java.lang.Integer" /> <constructor-arg value="0000000000"/> </constructor-arg> <constructor-arg> <list> <value>[1 TO 4]</value> <value>[5 TO 10]</value> <value>[11 TO *]</value> </list> </constructor-arg> </bean>

Bobo Browse API 与 Lucene 的搜索 API 非常相近，前者的输入参数中额外包含结构化选项和分组规范，而输出信息附带有针对每个域的分组信息。正如很多软件库一样，看看 bobo-browser.jar 对应的示例代码应该比几张视图更便于学习。下面我们看看一个简化的用户简介，每个文档都会在这个简介中显示如下域。

- geo_region：每个文档包含一个这类域，以 String 形式表示。示例：New York City、SF BayArea。
- industry_id：每个文档包含一个这类域，域值类型为大于 0 的整数。
- locale：每个文档包含多个这类域。示例如 en、fr、es。
- company_id：每个文档包含多个这类域，域值类型为大于 0 的整数。
- num_recommendations：每个文档包含一个这类域，域值类型为大于等于 0 的整数；分类范围为[1-4]、[5-10]和[11+]。

为了能浏览用表 14.1 中的域所构成的 Lucene 索引，我们需要做如下简单操作。首先，我们假定程序能够以某种方式获取 Lucene 索引中打开的 IndexReader：

```
IndexReader reader = getLuceneIndexReader();
```

然后我们用 Bobo Browse 索引 reader 来包装它：

```
BoboIndexReader boboReader = BoboIndexReader.getInstance(reader);
```

接着我们建立一个浏览请求：

```
// use setCount() and setOffset() for pagination:
BrowseRequest br = new BrowseRequest();
br.setCount(10);
br.setOffset(0);
```

BrowseRequest 对象的一个核心模块就是查询驱动模块。Lucene 的 Query 任何子类都会在这里用到，并且所有加入的分组值都会用于约束查询范围。在极端的“纯浏览(pure browse)”情况下，程序会将 MatchAllDocsQuery 类作为查询驱动模块使用（参见 3.4.9 小节）。

```
QueryParser queryParser;
Query query = queryParser.parse("position_description:(software OR
     engineer)");
br.setQuery(query);
```

我们还可以加入任意的 Lucene Filter（详见 5.6 小节），使用方式为 BrowseRequest. setFilter(Filter)。查询请求中的分组信息是通过指定 FacetSpecs 类添加的，具体指定内容如下。

- 针对每个域所返回的最大分组值。
- 针对每个域所返回的分组排序方式：排序方式可以按照分组的词典顺序进行，也可以按照查询结果的相关性进行。举例来说，假如针对 color 域返回了 3 个 facet：red(100)、green(200)和 blue(30)。我们既可以通过词典顺序进行排序：

```
blue(30), green(200), red(100)
```

也可以通过相关性排序：

```
green(200), red(100), blue(30)
```

- 你只需要将针对某个域所返回的分组计数设置为大于某个值即可。

对于本例来说，我们想让返回的结果既能够针对项 software 或 engineer 在概述文件中出现的某些位置描述信息而返回最相关的 10 个人，还能够从整个搜索结果集中找到最相关的 20 个公司名，并且如果将这些要求加入查询条件还能够针对每个公司名获得多少命中数量，如 "+company_name:<foo>"：

```
FacetSpec companyNameSpec = new FacetSpec();
companyNameSpec.setOrderBy(
   FacetSortSpec.OrderHitsDesc);                  ❶

companyNameSpec.setMaxCount(20);                  ❷
br.setFacetSpec("company_name", companyNameSpec);
```

我们首先在查询请求❶中设定将 facet 按照 facet 计数排序，采取降序排列，然后我们设置❷将返回的 facet 数量设置为 20。我们还可以找到这些搜索结果的一些地理信息：

```
FacetSpec geoRegionSpec = new FacetSpec();
geoRegionSpec.setMinHitCount(100);                ❶
geoRegionSpec.setMaxCount(50);                    ❷
geoRegionSpec.setOrderBy(
     FacetSortSpec.OrderValueAsc);                ❸
br.setFacetSpec("geo_region", geoRegionSpec);
```

我们能够得到❷所有具有❶至少 100 条命中结果的地理区域信息（假设它们是以美国 50 个州名的缩写形式出现的），而不是简单地展示最相关的 20 个区域，并且程序将它们按照常用的字母顺序进行排序❸。

现在我们准备进行浏览了。如果使用原始 Lucene 的话，我们需要创建一个 IndexSearcher 类来封装 IndexReader 类。而对于分组搜索来说，我们需要一个 BoboBrowser 类来模拟 IndexSearcher 类。事实上，BoboBrowser 类是 IndexSear- cher 的子类，它实现了 Browsable 接口——该接口会模拟 Lucene 的 Searchable 接口（Lucene 是用 IndexSearcher 实现该接口的）。Browsable 接口同时继承了 Searchable 接口。这种类的模拟和继承常常出现在 Bobo Browse 中，它能够使熟悉 Lucene 的开发如人员更快精通 Bobo Browse。Bobo Browse 的类库就是为了继承 Lucene 的各种搜索特性，并将之应用到浏览模式中。举例来说，我们可以按照如下方式建立浏览器：

```
Browseable browser = new BoboBrowser(boboReader);
```

由于使用了 Searchable 类，Browsable 类得以提供高层次方法以使用它获取搜索结果：

```
BrowseResult result = browser.browse(br);
```

你可以找出所有的搜索结果，并能够访问它们：

```
int totalHits = result.getNumHits();
BrowseHit[] hits = result.getHits();
```

BrowseHit 类似于 Lucene 的 ScoreDocs，但前者还包括针对配置的分组域值，因为将这些域值加入内存缓存中是不需要太大成本的。分组信息包含一个映射表，该表主键为域名，对应的域值为 FacetAccessible 对象。FacetAccessible 对象包含一个排序过的 List<BrowseFacet>，它可以通过 getFacets() 方法进行检索。每个 BrowseFacet 对象都是由 String 类型的值和 int 类型的计数来表示的。

```
Map<String, FacetAccessible> facetMap = result.getFacetMap();
```

比方说用户的搜索匹配总数为 1 299 个命中，那么最靠前的三家公司名为 IBM、Oracle 和 Microsoft。为了减小搜索范围，我们只查找在 IBM 或 Microsoft 工作但不在 Oracle 工作的人，用户可以使用与之前同样的 BrowseRequest 对象（或者更像一个无状态的 web 架构，一个重新创建的实例），并将该对象加入新创建的 BrowseSelection 实例。BrowseSelection 相当于一个 WHERE 类型的 SQL 语句，它能针对文本查询提供一些结构化过滤功能。

举例来说，在 SQL 语句中，查询语句 WHERE(company_id=1 OR company_id=2) AND (company_id <> 3) 在 BrowseSelection 中的表示方法如下：

```
BrowseSelection selection = new BrowseSelection("company_id");
selection.addValue("1");    // 1 = IBM
selection.addValue("2");    // 2 = Microsoft
selection.addNotValue("3"); // 3 = Oracle
selection.setSelectionOperation(ValueOperation.ValueOperationOr);
br.addSelection(selection);
```

14.1.2 深层次分组搜索

尽管 Lucene 能提供针对倒排索引的访问功能，Bobo Browse 能通过 FaceHandler

类提供前向视图。这样，Bobo Browse 就能提供分组以外的其他实用功能。

快速域检索（FAST FIELD RETRIEVAL）

Bobo Browse 能针对特定的文档 ID 和域名来实现对域值的检索。在使用 Lucene 的情况下，属性值为 Store.YES 的 Field 可以用如下方式存储：

```
doc.add(new Field("color","red",Store.YES,Index.NOT_ANALYZED_NO_NORMS));
```

然后可以通过 API 进行检索：

```
Document doc = indexReader.document(docid);
String colorVal = doc.get("color");
```

我们设计了一个测试案例以更好了解性能状况。我们建立了一个优化过的索引，它包含 100 万个文档，每个文档都包含一个名为 color 的域，其域值为 8 种颜色字符串值的一种。对于域存储和检索来说，该测试案例已经是一个相当优化的场景了，因为索引只有一个段，并且大多数数据都能保存于内存。然后我们对索引进行迭代访问，并检索颜色域值。该操作会耗时 1 250 毫秒。

接下来，我们再次进行同样的操作，区别在于不再用 FacetHandler 来建立 Bobo IndexReader，我们将索引数据建立在颜色域的基础上。我们花费了 133 毫秒来一次性加载 FaceHandler，紧接着检索时间耗费了 41 毫秒。通过每次将性能提升 10%，最终我们将检索速度提升了超过 3 000%。

排序（SORTING）

Lucene 最酷的模块之一就是排序模块了。Lucene 在域缓存和将字符串按照词典顺序索引以用于快速排序之间作了巧妙的平衡：对于两个文档之间的字符串值比较被简化为比较项映射表中索引数组内的字符串值，这样能将字符串比较的开销简化为整型数比较。第 5 章介绍了有关 Lucene 排序相关内容以及域缓存的用法。

目前，Lucene 的排序操作有一个限制，那就是被排序的域不能被语汇单元化：索引文档中每个参与排序的域都必须包含最多一个值（详见 2.4.6 小节）。在开发 Bobo Browse 时，我们设计了一个方案来消除这个限制：FieldCache 类是索引的前向视图。我们拓展了这个思想，那就是将 FieldCache 类合并到 FacetHandler 中。由于 Facet Handler 类是以插件形式使用的，我们为 FacetHandler 对象添加了其他强大的特性，如能够针对给定的域处理对应文档中的多个域值。这样，我们就能对多值域进行分组和排序了（例如，任何被语汇单元化的域）。

我们对会员资料索引进行了采样，大约包含 460 万个文档，然后针对语汇单元化的域（如人名）对全索引进行排序，再获取其前 10 个命中结果。这样，在开发模式下整个搜索/排序调用耗时 300 毫秒。

Facet 不必限制为仅与索引时间相关。

具有限时操作功能的 FACETHANDLER

当开始设计 `FacetHandler` 架构时，我们意识到在索引操作期间是没法获得用于分组的数据的，如私人数据或搜索用户的社会网络。因此我们将这个架构设计为能够支持限时操作（runtime）的 `FacetHandler`。这种 `FacetHandler` 是在建立查询时创建的，它能支持搜索期间针对已给数据的分组操作，如用户的社会关系图和连接次数等。

ZOIE 集成

由于搜索范围限制在搜索用户数量和资料尺寸大小内，并由于搜索的实时要求，我们需要为分组搜索建立一个分布式实时处理方案。为此，我们选择了开源软件 Zoie，它是基于 Lucene 构建的实时搜索和索引系统，我们将在 14.2 小节对 Zoie 进行详细讲解。Zoie 和 Lucene 的集成方式很简单：我们创建了 `IndexReaderDecorator` 来将 `ZoieIndexReader` 类封装至 `BoboIndexReader` 类中。

```
class BoboIndexReaderDecorator<BoboIndexReader>
    implements IndexReaderDecorator{
  public BoboIndexReader decorate(ZoieIndexReader indexReader)
      throws IOException{
    return new BoboIndexReader(indexReader);
  }
}
```

并将该类传递给 Zoie。反过来，Zoie 是作为 `BoboIndexReader` 工厂运行的，会实时返回 `BoboIndexReader` 对象。在我们的搜索代码中，只需要这样做：

```
List<BoboIndexReader> readerList = zoie.getIndexReaders();
Browsable[] browsers = new Browsable[readerList.size()];
for (int i = 0; i < readerList.size(); ++i){
  browsers[i] = new BoboBrowser(readerList.get(i));
}
Browsable browser = new MultiBoboBrowser(browsers);
```

下面我们将介绍 LinkedIn 是如何实现另一项重要的搜索功能的：实时搜索。

14.2　使用 Zoie 进行实时搜索

实时搜索系统使得即刻（或接近即刻）查询更新后的新文档成为可能。在 LinkedIn 进行任务搜索的情况下，这意味着我们可以将成员概述文件在创建或更新后能够马上被搜索到。

NOTE　准确地说，一旦概述文件到达某个节点，该节点所接收的下一个搜索请求就能包括这个刚更新的概述文件。在分布式搜索系统中，索引操作时间是以队列形式独立传递到每个节点的，整个分布式系统的客户端只能保证连接到更新文件所处节点时才能获得对应的搜索结果。

有了 Lucene 的增量文档更新功能，我们相信能够将它扩展为可以支持实时搜索。

一个简单的方案就是程序为处理搜索请求而重启 IndexReader 时尽可能多地进行搜索请求提交操作。但这个方案会带来一些可以预见的问题。

- 时延会相对较高。针对磁盘上的索引进行 IndexWriter.commit 调用的耗时是不能忽略的。
- 索引文件可能会变得及其分散，因为每个提交操作都会创建一个新的索引段，而如果提交操作是针对单个文档进行的，合并索引段的操作则会相当耗费系统资源。
- 这样可能进行大量无谓的索引操作：因为同一个成员的概述文件一般会在一段较短的时间内进行频繁地更新。结果会在索引中造成大量的被删除文档，从而影响搜索性能。
- 为了让更新后的文档能够被实时搜索到，我们必须频繁进行 IndexReader 的重启操作。每次处理搜索请求时都开启 IndexReader 则会造成较大的搜索时延。

一个替代方案是将整个索引都保存在内存中（例如，通过 RAMDirectory 类操作，详见 2.10 小节）。这样能减缓高索引时延和索引片段问题。但我们仍然得因为频繁更新而处理多余的索引请求。此外，即使使用引进的 IndexReader.reopen() API（详见 3.2.1 小节，它使用自定义开发的 IndexReader 类，能减少索引 reader 的加载时间），加载索引 reader 的开销也可能比我们能够承受的上限要大。下面是几个为自定义开发的 IndexReader 加载特殊数据的例子。

- Zoie 在默认情况下加载 Lucene docID 和程序 UID 的映射数组。
- Zoie 针对分组搜索加载对应的数据结构（详见 14.1 小节中的 Bobo Browse 相关内容）。
- Zoie 能够加载静态排名，例如从外部数据源中加载“人物排名”。在 LinkedIn 站点，我们使用搜索跟踪数据并联合社会网络结构来计算人物的静态排名。

很明显，为每个搜索请求加载自定义的 IndexReader 并不总是可行的。这些问题激励我们开发了一个用于 LinkedIn 的实时搜索架构，而 Zoie（http://sna-projects.com/zoie）则是因我们这一努力而产生的开源项目。

14.2.1 Zoie 架构

下面我们看看 Zoie 的一些主要构件以及对应代码。如果读者不方便阅读该部分内容或者只对图表内容感兴趣的话，可以直接跳到图 14.2。

数据提供者和数据消费者

当我们着手搭建 Zoie 时，我们设想索引请求数据流恒定地流向索引系统，而索引系统则作为该数据流的消费者而运行。我们将这种访问模式抽象为生产者-消费者模式，我们将数据源流定义为**数据提供者**（data provider），将索引系统定义为**数据消费者**（data consumer）。在 Zoie 中，数据提供者的概念使用一个标记接口（marker interface）来表示的；该接口中没有约定的定义。

经过进一步抽象，数据提供者可以从各种数据源中提供索引请求数据流，如文件、网络和数据库等。数据消费者可以可以为任意的能够处理索引请求流的代码片段，它甚至能作为数据提供者使用——这主要通过提供数据中继推动或过滤层来传递索引请求。通过这个抽象，我们能够为系统带来更大的灵活性，它使数据在最后被索引系统处理之前能够进行任意的推动和聚集。

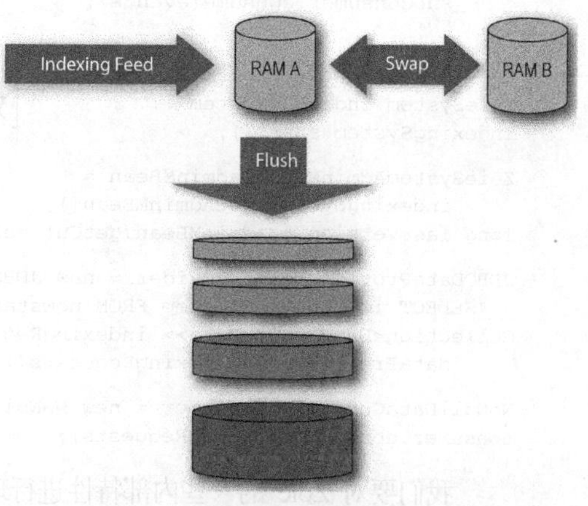

图 14.2 Zoie 的三索引架构：两个位于内存，一个位于磁盘

为了使系统具有容错能力，它需要能够处理因系统崩溃或停电而引起的系统非正常关闭等状况。尽管我们能够依靠 Lucene 扎实的索引机制来避免索引的轻易损坏，但这还是会使我们失去当前索引请求数据流的处理位置。每次系统崩溃后，我们都必须重新进行索引操作，而这是我们所不能接受的。正因为如此，我们已在 Zoie 中集成了版本处理机制，它能保留系统上次批处理索引请求时所对应的请求数据流位置。有了这个版本处理机制，数据提供者就能返回到上个数据点，从而可以重新生成索引请求。具体的版本号是由程序提供的，举例来说，这类版本号可以为时间戳或者数据库提交号。

下面我们看看程序 14.1。我们已将数据存储在关系数据库表中，并想创建能够进行快速文本搜索的 Lucene 索引。在该程序中有 3 个列，它们分别是：id（long）、content（String）和 timestamp（long）。该表的行数量是非常大的。

程序 14.1 使用 Zoie 索引数据

```
class Data {                                        ❶ 保持索引数据
  long id;
  String content;
}
                                                    ❷ 滤除空内容
class NoNullDataConsumer implements
          DataConsumer<Data>, DataProvider {
  private DataConsumer<Data> _subConsumer;
  NoNullDataConsumer(DataConsumer<Data> subConsumer) {
    _subConsumer = subConsumer;
  }
  public void consume(Collection<DataEvent<Data>> data) throws ZoieException
    {
    List<DataEvent<Data>> events = new LinkedList<DataEvent<Data>>();
    for (DataEvent<Data> evt : data){
      if (evt.content != null){
        events.add(evt);
      }
    }
```

```
    _subConsumer.consume(events);
  }
}

ZoieSystem indexingSystem ... ;
indexingSystem.start();

ZoieSystemAdminMBean adminMBean =
      indexingSystem.getAdminMBean();
long lastVersion = adminMBean.getCurrentDiskVersion();

JDBCDataProvider dataProvider = new JDBCDataProvider(
  "SELECT id,content,tmstmp FROM newstable WHERE tmstmp >= "+lastVersion);
Collection<DataEvent<Data>> indexingRequests =
      dataProvider.getIndexingRequests();

NoNullDataConsumer consumer = new NoNullDataConsumer(indexingSystem);
consumer.consume(indexingRequests);
```

❸ 创建、启动 Zoie
❹ 获取上次提交的版本
❺ 检索索引数据
❻ 建立消费者链

我们要对 Zoie 的一些内部特性进行理解。为了实现实时搜索，我们决定使用多索引文件结构：一个主索引存储于磁盘，外加另外两个存储于内存的帮助索引，用来处理暂态索引请求。

磁盘索引

磁盘索引会变得越来越大，因此针对磁盘的索引更新操作将通过批量方式执行。批量更新操作允许我们将针对同一文档的更新操作进行合并后再运行，从而减少更新操作量。此外，这样的话磁盘索引不会变得支离破碎，因为批量操作使得 Indexer 不会受到大量的小规模索引请求的冲击。我们保留了一个基于磁盘的共享的 IndexReader 来为搜索请求提供服务。系统一旦执行批量索引操作，程序会创建和加载一个新的 IndexReader，并随后发布这个新的 IndexReader。因此创建和加载 IndexReader 的开销便隐藏于搜索开销里面了。

内存索引

为了保证实时性，内存中的两个帮助索引（MenA 和 MenB）会相互转换角色。其中一个索引我们称之为 MenA，它负责聚集索引请求并提供实时搜索结果。当系统进行更新和提交操作时，MenAce 会停止接收新的索引请求，并将这些索引请求发送个 MenB。此时，搜索请求会由全部 3 个索引进行处理：MemA、MenB 和磁盘索引。这些索引如图 14.2 所示。

一旦完成磁盘索引合并操作，MenA 会被清空，并且程序会呼唤 MenB 和 MemA 的内容。此时，对于搜索请求的处理会由新合并的磁盘索引、新的 MenA 和新的空 MenB 处理，知道下一次更新或提交操作来临。

表 14.2 展示了随着时间（T）的变化，系统中各个不同部分的状态转换。

表 14.2 Zoie 索引状态变换

Time	MemA	MemB	DiskIndex
T1：索引请求 1	索引中包含请求 1	空	空
T2：索引请求 2	索引中包含请求 1 和请求 2	空	空
T3：索引请求 3	索引中包含请求 1 和请求 2	索引中包含请求 3	空

续表

Time	MemA	MemB	DiskIndex
T4：磁盘索引更新，MemA 和 MemB 进行交换	索引中包含请求 3	空	索引中包含请求 1 和请求 2
T5：索引请求 4	索引中包含请求 3 和请求 4	空	索引中包含请求 1 和请求 2
T5：索引请求 5	索引中包含请求 3 和请求 4	索引中包含请求 5	索引中包含请求 1 和请求 2，从 MemA 中拷贝索引数据
T6：磁盘索引更新，MemA 和 MemBer 进行交换	索引中包含请求 5	空	索引中包含请求 1、2、3 和 4

对于每个搜索请求来说，程序都会从两个内存索引中打开和加载新的 IndexReader，同时打开和加载新的磁盘共享 IndexReader，程序会为用户建立一个 IndexReader 列表。读者可以参考下面的用于简单搜索线程的代码片段。Zoie 实例还会实现 proj.zoie.api.indexReaderFactory 接口（为了清楚表示，我们使用了显式转换）。

```
static IndexReader buildIndexReaderFromZoie(ZoieSystem indexingSystem){
  IndexReaderFactory readerFactory = (IndexReaderFactory) indexingSystem;

  List<ZoieIndexReader> readerList = readerFactory.getIndexReaders();
  MultiReader reader = new MultiReader(readerList.toArray(
                      new IndexReader[readerList.size()]), false);
  return reader;
}

IndexSearcher searcher = new IndexSearcher(
    buildIndexReaderFromZoie(indexingSystem));
...
indexingSystem.returnIndexReaders(readerList);
```

下面我们看看 Zoie 提供的调整接口，这使得我们能够根据具体情况对 Zoie 的实时性进行调整。

14.2.2 实时 VS 近实时

在植入 Zoie 的内存帮助索引机制和 Lucene 增量索引更新能力的基础上，我们是能够达到实时索引和搜索目标的。但还有一些程序，它们并不需要实时处理，它们只需要有足够的实时性就可以了。提示一下，在文档被编入索引或者被更新后的一段时间内，直到新的文档版本能够反映在搜索结果中，这两者之间是有一段小的时间差距的。Zoie 既可以通过编程进行配置，也可以通过 JMX 在运行期间进行配置，通过完成如下操作来支持放宽的实时性能：

- 禁止完全实时功能（也就是说，不使用内存索引）。
- 调整 batchSize 参数，该参数表示队列中保存的索引请求数量，而这些队列中的请求会在队列更新或者编入磁盘索引前进行批量处理——即到达 batchDelay 定时终点时才会处理队列中的这些请求。
- 调整 batchDelaycanshu，该参数表示 Zoie 在索引请求队列被更新或者被索引至磁盘前所等待的时间——即到达 batchDelay 定时终点时才会处理队列中的这些请求。

通过这样的配置，Zoie 可以变成一个基于一个磁盘索引的搜索和索引系统，其 batchSize 和 batchDelay 参数能够对系统的实时性或处理内容的更新频率进行调整。这些由 Zoie 管理的 bean（MBeans）是通过 Java Management Extensions（JMX）来提供接口的，具体可参考图 14.3 和图 14.4。

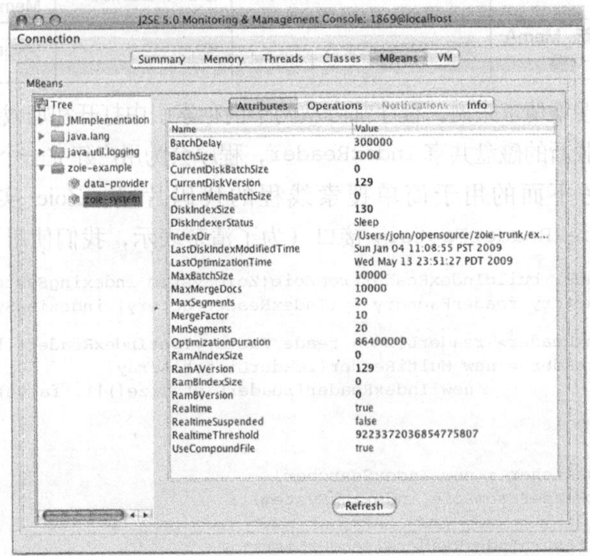

图 14.3 Zoie 属性的 JMX 只读视图，由 JConsole 生成

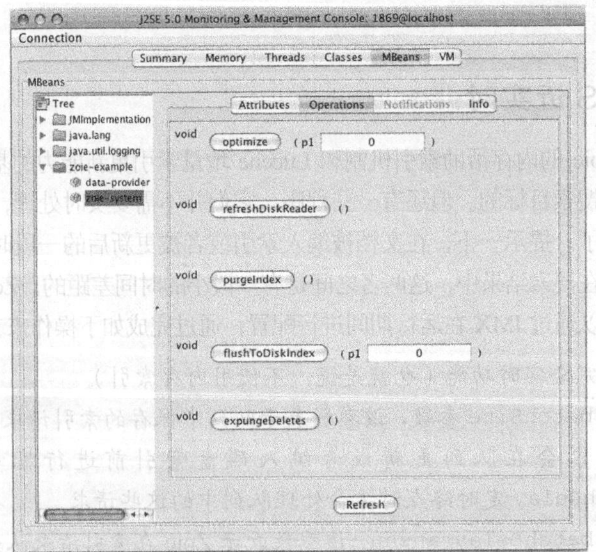

图 14.4 Zoie 通过 JMX 提供控制接口，允许控制器在程序运行期间改变 Zoie 行为

14.2.3 文档与索引请求

在 Zoie 里，每个文档都期望有一个唯一的 long 型 ID（UID）。Zoie 会跟踪记录任何文档变化，如文档创建、修改或者根据 UID 的文档删除等。程序有义务为每个将要编入索引的文档分配对应的 UID。另外，UID 还能用于提供同时针对内存索引和磁盘索引的重复文档删除操作。通过建立 Lucene docID 和 UID 之间的映射表，我们还能获得其他好处。

任何对文档的操作（创建、修改或删除）都被作为一个索引请求而传递给 Zoie。这些索引请求由 proj.zoie.api.indexing.ZoieIndexableInterpreter 对象转化为 proj.zoie.api. indexing.ZoieIndexable 并传递给 Zoie。程序 14.2 中的代码可以印证这点。

程序 14.2 Zoie 的所有索引操作都是通过提交索引请求来处理的

```
class DataIndexable implements ZoieIndexable {
  private Data _data;
  public DataIndexable(Data data) {
      _data = data;
  }

  public long getUID() {
      return _data.id;
  }

  public IndexingReq[] buildIndexingReqs() {
      Document doc = new Document();
      doc.add(new Field("content",
                        _data.content,
                        Store.NO,
                        Index.ANALYZED));           ❶ 跳过 id 域（由 Zoie 管理）

      return new IndexingReq[]{new IndexingReq(doc)};
  }

  public boolean isDeleted() {
    return
      "_MARKED_FOR_DELETE".equals(_data.content);   ❷ 在运行期间确定是否
  }                                                    被删除或跳过
  public boolean isSkip() {
    return "_MARKED_FOR_SKIP".equals(_data.content);
  }
}
class DataIndexableInterpreter implements ZoieIndexableInterpreter<Data> {
  public ZoieIndexable interpret(Data src) {
     return new DataIndexable(src);
  }
}
```

14.2.4 自定义 IndexReaders

我们发现能够让基于程序特性的 IndexReader 变得非常拥有。就此而言，我们想要通过 Bobo Browse 提供分组搜索能力，同时还要联合 Zoie 提供实时搜索。因此，我们根据需要设计 Zoie 来创建和加载自定义的 IndexReader。

为了达到这个目标，我们在 Zoie 中实现了 proj.zoie.api.indexing.IndexReaderDecorator 类：

```
class MyDoNothingFilterIndexReader extends FilterIndexReader {
    public MyDoNothingFilterIndexReader(IndexReader reader) {
        super(reader);
    }
    public void updateInnerReader(IndexReader inner) {
        in = inner;
    }
}
class MyDoNothingIndexReaderDecorator implements
     IndexReaderDecorator<MyDoNothingFilterIndexReader> {
    public MyDoNothingIndexReaderDecorator decorate(
      ZoieIndexReader indexReader)
        throws IOException {
        return new MyDoNothingFilterIndexReader(indexReader);
    }
    public MyDoNothingIndexReaderDecorator redecorate(
      MyDoNothingIndexReaderDecorator decorated,
      ZoieIndexReader copy)
        throws IOException {
        decorated.updateInnerReader(copy);
        return decorated;
    }
}
```

需要注意的是，我们使用了已有的 ZoieIndexReader 类，该类是 Lucene IndexReader 类的子类，能够将 Lucene 的 docID 和程序 UID 快速映射起来：

```
long uid = zoieReader.getUID(docid);
```

就是这样，我们实现了自己需要的 IndexReader。下面，我们将对 Zoie 和 Lucene 的近实时搜索进行比较。

14.2.5 与 Lucene 的近实时搜索进行比较

Lucene 的近实时搜索（NRT）能力已在 3.2.5 小节中进行过介绍，它是随着 Lucene 2.9.0 版本而引入的，它旨在解决与 Zoie 同样的实时处理问题。Lucene 的 NRT 向 IndexWriter 中加入了两个新的方法：getReader() 和 setIndexReaderWarmer()。前者提供对 IndexReader 的引用，用于浏览索引中的可视文档，这些文档虽已由 writer 编入索引但还未通过 IndexWriter.commit() 进行最后提交。后者则提供方法来“初始化”由 getReader() 所返回的新创建的 IndexReader，以备搜索。IndexReaderWarmer 背后的想法是，它的 warm(IndexReader) 方法可以被 SegmentReader 调用，从而用于合并新段，例如允许你加载任何需要的 FieldCache 状态。

尽管 Zoie 和 LuceneNRT 功能类似，它们之间仍然存在一些重要区别。从 API 的角度来看，LuceneNRT 从内部来看是一个有效的 IndexWriter 内部视图，当程序在索引文档、写入段、合并段、管理提交点时就能用到这个视图。另一方面，Zoie 则是一个基于实时索引引擎的索引系统。Zoie 以异步消费者模式来处理传入的文档，它的优化目标是管理写磁盘的时间点和平衡段合并操作，主要用于实时搜索情形。作为一个实时索引系统，Zoie 还被赋予了故障转移功能：如果索引操作过快以至于 Lucene 无法进行保存时，Zoie 会将这些文档以批量方式进行缓存，并以尽可能快的速度来清空这些缓存。但如果缓存空间的使用已经达到设置的上限，索引系统会跳出实时模式并调用 comsume() 方法来启动阻塞，从而强制那些试图快速进行索引的终端降低索引速度。

Zoie 索引系统与原始 LuceneNRT 存在区别的另外一个特性就是，Zoie 会跟踪记录内部的 UID 和 docID 之间的映射图，以用于重复删除那些在内存索引中已被修改过但磁盘索引中还未修改的文档。如果程序对 UID 进行跟踪记录的话，它还能用于其他处理(举例来说，很多高级搜索功能都包含评分和过滤功能，这些功能基于外部的、未在索引中数据，但这些数据的可能与已成为 Lucene 文档实体共享同样的 UID)。Zoie 索引 reader 的初始化格式也与 LuceneNRT 存在一点区别，前者允许你插入"通用"装饰器，该装饰器可以为程序所需要的任何 ZoieIndexReader 子类，它们被 ZoieSystem 返回前能够进行任意的初始化处理和初始化处理。对于 LinkedIn 来说，我们使用 Bobo Brwose 来完成基于 facet 的搜索（详见 14.1 小节)，这包括在分组 reader 能使用之前加载内存中的一些非倒排域数据。

LuceneNRT 针对实时搜索概念采取了不同的实现方法：由于 IndexWriter 索引操作的工作范围都在内存中，它的思想就是在搜索期间为每个 getReader() 方法返回所需要的任何数据结构。这个实现方式的代价就是：在重量级索引操作中当调用者需要获取 reader 时需要选择克隆何种状态的内存数据。Zoie 在实现这个方法时没有将保留围绕 RAMDirectory 的索引数据作为首选，它所保留的数据很小，所以在进行完全的 reopen() 更新操作时仍然不需要太多开销，甚至在处理每条查询请求时也是如此。最后，由于 Zoie 的运行是基于 Lucene 的，而且没有修改任何 Lucene 内部代码，LuceneNRT 因而事实上可以内置入 Zoie 作为实时索引引擎使用。截至本书出稿时，我们已运行了一些性能测试案例以对 Zoie 和 LuceneNRT 进行比较，但我们还未能运行一套足够全面的测试案例。我们会将最新的结果发布在 http://code.google.com/p/zoie/wiki/Performance_Comparisons_for_ZoieLucene24ZoieLucene29LuceneNRT 上，但我们还是建议读者自己运行测试案例来对两者进行比较。作为支持，我们已在 http://code.google.com/p/zoie/wiki/ Running_Performance_Test 上集中发布了一些详细的测试方案，以用于运行 Zoie 性能测试。

14.2.6 分布式搜索

Zoie 可以很容易进行分布式部署，方法是对于指定的磁盘分区配置数据提供者的索引请求数据流，并通过指定搜索结果集的协商（brokering）和合并逻辑来完成。我们假定文档一律分布在磁盘分区上，因此不用使用全局 IDF，我们同时假定从各个分区返回的评分时具有可比性的。图 14.5 展示了这个配置流程。

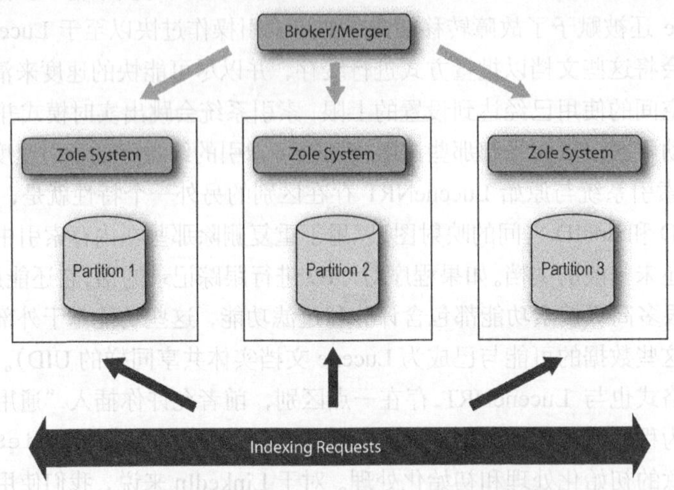

图 14.5 使用 Zoie 进行分布式搜索

图中 Broker/Merger 模块是一个独立的服务——举例来说，可以是各个 `ZoieSystem` 中的 servlet 或简单为一个带有 `RemoteSearcher` 的 `MultiSearcher` 实例。程序 14.3 展示了一个更为简单的示例。

程序 14.3 使用 Zoie 进行分布式搜索

```
ZoieSystem system1 ... ;                                                   创建搜索节点 1
IndexReader reader1 = buildIndexReaderFromZoie(system1);
IndexSearcher searcher1 = new IndexSearcher(reader1);
Naming.bind("//localhost/Searchable1",new RemoteSearchable(searcher1));
ZoieSystem system2 ... ;                                                   创建搜索节点 3
IndexReader reader2 = buildIndexReaderFromZoie(system2);
IndexSearcher searcher2 = new IndexSearcher(reader2);
Naming.bind("//localhost/Searchable2",new RemoteSearchable(searcher2));

ZoieSystem system3 ... ;                                                   创建搜索节点 3
IndexReader reader3 = buildIndexReaderFromZoie(system3);
IndexSearcher searcher3 = new IndexSearcher(reader3);
Naming.bind("//localhost/Searchable3",new RemoteSearchable(searcher3));

Searchable s1 = (Searchable)Naming.lookup("//localhost/Searchable1");
Searchable s2 = (Searchable)Naming.lookup("//localhost/Searchable2");
Searchable s3 = (Searchable)Naming.lookup("//localhost/Searchable3");
MultiSearcher broker = new MultiSearcher(new Searchable[]{s1,s2,s3});
                                                                   创建 broker/merger
```

事实上我们不必使用远程调用方法（RMI，Remote Method Invocation）。我们可以通过 Spring-RPC 在 Jetty 容器中远程调用（RPC）servlets 来提供搜索服务。

14.3 小结

本章详细分析了基于 Lucene 并用于 LinkedIn 的两个强大的程序包。第一个程序包是 Bobo Browse，它是用于为 Lucene 提供分组搜索的系统。Bobo 是与 Lucene 集成的一个良好范例，它甚至能通过基于 Spring 配置文件快速启用自身，这使得我们能够在不用进行重新索引的情况下向已有的索引系统添加分组搜索功能。

Zoie 是一个用于实时索引的免费的开源系统，它与 Bobo Browse 同样基于 Lucene 运行。Zoie 已被用于 LinkedIn 产品搜索链中，能够提供针对人物、职业、公司、新闻、组、论坛等内容的搜索服务。对于人物搜索来说，Zoie 以分布式模式部署，能够提供超过 5 000 万文档的实时搜索服务。截至本书出稿时，LinkedIn 已在四核 CPU、32GB 内存的 Solaris 服务器上运行。每个服务器都运行两个 JVM，每个 JVM 都运行一个 Zoie 实体，负责管理大约 500 万文档的磁盘分区。对于这样一个配置来说，Zoie 每天能处理大约 500 万条查询请求，每个服务器的平均时延只有 50 毫秒，服务器同时每天还要处理大约 15 万个更行操作。作为补充，事实上要处理的一部分查询操作可能会相当复杂（如 50 个布尔 OR 子句，其中还包括短语查询等），很明显，Zoie 是一个强大的搜索系统，读者在找寻实时搜索方案时有必要考虑这个系统。Zoie 可以从 http://sna-projects.com/zoie/下载。

附录 A 安装 Lucene

Lucene 的 Java 版本只是一个 JAR 文件包，文件小于 1MB。如果你想要在自己的代码中使用 LuceneAPI，只需要在编译和运行时在系统环境变量中设置该 JAR 文件路径即可，该 JAR 包不依赖其他 JAR 包。本附录具体介绍了从哪里可以获得 Lucene 版本文件、如何使用发行版本进行开发、以及如何直接编译 Lucene 源代码等。如果你正在使用 Lucene 的移植版本（非 Java 版本），请参考本书第 10 章有关移植的内容。如果你正在使用 Lucene 的捐赠模块，请参考第 8 章的相关编译内容。本附录只涉及 Lucene 的 Java 核心库文件。

A.1 二进制文件安装

获取 Lucene 的二进制版本请遵循以下步骤。

1 从 Apache Lucene 站点 http://lucene.apache.org/java 的下载区下载 Lucene 最新二进制发行版本。截止到本书撰写时，Lucene 的最新版本号为 3.0.1；接下来将要介绍的几个步骤都建立在该版本的基础之上。根据你当前的系统环境，在.zip 或者.tar.gz 格式的选项中下载一个方便运行的文件。

2 将二进制文件解压缩到你所指定的文件系统目录中。解压后的文件顶层目录名称为 lucene-3.0.1，所以在 Windows 系统中将文件解压到 C 盘根目录，或者在 UNIX 系统中将文件解压到/home 目录都是安全的。如果在 Windows 系统中并且系统中安装有 WinZip 软件，就用它打开.zip 文件并解压至文件路径 c:\。如果你正处于 UNIX 系统中或者在 Windows 系统上使用 cygwin 软件（一种在 Windows 系统中模拟 UNIX 系统的软件），那么请将.tar.gz 文件解压到/home 目录下（`tar zxvf lucene-3.0.1.tar.gz`）。

3 在创建的 lucene-3.0.1 目录下，你会发现一个名为 lucene-core-3.0.1.jar 的文件，这就是你在应用程序中使用 Lucene 时唯一需要导入的文件。将 Lucene 的 JAR 文件添加到你的应用程序中的方式取决于你的开发环境，这里有多种方式可供选择。我们推荐使用 Ant 插件来编译你的应用程序代码。编译时请使用`<javac>`命令中的 classpath 参数确保包含了 Lucene 的 JAR 程序包。

4 在你的应用程序发布版本中应该将 Lucene 的 JAR 文件添加进去。例如，如果在 web 应用程序中使用 Lucene，则需要在 WEB-INF/lib 目录下包含 lucene-core-3.0.1.jar 文件。而对于命令行应用程序来说，要确保启动 Java 虚拟机时 Lucene 文件处于系统环境变量 classpath 所指定的路径上。

这个二进制发行版本里包含了大量有价值的文档，包括 Java 文档。文档根目录为 docs/index.html，你可以在 Web 浏览器中打开它。Lucene 的发行版本还包括两个演示程序。首先我们要为这些演示程序的粗糙和简单表示抱歉，因为它们在易用性方面还需要进一步改进。但是演示程序的相关文档（路径为 docs/demo.html）描述了如何一步一步使用它们。下面我们也会演示这些程序的基本使用方法。

A.2 运行命令行演示程序

Lucene 的命令行演示程序由两个程序组成：一个程序用于索引某个目录树中的文件，而另一个程序则提供了一个简单的搜索界面。它们包含于一个分离的 JAR 文件中，文件名为 lucene-demos-3.0.1.jar，并且它们与我们在第 1 章中所列出的索引和搜索示例类似。若要运行这个演示程序，需要将当前的工作目录切换到 Lucene 二进制发行版的解压目录下。然后用如下方式运行 `IndexFiles` 程序：

```
java -cp lucene-core-3.0.1.jar;lucene-demos-3.0.1.jar
    ➥ org.apache.lucene.demo.IndexFiles docs
…
adding docs/queryparsersyntax.html
adding docs/resources.html
adding docs/systemproperties.html
adding docs/whoweare.html
9454 total milliseconds
```

这个命令会对名为 docs 目录树的所有文件进行索引操作，并将索引数据添加到个存储索引的目录中，该索引目录是在你执行命令时命令行参数决定的。

NOTE doc 目录中所有的文件都将被索引，包括.png 和.jpg 文件。这些格式的文件不会被解析，但是每个文件都会被索引成比特流传递给 StandardAnalyzer 对象。

为了搜索刚刚创建的索引，可以以如下方式执行 SearchFiles 程序：

```
java -cp lucene-core-3.0.1.jar;lucene-demos-3.0.1.jar
                org.apache.lucene.demo.SearchFiles
Query: IndexSearcher AND QueryParser
Searching for: +indexsearcher +queryparser
10 total matching documents
0. docs/api/index-all.html
1. docs/api/allclasses-frame.html
```

```
2. docs/api/allclasses-noframe.html
3. docs/api/org/apache/lucene/search/class-use/Query.html
4. docs/api/overview-summary.html
5. docs/api/overview-tree.html
6. docs/demo2.html
7. docs/demo4.html
8. docs/api/org/apache/lucene/search/package-summary.html
9. docs/api/org/apache/lucene/search/package-tree.html
```

SearchFiles 程序以命令行方式与 Query 对象进行交互：QueryParser 和 Standard Analyzer 一起用来创建 Query 对象。每次显示的最大查询命中结果数为 10，如果匹配结果大于这个数目，你可以分页来显示所有结果。组合键 Ctrl-C 用于退出该程序。

下面我们看看 Web 应用演示程序。

A.3 运行 Web 应用演示程序

这个 Web 演示程序需要进行一些设置才能正确运行。你需要一个 Web 容器，我们以下的介绍都是基于 Tomcat 6.0.18 版本。文档 docs/demo.html 已经提供了设置和运行该 Web 应用程序的具体说明，但你也可以按照这里给出的步骤进行设置和运行：

Web 应用程序使用的索引与命令行演示程序中使用的索引相比稍微有点不同。首先。Web 程序规定只索引以.html、.htm、.txt 为扩展名的文件。Web 程序利用自定义的基本 HTML 解析器来处理每一个待解析文件(包括.txt 文本文件)。下面运行的 InexHTML 程序会创建初始索引：

```
java -cp lucene-core-3.0.1.jar;lucene-demos-3.0.1.jar
  org.apache.lucene.demo.IndexHTML -create -index webindex docs
…
adding docs/resources.html
adding docs/systemproperties.html
adding docs/whoweare.html
Optimizing index...
7220 total milliseconds
```

-index webindex 命令行参数用于确定索引目录的位置。之后，你会需要使用完整的索引路径来配置 Web 应用程序。IndexHTML 的最后一个参数 docs 是待索引的目录树。-create 参数将为抓取的网页数据创建一个索引。如果不设置这个参数，则将会在上次所建立的索引基础上，为添加和修改操作更新索引。

接下来，将 luceneweb.war 文件（该文件原来存放在版本解压后的根目录下）部署到 CATALINA_HOME/webapps 目录下，然后启动 Tomcat，等待该 Java 容器启动完毕，然后用文本编辑器编辑 CATALINA_HOME/webapps/lucene-web/configuration.jsp 文件（Tomcat 会自动将.war 文件解压缩到 luceneweb 目录中）。如下面的例子所示，适当地修改 indexLocation 的值，将其指定为你使用 IndexHTML 创建的索引目录绝对路径：

```
String indexLocation =
        "/dev/LuceneInAction/install/lucene-3.0.1/webindex";
```

现在你可以准备尝试运行一下这个 Web 应用程序了。在 Web 浏览器中访问 http://localhost:8080/luceneweb 将会看见"Welcome to the Lucene Template application..."的字样（你也可以在文件 configuration.jsp 中修改页头文本和页脚文本)。如果所有的配置完全正确，你可以试着搜索 Lucene 的专有单词，如"`QueryParser AND Analyzer`"，Lucene 会列出对应发行版本附带文档中所找到的结果列表。

如果你点击搜索结果的一个超链接，将会看到一个返回的错误。在本例中，`IndexHTML` 索引的 `url` 域保存的是文档诸如 docs/...形式的相对路径，所以超链接并不能正常访问。为了使得搜索结果中的超链接能正常访问，可以从 Lucene 的目录下将 `docs` 目录拷贝到 CATALINA_HOME/webapps/luceneweb 目录下。

NOTE 如果你已创建了两个索引，一个用于命令行演示程序，另一个用于 Web 演示程序，那么现在就是试用 Luke 的最佳时机。有关 Luke 的使用细节可以参考 8.1 小节。将 Luke 要处理的索引设置好，你就可以体验 Luke 工具了，并能看到你想要了解的索引内容。

下面我们看看如何编译 Lucene 源代码。如果你已针对 Lucene 源代码作了自己的修改，下面的内容将会对你很有用处。

A.4 编译源代码

Lucene 的源代码可以很方便和自由免费地从 Apache 的 Subversion 资源库获取。获取变异 Lucene 版本的前提条件是你已安装 Subversion 客户端、Java 开发工具（JDK）以及 Apache Ant。具备这些条件后，就可以按照一下步骤来编译 Lucene 了。

1 从 Apache 的 Subversion 资源库中签出源代码。按照 Lucene 的 Java 站点（http://lucene.apache.org/java）说明，通过匿名只读方式访问资料库。下面简要归纳了一些执行命令（适用于 Windows 上的 cygwin 环境，或者是 UNIX 的 shell 环境）：

```
svn checkout https://svn.apache.org/repos/asf/lucene/dev/trunk/lucene
lucene-trunk
```

2 用 Ant 编译 Lucene。在命令提示符下，将当前的工作目录设置为从 Lucene Subversion 资源库中签出源文件的目录（例如 C:\apache\lucene-trunk）。在命令环境下，输入 ant 看是编译。Lucene 编译好的 JAR 文件会放到新创建的 build 子目录总。编译好的 JAR 包文件名为 lucene-core-<版本号>.jar，版本号取决于你此时获取的代码版本。它通常会成为下一个次要版本（minor release），版本号后面会附着-dev 标识，例如 3.1-dev。

3 运行单元测试。在 Ant 编译完成之后，运行 `ant test`（如果 ANT_HOME/lib 目录下不存在 JUnit.jar 文件，则需要拷贝一份到该目录下），要保证所有的 Lucene 单元测试都能成功通过。

Lucene 使用 JFlex 语法编译 `StandardTokenizer` 类，并使用 JavaCC 语法来编译 `QueryParser` 类以及 `HTMLParser` 类。在 Subversion 源代码中还存在.jj 文件用来表示已编译好的.java 文件，因此这些代码在编译时不需要运行 JavaCC 和 JFlex。但如果你想修改解析语法，就必须使用 JavaCC 和 JFlex；你还必须运行“`ant jfex`”或者“`ant javacc`”命令。你可以在 Lucene Subversion 资源库根目录下的 `BUILD.txt` 文件中获取更多内容。

A.5 排错

我们不可能预料到在按照这些步骤安装 Lucene、编译 Lucene 源码以及运行演示程序时可能遇到的所有问题。当你有疑问或者碰到难题时，最好查看 FAQ（Frequent Asked Questions，常见问题解答），在 Lucene 用户邮件列表的归档中搜索解决方法，以及利用 Lucene 的问题跟踪系统等途径来解决所遇到的问题。这样你可以在 Lucene 网站（http://lucene.apache.org/java）上找到具体的内容。

附录 B
Lucene 索引格式

在本书中，我们一直把 Lucene 索引活多或少地当做一个黑盒来对待，并且把注意力放在它的逻辑视图上。如果只是为了使用 Lucene，可能没有必要去深入理解索引结构的细节，但是你可能对 Lucene 索引的“魔力”非常好奇。Lucene 的索引结构是对它本身高效的数据结构、性能最大化和资源使用最小化之间巧妙安排的一个案例研究。你可以把它看做一个单纯的技术成果，或者你也能把它当做一个精巧的艺术品。有一些东西能够使用尽可能高效的方式来表现一个复杂结构，有着一种自然赋予的美丽（分形公式表示的信息和 DNA 结构都可以作为这一情况存在于自然界的例证）。

在本附录中，我们首先着眼于 Lucene 索引的逻辑视图，在逻辑视图中把文档传给 Lucene 并且在搜索过程中检索这些文档。然后，我们会揭秘 Lucene 倒排索引的内部结构。

B.1 逻辑索引视图

首先我们快速回顾一下你已了解的关于 Lucene 索引的知识点。参照图 B.1 的内容，从一个使用 Lucene API 的软件开发者角度来开，索引可以看做一个黑盒，用抽象类 `Directory` 表示。在索引过程中，创建 Lucene 的 `Document` 类的实例并用成对的由名称和值组成的域来填充该实例。接下来这个 `Document` 实例就会被索引，索引是通过将它传递给 `IndexWriter.addDocument(Document)` 方法来进行的。当搜索时，你会再次用到抽象类 `Directory`

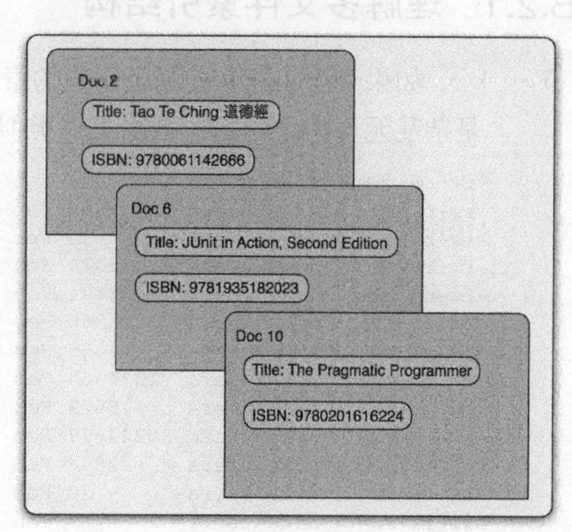

图 B.1 Lucene 索引的黑盒逻辑视图

来表示索引。把该 Directory 实例传递给 IndexSearcher 类，然后通过将封装在 Query 对象中的搜索项传递给 IndexSearcher 类的某一个搜索方法，从而获得匹配查询语句的文档。匹配文档结果集用 ScoreDoc 对象表示。

B.2 关于索引结构

在 1.5.2 小节中讲述 Lucene 的 Directory 类时，我们提到了它的一个实现它的子类 SimpleFSDirectory，该子类用于在文件系统目录中保存索引文件。在程序 1.1 中，我们还是用了一个名为 Indexer 的程序用于索引文本文件。回忆我们在命令行中运行 Indexer 时，曾经指定了几个参数，其中一个参数就是用来指定 Indexer 所创建的 Lucene 索引的存放路径的。一旦 Indexer 运行完毕，这个目录是什么样的呢？目录里面又包含哪些内容？在本节我们将深入探索 Lucene 索引结构。

在我们开始进行前，你得了解到索引文件格式在 Lucene 的不同版本间是有变化的。这些改变并不会破坏 Lucene 的向后兼容性，因为访问索引的相关类会在与索引进行交互时侦测到索引格式，并能做出对应的正确操作。索引格式都是跟对应版本一起写入版本文档的，例如本书适用的版本号为 3.0.1：

```
http://lucene.apache.org/java/3_0_1/fileformats.html
```

Lucene 支持两种索引结构，它们分别是：多文件索引结构和复合索引结构。多文件索引结构适用多个文件来表示索引，而复合索引结构只使用一个特殊文件来表示，后者类似于 zip 文件存档，它可以将多个索引文件保存在一个单独的文件中。下面我们看看这两种索引结构，我们首先看看多文件索引结构。

B.2.1 理解多文件索引结构

如果查看 Indexer 程序创建的索引目录，你会看到许多文件，初看起来这些文件名是杂乱无章的。列出的索引文件类似于下面的形式：

```
-rw-rw-rw- 1 mike users 12327579 Feb 29 05:29 _2.fdt
-rw-rw-rw- 1 mike users     6400 Feb 29 05:29 _2.fdx
-rw-rw-rw- 1 mike users       33 Feb 29 05:29 _2.fnm
-rw-rw-rw- 1 mike users  1036074 Feb 29 05:29 _2.frq
-rw-rw-rw- 1 mike users     2404 Feb 29 05:29 _2.nrm
-rw-rw-rw- 1 mike users  2128366 Feb 29 05:29 _2.prx
-rw-rw-rw- 1 mike users    14055 Feb 29 05:29 _2.tii
-rw-rw-rw- 1 mike users  1034353 Feb 29 05:29 _2.tis
-rw-rw-rw- 1 mike users     5829 Feb 29 05:29 _2.tvd
-rw-rw-rw- 1 mike users 10227627 Feb 29 05:29 _2.tvf
-rw-rw-rw- 1 mike users    12804 Feb 29 05:29 _2.tvx
-rw-rw-rw- 1 mike users       20 Feb 29 05:29 segments.gen
-rw-rw-rw- 1 mike users       53 Feb 29 05:29 segments_3
```

值得注意的是，其中的一些文件具有相同的前缀。在本例索引中，一些文件名是以_2

为前缀的，其后是不同的扩展名。这一现象让我们注意到了索引中段的存在。

索引段

Lucene 索引由一个或多个段（Segment）组成，而每个段又由多个索引文件组成。属于同一个段的索引文件具有相同的前缀名以及不同的后缀名。上面例子中的索引目录由单个段组成，该段的文件名都以_2 作为开始。

下面的例子展示了一个具有两个前缀名（分别是_0 和_1）的段的索引目录：

```
-rw-rw-rw- 1 mike users 7743790 Feb 29 05:28 _0.fdt
-rw-rw-rw- 1 mike users    3200 Feb 29 05:28 _0.fdx
-rw-rw-rw- 1 mike users      33 Feb 29 05:28 _0.fnm
-rw-rw-rw- 1 mike users  602012 Feb 29 05:28 _0.frq
-rw-rw-rw- 1 mike users    1204 Feb 29 05:28 _0.nrm
-rw-rw-rw- 1 mike users 1337462 Feb 29 05:28 _0.prx
-rw-rw-rw- 1 mike users   10094 Feb 29 05:28 _0.tii
-rw-rw-rw- 1 mike users  737331 Feb 29 05:28 _0.tis
-rw-rw-rw- 1 mike users    2949 Feb 29 05:28 _0.tvd
-rw-rw-rw- 1 mike users 6294227 Feb 29 05:28 _0.tvf
-rw-rw-rw- 1 mike users    6404 Feb 29 05:28 _0.tvx
-rw-rw-rw- 1 mike users 4583789 Feb 29 05:28 _1.fdt
-rw-rw-rw- 1 mike users    3200 Feb 29 05:28 _1.fdx
-rw-rw-rw- 1 mike users      33 Feb 29 05:28 _1.fnm
-rw-rw-rw- 1 mike users  405527 Feb 29 05:28 _1.frq
-rw-rw-rw- 1 mike users    1204 Feb 29 05:28 _1.nrm
-rw-rw-rw- 1 mike users  790904 Feb 29 05:28 _1.prx
-rw-rw-rw- 1 mike users    7499 Feb 29 05:28 _1.tii
-rw-rw-rw- 1 mike users  548646 Feb 29 05:28 _1.tis
-rw-rw-rw- 1 mike users    2884 Feb 29 05:28 _1.tvd
-rw-rw-rw- 1 mike users 3933404 Feb 29 05:28 _1.tvf
-rw-rw-rw- 1 mike users    6404 Feb 29 05:28 _1.tvx
-rw-rw-rw- 1 mike users      20 Feb 29 05:28 segments.gen
-rw-rw-rw- 1 mike users      78 Feb 29 05:28 segments_3
```

你可以把一个段看做一个子索引，尽管每个段都不是一个完全独立的索引。

如你在下一节所看到的那样，每个段都包含一个或多个 Lucene 文档，这些文档就是我们利用 IndexWriter.`addDocument(Document)`方法添加到索引中的那些文档。现在你可能很想知道段在 Lucene 索引中到底扮演什么样的角色，接下来的内容就是问题答案。

增量索引

段的使用可以让你通过将文档添加到新创建的索引段中，并只需要周期性地与其他现有段合并的方法快速将新文档添加到索引中。该过程提高了效率，因为它最大限度地减少了针对物理存储的索引文件修改。图 B.2 展示了一个包含 24 个文档的索引。该图中索引并未经过优化——它包含了多个段。如果使用 Lucene 默认的索引参数来优化该索引，那么它所有的 34 个文档都会合并到一个段中。

Lucene 的优势之一就是支持增量索引（Incremental indexing），该功能并不是所有的信息检索库都支持的。有一些信息检索库在向索引中添加新的数据时需要重新索引整个文档集合，而 Lucene 并不需要这样做。在索引中添加了一个新文档之后就可以立即搜索该文档的内容了。在信息检索领域里，增量索引是一个很重要的功能。Lucene 对增量索引的支持使得它适合在需要处理大量信息的环境下工作，而在这种环境下重建索引的方法将显得很低效。

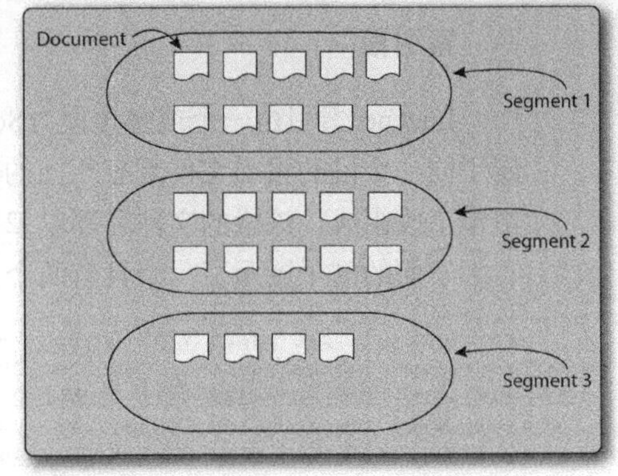

图 B.2 一个包含三个段的非优化索引，其中包含了 24 个文档

由于索引一个新文档的同时还会创建一个新段，段的数量以及索引文件在索引过程中是变化的。一旦一个索引被完全创建好，索引文件和段的数量将保持稳定。

剖析索引文件

每个索引文件都携带了某种形式的重要的 Lucene 信息。如果任何一个索引文件被 Lucene 自身以外的程序进行修改或者删除，索引将会被破坏，这时唯一能做的就是运行 CheckIndex 工具（详见 11.5.2 小节）或者对原始数据重新进行全量索引操作。另一方面，你可以随心所欲地将任意文档添加到 Lucene 的索引目录中而不会造成索引的破坏。例如，如果我们添加一个名为 random.txt 的文件至索引目录中，Lucene 将忽略这个文件，而索引也不会破坏，情况如下所示：

```
-rw-rw-rw- 1 mike users 12327579 Feb 29 05:29 _2.fdt
-rw-rw-rw- 1 mike users     6400 Feb 29 05:29 _2.fdx
-rw-rw-rw- 1 mike users       33 Feb 29 05:29 _2.fnm
-rw-rw-rw- 1 mike users  1036074 Feb 29 05:29 _2.frq
-rw-rw-rw- 1 mike users     2404 Feb 29 05:29 _2.nrm
-rw-rw-rw- 1 mike users  2128366 Feb 29 05:29 _2.prx
-rw-rw-rw- 1 mike users    14055 Feb 29 05:29 _2.tii
-rw-rw-rw- 1 mike users  1034353 Feb 29 05:29 _2.tis
-rw-rw-rw- 1 mike users     5829 Feb 29 05:29 _2.tvd
-rw-rw-rw- 1 mike users 10227627 Feb 29 05:29 _2.tvf
-rw-rw-rw- 1 mike users    12804 Feb 29 05:29 _2.tvx
-rw-rw-rw- 1 mike users       17 Mar 30 03:34 random.txt
-rw-rw-rw- 1 mike users       20 Feb 29 05:29 segments.gen
-rw-rw-rw- 1 mike users       53 Feb 29 05:29 segments_3
```

解开这个秘密的钥匙就是段文件（sements_3）。顾名思义，段文件保存了所有现有索引段的名称以及相关信息。每次当 IndexWriter 向索引提交修改之前，段文件的值都会增加（见前面代码片段中的_3 标识）。举例来说，IndexWriter 在向索引提交修改时，它会向标识为_4 的段进行写操作，同时会删除标识为_3 的段指针，以及其他未被引用的文件。在访问索引目录中任何文件之前，Lucene 都会查找该文件以确认要打开和读入的索引文件。我们的示例索引中包含标识为_2 的单个段，该段的名称是存储在段文件中的，因此 Lucene 便只查询前缀为_2 的段文件。Lucene 还会限制自己只处理已知扩展名的文件，如.fdt、.fdx 以及实例中展示的其他扩展名，因此即使我们将一个和段文件前缀相同的文件如_2.txt 保存到索引中，Lucene 还是能正常工作。当然了，我们强烈建议不要向该索引目录添加非 Lucene 文件。

Lucene 索引以及每个段中的文件数量因索引而异，它取决于需要索引的域数量（例如，在索引项向量时，需要为每个段新增 3 个文件）。但是每次修改索引时，索引中都会新增一个段文件以及一个 segments.gen 文件。Segments.gen 文件大小一直为 20 byte，并且该文件还包括当前新生成段的后缀名，以便 Lucene 用作判断和处理最近一次索引的修改。

创建一个多文件索引

现在你对多文件索引结构应该有了较为深刻的了解。但是如何调用 API 来命令 Lucene 创建一个多索引文件而不是默认的复合文件索引呢？看看下面的程序：

```
IndexWriter writer = new IndexWriter(indexDir,
  new StandardAnalyzer(Version.LUCENE_30),
  true, IndexWriter.MaxFieldLength.UNLIMITED);
writer.setUseCompoundFile(false);
```

由于复合文件索引结构是默认的，我们可以通过在 IndexWriter 实例中调用 `setUseCompoundFile(false)`方法将默认的结构禁止，并切换到处理多文件索引结构上。

B.2.2 理解复合索引结构

多文件索引结构会为每个段分别存储对应的索引文件。并且，由于新文档添加到索引的同时会创建一个新段，这样做会导致索引目录大量产生各种文件。虽然多文件索引结构简单直接并且能适用于大多数场合，但是它会在索引包含很多段、或者在同一个 JVM 中打开多个索引的情况下产生大量的开启文件。11.3.2 小节提供了有关 Lucene 使用文件描述符的更多细节。

目前大部分的操作系统都对系统中同时打开的文件数量有所限制。之前提到过，Lucene 在添加一个文档的同时还会创建一个新段，并且以比较高的频率合并这些段，以减少索引文件数量。但是，在执行合并过程的同时，索引文件数量也会临时增加。如果 Lucene 在索引文件数量很大的环境中使用，并且索引和搜索也在同时进行的话，这种情况下有可能会达到操作系统对打开文件数量的设置上限。这也可能发生在单索引结构的情况下，比如索引未经优化或者其他应用程序此时也打开了大量文件。Lucene 对打开文件句柄的使用取决于索引的结构的状态。11.3.2 节介绍了控制打开文件数量的方法。

复合索引文件

复合索引与多文件索引之间的唯一可见差别就是索引目录的内容。下面是复合索引的一个示例：

```
-rw-rw-rw-    1 mike      users    12441314 Mar 30 04:27 _2.cfs
-rw-rw-rw-    1 mike      users          15 Mar 30 04:27 segments_4
-rw-rw-rw-    1 mike      users          20 Mar 30 04:27 segments.gen
```

与多文件索引中必须要从索引中打开并读取13个文件相比，操作复合索引时Lucene只需要打开3个文件，从而能更少地消耗系统资源。复合索引减少了索引文件数量，但是段、文档、域和项的概念仍然适用。差别在于，复合索引中每个段包含了一个.cfs 文件，而在多文件索引中每个段却是由七个不同的文件构成。复合结构把各个独立的索引文件封装在了同一个.cfg 文件中。

创建一个复合索引

由于 Lucene 默认创建复合索引结构，因此不需要为符合索引特别指定创建类型。但是你若倾向于使用显式代码来指定，可以调用 setUseCompoundFile(boolean)方法，并将该方法参数设置为 true：

```
IndexWriter writer = new IndexWriter(indexDir,
  new StandardAnalyzer(Version.LUCENE_30),
  true, IndexWriter.MaxFieldLength.UNLIMITED);
writer.setUseCompoundFile(true);
```

对于开发者来说，你并不需要一定使用多文件索引格式或复合索引格式。在索引完毕后，你还可以在两种索引格式之间切换。然而，这种切换尽管只会影响后续写入的段，但还是要小心！

B.2.3 转换索引结构

值得注意的是，你可以在索引期间任何时刻切换上述两种索引结构。所需要做的只是在索引过程的任意时刻，调用 `IndexWriter` 类的 `setUseCompoundFiles(boolean)`方法。下一次合并索引段时，Lucene 会将索引转换到你指定的索引格式上来。

同样，你也可以在不添加额外文档的情况下转换现有的索引结构。例如，为了在使用 Lucene 时减少打开文件的数量，你可能会把多文件索引转换为复合文件索引。为了达到这个目的，可以使用 `IndexWriter` 类打开索引，指定复合索引结构，优化索引，然后关闭 IndexWriter：

```
IndexWriter writer = new IndexWriter(indexDir,
  new StandardAnalyzer(Version.LUCENE_30),
  IndexWriter.MaxFieldLength.UNLIMITED);
writer.setUseCompoundFile(true);
writer.optimize();
writer.close();
```

我们已在2.9小节中探讨了如何优化索引。优化过程会促使Lucene合并索引段，因此这会使得 Lucene 自己调用 `setUseCompoundFile(boolean)`方法来切换索引格式后再操作索引。

B.3 倒排索引

Lucene使用了众所周知的索引结构：倒排索引。很容易就能想到，倒排索引就是对文档的逆向排列，在该索引中文档的项处于中心地位，以每一项为起点关联包含它的文档。我们来仔细研究一下之前有关样本书籍数据的索引，以便对索引目录中的文件作更深入的了解。

不管你正在使用的是`RAMDirectory`（内存目录）、`FSDirectory`（文件系统目录）还是其他类型的索引目录，其内部结构都是一组文件。在`RAMDirectory`目录中，文件是虚拟的，并且完全保存在内存中。而从字面上看，`FSDirectory`表示一个文件系统目录，正如本附录之前描述那样。

复合文件模式新增了一种手段来处理目录中的文件。当 `IndexWriter` 类设置为符合文件模式时，各个“文件”被写入到一个.cfs 文件中，这就解决了常见的文件句柄数量上限问题。请参考 B.2.2 获取更多有关复合文件模式的内容。

我们的小结跳过了大多数复杂的数据压缩细节，而这些细节内容会在实际的数据处理中得到使用。该小结可以给你一个有关索引的总体概念，使你不必拘束在一些繁琐细节中（Lucene站点对这些内容也提供了介绍）。

图 B.3 展示了我们的书籍样例索引片段。该片段对应一个段（对于这种情况，我们已经对索引进行了优化，使之只包含一个段）。这个段有一个唯一的文件前缀（该例中为_c）。

下面几节会讲解图 B.3 中各个文件的相关细节。

域名（.FNM）

.fnm文件存储了段中相关文档所包含的所有域名。每个域都有一些标志位，这是在索引时会用的的一些选项：

- 该域是否已被索引？
- 该域是否允许使用项向量？
- 该域是否存储 norms？
- 该域是否包含有效负载？

.fnm 文件中的域名排列顺序是在索引过程中决定的，并不一定是按照字母顺序排列。每个域都根据它在文件中的顺序而被分配了一个唯一的整数标识，即域序号。域序号不是字符串类型的，它会在其他 Lucene 文件中使用，主要用来节省存储空间。

项词典（.TIS、.TII）

段中所有的项（由域名和域值构成的元组）都保存在.tis 文件中。项首先以域名的字母顺序排列（通过 UTF16 格式的 Java 字符形式），然后同一域的项以值的顺序排列。每个项条目都包含了它的文档频率，即段中包含该项的文档数量。

图 B.3 只展示了我们索引中的样本项，这些项来自于每个域中的一个或多个项。没有显示出来的是.tii 文件，该文件是.tis 文件的一个具体实例，它被设计用来保存在物理存储空间中以实现对.tis 文件的随机访问。对于.tis 文件中的每个项，.frq 文件包含了该项对应的每个文档的条目。

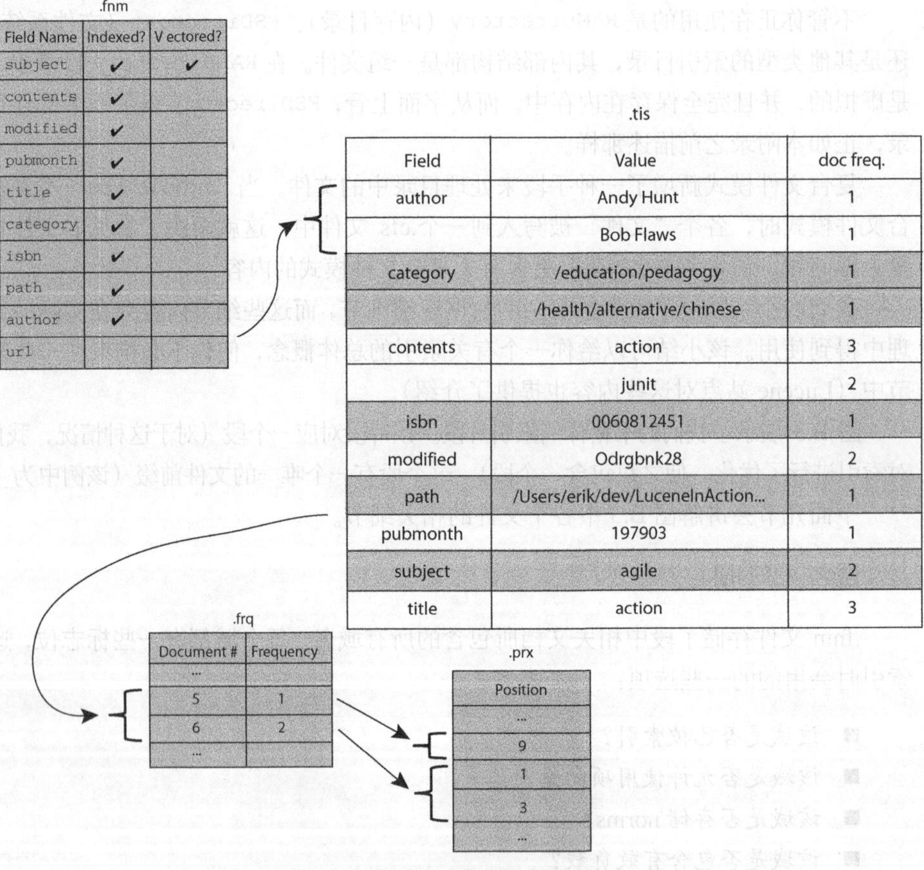

图 B.3 深入研究 Lucene 索引格式

在我们的示例索引中，有两本书在内容域中包含值“junit”：Junit in Action，Second Edition（文档 6）和 Ant in Action（文档 5）。

项频率

每个文档中的项频率都在.frq 文件中列出。在我们的示例索引中，Ant in Action（文档 5）在内容域出现了一次“`junit`”。Junit in Action，Second Edition 则出现了两次“`junit`”，一次在标题中，另一次在主题中。内容域是集标题、主题和作者于一体的结合体。文档中项的频率是计算评分的一个因子（参考 3.3 节），高的项频率一般会对文档的相关性评分进行加权。

对于.frq 文件中列出的每个文档来说，位置文件（.prx 文件）包含了每个项在文档中每次出现时所记录的条目。

项位置

.prx 文件列出了文档中每个项的位置。在执行如短语查询和跨度查询等查询操作时，就会用到位置信息。经过语汇单元化的域的位置信息直接来源于分析过程中指定的语汇单元位置增量。如果需要的话，.prx 文件还会包含有效负载。

图 B.3 显示了三个位置，每个都是项 junit 出现的位置。第一次出现的位置是在文档 5（Ant in Action）的位置 9.在文档 5 中，该域值（经过分析之后）为“`ant action apache jakarta ant build tool java development junit erik hatcher steve loughran.`”我们使用 `StandardAnalyzer` 类来分析，从而停用词（以 Ant in Action 作为例子）被移除而不会占用位置信息。文档 6——JUnit in Action 的内容域中“`junit`”出现了两次，一次在位置 1，另一次在位置 3：“`junit action junit unit testing mock objects vincent massol ted husted`[1].”。

域存储

当你在程序中请求存储某个域时（使用 `Field.Store.YES` 选项），该域会被写入两个文件：.fdx 文件和.fdt 文件。.fdt 文件包含了简单的索引信息，该信息用来将该域对应的文档号保存至.fdt 文件中的对应位置。.fdt 文件则会存储该域的内容。

项向量

项向量被存储于三个文件中。.tvf 文件是其中最大的一个，它负责存储按照字母排序后的特定项以及对应的项频率，另外还有可选的项位置及其偏移量。.tvd 文件会存储针对给定文档的域的项向量列表，同时还负责将该域的字节偏移量写入.tvf 文件以便需要时能检索到该域。最后，.tvx 文件包含有索引信息，该信息会将文档编号转换为 byte

---

[1] 非常感谢奇妙的索引分析工具 Luke，使用它可以很容易获得一些索引文件的数据。

格式的位置信息并存储于.tvf 和.tvd 文件。

NORMS

.nrm 文件包含了索引期间获取的用于表示加权信息的归一化因子。每个文档都在.nrm 文件中占有一个字节空间，保存的内容为编码后的文档加权、域加权、基于域内容长度的归一化因子等内容的联合体。有关 norms 的详细内容请参考 2.5.3 小节。

文档删除

如果程序向索引文件的某个段中提交了文档删除请求，那么 Lucene 会产生一个.del 格式的文件，名称为_X_N.del，其中 X 表示段名称，而 N 则是一个整数，每进行一次删除操作 N 的值都会加 1。该文件还为每个删除后的文档设置了一个标志位。

B.4 小结

索引结构的基本原理分为两个部分：性能的最大化和资源利用的最小化。例如，如果一个域未被索引，通过操作可以很快地基于.fnm 文件中的索引标记从查询中完全去除整个域。.tii 文件缓存在内存中，这是为了快速随即存取项词典.tis 文件。如果项本身不出现，那么短语和跨度查询就不需要查找位置信息。这些信息在很多情况下需要高效处理，并且在搜索过程中将访问文件的数量最小化也是需要考虑的问题。这些只是如何很好地考虑索引结构设计的一些例子。如果你对这种底层优化很感兴趣，请参阅 Lucene 的 Web 站点关于索引文件格式的具体内容，在那里可以找到本书略过的一些细节。

附录 C Lucene/contrib benchmark

contrib/benchmark 模块是一个非常有用的模块，它能用于运行可重复的性能测试。通过建立短小的称之为**算法**（file.alg）的测试脚本，你就可以通知 benchmark 模块运行哪些测试案例，以及如何汇报测试结果。在第 11 章我们已了解到如何通过 benchmark 模块来测量 Lucene 的索引性能。在本附录中，我们将深入更多的细节。目前的 benchmark 模块较新，并且还会随着时间的推移而发展，因此我们在使用它时需要经常检查对应的 Java 文档。存在于 byTask 子包中的 Java 文档对此有一个很好的概述。

此时你可能很想建立自己的测试架构，而不是学习如何使用 benchmark。很可能此前你已多次这样尝试过。但对于使用 benchmark 来说，也有一些重要原因使得我们需要对此进行一些前期投入。

- 由于测试脚本这个算法文件是一个简单的文本文件，它能很容易和很快与其他脚本协同运行，因此它们能重复生成测试结果。在一些需要对异常性能问题进行跟踪以及需要对错误源进行隔离的情况下，使用这些测试脚本是非常重要的。然而对于你自己的测试架构来说，它通常会依赖大量软件来圆形，也许还要依赖诸如本地文件或数据库等资源，这使得你必须在一定程度上对这个架构进行转换才能用于他人的测试。
- Benchmark 架构已经内置了对通用标准文档源的支持（如 Reuters、Wikipedia 或 TREC 等）。
- 对于你自己的测试来说，很容易在测试代码本身出现一些偶发性的性能问题（甚至是无法发现的缺陷!），这样会使得测试结果存在较大误差。而 benchmark 程序包——由于它是开源项目——能够很好地解决这些缺陷并能进行很好的调整，因此不太可能遇到上述问题。并且随着时间的推移，它只会变得更好。
- 由于使用了大量内置任务，你可以在不用编写任何 Java 代码的情况下建立复杂的测试算法。通过编写几行测试脚本（即算法文件），你可以实现几乎任何想要的测试。在测试其他内容时，你仅仅需要修改这个测试脚本并重新运行即可。这里并不需要任何编译操作！

- Benchmark 具有多个扩展点，用它们能够轻易实现自定义的文档源、查询语句源以及测试结果的最终汇报方式。对于高级应用来说，你同样可以建立和内置自己的测试任务，正如我们在 11.2.1 小节中所介绍的那样。
- Benchmark 已经汇集了一些重要的指标，如运行时间、每秒处理的文档数和内存使用等，相对于使用自定义的测试代码来说，这能节省你搭建测试案例的时间。

下面我们从一个简单的测试脚本开始介绍。

C.1 运行测试脚本

将如下文本存储至 test.alg 文件：

```
# The analyzer to use
analyzer=org.apache.lucene.analysis.standard.StandardAnalyzer

# Content source
content.source=org.apache.lucene.benchmark.byTask.feeds.ReutersContentSource

# Directory
directory=FSDirectory

# Turn on stored fields
doc.stored = true

# Turn on term vectors
doc.term.vectors = true

# Don't use compound-file format
compound = false

# Make only one pass through the documents
content.source.forever = false

# Repeat 3 times
{"Rounds"

  # Clear the index
  ResetSystemErase

  # Name the contained tasks "BuildIndex"
  {"BuildIndex"

   # Create a new IndexWriter
   -CreateIndex

   # Add all docs
   { "AddDocs" AddDoc > : *

   # Close the index
   -CloseIndex
  }

  # Start a new round
  NewRound
} : 3
```

```
# Report on the BuildIndex task
RepSumByPrefRound BuildIndex
```

正如你猜想那样，该测试脚本负责索引整个路透社资料，以供测试三轮，并在每轮测试中分别汇报 BuildIndex 各个运行步骤中的性能状况。这些步骤包括建立新索引（打开 IndexWriter）、将所有路透社文档编入索引、以及关闭索引。记住，当运行索引性能测试时，重要的是要包含关闭索引的时间，因为程序在调用 close() 方法期间需要消耗一些时间。举例来说，Lucene 会等待后台所有还在运行的合并线程结束，然后才对所有新写入索引的文件进行同步。运行自己的测试脚本时，可以按如下方式进行：

```
ant run-task -Dtask-alg=<file.alg> -Dtask.mem=512M
```

需要注意的是，如果你要实现自定义的测试任务，那么必须在运行时包含自己编译过的类路径，同时还需要将这个路径加入 Ant 命令行：

```
-Dbenchmark.ext.classpath=/path/to/classes
```

Ant 首先会运行一系列相互依赖的任务——举例来说，首先确认所有的源代码文件已被编译，然后下载和解压路透社文档。最后，它再运行你定义的任务并产生类似以下的 run-task 输出：

```
Working Directory: /lucene/clean/contrib/benchmark/work
Running algorithm from: /lucene/clean/contrib/benchmark/eg1.alg
------------> config properties:
analyzer = org.apache.lucene.analysis.standard.StandardAnalyzer
compound = false
content.source =
➥ org.apache.lucene.benchmark.byTask.feeds.ReutersContentSource
content.source.forever = false
directory = FSDirectory
doc.stored = true
doc.term.vectors = true
work.dir = work
-------------------------------
------------> algorithm:
Seq {
    Rounds_3 {
        ResetSystemErase
        BuildIndex {
            -CreateIndex
            AddDocs_Exhaust {
                AddDoc
            > * EXHAUST
            -CloseIndex
        }
        NewRound
    } * 3
    RepSumByPrefRound BuildIndex
}
------------> starting task: Seq
1.88 sec --> main added 1000 docs
4.04 sec --> main added 2000 docs
4.48 sec --> main added 3000 docs
…yada yada yada…
12.18 sec --> main added 21000 docs
```

```
--> Round 0-->1

------------> DocMaker statistics (0):
total bytes of unique texts:          17,550,748

0.2 sec --> main added 22000 docs
0.56 sec --> main added 23000 docs
0.92 sec --> main added 24000 docs
…yada yada yada…
8.02 sec --> main added 43000 docs
--> Round 1-->2
0.29 sec --> main added 44000 docs
0.63 sec --> main added 45000 docs
1.04 sec --> main added 46000 docs
…yada yada yada…
9.43 sec --> main added 64000 docs

--> Round 2-->3

-->Report sum by Prefix (BuildIndex) and Round (3 about 3 out of 14)
Operation round runCnt recsPerRun rec/s elapsedSec avgUsedMem avgTotalMem
BuildIndex    0     1      21578 1,682      12.83 26,303,608  81,788,928
BuildIndex -  1 -   1 -    21578 2,521 -     8.56 44,557,144  81,985,536
BuildIndex    2     1      21578 2,126      10.15 37,706,752  80,740,352
####################
###  D O N E !!! ###
####################
```

Benchmark 模块首先会在 *config properties* 下面打印测试脚本所有的配置情况。最好是仔细检查并确认这些设置是你想要的。接下来会使用带有印花的格式打印测试脚本的各个测试步骤，这时你同样需要对这些内容进行确认。如果测试脚本中}结束符放置在错误的位置上，你得马上对此进行修正。最后，benchmark 会运行测试脚本并打印状态输出，这通常包括如下内容：

- 周期性打印数据源所产生的文档数;
- Rounds 任务负责打印每轮测试的结束时间。

当以上任务都结束时，我们假设你在测试脚本中已设置任务报表模块，这时测试脚本就会生成脚本，用以详细描述每轮测试的性能参数。

最后的报表只为每轮测试显示一行结果，因为我们使用的报表任务模块(RepSumByPrefRound) 只在每轮结束时产生报表。对于每轮测试来说，它包含记录数（对本例来说指的是向索引中添加的文档数）、每秒处理的记录数、耗时和内存用量等。总平均内存用量是通过调用 java.lang.Runtime.getRuntime().totalMemory()方法获取的。内存平均使用量是通过从 totalMemory()中减去 freeMemory()计算出来的。

确切地说，记录到底是指什么呢？一般而言，大多任务对记录的增量都是用+1 来表示的。举例来说，每次调用 AddDoc 都会加 1。任务序列会收集所有子任务所增加的记录数。如果想停止递增的记录计数，你可以在任务名前面加上连接符 (-)，正如我们早期针对 CreateIndex 和 CloseIndex 所做的那样。这个操作使你能够在测试结果中包含建立和关闭索引的运行开销（耗时和内存用量），同时还能分摊针对所有被添加文档的开销。

至此我们可以看出，运行测试脚本是不是很简单呢？以此为基础，你可以对测试进行扩展并建立自己的测试脚本。但需要指出的是，你需要了解该测试框架能够提供的配置和任务列表。

C.2 测试脚本的组成部分

下面我们将对测试脚本的各个部分进行深入探究。这是一个简单的文本文件。注释是以#号打头的，而文件中的空格将被忽略。带有全局变量名和值的配置将出现在文件顶部。接下来是测试脚本的核心部分，这里会表达将要运行的任务序列，以及排序方式。最后，测试脚本的最后部分还会包含一个或多个报表任务，用来生成最后的测试摘要。我们首先看看这些配置。

配置的格式为：

```
name = value
```

这里 name 是已知的配置（有关配置的全部项列表请参考表 C.1、C.2 和 C.3）。举例来说，compound = false 会告知 CreateIndex 或 OpenIndex 任务在建立 IndexWriter 时使用 setUseCompoundFile 将属性设置为 false。

通常你会运行一系列测试轮次，这里每轮测试都使用不同的配置组合。假设你想要测量索引期间改变内存量对于性能的影响，你可以进行类似如下的操作：

```
name = header:value1:value2:value3
```

举例来说，ram.flush.mb = MB:2:4:8:16 会使得 IndexWriter 在每轮测试中分别用到 2.0MB、4.0MB、8.0MB 和 16.0MB 内存缓冲空间，并且在报表中会显示对应的“MB”列。表 C.1 展示了通用设置，表 C.2 展示了能够影响日志的设置，而表 C.3 则展示了能影响 IndexWriter 的设置。建议一定要通过在线文档查阅最新的配置列表。同样的，自定义的任务也可以在其中定义自己的配置。

表 C.1 通用配置

名称 默认值	描 述
Work.dir **System property** benchmark.work.dir or work.	指定数据和索引的根目录
analyzer StandardAnalyzer	指定最适合的类名，该类实例化后作为分析器用于索引和查询解析
content.source SingleDocSource	指定用于提供原始内容的类
doc.maker DocMaker	指定用于从内容源中建立文档的类

续表

名称 默认值	描述
content.source.forever true	布尔类型。如果为 true，content.source 将在处理完内容后自行重启并一直保持生成同样的内容。否则，它将在一次性处理完数据源后停止
content.source.verbose false	指定内容源中的信息是否需要打印
content.source.encoding null	指定内容源的字符编码格式
html.parser **Not set**	指定用于将 HTML 内容过滤为文本内容的类名。默认为 null(即不进行 HTML 转换）。可以通过指定 org.apache.lucene.benchmark.byTask.feeds.DemoHTML Parser 来使用 Lucene demo 程序包中的简单 HTML 解析器
doc.stored false	布尔类型。如果为 true，通过 doc.maker 添加到文档中的域属性将为 Field.Store.YES
doc.tokenized true	布尔类型。如果为 true，通过 doc.maker 添加到文档中的域属性将为 Field. Index>ANALYZED 或者 Field.Index.ANALYZED_NO_NORMS
doc.tokenized.norms false	指定没有正文的域是否用 norms 进行索引
doc.body.tokenized.norms true	指定正文域是否使用 norms 进行索引
doc.term.vector false	布尔类型。如果为 true，索引域时将使用项向量
doc.term.vector.position s false	布尔类型。如果为 true，那么项向量位置信息将被索引
doc.term.vector.offsets false	布尔类型。如果为 true，项向量偏移量将被索引
doc.store.body.bytes false	布尔类型。如果为 true，文档域将以 Field.Store.YES 索引至域文档编码中
doc.random.id.limit -1	整型。如果不为-1，LineDocMaker 任务将在本轮测试中随机选择 ID。可以与 UpdateDoc 任务一起用于测试 IndexWriter 的 updateDocument 性能
docs.dir **Depends on document source**	包含 string 类型的目录名。可以被文档源用作根目录，用于在文件系统中找寻文档
docs.file **Not set**	包含 string 类型的目录名。可以被文档源用作根文件名。可以被 LineDoc Source、WriteLineFile 和 EnwikiContentSource 用于单行文档
doc.index.props false	如果为 true，每个文档属性都将被索引成分离的域。目前只有 Sortable SingleDocMaker 和 HTML 解析器所处理的 HTML 内容能设置该属性
Doc.reuse.fields true	布尔类型。如果为 true，文档中单个共享的 Document 实例和 Field 实例将被重用。这能通过避免堆内存分配和垃圾处理而获取性能提升。但如果建立的是自定义任务，它使用私有线程向索引中添加文档的话，你需要关闭该选项。标准的并行任务序列也会使用多线程，它会将该值设置为 true，因为每个实例都是由对应线程处理的
query.maker SimpleQueryMaker	为查询语句源指定 string 类型的类名。具体请参考 C.2.2 小节
file.query.maker.file **Not set**	为 FileBasedQueryMaker 所使用的文件指定文件名。文件每行只包含一条查询

续表

名称 默认值	描 述
file.query.maker.default.field body	指定 FileBaseQueryMaker 查询内容时用到的域
Doc.delete.step 8	当通过多个步骤进行文档删除时，该步骤会加进两个删除操作之间。具体请参考 DeleteDoc 任务介绍

表 C.2 影响日志的配置

名称 默认值	描 述
log.step 1 000	整型。为无内容源任务指定日志打印频率。还可以通过制定 log.step.<TASK>（例如 log.step.AddDoc）为每个任务分别设置步骤。若值为-1 则会关闭该任务的日志输出
content.source.log.step 0	整型。指定进度线的打印频率，通过内容源建立的文档数量进行衡量
log.queries false	布尔类型。如果为 true，将打印 query maker 所返回的查询
Task.max.depth.log 0	整型。控制嵌套任务的日志输出。请将该值设置为较小值以限制输出日志的任务数。0 意味着只有顶层任务会输出日志
writer.info.stream **Not set**	启动 IndexWriter 的 infoStream 日志功能。用 SystemOut 代替 System.out，用 SystemErr 代替 System.err，或者设置文件名将日志定向输出至该文件

表 C.3 影响 IndexWriter 的配置

设置 默认值	描 述
Compound true	布尔类型。True 表示必须使用复杂索引文件格式
merge.factor 10	段合并因子
max.buffered -1（不用 doc 计数进行更新）	文档最大缓存
max.field.length 10 000	域最大长度
Directory RAMDirectory	目录
ram.flush.mb 16.0	RAM 缓存数
merge.scheduler org.apache.lucene.index.ConcurrentMergeScheduler	段合并调度程序

续表

设置 默认值	描 述
merge.policy org.apache.lucene.index.LogByteSizeMergePolicy	段合并策略
deletion.policy org.apache.lucene.index.KeepOnlyLastCommitDeletionPolicy	删除策略

C.2.1 内容源和文档生成器

当运行文档索引测试脚本时，你需要指定用于建立文档的数据源。下面是两个相关设置：

- Content.source 用于指定提供原始数据的类，文档即从该原始数据中建立；
- Doc.maker 用于指定获取原始数据并生成 Lucene 文档的类。

默认的 doc.maker 为 org.apache.lucene.benchmark.byTask.feeds.DocMaker，一般情况下该类就够用了。它负责从内容源中提取数据，并给予 doc.*（例如 doc.stored）设置建立对应的 Document 对象。内置的 ContentSource 列表如表 C.4 所示。一般来说，所有内容源都能解压 bzip 格式的文件，该文件是由 content.source.encoding 配置所指定的任意的编码格式构成的。

这些类只会被实例化一次，然后所有任务都会从该内容源中提取文档。表 C.4 描述了内置的 ContentSource 类细节。

你还可以通过继承 ContentSource 或 DocMaker 类来建立自己的内容源或文档生成器。但实施时需要保证该类是线程安全的，因为多个线程都会处理这个实例。

表 C.4 内置的 ContentSources

名 称	描 述
SingleDocSource	为简单测试提供限长（大约 150 个单词）英文文本
SortableSingleDocSource	与 SingleDocSource 类似，还包括一个整型域：sort_field；一个国家域：country；以及一个所及的短字符串域：random_string。这些域值是针对每个文档随机选择的，用于在索引结果中测试排序性能
DirContentSource	递归访问根目录下（通过 docs.dir 指定）所有文件和目录，打开任何以.txt 扩展名结尾的文件，并生成文件内容。每个文件的第一行必须包含日期，第二行必须包含标题，而文档其他内容则为正文
LineDocSource	打开由 docs.file 设置的单个文件，并用每行分别读取一个文件。每行都必须包含标题、日期和正文，它们之间用 tab 字符间隔。通常这个数据源的处理开销远比其他类型的数据源小，因为它只是用了一个文件，从而减小了 I/O 开销
EnwikiContentSource	从 http://wikipedia.org 提供的大容量 XML 数据中直接生成文档。keep.image.only.docs 配置是布尔类型的，默认值为 true，该值用来决定是否保留只包含图像（不包含文本）的文档。也可以使用 docs.file 来指定具体的 XML 文件

续表

名　称	描　述
ReutersContentSource	将路透社资料中解压的数据转换成文档。Ant 任务 get -files 会检索和解压路透社资料。建立的*.txt 格式文档将输出至路径 work/reuters-out 中。docs.dir 设置默认为 work/reuters-out，可以指定另外的路径
TrecContentSource	从 TREC 资料中生成文档。前提是程序已经将 TREC 资料解压至 docs.dir 所设置的目录中

C.2.2 查询生成器

Query.maker 设置用来决定使用哪个类来生成查询语句。表 C.5 展示了内置的查询生成器。

表 C.5　　　　内置的查询生成器

名　称	描　述
FileBasedQueryMaker	按行从文本文件中读取查询语句。通过设置 file.query.maker.default.field（默认为正文域）来指定查询解析器将从哪个索引域中读取。通过设置 file.query.maker.file 来指定包含查询语句的文件
ReutersQueryMaker	生成一组数量固定为 10 的查询语句，它们能粗略匹配路透社资料
EnwikiQueryMaker	生成一组数量固定为 90、常见和不常见的 Wikipedia 查询
SimpleQueryMaker	只用于测试。生成一组数量固定为 10 的复合查询
SimpleSloppyPhraseQueryMaker	从 SimpleDocMaker 中获取定量的文档文本，并通过编程生成大量带有 slop（从 0 到 7）的查询，以匹配 SimpleDocMaker 的单个文档

C.3 控制结构

我们已介绍完配置、内容源、文档生成器和查询生成器等相关内容。现在我们将介绍有效的测试脚本控制结构，它是一种"粘合剂"，允许你调用内置任务，并用一些有趣的方式来整合这些任务。下面是该架构的各个模块。

- 用{...}创建任务序列。括号内的任务是一个接一个运行的，它们由同一线程执行。例如：{CreateIndex AddDoc CloseIndex}会建立一个新的索引，并将从文档生成器中获取的单个文档添加到该索引，然后关闭索引。
- 通过附加&符号实现在后台运行任务。例如：

```
OpenReader
  { Search > : * &
  { Search > : * &
Wait(30)
CloseReader
```

该命令会打开一个 reader，在后台运行两个搜索线程，等待 30 秒后停止这两个后台线程，然后关闭 reader。

■ 用[...]方式建立并行处理任务。并行处理任务序列定义在括号内，线程数量与任务数量相当，每个线程负责运行一个任务。例如：

```
[AddDoc AddDoc AddDoc AddDoc]
```

会建立4个线程，每个线程会向索引添加一个文档，然后再终止线程。

■ 多次重复运行一个任务可以通过在末尾添加:N 实现。例如：

```
{AddDoc}: 1000
```

负责添加文档源中的下 1 000 个文档。如果要处理文档生成器中的所有文档，可以使用*符号。例如：

```
{AddDoc}: *
```

会将文档生成器中的所有文档添加到索引中。在使用该符号时，同时必须将 content.source.forever 设置为 false。

■ 在指定的时间内重复执行任务，它可以通过在末尾添加:Xs 来实现。例如：

```
{AddDoc}: 10.0s
```

会将 AddDoc 任务运行 10 秒钟。

■ 对任务序列的命名方式如下：

```
{"My Name" AddDoc} : 1000
```

该命名定义了一个名为“My Name”的 AddDoc 任务，并且会将之执行 1 000 词。名称两端的双引号是必须的，即使名称之间没有空格也得如此。该名称会在随后的报表中出现。

■ 一些任务可选择性在任务名后面的括号内携带一些参数。例如，AddDoc (1 024) 会建立正文域包含大约 1 024 个字符的文档（不会拆分其中的单词）。如果你试图将一个参数传递给某给不带该参数的任务，或者参数类型正确，那么会出现“Cannot understand algorithm”错误。表 C.6 和 C.7 详细列出了能被任务接收的参数。

■ 关闭子任务统计功能需要使用>符号而不是}或]符号。该功能可用于避免当你不需要对应级别日志信息时所导致的信息搜集和统计开销。例如：

```
{ "ManyAdds" AddDoc > : 10000
```

会添加 1 000 个文档，但不会单个跟踪各个 AddDoc 调用的统计信息（但这 10 000 个被添加的文档是通过包含“ManyAdds”的外部任务序列进行跟踪的）。

■ 除了指定任务或任务序列的运行次数以外，你还可以指定目标任务每秒钟或没分钟所运行的次数。具体做法是在任务名后面加入:N:R。例如：

```
{ AddDoc } : 10000 : 100/sec
```

以每秒 100 个文档的速度添加总共 1 000 个文档。或者

```
[ AddDoc ]: 10000: 3
```

会并行添加 10 000 个文档，每个线程负责添加一个文档，每秒负责生成三个新线程。

■ 对于最后的报表打印来说，每个任务都会对记录数产生影响。例如，AddDoc 会返回 1。大多数任务都返回计数 1，有一些返回 0，还有一些返回的计数大于 1。有时候你并不想在最后的报表中包含任务信息。为了做到这点，只需要在任务名前加上连接符（-）即可。例如，如果使用如下配置：

```
{"BuildIndex"
    -CreateIndex
    {AddDoc}:10000
    -CloseIndex
 }
```

最后的报表会记录 10 000 条数据，但如果不使用连接符（-）的话，记录的数据条数则为 10 002。

C.4 内置任务

我们已介绍了有关任务配置和控制结构的相关内容，以及允许你将任务合并成更大的任务序列相关内容。最后，我们将对内置任务进行回顾。表 C.6 描述了内置的管理任务，表 C.7 描述了索引和搜索任务。

如果我们提供的测试脚本不能满足你的需求，你可以通过添加新任务的方式新增命令，添加时需要使用 org.apache.lucene.benchmark.byTask.tasks 包。你需要对其中的 PerfTask 抽象类进行继承。另外还要确认新任务对应的类名是否是由 Task 结尾的。举例来说，一旦你对类 SliceBreadTask.java 进行编译，并已确认该类已经存在于指派给 Ant 的类路径中，那么你可以通过使用自己测试脚本中的 SliceBread 来调用该任务。

表 C.6 管理任务

任务名	描述
ClearStats	清楚所有统计信息。该时间点以后开始运行的报表任务只统计此后任务的日志
NewRound	启动新一轮测试。该命令主要用于外围任务序列，会增加全局“轮次计数”。所有启动的任务都会记录这个新轮次，各任务的统计数字都会在新轮次下进行合并。举例来说，可以参考 RepSumByNameRound 报表任务。此外，如果每轮的配置参数不同，NewRound 会在启动该轮测试时读入对应的新参数。举例来说，对于配置项 merge.factor=mrg:10:100:10:100，merge.factor 会在每轮测试完毕后切换到新的配置参数值。需要注意的是，如果测试轮数大于配置数，多出的轮次将再次采用首次配置的参数
ResetInputs	重新初始化文档源和查询语句源。举例来说，一个比较好的办法是，在 NewRound 后加载该类，以确保文档源能够在每轮测试时都生成同样的文档。该任务仅在测试时不想耗尽内容源时适用

续表

任 务 名	描 述
ResetSystemErase	重启所有索引和输入数据，并调用 System.gc()方法。该调用不会重启统计数据。该任务还会调用 ResetInputs 任务，此时所有的 writer 和 reader 都会被关闭、置空和删除，索引及其目录会被清除。调用该任务后，如果还想继续向索引添加文档，你必须调用 CreateIndex 创建新索引
ResetSystemSoft	与 ResetSystemErase 类似，区别在于前者不会清除索引和工作目录。该任务对于测试开启现存的索引以用于搜索和更新时的性能比较有用。该任务结束后也可以调用 OpenIndex

表 C.7　　用于索引和搜索的内置任务

任务名及描述	参 数
CreateIndex 用 IndexWriter 创建新索引。可以使用 AddDoc 任务和 UpdateDoc 任务修改索引	
OpenIndex 使用 IndexWriter 打开已有索引。可以使用 AddDoc 任务和 UpdateDoc 任务修改索引	commitName 字符串类型标签，用于指定将被打开的提交。该参数必须与之前调用 CommitIndex 时所传入的 commitName 参数匹配
OptimizeIndex 优化索引。该任务可选择接收一个整型参数，该参数表示将被优化的段最大数量。该任务会调用 Index Writer.optimize (intmaxNumSegments)方法。如果没有指定参数，其默认值为 1。该任务需要由 CreateIndex 或 OpenIndex 提前打开一个 IndexWriter 以供其使用	maxNumSegments 整型参数。如果大于 1，表示针对索引进行部分优化
CommitIndex 针对当前开启的 IndexWriter 调用 commit 方法。该任务需要由 CreateIndex 或 OpenIndex 提前打开一个 IndexWriter 以供其使用	commitName 该参数为字符串类型标签，它会被录入到提交操作中，随后会被 OpenIndex 使用，并调用该参数指定的提交操作
RollbackIndex 调用 IndexWriter.rollback 方法恢复自上次提交以来，当前 IndexWriter 所进行的所有操作。该任务对于可重复测试来说非常有用，具体使用场景为：每次测试索引性能时，又不想向索引提交任何变更，而采用该任务则能在每次测试时都能使用相同的索引	
CloseIndex 关闭已打开的索引	doWait true 或 false 该参数将传递给 IndexWriter.close 方法。如果为 false，IndexWriter 将终止所有正在运行的合并操作并强制关闭索引。该参数为可选值，默认为 true
OpenReader 为 search 任务创建 IndexReader 和 Index Searcher。如果已启动 Reader 任务，那么它将使用当前开启的 reader。如果没有打开任何 reader，它将打开自己的 reader 并用于该任务，然后再关闭该 reader。该任务能用于各种场景的测试：reader 共享、使用未初始化的 reader 进行搜索、以及使用已初始化的 reader 进行搜索等	readOnly,commitName 其中 readOnly 为 true 或 false，而 commitName 则为字符串类型，用于指定必须被打开的提交名称

续表

任务名及描述	参　数
NearRealtimeReader 创建分离的线程，用于周期性针对当前 IndexWriter 而调用 getReader()方法，目的是获取一个近实时性能的 reader，并向 System.out 输出重启操作的耗时状况。该任务还会运行一个固定的任务 query body:1，通过 docdate 进行排序，并汇报查询操作的运行时间	pauseSec 浮点数类型参数，用于指定打开每个近实时 reader 期间所等待的时长
FlushReader 更新但不关闭当前处于开启状态的 IndexReader。只有在使用 Delete 任务之一时该任务才有用，可用于删除操作	commitName 字符串类型参数，用于指定写索引操作的提交名
CloseReader 关闭前面已打开的 reader	
NewAnalyzer 切换到新的分析器。该任务只带有一个以逗号分开的类名列表参数。如果类属于 org.apache.lucene.analysis 程序包，那么它们都可以以缩短的类名形式出现并能匹配该程序包中的对应类，否则必须使用类名全称。每次执行该任务时，它都会切换到列表中的下一个分析器，当运行完毕时再回到列表起点	
Search 搜索索引。如果已经打开 reader（如通过 Open Reader 任务打开），那么就可以进行搜索操作了。否则，需要打开、搜索和关闭一个新的 reader。该任务只面向搜索，不对搜索结果进行遍历	
SearchWithSort 根据特定的排序方式搜索索引	sortDesc 以逗号分开的 field:type 值列表。例如："country:string,sort_field:int".doc 意味着通过 Lucene 的 docID 进行排序； Noscore 意味着不进行评分； Nomaxscore 意味着不计算最大评分
SearchTrav 搜索索引并遍历搜索结果集。与 Search 类似，区别在于前者会访问顶层 ScoreDoc。该任务采用可选的整型参数，该参数用于指定 ScoreDoc 的访问次数。如果没有指定该参数，任务会访问搜索结果集所有部分。该任务会返回所访问的文档数	traversalSize 整型参数，用于指定访问 ScoreDoc 的次数
SearchTravRet 搜索索引并遍历和检索搜索结果集。与 Search Trav 类似，区别在于，对于所访问的 ScoreDoc 来说，前者还会检索索引中对应的文档	traversalSize 整型参数，用于指定访问 ScoreDoc 的次数
SearchTravRetLoadFieldSelector 搜索索引并只对搜索结果集中的特定域进行遍历和检索，该任务使用 FieldSelector。与 SearchTrav 类似，区别在于前者会读取可选的以逗号分开的字符串类型的参数，该参数用于指定将被检索的文档域	fieldsToLoad 以逗号分开的将被加载的域列表
SearchTravRetHighlight 搜索索引，遍历和检索搜索结果集，并使用 contrib/highlighter 对结果集中指定的域进行高亮显示	highlightDesc 该任务使用以逗号分开的参数列表，用于控制高亮显示细节。详细介绍请参考对应的 Java 文档

续表

任务名及描述	参　　数
SearchTravRetVectorHighlight 搜索索引，遍历和检索搜索结果集，并使用 contrib/fast-vector-highlighter 对结果集中指定的域进行高亮显示	hithlightDesc 该任务使用以逗号分开的参数列表，用于控制高亮显示细节。详细介绍请参考对应的 Java 文档
SetProp 修改属性值。通常，在测试脚本被首次加载时，属性值只会设置一次。该任务能够中途修改属性值，然后所有执行的任务都能知晓新的属性值	propertyName,value 属性名和新属性值
Warm 通过检索索引中所有文档来预处理已打开的 searcher。需要注意的是，在实际的搜索程序中，仅有这个操作是不够的，因为如果程序正在使用 FieldCache 的话还需要对此进行预处理，另外还可能要针对常用的搜索项而初始化 searcher。另外一种选择就是，可以在测试脚本中定义相应的步骤来运行自定义的查询序列，以此作为自定义的预处理操作	
DeleteDoc 根据文档 ID 删除文档，或者通过各步骤所产生文档 ID 增量来删除文档。需要注意的是，该任务使用 IndexReader 完成删除操作，因此删除前必须用 OpenReader 打开一个 IndexReader 以供其使用	docID 整型参数。如果该参数为负值，那么删除操作将由 doc. delete.setp 设置完成。举例来说，如果步骤值为 10，那么每次执行该任务时它都会按照 0,10,20,30 数字序列所标识的文档 ID 来删除文档。如果该参数为非负值，那么该任务将删除以该参数作为文档 ID 的文档
DeleteByPercent 根据指定的百分比来删除文档（maxDoc()）。如果索引中已删除了超过该百分比的文档，该任务会首先调用 undeleteAll，然后再根据该百分比来删除文档。需要注意的是，该任务使用 IndexReader 进行文档删除操作，所以在调用前必须使用 OpenReader 打开一个 Index Reader 以供其使用	Percent 双精度值（范围从 0 到 100），用于指定将被删除的文档在索引中所占的百分比
AddDoc 将下一个文档编入索引。调用前必须确保已经打开 IndexWriter	docSize 数字型参数，表示被添加文档的大小（字符数）。内容源中每个文档的正文将按照这个大小进行截取，剩余的部分将作为下一个文档的一部分。这要求文档生成器能支持文档大小的修改
UpdateDoc 调用 IndexWriter.updateDocument 来替换索引中的文档。新文档的 docid 域将以 Term 的形式传入，用于指定将被更新的文档。Doc.random.id.limit 设置会随机分配 docID，这对于测试 updateDocument 来说非常有用	docSize 与 AddDoc 一致
ReadTokens 该任务用于测试分析器中语汇单元化模块的性能。它从文档生成器中读取下一个文档，并将该文档所有域都进行语汇单元化处理。作为计数，该任务会返回所处理的语汇单元总数。该任务用于测试文档检索和语汇单元化操作的开销时非常有用。通过减少构建索引的时间开销，你可以对实际的索引开销进行粗略估算	

续表

任务名及描述	参　数
WriteLineDocTask 以一行空间创建一个文件，用于 LineDocMaker。具体请参考 C.4.1 节	docSize 与 addDoc 一致
Wait 根据指定的时长进行等待。对于大量后台运行的具有高优先级的任务来说（通过在任务名后面附加&启动），该任务非常有用	Time to wait。参数后附加 s 表示秒，m 表示分，h 表示小时

C.4.1　建立和使用行文件

行文件是简单的文本文件，文件每行都包含一个文档。相对于其他处理方式来说（如针对每个文档都打开和关闭一个文件，从数据库中抓取文件或解析 XML 文件），对行文件中的文档进行索引会带来更小的程序开销。如果你正在尝试测量核心索引性能的话，减小这个开销是非常重要的。当然，如果你正在测试从特定的内容源进行索引的效率的话，那么就不能使用行文件了。

Benchmark 架构提供了一个简单任务，WriteLineDoc，它可以用来从任意的内容源中创建行文件。如果启动该任务，你可以将任意的数据源转换成行文件。只有一个限制，那就是每个文档只能包含日期、标题和正文域。Line.file.out 设置可以用来指定创建的行文件。例如，使用测试脚本将路透社资料转换成行文件：

```
# Where to get documents from:
content.source=org.apache.lucene.benchmark.byTask.feeds.ReutersContentSource
# Stop after processing the document feed once:
content.source.forever=false
# Where to write the line file output:
line.file.out=work/reuters.lines.txt
# Process all documents, appending each one to the line file:
{WriteLineDoc}: *
```

完成这项任务，随后你就可以按如下方式使用 reuters.lines.txt 和 LineDocSource 了：

```
# Feed that knows how to process the line file format:
content.source=org.apache.lucene.benchmark.byTask.feeds.LineDocSource
# File that contains one document per line:
docs.file=work/reuters.lines.txt
# Process documents only once:
content.source.forever=false
# Create a new index, index all docs from the line file, close the
# index, produce a report.
CreateIndex
{AddDoc}: *
CloseIndex

RepSumByPref AddDoc
```

C.4.2 内置报表任务

报表任务会在测试结束后生成总结报表，其内容有：每秒处理的记录数、内存使用量，以及每个任务或任务序列所处理的行数统计。报表任务本身不会纳入报表中。表 C.8 描述了内置的报表任务。如果需要的话，可以通过继承抽象类 ReportTask 并用 Points 和 TaskStats 处理统计数据来实现其他的报表任务。

表 C.8 报表任务

任　务　名	描　　述
RepAll	运行所有任务
RepSumByName	通过名称进行统计汇总。因此，如果 AddDoc 任务被运行 2 000 次，对此只会生成一行报表，该行会汇总这 2 000 次的运行状况统计
RepSelectByPref prefix	以 prefix 起头的所有记录名
RepSumByPref refix	以 prefix 起头的所有记录名，通过记录对应的任务名来汇总
RepSumByNameRound	通过名称和轮次汇总所有统计数据。因此，如果每轮运行 AddDoc 任务 2 000 次，那么会生成 3 行报表，它们对每轮的 2 000 次统计进行汇总。有关测试轮次相关的 NewRound 任务的详细信息请参考表 C.6
RepSumByPrefRound prefix	类似于 RepSumByNameRound，区别在于前者只处理以 prefix 为起始名的任务

C.5 评估搜索质量

我们如何对应用程序的相关性和搜索质量进行测试呢？相关性测试是重要的，因为用户若没能搜索到最相关的结果，那么他们是不会满意的。针对 Lucene 的使用方式，有很多小的变化能够对相关性造成较大影响，如分析器链、被索引的域、构建 Query 对象的方式，以及如何自定义评分方式等。若能对这些影响进行恰当的测量，将有助于你做出一些针对提升相关性的改变。

然而，尽管搜索质量是搜索应用程序最重要的特性，但它却是极难进行控制的。当然还有一些主观方法能够对它进行控制。你可以运行一个受控的用户试用模块，或者也可以自己试用这些应用程序。但我们在这里需要找寻哪些使用效果呢？除了检查程序是否返回相关文档之外，还有很多需要检查的内容：搜索结果摘录是否精确？程序是否正确展现了元数据？用户界面是否能够一眼就能看到搜索结果？难怪搜索程序很少为相关性进行调优！

这就是说，如果你想要对返回文档的相关性进行客观的测量，那么还是有办法的：benchmark 目录下的 quality 程序包可以帮你完成这点。这些类提供了一些基于 TREC 资料集格式的具体接口实现，同时你也可以对实现自己的接口。你需要一个“实况”转录的查询集，这里每条查询都列出了相关文档。这个方式是完全的布尔方式：索引中某个给定的文档被认为要么是相关的，要么是不相关的。通过这个方式，我们可以对文档的精确度和相似度进行计算，而这正是对搜索结果的相关程度进行客观测量时所用到的信息检索参数。精确度用来测量每条查询所返回的相关结果子集。举例来说，如果某条搜索返回 20 条结果，并且只有一条是相关的话，那么精确度就为 0.05。如果只返回一条搜索结果并且该条结果是相关的，那么精确度则为 1.0。相似度用来测量该条查询所返回的相关性结果所占的百分比。因此如果查询返回 8 个文档且只有 6 个文档是相关的，那么相似度则为 0.75。

在一个经过正确配置的搜索应用程序中，这两个参数是相互对立的。比方说，在一种极端情况下，程序只向用户展示与查询最为匹配的（一个）文档，那么在这个方案下，精确度会非常高，因为这一条搜索结果极有可能是相关的；但这时的相似度会非常低，因为如果此时有很多针对该条查询的相关结果文档，但因为只返回一条结果，这会降低相似度。如果我们将展示的结果数从 1 增加到 10，那么我们就能立即获得很多的搜索结果文档。这时精确度必然会下降，因为程序此时很可能会将一些不相关的文档加入结果集。但此时相似度却会增大，因为每次查询都会返回一个更大的相关结果文档子集。

还有，你可能想将提高相关性文档的排名。为了做到这点，需要计算平均精确度。该参数用于计算每 N 个结果文档的精确度，这里 N 的范围为从 1 到最大值，然后计算它们的平均值。因此如果搜索程序经常返回在前面结果集中出现的文档的话，那么这个值会更高。然后，平均精确度（Mean Average Precision，MAP）会测量查询集的平均精确度。与之相关的测量参数为倒数排名（Mean Reciprocal Rank，MRR），具体表示为 1/M，这里的 M 表示首个相关文档的排名。我们的目标是使这两个参数都越大越好。

程序 C.1 展示了如何使用 `quality` 程序包来计算精确度和相似度。目前，为了测量搜索质量，你必须写入自己的 Java 代码（因为目前还没有内置任务来完成这个功能，这需要你为此单独使用一个算法文件）。被测试的查询会被表示成 `QualityQuery` 实例数组。`TrecTopicsReader` 类知道如何读取 TREC 摘要格式的数据，并将之转换为 `QualityQuery` 实例，当然你也可以自己实现这个类。接着，实际数据将用简单的 Judge 接口表示。`QualityQueryParser` 会将每个 `QualityQuery` 转换成实际的 Lucene 查询。最后，`QualityBenchmark` 会使用提供的 `IndexSearcher` 来运行和测试这些查询。`QualityStates.average` 方法负责计算、汇报精确度和相似度参数。

程序 C.1 针对给定的 IndexSearcher 计算和统计精确度和相似度

```
public class PrecisionRecall {
  public static void main(String[] args) throws Throwable {
    File topicsFile = new File("src/lia/benchmark/topics.txt");
    File qrelsFile = new File("src/lia/benchmark/qrels.txt");
    Directory dir = FSDirectory.open(new File("indexes/MeetLucene"));
    Searcher searcher = new IndexSearcher(dir, true);

    String docNameField = "filename";

    PrintWriter logger = new PrintWriter(System.out, true);

    TrecTopicsReader qReader = new TrecTopicsReader();
    QualityQuery qqs[] = qReader.readQueries(
        new BufferedReader(new FileReader(topicsFile)));
```

读入 TREC 主题并转换为 QualityQuery 数组

```
    Judge judge = new TrecJudge(new BufferedReader(
        new FileReader(qrelsFile)));                    从TREC Qrel文件中创建Judge对象
                                                   确认查询和Judge匹配
    judge.validateData(qqs, logger);

    QualityQueryParser qqParser = new SimpleQQParser(   创建QueryParser
            "title", "contents");

    QualityBenchmark qrun = new QualityBenchmark(qqs,
            qqParser, searcher, docNameField);
    SubmissionReport submitLog = null;
    QualityStats stats[] = qrun.execute(judge,          <—— 运行benchmark
        submitLog, logger);

    QualityStats avg =
      QualityStats.average(stats);                     打印精确度和相似度
    avg.log("SUMMARY",2,logger, "  ");
    dir.close();
  }
}
```

在本书源代码目录所对应的命令行输入“`ant PrecisionRecall`”运行以上代码后，会输出如下结果：

```
SUMMARY
  Search Seconds:          0.015
  DocName Seconds:         0.006
  Num Points:             15.000
  Num Good Points:         3.000
  Max Good Points:         3.000
  Average Precision:       1.000
  MRR:                     1.000
  Recall:                  1.000
  Precision At 1:          1.000
  Precision At 2:          1.000
  Precision At 3:          1.000
  Precision At 4:          0.750
  Precision At 5:          0.600
  Precision At 6:          0.500
  Precision At 7:          0.429
  Precision At 8:          0.375
  Precision At 9:          0.333
  Precision At 10:         0.300
  Precision At 11:         0.273
  Precision At 12:         0.250
  Precision At 13:         0.231
  Precision At 14:         0.214
```

需要注意的是，本测试使用的是 MeetLucene 索引，因此你若跳过第 1 章中的该部分内容，那么需要运行“`ant Indexer`”。本次测试结果并不重要，因为它只针对单条查询和 3 个正确文档进行（查询请参考源文件 src/lia/benchmark/topics.txt，3 个正确文档请参考 src/lia/benchmark/qresl.txt）。你可以发现，对于 3 个顶部搜索结果来说，精确度是完美的（1.0），这意味着 3 个结果事实上是该条查询所对应的正确结果。在这 3 条结果之外的精确度会变差，因为其他结果文档都是不正确的。这里的相似度也是完美的（1.0），因为程序返回了所有 3 个正确文档，而在实际的测试中我们是不会看到这样完美的数值的。

C.6 出错处理

如果在编写测试脚本时出现错误，事实上是很容易犯这个错的，那么在测试过程中会出现类似如下的诡异异常：

```
java.lang.Exception: Error: cannot understand algorithm!
  at org.apache.lucene.benchmark.byTask.Benchmark.<init>(Benchmark.java:63)
  at org.apache.lucene.benchmark.byTask.Benchmark.main(Benchmark.java:98)
Caused by: java.lang.Exception: colon unexpexted: - Token[':'], line 6
  at org.apache.lucene.benchmark.byTask.utils.Algorithm.<init>
➥(Algorithm.java:120)
  at org.apache.lucene.benchmark.byTask.Benchmark.<init>(Benchmark.java:61)
```

当出现这种情况时，我们只需要详细检查测试脚本即可。一个常见的错误时忘记加入{或}符号。我们可以通过将测试脚本简化为各个小部分的方式，并分别运行各个部分来排查错误。

C.7 小结

正如我们所看到的那样，benchmark 程序包是一个强大架构，它能用于快速创建索引和搜索方面的性能测试案例，并能对你的搜索程序性能进行精确地可重复的评估。使用该架构进行测试能为你节省大量时间，因为它已为你准备了通用性能指标对应的测试案例。将这些测试案例与内置任务结合就能用于通常的索引和搜索测试，另外，还能通过扩展点实现自定义的报表、任务、文档或查询语句源，这样你就拥有了一个非常实用的测试工具。

附录 D
资源

目前，Web 搜索引擎已经成为我们的好帮手。在你最喜欢的搜索引擎中键入“lucene”，会查找到许多与 Lucene 相关的有意思的项目。另一个查阅的好地方是 SourceForge、Google Code 和 GitHub 等开源组织网站，在这些网站上搜索“lucene”会显示出许多基于 Lucene 编写的开源项目。

D.1 Lucene 知识库

Search Lucene: http://search-lucene.com/

LucidFind: http://search.lucidimagination.com/

D.2 国际化

Unicode page in Wikipedia: http://en.wikipedia.org/wiki/Unicode

The Unicode Consortium: http://unicode.org

Bray, Tim, “Characters vs. Bytes”: www.tbray.org/ongoing/When/200x/2003/04/26/UTF

Green,Dale,“Trail:Internationalization”:http://java.sun.com/docs/books/tutorial/i18n/index.html

Lindenberg, Norbert, and Masayoshi Okutsu, “Supplementary Characters in the Java Platform”:http://java.sun.com/developer/technicalArticles/Intl/Supplementary/

Peterson, Erik, “Chinese Character Dictionary—Unicode Version”: www.mandarintools.com/chardict_u8.html

Spolsky, Joel, “The Absolute Minimum Every Software Developer Absolutely, Positively Must Know About Unicode and Character Sets (No Excuses!)”: www.joelonsoftware.com/articles/

Unicode.html

Davis, Mark, “Globalization Gotchas”: http://macchiato.com/slides/GlobalizationGotchas.ppt

D.3 语言探测

Rosette Language Identifier, http://basistech.com/language-identification

Marr, Rich, “Creating a Language Detection API in 30 minutes”: http://richmarr.wordpress.com/2008/10/24/creating-a-language-detection-api-in-30-minutes/

Prager, John M., “Linguini: Language Identification for Multilingual Documents”: ftp://ftp.software.ibm.com/software/globalization/documents/linguini.pdf

Java Text Categorization Library: http://textcat.sourceforge.net/

NGramJ: http://ngramj.sourceforge.net

Google Ajax Language API: http://code.google.com/apis/ajaxlanguage/documentation/

Sematext Language Identifier: www.sematext.com/products/language-identifier/index.html

Language identification on Wikipedia: http://en.wikipedia.org/wiki/Language_identification

D.4 项向量

Vector Space Model on Wikipedia: http://en.wikipedia.org/wiki/Vector_space_model

Latent Semantic Analysis on Wikipedia: http://en.wikipedia.org/wiki/Latent_semantic_analysis

The Latent Semantic Indexing home page: http://lsa.colorado.edu/

“Latent Semantic Indexing (LSI)”: www.cs.utk.edu/~lsi

Stata, Raymie, Krishna Bharat, and Farzin Maghoul, “The Term Vector Database: Fast Access to Indexing Terms for Web Pages”: www9.org/w9cdrom/159/159.html

D.5 Lucene 移植版本

CLucene: www.sourceforge.net/projects/clucene/

Lucene.Net: http://incubator.apache.org/lucene.net/

KinoSearch: www.rectangular.com/kinosearch

Apache Lucy: http://lucene.apache.org/lucy/

PyLucene: http://lucene.apache.org/pylucene/

Ferret: http://ferret.davebalmain.com

PHP, (Zend_Search_Lucene, part of Zend Framework): http://framework.zend.com/

D.6 案例分析

Krugle: www.krugle.org/

DERI, SIREn: http://siren.sindice.com/

LinkedIn, Bobo-Browse: http://snaprojects.jira.com/browse/BOBO/

LinkedIn, Zoie: http://snaprojects.jira.com/browse/ZOIE

D.7 其他

Manning, Christopher D., Prabhakar Raghavan, and Hinrich Schütze, *Introduction to Information Retrieval* (Cambridge University Press, 2008). See www-nlp.stanford.edu/IR-book/.

Calishain, Tara, and Rael Dornfest, *Google Hacks* (O'Reilly, 2003).

Gilleland, Michael, "Levenshtein Distance, in Three Flavors": www.merriampark.com/ld.htm

GNU Compiler for the Java Programming Language: http://gcc.gnu.org/java/

Google search results for Lucene: www.google.com/search?q=lucene

Apache Lucene Java: http://lucene.apache.org/java

Lucene Sandbox: http://lucene.apache.org/java/3_0_1/lucene-contrib/index.html

Suffix trees on Wikipedia: http://en.wikipedia.org/wiki/Suffix_tree

D.8 信息检索软件

dmoz results for information retrieval:http://dmoz.org/Computers/Software/Information_Retrieval/

Egothor: www.egothor.org/

Minion: https://minion.dev.java.net/

Google Directory results for information retrieval: http://directory.google.com/Top/Computers/Software/Information_Retrieval/

ht://Dig: www.htdig.org

Managing Gigabytes for Java (MG4J): http://mg4j.dsi.unimi.it

Terrier: http://ir.dcs.gla.ac.uk/terrier

Namazu: www.namazu.org

Hounder: http://hounder.org

Search Tools for Web Sites and Intranets: www.searchtools.com

SWISH++: http://swishplusplus.sourceforge.net/

SWISH-E: http://swish-e.org/

Autonomy: www.autonomy.com

Aperture: http://aperture.sourceforge.net/

WebGlimpse: http://webglimpse.net

Xapian: www.xapian.org

The Lemur Toolkit: www.lemurproject.org

D.9 Doug Cutting 的著作

Doug Cutting 的著作列表可以从 http://lucene.sourceforge.net/publications.html.获取。

D.9.1 会议论文

"An Interpreter for Phonological Rules," coauthored with J. Harrington, Proceedings of Institute of Acoustics Autumn Conference, November 1986

"Information Theater versus Information Refinery," coauthored with J. Pedersen, P.-K. Halvorsen,and M. Withgott, AAAI Spring Symposium on Text-Based Intelligent Systems,March 1990

"Optimizations for Dynamic Inverted Index Maintenance," coauthored with J. Pedersen, Proceedings of SIGIR '90, September 1990

"An Object-Oriented Architecture for Text Retrieval," coauthored with J. O. Pedersen and P.-K.Halvorsen, Proceedings of RIAO '91, April 1991

"Snippet Search: A Single Phrase Approach to Text Access," coauthored with J. O. Pedersenand J. W. Tukey, Proceedings of the 1991 Joint Statistical Meetings, August 1991

"A Practical Part-of-Speech Tagger," coauthored with J. Kupiec, J. Pedersen, and P. Sibun, Proceedings of the Third Conference on Applied Natural Language Processing, April 1992

"Scatter/Gather: A Cluster-Based Approach to Browsing Large Document Collections," coauthored with D. Karger, J. Pedersen, and J. Tukey, Proceedings of SIGIR '92, June 1992

"Constant Interaction-Time Scatter/Gather Browsing of Very Large Document Collections," coauthored with D. Karger and J. Pedersen, Proceedings of SIGIR '93, June 1993

"Porting a Part-of-Speech Tagger to Swedish," Nordic Datalingvistik Dagen 1993, Stockholm,June 1993

"Space Optimizations for Total Ranking," coauthored with J. Pedersen, Proceedings of RIAO'97, Montreal, Quebec, June 1997

D.9.2 美国专利

5,278,980: "Iterative technique for phrase query formation and an information retrieval systememploying same," with J. Pedersen, P.-K. Halvorsen, J. Tukey, E. Bier, and D. Bobrow, filed August 1991

5,442,778: "Scatter-gather: a cluster-based method and apparatus for browsing large document collections," with J. Pedersen, D. Karger, and J. Tukey, filed November 1991

5,390,259: "Methods and apparatus for selecting semantically significant images in a document image without decoding image content," with M. Withgott, S. Bagley, D. Bloomberg, D. Huttenlocher, R. Kaplan, T. Cass, P.-K. Halvorsen, and R. Rao, filed November 1991

5,625,554 "Finite-state transduction of related word forms for text indexing and retrieval," with P.-K. Halvorsen, R.M. Kaplan, L. Karttunen, M. Kay, and J. Pedersen, filed July 1992

5,483,650 "Method of Constant Interaction-Time Clustering Applied to Document Browsing,"with J. Pedersen and D. Karger, filed November 1992

5,384,703 "Method and apparatus for summarizing documents according to theme," with M.Withgott, filed July 1993

5,838,323 "Document summary computer system user interface," with D. Rose, J Bornstein, and J. Hatton, filed September 1995

5,867,164 "Interactive document summarization," with D. Rose, J. Bornstein, and J. Hatton,filed September 1995

5,870,740 "System and method for improving the ranking of information retrieval results for short queries," with D. Rose, filed September 1996